2023
토목시리즈 ❸

최근 출제경향을 완벽하게 분석한
토목기사·산업기사 필기
수리수문학

예문사

머리말

수리학(Hydraulics)이란 인간의 가장 큰 관심사인 유체입자의 거동을 규명하기 위하여 물속에서 작용하는 역학적인 관계를 규명하는 학문으로 물의 기본성질과 물과 물체 간에 작용하는 힘뿐만 아니라 물과 관련된 구조물이나 시스템의 계획 및 설계를 연구하는 응용과학의 한 분야이다. 또한 수문학(Hydrology)이란 물의 과학으로 지구상에서의 대기수, 지표수 및 지하수의 발생, 순환, 저장 및 분포를 전반적으로 다루는 학문이라고 할 수 있다. 이 책은 토목공학을 전공하는 학생들이 응시하는 각종 자격시험 및 취업 그리고 진학 준비를 위하여 마련되었다.

본서의 특징
1. 본 내용에 앞서 지금까지 출제된 토목기사와 토목산업기사의 출제 빈도를 단원별로 분류하여 수험생들에게 각 단원의 중요도를 인지하도록 하였다.
2. 각 단원의 내용을 다루기에 앞서 '이것부터 짚어보고 시작하자'라는 면을 통해 해당 장의 핵심내용을 살펴볼 수 있게 하였다. 장의 내용을 공부하고 핵심내용 위주의 정리를 한다면 수험 공부에 많은 도움이 되리라 생각된다.
3. 본문 내용 중간에 기출문제를 위주로 핵심예제를 수록하여 본문내용의 이해를 돕고 출제경향을 파악하도록 하였다.
4. 각 단원의 내용이 끝나면 '기출문제 및 예상문제'를 수록하여 지금까지 각 단원에 출제된 기출문제를 풀어보고 학습의 완성도를 높이도록 하였다.
5. 마지막으로 본 교재의 마지막에 최근 5년간의 과년도 문제를 수록하여 지금까지의 공부를 최종 점검할 수 있도록 하였다.

끝으로 책을 기술하면서 참고한 많은 문헌과 그 저자들에게 지면으로나마 감사드리고, 출판되기까지 많은 배려와 도움을 주신 예문사 편집부 관계자분들의 노고에 감사드린다.

김 영 균

토목기사/토목산업기사 검정현황

✚ 개요

토목 자격시험은 도로, 철도, 교량, 터널, 공항, 항만, 댐, 하천, 해안, 플랜트 등의 구조물을 건설하는 일로서, 종합적인 국토개발과 국토건설사업의 조사, 계획, 설계 및 시공 등의 업무를 수행하는 데 필요한 전문적인 지식과 기술을 겸비한 인력을 양성하기 위하여 자격제도를 제정하고 있다.

(1) 토목기사 : 1974년 토목기사1급으로 신설되어 1999년 3월 토목기사로 개정
(2) 토목산업기사 : 1974년 토목기사2급으로 신설되어 1999년 3월 토목산업기사로 개정

✚ 수행직무

(1) 토목시설을 포함하는 도로, 철도, 교량, 항만, 상하수도, 통신선로 등의 건설, 개량, 유지, 보수 등 토목사업에 대한 조사, 연구, 계획, 설계, 시공, 기술지도 또는 토목 관계법규의 정리 및 운용 등의 업무 수행
(2) 종합적인 국토계획, 지방계획, 도시계획 등을 세우고 토지, 항만, 천연자원의 이용, 공공시설의 규모와 배치의 조절 등을 위한 종합적인 개발계획을 연구, 수립하는 업무 수행

✚ 취득방법

(1) 시행처 : 한국산업인력공단
(2) 관련학과 : 대학 및 전문대학에 개설되어 있는 토목공학, 농업토목, 해양토목 관련학과
(3) 시험과목
  ① 필기 : 객관식 4지 택일형 과목당 20문항(과목당 30분)
    1. 응용역학　　　　　　　　　　　　2. 측량학
    3. 수리수문학　　　　　　　　　　　4. 철근콘크리트 및 강구조
    5. 토질 및 기초　　　　　　　　　　6. 상하수도공학

  ② 실기 : 토목설계 및 시공실무
    기사 : 필답형(3시간)　　　　　　　산업기사 : 작업형(3시간 정도)

✚ 진로 및 전망

건설회사와 토목설계 용역업체 등 일반 기업체의 설계나 시공·감리분야, 한국도로공사, 수자원공사, 토지개발공사, 주택공사 등 정부투자기관 및 국토해양부, 지방지체단체의 토목과로 진출할 수 있다.
최근 고속철도, 국제공학, 지하철 건설, 고속도로 건설 등 사회간접시설의 기반확충과 국가기반 산업으로서의 건설 및 도시설계와 관련된 각종 산업에 관한 투자가 지속적으로 증가하고 있는 추세로 이들에 대한 인력수요는 증가할 것이다.

➕ 종목별 검정현황(토목기사)

연도	응시	합격	합격률(%)
2021	11,523	3,220	27.9%
2020	9,940	3,555	35.8%
2019	10,304	3,424	33.2%
2018	10,118	3,073	30.4%
2017	10,385	3,125	30.1%
2016	10,722	3,005	28%
2015	11,579	2,756	23.8%
2014	11,583	2,939	25.4%
2013	13,045	3,532	27.1%
2012	14,240	2,682	18.8%
2011	15,366	3,303	21.5%
2010	17,062	3,849	22.6%
2009	15,187	4,184	27.5%
2008	15,674	3,793	24.2%
2007	15,281	4,496	29.4%
2006	16,039	5,470	34.1%
2005	14,724	4,879	33.1%
2004	14,582	4,717	32.3%
2003	13,073	4,385	33.5%
2002	13,202	4,402	33.3%
1978~2001	237,365	73,322	30.9%
소 계	500,994	148,111	29.6%

➕ 종목별 검정현황(토목산업기사)

연도	응시	합격	합격률(%)
2021	1,362	263	19.3%
2020	1,015	245	24.1%
2019	1,460	293	20.1%
2018	1,362	254	18.6%
2017	1,619	336	20.8%
2016	1,580	346	21.9%
2015	1,691	311	18.4%
2014	1,918	344	17.9%
2013	2,088	371	17.8%
2012	2,187	276	12.6%
2011	2,595	388	15%
2010	2,832	367	13%
2009	2,852	324	11.4%
2008	2,911	366	12.6%
2007	3,406	464	13.6%
2006	4,267	750	17.6%
2005	4,129	655	15.9%
2004	4,021	654	16.3%
2003	4,558	592	13%
2002	4,970	770	15.5%
1977~2001	161,162	24,758	15.4%
소 계	213,985	33,127	15.5%

출제 기준

✚ 토목기사

● 적용기간 : 2022.1.1~2025.12.31

자격종목	필기과목명	주요항목	세부항목
수리 및 수문학 기사 (필기)	수리학 및 수문학	1. 수리학	1. 물의 성질 2. 정수역학 3. 동수역학 4. 관수로 5. 개수로 6. 지하수 7. 해안 수리
		2. 수문학	1. 수문학의 기초 2. 주요 이론 3. 응용 및 설계

✚ 토목산업기사

● 적용기간 : 2023.1.1~2025.12.31

자격종목	필기과목명	주요항목	세부항목
수리학 산업기사 (필기)	수리학	1. 수리학	1. 물의 성질 2. 정수역학 3. 동수역학 4. 관수로 5. 개수로

출제 빈도표

✚ 토목기사/산업기사

구분		토목기사	토목산업기사
수리학	1장 유체의 기본성질	3.3%	8.7%
	2장 정수역학	11.7%	12.1%
	3장 동수역학의 기초	15%	14.3%
	4장 오리피스와 수문	10%	5.3%
	5장 위어		5.4%
	6장 관수로	15%	14.7%
	7장 개수로	13.3%	14.9%
	8장 지하수	11.7%	5.3%
	9장 유사이론과 수리학적 상사성		4.9%
수문학	10장 수문학의 일반	20%	8.3%
	11장 증발산과 침투		1.8%
	12장 하천유량 및 유출		2.2%
	13장 수문곡선의 해석		2.1%
합계		100%	100%

※ 토목산업기사는 2020년 4회 시험부터, 토목기사는 2022년 3회 시험부터 CBT로 변경되어 각 2020년, 2022년까지 반영된 통계자료입니다.

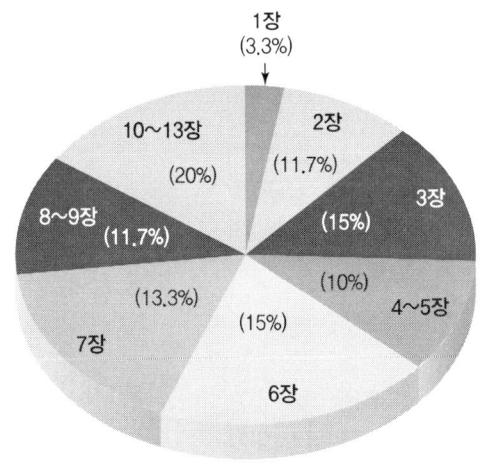

[토목기사 출제빈도]

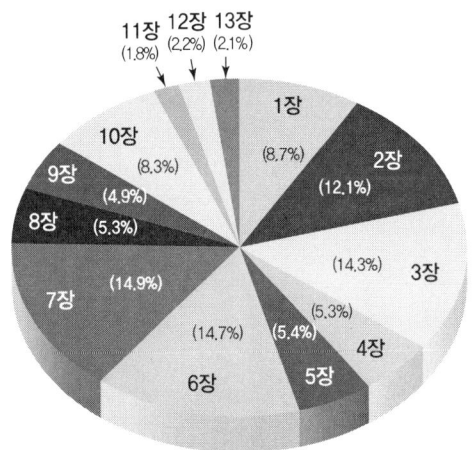

[토목산업기사 출제빈도]

CBT 모의고사 이용 가이드

- 인터넷에서 [예문사]를 검색하여 홈페이지에 접속합니다.
- PC, 휴대폰, 태블릿 등을 이용해 사용이 가능합니다.

STEP 1 회원가입 하기

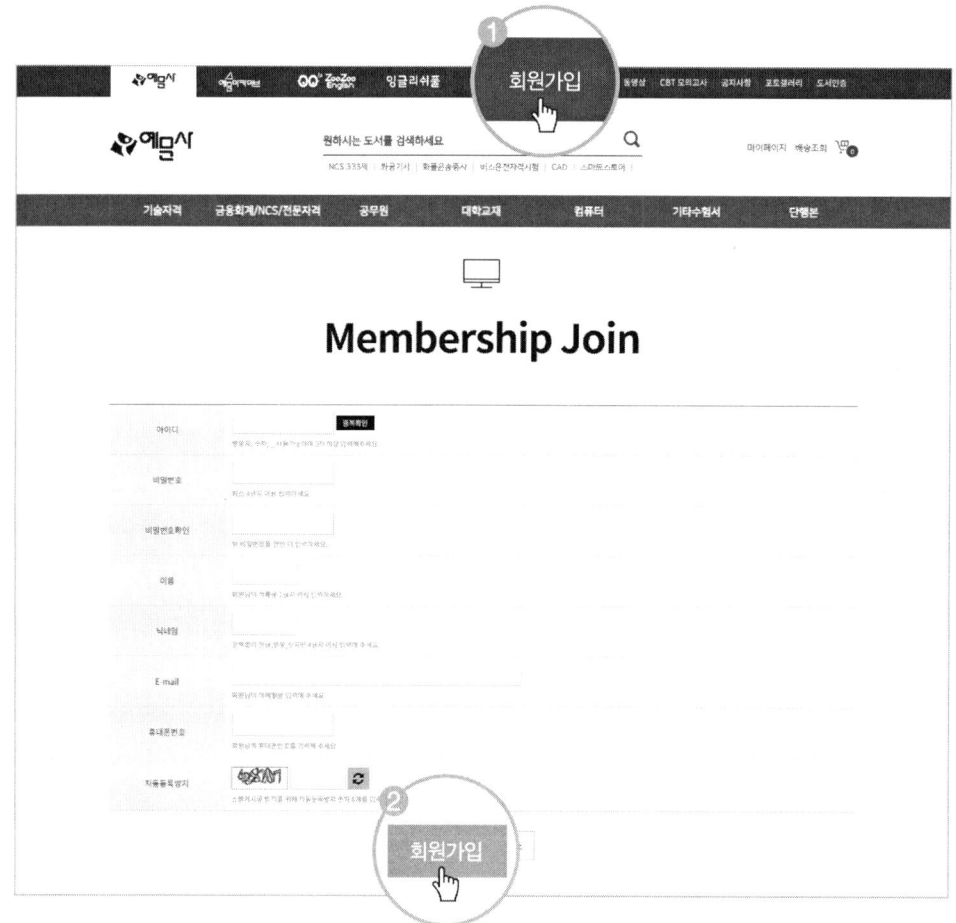

1. 메인 화면 상단의 [회원가입] 버튼을 누르면 가입 화면으로 이동합니다.
2. 입력을 완료하고 아래의 [회원가입] 버튼을 누르면 **인증절차 없이 바로 가입**이 됩니다.

STEP 2 시리얼 번호 확인 및 등록

1. 로그인 후 메인 화면 상단의 [CBT 모의고사]를 누른 다음 **수강할 강좌를 선택**합니다.
2. 시리얼 등록 안내 팝업창이 뜨면 [확인]을 누른 뒤 **시리얼 번호를 입력**합니다.

STEP 3 등록 후 사용하기

1. 시리얼 번호 입력 후 [마이페이지]를 클릭합니다.
2. 등록된 CBT 모의고사는 [모의고사]에서 확인할 수 있습니다.

목 차

Chapter 01 유체의 기본성질

01 기본 물리량 ··· 4
02 유체의 분류 ··· 5
03 단위와 차원 ··· 7
04 단위중량(Specific Weight, W) ············ 9
05 밀도(Density, ρ) ································· 10
06 비중(Specific Gravity) ························ 12
07 물의 압축성(Compressibility) ············ 12
08 점성(Viscosity) ···································· 14
09 표면장력(Surface Tension) ················ 16
10 모세관현상(Capillary Action) ············ 17
ITEM POOL 예상문제 및 기출문제 ·········· 20

Chapter 02 정수역학

01 정수역학 기본이론 ······························· 32
02 대기압 ··· 34
03 압력의 전달 ··· 35
04 압력의 측정 ··· 37
05 평면에 작용하는 정수압 ····················· 38
06 곡면에 작용하는 수압 ························· 42
07 원관에 작용하는 수압 ························· 45
08 부력과 부체의 안정 ····························· 46
09 상대정지문제 ······································· 51
ITEM POOL 예상문제 및 기출문제 ·········· 55

Chapter 03 동수역학의 기초

01 개요 ··· 72
02 흐름의 분류 ··· 75
03 흐름의 상태 ··· 77

04 흐름의 기본 방정식 ·············· 79
05 기본 방정식의 응용 ·············· 85
06 에너지 보정계수, 운동량 보정계수 ······· 92
07 유체의 저항 ·············· 93
ITEM POOL 예상문제 및 기출문제 ·········· 96

Chapter 04 오리피스와 수문

01 유속, 수축, 유량계수 ·············· 114
02 오리피스 ·············· 116
03 수중 오리피스 ·············· 118
04 관 오리피스 ·············· 119
05 노즐 ·············· 120
06 벤투리미터 ·············· 121
07 오리피스 배수시간 ·············· 122
08 단관 ·············· 125
09 사출수의 경로 ·············· 126
10 수문 ·············· 127
ITEM POOL 예상문제 및 기출문제 ·········· 130

Chapter 05 위어

01 위어의 정의 및 사용목적 ·············· 140
02 수맥의 종류 ·············· 140
03 수맥의 수축 ·············· 141
04 직사각형 위어 ·············· 142
05 삼각위어 ·············· 144
06 제형위어(사다리꼴 위어) ·············· 145
07 광정위어 ·············· 146
08 수두측정 오차와 유량오차의 관계 ······ 147
ITEM POOL 예상문제 및 기출문제 ·········· 149

Chapter 06 관수로

01 정의 및 특성 ·············· 158
02 관수로에서의 전단응력, 유속, 유량 ····· 159
03 마찰 손실수두와 평균유속공식 ·········· 161
04 마찰 손실 계수 ·············· 163
05 마찰손실 이외의 손실수두 ·············· 166
06 단일 관수로의 유량 ·············· 170
07 복합 관수로 ·············· 173
08 사이폰 ·············· 175
09 관망(Hardy Cross 방법) ·············· 176
10 관수로의 유수에 의한 동력 ·············· 176
11 수격작용(Water Hammer)과
   서징(Surging) ·············· 178
12 마찰속도 ·············· 180
ITEM POOL 예상문제 및 기출문제 ·········· 181

Chapter 07 개수로

01 개요 ·············· 198
02 하천의 평균유속 산정법 ·············· 199
03 평균유속공식 ·············· 200
04 수로의 단면형 ·············· 203
05 비에너지와 한계수심 ·············· 206
06 흐름의 상태와 한계 경사 ·············· 210
07 한계 레이놀즈수와 한계 프루드수 ····· 212
08 부등류의 수면형 ·············· 214
09 비력과 도수 ·············· 217
10 곡선수로의 흐름과 단파 ·············· 221
ITEM POOL 예상문제 및 기출문제 ·········· 223

목 차

Chapter 08 지하수
- 01 Darcy 법칙 ·········· 239
- 02 Dupuit의 침윤선 공식 ·········· 243
- 03 우물의 수리 ·········· 244
- ITEM POOL 예상문제 및 기출문제 ·········· 250

Chapter 09 유사이론과 수리학적 상사성
- 01 유수의 소류력과 마찰속도 ·········· 261
- 02 토사입자의 침강속도 ·········· 262
- 03 수리학적 상사 ·········· 262
- 04 수리모형법칙 ·········· 264
- ITEM POOL 예상문제 및 기출문제 ·········· 268

Chapter 10 수문학의 일반
- 01 물의 순환 ·········· 274
- 02 우리나라의 수자원 ·········· 275
- 03 수문 기상학 ·········· 277
- 04 강수의 형태 ·········· 279
- 05 강수량 자료의 조정, 보완, 분석 ·········· 281
- 06 강수량 자료의 해석 ·········· 285
- ITEM POOL 예상문제 및 기출문제 ·········· 289

Chapter 11 증발산과 침투
- 01 증발 및 증산 ·········· 297
- 02 침투 및 침루 ·········· 299
- 03 SCS 방법에 의한 유역의 유효우량 산정 · 303
- ITEM POOL 예상문제 및 기출문제 ·········· 305

Chapter 12 하천유량 및 유출
- 01 하천유량 ·········· 311
- 02 유출의 구성 ·········· 314
- ITEM POOL 예상문제 및 기출문제 ·········· 319

Chapter 13 수문곡선의 해석
- 01 수문곡선 ·········· 325
- 02 단위유량도(단위도) ·········· 329
- 03 합성단위유량도 ·········· 333
- 04 첨두홍수량 ·········· 335
- 05 홍수추적(Flood Routing) ·········· 337
- 06 수문 모의 기법 ·········· 338
- ITEM POOL 예상문제 및 기출문제 ·········· 339

부록 과년도 출제문제 및 해설

2017년   3월 [기 사] ········· 349
             [산업기사] ········· 354
         5월 [기 사] ········· 359
             [산업기사] ········· 365
         9월 [기 사] ········· 371
             [산업기사] ········· 377

2018년   3월 [기 사] ········· 382
             [산업기사] ········· 387
         4월 [기 사] ········· 393
             [산업기사] ········· 399
         8월 [기 사] ········· 404
         9월 [산업기사] ········· 410

2019년   3월 [기 사] ········· 415
             [산업기사] ········· 421
         4월 [기 사] ········· 427
             [산업기사] ········· 432
         8월 [기 사] ········· 438
         9월 [산업기사] ········· 444

2020년   6월 [기 사] ········· 449
             [산업기사] ········· 454
         8월 [기 사] ········· 459
             [산업기사] ········· 466
         9월 [기 사] ········· 471

2021년   3월 [기 사] ········· 477
         5월 [기 사] ········· 483
         8월 [기 사] ········· 489

2022년   3월 [기 사] ········· 494
         4월 [기 사] ········· 499

※ 토목기사는 2022년 3회, 토목산업기사는 2020년 4회 시험부터 CBT(Computer-Based Test)로 전면 시행됩니다.

Chapter 01 유체의 기본성질

Contents

Section 01 기본 물리량
Section 02 유체의 분류
Section 03 단위와 차원
Section 04 단위중량(Specific Weight, W)
Section 05 밀도(Density, ρ)
Section 06 비중(Specific Gravity)
Section 07 물의 압축성(Compressibility)
Section 08 점성(Viscosity)
Section 09 표면장력(Surface Tension)
Section 10 모세관현상(Capillary Action)

ITEM POOL 예상문제 및 기출문제

이것부터 짚어보고 시작하자!

1. 유체 해석을 위한 분류
- 이상유체(완전유체) : 비점성, 비압축성

2. 차원
- $F = MLT^{-2}$
- $M = FT^2L^{-1}$

물리량	FLT	MLT
밀도	ML^{-3}	FT^2L^{-4}
점성계수	FTL^{-2}	$ML^{-1}T^{-1}$
동점성계수	L^2T^{-1}	L^2T^{-1}
표면장력	FL^{-1}	MT^{-2}
압력	FL^{-2}	$ML^{-1}T^{-2}$
운동량	FT	MLT^{-1}
에너지, 일	FL	ML^2T^{-2}

3. 단위중량(비중량)
- $w = \dfrac{W}{V}$
- 온도 4℃에서 최대이며 온도의 증감에 따라 그 값은 감소한다.

4. 밀도(비질량)
- $\rho = \dfrac{m}{V}$
- $w = \rho g$

5. 비중
- $S = \dfrac{w}{w_w}$
- 비중은 자신의 단위중량과 동일 값을 가지며 단위는 무차원이다.

6. 체적탄성계수

- $E = \dfrac{\Delta P}{\dfrac{\Delta V}{V}}$

7. 압축률

- $C = \dfrac{1}{E}$

8. 전단응력(마찰응력)

- $\tau = \mu \dfrac{dv}{dy}$

9. 점성계수

- $1\text{poise} = 0.00120\text{g} \cdot \text{sec/cm}^2$
- 온도 0℃에서 최대이며 온도가 상승하면 그 값은 감소한다.

10. 동점성계수

- $\nu = \dfrac{\mu}{\rho}$
- $1\text{stokes} = 1\text{cm}^2/\text{sec}$

11. 표면장력

- $T = \dfrac{PD}{4}$

12. 모세관현상

- 연직유리관 : $h_a = \dfrac{4T\cos\theta}{wD}$
- 평형평판 : $h_b = \dfrac{2T\cos\theta}{wD}$
- $h_a = 2h_b$

01 기본 물리량

▶ Newton 제1법칙
(관성의 법칙)
모든 물체는 운동 상태를 변화시키려는 힘이 작용하지 않는 한 정지 또는 등속운동의 상태를 유지한다.

▶ Newton 제2법칙
물체에 작용하는 힘의 합이 0일 때 물체의 속도가 변하지 않는다.

▶ Newton 제3법칙
(작용-반작용의 법칙)
모든 작용에 대하여 크기가 같고 방향이 반대인 반작용이 따른다.

1. 힘(Force)

물체를 움직이게 하거나 변형시키려고 하는 물리적 작용을 힘이라고 한다.

$$F = ma$$

여기서, F : 힘, m : 질량, $a = \dfrac{(v_2 - v_1)}{\Delta t}$: 가속도

2. 중력(Gravity)

지구가 지상의 물체를 끌어당기는 힘을 중력이라고 한다.

$$F = mg$$

여기서, g : 중력가속도($=9.8 \text{m/sec}^2$)

3. 무게(Weight)

지구 위의 물체에 작용하는 중력을 무게라고 한다.

$$W = mg$$

4. 강도(Strength)

어떤 물체의 단위면적당 내린 힘을 강도라고 한다.

$$S = \dfrac{F}{A}$$

여기서, S : 강도, A : 면적

5. 일(Work)

물체에 힘이 작용하여 물체가 이동할 때 일을 한다고 표현한다.

$$W = FL$$

여기서, L : 이동거리

6. 운동량(Momentum)

어떤 물체에 힘을 주어 운동한 시간을 운동량이라고 한다.

$$M = FT$$

여기서, T : 시간

7. 동력(Power)

동력의 수리학적인 정의는 유수가 단위시간당 하는 일의 양을 동력이라고 한다.

$$P = \frac{W}{T}$$

여기서, P : 동력, W : 일

Section 02 유체의 분류

1. 점성에 따른 분류

(1) 점성 유체(Viscous Fluid)

유체가 운동할 때 유체 내부에 마찰응력을 일으키려는 점성을 무시할 수 없는 유체, 즉 점성에 의해 내부저항이 나타나는 유체를 말한다.

(2) 비점성 유체(Inviscous Fluid)

유체의 점성을 무시해도 그 운동상태가 충분히 설명될 수 있는 유체

2. 압축성에 따른 분류

(1) 압축성 유체(Compressible Fluid)

유체에 압력의 변화에 따라 체적의 변화가 발생하는 유체를 압축성 유체라 한다. 액체에 비해 기체의 체적변화가 심하다.

▶ Newton 유체
점성과 압축성을 고려한 실제 유체를 뉴턴유체라고 한다.

(2) 비압축성 유체(Incompressible Fluid)

유체에 압력의 변화에 따라 체적의 변화가 발생하지 않는 유체를 비압축성 유체라 한다.

3. 이상유체와 실제유체

(1) 이상유체(Ideal Fluid ≒ 완전유체 Perfect Fluid)

위에서 나열한 성질 중 비점성 유체, 비압축성 유체를 이상유체라 한다.

(2) 실제유체(Real Fluid)

위에서 나열한 성질 중 점성 유체, 압축성 유체를 실제유체라 한다.

핵심예제 1-1

다음 중 이상유체(Ideal Fluid)의 정의를 옳게 설명한 것은? [12. 기]

① 뉴턴(Newton)의 점성법칙을 만족하는 유체
② 비점성, 비압축성인 유체
③ 점성이 없는 모든 유체
④ 오염되지 않은 순수한 유체

해설 유체의 종류
  ㉠ 이상유체(=완전유체) : 비점성, 비압축성 유체
  ㉡ 실제유체 : 점성, 압축성 유체

해답 ②

핵심예제 1-2

완전유체(完全流體)에 대한 설명으로 올바른 것은? [04. 산], [08. 산], [12. 기], [13. 산]

① 불순물이 포함되어 있지 않은 유체를 말한다.
② 온도가 변해도 밀도가 변하지 않는 유체를 말한다.
③ 비압축성이고 동시에 비점성인 유체이다.
④ 자연계에 존재하는 물을 말한다.

해설 유체의 종류
  ㉠ 점성에 따른 분류
    • 점성유체 : 물의 점성이라는 성질을 고려한 유체를 말한다.
    • 비점성유체 : 물의 점성이라는 성질을 무시한 유체를 말한다.
  ㉡ 압축성에 따른 분류
    • 압축성 유체 : 물의 압축성이라는 성질을 고려한 유체를 말한다.

- 비압축성 유체 : 물의 압축성이라는 성질을 무시한 유체를 말한다.
  ⓒ 이상유체와 실제유체
  - 이상유체(=완전유체) : 비점성, 비압축성 유체를 말한다.
  - 실제유체 : 점성, 압축성 유체를 말한다.

해답 ③

Section 03 단위와 차원

1. 단위

물리량의 크기를 나타내는 기준치를 단위(unit)라고 한다.

(1) 미터제와 영국 단위제(파운드제)

(2) 절대단위계(CGS단위계)와 공학단위계(MKS단위계)

① 절대단위계는 질량, 길이, 시간의 3개 기본차원을 기준단위로 표시

$F = ma = 1g_o \times 1\text{cm}/\sec^2 = 1g_o\text{cm}/\sec^2 = 1\text{dyne}$

② 공학단위계는 힘, 길이, 시간의 3개 기본차원을 기준단위로 표시

$1\text{kg}_{중} = 1{,}000g_o \times 980\text{cm}/\sec^2 = 980{,}000g_o\text{cm}/\sec^2$
$= 980{,}000\text{dyne}$

③ SI 단위는 질량(kg), 길이(m), 시간(sec), 힘(N)의 4개 기본차원을 기준단위로 표시

- $1\text{N} = 1\text{kg} \times 1\text{m}/\sec^2 = 1\text{kg} \cdot \text{m}/\sec^2$
- $1\text{kg}_{중} = 1\text{kg} \times 9.8\text{m}/\sec^2 = 9.8\text{kg} \cdot \text{m}/\sec^2 = 9.8\text{N}$

(3) 힘의 관계

① 공학단위계와 절대단위계의 관계
- $1\text{kg}_{중} = 980{,}000\text{dyne}$

② 공학단위계와 SI단위와의 관계
- $1\text{kg}_{중} = 9.8\text{N}$

2. 차원

물리량의 크기를 질량(M), 길이(L), 시간(T), 힘(F)의 지수형태로 표시

(1) LMT계

$$F = m \cdot a, \quad [F] = [M][LT^{-2}]$$

(2) LFT계

$$F = m \cdot a, \quad m = F/a, \quad [M] = [F][L^{-1}T^2]$$

[수리학에 나오는 물리량의 차원과 단위]

물리량		LMT	LFT	m·kg·s
1. 기하학적인 양	길 이	L	L	m
	면 적	L^2	L^2	m²
	부 피	L^3	L^3	m³
2. 운동학적 양	시 간	T	T	s
	속 도	LT^{-1}	LT^{-1}	m/s
	가속도	LT^{-2}	LT^{-2}	m/s²
	동점성 계수	L^2T^{-1}	L^2T^{-1}	m²/s
	유 량	L^3T^{-1}	L^3T^{-1}	m³/s
3. 역학적 양	질 량	M	$L^{-1}FT^2$	kg·s²/m
	힘	LMT^{-2}	F	kg
	밀 도	$L^{-3}M$	$L^{-4}FT^2$	kg·s²/m⁴
	단위중량	$L^{-2}MT^{-2}$	$L^{-3}F$	kg/m³
	점성계수	$L^{-1}MT^{-1}$	$L^{-2}FT$	kg·s/m²
	표면장력	MT^{-2}	$L^{-1}F$	kg/m
	탄성계수	$L^{-1}MT^{-2}$	$L^{-2}F$	kg/m²
	압 력	$L^{-1}MT^{-2}$	$L^{-2}F$	kg/m²
	전단력	$L^{-1}MT^{-2}$	$L^{-2}F$	kg/m²
	운동량	LMT^{-1}	FT	kg·s
	에너지, 일	L^2MT^{-2}	LF	kg·m
	동 력	L^2MT^{-3}	LFT^{-1}	kg·m/s

핵심예제 1-3

힘의 차원을 MLT계로 표시한 것으로 옳은 것은? [14. 산]

① $[MLT^{-2}]$ ② $[MLT^{-1}]$ ③ $[ML^{-2}T^2]$ ④ $[ML^{-1}T^{-2}]$

해설 차원

㉠ 물리량의 크기를 힘(F), 질량(M), 길이(L), 시간(T)의 지수형태로 표기한 값을 차원이라 한다.

㉡ 힘의 차원
- LFT계 차원 : F
- LMT계 차원 : MLT^{-2}

해답 ①

Section 04 단위중량(Specific Weight, W)

1. 정의

단위체적당 물체의 중량을 말하며 비중량이라고도 한다.

$$w = \frac{W}{V}$$

여기서, W : 총중량
V : 총부피

2. 비체적

$$비체적 = \frac{1}{비중량}$$

3. 단위중량과 관련된 물의 성질

① 담수인 경우 표준대기압 상태에서 단위중량은 $1t/m^3 = 1g/cm^3$이다.
② 해수인 경우 염분의 농도에 따라 약간의 차이가 있으나 일반적으로 $1.025g/cm^3$이다.
③ 물의 단위중량은 온도 4℃에서 최댓값($=1g/cm^3$)을 가지며 이때 밀도도 최댓값이 된다.

Section 05. 밀도(Density, ρ)

1. 정의

물체의 단위체적당 질량의 크기를 말하며 일명 비질량이라고도 한다.

$$\rho = \frac{m}{V}$$

여기서, m : 질량
V : 체적

2. 성질

표준대기압 상태에서 4℃의 순수한 물이면 밀도값은 최대가 된다.
∴ 물의 밀도는 약 4℃에서 최댓값을 가지며 온도의 증가 또는 감소에 따라서 그 값이 작아진다.

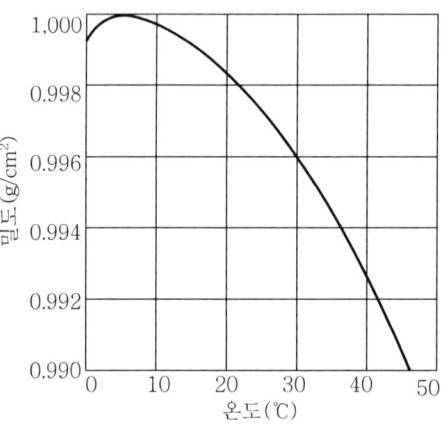

3. 밀도와 관련된 물의 성질

(1) 단위중량과 밀도의 관계

$$w = \frac{W}{V} = \frac{mg}{V} = \rho \cdot g$$

(2) 담수의 밀도

$$\rho = \frac{w}{g} = \frac{1(\text{t}/\text{m}^3)}{9.8(\text{m}/\sec^2)} = 0.102 \text{t} \cdot \sec^2/\text{m}^4$$

핵심예제 1-4

어떤 액체의 밀도가 $1.0 \times 10^{-5} \text{N} \cdot \text{s}^2/\text{cm}^4$ 이라면 이 액체의 단위 중량은?

[15. 산]

① $9.8 \times 10^{-3} \text{N}/\text{cm}^3$
② $1.02 \times 10^{-3} \text{N}/\text{cm}^3$
③ $1.02 \text{N}/\text{cm}^3$
④ $9.8 \text{N}/\text{cm}^3$

해설 단위중량과 밀도의 관계
  ㉠ 단위중량과 밀도의 관계 : $w = \rho g$
  ㉡ 단위중량의 산정 : $w = \rho g = 1.0 \times 10^{-5} \times 980 = 9.8 \times 10^{-3} \text{N}/\text{cm}^3$

해답 ①

핵심예제 1-5

각 단위로 표시된 물의 밀도는 다음 중 어느 것인가?

[92. 산]

① $980 \text{g}/\text{cm} \cdot \sec^2$
② $1,000 \text{g}/\text{m}^2$
③ $102 \text{kg} \cdot \text{m}^4/\sec$
④ $102 \text{kg} \cdot \sec^2/\text{m}^4$

해설 $\rho = \frac{w}{g} = \frac{1,000 \text{kg}/\text{m}^3}{9.8 \text{m}/\sec^2} = 102 \text{kg} \cdot \sec^2/\text{m}^4$

해답 ④

비중(Specific Gravity)

▶ **보충**
비중은 어떤 물체의 무게비 또는 밀도비라고 한다.

1. 정의

어떤 물체와 물과의 단위체적당 중량의 비교값

$$S = \frac{w}{w_w}$$

여기서, w : 어떤 물체의 단위중량
w_w : 물의 단위중량

2. 특징

비중은 무차원이 되며, 물의 단위중량은 $1g/cm^3$이므로 물체의 밀도나 단위중량은 비중만 알면 쉽게 구할 수 있다.

핵심예제 1-6

물의 물리적 성질에 대한 설명으로 틀린 것은? [02. 산]
① 1기압의 물은 4℃에서 최대 밀도를 갖는다.
② 비중을 표시하는 수치와 밀도를 표시하는 수치는 항상 동일하다.
③ 순수한 물은 4℃에서 가장 무겁고 비중은 1이다.
④ 해수는 담수에 비하여 비중이 크다.

해설 비중은 물체의 밀도를 물의 밀도로 나눈 값으로 그 수치가 항상 동일하지 않다.

해답 ②

물의 압축성(Compressibility)

외부에서 압력을 받았을 때 체적이 압축되는 물의 성질을 압축성, 압력을 제거하면 원상태로 되돌아오는 성질을 탄성이라고 한다.

1. 체적탄성계수(Bulk Modules of Elasticty : E_b)

Hook의 법칙에 의하면 탄성계수 $E = \dfrac{응력}{변형률}$

$$E_b = \dfrac{\Delta P}{\dfrac{\Delta V}{V}}$$

여기서, ΔP : 압력변화율
ΔV : 체적변화율
V : 최초의 체적

2. 압축률(Modules of Compressibilty : C) 체적탄성계수의 역수로 표시된다.

$$C = \dfrac{1}{E_b} = \dfrac{4 \sim 5}{100,000} / 1기압$$

핵심예제 1-7

물의 성질에 대한 설명으로 옳지 않은 것은?(단, C_w : 물의 압축률, E_w : 물의 체적탄성률, 0℃에서 일정한 수온 상태) [15. 산]

① 물의 압축률이란 압력변화에 대한 부피의 감소율을 단위부피당으로 나타낸 것이다.
② 기압이 증가함에 따라 E_w는 감소하고 C_w는 증가한다.
③ C_w와 E_w의 상관식은 $C_w = 1/E_w$이다.
④ E_w는 C_w 값보다 대단히 크다.

해설 물의 성질
㉠ 체적탄성계수와 압축계수(압축률)
 • 체적탄성계수 : $E_w = \dfrac{\Delta P}{\dfrac{\Delta V}{V}}$
 • 압축계수 : $C_w = \dfrac{1}{E_w} = \dfrac{4 \sim 5}{100,000} / 1기압$

㉡ 특징
 • 물의 압축률이란 압력변화에 대한 부피의 감소율을 단위부피당으로 나타낸 것이다.
 • 기압이 증가함에 따라 E_w는 증가하고 C_w는 감소한다.
 • C_w와 E_w의 상관식은 $C_w = \dfrac{1}{E_w}$이다.
 • E_w는 C_w 값보다 대단히 크다.

해답 ②

Section 08 점성(Viscosity)

1. 정의

흐르는 물속에서 상대운동 때문에 일어난다고 생각되는 저항을 마찰저항이라고 하고, 마찰저항의 원인이 되는 물의 성질을 '점성'이라 한다.(Newton의 점성법칙)

2. 전단응력(Shear Stress : τ)

바닥 면에서 거리 y점의 유속을 v, 거리 dy만큼 떨어진 점의 유속을 $v+dv$라고 하면, dy 사이에 작용하는 전단응력 τ는 다음과 같다.

① $\tau \propto \dfrac{dv}{dy}$

② $\tau = \mu \dfrac{dv}{dy}$

여기서, $\dfrac{dv}{dy}$: 속도경사
μ : 점성계수

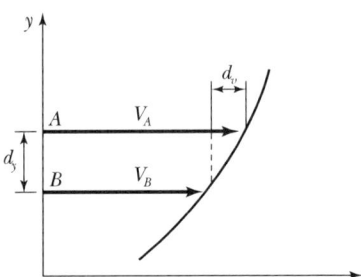

▶ 점성계수와 온도의 관계

$\mu = \dfrac{0.01779}{1+0.03368\,T+0.00022099\,T^2}$

여기서, T : 온도

점성계수는 온도 0℃에서 최댓값을 가지며, 온도가 상승하면 그 값은 감소한다.

3. 점성계수(Coefficient of Viscosity : μ)

$1\text{poise} = 1\text{dyne} \cdot \sec/\text{cm}^2 = 0.00102\text{g} \cdot \sec/\text{cm}^2$
$= 0.0102\text{kg} \cdot \sec/\text{m}^2 = 1\text{g}_o/\sec \cdot \text{cm}$
$= 100\text{centipoise}$

4. 동점성계수(Kinematic Viscosity : v)

점성계수를 밀도로 나눈 값을 동점성계수라고 한다.

① $v = \dfrac{\mu}{\rho}$

② 사용단위 : 1stokes = 1cm²/sec

핵심예제 1-8

물의 점성계수(粘性係數)에 대한 설명 중 옳은 것은? [13. 산]

① 점성계수와 동점성계수는 반비례한다.
② 수온이 낮을수록 점성계수는 크다.
③ 4℃에서의 점성계수가 가장 크다.
④ 수온에 관계없이 점성계수는 일정하다.

해설 점성계수

㉠ 점성계수(μ)와 동점성계수(ν)는 비례한다.

$$\nu = \dfrac{\mu}{\rho}$$

㉡ 점성계수, 동점성계수 모두 온도 0℃에서 그 값이 가장 크며, 온도가 상승하면 그 값은 적어진다.

해답 ②

핵심예제 1-9

흐르는 유체에 대한 마찰응력의 크기를 규정하는 뉴턴의 점성법칙 함수를 구성하는 항으로 짝지어진 것은? [05. 기], [13. 산]

① 압력, 속도, 섬성계수
② 각 변형률, 속도경사, 점성계수
③ 온도, 점성계수
④ 점성계수, 속도경사

해설 전단응력

㉠ 전단응력

$$\tau = \mu \dfrac{dv}{dy}$$

여기서, μ : 점성계수
$\dfrac{dv}{dy}$: 속도구배

㉡ 점성법칙의 함수는 점성계수와 속도구배로 나타난다.

해답 ④

Section 09 표면장력(Surface Tension)

일반적으로 유체 중 액체의 평형상태는 액체내부의 이웃하는 분자들끼리의 인력에 의해 유지되고 있으나(응집력), 자유표면에서의 액체는 이웃분자와의 접촉이 없어서 인력을 받지 않으므로 자체의 표면적을 최소한 작게 하려고 하는 장력이 작용하는데, 이를 표면장력이라고 한다.

1. 물방울에 작용하는 표면장력(T)

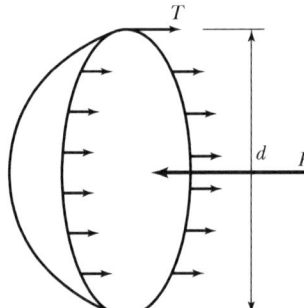

$$\sum H = 0$$

$$T(\pi d) = \left(\frac{\pi d^2}{4}\right)P$$

$$\therefore T = \frac{P \cdot d}{4}$$

핵심예제 1-10

10℃의 물방울 지름이 3mm일 때 내부와 외부의 압력차는?(단, 10℃에서의 표면장력은 0.076g/cm이다.) [12. 기]

① 250dyne/cm² ② 500dyne/cm²
③ 1,000dyne/cm² ④ 2,000dyne/cm²

해설 표면장력

㉠ 유체입자 간의 응집력으로 인해 그 표면적을 최소화시키려는 힘을 표면장력이라 한다.
$$T = \frac{PD}{4}$$

㉡ 압력차의 산정
$$P = \frac{4T}{D} = \frac{4 \times 0.076}{0.3} \times 980 = 1,000 \text{dyne/cm}^2$$

해답 ③

모세관현상(Capillary Action)

유체입자 간의 응집력(표면장력)과 유체입자와 관 벽 사이에 부착력(Adhesion)에 의해 물속에 가느다란 관을 세우면 수면이 상승하는 현상을 모세관현상이라 한다.

1. 연직 유리관을 놓았을 때

$$h_a = \frac{4 \cdot T \cdot \cos\theta}{w \cdot D}$$

여기서, T : 표면장력
 θ : 접촉각
 w : 단위중량
 D : 원형관 지름

2. 연직 평판을 세웠을 때

$$h_b = \frac{2 \cdot T \cdot \cos\theta}{w \cdot D}$$

여기서, D : 평판의 간격

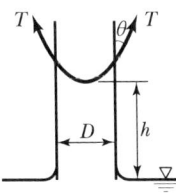 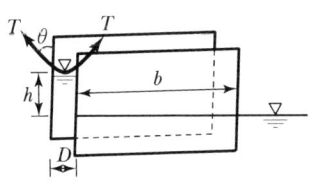

　(a) 연직 유리관　　　(b) 연직 평판

3. 모든 조건이 동일하다면 유리관의 상승고가 평형 평판보다 2배 높다.

$$\therefore h_a = 2h_b$$

4. 물과 수은의 관계

물은 응집력보다 부착력이 크므로 관 벽을 타고 상승하지만 수은은 부착력보다 응집력이 크므로 그 반대의 형상을 한다.

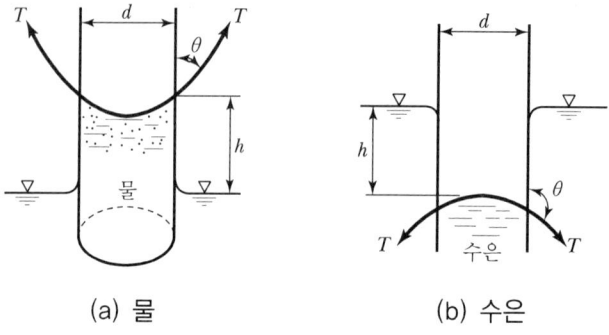

(a) 물 (b) 수은

∴ 수은의 경우는 응집력 >> 부착력

핵심예제 1-11

모세관 현상에 의해서 물이 관내로 올라가는 높이(h)와 관의 직경(D)과의 관계로 옳은 것은?

[15. 산]

① $h \propto D^2$
② $h \propto D$
③ $h \propto \dfrac{1}{D}$
④ $h \propto \dfrac{1}{D^2}$

해설 모세관 현상

유체입자 간의 응집력과 유체입자와 관벽 사이의 부착력으로 인해 수면이 상승하는 현상을 모세관 현상이라 한다.

$$h = \frac{4T\cos\theta}{wD}$$

∴ 모세관 현상에서 수심(h)과 직경(D)의 관계는 $h \propto \dfrac{1}{D}$이다.

해답 ③

핵심예제 1-12

모세관 현상에서 수은의 특징을 옳게 설명한 것은? [00. 산]

① 응집력보다 부착력이 크다.
② 응집력보다 내부저항력이 크다.
③ 부착력보다 응집력이 크다.
④ 접촉각 $0 < \dfrac{\theta}{2}$ 이며, $h > 0$ 이다.

해설 수은은 응집력이 부착력보다 크기 때문에 유리관 속의 수은은 표면관 밖의 표면보다 낮아진다.

해답 ③

Item pool 예상문제 및 기출문제

01. 질량 2kg인 물체를 스프링 저울로 달아보니 19.60 Newton이었다. 이 지점의 중력가속도는?

① $9.8 \times 10^2 \text{m/sec}^2$ ② 8.9m/sec^2
③ 0.98m/sec^2 ④ 9.8m/sec^2

■해설 1N은 1kg의 질량에 단위 가속도를 곱해준 값
$19.6\text{N} = 2\text{kg} \times a$
∴ $a = 9.8 \text{m/sec}^2$

02. 전단응력 및 인장력이 발생하지 않으며 전혀 압축되지도 않고 손실수두(h_L)가 0인 유체를 무엇이라 하는가?

① 관성유체   ② 완전유체
③ 소성유체   ④ 점성유체

■해설 비점성, 비압축성인 유체를 이상유체 또는 완전유체라 한다.

03. 다음 중 물의 압축성과 관계없는 것은?

① 온도   ② 압력
③ 정류   ④ 공기 함유량

■해설 압축성
- 유체덩어리에 압력을 가하면 체적이 줄어들었다가 압력을 제거하면 원상태로 되돌아오려는 성질을 압축성이라 한다.
- 압축성은 체적변화와 관련이 있는 것으로 온도, 압력, 공기 함유량은 체적변화와 밀접한 관련이 있고 가장 관계가 없는 것은 정류이다.

04. 어느 유체의 압축성을 무시할 수 있는 경우는 그 유체의 무엇을 무시할 수 있는 경우에만 가능한가?

① 비중의 변화   ② 밀도의 변화
③ 속도의 변화   ④ 점성의 변화

■해설 압축성
㉠ 유체 덩어리에 압력을 가하면 체적이 줄어들고 압력을 제거하면 체적이 원래의 상태로 돌아오는 유체의 성질을 압축성이라 한다.
㉡ 비압축성 유체
비압축성 유체는 체적 변화를 고려하지 않으므로 각 점에서의 밀도(질량)는 일정해진다.

05. 다음 물리량에 대한 차원을 설명한 것 중 옳지 않은 것은?

① 압력강도 : $[ML^{-1}T^{-2}]$
② 밀도 : $[ML^{-2}]$
③ 점성계수 : $[ML^{-1}T^{-1}]$
④ 표면장력 : $[MT^{-2}]$

■해설 차원
㉠ 물리량의 크기를 질량[M], 힘[F], 길이[L], 시간[T]의 지수형태로 표시한 것을 차원이라 한다.
㉡ 차원 해석

물리량	LMT계 차원	LFT계 차원
압력강도	$L^{-1}MT^{-2}$	$L^{-2}F$
밀도	$L^{-3}M$	$L^{-4}FT^2$
점성계수	$L^{-1}MT^{-1}$	$L^{-2}FT$
표면장력	MT^{-2}	$L^{-1}F$

06. 다음 중 점성계수(μ)의 차원으로 옳은 것은?

① $[ML^{-1}T^{-1}]$ ② $[L^2T^{-1}]$
③ $[LMT^{-2}]$ ④ $[L^{-3}M]$

■해설 점성계수의 차원
㉠ 점성계수의 공학단위는 kg·sec/m²이다.
㉡ 점성계수의 차원

|해답| 01.④ 02.② 03.③ 04.② 05.② 06.①

- LFT계 차원 : FTL^{-2}
- LMT계 차원 : $ML^{-1}T^{-1}$

07. $[FLT]$계 차원으로 표현할 때 힘(F)의 차원이 포함되지 않는 것은?

① 압력(P) ② 점성계수(μ)
③ 동점성계수(ν) ④ 표면장력(T)

해설 차원
㉠ 물리량의 크기를 힘(F), 질량(M), 길이(L), 시간(T)의 지수형태로 표기한 값
㉡ 물리량들의 LTT계 차원의 표현
- 압력 : FL^{-2}
- 점성계수 : $L^{-2}FT$
- 동점성계수 : L^2T^{-1}
- 표면장력 : $L^{-1}F$

∴ 힘(F)의 차원을 갖지 않는 물리량은 동점성계수이다.

08. 동점성계수인 ν를 나타내는 특수단위는?

① Poise ② Mega
③ Stokes ④ Gal

해설 동점성계수
㉠ 동점성계수는 점성계수를 밀도로 나눈 값을 말한다.
$$\nu = \frac{\mu}{\rho}$$
㉡ 동점성계수의 단위는 Stokes이라는 특수단위를 갖는다.
1Stokes=1cm²/sec
㉢ 동점성계수의 차원은 L^2T^{-1}이다.

09. 동점성계수의 차원으로 옳은 것은?

① $[FL^{-2}T]$ ② $[L^2T^{-1}]$
③ $[FL^{-4}T^{-2}]$ ④ $[FL^2]$

해설 동점성계수
㉠ 점성계수를 밀도로 나눈 값을 동점성계수라 한다.

$$\nu = \frac{\mu}{\rho}$$

㉡ 동점성계수의 차원
1Stokes=1cm²/sec

∴ 차원은 $[L^2T^{-1}]$이다.

10. 표면장력의 차원으로 옳은 것은?

① F ② FL^{-1}
③ FL^{-2} ④ FL^{-3}

해설 표면장력
① 액체표면에 있는 분자는 표면에 접선인 방향으로 끌어당기는 힘을 받게 되며 이를 표면장력(Surface Tension)이라 한다.

$$T = \frac{PD}{4}$$

여기서, P : 내부와 외부의 압력차
D : 물방울의 지름

∴ 표면장력의 단위는 압력의 단위(kg/cm²)에 지름의 단위(cm)를 곱하면 kg/cm가 된다.

② 차원
물리량의 크기를 질량[M], 길이[L], 시간[T], 힘[F]의 지수형태로 표기한 값을 차원이라 한다.

∴ 위 표면장력의 공학단위(kg/cm)를 차원으로 바꾸면 FL^{-1}이 된다.

11. 다음 중 단위가 무차원인 것은?

① 점성계수 ② 압축률
③ 프루드(Froude)수 ④ 속도경사

해설 차원
① 차원
물리량의 크기를 질량[M], 길이[L], 시간[T], 힘[F]의 지수형태로 표기한 값을 차원이라 한다.

② 차원 해석
- 점성계수(kg·sec/m²)[FTL^{-2}]
- 압축률(cm²/kg)[L^2F^{-1}]
- 속도경사(/sec)[T^{-1}]
- 프루드수(무차원)

|해답| 07.③ 08.③ 09.② 10.② 11.③

12. 다음 중 무차원량(無次元量)이 아닌 것은?

① Froude 수 ② Reynolds 수
③ 비중 ④ 동점성계수

■해설 물리량의 차원
Froude 수, Reynold 수, 비중은 무차원을 갖지만 동점성계수는 cm²/sec로 L^2T^{-1}의 차원을 갖는다.

13. 체적이 8m³, 중량이 4ton인 액체의 비중은 얼마인가?

① 3 ② 2
③ 1 ④ 0.5

■해설 비중
㉠ 어떤 물체의 단위중량을 물의 단위중량으로 나눈 값을 비중이라 한다.
$$S = \frac{w}{w_w}$$
여기서, w : 물체의 단위중량
w_w : 물의 단위중량

㉡ 어떤 물체의 단위체적당 중량을 단위중량 또는 비중량이라 한다.
$$w = \frac{W}{V}$$
여기서, W : 어떤 물체의 무게
V : 물체의 체적

㉢ 비중의 산정
- $w = \frac{W}{V} = \frac{4}{8} = 0.5 \text{t/m}^3$
- $S = \frac{w}{w_w} = \frac{0.5}{1} = 0.5$

14. 부피 5m³인 해수의 무게(W)와 밀도(ρ)를 구한 값으로 옳은 것은?(단, 해수의 단위중량은 1.025t/m³)

① 5ton, $\rho = 0.1046$kg · sec²/m⁴
② 5ton, $\rho = 104.6$kg · sec²/m⁴
③ 5.125ton, $\rho = 104.6$kg · sec²/m⁴
④ 5.125ton, $\rho = 0.1046$kg · sec²/m⁴

■해설 해수의 무게와 밀도
㉠ 단위중량
$$w = \frac{W}{V}$$

㉡ 해수의 무게
$W = wV = 1.025 \times 5 = 5.125$t

㉢ 단위중량과 밀도의 관계
$w = \rho g$

㉣ 해수의 밀도
$$\rho = \frac{w}{g} = \frac{1.025 \text{t/m}^3}{9.8 \text{m/sec}^2} = 0.1046 \text{t} \cdot \text{sec}^2/\text{m}^4$$
$= 104.6 \text{kg} \cdot \text{sec}^2/\text{m}^4$

15. 액체가 흐르고 있을 경우 어느 한 단면에 있어서 유속이 빠른 부분은 느린 부분의 물 입자를 앞으로 끌어당기려 하고 유속이 느린 부분은 빠른 부분의 물 입자를 뒤로 잡아당기는 듯한 작용을 한다. 이러한 유체의 성질을 무엇이라 하는가?

① 점성 ② 탄성
③ 압축성 ④ 유동성

■해설 점성
유체입자의 상대적인 속도차이로 인해서 전단응력을 일으키는 물의 성질을 점성이라 한다. 점성으로 인해 유속분포는 관의 중앙에서 가장 빠르고 벽에서는 거의 0에 가까운 포물선 분포한다.

16. 물의 점성계수를 μ, 동점성계수를 ν, 밀도를 ρ라 할 때 관계식으로 옳은 것은?

① $\nu = \rho\mu$ ② $\nu = \frac{\rho}{\mu}$
③ $\nu = \frac{\mu}{\rho}$ ④ $\nu = \frac{1}{\rho\mu}$

■해설 동점성계수
점성계수는 유체의 질량과 관계가 있고 이것을 유체의 밀도로 나누면 질량과는 관계없는 액체의 성질만을 나타내는 수치가 구해진다. 이를 동점성계수라 한다.
$$\nu = \frac{\mu}{\rho}$$

|해답| 12.④ 13.④ 14.③ 15.① 16.③

17.
뉴톤(Newton)의 점성법칙에 의하여 전단응력 τ와 속도경사 $\left(\dfrac{du}{dy}\right)$ 사이에는 $\tau=-\mu\dfrac{du}{dy}$ 라는 식이 성립한다. 이 식에 관한 설명으로 옳지 않은 것은?

① 이 식에서 압력의 요소가 없는 것은 τ와 μ가 압력에는 무관함을 의미한다.
② $\dfrac{du}{dy}=0$ 이고 μ의 크기에 관계없는 정지 상태의 점성유체의 전단응력은 0(zero)이다.
③ μ를 동점성계수라고 하고 미터계 단위는 cm^2/sec 이며 스톡스(Stokes)라고 한다.
④ 이 식의 관계를 Newton의 점성법칙이라 한다.

■해설 Newton의 점성법칙
㉠ Newton의 점성법칙
$$\tau=-\mu\dfrac{du}{dy}$$
㉡ 특징
- 이 식에는 압력의 요소가 없는 것은 τ와 μ가 압력에는 무관함을 의미한다.
- $\dfrac{du}{dy}=0$ 이고 μ의 크기에 관계없는 정지 상태의 점성유체의 전단응력은 0이다.
- μ는 점성계수이고 미터 단위는 $g \cdot sec/cm^2$ 이며 포아즈(Poise)의 단위를 갖는다.
- 이 식의 관계를 Newton의 점성법칙이라 한다.

18.
유체의 점성(Viscosity)에 대한 설명으로 옳은 것은?

① 점성계수는 전단응력(τ)을 속도경사($\partial v/\partial y$)로 나눈 값이다.
② 동점성계수는 점성계수에 밀도를 곱한 값이다.
③ 액체의 경우 온도가 상승하면 점성도 함께 커진다.
④ 유체의 비중을 알 수 있는 척도이다.

■해설 점성
① 유체입자의 상대적인 속도차로 인해 전단응력, 마찰응력을 일으키려는 물의 성질을 점성이라 한다.
② 전단응력
- $\tau \propto \dfrac{dv}{dy}$
- $\tau = \mu \dfrac{dv}{dy}$
- $\nu = \dfrac{\mu}{\rho}$
- 점성계수, 동점성계수는 온도가 증가하면 그 값이 감소한다.

19.
벽면으로부터의 속도분포가 $v=4y^{\frac{3}{2}}$ 으로 주어진 경우 벽면에서 10cm 떨어진 곳의 속도경사 $\left(\dfrac{dv}{dy}\right)$는?(단, v는 [m/sec], y는 [m] 단위이다.)

① 1.9/sec ② 2.3/sec
③ 1.9sec ④ 2.3sec

■해설 속도경사
$V=4y^{\frac{3}{2}}$
$\rightarrow V'=4\times\dfrac{3}{2}y^{\frac{1}{2}}$
$\rightarrow V'_{y=0.1}=4\times\dfrac{3}{2}0.1^{\frac{1}{2}}=1.897/sec=1.9/sec$

20.
바닥으로부터 거리가 y[m]일 때의 유속이 $v=-4y^2+y$[m/s]인 점성유체 흐름에서 전단력이 0이 되는 지점까지의 거리는?

① 0m ② $\dfrac{1}{4}$m
③ $\dfrac{1}{8}$m ④ $\dfrac{1}{12}$m

■해설
㉠ $\tau=\mu\cdot\dfrac{dv}{dy}=0$
$\therefore \mu=0$ or $\dfrac{dv}{dy}=0$
㉡ $V=-4y^2+y$
$\therefore$ 속도경사 $V'=\dfrac{dv}{dy}=-8y+1$
㉢ 전단력이 0이 되려면 속도경사가 0이므로
$\dfrac{dv}{dy}=-8y+1=0$
$\therefore y=\dfrac{1}{8}$m

21. 유속분포의 방정식이 $v=2y^{1/2}$로 표시될 때 경계면에서 0.5m인 점에서의 속도 경사는?(단, y : 경계면으로부터의 거리)

① 4.232sec^{-1} ② 3.564sec^{-1}
③ 2.831sec^{-1} ④ 1.414sec^{-1}

■해설 속도경사
  ㉠ 속도경사
    속도경사는 속도를 거리에 따라서 미분한 것 $\left(\dfrac{dv}{dy}\right)$을 말한다.
  ㉡ 문제 조건에서 속도경사
    • $v=2y^{\frac{1}{2}}$
    • $\dfrac{dv}{dy}=y^{-\frac{1}{2}}$
    ∴ 거리 0.5m인 지점의 속도 경사
    $0.5^{-\frac{1}{2}}=1.414\text{sec}^{-1}$

22. 물의 체적탄성계수 E, 체적변형률 e 등과 압축계수 C의 관계를 바르게 표시한 식은?(단, e : 체적변형률 $\dfrac{dV}{V}$, dp : 압력의 변화량)

① $C=\dfrac{1}{E}=\dfrac{e}{dp}$ ② $C=E=\dfrac{dp}{e}$
③ $C=\dfrac{dV}{V}=e$ ④ $C=\dfrac{V}{dV}=\dfrac{1}{e}$

■해설 유체의 압축성
  ㉠ 체적탄성계수 : $E_b=\dfrac{\Delta p}{\dfrac{\Delta V}{V}}=\dfrac{\Delta p}{e}$
  ㉡ 압축률 : $C=\dfrac{1}{E_b}=\dfrac{e}{\Delta p}$

23. 18°C의 물을 처음 부피에서 1% 축소시키려고 할 때 필요한 압력은?(단, 이때 압축률 $\alpha=5\times10^{-5}$ cm²/kg이다.)

① 100kg/cm² ② 200kg/cm²
③ 300kg/cm² ④ 400kg/cm²

■해설 압축성
  ㉠ 체적탄성계수

$$E_b=\dfrac{\Delta p}{\dfrac{\Delta V}{V}}$$

  ㉡ 압축률

$$C=\dfrac{1}{E_b}=\dfrac{1}{\dfrac{\Delta P}{\dfrac{\Delta V}{V}}}=\dfrac{\dfrac{\Delta V}{V}}{\Delta P}$$

  ∴ $5\times10^{-5}=\dfrac{0.01}{\Delta p}$
  ∴ $\Delta P=200\text{kg/cm}^2$

24. 액체와 기체와의 경계면에 작용하는 분자인력에 의한 힘은?

① 모관현상 ② 점성력
③ 표면장력 ④ 내부마찰력

■해설 표면장력
  ㉠ 유체입자 간의 응집력으로 인해 그 표면적을 최소화하려는 장력이 작용한다. 이를 표면장력이라 한다.
    $T=\dfrac{PD}{4}$
  ㉡ 가느다란 철사나 바늘을 물 위에 놓으면 가라앉지 않고 뜨게 되는데 이는 표면장력 때문이다.

25. 가느다란 철사나 바늘을 조심해서 물 위에 놓으면 가라앉지 않고 뜬다. 바늘이 물 위에 뜨는 이유와 관계가 되는 것은?

① 부력 ② 점성력
③ 마찰력 ④ 표면장력

■해설 물질 내 서로 인접분자들의 응집력 때문에 그 표면적을 최소로 하려는 힘을 "표면장력"이라 한다.

26. 10°C의 물방울의 지름이 2mm일 때, 그 내부의 압력과 외부의 압력차는?(단, 10°C에서의 표면장력은 74.22dyne/cm이다.)

① 1.50g/cm² ② 1.48g/cm²
③ 0.50g/cm² ④ 0.88g/cm²

|해답| 21.④ 22.① 23.② 24.③ 25.④ 26.①

■ 해설 ㉠ 1dyne/cm = $\frac{1}{980}$ g/cm

㉡ $P \cdot D = 4 \cdot T$

∴ $P = \frac{4 \cdot T}{D} = \frac{4 \times 74.22}{0.2} \times \frac{1}{980} = 1.51 \text{g/cm}^2$

27. 모세관현상에서 액체기둥의 상승 또는 하강 높이의 크기를 결정하는 힘은 어느 것인가?
07 산업

① 응집력 ② 부착력
③ 표면장력 ④ 마찰력

■ 해설 모세관 현상

㉠ 물 입자들 간의 표면장력(응집력에 의해 발생)과 관 벽 사이의 부착력에 의해 수면이 상승하는 현상을 모세관현상이라 한다.

㉡ 수면 상승고(h)
- 연직유리관 : $h_a = \frac{4 \cdot T \cdot \cos\theta}{w \cdot D}$
- 연직평판 : $h_b = \frac{2 \cdot T \cdot \cos\theta}{w \cdot D}$

∴ 모세관현상을 결정하는 가장 큰 힘은 표면장력(T)이다.

28. 다음과 같은 모세관 현상의 내용 중에서 옳지 않은 것은?
00 산업
12 산업

① 모세관의 상승높이는 모세관의 지름 D에 반비례한다.
② 모세관의 상승높이는 액체의 단위중량에 비례한다.
③ 모세관의 상승높이는 액체의 응집력과 액체와 관벽 사이의 부착력에 의해 좌우된다.
④ 액체의 응집력이 관벽과의 부착력보다 크면 관내 액체의 상승높이는 관내의 액체보다 낮다.

■ 해설 모세관 현상에 의한 상승고

$h = \frac{4 \cdot T \cdot \cos\theta}{w \cdot D}$

∴ 모세관 상승높이는 액체의 단위중량에 반비례한다.

29. 모세관현상에 대한 설명으로 옳지 않은 것은?
10 산업

① 모세관현상에 작용하는 부착력은 액체와 관벽 사이의 부착력을 말한다.
② 모세관현상에 작용하는 응집력은 액체분자 사이의 응집력을 말한다.
③ 부착력이 응집력보다 크면, 액체기둥은 하강한다.
④ 상승하는 액체기둥의 높이는 표면장력에 의하여 좌우된다.

■ 해설 모세관현상

유체입자 간의 응집력과 유체입자와 관벽 사이의 부착력으로 인해 수면이 상승하는 현상을 모세관현상이라 한다.

∴ 수은의 경우처럼 응집력이 부착력보다 크면 액체기둥은 하강한다.

30. 직경 d인 원형관을 세웠을 때의 모관 상승고를 h_a, 간격 d인 나란한 연직 평판을 세웠을 때의 상승고를 h_b라고 할 때 옳은 것은?(단, 동일한 유체에 동일한 재료를 사용하였다.)
06 산업

① $h_a = 2h_b$ ② $h_b = 2h_a$
③ $h_a = 4h_b$ ④ $h_b = 4h_a$

■ 해설 모세관 현상

㉠ 물 입자들 간의 응집력과 관 벽 사이의 부착력에 의해 수면이 상승하는 현상을 모세관현상이라 한다.

㉡ 수면 상승고(h)
- 연직유리관 : $h_a = \frac{4 \cdot T \cdot \cos\theta}{w \cdot D}$
- 연직평판 : $h_b = \frac{2 \cdot T \cdot \cos\theta}{w \cdot D}$

∴ $h_a = 2h_b$

31. 직경 1mm인 모세관의 모관상승 높이는?(단, 물의 표면장력은 74dyne/cm, 접촉각은 8°)
13기사

① 15mm ② 20mm
③ 25mm ④ 30mm

■ 해설 모세관 현상
  ㉠ 유체입자 간의 응집력과 유체입자와 관 벽 사이의 부착력으로 인해 수면이 상승하는 현상을 모세관 현상이라 한다.
  ㉡ 모관상승고의 산정
  $$h = \frac{4T\cos\theta}{wD}$$
  여기서, $1\text{dyne} = \frac{1}{980}\text{g}$
  $= \frac{4 \times 74 \times \cos 8°}{1 \times 0.1} \times \frac{1}{980} = 3\text{cm} = 30\text{mm}$

32.
11 산업

직경 4mm인 유리관을 물속에 세웠을 때 모세관 상승고가 7.5mm이었다. 이때의 표면장력은? (단, 유리관과 물의 접촉각은 8이고 물의 비중은 1g/cm³이다.)

① 0.0734g/cm
② 0.0742g/cm
③ 0.0750g/cm
④ 0.0757g/cm

■ 해설 모세관 현상
  ㉠ 유체입자 간의 응집력과 유체입자와 관 벽 사이의 부착력으로 인해 수면이 상승하는 현상을 모세관 현상이라 한다.
  ㉡ 표면장력의 산정
  $$h = \frac{4T\cos\theta}{wD}$$
  $$T = \frac{wDh}{4\cos\theta} = \frac{1 \times 0.4 \times 0.75}{4 \times \cos 8} = 0.0757\text{g/cm}$$

33.
16 산업

물의 성질에 관한 설명 중 틀린 것은?

① 물은 압축성을 가지며 온도, 압력 및 물에 포함되어 있는 공기의 양에 따라 다르다.
② 물의 단위중량이란 단위체적당 무게로 담수, 해수를 막론하고 항상 동일하다.
③ 물의 밀도는 단위체적당 질량으로 비질량(比質量)이라고도 한다.
④ 물의 비중은 그 질량에 최대밀도가 생기게 하는 온도에서 그것과 같은 체적을 갖는 순수한 물의 질량과의 비이다.

■ 해설 물의 성질
  물의 단위중량은 단위체적당 무게로 담수는 1t/㎥이고 해수에서는 1.025 1t/㎥으로 값이 다르다.

34.
10 산업
15 산업

물의 성질을 설명한 것 중 옳지 않은 것은?

① 압력이 증가하면 물의 압축계수(C_W)는 감소하고 체적탄성계수(E_W)는 증가한다.
② 내부마찰력이 큰 것은 내부마찰력이 작은 것보다 그 점성계수의 값이 크다.
③ 물의 점성계수는 수온(℃)이 높을수록 그 값이 커지고 수온이 낮을수록 그 값은 작아진다.
④ 공기에 접촉하는 액체의 표면장력은 온도가 상승하면 감소한다.

■ 해설 유체의 기본성질
  ㉠ 압력이 증가하면 압축계수는 감소하고 체적탄성계수는 증가한다.
  • $E_w = \dfrac{\Delta p}{\dfrac{\Delta V}{V}}$
  • $C_w = \dfrac{1}{E_w}$
  ㉡ 내부마찰력이 큰 것은 내부마찰력이 작은 것보다 그 점성계수의 값이 크다.
  $\tau = \mu \dfrac{dv}{dy}$
  ㉢ 물의 점성계수는 수온이 높을수록 그 값이 작아지고 수온이 낮을수록 그 값은 커진다.
  $\mu = \dfrac{0.01779}{1 + 0.03368\,T + 0.00022099\,T^2}$
  ∴ 온도와 점성계수의 관계는 반비례 관계이다.
  ㉣ 공기에 접촉하는 액체의 표면장력은 온도가 상승하면 감소한다.

35.
12 산업
15 산업

유체의 기본성질에 대한 설명으로 틀린 것은?

① 압력변화와 체적변화율의 비를 체적탄성계수라 한다.
② 압축률과 체적탄성계수는 비례관계에 있다.
③ 액체와 기체의 경계면에 작용하는 분자 인력을 표면장력이라 한다.

|해답| 32.④ 33.② 34.③ 35.②

④ 액체 내부에서 유체분자가 상대적인 운동을 할 때, 이에 저항하는 전단력이 작용한다. 이 성질을 점성이라 한다.

■해설 유체의 기본성질
㉠ 압력변화와 체적변화율의 비를 체적탄성계수라 한다.
$$E_b = \frac{\Delta p}{\frac{\Delta V}{V}}$$
㉡ 압축률과 체적탄성계수는 반비례관계에 있다.
$$C = \frac{1}{E_b}$$
㉢ 액체와 기체의 경계면에 작용하는 분자 인력을 표면장력이라 한다.
㉣ 액체 내부에서 유체분자가 상대적인 운동을 할 때, 이에 저항하는 전단력이 작용한다. 이 성질을 점성이라 한다.

36. 물에 대한 성질을 설명한 것 중 틀린 것은?
14 산업
① 물의 밀도는 4℃에서 가장 크며 4℃보다 작거나 높아지면 밀도는 점점 감소한다.
② 물의 압축률(C_w)과 체적탄성계수(E_w)는 서로 역수의 관계가 있다.
③ 물의 점성계수는 수온(℃)이 높을수록 그 값이 커지고 수온이 낮을수록 작아진다.
④ 물은 특별한 경우를 제외하고는 일반적으로 비압축성 유체로 취급한다.

■해설 물의 물리적 성질
• 물의 밀도는 온도 4℃에서 가장 크며 온도의 증감에 따라 그 값은 감소한다.
• 물의 압축률(C_w)과 체적탄성계수(E_b)는 역수의 관계를 갖는다.
$$C_w = \frac{1}{E_b}$$
• 물의 점성계수는 수온 0℃에서 그 값이 가장 크며, 수온이 증가하면 그 값은 작아진다.
• 실제 유체는 조금의 점성과 압축성을 갖고 있지만, 특별한 경우를 제외하고는 이상유체(비점성, 비압축성)로 간주하고 해석한다.

정수역학

Chapter 02

Contents

Section 01 정수역학 기본이론
Section 02 대기압
Section 03 압력의 전달
Section 04 압력의 측정
Section 05 평면에 작용하는 정수압
Section 06 곡면에 작용하는 수압
Section 07 원관에 작용하는 수압
Section 08 부력과 부체의 안정
Section 09 상대정지문제

ITEM POOL 예상문제 및 기출문제

이것부터 짚어보고 시작하자!

1. **정수역학 개요**
   - 정수압의 크기 : $P = wh$ (압력은 수심에 비례해서 증가한다.)
   - 정수압의 작용방향은 모든 면에 직각으로 작용한다.

2. **대기압**
   - 1기압 = 1.0336kg/cm^2 = 10.336t/m^2 = 1,013hPa

3. **절대압력과 계기압력**
   - 계기압력 : 대기압 무시
   - 절대압력 : 대기압 고려

4. **수압기**
   - $P_2 = \dfrac{A_2}{A_1} P_1$

5. **시차액주계**
   - $P_A - P_B = w_w(h_2 - h_1) + w_s h_3$

6. **수면과 평형인 면이 받는 전수압**
   - $P = whA$

7. **수면과 연직인 면이 받는 전수압**
   - 전수압의 크기 : $P = wh_G A$
   - 작용점의 위치 : $h_C = h_G + \dfrac{I}{h_G A}$

8. **수면과 경사진 면이 받는 전수압**
   - 전수압의 크기 : $P = wh_G A \, (h_G = S_G \sin\theta)$
   - 작용점의 위치 : $S_C = S_G + \dfrac{I}{S_G A} \, (h_C = S_C \sin\theta)$

9. 곡면이 받는 전수압

- $P_H = wh_G A$ (투영면적)
- $P_V = W$ (곡면이 떠 받드는 물기둥의 무게)
- $P = \sqrt{P_H^2 + P_V^2}$

10. 원관의 두께

- $t = \dfrac{PD}{2\sigma_{ta}}$

11. 부력 개요

- 부력의 크기 : $B = wV'$ (물에 잠긴 만큼의 체적)
- 수중에서 물체의 무게 : $W' = W - B$

12. 부체의 평형조건

- $W = B$

13. 부체의 안정조건

- $\overline{MG} > 0$: 안정, $\overline{MG} < 0$: 불안정
- $\dfrac{I}{V} > \overline{GC}$: 안정, $\dfrac{I}{V} < \overline{GC}$: 불안정

14. 수평가속도를 받는 경우

- $z = -\dfrac{\alpha}{g}x$, $\tan\theta = \dfrac{\alpha}{g}$

15. 연직가속도를 받는 경우

- $P = wh\left(1 + \dfrac{\alpha}{g}\right)$ (연직상향)

16. 회전원통속의 수면

- 상승수심 : $h_a = h + \dfrac{\omega^2 x^2}{4g}$
- 하강수심 : $h_o = h - \dfrac{\omega^2 x^2}{4g}$
- $h_a + h_o = 2h$

 정수역학 기본이론

> **보충**
> 정수역학에서는 점성을 고려하지 않은 유체(비점성유체)에 관해서 다룬다.

1. 정수압의 정의

유체입자가 정지해 있거나 상대적 움직임이 없는 경우 받는 압력

2. 정수압의 크기

① $p = w \cdot h$

여기서, p : 정수압
w : 단위중량
h : 수심

② 정수압은 수심에 비례해서 증가한다.
③ 정수 중 깊이가 같은 임의 점에 대한 수압은 항상 같다.

3. 정수압의 작용방향

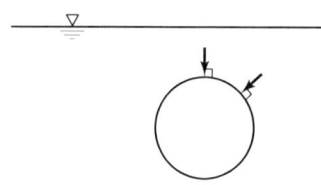

① 정수 중 한 점에 작용하는 정수압 방향은 모든 면에 직각방향으로 작용한다.
② 정수 중 한 점에 작용하는 정수압은 모든 방향에 동일하다.

4. 정수압 강도

① 강도란 단위면적당 작용하는 힘의 크기이다.

② $p = \dfrac{P}{A}$

여기서, p : 정수압 강도(kg/cm^2)
P : 힘(kg)
A : 면적(cm^2)

5. 절대압력과 계기압력

(1) 절대압력

대기 중 공기들의 무게에 의한 압력인 대기압(p_a)을 고려한 압력이다.

$$p = p_a + w \cdot h$$

(2) 계기압력

대기압(p_a)을 무시한 압력을 말한다. 공학에서 주로 사용하므로 다른 말로는 공학압력이라고도 한다.

$$p = w \cdot h$$

핵심예제 2-1

등가속도 운동을 하고 있는 유체는? [92. 기]

① 유체의 층 상호 간에 상대적인 운동이 존재한다.
② 유체의 층 상호 간에 상대적인 운동이 존재하지 않는다.
③ 유체의 자유 표면은 계속적으로 이동된다.
④ 정지 유체와 같이 자유 표면은 수평을 이룬다.

해설 등가속도 운동이란 가속도가 일정한 직선운동이므로 유체의 층 상호 간에 상대적 움직임이 존재하지 않는다.

해답 ②

핵심예제 2-2

정수압의 성질에 대한 설명으로 옳지 않은 것은? [15. 산]

① 정수압은 수중의 가상면에 항상 직각방향으로 존재한다.
② 대기압을 압력의 기준(0)으로 잡은 정수압은 반드시 절대압력으로 표시된다.
③ 정수압의 강도는 단위면적에 작용하는 압력의 크기로 표시한다.
④ 정수 중의 한 점에 작용하는 수압의 크기는 모든 방향에서 같은 크기를 갖는다.

해설 정수압의 성질
 • 정수압은 정수 중 모든 면에 직각방향으로 작용한다.
 • 대기압을 압력의 기준(0)으로 잡은 정수압은 반드시 계기압력으로 표시된다.
 • 정수압의 강도는 단위면적에 작용하는 압력의 크기로 표시한다.
 • 정수 중의 한 점에 작용하는 압력의 크기는 모든 방향에서 크기가 같다.

해답 ②

핵심예제 2-3

절대압력 P_{ab}, 계기압력(또는 상대압력) P_g, 그리고 대기압 P_{at}라고 할 때 이들의 관계식으로 옳은 것은? [15. 기]

① $P_{ab} - P_g = P_{at}$
② $P_{ab} + P_g = P_{at}$
③ $P_g - P_{at} = P_{ab}$
④ $P_g + P_{at} = P_{ab} - 1$

해설 압력의 산정

㉠ 절대압력과 계기압력
- 계기압력(대기압 무시) : $p = wh$
- 절대압력(대기압 고려) : $p = p_a(\text{대기압}) + wh$

㉡ 관계식
∴ $P_{ab} - P_g = P_{at}$

해답 ①

Section 02 대기압

표준대기압은 평균해면에서 대기가 지구표면을 누르는 평균압력을 말하며, 이를 대기압 1기압이라고 한다.

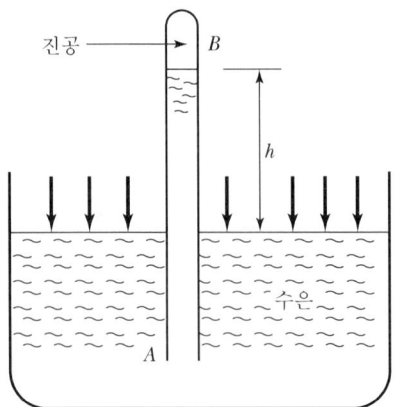

이론상 1기압은 높이 760mm의 수은기둥(단위중량 $w = 13.6\,\text{g/cm}^3$)의 무게와 같다.

$$1기압 = w_s \cdot h$$
$$= 13.6 \text{g/cm}^3 \times 76\text{cm}$$
$$= 1,033.6 \text{g/cm}^2$$
$$= 1.0336 \text{kg/cm}^2$$
$$= 10.336 \text{t/m}^2$$
$$= 1.013 \times 10^5 \text{N/m}^2 = 1.013 \text{bar} = 1,013 \text{milibar} = 1,013 \text{hPa}$$
$$= 101.3 \text{kPa}$$

핵심예제 2-4

1기압을 서로 다른 단위로 표시한 것으로 옳지 않은 것은? [04. 산]

① 1기압 = 760mmHg
② 1기압 = 1,013mb
③ 1기압 = 1.033kg/cm²
④ 1기압 = 1.013×10⁴dyne/cm²

해설 1기압의 표현

㉠ 대기압 1기압이란 위도 45°의 해면상에서 0℃일 때 단위면적당 수은주 760mmHg의 무게를 지칭하는 것이다.

㉡ $1기압 = w \cdot h = 13.6 \text{g/cm}^3 \times 76\text{cm}$
$= 1033.6 \text{g/cm}^2 = 1.0336 \text{kg/cm}^2$
$= 1.013 \times 10^6 \text{dyne/cm}^2$ ($\because 1\text{kg} = 0.98 \times 10^6 \text{dyne}$)

해답 ④

Section 03 압력의 전달

1. Pascal의 원리

정수 중의 한 점에 압력을 가하면 그 압력은 물 속의 모든 곳에 동일하게 전달된다. 즉, 액체에 압력을 가하면, 액체의 모든 곳에 같은 강도의 압력이 전달되며, 이것을 Pascal의 원리라고 한다.

2. 수압기의 원리

수압기는 Pascal의 원리를 응용하여 작은 힘으로 큰 힘을 얻을 수 있는 기계이다.

$$\frac{P_A}{a_A} = \frac{P_B}{a_B}$$

$$\therefore P_B = \frac{a_B}{a_A} \times P_A$$

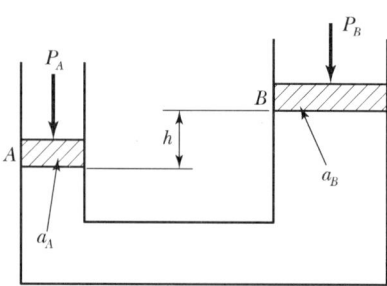

핵심예제 2-5

밀폐된 용기 내 정수 중의 한 점에 압력을 가하면 그 압력은 물속의 모든 곳에 동일하게 전달된다는 원리는? [13. 산]

① 파스칼(Pascal)의 원리
② 아르키메데스(Archimedes)의 원리
③ 베르누이(Bernoulli)의 원리
④ 레이놀즈(Reynolds)의 원리

해설 파스칼의 원리

밀폐된 용기의 정수 중의 한 점에 압력을 가하면 그 압력은 크기와 방향에 관계없이 모든 곳에 동일하게 전달된다는 것이 파스칼의 원리(Pascal's law)이다. 이 원리를 이용하여 적은 힘으로 큰 힘을 얻을 수 있는 장치인 수압기를 만들었다.

해답 ①

1. 액주계(Manometer)

밀폐된 용기나 관로 내의 압력을 측정하는 계기

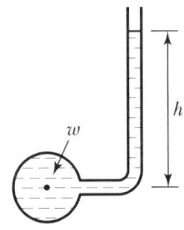

(a) 연직액주계   (b) 경사액주계   (c) U자형 액주계

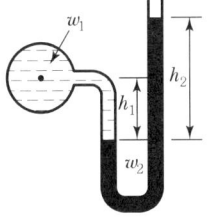

(a) $P = w \cdot h$
(b) $P = w \cdot h = w \cdot l \cdot \sin\theta$
(c) $P_A + w_1 \cdot h_1 = w_2 h_2$
    ∴ $P_A = w_2 h_2 - w_1 h_1$

2. 시차액주계

두 관 또는 두 용기 속의 압력차를 측정할 때 사용한다.

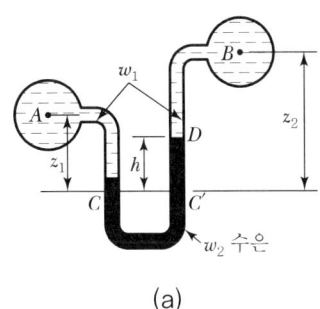

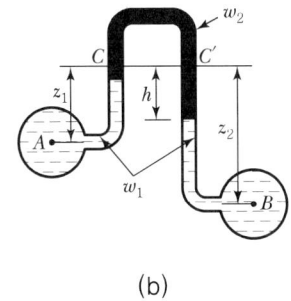

(a)   (b)

$P_A + w_1 z_1 = P_B + w_2 h + w_1 (z_2 - h)$
∴ $P_A - P_B = w_2 h + w_1 (z_2 - z_1 - h)$

> **보충**
>
> 두 관의 압력차가 큰 경우에 사용하는 액주계를 시차액주계라 하고, 압력차가 매우 적은 경우에 사용하는 액주계를 미차액주계라고 한다.

핵심예제 2-6

그림과 같은 액주계에서 수은면의 차가 10cm였다면 A, B 점의 수압차는?(단, 수은의 비중=13.6, 무게 1kg=9.8N) [13. 기], [16. 기]

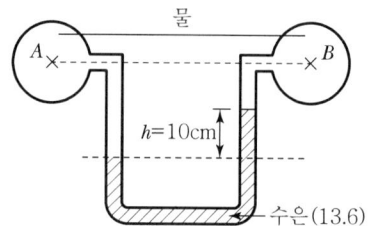

① 133.5kPa ② 123.5kPa ③ 13.35kPa ④ 12.35kPa

해설 시차액주계

㉠ 두 관의 압력차를 측정하는 액주계를 시차액주계라 한다.
$P_A - P_B = w_w(h_2 - h_1) + w_s h_3$

㉡ 압력차의 산정
$P_A - P_B = w_w(h_2 - h_1) + w_s h_3$
$= 1 \times (-10) + 13.6 \times 10$
$= 126 \text{g/cm}^2 = 0.126 \text{kg/cm}^2$
$= 12356 \text{Pa} = 12.35 \text{kPa}$

여기서, $1\text{kg/cm}^2 = 98066.5\text{Pa}$

해답 ④

Section 05 평면에 작용하는 정수압

1. 정수압의 분포

정수압은 모든 면에 직각으로 분포한다.

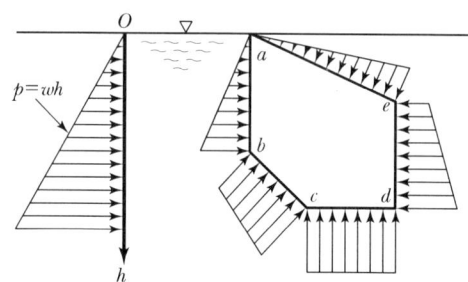

2. 수면에 평행한 평면

수심 h인 수중에 작용하는 정수압은 $p = wh$로 나타낼 수 있으므로, 이 점에 수평으로 놓여 있는 면적 A의 수평면에 작용하는 전수압은 아래 식과 같다.

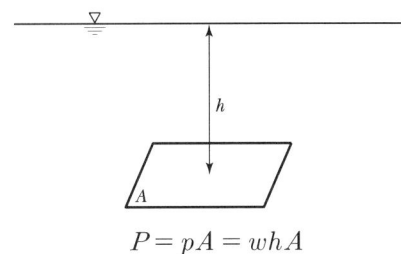

$$P = pA = whA$$

여기서, P : 평면에 작용하는 힘
 p : 정수압
 A : 면적

> **보충**
> 종류가 다르고 서로 혼합되지 않는 두 종류의 액체가 층으로 되어 있을 때의 압력은 각각의 단위중량으로 압력을 구하고 서로 합하면 된다.
> $P = P_1 + P_2 = w_1 h_1 + w_2 h_2$

3. 연직평면

연직평면에 작용하는 압력의 크기 및 작용점의 위치를 구하는 것은 아래 식과 같다.

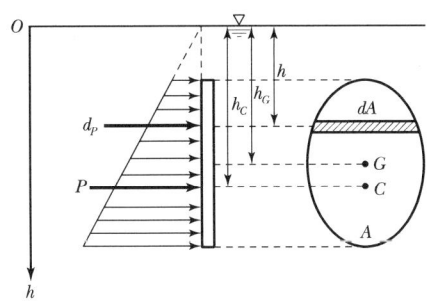

$$P = w \cdot h_G \cdot A, \quad h_C = h_G + \frac{I_G}{h_G A}$$

여기서, w : 물의 단위 중량
 h_G : 수면에서 연직중심점까지의 거리
 A : 면적
 h_C : 수면에서 연직작용점까지의 거리
 I_G : 단면 2차 모멘트

> **보충**
> 수면에서부터 시작되는 연직평면의 경우는 압력분포도가 삼각형 단면이므로 작용점의 위치는 삼각형의 도심 위치를 찾으면 된다.
> $h_C = \frac{2}{3} h$

4. 경사평면

경사평면에 작용하는 압력의 크기 및 작용점의 위치를 구하는 것은 아래 식과 같다.

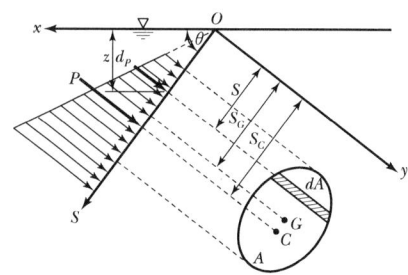

$$P = w \cdot h_G \cdot A, \quad h_G = S_G \cdot \sin\theta$$

$$h_C = S_C \cdot \sin\theta, \quad S_C = S_G + \frac{I}{S_G \cdot A}$$

여기서, S_G : 수면에서 경사중심점까지의 거리
S_C : 수면에서 경사작용점까지의 거리
θ : 수면과의 기울어진 각도

[평면형상의 성질]

	면적	밑변에서 G까지의 높이	단면 2차 모멘트
직사각형	ab	$\dfrac{a}{2}$	$\dfrac{ba^3}{12}$
삼각형	$\dfrac{ab}{2}$	$\dfrac{a}{3}$	$\dfrac{ba^3}{36}$
사다리꼴	$\dfrac{h}{2}(a+b)$	$\dfrac{h}{3} - \dfrac{(2a+b)}{(a+b)}$	$\dfrac{h^3}{3} - \dfrac{a^2+4ab+b^2}{a+b}$
원	$\dfrac{\pi}{4}d^2$	$\dfrac{d}{2}$	$\dfrac{\pi d^4}{64}$
타원	πab	a	$\dfrac{\pi ba^3}{4}$
반원	$\dfrac{\pi r^2}{2}$	$0.576r$	$0.1098\pi^4$

핵심예제 2-7

1m×1m 크기의 평판을 연직방향으로 세워서 물속에 잠기게 하였다. 이 평판을 점점 더 깊은 곳으로 이동할 경우에 전수압의 작용점까지의 수심(h_C)과 평면의 도심까지의 수심(h_G)의 차($h_C - h_G$)는?　　　　　　　　　　　　　　　　　　　[13. 기]

① 0보다 작아진다.　　　　　　　　② 0에 가까워진다.
③ 점점 커진다.　　　　　　　　　　④ 변함이 없다.

해설 수면과 연직인 면이 받는 압력

㉠ 수면과 연직인 면이 받는 압력
$$P = w h_G A$$
$$h_C = h_G + \frac{I}{h_G A}$$

㉡ 작용점의 위치 해석

작용점의 위치를 구하는 식($h_C = h_G + \frac{I}{h_G A}$)에서 h_G가 자꾸 수심 아래로 내려가서 커지면 분자인 단면 2차 모멘트(I)는 그대로이고 분모($h_G A$)만 커지게 되어 점점 0에 가까워진다.

∴ h_C와 h_G의 차이는 없어지고 이들의 차($h_C - h_G$)는 0에 가까워진다.

해답 ②

핵심예제 2-8

그림과 같은 경우 문짝이 받는 전수압은?(단, 문짝의 너비는 3m이다.)

[90. 기], [91. 산]

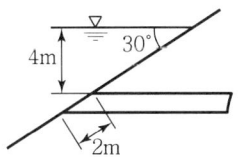

① 20t　　　　　　　　　　　　　　② 27t
③ 30t　　　　　　　　　　　　　　④ 50t

해설 $P = w \cdot h_G \cdot A = 1 \times (4 + \sin 30°) \times (2 \times 3)$
$= 27 \text{t} \, (\because h_G = S_G \cdot \sin\theta)$

해답 ②

Section 06 곡면에 작용하는 수압

1. 수평분력

수중의 곡면에 작용하는 정수압으로 인한 힘의 수평분력은 그 곡면을 연직면상에 투영했을 때 생기는 투영면적에 작용하는 정수압으로 인한 힘의 크기와 같고 작용점은 수중의 연직면에 작용하는 힘의 작용점과 같다.

$$P_H = w \cdot h_G \cdot A \, (A : 투영면상의 \ 면적)$$

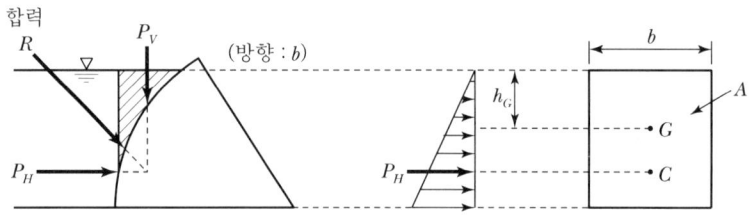

2. 연직분력

수중의 곡면에 작용하는 정수압으로 인한 힘의 연직분력은 그 곡면이 밑면이 되는 물기둥의 무게와 같고 그 작용점은 수중의 중심을 통과한다.

$$P_V = W(물기둥 \ 무게) = w \cdot V(물기둥의 \ 체적)$$

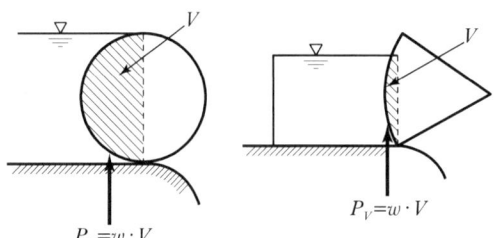

3. 곡면에 작용하는 전수압

분력들의 합력을 구한다.

$$P = \sqrt{P_H^2 + P_V^2}$$

4. 곡면의 일부분이 수평투영면상에 중복되는 경우 중복되는 부분은 배제시킨다.

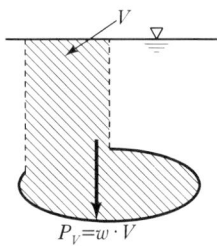

핵심예제 2-9

그림과 같이 폭 2m인 4분원면 $\widehat{AB}$에 작용하는 전수압의 연직성분은?(단, 무게 1kg=10N) [12. 산]

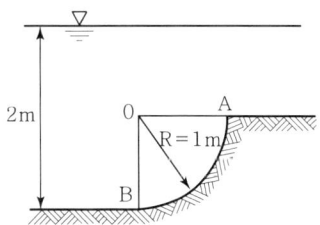

① 17.9kN(1,785kg) ② 23.9kN(2,393kg)
③ 35.7kN(3,571kg) ④ 71.4kN(7,142kg)

해설 곡면이 받는 전수압

㉠ 수평분력 : $P_H = wh_G A$(투영면적)

㉡ 연직분력 : $P_V = W$(무게) $= wV$

㉢ 합력의 계산 : $P = \sqrt{P_H^2 + P_V^2}$

㉣ 연직분력의 계산 : $P_V = wV = 1 \times (1 \times 1 + \dfrac{\pi \times 2^2}{4} \times \dfrac{1}{4}) \times 2 = 3.57t = 3,570\text{kg}$

해답 ③

핵심예제 2-10

그림과 같은 원통면의 외측에 작용하는 수압의 연직분력을 구하는 식은?(단, W_0 : 물의 비중량, l : 원통길이) [00. 기], [11. 산]

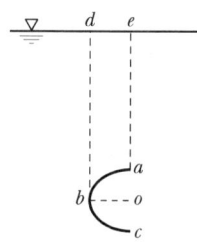

① ($bced$의 면적 $-$ $abcd$의 면적) $W_0 l$

② ($bced$의 면적 $-$ $deab$의 면적) $W_0 l$

③ ($aboe$ 면적) $W_0 l$

④ ($dbae$ 면적 $-$ $bcad$ 면적) $W_0 l$

해설 아래에서 작용하는 연직수압에서 위에서 작용하는 연직수압값을 빼준다.

해답 ②

원관에 작용하는 수압

원관 내 수압이 작용하여 인장응력이 생기면 원관 내에 작용하는 전수압은 모든 방향에 대해 동일한 조건이 되므로 반원에 대한 힘의 평형조건을 적용하면

$$t = \frac{pD}{2\sigma_{ta}}$$

여기서, p : 관 속의 압력
D : 관의 직경
t : 관의 두께
σ_{ta} : 허용인장응력

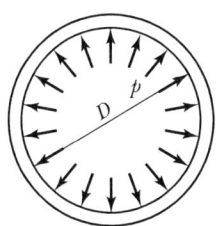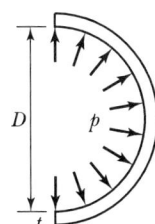

핵심예제 2-11

관경 D, 관내 압력 P, 관의 두께 t, 관내 압력으로 인한 인장응력을 σ라 할 때 다음 관계식 중 옳은 것은? [12. 산]

① $\sigma = \dfrac{PD}{2t}$ ② $P = \dfrac{tD}{\sigma}$ ③ $t = \dfrac{\sigma D}{P}$ ④ $t = \dfrac{\sigma}{PD}$

해설 강관의 두께

㉠ 강관의 두께
$$t = \frac{PD}{2\sigma_{ta}}$$

여기서, t : 강관의 두께
P : 압력
D : 관의 직경
σ_{ta} : 허용인장응력

㉡ 허용인장응력 σ의 산정
$$\sigma = \frac{PD}{2t}$$

해답 ①

Section 08 부력과 부체의 안정

1. 부력(Buoyancy)

물속에 떠있는 물체는 정수압을 받게 된다. 물체에 작용하는 수평분력은 평형을 이루므로 상쇄되고, 연직 분력만 받게 된다. 따라서 수중물체를 연직 상향으로 떠받드는 힘을 부력이라 한다.

① 아르키메데스(Archimedes)의 원리

수중에 있는 물체의 무게는 그 물체가 물에 잠긴 만큼 체적의 물의 무게와 같다.

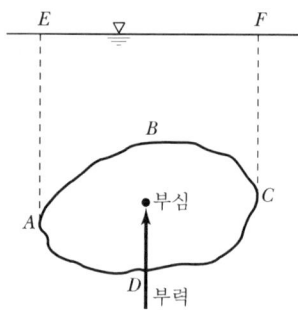

$$B = w_w \cdot V'$$

여기서, B : 부력
w_w : 물의 단위중량
V' : 물에 잠긴 부분의 체적

② 수중에서의 물체의 무게 W'

$$W' = W - B = w \cdot V - w_w \cdot V'$$

여기서, W : 공기 중의 무게
B : 부력
w_w : 물의 단위중량
w : 물체의 단위중량
V : 물체의 체적
V' : 물에 잠긴 부분의 체적

핵심예제 2-12

물체의 공기 중 무게가 750N(75kg)이고 물속에서의 무게는 150N(15kg)일 때 이 물체의 체적은?(단, 무게 1kg=10N) [12. 기]

① 0.05m³ ② 0.06m³ ③ 0.50m³ ④ 0.60m³

해설 물체의 수중무게
 ㉠ 물체의 수중무게(W') : 물체의 수중무게(W')는 공기 중 무게(W)에서 부력(B)을 뺀 것과 같다.
   $W' = W - B$
 ㉡ 체적의 산정
   $0.015t = 0.075t - w_w V = 0.075t - 1 \times V$
   $\therefore V = 0.06\text{m}^3$

해답 ②

2. 부체의 평형조건

정수 중에 물체가 평형을 이루기 위해서는 물체의 무게에 의한 가라앉으려는 힘과 부력에 의해 떠받드는 힘이 평형을 이루는 것이다.

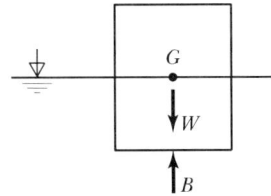

$W(\text{물체의 무게}) = B(\text{부력})$

$\therefore w \cdot V = w_w \cdot V'$

여기서, w : 물체의 단위중량
w_w : 물의 단위중량
V : 물체의 체적
V' : 물에 잠긴 부분의 체적

핵심예제 2-13

지름 25cm, 길이 1m의 원주가 연직으로 물에 떠 있을 때, 물속에 가라앉은 부분의 길이가 70cm라면 원주의 무게는?(단, 무게 1kg=10N) [12. 기]

① 252.5N(25.25kg) ② 343.6N(34.36kg)
③ 423.5N(42.35kg) ④ 503.0N(50.30kg)

해설 부체의 평형조건

㉠ 부체의 평형조건
$W(\text{무게}) = B(\text{부력})$
$w \cdot V = w_w \cdot V'$

여기서, w : 물체의 단위중량
V : 부체의 체적
w_w : 물의 단위중량
V' : 물에 잠긴 만큼의 체적

㉡ 원주의 무게
$W = w_w \cdot V' = 1 \times (\dfrac{\pi \times 0.25^2}{4} \times 0.7) = 0.03434t = 34.34\text{kg}$

해답 ②

3. 부체의 안정조건

부체가 기울어지면 부체의 무게중심은 변화가 없지만 수면에 연직으로 작용하는 부력의 작용점 부심의 위치는 변화하게 된다. 그림에서 C에서 C'로 부심의 변화로 인해 부체에는 복원모멘트 (a), (b)와 전도모멘트 (c)가 작용하게 된다.

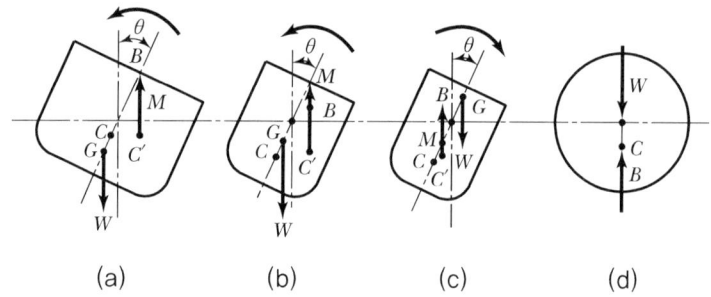

(a)　　　(b)　　　(c)　　　(d)

(1) 용어정리

① 부양면(plane of Floatation)
　　수면에 의해 절단되는 가상의 면적

② 흘수(Draft)
　　부양면으로부터 부체 최심부까지의 깊이

③ 부심(center of buoyancy)
　　부력은 부체가 물속에 가라앉은 부분의 물의 무게와 같으므로, 부력의 작용선은 물체의 수중부분의 중심에 작용한다.

④ 경심(metacenter)
   부체의 중심선과 부력이 작용하는 중심선과의 만나는 점을 경심이라 한다.

⑤ 경심고(metacentric height)
   부체의 중심(G)에서 경심(M)까지의 거리를 경심고($\overline{MG}$)라 한다.

(2) 경심(M)을 이용한 안정해석
   ① 경심(M)이 중심(G)보다 위에 있다. : 안정(a), (b)
   ② 경심(M)이 중심(G)보다 아래에 있다. : 불안정(c)

(3) 경심고($\overline{MG}$)를 이용한 해석

   $\overline{MG} = \overline{MC} - \overline{GC}$

   ① $\overline{MG} > 0$: 안정(a), (b)
   ② $\overline{MG} < 0$: 불안정(c)

(4) $\overline{MG} = \dfrac{I_x}{V} - \overline{GC}$ 를 이용하는 방법

   여기서, I_x : 부양면을 중심으로 한 최소단면 2차 모멘트
   V : 물에 잠긴 부분의 체적

   ① $\dfrac{I_x}{V} > \overline{GC}$: 안정(a), (b)
   ② $\dfrac{I_x}{V} < \overline{GC}$: 불안정(c)

4. 경심고 일반식

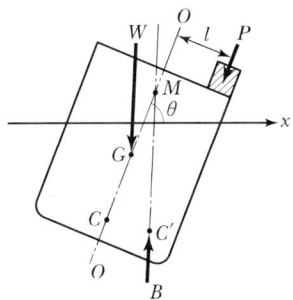

$$\overline{MG} = \frac{P \cdot l}{W \cdot \theta}$$

여기서, W : 물체의 총톤수
θ : 물체의 기울어진 각도
P : 물체에 가해지는 하중
l : 물체의 중심선으로부터 하중까지의 거리

핵심예제 2-14

부체에 관한 설명 중 틀린 것은? [13. 산]

① 수면으로부터 부체의 최심부(가장 깊은 곳)까지의 수심을 흘수라 한다.
② 경심은 부력의 작용선과 물체의 중심선의 교점이다.
③ 수중에 있는 물체는 그 물체가 배제한 배수량만큼 가벼워진다.
④ 수면에 떠 있는 물체의 경우 경심이 중심보다 위에 있을 때는 불안정한 상태이다.

해설 부력 관련 일반사항
㉠ 부양면으로부터 부체 최심부까지의 깊이를 흘수(Draft)라 한다.
㉡ 부력의 작용선과 물체의 중심선의 교차점을 경심(Meta Center)이라 한다.
㉢ 수중의 물체는 그 물체가 배제한 물의 무게만큼의 부력을 받으므로 그만큼 가벼워진다.
㉣ 수중의 물체는 경심이 중심보다 위에 존재하면 안정하고, 아래에 존재하면 불안정하다.

해답 ④

핵심예제 2-15

부체의 중심을 G, 부심을 C, 경심을 M 이라 할 때 불안정한 상태를 표시한 것은? [14. 산]

① $\overline{CM} = \overline{CG}$ 일 때
② M 이 G 보다 위에 있을 때
③ M 과 G 가 연직축 상에 있을 때
④ M 이 G 보다 아래에 있고 C 보다 위에 있을 때

해설 부체의 안정조건
㉠ 경심(M)을 이용하는 방법
  • 경심(M)이 중심(G)보다 위에 존재 : 안정
  • 경심(M)이 중심(G)보다 아래에 존재 : 불안정

㉡ 경심고($\overline{MG}$)를 이용하는 방법
  $\overline{MG} = \overline{MC} - \overline{GC}$
  • $\overline{MG} < 0$: 안정
  • $\overline{MG} < 0$: 불안정

ⓒ 경심고 일반식을 이용하는 방법

$$\overline{MG} = \frac{I}{V} - \overline{GC}$$

- $\frac{I}{V} > \overline{GC}$: 안정
- $\frac{I}{V} < \overline{GC}$: 불안정

∴ 부체가 불안정되기 위해서는 M이 G보다 아래에 있고 C보다 위에 있어야 한다.

해답 ④

상대정지문제

움직이지 않는 유체에 외력이 가해졌을 때 유체 내부의 압력변화(≒평형방정식)와 수면의 이동상태(≒등압면 방정식)를 다루는 문제

1. 평형방정식 및 등압면방정식

단위질량에 작용하는 외력 F의 x, y, z 방향의 가속도 성분을 각각 X, Y, Z라 하면
$dp = \rho \cdot (X \cdot dx + Y \cdot dy + Z \cdot dz)$: 평형방정식(유체 내부의 압력변화를 해석)
또한, 수면에서의 압력은 0이므로 $dp = 0$인 면을 등압면이라 하므로
$X \cdot dx + Y \cdot dy + Z \cdot dz = 0$: 등압면방정식(수면의 이동상태를 해석)

핵심예제 2-16

중력장에서 단위유체질량에 작용하는 외력 F의 x, y, z축에 대한 가속도 성분을 각각 X, Y, Z라 하고, 각 축방향의 증분을 dx, dy, dz라고 할 때 등압면의 방정식은? [10. 기], [13. 기], [16. 기]

① $\frac{dx}{X} + \frac{dy}{Y} + \frac{dz}{Z} = 0$
② $\frac{X}{dx} + \frac{Y}{dy} + \frac{Z}{dz} = 0$
③ $X \cdot dx + Y \cdot dy + Z \cdot dz = 0$
④ $X \cdot dx + Y \cdot dy + Z \cdot dz = dp$

해설 상대적 정지문제의 응용

단위유체질량의 x, y, z축 방향에 대한 가속도 성분을 X, Y, Z라 할 때 외력 F가 작용했을 때 유체 내부의 압력변화와 수면의 이동상태를 다루는 문제

㉠ 평형방정식 : 유체 내부의 압력변화를 해석
$$dp = \rho(X \cdot dx + Y \cdot dy + Z \cdot dz)$$

㉡ 등압면방정식 : 수면의 이동상태를 해석
$$X \cdot dx + Y \cdot dy + Z \cdot dz = 0$$

해답 ③

2. 수평 가속도를 받은 액체

용기에 물을 담고 x축 방향으로 α의 가속도로 이동하는 경우

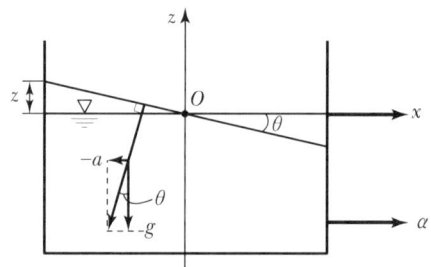

$$z = -\frac{\alpha}{g}x\,(\text{평형표면식}),\ \tan\theta = \frac{(H-h)}{b/2} = \frac{\alpha}{g},$$

$$\therefore\ \theta = \tan^{-1} \cdot \frac{\alpha}{g}\,(z : \text{액체의 상승높이})$$

핵심예제 2-17

물이 담겨 있는 그릇을 정지 상태에서 가속도 a로 수평으로 잡아당겼을 때 발생되는 수면이 수평면과 이루는 각이 30°였다면 가속도 a는?(단, 중력가속도 = 9.8m/s²)   [14. 기]

① 약 4.9m/s² ② 약 5.7m/s² ③ 약 8.5m/s² ④ 약 17.0m/s²

해설 수평가속도를 받는 경우

㉠ 수평가속도를 받는 경우 수면상승고 : $z = -\frac{\alpha}{g}x$

㉡ 수면이 수평면과 기울어진 각도 : $\tan\theta = \frac{\alpha}{g}$

$\therefore\ \alpha = g\tan\theta = 9.8 \times \tan30 = 5.7 \text{m/sec}^2$

해답 ②

3. 연직 가속도를 받은 액체

용기에 물을 담고 z축 방향으로 α의 가속도로 상하 이동하는 경우

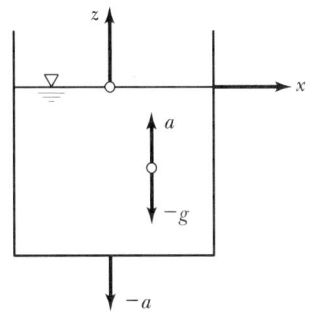

① 연직 상향가속도 : $P = wh\left(1 + \dfrac{\alpha}{g}\right)$

② 연직 하향가속도 : $P = wh\left(1 - \dfrac{\alpha}{g}\right)$

핵심예제 2-18

물이 들어 있고 뚜껑이 없는 수조가 9.8m/s²으로 수직상향 가속되고 있을 때 수심 2m에서의 압력은?(단, 무게 1kg=9.8N) [14. 산]

① 78.4kPa ② 39.2kPa ③ 19.6kPa ④ 0kPa

해설 연직가속도를 받는 경우

㉠ 연직 상방향 가속도를 받는 경우 : $P = wh\left(1 + \dfrac{\alpha}{g}\right)$

㉡ 연직 하방향 가속도를 받는 경우 : $P = wh\left(1 - \dfrac{\alpha}{g}\right)$

㉢ 연직 상방향 가속도를 받는 경우 압력의 계산

$P = wh\left(1 + \dfrac{\alpha}{g}\right) = 1 \times 2 \times \left(1 + \dfrac{9.8}{9.8}\right) = 4\text{t/m}^2 = 0.4\text{kg/cm}^2 = 39.2\text{kPa}$

$1\text{kg/cm}^2 = 98.0665\text{kPa}$

해답 ②

4. 회전 원통속의 수면

회전 원통에 물을 담고 기준 중심축에 관하여 구심가속도 ω(rad/sec)로 회전시킬 경우

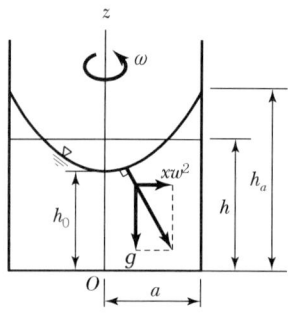
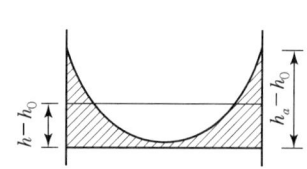

① $h_a = h + \dfrac{\omega^2}{4g}a^2$ ② $h_0 = h - \dfrac{\omega^2}{4g}a^2$

∴ $h_a + h_0 = 2h$

여기서, h_a : 상승수심
h_0 : 하강수심
h : 정지수심
ω : 구심가속도

핵심예제 2-19

그림과 같이 W의 각속도로 회전하고 h_a까지 물이 올라왔다가 정지했을 때 높이는 h가 되었다. h_a, h, h_0의 관계식으로 옳은 것은? [04. 기], [09. 기]

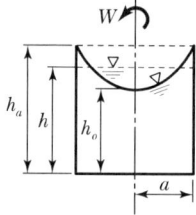

① $h > \dfrac{1}{2}(h_a + h_o)$ ② $h < \dfrac{1}{2}(h_a + h_o)$

③ $h = \dfrac{1}{2}(h_a + h_o)$ ④ $h_o = \dfrac{1}{2}(h_a + h)$

해설 회전원통속의 수면

회전원통을 각속도 ω로 돌렸을 때의 수면고의 변화

㉠ 상류단 수심 : $h_a = h + \dfrac{\omega^2}{4g}a^2$

㉡ 하류단 수심 : $h_o = h - \dfrac{\omega^2}{4g}a^2$

∴ 중간 수심 : $h = \dfrac{1}{2}(h_a + h_o)$

해답 ③

Chapter 02 | 정수역학

Item pool
예상문제 및 기출문제

01. 다음 설명 중 옳지 않은 것은?
93 산업
12 산업
① 유체 속의 수평한 면에 대해서 압력은 전면적을 통하여 각 점에서의 크기가 같다.
② 수평한 면에 대한 전압력은 $P = whA$가 된다.
③ 유체 속에 수평이 아닌 평면에 대해서 압력은 깊이에 비례한다.
④ 정지 액체가 면요소에 작용하는 힘은 그 면에 직각이다. 그 이유는 전단력 또는 점성력이 작용하기 때문이다.

■해설 정지 액체가 등가속도 운동을 하는 경우는 마찰력 또는 전단력이 작용하지 않기 때문이다.

02. 정수압에 대한 설명 중 옳은 것은?
04 산업
09 기사
① 유체의 점성력에 의해 크기가 좌우된다.
② 유체가 움직여도 좋으나 유체 입자 상호간의 상대적인 움직임이 없을 때 적용된다.
③ 유체의 흐름상태에는 관계없이 적용할 수 있다.
④ 층류(Laminar Flow)에 한하여 적용할 수 있다.

■해설 정수압의 정의
유체입자가 정지해 있거나 혹은 유체입자의 상대적 움직임이 없는 경우의 압력을 정수압(Hydrostatic Pressure)이라 한다.

03. 정수(靜水) 중의 한 점에 작용하는 정수압의 크기는 방향에 관계없이 일정한데 그 이유로 가장 옳은 것은?
07 산업
① 정수면은 수평이고 표면장력이 작용하기 때문이다.
② 수심이 일정하여 정수압의 크기가 수심에 반비례하기 때문이다.
③ 물의 단위중량이 $1g/cm^3$로 일정하기 때문이다.
④ 정수압은 면에 수직으로 작용하고 한 점에 작용하는 정수압은 방향에 관계없이 크기가 같기 때문이다.

■해설 정수압의 성질
정수 중의 한 점에 작용하는 정수압의 크기는 방향에 관계없이 일정하다. 그 이유는 정수압은 면에 수직으로 작용하고 한 점에 작용하는 정수압은 방향에 관계없이 크기가 같기 때문이다.

04. 물속에 존재하는 임의의 면에 작용하는 정수압의 작용방향에 대한 설명으로 옳은 것은?
14 기사
① 정수압은 수면에 대하여 수평방향으로 작용한다.
② 정수압은 수면에 대하여 수직방향으로 작용한다.
③ 정수압은 임의의 면에 직각으로 작용한다.
④ 정수압의 수직압은 존재하지 않는다.

■해설 정수압의 작용방향
정수압은 임의의 면에 직각방향으로 작용한다.

05. 정수압의 성질에 대한 설명으로 옳지 않은 것은?
16 산업
① 정수압은 작용하는 면에 수직으로 작용한다.
② 정수 내의 1점에 있어서 수압의 크기는 모든 방향에 대하여 동일하다.
③ 정수압의 크기는 수두에 비례한다.
④ 같은 깊이의 정수압 크기는 모든 액체에서 동일하다.

■해설 정수역학 개요
㉠ 정수 중 한 점에 작용하는 압력은 모든 면에 직각으로 작용한다.
㉡ 정수 중 한 점에 작용하는 압력의 크기는 모든 방향에서 그 크기가 같다.
㉢ 정수압의 크기
$P = wh$
여기서, w : 단위중량, h : 수심
∴ 정수압의 크기는 수심에 비례한다.
㉣ 수심이 같아도 액체의 단위중량이 다르면 정수압의 크기는 동일하지 않다.

|해답| 01.④ 02.② 03.④ 04.③ 05.④

06. 다음 그림에서 A점에 작용하는 정수압 P_1, P_2, P_3, P_4에 관한 사항 중 옳은 것은?

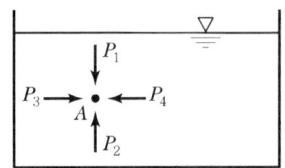

① P_1이 가장 작다.
② P_2가 가장 크다.
③ P_3가 가장 크다.
④ P_1, P_2, P_3, P_4의 크기는 같다.

■해설 정수압 일반
정수 중 한 점에 작용하는 압력은 모든 면에서 동일 크기의 힘이 직각방향으로 작용한다.

07. 다음 정수압의 성질 중 옳지 않은 것은?

① 정수압은 수중의 가상면에 항상 수직으로 작용한다.
② 정수압의 강도는 전 수심에 걸쳐 균일하게 작용한다.
③ 정수 중의 한 점에 작용하는 수압의 크기는 모든 방향에서 동일한 크기를 갖는다.
④ 정수압의 강도는 단위 면적에 작용하는 힘의 크기를 표시한다.

■해설 정수압 일반
㉠ 정수압은 수중의 가상면에 항상 수직으로 작용한다.
㉡ 정수압 강도는 수심에 비례해서 커진다.
㉢ 정수 중 한점에 작용하는 수압의 크기는 모든 방향에서 동일한 크기를 갖는다.
㉣ 정수압의 강도는 단위 면적에 작용하는 힘의 크기를 말한다.

08. 정수압의 성질에 대한 설명으로 옳지 않은 것은?

① 정수압은 수중의 가상면에 항상 직각방향으로 존재한다.
② 대기압을 압력의 기준(0)으로 잡은 정수압은 반드시 절대압력으로 표시된다.
③ 정수압의 강도는 단위면적에 작용하는 압력의 크기로 표시한다.
④ 정수 중의 한 점에 작용하는 수압의 크기는 모든 방향에서 같은 크기를 갖는다.

■해설 정수압의 성질
• 정수압은 정수 중 모든 면에 직각방향으로 작용한다.
• 대기압을 압력의 기준(0)으로 잡은 정수압은 반드시 계기압력으로 표시된다.
• 정수압의 강도는 단위면적에 작용하는 압력의 크기로 표시한다.
• 정수 중의 한 점에 작용하는 압력의 크기는 모든 방향에서 크기가 같다.

09. 수면 아래 30m 지점의 계기압력을 kg/cm²와 수은주의 높이로 표시한 것은?(단, 수은의 비중은 13.6임)

① $P = 3 \text{kg/cm}^2$, $h = 2.21\text{m}$
② $P = 3 \text{kg/cm}^2$, $h = 22.1\text{m}$
③ $P = 30 \text{kg/cm}^2$, $h = 2.21\text{m}$
④ $P = 30 \text{kg/cm}^2$, $h = 22.1\text{m}$

■해설 ㉠ $P = w \cdot h = 30 \text{t/m}^2 = 3 \text{kg/cm}^2$
㉡ $P = w' \cdot h \Rightarrow 30 = 13.6 \cdot h$ ∴ $h = 2.21\text{m}$

10. 다음 중 절대압력(absolute pressure)이란?

① 절대압력이란 주로 공학에 사용하는 압력이다.
② 계기압력에다 대기압을 더한 압력이다.
③ 계기압력에다 대기압을 뺀 압력이다.
④ 수면에서 0의 값을 갖는 압력이다.

■해설 절대압력과 계기압력
㉠ 계기압력(공학압력) : 대기압(P_a)을 무시한 압력을 말한다.
$P = w \cdot h$
㉡ 절대압력 : 대기압(P_a)을 고려한 압력을 말한다.
$P = P_a + w \cdot h$

∴ 절대압력이란 계기압력에 대기압을 더한 압력이다.

|해답| 06.④ 07.② 08.② 09.① 10.②

11.
대기압이 762mmHg로 나타날 때 수은주 305mm의 진공에 해당하는 절대압력의 근사값은?(단, 수은의 비중은 13.6이다.)

① $41N/m^2$ ② $61N/m^2$
③ $40,650N/m^2$ ④ $60,909N/m^2$

■ 해설 압력의 산정
　㉠ 절대압력과 계기압력
　　• 계기압력(대기압 무시) : $p = wh$
　　• 절대압력(대기압 고려) :
　　　$p = p_a(대기압) + wh$
　㉡ 대기압의 산정
　　$p = w_s h = 13.6 \times 76.2 = 1,036.32 g/cm^2$
　㉢ 수은주 305mm의 진공에 해당하는 절대압력의 산정
　　수표면으로부터 305mm의 수은주가 진공으로 세워져 있다고 가정하고 절대압력을 산정한다.
　　$p = p_a - w_s h$
　　$ = 1,036.32 - 13.6 \times 30.5$
　　$ = 621.52 g/cm^2$
　　$621.52 g/cm^2 = 0.62152 kg/cm^2$
　　$ = 6.0909 N/cm^2$
　　$ = 60,909 N/m^2$

12.
그림과 같은 수압기에서 B점의 원통의 무게가 2,000N(200kg), 면적이 500cm²이고 A점의 원통의 면적이 25cm²이라면, 이들이 평형상태를 유지하기 위한 힘 P의 크기는?(단, A점의 원통 무게는 무시하고 관내 액체의 비중은 0.9이며, 무게 1kg=10N이다.)

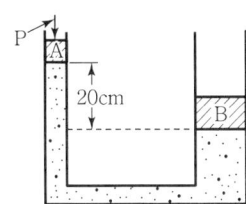

① 0.0955N(9.55g) ② 0.955N(95.5g)
③ 95.5N(9.55kg) ④ 955N(95.5kg)

■ 해설 수압기
　㉠ 파스칼의 원리를 이용하여 작은 힘으로 큰 힘을 얻을 수 있는 장치이다.
　㉡ 수압기는 동일수심에서의 압력강도는 동일하다.

$$\frac{P_1}{A_1} = \frac{P_2}{A_2}$$

　㉢ 힘 P의 산정(등압면에서 압력강도의 산정)

$$\frac{P_1}{A_1} + wh = \frac{P_2}{A_2}$$

$$\frac{P_1}{25cm^2} + 0.9t/m^3 \times 0.2m = \frac{200kg}{500cm^2}$$

$$\frac{P_1}{25cm^2} + 0.018kg/cm^2 = 0.4kg/cm^2$$

$$\therefore P_1 = 9.55kg = 95.5N$$

13.
그림과 같은 수압기에서 $L : l$의 길이 비가 3 : 1, A의 지름이 5cm, B의 지름이 10cm이면 힘의 평형을 유지하기 위한 P의 크기는?(단, 그림에서 ∘는 힌지이다.)

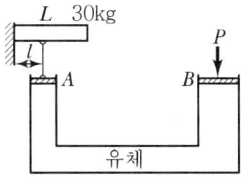

① 200kg ② 260kg
③ 300kg ④ 360kg

■ 해설 압력의 산정
　㉠ 수압기 기본공식

$$\frac{P_1}{A} = \frac{P_2}{B}$$

　㉡ 모멘트의 산정
　　$L \times 30 = l \times P_1$
　　$\therefore P_1 = \dfrac{L}{l} \times 30$

　㉢ P의 산정

$$P_2(=P) = \frac{B}{A}P_1 = \frac{B}{A} \times \frac{L}{l} \times 30$$

$$= \frac{\frac{\pi \times 10^2}{4}}{\frac{\pi \times 5^2}{4}} \times \frac{3}{1} \times 30 = 360kg$$

14. 액주계(Manometer)는 무엇을 측정하는 데 사용하는가?

① 수심 ② 압력
③ 유량 ④ 유속

■해설 액주계는 수압을 측정한다.

15. 피에조미터(Piezometer)는 다음 중 무엇을 측정하기 위한 도구인가?

① 전수압 ② 총수압
③ 정수압 ④ 동수압

■해설 피에조미터
피에조미터는 정수압을 측정하기 위해 만든 도구이다.

16. U자관에서 어떤 액체 15cm의 높이와 수은 5cm의 높이가 평형을 이루고 있다면 이 액체의 비중은?(단, 수은의 비중은 13.6이다.)

① 3.45 ② 5.43
③ 5.34 ④ 4.53

■해설 U자형 액주계
㉠ 임의의 액체와 수은이 평행을 이루는 곳에 수평선을 그어 임의의 두 점 A와 B점을 잡는다.
$P_A = P_B$
㉡ 압력차의 산정
$P_A = wh$, $P_B = w_s h$
∴ $wh = w_s h$
∴ $w \times 15 = 13.6 \times 5$
∴ $w = 4.53 t/m^3$, $S = 4.53$

17. 그림과 같이 높이 4m, 폭 4m인 수문이 있다. 상류 수심 5m에서 하류로 물이 흐를 때 이 수문에 작용하는 전수압의 작용점 위치는?(단, 수면을 기준으로 한 위치)

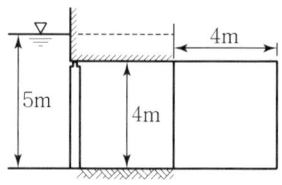

① 3.444m ② 4.333m
③ 4.777m ④ 4.875m

■해설 수면과 연직인 면이 받는 압력
① 압력의 크기
$P = w h_G A$
② 작용점의 위치
$h_c = h_G + \dfrac{\dfrac{bh^3}{12}}{h_G A} = 3 + \dfrac{\dfrac{4 \times 4^3}{12}}{3 \times (4 \times 4)} = 3.44m$

18. 수조에 물이 2m 깊이로 담겨져 있고, 물 위에 비중 0.85인 기름이 1m 깊이로 떠 있을 때 수조 바닥에 작용하는 압력은?

① 8kPa(850kg/m²)
② 14kPa(1,425kg/m²)
③ 20kPa(2,000kg/m²)
④ 28kPa(2,850kg/m²)

■해설 정수압
㉠ 정수압의 정의 : 유체입자가 정지해 있거나 상대적 움직임이 없는 경우 받는 압력이다.
㉡ 정수압의 크기
$P = wh$
압력의 크기는 수심에 비례하여 증가한다.
㉢ 바닥면에서 받는 압력의 산정
$P = w_1 h_1 + w_2 h_2$
$= 0.85 t/m^3 \times 1m + 1 t/m^3 \times 2m$
$= 2.85 t/m^2 = 2,850 kg/m^2$
$= 27.93 kPa$

19. 그림에서 (a), (b) 바닥이 받는 총수압을 각각 P_a, P_b라 표시할 때 두 총수압의 관계로 옳은 것은?(단, 바닥 및 상면의 단면적은 그림과 같고, (a), (b)의 높이는 같다.)

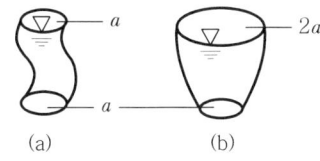

① $P_a = 2P_b$ ② $P_a = P_b$
③ $2P_a = P_b$ ④ $4P_a = P_b$

■해설 정수압의 크기
  ㉠ 수면과 평형인 면이 받는 압력
   $P = whA$
  ㉡ (a), (b)의 경우 수심이 같고 바닥면의 면적이 같으므로 바닥면에서 받는 압력의 크기는 같다.
   ∴ $P_a = P_b$

20. 폭 2.4m, 높이 2.7m의 연직 직사각형 수문이 한 쪽 면에서 수압을 받고 있다. 수문의 밑현은 힌지로 연결되어 있고 상단은 수평체인(Chain)으로 고정되어 있을 때 이 체인에 작용하는 장력(張力)은 얼마인가?(단, 수문의 정상과 수면은 일치한다.)

11 기사

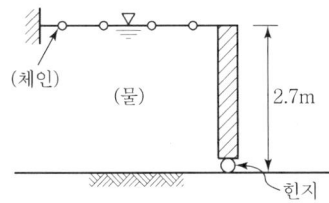

① 2.92ton ② 5.83ton
③ 7.87ton ④ 8.75ton

■해설 수면과 연직인 면이 받는 압력
  ① 면이 받는 압력
   $P = wh_G A = 1 \times \dfrac{2.7}{2} \times (2.4 \times 2.7) = 8.75t$
  ② 체인에 작용하는 장력
   힌지를 기점으로 잡아 모멘트를 취하면 체인에 작용하는 장력을 구할 수 있다.
   $8.75 \times \dfrac{1}{3} \times 2.7 = P_c \times 2.7$
   ∴ $P_c = 2.92t$

21. 다음과 같이 수로폭 3m를 판으로 가로 막았을 때 상류수심은 6m, 하류수심은 3m이었다. 이때 전수압 및 작용점의 위치는?

11 산업

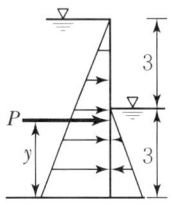

① $y = 1.50$m ② $y = 2.33$m
③ $y = 3.66$m ④ $y = 4.56$m

■해설 ㉠ $P_1 = 1 \times \dfrac{6}{2} \times (3 \times 6) = 54t$
  ㉡ $P_2 = 1 \times \dfrac{3}{2} \times (3 \times 3) = 13.5t$
   ∴ $P = P_1 - P_2 = 54 - 13.5 = 40.5t$
  ㉢ $P_1 \times \dfrac{6}{3} - P_2 \times \dfrac{3}{3} = P \times y$
   ∴ $y = 2.33$m

22. 그림과 같이 직각2등변 삼각형의 한 변을 자유표면에 두고, 변의 길이를 3m로 하면 자유표면으로부터 정수압의 작용점은?

10 기사

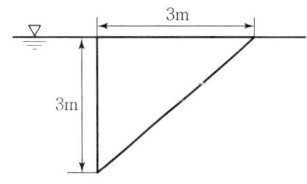

① 1.0m ② 1.5m
③ 2.0m ④ 2.5m

■해설 수면과 연직인 면이 받는 압력
  ① 수면과 연직인 면이 받는 압력
   • $P = wh_G A$
   • $h_c = h_G + \dfrac{I}{h_G A}$
  ② 작용점의 위치
   $h_c = h_G + \dfrac{I}{h_G A} = 1 + \dfrac{\dfrac{3 \times 3^3}{36}}{1 \times \dfrac{3 \times 3}{2}}$
   $= 1.5$m

|해답| 20.① 21.② 22.②

23. 물속에 잠긴 곡면에 작용하는 수평분력에 대한 설명으로 옳은 것은?

① 곡면의 수직 상방에 실려 있는 물의 무게와 같다.
② 곡면에 의해서 배제된 물의 무게와 같다.
③ 곡면의 무게중심(中心)에서의 압력과 면적의 곱이다.
④ 곡면의 연직 투영면 상에 작용하는 전수압과 같다.

■해설 곡면에 작용하는 압력
① 곡면이 받는 연직분력은 수직 상방에 실려 있는 물의 무게와 같다.
$P_v = W$ (물의 무게)
② 부력의 크기는 부체에 의해 배제된 물의 무게와 같다.
③ 수면과 연직인 면이 받는 압력은 무게중심에서의 압력과 면적의 곱으로 구한다.
$P = wh_G A$
④ 곡면이 받는 수평분력은 곡면의 연직 투영면 상에 작용하는 압력과 같다.
$P_H = wh_G A$ (투영면적)

24. 물속에 잠겨진 곡면에 작용하는 정수압의 연직 방향 분력은?

① 곡면을 밑면으로 하는 물기둥 체적의 무게와 같다.
② 곡면 중심에서의 압력에 수직투영면적을 곱한 것과 같다.
③ 곡면의 수직투영면적에 작용하는 힘과 같다.
④ 수평분력의 크기와 같다.

■해설 곡면을 물기둥으로 하는 체적의 무게와 같다.

25. 그림과 같은 테인터 게이트(Tainter gate)의 AB면에 작용하는 전수압은?(단, 수문의 폭은 4m이고, AO는 수평이다.)

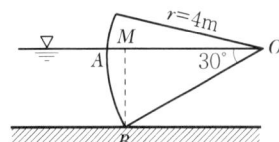

① 4.46t
② 6.42t
③ 8.51t
④ 10.64t

■해설
㉠ $P_H = w \cdot h_G \cdot A = 1 \times \dfrac{4\sin 30}{2} \times (4\sin 30° \times 4)$
$= 8t$
㉡ $P_V = w \cdot V = w \cdot (ABM의 면적) \times b$
$= 1 \times \left(\pi \times 4^2 \times \dfrac{30}{360} - \dfrac{4\sin 30 \times 4\cos 30}{2}\right) \times 4$
$= 2.9t$
㉢ $P = \sqrt{8^2 + 2.9^2} = 8.51t$

26. 반지름($\overline{OP}$)이 6m이고, $\theta' = 30°$인 수문이 그림과 같이 설치되었을 때 수문에 작용하는 전수압 (저항력)은?

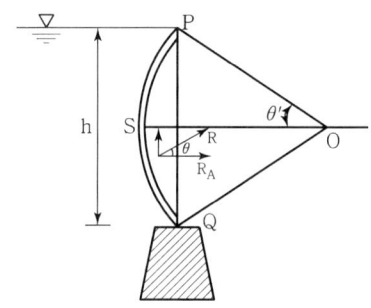

① 159.5kN/m
② 169.5kN/m
③ 179.5kN/m
④ 189.5kN/m

■해설 곡면이 받는 전수압
㉠ 수평분력의 산정
$P_H = wh_G A$
$= 1 \times \dfrac{6\sin 30° \times 2}{2} \times (6\sin 30° \times 2 \times 1)$
$= 18t$
㉡ 연직분력의 산정
$P_V = W = wV$
$= 1 \times [(\pi \times 6^2 \times \dfrac{60}{360})$
$- (\dfrac{1}{2} \times 6\sin 30° \times 6\cos 30° \times 2)] \times 1$
$= 3.25t$
㉢ 합력의 산정
$P = \sqrt{P_H^2 + P_V^2} = \sqrt{18^2 + 3.25^2} = 18.291t$
㉣ 단위폭당 전수압
$18.291t/m = 179.3kN/m$

27. 길이 5m, 직경 8m의 원주가 수평으로 놓여 있을 경우 원주의 한쪽에 윗단까지 물이 차 있다면 이 원주에 작용하는 전수압은 약 얼마인가?

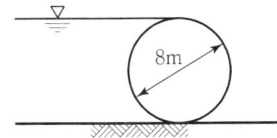

① 126ton ② 160ton
③ 200ton ④ 204ton

■해설 곡면이 받는 전수압
① 수평분력
$$P_H = wh_G A = 1 \times \frac{8}{2} \times (5 \times 8) = 160t$$
② 연직분력
$$P_V = W = wV = 1 \times \frac{\pi \times 8^2}{4} \times \frac{1}{2} \times 5 = 125.6t$$
③ 전수압
$$P = \sqrt{160^2 + 125.6^2} = 203.41t$$

28. 해수 수심 24m 속에 내경 2m의 강관을 설치할 경우 관의 두께는 얼마로 하면 되는가?(단, σ_{ta} =1,000kg/cm², w =1.025g/cm³이다.)

① 4.92mm ② 2.93mm
③ 2.46mm ④ 2.15mm

■해설 $t = \frac{P \cdot D}{2 \times \sigma_{ta}}$
㉠ $P = w \cdot h = 1.025 \times 24 = 24.6 t/m^2$
㉡ $\sigma_{ta} = 1,000 kg/cm^2 = 10,000 t/m^2$
∴ $t = \frac{24.6 \times 2}{2 \times 10,000} = 2.46mm$

29. 안지름 0.5m, 두께 20mm의 수압관이 15N/cm²의 압력을 받고 있을 때, 관벽에 작용하는 인장응력은?

① 46.8N/cm² ② 93.7N/cm²
③ 140.6N/cm² ④ 187.5N/cm²

■해설 강관의 두께
㉠ 강관의 두께
$$t = \frac{PD}{2\sigma_{ta}}$$
여기서, t : 강관의 두께
P : 압력
D : 관의 직경
σ_{ta} : 허용인장응력
㉡ 인장응력의 두께 산정
$$\sigma_{ta} = \frac{PD}{2t} = \frac{15 \times 50}{2 \times 2} = 187.5 N/cm^2$$

30. 부체가 수면에 의해 절단되는 면에서 최심부까지의 수심을 무엇이라 하는가?

① 부심 ② 흘수
③ 부력 ④ 부양면

■해설 수면에 의해 절단되는 면에서 최심부까지의 수심을 "흘수"라 한다.

31. 수중에 잠긴 물체가 배제한 물 체적의 중심으로 부력의 작용점을 무엇이라 하는가?

① 무게중심 ② 부심
③ 경심 ④ 부양면

■해설 부심
물체가 물에 잠긴 부분의 중심, 즉 부력의 작용점을 부심이라 한다.

32. 유체 중에 있는 물체의 무게는 그 물체가 배제한 부피에 해당하는 유체의 ( )만큼 가벼워지는데 이를 ( )의 원리라 한다. ( ) 안에 들어갈 알맞은 말을 순서대로 바르게 나타낸 것은?

① 부피, 뉴턴 ② 무게, 스톡스
③ 부피, 파스칼 ④ 무게, 아르키메데스

■해설 ㉠ 수중의 물체를 수면과 연직상향으로 떠받드는 힘을 부력이라 한다.
㉡ 부력의 크기는 부체가 배제한 부피의 물의 무게와 같다. 이를 아르키메데스의 원리라 한다.

|해답| 27.④ 28.③ 29.④ 30.② 31.② 32.④

33. 단면적 2.5cm², 길이 2m인 원형강철봉의 중량이 대기 중에서 2.75kg였다면 단위중량이 1t/m³인 수중에서의 무게는?

① 2.25kg ② 2.55kg
③ 2.75kg ④ 2.85kg

■ 해설 수중에서 물체의 무게
㉠ 수중에서 물체의 무게
W'(수중에서 물체의 무게)
$= W$(공기 중에서의 무게) $- B$(부력)
㉡ 계산
W'(수중에서 물체의 무게)
$= W$(공기 중에서의 무게) $- w_w$(물의 단위중량)
$\times V'$(물에 잠긴 만큼의 체적)
$= 2,750g - 1g/cm^3 \times 2.5cm^2 \times 200cm = 2,250g$
$= 2.25kg$

34. 체적이 10m³인 물체가 물속에 잠겨 있다. 물속에서의 물체의 무게가 13t이었다면 물체의 비중은?

① 2.6 ② 2.3
③ 1.6 ④ 1.3

■ 해설 물의 물리적 성질
㉠ 물속에서의 물체의 무게(W')
$W' = W$(공기 중의 무게) $- B$(부력)
$W = W' + B = 13 + 1 \times 10 = 23t$
㉡ 물의 단위중량
$w = \dfrac{W}{V} = \dfrac{23}{10} = 2.3t/m^3$
㉢ 비중
비중은 자신의 단위중량을 물의 단위중량으로 나눈 값과 같다.
$S = \dfrac{w}{w_w} = \dfrac{2.3t/m^3}{1t/m^3} = 2.3$

35. 4m×5m×1m의 목재판이 물에 떠 있고, 판 위에 2,000kg의 하중이 놓여 있다. 목재의 비중이 0.5일 때 목재판이 물에 잠기는 흘수(Draught)와 체적은?

① $d = 0.5m$, $V = 0.8m^3$ ② $d = 0.6m$, $V = 12.0m^3$
③ $d = 1.0m$, $V = 16.0m^3$ ④ $d = 0.5m$, $V = 9.6m^3$

■ 해설 ㉠ W(무게) $= B$(부력)
$0.5(4 \times 5 \times 1) + 2 = 1(4 \times 5 \times d)$
$\therefore d = 0.6m$
㉡ $V = 4 \times 5 \times 0.6 = 12m^3$

36. 그림과 같은 콘크리트 케이슨이 바닷물에 떠 있을 때 흘수는?(단, 콘크리트 비중은 2.40이며, 바닷물의 비중은 1.025이다.)

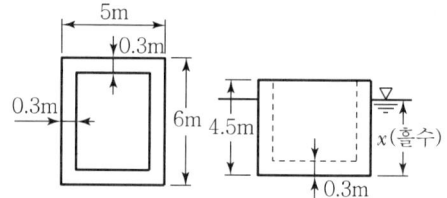

① $x = 2.35m$ ② $x = 2.55m$
③ $x = 2.75m$ ④ $x = 2.95m$

■ 해설 부체의 평형조건
㉠ 부체의 평형조건
- W(무게) $= B$(부력)
- $w \cdot V = w_w \cdot V'$

여기서, w : 물체의 단위중량
V : 부체의 체적
w_w : 물의 단위중량
V' : 물에 잠긴 만큼의 체적

㉡ 흘수의 산정
- W(무게) $= B$(부력)
- $2.4 \times \{(5 \times 6 \times 4.5) - (4.4 \times 5.4 \times 4.2)\}$
$= 1.025(5 \times 6 \times D)$
$\therefore D = 2.75m$

37. 그림과 같은 배의 무게가 882kN일 때 이 배가 운항하는 데 필요한 최소수심은?(단, 물의 비중=1, 무게 1kg=9.8N)

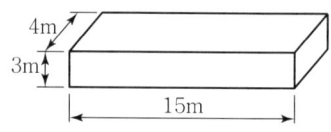

① 1.2m ② 1.5m
③ 1.8m ④ 2.0m

■ 해설 흘수
　㉠ 부양면에서 부체 최심부까지의 깊이를 흘수(draft)라 한다.
　㉡ 흘수의 산정
　　882kN = 882,000N = 90,000kg = 90t
　　$(1N = \frac{1}{9.8\text{kg}})$
　　$W(무게) = B(부력)$
　　$90t = 1 \times (4 \times 15 \times D)$
　　∴ 흘수 $D = 1.5\text{m}$

38.
07 기사

단면 50cm×50cm, 길이 4m, 단위중량 0.7g/cm³의 물체를 완전히 물속에 잠기게 하기 위하여 최소 얼마의 힘을 가해야 하는가?

① 0.2ton　② 0.3ton
③ 0.4ton　④ 0.5ton

■ 해설 부체의 평형조건
　㉠ 부체의 평형조건
　　$W(무게) + P(물속에 잠기게 하기 위한 힘) = B(부력)$
　㉡ 힘(P)의 산정
　　$W + P = B$
　　→ $0.7(50 \times 50 \times 400) + P = 1(50 \times 50 \times 400)$
　　$P = 300,000\text{g} = 0.3\text{ton}$

39.
16 기사

단위무게 5.88kN/m³, 단면 40cm×40cm, 길이 4m인 물체를 물속에 완전히 가라앉히려 할 때 필요한 최소 힘은?

① 2.51kN　② 3.76kN
③ 5.88kN　④ 6.27kN

■ 해설 부체의 평형조건
　㉠ 부체의 평형조건
　　・ $W(무게) + P = B(부력)$
　　・ $w \cdot V = w_w \cdot V'$
　　여기서, w : 물체의 단위중량
　　　　　　V : 부체의 체적
　　　　　　w_w : 물의 단위중량
　　　　　　V' : 물에 잠긴 만큼의 체적
　㉡ 힘(P)의 산정
　　$5.88(0.4 \times 0.4 \times 4) + P = 9.8(0.4 \times 0.4 \times 4)$
　　∴ $P = 2.51\text{kN}$

40.
09 산업

해수에 떠 있는 폭 8m, 길이 20m의 물체를 담수(淡水)에 넣었더니 흘수가 6cm 증가했다. 이 물체의 무게는?(단, 해수의 단위중량은 1.025ton/m³임)

① 309.6ton　② 393.6ton
③ 398.6ton　④ 399.6ton

■ 해설 부력
　・부력 : 해수에서 받는 부력 = 담수에서 받는 부력
　・해수에서 받는 부력
　　$B = w_w V' = 1.025 \times (20 \times 8 \times h)$　………㉠
　・담수에서 받는 부력
　　$B = w_w V' = 1 \times (20 \times 8 \times (h + 0.06))$　………㉡
　・㉠ = ㉡로 놓으면
　　$1.025 \times (20 \times 8 \times h) = 1 \times (20 \times 8 \times (h + 0.06))$
　　∴ $h = 2.4\text{m}$
　・물체의 무게
　　$W = B$이므로 해수에서 받는 부력을 구하면 물체의 무게가 된다.
　　∴ $M(=B) = 1.025 \times (20 \times 8 \times 2.4) = 393.6\text{t}$

41.
13 기사

빙산(氷山)의 부피가 V, 비중이 0.92이고, 바닷물의 비중은 1.025라 할 때 빙산의 바닷물 속에 잠겨 있는 부분의 부피는?

① 0.92V　② 0.9V
③ 0.82V　④ 0.8V

■ 해설 부체의 평형조건
　㉠ 부체의 평형조건
　　・ $W(무게) = B(부력)$
　　・ $w \cdot V = w_w \cdot V'$
　　여기서, w : 물체의 단위중량
　　　　　　V : 부체의 체적
　　　　　　w_w : 물의 단위중량
　　　　　　V' : 물에 잠긴 만큼의 체적
　㉡ 물속에 잠긴 빙산의 부피
　　물 위로 나온 빙산의 부피를 a라 하고 부체의 평형조건을 적용하면
　　$0.92V = 1.025(V - a)$
　　∴ $a = 0.10V$
　　∴ 물속에 잠긴 빙산의 부피는 $V - 0.1V = 0.9V$

42. 비중이 0.92인 빙산이 그림과 같이 바닷물 위에 떠 있다. 빙산의 전 체적을 구한 값은?(단, 해수의 비중은 1.03이다.)

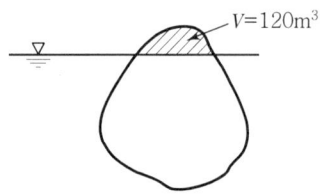

① 1,087m³ ② 1,124m³
③ 1,132m³ ④ 1,364m³

■해설 빙산 전체의 체적을 V라 하면 $W=B$이므로
$0.92 \times V = 1.03(V-120)$
∴ $V = 1,123.6\text{m}^3$

43. 비중이 0.9인 목재가 물에 떠 있다. 수면 위에 노출된 체적이 1.0m³이라면 목재 전체의 체적은?(단, 물의 비중은 1.0이다.)

① 1.9m³ ② 2.0m³
③ 9.0m³ ④ 10.0m³

■해설 부체의 평형조건
 ㉠ 부체의 평형조건
  • W(무게) $= B$(부력)
  • $w \cdot V = w_w \cdot V'$
  여기서, w : 물체의 단위중량
     V : 부체의 체적
     w_w : 물의 단위중량
     V' : 물에 잠긴 만큼의 체적
 ㉡ 체적의 산정
  • $0.9 \times V = 1.0 \times (V - 1.0)$
  ∴ $V = 10\text{m}^3$

44. 다음 중 부체의 안정을 조사할 때 고려되지 않는 것은?

① 경심 ② 수심
③ 부심 ④ 물체중심

■해설 부체의 안정조건
 ㉠ 경심(M)을 이용하는 방법
  • 경심(M)이 중심(G)보다 위에 존재 : 안정
  • 경심(M)이 중심(G)보다 아래에 존재 : 불안정
 ㉡ 경심고($\overline{MG}$)를 이용하는 방법
  • $\overline{MG} = \overline{MC} - \overline{GC}$
  • $\overline{MG} > 0$: 안정
  • $\overline{MG} < 0$: 불안정
 ㉢ 경심고일반식을 이용하는 방법
  • $\overline{MG} = \dfrac{I}{V} - \overline{GC}$
  • $\dfrac{I}{V} > \overline{GC}$: 안정 • $\dfrac{I}{V} < \overline{GC}$: 불안정
 ∴ 부체의 안정을 조사할 때 필요한 것은 경심(M), 물체의 중심(G), 부심(C)

45. 부체는 일반적으로 어떤 경우에 기울어지기 쉬운가?

① 부양면에 대한 단면 1차 모멘트가 작을수록
② 부양면에 대한 단면 1차 모멘트가 클수록
③ 부양면에 대한 단면 2차 모멘트가 작을수록
④ 부양면에 대한 단면 2차 모멘트가 클수록

■해설 부체 안정 조건
$\dfrac{I_y}{V} > \overline{GC}$ 일 때 안정
∴ 부양면을 중심으로 단면 2차 모멘트가 커야만 안정

46. 경심고를 구하는 식 $h = \dfrac{I_y}{V} - a$에서 다음 설명 중 옳지 않은 것은?

① I_y는 부양면의 최소단면 2차 모멘트
② V는 부체의 총체적
③ a는 부심에서 중심까지의 거리
④ h는 무게 중심에서 경심까지 거리

■해설 V : 수중에 잠긴 부분의 체적

47. 부체가 물 위에 떠 있다. 부체의 중심과 부심의 거리를 e, 부심과 경심의 거리를 a, 경심에서 중심까지의 거리를 b라 할 때 부체의 안정조건은?

① $a < b$ ② $a > e$
③ $b < e$ ④ $b > e$

|해답| 42.② 43.④ 44.② 45.③ 46.② 47.②

■ 해설 부체의 안정조건
　㉠ 경심(M)을 이용하는 방법
　　• 경심(M)이 중심(G)보다 위에 존재 : 안정
　　• 경심(M)이 중심(G)보다 아래에 존재 : 불안정
　㉡ 경심고($\overline{MG}$)를 이용하는 방법
　　• $\overline{MG} = \overline{MC} - \overline{GC}$
　　• $\overline{MG} > 0$: 안정
　　• $\overline{MG} < 0$: 불안정
　㉢ 경심고일반식을 이용하는 방법
　　• $\overline{MG} = \dfrac{I}{V} - \overline{GC}$,　• $\dfrac{I}{V} > \overline{GC}$: 안정,
　　• $\dfrac{I}{V} < \overline{GC}$: 불안정
　㉣ 안정, 불안정의 판별
　　부체가 안정하려면 경심이 중심보다 위에 존재해야 하고, 이 조건에 의하면 a가 e보다 커야 한다.($a > e$)

48. 부체가 안정되기 위한 조건으로 옳은 것은?(단, C=부심, G=중심, M=경심)

① $\overline{CM} = \overline{CG}$　　② $\overline{CM} < \overline{CG}$
③ $\overline{CM} < \overline{2CG}$　　④ $\overline{CM} > \overline{CG}$

■ 해설 부체의 안정조건
　㉠ 경심(M)을 이용하는 방법
　　• 경심(M)이 중심(G)보다 위에 존재 : 안정
　　• 경심(M)이 승심((G)보다 아래에 존재 : 불안정
　㉡ 경심고($\overline{MG}$)를 이용하는 방법
　　• $\overline{MG} = \overline{MC} - \overline{GC}$
　　• $\overline{MG} > 0$: 안정
　　• $\overline{MG} < 0$: 불안정
　㉢ 경심고 일반식을 이용하는 방법
　　• $\overline{MG} = \dfrac{I}{V} - \overline{GC}$
　　• $\dfrac{I}{V} > \overline{GC}$: 안정
　　• $\dfrac{I}{V} < \overline{GC}$: 불안정
　∴ 부체가 안정되기 위해서는 $\overline{MC} > \overline{GC}$이어야 안정된다.

49. 부체의 경심(M), 부심(C), 무게중심(G)에 대하여 부체가 안정되기 위한 조건은?

① $\overline{MG} > 0$　　② $\overline{MG} = 0$
③ $\overline{MG} < 0$　　④ $\overline{MG} = \overline{CG}$

■ 해설 부체의 안정조건
　㉠ 경심(M)을 이용하는 방법
　　• 경심(M)이 중심(G)보다 위에 존재 : 안정
　　• 경심(M)이 중심(G)보다 아래에 존재 : 불안정
　㉡ 경심고($\overline{MG}$)를 이용하는 방법
　　• $\overline{MG} = \overline{MC} - \overline{GC}$
　　• $\overline{MG} > 0$: 안정
　　• $\overline{MG} < 0$: 불안정
　㉢ 경심고 일반식을 이용하는 방법
　　• $\overline{MG} = \dfrac{I}{V} - \overline{GC}$
　　• $\dfrac{I}{V} > \overline{GC}$: 안정
　　• $\dfrac{I}{V} < \overline{GC}$: 불안정
　∴ 부체가 안정되기 위해서는 $\overline{MG} > 0$을 만족해야 한다.

50. 그림과 같은 1m×1m×1m인 정육면체의 나무가 물에 떠 있다. 비중이 0.8이면 부체의 상태로 다음 중 옳은 것은?

① 안정하다.　　② 불안정하다.
③ 중립상태다.　　④ 판단할 수 있다.

■ 해설　㉠ $W = B$
　　　　$0.8(1 \times 1 \times 1) = 1(1 \times 1 \times h)$　∴ $h = 0.8$

　　㉡ $\dfrac{I_x}{V} - \overline{GC} = \dfrac{\dfrac{1 \times 1^3}{12}}{1 \times 1 \times 0.8} - 0.1 = 0.00417 > 0$
　　　　∴ 안정

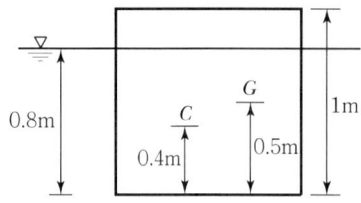

51.
08 기사
08 산업

다음 중 그림과 같이 길이 5m인 원기둥(비중 0.6)을 수중에 수직으로 띄웠을 때, 원기둥이 전도되지 않게 하기 위한 원기둥의 적당한 최소 직경은?

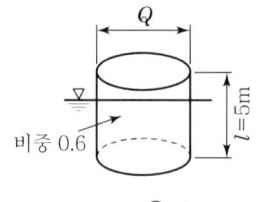

① 2m ② 4m
③ 6m ④ 7m

■ 해설 부체의 안정조건
  ㉠ 부체의 안정조건
    ⓐ 경심(M)을 이용하는 방법
      • 경심(M)이 중심(G)보다 위에 존재 : 안정
      • 경심(M)이 중심(G)보다 아래에 존재 : 불안정
    ⓑ 경심고($\overline{MG}$)를 이용하는 방법
      • $\overline{MG} = \overline{MC} - \overline{GC}$
      • $\overline{MG} > 0$: 안정
      • $\overline{MG} < 0$: 불안정
    ⓒ 경심고 일반식을 이용하는 방법
      • $\overline{MG} = \dfrac{I}{V} - \overline{GC}$
      • $\dfrac{I}{V} > \overline{GC}$: 안정
      • $\dfrac{I}{V} < \overline{GC}$: 불안정
  ㉡ 원기둥의 직경산정
    ⓐ $W = B \rightarrow 0.6\left(\dfrac{\pi D^2}{4} \times 5\right) = 1\left(\dfrac{\pi D^2}{4} \times h\right)$
    ∴ $h = 3$m
    ⓑ $\dfrac{I}{V} - \overline{GC} = \dfrac{\dfrac{\pi D^4}{64}}{\dfrac{\pi D^2}{4} \times 3} - 1 > 0$
    ∴ $D = 7$m 이상

52.
12 산업

어떤 선박의 배수용량이 3,000kN(300ton)이며, 갑판에서 20kN(2ton)의 하중을 선박길이 방향의 직각방향으로 7m 이동시켰을 때 1/30 radian 각도만큼 기울어졌을 때의 경심고는? (단, 무게 1kg=10N, 1/30radian≒1.91°)

① 1.20m ② 1.30m
③ 1.40m ④ 1.50m

■ 해설 경심고 일반식
  ㉠ 경심고 일반식 : $\overline{MG} = \dfrac{Pl}{W\theta}$

  여기서, P : 외부 작용하중
    l : 부체의 중심축에서 외부하중 작용점까지의 거리
    W : 부체의 배수용량
    θ : 부체의 기울어진 각도

  ㉡ 경심고 계산
  $\overline{MG} = \dfrac{Pl}{W\theta} = \dfrac{2 \times 7}{300 \times \dfrac{1}{30}} = 1.4$m

53.
11 기사
16 산업

그림과 같이 높이 2m인 물통에 물이 1.5m만큼 담겨져 있다. 물통이 수평으로 4.9m/s²의 일정한 가속도를 받고 있을 때 물통의 물이 넘쳐흐르지 않기 위한 물통의 최소 길이는?

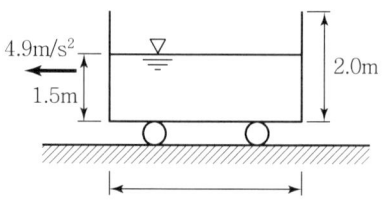

① 2.0m ② 2.4m
③ 2.8m ④ 3.0m

■ 해설 수평가속도를 받는 경우
  ㉠ 수면상승고 : $z = -\dfrac{\alpha}{g}x$
  ㉡ 수평길이의 계산
    • 상승최대높이는
      $2\text{m} - 1.5\text{m} = 0.5\text{m}(z\text{값})$
    • z값으로부터 x의 계산
      $0.5 = -\dfrac{4.9}{9.8} \times x$
    ∴ $x = -1$m(중앙을 중심으로 좌표개념)
    • x값은 중앙을 중심으로 $\dfrac{1}{2}L$이므로 전체 길이 L은 2m이다.

|해답| 51.④ 52.③ 53.①

54. 물이 들어 있고 뚜껑이 없는 수조가 14.7m/sec² 로 연직상향으로 가속될 때 수조 속 깊이 2.0m 에서의 압력은?(단, 물의 단위중량은 1.0ton/m³ 이다.)

① 1.0ton/m² ② 3.0ton/m²
③ 5.0ton/m² ④ 7.0ton/m²

■해설 상대적 정지문제의 응용
  ㉠ 연직상향 가속도를 받는 경우
  $$P = wh\left(1 + \frac{\alpha}{g}\right)$$
  ㉡ 압력의 계산
  $$P = wh\left(1 + \frac{\alpha}{g}\right) = 1 \times 2\left(1 + \frac{14.7}{9.8}\right) = 5 \text{t/m}^2$$

|해답| 54.③

Chapter 03 동수역학의 기초

Contents

Section 01 개요
Section 02 흐름의 분류
Section 03 흐름의 상태
Section 04 흐름의 기본 방정식
Section 05 기본 방정식의 응용
Section 06 에너지 보정계수, 운동량 보정계수
Section 07 유체의 서항

ITEM POOL 예상문제 및 기출문제

이것부터 잡어보고 시작하자!

1. 동수역학 개요

- 경심 : $R = \dfrac{A}{P}$
- 유체입자의 속도벡터에 공통으로 접하는 접선을 유선이라고 한다.
- 유체입자가 그리는 운동경로를 유적선이라고 한다.
- 여러 개의 유선이 모여 만든 하나의 가상관을 유관이라고 한다.

2. 흐름의 분류

- 정류 : $\dfrac{\partial v}{\partial t} = 0,\ \dfrac{\partial p}{\partial t} = 0,\ \dfrac{\partial \rho}{\partial t} = 0 \cdots$
- 부정류 : $\dfrac{\partial v}{\partial t} \neq 0,\ \dfrac{\partial p}{\partial t} \neq 0,\ \dfrac{\partial \rho}{\partial t} \neq 0 \cdots$
- 등류 : $\dfrac{\partial v}{\partial l} = 0,\ \dfrac{\partial Q}{\partial l} = 0,\ \dfrac{\partial h}{\partial l} = 0 \cdots$
- 부등류 : $\dfrac{\partial v}{\partial l} \neq 0,\ \dfrac{\partial Q}{\partial l} \neq 0,\ \dfrac{\partial h}{\partial l} \neq 0 \cdots$

3. 층류와 난류

- $R_e = \dfrac{VD}{\nu}$
- $R_e < 2{,}000$: 층류, $2{,}000 < R_e < 4{,}000$: 천이영역, $R_e > 4{,}000$: 난류

4. 상류와 사류

- $F_r = \dfrac{V}{C} = \dfrac{V}{\sqrt{gh}}$
- $F_r < 1$: 상류, $F_r = 1$: 한계류, $F_r > 1$: 사류

5. 연속방정식

- 질량보존의 법칙에 의한 방정식
- $Q = A_1 V_1 = A_2 V_2$

6. 베르누이정리
    - 에너지보존의 법칙에 의한 방정식
    - $z_1 + \dfrac{p_1}{w} + \dfrac{v_1^2}{2g} = z_2 + \dfrac{p_2}{w} + \dfrac{v_2^2}{2g}$

7. 베르누이정리의 응용
    - 토리첼리 정리 : $V = \sqrt{2gh}$
    - 피토관방정식 : $V = \sqrt{2gh}$
    - 벤투리미터 : $Q = \dfrac{A_1 A_2}{\sqrt{A_1^2 - A_2^2}} \sqrt{2gh}$ (관수로 유량측정 장치)

8. 운동량방정식
    - 유수에 의한 작용, 반작용의 힘을 구하는 방정식
    - 작용력 : $F = \dfrac{wQ}{g}(V_2 - V_1)$
    - 반작용력 : $F = \dfrac{wQ}{g}(V_1 - V_2)$

9. 에너지보정계수
    - $\alpha = \displaystyle\int_A \left(\dfrac{V}{V_m}\right)^3 \dfrac{dA}{A}$
    - 층류 : $\alpha = 2$

10. 운동량보정계수
    - $\eta = \displaystyle\int_A \left(\dfrac{V}{V_m}\right)^2 \dfrac{dA}{A}$
    - 층류 : $\eta = \dfrac{4}{3}$

11. 유체의 저항력
    - $D = C_D A \dfrac{\rho V^2}{2}$

Section 01 개요

1. 용어 정리

(1) 유속(Velocity of Flow)
물의 흐름의 속도를 말하며, 단위시간당 물 입자가 이동한 거리를 말한다. 실제 유속에 있어서는 수심의 변화에 따라 유속의 차가 발생하지만, 일반적으로 실제 유속을 평균한 평균유속을 사용하기로 한다.(m/sec)

(2) 유적(Cross Sectional Area)
흐름의 방향에 수직인 횡단면적(m^2)

(3) 유량(Discharge)
단위시간에 유적을 통과하는 물의 양을 의미한다. 따라서 유적에 유속을 곱해준 값이라 할 수 있다.

$$Q = A \cdot V \, (m^3/sec)$$

(4) 유선(Stream Line)
흐르는 유체의 각 점에서 발생하는 속도 벡터에 공통으로 접하는 접선을 유선이라 한다.

(5) 유적선(Stream Path Line)
개개의 유체입자가 운동하며 그리는 경로(Path)를 유적선이라 한다.

(6) 유관(Stream Tube)
유체속에 하나의 폐속선을 가상하고 그 곡선상의 각 점에서 유선을 그리면, 만들어지는 하나의 가상적인 관을 유관이라 한다.

> **보충**
> 흐름이 정류라고 하면
> • 유선과 유적선은 일치한다.
> • 하나의 유선과 다른 유선은 교차되지 않는다.

2. 유선방정식

유선상의 한 점 $(x,\ y,\ z)$에 있어서의 속도 벡터 V의 세 직각성분을 $u,\ v,\ w$라 하고 미소변위 ds의 세 직각성분을 각각 $dx,\ dy,\ dz$라 하면 유선상을 따라 이동하는 유체입자의 변위와 속도성분간의 관계를 표시하면 다음과 같은 식을 얻을 수 있다.

$$\frac{dx}{u} = \frac{dy}{v} = \frac{dz}{w}$$

3. 윤변과 경심

유적 중에 유체가 벽에 접하고 있는 길이를 윤변(Wetted Perimeter)이라 하며, 유적을 윤변으로 나눈 값을 경심(Hydraulic Radius : R) 또는 수리반경, 수리평균심이라 한다.

$$경심\ R = \frac{A}{P}$$

※ 원형단면의 경우 경심(R)

$$R = \frac{A}{P} = \frac{\dfrac{\pi D^2}{4}}{\pi D} = \frac{D}{4}$$

따라서, 원형관의 경심은 $\dfrac{D}{4}$이다.

핵심예제 3-1

유관(Stream Tube)에 대한 설명으로 옳은 것은? [14. 산]

① 한 개의 유선(流線)으로 이루어지는 관을 말한다.
② 어떤 폐곡선(閉曲線)을 통과하는 여러 개의 유선으로 이루어지는 관을 말한다.
③ 개방된 곡선을 통과하는 유선으로 이루어지는 평면을 말한다.
④ 임의의 여러 유선으로 이루어지는 유동체를 말한다.

해설 유관
　유관(Stream Tube)이란 여러 개의 유선이 모여 만든 하나의 가상 관을 말한다.

해답 ②

핵심예제 3-2

반지름 a인 관수로에 물이 가득 차서 흐를 때 경심 R은?   [13. 산], [16. 기]

① $\dfrac{a}{4}$ ② $\dfrac{a}{3}$ ③ $\dfrac{a}{2}$ ④ a

해설 경심

㉠ 경심(동수반경)은 단면적을 윤변으로 나눈 것과 같다.

$$R = \dfrac{A}{P}$$

㉡ 원형만관의 경심산정

$$R = \dfrac{A}{P} = \dfrac{\dfrac{\pi \times D^2}{4}}{\pi \times D} = \dfrac{D}{4}$$

$$\therefore R = \dfrac{D}{4} = \dfrac{2a}{4} = \dfrac{a}{2}$$

해답 ③

핵심예제 3-3

다음 설명 중 옳지 않은 것은?   [07. 기], [17. 기]

① 흐름이 층류일 때 뉴턴의 점성법칙을 적용할 수 있다.
② 정상류란 모든 점에서의 흐름과 특성이 시간에 따라 변하지 않는 흐름이다.
③ 유관이란 개방된 곡선을 통과하는 유선으로 이루어진 평면이다.
④ 유선이란 모든 점에서의 속도 벡터가 접선이 되는 곡선이다.

해설 유관이란 여러 개의 유선으로 이루어진 가상적인 관을 말한다.

해답 ③

핵심예제 3-4

2차원 x, y 방향의 속도성분이 다음과 같을 때 $u = -ky$, $v = kx$ 유선의 형태는?
    [93. 기]

① 쌍곡선   ② 축소수로
③ 타원   ④ 원

해설 ㉠ 유선방식 $\dfrac{dx}{u} = \dfrac{dy}{v} = \dfrac{dz}{w}$ 로부터 $u = -ky, v = kx$를 대입

㉡ $\dfrac{dx}{-ky} = \dfrac{dy}{kx}$

$x \cdot dx = -y \cdot dy$

$\dfrac{1}{2}x^2 + \dfrac{1}{2}y^2 = c$

$\therefore x^2 + y^2 = c$

$\therefore$ 원

해답 ④

Section 02 흐름의 분류

1. 정류와 부정류

여러 가지 흐름의 특성이 시간에 따라서 변하지 않으면 정류, 변하면 부정류라고 한다.

(1) 정류(Steady Flow)

$$\frac{\partial v}{\partial t}=0, \quad \frac{\partial p}{\partial t}=0, \quad \frac{\partial \rho}{\partial t}=0$$

(2) 부정류(Unsteady Flow)

$$\frac{\partial v}{\partial t}\neq 0, \quad \frac{\partial p}{\partial t}\neq 0, \quad \frac{\partial \rho}{\partial t}\neq 0$$

2. 등류와 부등류

여러 가지 흐름의 특성이 공간(거리)에 따라 변하지 않으면 등류, 변하면 부등류라고 한다.

(1) 등류

$$\frac{\partial Q}{\partial l}=0, \quad \frac{\partial v}{\partial l}=0, \quad \frac{\partial h}{\partial l}=0$$

(1) 부등류

$$\frac{\partial Q}{\partial l}\neq 0, \quad \frac{\partial v}{\partial l}\neq 0, \quad \frac{\partial h}{\partial l}\neq 0$$

> **흐름의 분류**
> - 정상등류
> - 정상부등류
> - 부정등류 : 자연계에는 존재하지 않는 흐름
> - 부정부등류 : 조파나 홍수파 등 파의 흐름을 해석할 경우에 적용

핵심예제 3-5

동류의 정의로 옳은 것은? [13. 산]
① 흐름특성이 어느 단면에서나 같은 흐름
② 단면에 따라 유속 등의 흐름특성이 변하는 흐름
③ 한 단면에 있어서 유적, 유속, 흐름의 방향이 시간에 따라 변하지 않는 흐름
④ 한 단면에 있어서 유량이 시간에 따라 변하는 흐름

해설 **흐름의 분류**

㉠ 정류와 부정류 : 시간에 따른 흐름의 특성이 변하지 않는 경우를 정류, 변하는 경우를 부정류라 한다.

• 정류 : $\dfrac{\partial v}{\partial t} = 0,\ \dfrac{\partial p}{\partial t} = 0,\ \dfrac{\partial \rho}{\partial t} = 0$

• 부정류 : $\dfrac{\partial v}{\partial t} \neq 0,\ \dfrac{\partial p}{\partial t} \neq 0,\ \dfrac{\partial \rho}{\partial t} \neq 0$

㉡ 등류와 부등류 : 공간에 따른 흐름의 특성이 변하지 않는 경우를 등류, 변하는 경우를 부등류라 한다.

• 등류 : $\dfrac{\partial Q}{\partial l} = 0,\ \dfrac{\partial v}{\partial l} = 0,\ \dfrac{\partial h}{\partial l} = 0$

• 부등류 : $\dfrac{\partial Q}{\partial l} \neq 0,\ \dfrac{\partial v}{\partial l} \neq 0,\ \dfrac{\partial h}{\partial l} \neq 0$

∴ 등류는 어느 단면에서나 유속, 유량, 수심 등의 흐름의 특성이 변하지 않는 흐름을 말한다.

해답 ①

핵심예제 3-6

부등류에 대한 표현으로 가장 적합한 것은?(단, t : 시간, ℓ : 거리, v : 유속) [15. 기]

① $\dfrac{dv}{d\ell} = 0$ ② $\dfrac{dv}{d\ell} \neq 0$

③ $\dfrac{dv}{dt} = 0$ ④ $\dfrac{dv}{dt} \neq 0$

해설 핵심예제 3-3 해설 참조

∴ 부등류는 $\dfrac{\partial v}{\partial l} \neq 0$ 이다.

해답 ②

핵심예제 3-7

개수로 흐름에서 등류의 흐름일 경우에 대한 다음 사항 중 옳은 것은? [02. 기]

① 유속은 점점 빨라진다.
② 유속은 점점 느려진다.
③ 유속은 0이다.
④ 유속은 일정하게 유지된다.

해설 $\dfrac{\partial V}{\partial t} = 0,\ \dfrac{\partial V}{\partial l} = 0$

∴ 유속변화 없이 일정

해답 ④

핵심예제 3-8

정류에 대한 설명으로 옳지 않은 것은? [02. 기]

① 흐름의 상태가 시간에 관계없이 일정하다.
② 어느 단면에서나 유속이 균일하다.
③ 유선과 유적선이 일치한다.
④ 유선에 따라 유속은 다를 수 있다.

해설 $\dfrac{\partial V}{\partial t}=0$, $\dfrac{\partial \rho}{\partial t}=0$, $\dfrac{\partial Q}{\partial t}=0$, …

유체가 운동할 때 한 단면에서 시간에 따라서 흐름의 특성들(유속, 밀도, 압력, 유량 등)이 변하지 않는 흐름을 정류라 한다.
㉠ 보통 평상시 하천의 흐름
㉡ 유선과 유적선 일치

해답 ②

Section 03 흐름의 상태

1. 층류와 난류의 구분

(1) 정의

① **층류** : 흐름이 점성에 의해 층상을 이루며 흐르는 흐름
② **난류** : 유체입자가 상하좌우 운동을 하면서 흐르는 흐름

(2) 구분

$$R_e = \frac{V \cdot D}{\nu}, \ R_e < 2,000 : 층류$$

$$2,000 < R_e < 4,000 : 천이영역$$

$$R_e > 4,000 : 난류$$

여기서, R_e : Reynolds Number
V : 속도
D : 관의 직경
ν : 동점성 계수

핵심예제 3-9

내경 2cm의 관 내를 수온 20℃의 물이 25cm/s의 유속을 갖고 흐를 때 이 흐름의 상태는?(단, 20℃일 때의 물의 동점성계수 $\nu = 0.01\text{cm}^2/\text{s}$) [14. 산]

① 층류
② 난류
③ 상류
④ 불완전 층류

해설 흐름의 상태

㉠ 층류와 난류의 구분

$$R_e = \frac{VD}{\nu}$$

여기서, V : 유속
D : 관의 직경
ν : 동점성계수

- $R_e < 2,000$: 층류
- $2,000 < R_e < 4,000$: 천이영역
- $R_e > 4,000$: 난류

㉡ 층류와 난류의 계산

$$R_e = \frac{VD}{\nu} = \frac{25 \times 2}{0.01} = 5,000$$

∴ 난류

해답 ②

> **보충**
> 동수역학에서는 상류(常流)와 사류(射流)의 분류 기준을 푸르드수 하나만으로 구분하지만 상류와 사류의 구분은 대단히 중요하므로 개수로에 가서는 한계수심, 한계유속, 한계경사 등의 인자를 추가해서 구분해 본다.

2. 상류와 사류

(1) 정의

① 상류(常流) : 하류(下流)의 흐름이 상류(上流)에 영향을 줄 수 있는 흐름
② 사류(射流) : 하류(下流)의 흐름이 상류(上流)에 영향을 줄 수 없는 흐름

(2) 구분

$$F_r = \frac{V}{C} = \frac{V}{\sqrt{gh}}, \quad F_r < 1 : 상류$$
$$F_r > 1 : 사류$$
$$F_r = 1 : 한계류$$

여기서, F_r : Froude Number
V : 속도
C : 장파의 전파속도
h : 수심

핵심예제 3-10

직사각형 단면수로에서 폭 $B = 2\text{m}$, 수심 $H = 6\text{m}$이고, 유량 $Q = 10\text{m}^3/\text{s}$일 때 Froude 수와 흐름의 종류는? [15. 산]

① 0.217, 사류　② 0.109, 사류　③ 0.217, 상류　④ 0.109, 상류

해설 흐름의 상태

㉠ 상류(常流)와 사류(射流)의 구분

$$F_r = \frac{V}{C} = \frac{V}{\sqrt{gh}}$$

여기서, V : 유속
C : 파의 전달속도

- $F_r < 1$: 상류(常流)
- $F_r > 1$: 사류(射流)
- $F_r = 1$: 한계류

㉡ 상류(常流)와 사류(射流)의 계산

- $V = \dfrac{Q}{A} = \dfrac{10}{2 \times 6} = 0.83\text{m/sec}$
- $F_r = \dfrac{V}{\sqrt{gh}} = \dfrac{0.83}{\sqrt{9.8 \times 6}} = 0.108$　∴ 상류

해답 ④

Section 04 흐름의 기본 방정식

1. 1차원 흐름의 연속방정식(질량보존의 법칙)

유체흐름의 연속성을 나타내는 방정식으로, 정류에서 하나의 유관을 통과하는 유량은 동일하다.

$dM = dM_1 = dM_2$ (질량보존의 법칙)

$\rho_1 A_1 V_1 = \rho_2 A_2 V_2$ (질량유량)

if) 비압축성유체 : $\rho_1 ≒ \rho_2$ (일정, 생략가능)

$Q = A_1 V_1 = A_2 V_2$ (체적유량)

핵심예제 3-11

그림과 같이 $d_1 = 1$m인 원통형 수조의 측벽에 내경 $d_2 = 10$cm의 관으로 송수할 때의 평균 유속(V_2)이 2m/s이었다면 이때의 유량 Q와 수조의 수면이 강하하는 유속 V_1은?
　　　　　　　　　　　　　　　　　　　　　　　　　　　　　　　　　　[15. 기]

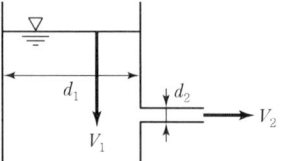

① $Q = 1.57$L/s, $V_1 = 2$cm/s　　② $Q = 1.57$L/s, $V_1 = 3$cm/s
③ $Q = 15.7$L/s, $V_1 = 2$cm/s　　④ $Q = 15.7$L/s, $V_1 = 3$cm/s

해설 연속방정식
　㉠ 연속방정식
　　$Q = A_1 V_1 = A_2 V_2$
　㉡ 유속의 산정
　　$V_1 = \dfrac{A_2}{A_1} V_2 = \dfrac{0.1^2}{1^2} \times 2 = 0.02\text{m/sec} = 2\text{cm/sec}$
　㉢ 유량의 산정
　　$Q = A_1 V_1 = \dfrac{\pi \times 1^2}{4} \times 0.02 = 0.0157\text{m}^3/\text{sec} = 15.7\text{L/sec}$

해답 ③

핵심예제 3-12

관지름이 d_1에서 d_2로 변하고, 유속이 V_1에서 V_2로 변할 때, 유속비 V_1/V_2의 관계에 해당하는 관지름의 비는?
　　　　　　　　　　　　　　　　　　　　　　　　　　　　[81. 기], [93. 산], [10. 산]

① $\left(\dfrac{d_1}{d_2}\right)$ 　　② $\left(\dfrac{d_1}{d_2}\right)^2$
③ $\left(\dfrac{d_2}{d_1}\right)$ 　　④ $\left(\dfrac{d_2}{d_1}\right)^2$

해설 $Q = A_1 V_1 = A_2 V_2$
　　$\dfrac{\pi d_1^2}{4} \cdot V_1 = \dfrac{\pi d_2^2}{4} \cdot V_2$
　　$\therefore \dfrac{V_1}{V_2} = \left(\dfrac{d_2}{d_1}\right)^2$

해답 ④

2. 베르누이 정리(에너지 방정식)

Euler의 운동방정식을 적분하여 정리하였다.

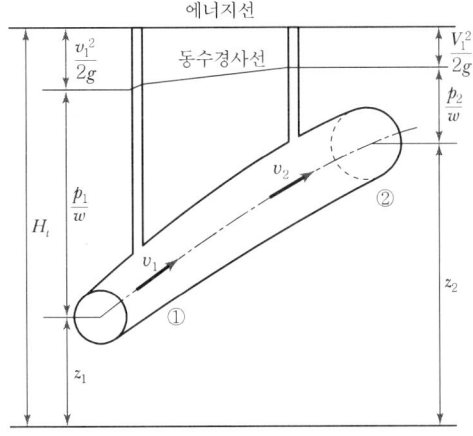

$$H = z + \frac{p}{w} + \frac{v^2}{2g} = \text{constant}$$

여기서, H : 총수두(Total head)
z : 위치수두(Potential head)
$\frac{p}{w}$: 압력수두(Pressure head)
$\frac{v^2}{2g}$: 속도수두(Velocity head)

(1) 이상유체가 아닌 실체유체(점성, 압축성 유체)의 경우 수로 내 두 점 사이의 베르누이 정리는 다음과 같다.

$$z_1 + \frac{p_1}{w} + \frac{v_1^2}{2g} = z_2 + \frac{p_2}{w} + \frac{v_2^2}{2g} + h_L$$

(2) 베르누이 정리를 압력의 항으로 표시

$$pgz_1 + p_1 + \frac{1}{2}pv_1^2 = pgz_2 + p_2 + \frac{1}{2}pv_2^2$$

여기서, pgz : 위치압력, p : 정압력, $\frac{1}{2}pv^2$: 동압력

(3) 베르누이 정리의 성립 가정
① 유체의 흐름은 정류라 가정하였다.
② 하나의 유선상에서 성립되는 방정식이다.
③ 하나의 유선에 대해서 총에너지는 일정하다.
   (총에너지 = 위치에너지 + 압력에너지 + 운동에너지 = 일정)
④ 이상유체(= 비점성, 비압축성)라 가정하였다.

> **보충**
> 정체압은 정압+동압을 말한다.

(4) 에너지선(Energy Line)과 동수경사선(Hydraulic Grade Line)
① 에너지선
㉠ 기준면에서 총수두까지의 높이를 연결한선, 즉 전수두를 연결한 선을 말한다.
㉡ 총수두 $\left(z + \dfrac{p}{w} + \dfrac{v^2}{2g}\right)$를 연결한 선이다.

② 동수경사선
㉠ 기준면에서 위치수두와 압력수두의 합 $\left(z + \dfrac{p}{w}\right)$을 연결한 선을 말한다.
㉡ 일명 수두경사선, 동수구배선, 압력선이라고도 한다.

(5) 에너지선과 동수구배선의 관계
① 이상 유체의 경우 에너지선과 수평기준면은 평행한다.
② 동수경사선은 에너지선보다 속도수두 만큼 아래에 위치한다.
③ 흐름구간에서 유속과 수위가 균일한 등류인 경우에는 동수경사선과 에너지선이 평행하다.

핵심예제 3-13

베르누이 정리가 성립하기 위한 조건으로 틀린 것은? [15. 기]

① 압축성 유체에 성립한다.　　② 유체의 흐름은 정상류이다.
③ 개수로 및 관수로 모두에 적용된다.　④ 하나의 유선에 대하여 성립한다.

해설 베르누이 정리
베르누이 정리의 성립가정은 다음과 같다.
• 하나의 유선에서만 성립된다.
• 정상류흐름에 적용된다.
• 이상유체(비점성, 비압축성)만 성립된다.

해답 ①

핵심예제 3-14

베르누이 정리에 대한 설명으로 옳지 않은 것은? [13. 산]

① $Z + \dfrac{P}{w} + \dfrac{V^2}{2g}$의 수두가 일정하다.
② 정류의 흐름을 말하며, 두 단면에서의 에너지 관계가 일정함을 말한다.
③ 동수경사선이 에너지선보다 위에 있다.
④ 동수경사선과 에너지선을 설명할 수 있다.

해설 Bernoulli 정리
  ㉠ Bernoulli 정리
    검사구간 내에서 에너지의 유입이나 유출이 없다고 하면 어느 단면에서나 총 에너지(총 수두)는 항상 일정하다는 내용이다.
    $$z + \frac{p}{w} + \frac{v^2}{2g} = H(일정)$$
  ㉡ Bernoulli 정리의 가정
    - 하나의 유선에서만 성립된다.
    - 정류흐름이다.
    - 이상유체를 가정
  ㉢ 해석
    - 위치수두와 압력수두의 합($\frac{P}{w_o} + Z$)을 연결한 선을 동수경사선이라 한다.
    - 총 수두($z + \frac{p}{w} + \frac{v^2}{2g}$)를 연결한 선을 에너지선이라 한다.
    - 동수경사선은 에너지선에서 속도수두($\frac{v^2}{2g}$)만큼 아래에 존재한다.

해답 ③

핵심예제 3-15

에너지선에 대한 설명으로 옳은 것은? [14. 기]

① 언제나 수평선이 된다.
② 동수경사선보다 아래에 있다.
③ 동수경사선보다 속도수두만큼 위에 위치하게 된다.
④ 속도수두와 위치수두의 합을 의미한다.

해설 에너지선과 동수경사선
  ㉠ 에너지선
    기준면에서 총수두까지의 높이를 연결한 선, 즉 전수두를 연결한 선을 말한다.
  ㉡ 동수경사선
    기준면에서 위치수두와 압력수두의 합을 연결한 선을 말한다.
  ㉢ 에너지선과 동수경사선의 관계
    - 이상유체의 경우 에너지선과 수평기준면은 평행한다.
    - 동수경사선은 에너지선보다 속도수두만큼 아래에 위치한다.
    - 흐름구간에서 유속과 수위가 균일한 등류인 경우에는 동수경사선과 에너지선이 평행하다.

해답 ③

3. 역적 – 운동량 방정식

단위 시간당 운동량의 변화량은 물체의 외부로부터 그 물체에 작용하는 힘과 같다는 점을 나타내는 식으로 뉴턴의 제2법칙으로부터 유도된다.

운동량방정식은 연속방정식, 에너지방정식과 함께 유체 흐름문제를 해결하기 위해 제 3의 기본도구로 사용되는 방정식이다. 운동량방정식은 기본적으로 1차원 정상류 흐름과 유속은 단면 내에서 균일한 경우의 흐름에 대해서 적용한다.

$$F = ma = m\frac{(v_2 - v_1)}{\Delta t} \rightarrow F \cdot \Delta t = m(v_2 - v_1)$$

여기서, $F \cdot \Delta t$: 역적(Impulse)
$m(v_2 - v_1)$: 운동량(Momentum)

$$F = m\frac{(v_2 - v_1)}{\Delta t} = \rho \frac{V}{\Delta t}(v_2 - v_1) = \rho Q(v_2 - v_1)$$

① $F = \dfrac{wQ}{g}(v_2 - v_1)$ (분류에 의해 판에 발생하는 충격력)

② $F = \dfrac{wQ}{g}(v_1 - v_2)$ (실제 판에 작용하는 충격력)

핵심예제 3-16

속도변화를 Δv, 질량을 m이라 할 때, Δt 시간 동안 이 물체에 작용하는 외력 F에 대한 운동량 방정식은? [14. 기]

① $\dfrac{m \cdot \Delta t}{\Delta v}$
② $m \cdot \Delta v \cdot \Delta t$
③ $\dfrac{m \cdot \Delta v}{\Delta t}$
④ $m \cdot \Delta t$

해설 운동량 방정식

Δt시간 동안 물체에 작용하는 운동량 방정식은 다음과 같이 유도된다.

$$F = m\frac{(v_2 - v_1)}{\Delta t} = \frac{m\Delta v}{\Delta t}$$

해답 ③

기본 방정식의 응용

1. 3차원 흐름의 연속방정식

(1) 부정류 연속방정식

① 압축성 유체

$$\frac{\partial(\rho u)}{\partial x} + \frac{\partial(\rho v)}{\partial y} + \frac{\partial(\rho w)}{\partial z} = -\frac{\partial \rho}{\partial t}$$

② 비압축성 유체(ρ=constant)

$$\frac{\partial u}{\partial x} + \frac{\partial v}{\partial y} + \frac{\partial w}{\partial z} = -\frac{\partial \rho}{\partial t}$$

(2) 정류의 연속방정식($\frac{\partial \rho}{\partial t} = 0$)

① 압축성 유체 : $\frac{\partial(\rho u)}{\partial x} + \frac{\partial(\rho v)}{\partial y} + \frac{\partial(\rho w)}{\partial z} = 0$

② 비압축성 유체(ρ=constant) : $\frac{\partial u}{\partial x} + \frac{\partial v}{\partial y} + \frac{\partial w}{\partial z} = 0$

핵심예제 3-17

유체 내부의 임의의 점(x, y, z)에서의 시간 t에 대한 속도성분을 각각 u, v, w로 표시하면, 정류이며 비압축성인 유체에 대한 연속방정식으로 옳은 것은?(단, ρ는 유체의 밀도이다.) [14. 산]

① $\frac{\partial u}{\partial x} + \frac{\partial v}{\partial y} + \frac{\partial w}{\partial z} = 0$

② $\frac{\partial \rho u}{\partial x} + \frac{\partial \rho v}{\partial y} + \frac{\partial \rho w}{\partial z} = 0$

③ $\frac{\partial \rho}{\partial t} + \rho\left(\frac{\partial u}{\partial x} + \frac{\partial v}{\partial y} + \frac{\partial w}{\partial z}\right) = 0$

④ $\frac{\partial \rho}{\partial t} + \frac{\partial(\rho u)}{\partial x} + \frac{\partial(\rho v)}{\partial y} + \frac{\partial(\rho w)}{\partial z} = 0$

해설 3차원 연속방정식

㉠ 3차원 부정류 비압축성 유체의 연속방정식

$$\frac{\partial(\rho u)}{\partial x} + \frac{\partial(\rho v)}{\partial y} + \frac{\partial(\rho w)}{\partial z} = -\frac{\partial \rho}{\partial t}$$

㉡ 3차원 정상류 비압축성 유체의 연속방정식

정상류 : $\frac{\partial \rho}{\partial t} = 0$

비압축성 : ρ=constant ∴ 생략 가능

∴ $\frac{\partial u}{\partial x} + \frac{\partial v}{\partial y} + \frac{\partial w}{\partial z} = 0$

해답 ①

핵심예제 3-18

3차원 흐름이 $\dfrac{\partial(\rho u)}{\partial x} + \dfrac{\partial(\rho v)}{\partial y} + \dfrac{\partial(\rho w)}{\partial z} = 0$ 에 대한 연속방정식의 상태는?

[83. 기], [94. 기]

① 비압축성 정상류
② 비압축성 부정류
③ 압축성 정상류
④ 압축성 부정류

해설 압축성 정류이면 $\dfrac{\partial \rho}{\partial t} = 0$ 이므로

$$\dfrac{\partial(\rho u)}{\partial x} + \dfrac{\partial(\rho v)}{\partial y} + \dfrac{\partial(\rho w)}{\partial z} = 0$$

해답 ③

> **보충**
> 수조의 물을 분출하는 구멍을 오리피스(orifice)라고 한다.

2. 베르누이 정리의 응용

(1) 토리첼리의 정리(Torricelli's Theorem)

수조의 벽면에 오리피스를 뚫어서 물을 방출할 때 수조의 수면과 오리피스 중심에 베르누이 정리를 세우면 유출하는 수맥의 유속을 계산할 수 있다. 이 식을 토리첼리 정리라 한다.

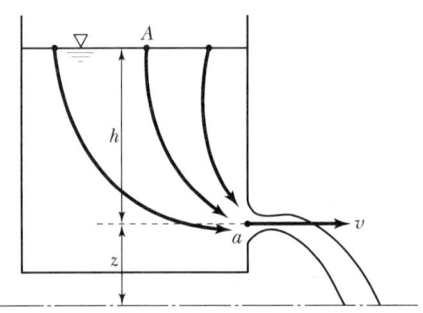

$$z_1 + \dfrac{p_1}{w} + \dfrac{v_1^2}{2g} = z_2 + \dfrac{p_2}{w} + \dfrac{v_2^2}{2g}$$

$$0 + h + 0 = 0 + 0 + \dfrac{v_2^2}{2g}$$

$$\therefore v_2 = \sqrt{2gh}$$

(2) 피토관(Pitot Tube)(동압력 측정기구)

베르누이 정리를 응용하여 관수로나 개수로의 유속, 유량을 측정하는 계기로 관의 앞쪽 끝을 작은 구멍으로 하여 흐름방향 쪽으로 놓은 다음, 관을 직각으로 구부려서 관내의 유속이 0이 되게 한 것을 말한다.

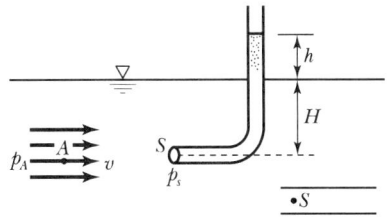

$$z_1 + \frac{p_1}{w} + \frac{v_1^2}{2g} = z_2 + \frac{p_2}{w} + \frac{v_2^2}{2g}$$

$$0 + H + \frac{v_1^2}{2g} = 0 + (H+h) + 0$$

$$\therefore v_1 = \sqrt{2gh}$$

핵심예제 3-19

그림에서 손실수두가 $\dfrac{3V^2}{2g}$ 일 때 지름 0.1m의 관을 통과하는 유량은?(단, 수면은 일정하게 유지된다.)   [12. 기]

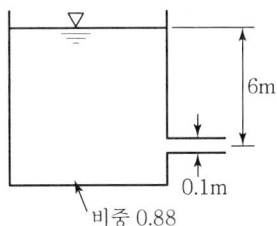

① 0.085m³/sec   ② 0.0126m³/sec
③ 0.0399m³/sec   ④ 0.0798m³/sec

해설 Bernoulli 정리를 이용한 유량의 산정

㉠ Bernoulli 정리

$$z_1 + \frac{p_1}{w} + \frac{v_1^2}{2g} = z_2 + \frac{p_2}{w} + \frac{v_2^2}{2g} + h_L$$

㉡ 수조에 Bernoulli 정리를 적용 : 변화가 일어나지 않는 단면(수조단면)을 1번 단면 변화가 일어나는 단면(관 끝)을 2번 단면으로 하고 Bernoulli 정리를 적용한다.

$$z_1 + \frac{p_1}{w} + \frac{v_1^2}{2g} = z_2 + \frac{p_2}{w} + \frac{v_2^2}{2g} + h_L$$

여기서, ⓐ 수평기준면을 잡으면 위치수두 z_1, z_2는 소거된다.
ⓑ 1번 단면의 압력수두는 6m, 2번 단면의 압력수두는 대기와 접해 있으므로 0이다.
ⓒ 1번 단면의 속도수두는 무시할 정도로 적으므로 0으로 잡고 정리하면

$$\therefore 6 = \frac{v^2}{2g} + \frac{3v^2}{2g} \rightarrow v \text{에 관해서 정리하면}$$
$$\therefore v = 5.422 \text{m/sec}$$

ⓒ 유량의 산정
$$Q = AV = \pi \times \frac{0.1^2}{4} \times 5.422 = 0.0426 \text{m}^3/\text{sec}$$

해답 ②

핵심예제 3-20

다음 피토관에서 A점의 유속을 구하는 식은? [03. 산], [16. 산]

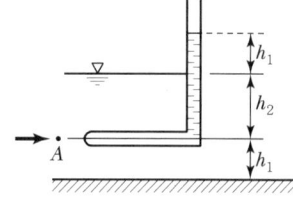

① $V = \sqrt{2gh_1}$
② $V = \sqrt{2gh_2}$
③ $V = \sqrt{2gh_3}$
④ $V = \sqrt{2g(h_1 + h_2)}$

해설 피토관에서의 유속
$$V = \sqrt{2gh_1}$$

해답 ①

핵심예제 3-21

다음 중 베르누이(Bernoulli)의 정리를 응용한 것이 아닌 것은? [12. 기]

① 토리첼리(Torricelli)의 정리
② 피토관(Pitot Tube)
③ 벤투리미터(Venturimeter)
④ 파스칼(Pascal)의 원리

해설 베르누이 정리의 응용
  토리첼리정리, 피토관방정식, 벤투리미터는 모두 베르누이 정리를 응용하여 유도하였으며 파스칼의 원리는 베르누이 정리와 무관하다.

해답 ④

3. 운동량 방정식의 응용

(1) 정지판에 직각 충돌하는 경우의 충격력

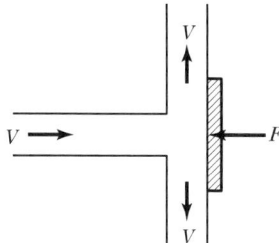

$$F = \frac{wQ}{g}(v_1 - v_2)$$

여기서, $v_1 = v$, $v_2 = 0$

$\rightarrow F = w\dfrac{Q}{g}(V - 0)$

$\therefore F = \dfrac{w}{g}AV^2$

(2) 정지 곡면판에 충돌하는 경우의 충격력($\theta < 90°$)

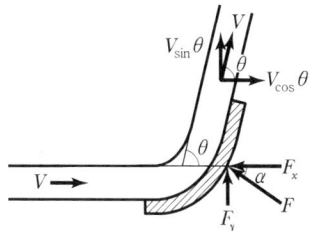

① $F_x = \dfrac{wQ}{g}(v_1 - v_2)$

여기서, $v_{1x} = V$, $v_{2x} = V\cos\theta$

$\rightarrow F_x = \dfrac{w}{g}AV(V - V\cos\theta)$

$\therefore F_x = \dfrac{w}{g}AV^2(1 - \cos\theta)$

② $F_y = \dfrac{wQ}{g}(v_1 - v_2)$

여기서, $v_{1y} = 0$, $v_{2y} = V\sin\theta$

$\rightarrow F_y = \dfrac{w}{g}AV(0 - V\sin\theta)$

> **보충**
> v_1과 v_2는 임의의 1번 단면과 2번 단면의 유속이어야 하나, 임의 단면의 유속을 아는 것은 대단히 어렵다. 따라서 향후 v_1은 입구부 유속, v_2는 출구부 유속을 의미한다.

$$\therefore F_y = -\frac{w}{g}AV^2\sin\theta$$

③ $F = \sqrt{F_x^2 + F_y^2}$

(3) 분류가 방향을 바꾸어 $\theta = 180°$

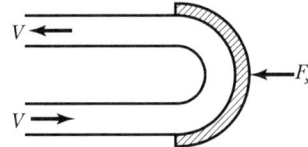

$$F = \frac{wQ}{g}(v_1 - v_2)$$

여기서, $v_1 = V$, $v_2 = -V$

$\rightarrow F = \frac{w}{g}AV(V-(-V))$

$\therefore F = \frac{2w}{g}AV^2$

(4) 이동판에 충돌하는 경우의 충격력

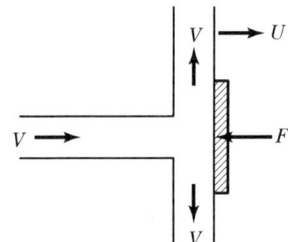

$$F = \frac{wQ}{g}(v_1 - v_2)$$

여기서, $v_1 = V$, $v_2 = U$

$\rightarrow F = \frac{wQ}{g}(V-U)$

$\therefore F = \frac{w}{g}A(V-U)^2$

핵심예제 3-22

10m/s로 움직이는 수직 평판에 동일한 방향으로 25m/s로 분류가 충돌하고 있을 때 평판에 미치는 힘은?(단, 분류의 지름은 10mm이다.) [13. 산]

① 11.76N ② 17.67N ③ 27.44N ④ 31.36N

해설 운동량 방정식

㉠ 운동량 방정식
- $F = \rho Q(V_2 - V_1)$: 운동량 방정식
- $F = \rho Q(V_1 - V_2)$: 판이 받는 힘(반력)

㉡ 이동평판에 운동량 방정식 적용

$$F = \frac{w}{g} A (V - U)^2$$
$$= \frac{1}{9.8} \times \frac{\pi \times 0.01^2}{4} \times (25 - 10)^2$$
$$= 0.0018t = 1.8kg = 17.7N$$

해답 ②

핵심예제 3-23

그림과 같이 지름이 10cm의 단면적에 유속 40m/sec의 분류가 판에 충돌하여 90°로 구부러질 때 판에 작용하는 힘은 얼마인가?

[85. 산], [94. 기], [08. 산], [11 기]

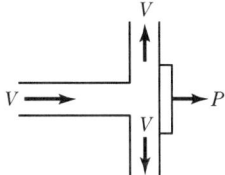

① 1.28t ② 1.30t
③ 1.32t ④ 1.24t

해설 $F_x = \frac{w \cdot Q}{g}(V_1 - V_2) = \frac{1 \times 0.314}{9.8}(40 - 0)$
$= 1.28t$

$Q = A \cdot V = \frac{\pi \times 0.1^2}{4} \times 40 = 0.314 m^3/sec$

해답 ①

 에너지 보정계수, 운동량 보정계수

임의 단면에서 실제 흐름의 유속분포는 관 벽에서 가장 적고 중앙으로 갈수록 커지는 포물선 분포를 하지만 Bernoulli 정리나 운동량 방정식에서는 이상유체라는 가정 하에 평균 유속 개념을 도입하였다. 이러한 방정식을 실제유체에 적용하기 위해서는 유속을 변수로 하는 속도수두의 항과 운동량의 항을 보정해야 한다. 따라서, 에너지 보정계수(α)와 운동량 보정계수(η)를 통해서 실제유체의 균일하지 않은 유속분포를 보정하여 위의 방정식을 적용한다.

▶ 보충

에너지보정계수와 운동량보정계수의 경우 난류에서는 점성의 영향이 적으므로 그 값이 거의 1에 가깝다.

1. 에너지 보정계수

평균유속 사용에 의한 운동에너지의 차이(속도수두의 항)를 보정해 주는 계수

$$\alpha = \int_A \left(\frac{V}{V_m}\right)^3 \frac{dA}{A}$$

① 층류 : $\alpha = 2.0$
② 난류 : $\alpha = 1.01 \sim 1.1$

2. 운동량 보정계수

평균유속 사용에 의한 운동량의 차이를 보정

$$\eta = \int_A \left(\frac{V}{V_m}\right)^2 \frac{dA}{A}$$

① 층류 : $\eta = \dfrac{4}{3}$
② 난류 : $\eta = 1.0 \sim 1.05$

핵심예제 3-24

에너지보정계수(α)에 관한 설명으로 옳은 것은?(여기서, A : 흐름 단면적, dA : 미소유관의 흐름단면적, v : 미소유관의 유속, V : 평균유속)   [12. 산]

① α는 속도수두의 단위를 갖는다.
② α는 운동량방정식에서 운동량을 보정해준다.
③ $\alpha = \dfrac{1}{A}\displaystyle\int_A \left(\dfrac{v}{V}\right)^2 dA$이다.
④ $\alpha = \dfrac{1}{A}\displaystyle\int_A \left(\dfrac{v}{V}\right)^3 dA$이다.

해설 에너지 보정계수와 운동량 보정계수

㉠ 에너지 보정계수
- 평균유속을 사용함에 의한 에너지의 차이를 보정해주는 계수 :

$$\alpha = \int_A \left(\dfrac{V}{V_m}\right)^3 \dfrac{dA}{A}$$

- 층류의 경우 : $\alpha = 2$
- 난류의 경우 : $\alpha = 1.01 \sim 1.1$

㉡ 운동량 보정계수
- 평균유속을 사용함에 의한 운동량의 차이를 보정해주는 계수 :

$$\eta = \int_A \left(\dfrac{V}{V_m}\right)^2 \dfrac{dA}{A}$$

- 층류의 경우 : $\eta = 4/3$
- 난류의 경우 : $\eta = 1.0 \sim 1.05$

해답 ④

Section 07 유체의 저항

1. 항력

물체가 유체 내에서 운동하거나, 또한 흐르는 유체 내에 물체가 정지해 있어도 물체는 어떤 힘을 받는다. 이 힘을 항력(Drag) 또는 저항력이라 한다.

$$D = C_D A \dfrac{\rho V^2}{2}$$

여기서, D : 항력, A : 흐름방향의 물체 투영면적

C_D : 항력계수$= \dfrac{24\mu}{VD\rho} = \dfrac{24}{R_e}$, $\dfrac{\rho V^2}{2}$: 동압력

2. 조파저항(Wave Resistance)

① 배가 달릴 때는 선수미(船首尾)에서 규칙적인 파도가 일어나는데, 이때 소요되는 배의 에너지 손실은 일종의 저항이 되며, 이것을 조파저항이라 한다.

② 저속에서의 조파저항은 그렇게 크지 않으나, 고속이 되면 그 크기가 증대하고 전저항(全低抗)의 대부분을 차지한다.

3. 마찰저항(표면저항)

① 유체가 흐를 때 물체 표면 등에 마찰에 의하여 느껴지는 저항을 말한다. 이러한 저항은 유체의 점성으로 인해 나타나므로 점성저항이라고도 한다. 표면저항이 작으면 같은 힘으로 더욱 많은 양의 유체를 수송할 수 있다.

② 유체 속도가 빨라지면 표면저항은 더욱 커지게 되므로 R_e가 적을수록 표면저항은 크다.

4. 형상저항(입력저항)

유체가 흐를 때 R_e가 커지면 물체의 후면에 후류(Wake)라는 소용돌이가 생긴다. 이때 후류 속에서는 압력이 저하되어 물체를 흐름방향과 반대방향으로 잡아당기게 되는데 이러한 저항을 형상 저항이라 한다.

핵심예제 3-25

구형물체(球形物體)에 대하여 Stokes의 법칙이 적용되는 범위에서 항력계수(C_D)는?(단, R_e : Reynolds 수) [12. 기]

① $C_D = \dfrac{1}{R_e}$ ② $C_D = \dfrac{4}{R_e}$

③ $C_D = \dfrac{24}{R_e}$ ④ $C_D = \dfrac{64}{R_e}$

해설 항력(Drag Force)
㉠ 흐르는 유체 속에 물체가 잠겨 있을 때 유체에 의해 물체가 받는 힘을 항력(Drag Force)이라 한다.

$$D = C_D \cdot A \cdot \frac{\rho V^2}{2}$$

여기서, C_D : 항력계수 ($C_D = \frac{24}{R_e}$),

A : 투영면적, $\frac{\rho V^2}{2}$: 동압력

㉡ 항력의 종류

종류	내용
마찰저항	유체가 흐를 때 물체표면의 마찰에 의하여 느껴지는 저항을 말한다.
조파저항	배가 달릴 때는 선수미(船首尾)에서 규칙적인 파도가 일어나는데, 이때 소요되는 배의 에너지 손실을 조파저항이라고 한다.
형상저항	유속이 빨라져서 R_e가 커지면 물체 후면에 후류(Wake)라는 소용돌이가 발생되어 물체를 흐름방향과 반대로 잡아당기게 되는데 이러한 저항을 형상저항이라 한다.

해답 ③

핵심예제 3-26

폭이 2m, 높이가 9.8m인 평판이 정지수중에서 5m/sec의 속도로 움직일 때 항력계수가 $C_D = 0.2$라면 평판에 작용하는 항력(抗力)은?(단, 무게 1kg = 10N) [13. 기]

① 10kN(1t) ② 25kN(2.5t) ③ 30kN(3t) ④ 50kN(5t)

해설 항력(drag force)
㉠ 흐르는 유체 속에 물체가 잠겨 있을 때 유체에 의해 물체가 받는 힘을 항력(drag force)이라 한다.

- $D = C_D \cdot A \cdot \frac{\rho V^2}{2}$

여기서, C_D : 항력계수 $\left(C_D = \frac{24}{R_e} \right)$

A : 투영면적

$\frac{\rho V^2}{2}$: 동압력

㉡ 항력의 계산

- $D = C_D \cdot A \cdot \frac{\rho V^2}{2}$

$= 0.2 \times (2 \times 9.8) \times \dfrac{\frac{1}{9.8} \times 5^2}{2}$

$= 5t = 50\text{kN}$

해답 ④

Item pool
예상문제 및 기출문제

01. 유선에 대한 다음 설명 중 옳지 않은 것은?
02 기사
16 기사
① 정상류에서는 유적선과 일치한다.
② 비정상류에서는 시간에 따라 유선이 달라진다.
③ 유선이란 유체입자가 움직인 경로를 말한다.
④ 하나의 유선은 다른 유선과 교차하지 않는다.

■해설 "유선"이란 유체입자가 운동하면서 그리는 속도 Vector에 공동으로 접하는 접선을 말한다.

02. 유선(Streamline)에 대한 설명으로 옳지 않은 것은?
10 기사
① 유선에 수직한 방향으로 속도 성분이 존재한다.
② 유선은 어느 순간의 속도 벡터에 접하는 곡선이다.
③ 흐름이 정상류일 때는 유선과 유적선이 일치한다.
④ 유선 방정식은 $\dfrac{dx}{u}=\dfrac{dy}{v}=\dfrac{dz}{w}$ 이다.

■해설 유선
㉠ 정의 : 어느 순간에 각 점에 있어서의 속도 벡터를 그릴 때 이에 접하는 곡선을 그을 수 있다. 이 곡선을 연결하는 선을 유선이라 한다.
㉡ 특징
 • 흐름이 정류이면 유선과 유적선은 일치한다.
 • 유선에 수직한 방향으로서 속도성분은 항상 영이 된다.
 • 유선을 가로지르는 흐름은 존재할 수 없다.
㉢ 유선방정식
$$\dfrac{dx}{u}=\dfrac{dy}{v}=\dfrac{dz}{w}$$

03. 지름 20cm의 원형단면 관수로에 물이 가득차서 흐를 때의 동수반경(R)은?
11 기사
① 5cm   ② 10cm
③ 15cm   ④ 20cm

■해설 경심
① 경심(동수반경)은 단면적을 윤변으로 나눈 것과 같다.
$R=\dfrac{A}{P}$
② 원형관의 경심산정
$R=\dfrac{A}{P}=\dfrac{\dfrac{\pi \times D^2}{4}}{\pi \times D}$
$=\dfrac{D}{4}=\dfrac{20}{4}=5\text{cm}$

04. 유체의 흐름에 대한 설명으로 옳지 않은 것은?
13 기사
① 이상유체에서 점성은 무시된다.
② 점성이 있는 유체가 계속해서 흐르기 위해서는 가속도가 필요하다.
③ 정상류의 흐름상태는 위치변화에 따라 변화하지 않는 흐름을 의미한다.
④ 유관(Stream Tube)은 유선으로 구성된 가상적인 관이다.

■해설 유체흐름 해석
㉠ 이상유체는 비점성, 비압축성 유체를 말한다.
㉡ 점성은 흐름을 저해하는 요소로 점성이 있는 유체가 계속해서 흐르기 위해서는 가속도가 필요하다.
㉢ 정상류 흐름은 시간에 따라 흐름의 특성이 변하지 않는 흐름을 말한다.
㉣ 유관(Stream Tube)이란 여러 개의 유선이 모여 만든 하나의 가상 관을 말한다.

05. 흐름에 대한 설명으로 옳은 것은?
14 산업
① 하나의 단면을 지나는 유량이 시간에 따라 변하지 않는 흐름을 등류라 하고, 홍수 시 흐름을 부등류라 한다.

|해답| 01.③ 02.① 03.① 04.③ 05.④

② 인공수로와 같이 수심이나 수로 폭이 어느 단면에서나 동일한 경우 수로 내의 유속은 일정하므로 정류라 하고, 수로단면적이 같지 않을 때 부정류라 한다.
③ 유체의 흐름이 흐름방향만 이동되고 직각방향에는 이동이 없는 흐름을 난류라 한다.
④ 층류상태의 흐름은 개수로나 관수로에서보다 지하수에서 쉽게 볼 수 있다.

■해설 흐름의 특성
- 일정 단면을 지나는 흐름이 시간에 따라 흐름의 특성(유량, 유속, 압력, 밀도 등)이 변하지 않는 흐름을 정류, 변하는 흐름을 부정류라고 한다.
- 인공수로와 같은 곳에서 단면(거리)에 따라 흐름의 특성(수심, 유량, 유속 등)이 변하지 않는 흐름을 등류, 변하는 흐름을 부등류라고 한다.
- 유체입자가 점성에 의해 층상을 이루며 정연하게 흐르는 흐름을 층류, 유체입자의 직각방향 흐름이 발생하는 것을 난류라 한다.
- 지하수의 흐름의 해석에 주로 Darcy의 법칙을 사용하며 이는 층류(특히, $R_e < 4$)에만 적용한다.

06. 평면상 x, y 방향의 속도성분이 각각 $u = ky$, $v = kx$인 유선의 형태는?
15 기사

① 원 ② 타원
③ 쌍곡선 ④ 포물선

■해설 유선방정식
㉠ 유선방정식
$$\frac{dx}{u} = \frac{dy}{v} = \frac{dz}{w}$$
㉡ 2차원 유선방정식에 $u = ky$, $v = kx$를 대입하면
$$\frac{dx}{ky} = \frac{dy}{kx}$$
$xdx - ydy = 0$
$x^2 - y^2 = 0$
∴ 쌍곡선이다.

07. 다음 관계식 중 부정부등류를 표시한 것으로 옳은 것은?(단, t=시간, ℓ=거리, v=유속)
08 산업

① $\frac{\partial v}{\partial t} = 0$, $\frac{\partial v}{\partial \ell} = 0$ ② $\frac{\partial v}{\partial t} \neq 0$, $\frac{\partial v}{\partial \ell} = 0$

③ $\frac{\partial v}{\partial t} \neq 0$, $\frac{\partial v}{\partial \ell} \neq 0$ ④ $\frac{\partial v}{\partial t} = 0$, $\frac{\partial v}{\partial \ell} \neq 0$

■해설 흐름의 분류
㉠ 정류와 부정류 : 시간에 따른 흐름의 특성이 변하지 않는 경우를 정류, 변하는 경우를 부정류라 한다.
- 정류 : $\frac{\partial v}{\partial t} = 0$, $\frac{\partial p}{\partial t} = 0$
- 부정류 : $\frac{\partial v}{\partial t} \neq 0$, $\frac{\partial p}{\partial t} \neq 0$

㉡ 등류와 부등류 : 공간에 따른 흐름의 특성이 변하지 않는 경우를 등류, 변하는 경우를 부등류라 한다.
- 등류 : $\frac{\partial Q}{\partial l} = 0$, $\frac{\partial v}{\partial l} = 0$, $\frac{\partial h}{\partial l} = 0$
- 부등류 : $\frac{\partial Q}{\partial l} \neq 0$, $\frac{\partial v}{\partial l} \neq 0$, $\frac{\partial h}{\partial l} \neq 0$
∴ 부정부등류는 $\frac{\partial v}{\partial t} \neq 0$, $\frac{\partial v}{\partial l} \neq 0$

08. 관수로에 물이 흐를 때 어떠한 조건하에서도 층류가 되는 경우는?(단, Re는 레이놀즈수(Reynolds Number))
10 기사

① $Re > 4,000$ ② $4,000 > Re > 3,000$
③ $3,000 > Re > 2,000$ ④ $Re < 2,000$

■해설 흐름의 상태
층류와 난류의 구분
① $Re = \frac{V \cdot D}{\nu}$
여기서, V : 유속, D : 직경, ν : 동점성계수
② $Re < 2,000$: 층류
③ $2,000 < Re < 4,000$: 천이영역
④ $Re > 4,000$: 난류
∴ 층류가 되는 경우는 $Re < 2,000$이다.

09. 개수로에서 유속을 V, 중력가속도를 g, 수심을 h로 표시할 때 장파(長波)의 전파속도를 나타내는 것은?
12 산업
17 산업

① gh ② Vh
③ $\sqrt{gh}$ ④ $\sqrt{Vh}$

■ 해설 **장파의 전파속도**
장파의 전파속도는 다음 식에 의해 구한다.
$$C = \sqrt{gh}$$
여기서, C : 장파의 전파속도
g : 중력가속도
h : 수심

10. 프루드 수(Froude Number)가 1보다 큰 흐름의 상태는?

① 상류(常流) ② 사류(射流)
③ 층류(層流) ④ 난류(亂流)

■ 해설 **흐름의 상태**
① 상류(常流)와 사류(射流)의 정의
  ㉠ 상류(常流) : 하류(下流)의 흐름이 상류(上流)에 영향을 미치는 흐름을 말한다.
  ㉡ 사류(射流) : 하류(下流)의 흐름이 상류(上流)에 영향을 미치지 못하는 흐름을 말한다.
② 상류(常流)와 사류(射流)의 구분
$$F_r = \frac{V}{C} = \frac{V}{\sqrt{gh}}$$
여기서, V : 유속
C : 파의 전달속도
  ㉠ $F_r < 1$: 상류(常流)
  ㉡ $F_r > 1$: 사류(射流)
  ㉢ $F_r = 1$: 한계류

11. 수심이 10cm, 수로폭은 20cm인 직사각형의 실험 개수로에서 유량이 80cm³/sec로 흐를 때 이 흐름의 종류는?(단, 물의 동점성계수(ν) = 1.15 × 10^{-2} cm²/sec이다.)

① 층류, 상류 ② 층류, 사류
③ 난류, 상류 ④ 난류, 사류

■ 해설 **흐름의 상태**
㉠ 층류와 난류의 구분
$$R_e = \frac{VD}{\nu}$$
여기서, V : 유속
D : 관의 직경
ν : 동점성계수
• $R_e < 2,000$: 층류
• $2,000 < R_e < 4,000$: 천이영역

• $R_e > 4,000$: 난류
㉡ 상류(常流)와 사류(射流)의 구분
$$F_r = \frac{V}{C} = \frac{V}{\sqrt{gh}}$$
여기서, V : 유속
C : 파의 전달속도
• $F_r < 1$: 상류
• $F_r > 1$: 사류
• $F_r = 1$: 한계류
㉢ 층류와 난류의 계산
$$V = \frac{Q}{A} = \frac{80}{10 \times 20} = 0.4 \text{cm/sec}$$
$$R_e = \frac{VD}{\nu} = \frac{0.4 \times 10}{1.15 \times 10^{-2}} = 347.83$$
∴ 층류
㉣ 상류(常流)와 사류(射流)의 계산
$$F_r = \frac{V}{\sqrt{gh}} = \frac{0.4}{\sqrt{980 \times 10}} = 0.004$$
∴ 상류

12. 그림은 관내의 손실수두와 유속과의 관계를 나타내고 있다. 유속 V_a에 대한 설명으로 옳은 것은?

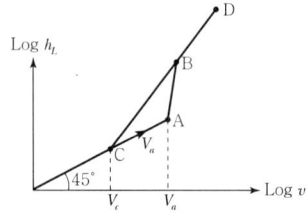

① 층류 → 난류로 변화하는 유속
② 난류 → 층류로 변화하는 유속
③ 등류 → 부등류로 변화하는 유속
④ 부등류 → 등류로 변화하는 유속

■ 해설 **층류와 난류**
유속 V_a는 층류흐름에서 난류로 바뀌는 구간의 유속을 의미한다.

13. 레이놀즈수가 갖는 물리적인 의미는?

① 점성력에 대한 중력의 비(중력/점성력)
② 관성력에 대한 중력의 비(중력/관성력)
③ 점성력에 대한 관성력의 비(관성력/점성력)
④ 관성력에 대한 점성력의 비(점성력/관성력)

|해답| 10.② 11.① 12.① 13.③

■해설 흐름의 상태
  ㉠ 층류와 난류의 구분
  $R_e = \dfrac{VD}{\nu}$

  여기서, V : 유속, D : 관의 직경, ν : 동점성계수
  • $R_e < 2,000$: 층류
  • $2,000 < R_e < 4,000$: 천이영역
  • $R_e > 4,000$: 난류
  ㉡ 레이놀즈수가 갖는 물리적 의미
  관수로 흐름에서 관성력과 점성의 비가 흐름의 특성을 좌우한다.

14. 층류와 난류(亂流)에 관한 설명으로 옳지 않은 것은?
13 기사

① 층류란 유수(流水) 중에서 유선이 평행한 층을 이루고 흐르는 흐름이다.
② 층류에서 난류로 변할 때의 유속과 난류에서 층류로 변할 때의 유속은 같다.
③ 층류와 난류를 레이놀즈수에 의하여 구별할 수 있다.
④ 원관 내 흐름의 한계 레이놀즈 수는 약 2,000이다.

■해설 층류와 난류
  ㉠ 층류란 흐름이 점성에 의해 평행한 층을 이루며 흐르는 흐름을 말한다.
  ㉡ 흐름이 층류에서 난류로 변할 때와 난류에서 층류로 변할 때의 유속은 서로 다르다. 그래서 그 사이의 흐름을 층류도, 난류도 아닌 흐름 천이영역이라 한다.
  ㉢ 층류와 난류의 구분은 레이놀즈수에 의해 구분한다.
  ㉣ 원관 내의 한계 레이놀즈수는 약 2,000이다.

15. 질량보존의 법칙과 가장 관계가 깊은 것은?
00 기사
10 산업

① 운동방정식 ② 에너지방정식
③ 연속방정식 ④ 운동량방정식

■해설 연속방정식은 질량보존의 법칙에 의해 설명되는 방정식이다.

16. 유체의 연속방정식에 대한 설명으로 옳은 것은?
12 산업

① 뉴턴(Newton)의 제2법칙을 만족시키는 방정식이다.
② 에너지와 일의 관계를 나타내는 방정식이다.
③ 유선 상 두 점 간의 단위체적당의 운동량에 관한 방정식이다.
④ 질량 보존의 법칙을 만족시키는 방정식이다.

■해설 연속방정식
  ㉠ 질량보존의 법칙에 의해 만들어진 방정식이다.
  ㉡ 검사구간에서의 도중에 질량의 유입이나 유출이 없다고 하면 구간 내 어느 곳에서나 질량유량은 같다.
  $Q = A_1 V_1 = A_2 V_2$

17. 물 흐름을 해석할 때의 연속방정식에서 질량유량을 사용하지 않고 체적유량을 사용하는 이유는?
06 기사

① 물을 비압축성 유체로 간주할 수 있기 때문이다.
② 질량보다는 체적이 더 중요하기 때문이다.
③ 밀도를 무시할 수 있기 때문이다.
④ 물은 점성유체이기 때문이다.

■해설 연속방정식
  ㉠ 질량보존의 법칙에 이론적 근거를 두고 유체흐름의 연속성을 표시하는 방정식이다.
  ㉡ 질량의 유입이나 유출이 없으면 단면 어느 곳에서나 질량 유량은 동일하다.
  $\rho_1 \cdot A_1 \cdot V_1 = \rho_2 \cdot A_2 \cdot V_2$
  ㉢ 비압축성 유체의 경우는 ρ=Constant 하므로 $\rho_1 = \rho_2$ (생략 가능)
  $A_1 \cdot V_1 = A_2 \cdot V_2$

18. 극히 짧은 시간 사이에 유체가 어떤 면에 충돌하여 발생되는 작용, 반작용의 힘을 구하는 데 유용한 식은?
00 기사

① 연속방정식
② 베르누이(Bernoulli) 방정식
③ 운동량방정식
④ 오일러(Euler) 방정식

■해설 운동의 작용, 반작용에 관련된 방정식 "운동량 방정식"이라 한다.

|해답| 14.② 15.③ 16.④ 17.① 18.③

19. 베르누이(Bernoulli) 정리의 적용 조건이 아닌 것은?

① 임의의 두 점은 같은 유선 위에 있다.
② 정상류의 흐름이다.
③ 마찰을 고려한 실제유체이다.
④ 비압축성 유체의 흐름이다.

■해설 베르누이 정리
　㉠ 베르누이 정리
　　$Z_1 + \dfrac{P_1}{w} + \dfrac{V_1^2}{2g} = Z_2 + \dfrac{P_2}{w} + \dfrac{V_2^2}{2g}$
　㉡ 베르누이 정리의 성립가정
　　· 하나의 유선에서만 성립된다.
　　· 정상류 흐름에만 적용된다.
　　· 이상유체(＝비점성, 비압축성)에만 적용된다.

20. 임의로 정한 수평기준면으로부터 유선상의 해당 점까지의 연직거리를 무엇이라 하는가?

① 기준수두　② 위치수두
③ 압력수두　④ 속도수두

■해설 전수두
　① 전수두
　　$H = Z + \dfrac{P}{w} + \dfrac{V^2}{2g}$
　　여기서, H : 전수두, $\dfrac{P}{w}$: 위치수두
　　$\dfrac{V^2}{2g}$: 속도수두
　② 위치수두
　　수평기준면으로부터 유선상의 해당 점까지의 연직거리를 위치수두라 한다.

21. Bernoulli의 정의로서 가장 옳은 것은?

① 동일한 유선상에서 유체입자가 갖는 Energy는 같다.
② 동일한 단면에서의 Energy의 합이 항상 같다.
③ 동일한 시각에는 Energy의 양이 불변한다.
④ 동일한 질량이 가지는 Energy는 같다.

■해설 Bernoulli 방정식의 정의
　㉠ 베르누이 방정식은 에너지 방정식이라고도 하며, 에너지 보존의 법칙을 설명하고 하나의 유선에 대하여 총에너지가 일정함을 설명하는 방정식이다.

$H(총수두) = \dfrac{v^2}{2g}(속도수두) + \dfrac{p}{w}(압력수두)$
　　$+ z(위치수두)$
　㉡ 하나의 유선 또는 유관에 대하여 성립되고 흐름은 정류이며 이상유체(＝비점성, 비압축성)로 가정하였다.

22. 다음은 베르누이 정리를 압력의 항으로 표시한 것이다. 이 중 동압력(動壓力) 항에 해당하는 것은?

① P　　② $\rho g z$
③ $\dfrac{1}{2}\rho V^2$　　④ $\dfrac{V^2}{2g}$

■해설 압력의 항으로 표시한 베르누이 정리
　$\rho g Z_1 + \dfrac{1}{2}\rho V_1^2 + P_1 = \rho g Z_2 + \dfrac{1}{2}\rho V_2^2 + P_2$
　여기서 P : 정압력, $\dfrac{1}{2}\rho V^2$: 동압력

23. 어떤 관속을 2m/sec 속도로 흐르는 물의 속도수두는?

① 39.282m　② 3.014m
③ 2.041m　④ 0.204m

■해설 속도수두
　속도수두의 계산은 다음 식으로 구한다.
　$h = \dfrac{V^2}{2g} = \dfrac{2^2}{2 \times 9.8} = 0.204\text{m}$

24. 기준면에서 위로 5m 떨어진 곳에서 5m/sec로 물이 흐르고 있을 때 압력을 측정하였더니 0.5 kg/cm²이었다. 이때 전수두(Total head)는?

① 6.28m　② 8.00m
③ 10.00m　④ 11.28m

■해설 전수두
　① 수평기준면에서 에너지라인까지의 수두를 전수두라 한다.
　　전수두 $H = z + \dfrac{p}{w} + \dfrac{V^2}{2g}$

|해답| 19.③　20.②　21.①　22.③　23.④　24.④

② 전수두의 산정
- $H = z + \dfrac{p}{w} + \dfrac{V^2}{2g} = 5 + \dfrac{5}{1} + \dfrac{5^2}{2 \times 9.8}$
  $= 11.28\text{m}$
- $p = 0.5\text{kg/cm}^2 = 5\text{t/m}^2$

25. 베르누이의 정리에 관한 설명으로 틀린 것은?
_{05 기사}

① Euler의 운동방정식으로부터 적분하여 유도할 수 있다.
② 베르누이의 정리를 이용하여 Torricelli의 정리를 유도할 수 있다.
③ 이상유체 유동에 대하여 기계적 일-에너지 방정식과 같은 것이다.
④ 회전류의 경우는 모든 영역에서 성립한다.

■해설 베르누이 정리
㉠ Euler의 운동방정식을 적분하면 베르누이 방정식을 유도할 수 있다.
㉡ 베르누이 정리를 이용하여 Toriccelli의 정리를 유도할 수 있다.
㉢ 이상유체 유동에 대하여 에너지 방정식과 같다.
㉣ 비회전류(=비점성유체)의 경우는 모든 영역에서 성립한다.

26. 정상적인 흐름에서 1개 유선상의 유체입자에 대하여 그 속도수두를 $\dfrac{V^2}{2g}$, 위치수두를 Z, 압력수두를 $\dfrac{P}{w_0}$라 할 때 수두경사는?
_{99 기사}
_{11 기사}

① $\dfrac{V^2}{2g} + Z$를 연결한 값이다.
② $\dfrac{V^2}{2g} + \dfrac{P}{w_0} + Z$를 연결한 값이다.
③ $\dfrac{P}{w_0} + Z$를 연결한 값이다.
④ $\dfrac{V^2}{2g} + \dfrac{P}{w_0}$를 연결한 값이다.

■해설 수두경사는 압력수두 + 위치수두를 연결한 선

27. 베르누이 정리를 $\dfrac{\rho}{2}V^2 + wZ + P = H$로 표현할 때, 이 식에서 정체압(stagnation pressure)은?
_{16 기사}

① $\dfrac{\rho}{2}V^2 + wZ$로 표시한다.
② $\dfrac{\rho}{2}V^2 + P$로 표시한다.
③ $wZ + P$로 표시한다.
④ P로 표시한다.

■해설 Bernoulli 정리
㉠ Bernoulli 정리
$$z + \dfrac{p}{w} + \dfrac{v^2}{2g} = H(\text{일정})$$
㉡ Bernoulli 정리를 압력의 항으로 표시 각 항에 ρg를 곱한다.
$$\rho g z + p + \dfrac{\rho v^2}{2} = H(\text{일정})$$
여기서, $\rho g z$: 위치압력, p : 정압력, $\dfrac{\rho v^2}{2}$: 동압력
㉢ 정체압은 정압과 동압의 합으로 표현할 수 있다.
∴ 정체압 $= \dfrac{\rho V^2}{2} + P$

28. 수평으로 관 A와 B가 연결되어 있다. 관 A에서 유속은 2m/s, 관 B에서의 유속은 3m/s이며, 관 B에서의 유체압력이 9.8kN/m²이라 하면 관 A에서의 유체압력은?(단, 에너지 손실은 무시한다.)
_{16 기사}

① 2.5kN/m²
② 12.3kN/m²
③ 22.6kN/m²
④ 37.6kN/m²

■해설 Bernoulli 정리
㉠ Bernoulli 정리
$$z_1 + \dfrac{p_1}{w} + \dfrac{v_1^2}{2g} = z_2 + \dfrac{p_2}{w} + \dfrac{v_2^2}{2g}$$
㉡ 압력의 산정
- 수평관이므로 위치수두 $z_A = z_B$로 생략하고 주어진 조건 입력
- $\dfrac{p_A}{1} + \dfrac{2^2}{2 \times 9.8} = \dfrac{1}{1} + \dfrac{3^2}{2 \times 9.8}$

∴ $p_A = 1.256\text{t/m}^2 = 12.3\text{kN/m}^2$

|해답| 25.④ 26.③ 27.② 28.②

29. 그림과 같이 수평으로 놓은 원평관의 안지름이 A에서 50cm이고 B에서 25cm로 축소되었다가 다시 C에서 50cm로 되었다. 물이 340L/s의 유량으로 흐를 때 A와 B의 압력차($P_A - P_B$)는?(단, 에너지 손실은 무시한다.)

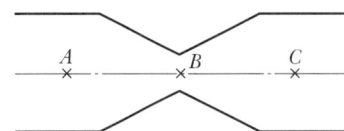

① $0.225\text{N}/\text{cm}^2$
② $2.25\text{N}/\text{cm}^2$
③ $22.5\text{N}/\text{cm}^2$
④ $225\text{N}/\text{cm}^2$

■해설 압력차의 산정
  ㉠ 유속의 산정
  • $V_1 = \dfrac{Q}{A_1} = \dfrac{0.34}{\dfrac{\pi \times 0.5^2}{4}} = 1.73\text{m/sec}$
  • $V_2 = \dfrac{Q}{A_2} = \dfrac{0.34}{\dfrac{\pi \times 0.25^2}{4}} = 6.93\text{m/sec}$

  ㉡ 1, 2단면에 Bernoulli 정리를 적용하면
  $\dfrac{P_1}{w} + \dfrac{V_1^2}{2g} = \dfrac{P_2}{w} + \dfrac{V_2^2}{2g}$
  $\therefore \dfrac{P_1 - P_2}{w} = \dfrac{1}{2g}(V_2^2 - V_1^2)$
  $= \dfrac{1}{2 \times 9.8}(6.93^2 - 1.73^2) = 2.3\text{m}$
  $\therefore P_1 - P_2 = 2.3\text{t}/\text{m}^2 = 0.23\text{kg}/\text{cm}^2$
  $= 2.25\text{N}/\text{cm}^2$

30. 동수경사선에 관한 설명으로 옳은 것은?
① 항상 에너지선 위에 있다.
② 항상 관로 위에 있다.
③ 기준면으로부터 위치수두와 속도수두의 합이다.
④ 항상 에너지 선에서 속도수두만큼 아래에 있다.

■해설 동수경사선 및 에너지선
  ㉠ 위치수두와 압력수두의 합을 연결한 선을 동수경사선이라 하며, 일명 동수구배선, 수두경사선, 압력선 이라고도 부른다. 따라서 동수경사선은 총수두에서 속도수두를 제외한 선이다. (위치수두+압력수두)
  ㉡ 총수두(위치수두+압력수두+속도수두)를 연결선을 에너지선이라 한다.

  ∴ 동수경사선은 항상 에너지선에서 속도수두만큼 아래에 있다.

31. 동수경사(I)에 관한 설명으로 옳지 않은 것은? (단, h_L : 손실수두, l : 수평거리)
① 흐름 속에 액주계를 세웠을 때 물이 오르는 높이를 연결한 선을 동수경사선이라 한다.
② 자유 수면을 가진 수로에서는 수면경사를 말한다.
③ 보통 수리학에서 $I = \dfrac{h_L}{l}$로 표시된다.
④ 동수경사선과 에너지선은 기준수평면에 항상 나란하다.

■해설 동수경사선 및 에너지선
  ㉠ 위치수두와 압력수두의 합을 연결한 선을 동수경사선이라 하며, 일명 동수구배선, 수두경사선, 압력선이라고도 부른다.
  ∴ 동수경사선은 $\dfrac{P}{w_o} + Z$를 연결한 값이다.
  ㉡ 흐름 속에 액주계를 세웠을 때 물이 오르는 높이를 연결한 선을 동수경사선이라 한다.
  ㉢ 자유수면을 가진 수로에서는 수면경사가 동수경사이다.
  ㉣ 보통 수리학에서 동수경사는 $I = \dfrac{h_L}{l}$로 나타낸다.
  ㉤ 손실을 무시한다면 에너지선은 기준수평면과 나란하지만 손실을 고려한다면 동수경사선과 에너지선은 기준수평면에 나란하지 않다.
  ㉥ 총수두(위치수두+압력수두+속도수두)를 연결한 선을 에너지선이라 한다.

32. 다음 중 에너지선과 동수경사선이 평행하게 되는 흐름은?
① 등류 ② 부등류
③ 상류 ④ 사류

■해설 동수경사선 및 에너지선
  ㉠ 위치수두와 압력수두의 합을 연결한 선을 동수경사선이라 하며, 일명 동수구배선, 수두경사선, 압력선이라고도 부른다.
  ∴ 동수경사선은 $\dfrac{P}{w_o} + Z$를 연결한 값이다.

ⓒ 흐름 속에 액주계를 세웠을 때 물이 오르는 높이를 연결한 선을 동수경사선이라 한다.
ⓒ 자유수면을 가진 수로에서는 수면경사가 동수경사이다.
② 보통 수리학에서 동수경사는 $I = \dfrac{h_L}{l}$ 로 나타낸다.
⑩ 손실을 무시한다면 에너지선은 기준수평면과 나란하지만 손실을 고려한다면 동수경사선과 에너지선은 기준수평면에 나란하지 않다.
ⓗ 등류 흐름은 거리에 따라 흐름의 특성이 변하지 않는 흐름으로 에너지선과 동수경사선이 평행하게 된다.
ⓢ 총수두(위치수두+압력수두+속도수두)를 연결한 선을 에너지선이라 한다.

33. 완전유체일 때 에너지선과 기준수평면과의 관계는? [14 산업]

① 위치에 따라 변한다.
② 흐름에 따라 변한다.
③ 서로 평행하다.
④ 압력에 따라 변한다.

■해설 **에너지선과 동수경사선**
ⓐ 에너지선
기준면에서 총수두까지의 높이를 연결한 선, 즉 전수두를 연결한 선을 말한다.
ⓑ 동수경사선
기준면에서 위치수두와 압력수두의 합을 연결한 선을 말한다.
ⓒ 에너지선과 동수경사선의 관계
이상유체의 경우 에너지선과 수평기준면은 평행한다.
동수경사선은 에너지선보다 속도수두만큼 아래에 위치한다.
흐름구간에서 유속과 수위가 균일한 등류인 경우에는 동수경사선과 에너지선이 평행하다.

34. 역적 운동량(Impulse-Momentum) 방정식인 $\Sigma F_x = \rho Q(V_{x(in)} - V_{x(out)})$ 의 유도과정에서 설정된 가정으로 옳은 것은? [11 기사]

① 흐름은 정상류(Steady Flow)이다.
② 흐름은 등류(Uniform Flow)이다.
③ 압축성(Compressible) 유체이다.
④ 마찰이 없는 유체(Frictionless Fluid)이다.

■해설 **역적-운동량 방정식**
역적-운동량 방정식은 연속방정식, 에너지방정식과 함께 유체 흐름문제를 해결하기 위해 제3의 기본도구로 사용되는 방정식이다. 역적-운동량 방정식은 기본적으로 1차원 정상류 흐름에 대해서 적용한다.

35. 보기의 가정 중 방정식 $\Sigma F_x = \rho Q(v_2 - v_1)$ 에서 성립되는 가정으로 옳은 것은? [15 기사]

> 가. 유속은 단면 내에서 일정하다.
> 나. 흐름은 정류(定流)이다.
> 다. 흐름은 등류(等流)이다.
> 라. 유체는 압축성이며 비점성 유체이다.

① 가, 나
② 가, 라
③ 나, 라
④ 다, 라

■해설 **운동량방정식**
운동량방정식은 관수로 및 개수로 흐름의 다양한 경우에 적용할 수 있으며, 일반적인 경우가 유량과 압력이 주어진 상태에서 관의 만곡부, 터빈 및 수리구조물에 작용하는 힘을 구하는 것이다. 운동량방정식은 흐름이 정상류이며, 유속은 단면 내에서 균일한 경우 입구부와 출구부 유속만으로 흐름을 해석할 수 있는 방정식이다.

36. 원형단면의 수맥이 그림과 같이 곡면을 따라 유량 0.018m³/s가 흐를 때 x 방향의 분력은?(단, 관내의 유석은 9.8m/s, 마찰은 무시한다.) [16 기사]

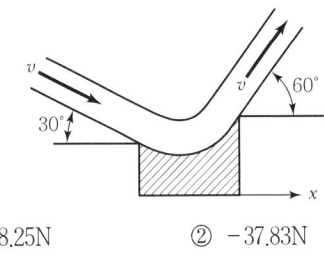

① -18.25N
② -37.83N
③ -64.56N
④ 17.64N

■해설 운동량방정식
ㄱ) 운동량방정식
• $F = \rho Q(V_2 - V_1)$: 운동량방정식
• $F = \rho Q(V_1 - V_2)$: 판이 받는 힘(반력)
ㄴ) x방향 분력의 산정
$$F = \frac{wQ}{g}(V_2 - V_1)$$
$$= \frac{1 \times 0.018}{9.8}(9.8\cos 60° - 9.8\cos 30°)$$
$$= -6.59 \times 10^{-3}t = -64.56N$$

37. 그림과 같이 유량이 Q, 유속이 V인 유관이 받는 외력 중에서 y축 방향의 힘(F_y)에 대한 계산식으로 옳은 것은?(단, P : 단위밀도, θ_1 및 θ_2 ≤90°, 마찰력은 무시함)

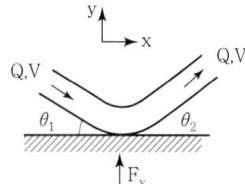

① $F_y = pQV(\sin\theta_2 - \sin\theta_1)$
② $F_y = -pQV(\sin\theta_2 - \sin\theta_1)$
③ $F_y = pQV(\sin\theta_2 + \sin\theta_1)$
④ $F_y = -QV(\sin\theta_2 + \sin\theta_1)/p$

■해설 운동량 방정식
ㄱ) 운동량 방정식
$F = \rho Q(V_2 - V_1)$
ㄴ) 속도분력의 산정
$V_2 = V\sin\theta_2$
$V_1 = -V\sin\theta_1$
ㄷ) F_y의 산정
$F_y = \rho Q(V_2 - V_1)$
$= \rho Q[V\sin\theta_2 - (-V\sin\theta_1)]$
$= \rho QV(\sin\theta_2 + \sin\theta_1)$

38. 지름 4cm의 원형관에서 수맥(水脈)이 그림과 같이 구부러질 때, 곡면을 지지하는 데 필요한 힘 P_x와 P_y의 크기는?(단, 수맥의 속도는 15m/sec 이고, 마찰은 무시한다.)

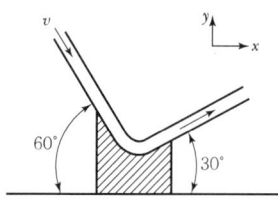

① $P_x = 0.0106t$, $P_y = 0.0394t$
② $P_x = 0.0394t$, $P_y = 0.0106t$
③ $P_x = 0.106t$, $P_y = 0.394t$
④ $P_x = 0.394t$, $P_y = 0.106t$

■해설 운동량 방정식
ㄱ) 운동량 방정식
• $F = \frac{wQ}{g}(V_2 - V_1)$: 운동량 방정식
• $F = \frac{wQ}{g}(V_1 - V_2)$: 판이 받는 힘(반력)
ㄴ) 지지력(반력)의 계산
• $F_x = \frac{wQ}{g}(V_1 - V_2)$
$= \frac{1 \times 0.01884}{9.8}(15\cos 60 - 15\cos 30)$
$= -0.0106t(\leftarrow) = 0.0106t(\rightarrow)$
• $F_y = \frac{wQ}{g}(V_1 - V_2)$
$= \frac{1 \times 0.01884}{9.8}[15\sin 60 - (-15\sin 30)]$
$= 0.0394t$

39. 절대속도 U(m/sec)로 움직이고 있는 판에 같은 방향으로부터 절대속도 V(m/sec)의 분류가 흐를 때 판에 충돌하는 힘을 계산하는 식이 옳은 것은?(단, A는 통수단면적)

① $F = \frac{w}{g} \cdot A \cdot (V - U)^2$
② $F = \frac{w}{g} \cdot A \cdot (V + U)^2$
③ $F = \frac{w}{g} \cdot A \cdot (V - U) \cdot V$
④ $F = \frac{w}{g} \cdot A \cdot (V + U) \cdot V$

■해설 판이 받는 힘

$$F = \frac{wQ}{g}(V_1 - V_2)$$

여기서, $V_2 = 0$

$$= \frac{w}{g}A \cdot V \cdot V = \frac{w}{g}A \cdot (V-u)(V-u)$$

$$= \frac{w}{g}A(V-u)^2$$

40. 단면적이 200cm²인 90° 굽어진 관(1/4 원의 형태)을 따라 유량 $Q = 0.05m^3/s$의 물이 흐르고 있다. 이 굽어진 면에 작용하는 힘(P)은?(단, 무게 1kg = 9.8N)

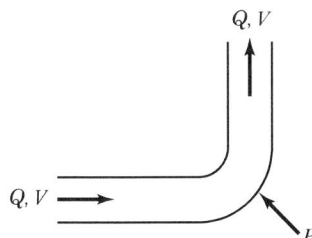

① 157N ② 177N
③ 1,570N ④ 1,770N

■해설 운동량방정식

㉠ 운동량 방정식
 • $F = \rho Q(V_2 - V_1)$: 운동량 방정식
 • $F = \rho Q(V_1 - V_2)$ · 판이 받는 힘(반력)

㉡ 유속의 산정

$$V = \frac{Q}{A} = \frac{0.05}{200 \times 10^{-4}} = 2.5 m/s$$

㉢ x방향 분력

$$F_x = \frac{wQ}{g}(V_1 - V_2) = \frac{1 \times 0.05}{9.8} \times (2.5 - 0)$$
$$= 0.013t$$

㉣ y방향 분력

$$F_y = \frac{wQ}{g}(V_1 - V_2) = \frac{1 \times 0.05}{9.8} \times (0 - 2.5)$$
$$= -0.013t$$

㉤ 합력의 산정

$$F = \sqrt{F_x^2 + F_y^2} = \sqrt{0.013^2 + (-0.013)^2}$$
$$= 0.018t = 18kg = 176.4N$$

41. 그림과 같이 여수로(餘水路) 위로 단위폭당 유량 $Q = 3.27m^3/sec$가 월류할 때 ㉠ 단면의 유속 $V_1 = 2.04m/sec$, ㉡ 단면의 유속 $V_2 = 4.67m/sec$라면, 댐에 가해지는 수평성분의 힘은?(단, 무게 1kg = 10N이고, 이상 유체로 가정한다.)

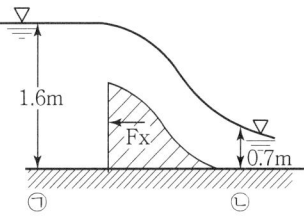

① 1,570N/m(157kg/m)
② 2,450N/m(245kg/m)
③ 6,470N/m(647kg/m)
④ 12,800N/m(1,280kg/m)

■해설 역적-운동량방정식

㉠ 역적-운동량방정식

$$P_1 - F_x - P_2 = \frac{wQ}{g}(V_2 - V_1)$$

㉡ 각 힘들의 해석

$$P_1 = wh_G A = 1 \times \frac{1.6}{2} \times (1 \times 1.6) = 1.28t$$

$$P_2 = wh_G A = 1 \times \frac{0.7}{2} \times (1 \times 0.7) = 0.245t$$

㉢ 역적-운동량방정식에 대입

$$1.28 - F_x - 0.245 = \frac{1 \times 3.27}{9.8}(4.67 - 2.04)$$

∴ $F_x = 0.158t = 158kg$
단위폭당 댐에 가해지는 힘을 구하면
∴ $F_x = 0.158t/m = 158kg/m$

42. 그림과 같은 수로에서 단면 1의 수심 $h_1 = 1m$, 단면 2의 수심 $h_2 = 0.4m$라면 단면 2에서의 유속 V_2는?(단, 단면 1과 2의 수로 폭은 같으며, 마찰손실은 무시한다.)

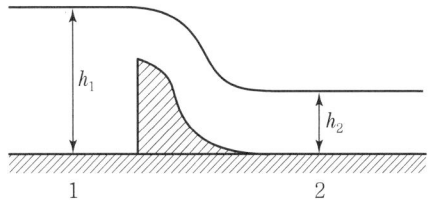

① 3.74m/s ② 4.05m/s
③ 5.56m/s ④ 2.47m/s

■해설 개수로 단면에 작용하는 힘
   ㉠ 단면 1, 2에 Bernoulli 정리를 적용하면
   $$\frac{V_1^2}{2g}+1=\frac{V_2^2}{2g}+0.4$$
   $$\therefore \frac{1}{2g}(V_2^2-V_1^2)=0.6 \cdots\cdots ⓐ$$
   ㉡ 연속방정식의 적용
   $$q=V_1=0.4V_2 \cdots\cdots ⓑ$$
   ㉢ 식 ⓐ에 식 ⓑ를 대입
   $$\frac{1}{2\times 9.8}\{V_2^2-(0.4V_2)^2\}=0.6$$
   $$\therefore V_2=3.74\text{m/sec}$$

43. [04 기사 / 15 기사]
흐르는 유체 속의 한 점(x, y, z)의 각 축방향의 속도성분을 (u, v, w)라 하고 밀도를 ρ, 시간을 t로 표시할 때 가장 일반적인 경우의 연속방정식은?

① $\dfrac{\partial \rho u}{\partial x}+\dfrac{\partial \rho v}{\partial y}+\dfrac{\partial \rho w}{\partial z}=0$

② $\dfrac{\partial u}{\partial t}+\dfrac{\partial v}{\partial t}+\dfrac{\partial w}{\partial t}=0$

③ $\dfrac{\partial \rho}{\partial t}+\dfrac{\partial \rho u}{\partial x}+\dfrac{\partial \rho v}{\partial y}+\dfrac{\partial \rho w}{\partial z}=0$

④ $\dfrac{\partial \rho}{\partial t}+\dfrac{\partial u}{\partial x}+\dfrac{\partial v}{\partial y}+\dfrac{\partial w}{\partial z}=0$

■해설 3차원 연속방정식
   흐름의 방향성분을 x, y, z라 하고 방향의 속도성분을 u, v, w라 하면 3차원 연속방정식은 다음과 같이 정의한다.
   ㉠ $\dfrac{\partial \rho}{\partial t}+\dfrac{\partial (\rho u)}{\partial x}+\dfrac{\partial (\rho v)}{\partial y}+\dfrac{\partial (\rho w)}{\partial z}=0$
   ㉡ 여기서 정류와 부정류를 나누는 기준은
   $\dfrac{\partial \rho}{\partial t}=0, \dfrac{\partial \rho}{\partial t}\neq 0$이다.
   ㉢ 비압축성 유체의 경우에는 ρ=constant하므로 생략이 가능하다.

44. [12 기사]
2차원 비압축성 정류의 유속성분 u, v가 보기와 같을 때, 연속방정식을 만족하는 것은?

① $u=4x, \quad v=4y$ ② $u=4x, \quad v=-4y$
③ $u=4x, \quad v=6y$ ④ $u=4x, \quad v=-6y$

■해설 비압축성 정상류 2차원 연속방정식
   ㉠ 비압축성 정상류 연속방정식
   $$\frac{\partial u}{\partial x}+\frac{\partial v}{\partial y}=0$$
   ㉡ x, y방향에 편미분을 하여 위의 방정식을 만족하면 된다.
   보기 ②번의 식을 편미분해보면
   $$\frac{\partial u}{\partial x}=4$$
   $$\frac{\partial v}{\partial y}=-4$$
   $$\therefore \frac{\partial u}{\partial x}+\frac{\partial v}{\partial y}=4-4=0$$
   ∴ ②번의 경우가 비압축성 정상류 연속방정식을 만족시킨다.

45. [06 기사]
정상류 비압축성 유체에 대한 다음의 속도성분 중에서 연속방정식을 만족시키는 식은?

① $u=3x^2-y$ ② $u=2x^2-xy$
   $v=2y^2-yz$ $v=y^2-4xy$
   $w=y^2-2y$ $w=y^2-yz$

③ $u=x^2-y$ ④ $u=2x^2-yz$
   $v=y^2-xy$ $v=2y^2-3xy$
   $w=x^2-yz$ $w=z^2-2y$

■해설 비압축성 정상류 3차원 연속방정식
   ㉠ 비압축성 정상류 연속방정식
   $$\frac{\partial u}{\partial x}+\frac{\partial v}{\partial y}+\frac{\partial w}{\partial z}=0$$
   ㉡ x, y, z 방향에 편미분을 하여 위의 방정식을 만족하면 된다. ②번의 식을 편미분하면
   • $\dfrac{\partial u}{\partial x}=4x-y$, • $\dfrac{\partial v}{\partial y}=2y-4x$, • $\dfrac{\partial w}{\partial z}=-y$
   $\therefore \dfrac{\partial u}{\partial x}+\dfrac{\partial v}{\partial y}+\dfrac{\partial w}{\partial z}=(4x-y)+(2y-4x)+(-y)$
   $\qquad\qquad\qquad\qquad =0$
   ∴ ②번의 경우가 비압축성 정상류 연속방정식을 만족시킨다.

|해답| 43.③ 44.② 45.②

Chapter 03 동수역학의 기초

46. 원형관의 중앙에 피토관(Pito tube)을 넣고 관벽의 정수압을 측정하기 위하여 정압관과의 수면차를 측정하였더니 10.7m였다. 이때의 유속은?(단, 피토관 상수 C=1이다.)

① 8.4m/s ② 11.7m/s
③ 13.1m/s ④ 14.5m/s

■해설 피토관 방정식
㉠ 피토관 방정식
$$V=\sqrt{2gh}$$
㉡ 유속의 산정
$$V=\sqrt{2gh}=\sqrt{2\times9.8\times10.7}=14.5\text{m/s}$$

47. 다음 중 에너지 보정계수(α)와 운동량 보정계수(η)로 옳은 것은?(단, V_m은 평균유속, V는 실제 유속임)

① $\alpha=\dfrac{1}{A}\displaystyle\int_A\left(\dfrac{V}{V_m}\right)dA,\ \cdots\cdots\ \eta=\dfrac{1}{A}\displaystyle\int_A\left(\dfrac{V}{V_m}\right)^4 dA$

② $\alpha=\dfrac{1}{A}\displaystyle\int_A\left(\dfrac{V}{V_m}\right)^2 dA,\ \cdots\cdots\ \eta=\dfrac{1}{A}\displaystyle\int_A\left(\dfrac{V}{V_m}\right)^3 dA$

③ $\alpha=\dfrac{1}{A}\displaystyle\int_A\left(\dfrac{V}{V_m}\right)^3 dA,\ \cdots\cdots\ \eta=\dfrac{1}{A}\displaystyle\int_A\left(\dfrac{V}{V_m}\right)^2 dA$

④ $\alpha=\dfrac{1}{A}\displaystyle\int_A\left(\dfrac{V}{V_m}\right)^4 dA,\ \cdots\cdots\ \eta=\dfrac{1}{A}\displaystyle\int_A\left(\dfrac{V}{V_m}\right)dA$

■해설
㉠ 에너지 보정계수 : $\alpha=\displaystyle\int_A\left(\dfrac{V}{V_m}\right)^3\cdot\dfrac{dA}{A}$
㉡ 운동량 보정계수 : $\eta=\displaystyle\int_A\left(\dfrac{V}{V_m}\right)^2\cdot\dfrac{dA}{A}$

48. 다음 설명 중 틀린 것은?(단, α는 에너지 보정계수, β는 운동량 보정계수이다.)

① 에너지 보정계수(α)란 속도수두를 보정하기 위한 무차원 상수이다.
② 운동량 보정계수(β)란 운동량을 보정하기 위한 무차원 상수이다.
③ 실제유체 흐름에서는 $\beta>\alpha>1$이다.
④ 이상유체에서는 $\alpha=\beta=1$이다.

■해설 에너지 보정계수와 운동량 보정계수
㉠ 에너지 보정계수
평균유속을 사용함에 의한 에너지의 차이를 보정해주는 계수 : $\alpha=\displaystyle\int_A\left(\dfrac{V}{V_m}\right)^3\dfrac{dA}{A}$
층류의 경우 : $\alpha=2$
난류의 경우 : $\alpha=1.01\sim1.1$

㉡ 운동량 보정계수
평균유속을 사용함에 의한 운동량의 차이를 보정해주는 계수 : $\eta=\displaystyle\int_A\left(\dfrac{V}{V_m}\right)^2\dfrac{dA}{A}$
층류의 경우 : $\eta=4/3$
난류의 경우 : $\eta=1.0\sim1.05$

㉢ 해석 : 에너지 보정계수와 운동량 보정계수는 실제유체와 이상유체의 차이를 보정해주는 계수로서 이상유체라면 에너지 보정계수와 운동량 보정계수의 값은 1이다. 실제유체에서는 $\alpha(=2)>\eta(=4/3)>1$의 순이다.

49. 다음 중 유체의 흐름이 원관 내에서 층류일 때 에너지 보정계수(α)와 운동량 보정계수(η)가 옳게 된 것은?

① $\alpha=2,\ \eta=1.02$ ② $\alpha=2,\ \eta=\dfrac{4}{3}$
③ $\alpha=1.1,\ \eta=\dfrac{4}{3}$ ④ $\alpha=1.1,\ \eta=1.0$

■해설 에너지 보정계수와 운동량 보정계수
㉠ 에너지 보정계수
• 운동에너지의 차이를 보정해주는 계수 :
$$\alpha=\int_A\left(\dfrac{V}{V_m}\right)^3\dfrac{dA}{A}$$
• 층류의 경우 : $\alpha=2$
• 난류의 경우 : $\alpha=1.01\sim1.1$

㉡ 운동량 보정계수
• 평균유속을 사용함에 의한 운동량의 차이를 보정해주는 계수 : $\eta=\displaystyle\int_A\left(\dfrac{V}{V_m}\right)^2\dfrac{dA}{A}$
• 층류의 경우 : $\eta=4/3$
• 난류의 경우 : $\eta=1.0\sim1.05$

|해답| 46.④ 47.③ 48.③ 49.②

50.
11 기사
16 기사

흐르는 유체 속에 물체가 있을 때, 물체가 유체로부터 받는 힘은?

① 장력(張力)　　② 충력(衝力)
③ 항력(抗力)　　④ 소류력(掃流力)

■해설 항력(Drag Force)
　㉠ 흐르는 유체 속에 물체가 잠겨 있을 때 유체에 의해 물체가 받는 힘을 항력(Drag Force)이라 한다.

$$D = C_D \cdot A \cdot \frac{\rho V^2}{2}$$

여기서, C_D : 항력계수 $\left(C_D = \frac{24}{R_e}\right)$
　　　　A : 투영면적
　　　　$\frac{\rho V^2}{2}$: 동압력

　㉡ 항력의 종류

종류	내용
마찰저항	유체가 흐를 때 물체표면의 마찰에 의하여 느껴지는 저항을 말한다.
조파저항	배가 달릴 때는 선수미(船首尾)에서 규칙적인 파도가 일어나는데, 이때 소요되는 배의 에너지 손실을 조파저항이라고 한다.
형상저항	유속이 빨라져서 R_e가 커지면 물체 후면에 후류(Wake)라는 소용돌이가 발생되어 물체를 흐름방향과 반대로 잡아당기게 되는데 이러한 저항을 형상저항이라 한다.

51.
12 기사
15 기사

단위중량 w 또는 밀도 ρ인 유체가 유속 V로서 수평방향으로 흐르고 있다. 직경 d, 길이 l인 원주가 유체의 흐름방향에 직각으로 중심축을 가지고 놓였을 때 원주에 작용하는 항력(D)은? (단, C : 항력계수, g : 중력가속도)

① $D = C \cdot \frac{\pi d^2}{4} \cdot \frac{wV^2}{2}$

② $D = C \cdot d \cdot l \cdot \frac{wV^2}{2}$

③ $D = C \cdot \frac{\pi d^2}{4} \cdot \frac{\rho V^2}{2}$

④ $D = C \cdot d \cdot l \cdot \frac{\rho V^2}{2}$

■해설 항력(Drag Force)
　㉠ 흐르는 유체 속에 물체가 잠겨 있을 때 유체에 의해 물체가 받는 힘을 항력(Drag Force)이라 한다.

$$D = C_D \cdot A \cdot \frac{\rho V^2}{2}$$

여기서, C_D : 항력계수 $\left(C_D = \frac{24}{R_e}\right)$
　　　　A : 투영면상의 면적
　　　　$\frac{\rho V^2}{2}$: 동압력

$$\therefore D = C_D \cdot A \cdot \frac{\rho V^2}{2} = C \cdot d \cdot l \cdot \frac{\rho V^2}{2}$$

　㉡ 항력의 종류

종류	내용
마찰저항	유체가 흐를 때 물체표면의 마찰에 의하여 느껴지는 저항을 말한다.
조파저항	배가 달릴 때는 선수미(船首尾)에서 규칙적인 파도가 일어나는데, 이때 소요되는 배의 에너지 손실을 조파저항이라고 한다.
형상저항	유속이 빨라져서 R_e가 커지면 물체 후면에 후류(Wake)라는 소용돌이가 발생되어 물체를 흐름방향과 반대로 잡아당기게 되는데 이러한 저항을 형상저항이라 한다.

52.
00 기사
08 기사

유체가 흐를 때 Reynolds Number가 커지면 물체의 후면에 후류(Wake)라는 소용돌이가 생긴다. 이때, 압력이 저하되어 물체를 흐름방향과 반대방향으로 잡아당기는 저항은?

① 마찰저항　　② 형상저항
③ 부유저항　　④ 조파저항

■해설 R_e수가 클 때 물체의 후면에 후류라는 소용돌이가 생긴다. 이 후류로 인해 압력이 저하되고 물체를 흐름방향과 반대로 당기게 되는데, 이러한 저항을 형상저항이라 한다.

53. 다음의 항력(Drag Force)에 관한 설명 중 틀린 것은?

① 마찰항력은 유체가 물체표면을 흐를 때 점성과 난류에 의해 물체표면에 발생하는 마찰저항이다.
② 형상항력은 물체의 형상에 의한 후류(Wake)로 인해 압력이 저하하여 발생하는 압력저항이다.
③ 조파항력은 물체가 수면에 떠 있거나 물체의 일부분이 수면 위에 있을 때에 발생하는 유체저항이다.
④ 항력 $D = C_D A \dfrac{V^2}{2g}$ 으로 표현되며, 항력계수 C_D는 레이놀즈의 함수이다.

■해설 항력

$$D = C_D \cdot A \cdot \dfrac{\rho \cdot V^2}{2}$$

|해답| 53.④

오리피스와 수문

Chapter 04

Contents

Section 01 유속, 수축, 유량계수
Section 02 오리피스
Section 03 수중 오리피스
Section 04 관 오리피스
Section 05 노즐
Section 06 벤투리미터
Section 07 오리피스 배수시간
Section 08 단관
Section 09 사출수의 경로
Section 10 수문

ITEM POOL 예상문제 및 기출문제

이것부터 깊어보고 시작하자!

1. 유속계수
   - C_v = 실제유속/이론유속 = 0.97~0.99

2. 수축계수
   - C_a = 수축단면적/오리피스단면적 = 0.64
   - 최대수축단면적(Vena Contracta)

3. 유량계수
   - C = 실제유량/이론유량 = 0.62
   - $C = C_a C_v$

4. 작은 오리피스
   - $Q = CA\sqrt{2gh}$

5. 직사각형 큰 오리피스
   - $Q = \dfrac{2}{3} Cb\sqrt{2g}\,(h_2^{\frac{3}{2}} - h_1^{\frac{3}{2}})$

6. 완전수중오리피스
   - $Q = CA\sqrt{2gH}$
   - $H = h_1 - h_2$

7. 수조의 배수시간
   - 자유유출 : $t(\sec) = \dfrac{2A}{Ca\sqrt{2g}}(h_1^{\frac{1}{2}} - h_2^{\frac{1}{2}})$
   - 수중유출 : $t(\sec) = \dfrac{2A_1 A_2}{Ca\sqrt{2g}\,(A_1 + A_2)}(h_1^{\frac{1}{2}} - h_2^{\frac{1}{2}})$

8. 사출수의 도달거리

- 수평거리 : $L = \dfrac{V_0^2 \sin 2\theta}{g}$

- 연직거리 : $H = \dfrac{V_0^2 \sin^2 \theta}{2g}$

9. 수문

- $Q = CA\sqrt{2gH}$
- $H = h_1 - h_2$

 유속, 수축, 유량계수

각종 계수의 값
- 유속계수 : 0.97~0.99
- 수축계수 : 0.64
- 유량계수 : 0.62

1. 유속계수(C_v)

베르누이 정리를 이용한 토리첼리 정리에서 유도한 이론 유속과 물이 유출할 때 공기의 저항과 오리피스 벽면의 마찰저항 때문에 실제 유속은 적어진다. 따라서 실제유속과 이론유속의 차를 보정해 주는 계수를 유속계수라 한다.

① 이론유속 : $v_B = \sqrt{2gh}$
② 유속계수 : $C_v = $ 실제유속$(v)/$이론유속(v_B)
③ 실제유속 : $v = C_v\sqrt{2gh}$

2. 수축계수(C_a)

실제 오리피스는 전단면 지름(D)에 걸쳐 흐르지 않고 수축된 단면으로 흐른다. 이처럼 오리피스 단면적에 대한 수축된 단면적에 대한 비를 수축계수라 한다.

① 수축계수 : $C_a = $ 수축단면적$(A_0)/$오리피스 단면적(A)
② 수축단면적 : $A_0 = C_a \cdot A$

③ 수축단면(Vena Contracta)
오리피스에서 나오는 물은 그림과 같이 오리피스 내측벽면으로부터 약 $\dfrac{D}{2}$인 지점에서 수맥의 단면적이 축소되었다가 다시 확대된다. 이처럼 축소된 단면을 수축단면이라 한다.

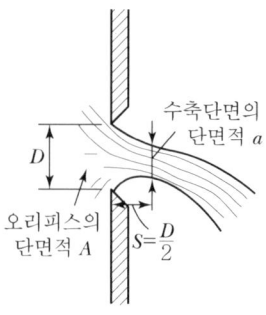

3. 유량계수(C)

실제유량과 이론유량을 보정해주는 계수로 유량계수 C는 실제유량과 이론유량의 비로 나타내며, 수축계수와 유속계수의 곱으로 나타낸다.
① 유량계수 C = 실제유량/이론유량
② 실제유량 = C · 이론유량
③ $C = C_a \times C_v$

핵심예제 4-1

원형 오리피스의 지름을 d라 할 때 수축단면(Vena Contracta)의 위치는? [13. 산]

① 오리피스로부터 $\dfrac{d}{2}$ 정도의 위치에서 발생한다.

② 오리피스로부터 $\dfrac{d}{3}$ 정도의 위치에서 발생한다.

③ 오리피스로부터 $\dfrac{d}{4}$ 정도의 위치에서 발생한다.

④ 오리피스로부터 $\dfrac{d}{5}$ 정도의 위치에서 발생한다.

해설 수축단면적

오리피스를 통과한 분류가 최대로 수축되는 단면적을 수축단면적(Vena Contracta)이라 하며, 수축단면적의 발생위치는 오리피스 직경(D)의 1/2 지점에서 발생된다.

해답 ①

핵심예제 4-2

오리피스에서 수축계수의 정의와 그 크기로 옳은 것은?(단, a_o : 수축 단면적, a : 오리피스 단면적, V_o : 수축단면의 유속, V : 이론유속) [14. 기]

① $C_a = \dfrac{a_o}{a}$, 1.0~1.1   ② $C_a = \dfrac{V_o}{V}$, 1.0~1.1

③ $C_a = \dfrac{a_o}{a}$, 0.6~0.7   ④ $C_a = \dfrac{V_o}{V}$, 0.6~0.7

해설 오리피스의 계수

㉠ 유속계수(C_v) : 실제유속과 이론유속의 차를 보정해주는 계수로, 실제유속과 이론유속의 비로 나타낸다.
C_v = 실제유속/이론유속 ≒ 0.97~0.99

㉡ 수축계수(C_a) : 수축단면적과 오리피스단면적의 차를 보정해주는 계수로, 수축단면적과 오리피스 단면적의 비로 나타낸다.
C_a = 수축 단면의 단면적(a_o)/오리피스의 단면적(a)
≒ 0.64

ⓒ 유량계수(C) : 실제유량과 이론유량의 차를 보정해주는 계수로 실제유량과 이론유량의 비로 나타낸다.
C = 실제유량/이론유량 = $C_a \times C_v$ ≒ 0.62

해답 ③

Section 02 오리피스

1. 작은 오리피스

오리피스 수조의 수면에서 오리피스 중심부까지의 깊이에 비해 오리피스의 단면적이 작아서 수두변화가 없는 경우를 작은 오리피스라 하며 그 기준은 ($h > 5d$)

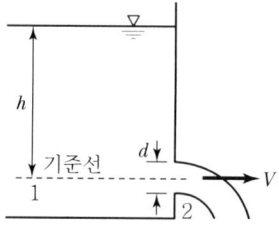

$$Q = Ca\sqrt{2gh}$$

여기서, a : 오리피스 단면적
C : 유량 계수

만일 접근유속수두를 고려했다면

$$Q = Ca\sqrt{2g(h+h_a)}$$

여기서, h_a(접근 유속수두) = $\dfrac{V_a^2}{2g}$
V_a : 접근 유속

핵심예제 4-3

그림과 같은 오리피스에서 유출되는 유량은?(단, 이론 유량을 계산한다.) [15. 산]

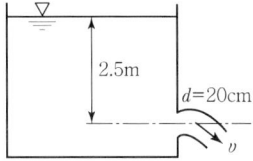

① $0.12\text{m}^3/\text{s}$
② $0.22\text{m}^3/\text{s}$
③ $0.32\text{m}^3/\text{s}$
④ $0.42\text{m}^3/\text{s}$

해설 오리피스의 유량

㉠ 오리피스의 유량
$$Q = Ca\sqrt{2gh}$$

㉡ 유량의 산정
$$Q = Ca\sqrt{2gh} = \frac{\pi \times 0.2^2}{4} \times \sqrt{2 \times 9.8 \times 2.5} = 0.22\text{m}^3/\text{sec}$$

해답 ②

2. 직사각형 큰 오리피스

오리피스 수조의 수면에서 오리피스 중심부까지의 깊이에 비해 오리피스의 단면적이 커서 수두변화의 영향을 고려해야 하는 경우를 큰 오리피스라 하며 그 기준은($h < 5D$)

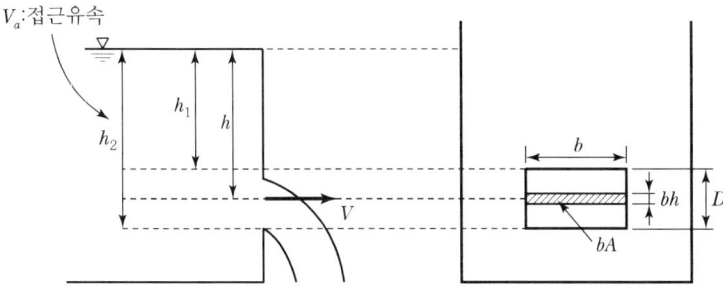

$$Q = \frac{2}{3}Cb\sqrt{2g}\left(h_2^{\frac{3}{2}} - h_1^{\frac{3}{2}}\right)$$

여기서, C : 유량계수, b : 오리피스 폭
h_2 : 오리피스 하단까지의 수심
h_1 : 오리피스 상단까지의 수심

만일 접근유속수두를 고려했다면

$$Q = \frac{2}{3}Cb\sqrt{2g}\left[(h_2+h_a)^{\frac{3}{2}} - (h_1+h_a)^{\frac{3}{2}}\right]$$

핵심예제 4-4

그림과 같은 직사각형 큰 오리피스의 유량은 얼마인가?(단, $C=0.62$이고, 접근유속은 무시함)
[99. 산]

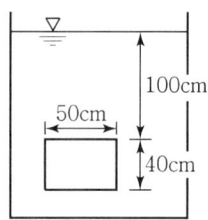

① $1.621\text{m}^3/\text{sec}$ ② $1.019\text{m}^3/\text{sec}$
③ $0.601\text{m}^3/\text{sec}$ ④ $0.588\text{m}^3/\text{sec}$

해설 $h<5d$

$$Q = \frac{2}{3}c \cdot b \cdot \sqrt{2g}\left(h_2^{\frac{3}{2}} - h_1^{\frac{3}{2}}\right)$$
$$= \frac{2}{3} \times 0.62 \times 0.5 \times \sqrt{19.6}\left(1.4^{\frac{3}{2}} - 1^{\frac{3}{2}}\right)$$
$$= 0.601\text{m}^3/\text{sec}$$

해답 ③

Section 03 수중 오리피스

수조나 수로 등에서 수중으로 물이 유출되는 오리피스

$$V = \sqrt{2gh} = \sqrt{2g(h_1 - h_2)}$$

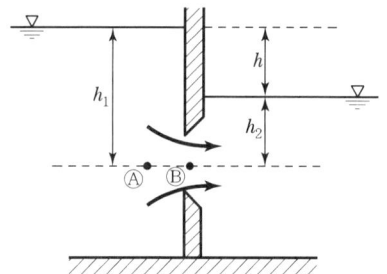

핵심예제 4-5

그림과 같은 오리피스를 통과하는 유량은?(단, 오리피스 단면적 $A = 0.2\text{m}^2$, 손실계수 $C = 0.78$이다.)

[14. 산]

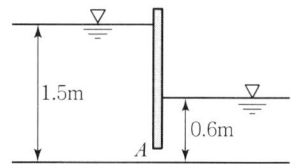

① 0.36m³/s   ② 0.46m³/s   ③ 0.56m³/s   ④ 0.66m³/s

해설 완전수중오리피스

㉠ 완전수중오리피스
$Q = CA\sqrt{2gH}$
$H = h_1 - h_2$

㉡ 완전수중오리피스의 유량계산
$Q = CA\sqrt{2gH}$
$= 0.78 \times 0.2 \times \sqrt{2 \times 9.8 \times (1.5 - 0.6)}$
$= 0.66\text{m}^3/\sec$

해답 ④

Section 04 관 오리피스

그림과 같이 축소된 원형링을 이용하여 관의 유량을 측정하는 장치를 관 오리피스라 한다.

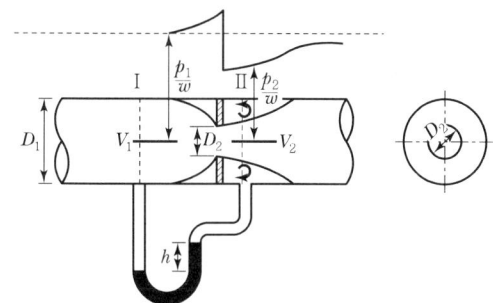

$$Q = \frac{C \cdot a \cdot A}{\sqrt{A^2 - a^2}}\sqrt{2gh}$$

여기서, C : 유량계수, a : 오리피스 면적
A : 관의 면적, h : 수위 차

Section 05 노즐

관수로 유량계측을 위해 사용하는 기구로 유량측정의 원리는 Bernoulli 정리에 기초를 두고 있다.

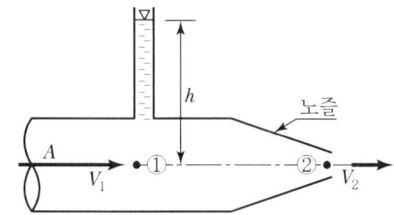

$$Q = C \cdot a \sqrt{\dfrac{2gh}{1 - \left(\dfrac{C \cdot a}{A}\right)^2}}$$

여기서, C : 유량계수, a : 노즐의 면적, A : 관의 면적

핵심예제 4-6

그림과 같은 노즐에서 유량을 구하기 위한 식으로 옳은 것은?(단, C는 유속계수이다.) [12. 기]

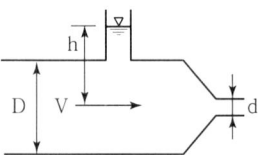

① $C \cdot \dfrac{\pi d^2}{4} \sqrt{\dfrac{2gh}{1 - C^2 (d/D)^2}}$

② $C \cdot \dfrac{\pi d^2}{4} \sqrt{\dfrac{2gh}{1 - C^2 (d/D)^4}}$

③ $\dfrac{\pi d^4}{4} \sqrt{\dfrac{2gh}{1 - C^2 (d/D)^2}}$

④ $C \cdot \dfrac{\pi d^2}{4} \sqrt{2gh}$

해설 노즐

㉠ 노즐 : 호스 선단에 붙여서 물을 사출할 수 있도록 한 점근 축소관을 노즐이라 한다.

㉡ 노즐의 유량

실제유속 : $V = C_v \sqrt{\dfrac{2gh}{1-\left(\dfrac{Ca}{A}\right)^2}}$

실제유량 : $Q = Ca \sqrt{\dfrac{2gh}{1-\left(\dfrac{Ca}{A}\right)^2}}$

∴ 그림의 조건을 대입하면
$Q = C\dfrac{\pi d^2}{4}\sqrt{\dfrac{2gh}{1-C^2(d/D)^4}}$

해답 ②

벤투리미터

Section 06

벤투리미터는 관로 도중에 단면축소부를 두어 압력강하량을 측정하여 관수로 유속 및 유량을 구하는 장치이다.

① 물을 기준(기본 액주계)

$$Q = \dfrac{CA_1 A_2}{\sqrt{A_1^{\,2} - A_2^{\,2}}}\sqrt{2gh}$$

② 수은을 기준(U자형 액주계)

$$Q = \dfrac{CA_1 A_2}{\sqrt{A_1^{\,2} - A_2^{\,2}}}\sqrt{2gh(S-1)}$$

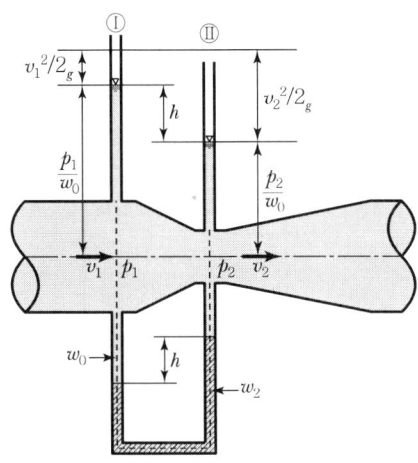

핵심예제 4-7

지름 200mm인 관로에 축소부 지름이 120mm인 벤투리미터(Venturimeter)가 부착되어 있다. 두 단면의 수두차가 1.0m, $C=0.98$일 때의 유량은? [13. 기]

① 0.00525m³/sec ② 0.0525m³/sec
③ 0.525m³/sec ④ 5.250m³/sec

해설 벤투리미터

㉠ 관 내에 축소부를 두어 축소 전과 축소 후의 압력차를 측정하여 관수로의 유량을 측정하는 기구를 말한다.

㉡ 벤투리미터의 유량

$$Q = \frac{C \cdot A_1 \cdot A_2}{\sqrt{A_1^2 - A_2^2}} \sqrt{2gH}$$

$$A_1 = \frac{\pi \times 0.2^2}{4} = 0.0314 \text{m}^2$$

$$A_2 = \frac{\pi \times 0.12^2}{4} = 0.0113 \text{m}^2$$

$$= \frac{0.98 \times 0.0314 \times 0.0113}{\sqrt{0.0314^2 - 0.0113^2}} \sqrt{2 \times 9.8 \times 1}$$

$$= 0.0525 \text{m}^3/\text{sec}$$

해답 ②

Section 07 오리피스 배수시간

1. 보통 오리피스

그림과 같은 오리피스에서 수심 H_1, H_2로 내려가는 데 걸리는 시간을 t라 하면

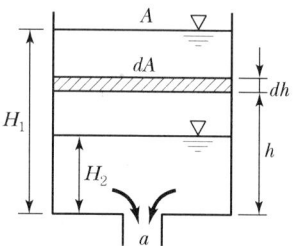

$$t = \frac{2A}{Ca\sqrt{2g}}(H_1^{\frac{1}{2}} - H_2^{\frac{1}{2}})$$

여기서, a : 오리피스 단면적
A : 수조의 단면적
C : 유량 계수

핵심예제 4-8

단면 2m×2m 높이 6m인 수조가 만수되어 있다. 이 수조의 바닥에 지름 20cm의 오리피스로 배수시키고자 한다. 높이 2m까지 배수하는 데 요하는 시간은?(단, C=0.6) [82. 산]

① 1분 39초　　② 2분 36초
③ 2분 45초　　④ 2분 55초

해설 $t = \dfrac{2A}{C \cdot a \cdot \sqrt{2g}}\left(h_1^{\frac{1}{2}} - h_2^{\frac{1}{2}}\right)$

㉠ $A = 2 \times 2 = 4\,\text{m}^2$
　$a = \dfrac{\pi \times 0.2^2}{4} = 0.0314\,\text{m}^2$

㉡ $t = \dfrac{2 \times 4}{0.6 \times 0.0314 \times \sqrt{19.6}}\left(6^{\frac{1}{2}} - 2^{\frac{1}{2}}\right)$
　　$= 99.3$초 $= 1$분 39초

해답 ①

2. 수중 오리피스

그림과 같이 수조 A_1에서 수조 A_2로 물이 유출할 때 수위 H가 h로 될 때까지 걸리는 시간을 t라 하면

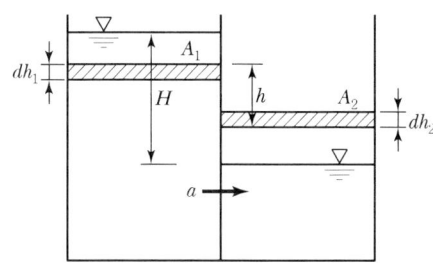

$$t = \frac{2A_1 A_2}{Ca\sqrt{2g}(A_1 + A_2)}(H^{\frac{1}{2}} - h^{\frac{1}{2}})$$

여기서, a : 오리피스 단면적
A_1 : 1번 수조의 면적
A_2 : 2번 수조의 면적

여기서, 두 수조의 수위가 동일할 때까지 걸리는 시간을 t라 하면, $h = 0$이 되므로

$$t = \frac{2A_1 A_2}{Ca\sqrt{2g}(A_1 + A_2)} H^{\frac{1}{2}}$$

핵심예제 4-9

그림과 같이 A수조와 B수조 사이에 오리피스(Orifice)를 통하여 물이 유출할 때 수심 h_1에서 h_2가 될 때까지 소요되는 시간(T[sec])을 구하는 공식으로 옳은 것은?(단, 오리피스의 단면적을 a, A, B 수조의 표면적을 각각 A, B라 한다.) [12. 산]

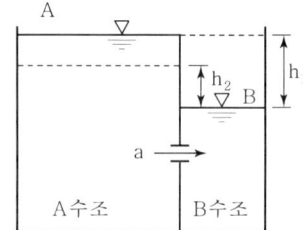

① $T = \dfrac{2A}{Ca\sqrt{2g}} \cdot (\sqrt{h_1} - \sqrt{h_2})$ ② $T = \dfrac{2A}{Ca\sqrt{2g}} (\sqrt{h_1})$

③ $T = \dfrac{2AB}{Ca\sqrt{2g} \cdot (A+B)} \cdot (\sqrt{h_1} - \sqrt{h_2})$ ④ $T = \dfrac{2AB}{Ca\sqrt{2g}} \cdot (\sqrt{h_1} - \sqrt{h_2})$

해설 수조의 배수시간

수조의 수위가 h_1에서 h_2로 변하는데 소요되는 시간은 다음의 공식을 이용한다.

$$t = \frac{2AB}{Ca\sqrt{2g}(A+B)}(h_1^{\frac{1}{2}} - h_2^{\frac{1}{2}})$$

해답 ③

단관

1. 표준단관(Standard Short Tube)

① 단관의 길이가 지름의 2~3배이며 오리피스의 단면수축을 방지하기 위하여 사용된다.

② 표준단관에서 $C_a = 1$이며, C는 표준 오리피스의 0.62보다 훨씬 큰 0.82이다.

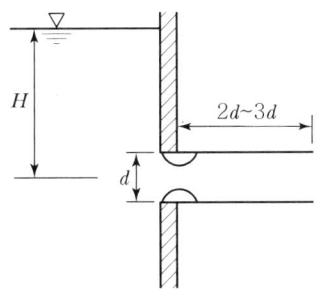

2. 보르다 단관(Borda's Mouth Piece)

① 원관의 길이가 $\dfrac{D}{2}$만큼 수조 안쪽으로 설치된 관을 말한다.

② 보통 $C_a = 0.5$이며 $C_v = 0.98$로 $C = 0.5 \times 0.98 ≒ 0.5$이다.

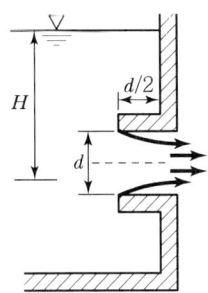

Section 09 사출수의 경로

노즐에서 사출한 수류의 실제 속도 V에 의한 연직높이 및 수평도달거리를 구하는 문제

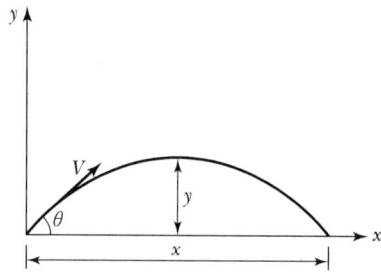

1. 연직높이

$$y = \frac{V^2 \cdot \sin^2\theta}{2g}$$

최대 연직높이는 $\theta = 90°$ 이므로, $y_{\max} = \dfrac{V^2}{2g}$

2. 수평거리

$$x = \frac{V^2 \cdot \sin 2\theta}{g}$$

최대 수평거리는 $\theta = 45°(\because 2\theta = 90°)$일 때 이므로 $x_{\max} = \dfrac{V^2}{g}$

3. 최대수평거리는 최대연직높이의 2배이다.

$$\therefore x_{\max} = 2y_{\max}$$

핵심예제 4-10

초속 V_0의 사출수가 도달하는 수평 최대 거리는? [14. 산]

① 최대 연직높이의 1.2배이다.
② 최대 연직높이의 1.5배이다.
③ 최대 연직높이의 2.0배이다.
④ 최대 연직높이의 3.0배이다.

해설 사출수의 도달거리

㉠ 수평거리

$$L = \frac{V_0^2 \sin 2\theta}{g}$$

㉡ 연직거리

$$H = \frac{V_0^2 \sin^2\theta}{2g}$$

㉢ 최대 수평거리와 최대 연직거리의 관계

최대 수평거리는 $\theta = 45°$일 때 이므로 $L_{\max} = \dfrac{V_0^2}{g}$

최대 연직거리는 $\theta = 90°$일 때 이므로 $H_{\max} = \dfrac{V_0^2}{2g}$

∴ $L_{\max} = 2H_{\max}$

해답 ③

Section 10 수문

수로, 용수로, 상수로, 하수로 및 댐마루 등에 설치하여 유량과 수위를 조절하는 구조물로 가장 많이 사용되는 것은 슬루스 게이트(sluice gate)이다.

1. 자유유출(Free out Flow)

수문에서 나온 흐름은 수심 점차 감소되어 약간 하류에서 수심이 가장 적어진다. 이와 같은 유출을 자유유출이라 한다.(그림 a)

$$Q = CAV = CBH_1\sqrt{2g(H-H_1)}$$

2. 수중유출

그림(b)는 하류가 상류(常流)인 경우로, 상류(上流)와의 사이에 소용돌이가 발생한다. 하류의 수심 H_2가 점차 커지면 도수의 위치는 점차 수문 쪽으로 가까워진다. H_2가 더욱 증가하면 소용돌이는 없어지며, 그림(d)와 같이 수면은 수평이 된다. 이러한 상태를 수중유출이라 한다.

$$Q = CAV = CBH_1\sqrt{2g(H-H_2)}$$

여기서, C : 유량계수
B : 수문의 폭
H_1 : 수문의 오름 높이
H : 상류 수심
H_2 : 하류 수심

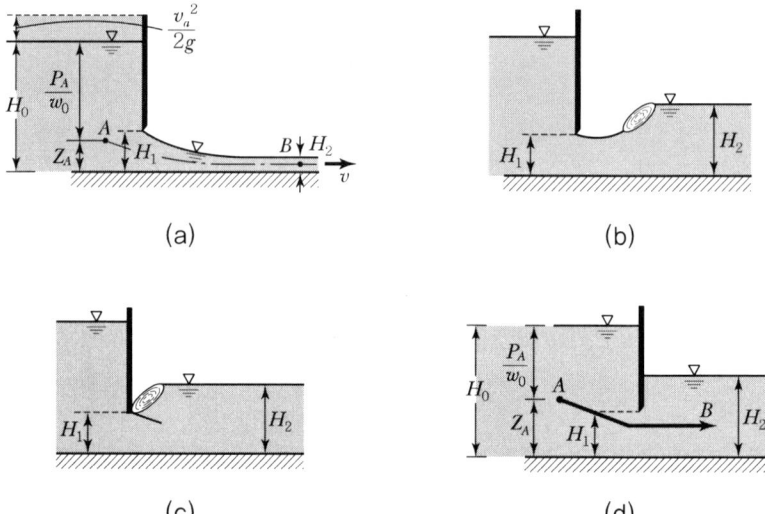

(a)   (b)

(c)   (d)

핵심예제 4-11

그림과 같은 수로의 단위폭당 유량은?(단, 유출계수 $C=1$이며 이외 손실은 무시함)

[16. 기]

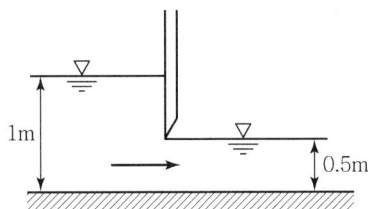

① 2.5m³/s/m ② 1.6m³/s/m
③ 2.0m³/s/m ④ 1.2m³/s/m

해설 수문
㉠ 수문의 유량
- $Q = CA\sqrt{2gH}$
- $H = h_1 - h_2$

㉡ 수문의 유량계산
$Q = CA\sqrt{2gH}$
$= 1 \times (1 \times 0.5) \times \sqrt{2 \times 9.8 \times (1-0.5)}$
$= 1.6 \text{m}^3/\text{sec}$

해답 ②

Item pool 예상문제 및 기출문제

01. 다음 중 오리피스(Orifice)의 이론과 가장 관계가 없는 것은?
04 기사
15 기사

① 토리첼리(Torricelli) 정리
② 베르누이(Bernoulli) 정리
③ 베나콘트랙타(Vena Contracta)
④ 모세관현상의 원리

■해설 오리피스 이론
㉠ 토리첼리 정리 : 베르누이 정리를 이용하여 오리피스의 유출구 유속을 계산한다.($v=\sqrt{2gh}$)
㉡ 베나콘트랙타 : 오리피스 단면적을 통과한 물기둥은 오리피스 지름의 1/2 지점에서 수축단면적이 발생하는데 이 수축 단면적을 베나콘트랙타라 한다.
∴ 오리피스이론과 관련이 없는 것은 모세관현상의 원리이다.

02. 오리피스(Orifice)의 이론유속 $V=\sqrt{2gh}$는 다음 중 어느 이론으로부터 유도되는 특수한 경우인가?(단, V : 유속, g : 중력가속도, h : 수두차)
13 기사

① 베르누이(Bernoulli)의 정리
② 레이놀즈(Reynolds)의 정리
③ 벤투리(Venturi)의 이론식
④ 운동량 방정식 이론

■해설 토리첼리 정리
토리첼리는 베르누이 정리를 이용하여 오리피스의 이론유속 $V=\sqrt{2gh}$을 구하는 식을 유도하였다.

03. 오리피스에 있어서 에너지 손실은 어떠한 방법으로 보정할 수 있는가?
82 산업
94 산업
08 산업
14 산업

① 이론유속에 유속계수를 곱한다.
② 실제유속에 유속계수를 곱한다.
③ 이론유속에 유량계수를 곱한다.
④ 실제유속에 유량계수를 곱한다.

■해설 에너지 손실을 실제유속에 반영하기 위하여 이론유속에 유속계수를 곱한다.
∴ 실제유속 $V=C_v\sqrt{2gh}$

04. 수축단면에 관한 설명으로 옳은 것은?
16 산업

① 오리피스의 유출수맥에서 발생한다.
② 상류에서 사류로 변화할 때 발생한다.
③ 사류에서 상류로 변화할 때 발생한다.
④ 수축단면에서의 유속을 오리피스의 평균유속이라 한다.

■해설 수축단면
오리피스를 통과할 때 유출수맥에서 최대로 수축되는 단면적을 수축단면이라 한다.

05. 베나 콘트렉터에 대한 설명 중 옳지 않은 것은?
02 기사

① 오리피스를 통과하는 유선에서 설명되는 현상
② 수맥이 가장 많이 수축되고 작아지는 현상
③ 베나 콘트렉터의 단면적은 오리피스의 단면적보다는 크다.
④ 베르누이의 정리를 사용하여 해설할 수 있다.

■해설 베나 콘트렉터는 오리피스 유출에 있어서 가장 작은 수축단면적을 의미한다.

06. 오리피스에서 유출되는 실제유량은 $Q=C_a \cdot C_v \cdot A \cdot V$로 표현한다. 이때 수축계수 C_a는?(단, A_0는 수맥의 최소 단면적, A는 오리피스의 단면적, V는 실제유속, V_o는 이론유속)
05 산업
15 산업

|해답| 1.④ 2.① 3.① 4.① 5.③ 6.①

① $C_a = \dfrac{A_o}{A}$ ② $C_a = \dfrac{V_o}{V}$

③ $C_a = \dfrac{A}{A_o}$ ④ $C_a = \dfrac{V}{V_o}$

■ 해설 오리피스의 계수
  ㉠ 유속계수(C_v) : 실제유속과 이론유속의 차를 보정해주는 계수로, 실제유속과 이론유속의 비로 나타낸다.
  C_v = 실제유속/이론유속 ≒ 0.97~0.99
  ㉡ 수축계수(C_a) : 수축단면적과 오리피스단면적의 차를 보정해주는 계수로 수축단면적과 오리피스단면적의 비로 나타낸다.
  C_a = 수축 단면의 단면적/오리피스의 단면적 ≒ 0.64
  $C_a = \dfrac{A_o}{A}$
  ㉢ 유량계수(C) : 실제유량과 이론유량의 차를 보정해주는 계수로 실제유량과 이론유량의 비로 나타낸다.
  C = 실제유량/이론유량 = $C_a \times C_v$ ≒ 0.62

07. 오리피스(Orifice)에서 수축계수 C_a, 유속계수 C_v, 유량계수 C와의 관계식을 바르게 나타낸 것은?
07 산업
16 기사

① $C = C_v \cdot C_a$
② $C = C_v - C_a$
③ $C = \dfrac{C_v}{C_a}$
④ $C = C_a + C_v$

■ 해설 오리피스의 계수
  ㉠ 유속계수(C_v) : 실제유속과 이론유속의 차를 보정해주는 계수로, 실제유속과 이론유속의 비로 나타낸다.
  C_v = 실제유속/이론유속 ≒ 0.97~0.99
  ㉡ 수축계수(C_a) : 수축단면적과 오리피스단면적의 차를 보정해주는 계수로 수축단면적과 오리피스단면적의 비로 나타낸다.
  C_a = 수축 단면의 단면적/오리피스의 단면적 ≒ 0.64
  $C_a = \dfrac{A_o}{A}$

  ㉢ 유량계수(C) : 실제유량과 이론유량의 차를 보정해주는 계수로 실제유량과 이론유량의 비로 나타낸다.
  C = 실제유량/이론유량 = $C_a \times C_v$ ≒ 0.62

08. 연직오리피스에서 일반적인 유량계수 C의 값은?
16 기사

① 대략 1.00 전후이다.
② 대략 0.80 전후이다.
③ 대략 0.60 전후이다.
④ 대략 0.40 전후이다.

■ 해설 오리피스의 계수
  ㉠ 유속계수(C_v) : 실제유속과 이론유속의 차를 보정해주는 계수로, 실제유속과 이론유속의 비로 나타낸다.
  C_v = 실제유속/이론유속 ≒ 0.97~0.99
  ㉡ 수축계수(C_a) : 수축단면적과 오리피스단면적의 차를 보정해주는 계수로 수축단면적과 오리피스단면적의 비로 나타낸다.
  C_a = 수축 단면의 단면적/오리피스의 단면적 ≒ 0.64
  $C_a = \dfrac{A_o}{A}$
  ㉢ 유량계수(C) : 실제유량과 이론유량의 차를 보정해주는 계수로 실제유량과 이론유량의 비로 나타낸다.
  C = 실제유량/이론유량 = $C_a \times C_v$ ≒ 0.62
  ∴ 유량계수는 내략 0.6 전후이다.

09. 오리피스의 표준단관에서 유속계수가 0.78이었다면 유량계수는?
10 산업
12 기사

① 0.66
② 0.70
③ 0.74
④ 0.78

■ 해설 표준단관
  ㉠ 표준단관 : 유입단의 길이가 직경의 2~3배 정도이고 유입부의 형상이 수축단면의 형상을 내부에 만들어 놓은 관을 말한다.
  ㉡ 특징 : 수축단면의 형상을 내부에 만들어 놓은 관으로 수축계수 $C_a = 1$이다.
  ㉢ 유량계수
  $C = C_a C_v = 1 \times 0.78 = 0.78$

|해답| 7.① 8.③ 9.④

10. 그림과 같이 $D=2cm$의 지름을 가진 오리피스로부터의 분류(Jet)의 수축단면(Vena Contracta)에서 지름이 1.6cm로 줄었을 때 수축계수와 수축단면의 거리 l은?

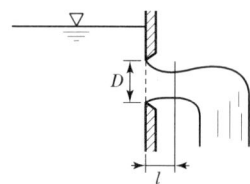

① 수축계수(C_a) = 1.25, $l=0.8cm$
② 수축계수(C_a) = 0.64, $l=1cm$
③ 수축계수(C_a) = 0.64, $l=0.8cm$
④ 수축계수(C_a) = 1.25, $l=1cm$

■ **해설** 수축단면적
㉠ 오리피스를 통과한 분류가 최대로 수축되는 단면적을 수축단면적(Vena Contracta)이라 하며, 수축단면적의 발생위치는 오리피스직경(D)의 1/2 지점에서 발생된다.
$l = \dfrac{D}{2} = \dfrac{2}{2} = 1cm$
㉡ 수축단면적과 오리피스단면적과의 비를 수축계수라 한다.
$C_a = \dfrac{수축단면적}{오리피스단면적} = \dfrac{\dfrac{\pi \times 1.6^2}{4}}{\dfrac{\pi \times 2^2}{4}} = 0.64$

11. 그림과 같이 기하학적으로 유사한 대소(大小)원형 오리피스의 비가 $n = \dfrac{D}{d} = \dfrac{H}{h}$인 경우에 두 오리피스의 유속, 축류단면의 비, 유량의 비로 옳은 것은?(단, 유속계수 C_v, 수축계수 C_a는 대·소 오리피스가 같다.)

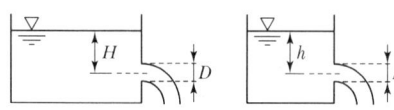

① 유속의 비 $=n^2$, 축류단면의 비 $=n^{\frac{1}{2}}$, 유량의 비 $=n^{\frac{2}{3}}$

② 유속의 비 $=n^{\frac{1}{2}}$, 축류단면의 비 $=n^2$, 유량의 비 $=n^{\frac{5}{2}}$

③ 유속의 비 $=n^{\frac{1}{2}}$, 축류단면의 비 $=n^{\frac{1}{2}}$, 유량의 비 $=n^{\frac{5}{2}}$

④ 유속의 비 $=n^2$, 축류단면의 비 $=n^{\frac{1}{2}}$, 유량의 비 $=n^{\frac{5}{2}}$

■ **해설** 오리피스의 비
㉠ 유속의 비
$\dfrac{V}{v} = \dfrac{\sqrt{2gH}}{\sqrt{2gh}} = \sqrt{\dfrac{H}{h}} = n^{\frac{1}{2}}$
㉡ 축류단면의 비
$\dfrac{A}{a} = \dfrac{\dfrac{\pi D^2}{4}}{\dfrac{\pi d^2}{4}} = \left(\dfrac{D}{d}\right)^2 = n^2$
㉢ 유량의 비
$Q = AV$
$\therefore n^{\frac{1}{2}} \times n^2 = n^{\frac{5}{2}}$

12. 저수조 측벽의 정사각형의 오리피스에서 0.08m³/sec의 물을 얻자면 적당한 정사각형 1변의 길이는?(단, 유량계수는 0.61이고, 수면과 정사각형 오리피스 중심까지의 고저차는 1.8m이다.)

① 9cm ② 11cm
③ 13cm ④ 15cm

■ **해설** $Q = C \cdot a \cdot \sqrt{2gh}$
$0.08 = 0.61 \times b^2 \times \sqrt{19.6 \times 1.8}$
$\therefore b = 0.15m$

13. 저수지의 측벽에 폭 20cm, 높이 5cm의 직사각형 오리피스를 설치하여 유량 $200l/sec$를 유출시키려고 할 때 수면으로부터의 오리피스 설치 위치는?(단, 유량계수 $C=0.62$)

① 33m ② 43m
③ 53m ④ 63m

|해답| 10.② 11.② 12.④ 13.③

■해설 $Q = C \cdot a \cdot \sqrt{2gh}$
㉠ $200 l/\sec^2 = 200 \times 10^{-3} \mathrm{m^3/sec}$
㉡ $200 \times 10^{-3} = 0.62 \times (0.2 \times 0.05) \times \sqrt{2 \times 9.8 \times h}$
∴ $h = 53.1\mathrm{m}$

14. 오리피스의 직경이 5cm, 수두가 5m이고 유량이 5,000cm³/sec이라면 이 오리피스의 유량계수(C)는?
① 0.231 ② 0.597
③ 0.257 ④ 0.612

■해설 오리피스의 유량
㉠ 작은 오리피스의 유량
$Q = Ca\sqrt{2gh}$
㉡ 유량계수의 계산
$C = \dfrac{Q}{a\sqrt{2gh}} = \dfrac{5,000}{\dfrac{\pi \times 5^2}{4} \times \sqrt{2 \times 980 \times 500}}$
$= 0.257$

15. 수조에서 수심 4m인 곳에 2개의 원형 오리피스를 만들어 10L/s의 물을 흐르게 하기 위한 지름은?(단, $C = 0.62$)
① 2.96cm ② 3.04cm
③ 3.41cm ④ 3.62cm

■해설 오리피스의 유량
㉠ 오리피스의 유량
$Q = Ca\sqrt{2gh}$
㉡ 직경의 산정
$a = \dfrac{Q}{C\sqrt{2gh}} = \dfrac{0.005}{0.62 \times \sqrt{2 \times 9.8 \times 4}}$
$= 9.11 \times 10^{-4} \mathrm{m^2}$
$D = \left(\dfrac{4 \times 9.11 \times 10^{-4}}{3.14}\right)^{\frac{1}{2}} = 0.0341\mathrm{m} = 3.41\mathrm{cm}$

16. 그림과 같이 일정한 수위가 유지되는 충분히 넓은 두 수조의 수중 오리피스에서 오리피스의 직경 $d = 20\mathrm{cm}$일 때, 유출량 Q는?(단, 유량계수 $C = 1$이다.)

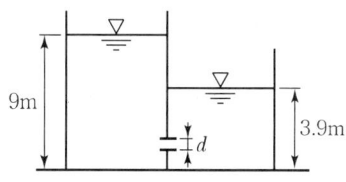

① $0.314\mathrm{m^3/s}$ ② $0.628\mathrm{m^3/s}$
③ $3.14\mathrm{m^3/s}$ ④ $6.28\mathrm{m^3/s}$

■해설 완전수중오리피스
㉠ 완전수중오리피스
• $Q = CA\sqrt{2gH}$
• $H = h_1 - h_2$
㉡ 완전수중오리피스의 유량계산
$Q = CA\sqrt{2gH}$
$= 1 \times \dfrac{\pi \times 0.2^2}{4} \times \sqrt{2 \times 9.8 \times (9 - 3.9)}$
$= 0.314\mathrm{m^3/sec}$

17. 수직 원형 Orifice의 중심에서 수심 H를 일정하게 유지했을 경우 일정한 유량 Q을 유출시키기 위한 Orifice의 직경 d은?(단, C : 유량계수, g : 중력가속도)

① $d = \sqrt{\dfrac{4QC\sqrt{2gH}}{\pi}}$

② $d = \sqrt{\dfrac{4Q\pi}{C\sqrt{2gH}}}$

③ $d = \sqrt{\dfrac{\pi C\sqrt{2gH}}{4Q}}$

④ $d = \sqrt{\dfrac{4Q}{\pi C\sqrt{2gH}}}$

■해설 오리피스
㉠ 작은 오리피스의 유량
$Q = CA\sqrt{2gH}$
㉡ 오리피스의 직경 d의 산정
$Q = CA\sqrt{2gH} = C \times \dfrac{\pi d^2}{4} \times \sqrt{2gH}$
∴ $d = \sqrt{\dfrac{4Q}{\pi C\sqrt{2gH}}}$

|해답| 14.③ 15.③ 16.① 17.④

18. 단면적 20cm²인 원형 오리피스(Orifice)가 수면에서 3m의 깊이에 있을 때, 유출수의 유량은? (단, 물통의 수면은 일정하고 유량계수는 0.6이라 한다.)

① 0.0014m³/sec
② 0.0092m³/sec
③ 14.4400m³/sec
④ 15.2400m³/sec

■ 해설 오리피스
㉠ 작은 오리피스의 유량
$Q = CA\sqrt{2gh}$
㉡ 유량의 산정
$Q = CA\sqrt{2gh} = 0.6 \times 0.002 \times \sqrt{2 \times 9.8 \times 3}$
$= 0.0092 \text{m}^3/\text{sec}$

19. 지름 2m인 원형 수조의 측벽 하단부에 지름 50mm의 오리피스가 설치되어 있다. 오리피스 중심으로부터 수위를 50cm로 유지하기 위하여 수조에 공급해야할 유량은?(단, 유출구의 유량계수는 0.75이다.)

① 7.61L/sec
② 6.61L/sec
③ 5.61L/sec
④ 4.61L/sec

■ 해설 오리피스
㉠ 작은 오리피스의 유량
$Q = CA\sqrt{2gh}$
㉡ 유량의 산정
$Q = CA\sqrt{2gh}$
$= 0.75 \times \dfrac{\pi \times 0.05^2}{4} \times \sqrt{2 \times 9.8 \times 0.5}$
$= 0.00461 \text{m}^3/\text{sec} \times 1,000 = 4.61 l/\text{sec}$

20. 그림과 같은 모양의 분수(噴水)를 만들었을 때 분수의 높이(H_v)는?(단, 유속계수(C_v)는 0.96으로 한다.)

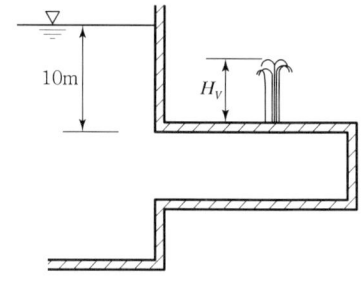

① 10m
② 9.6m
③ 9.22m
④ 9m

■ 해설 유출수두의 산정
㉠ 오리피스 유속의 산정
$V = C_v\sqrt{2gh} = 0.96 \times \sqrt{2 \times 9.8 \times 10} = 13.44 \text{m/s}$
㉡ 수두의 산정
$H_v = \dfrac{V^2}{2g} = \dfrac{13.44^2}{2 \times 9.8} = 9.22 \text{m}$

21. 수조1과 수조2를 단면적(A)의 완전한 수중오리피스 2개로 연결하였다. 수조1로부터 상시 유량의 물을 수조2로 송수할 때 양수조의 수면차(H)는?(단, 오리피스의 유량계수는 C이고, 접근유속수두(h_a)는 무시한다.)

① $H = \left(\dfrac{Q}{A\sqrt{2g}}\right)^2$
② $H = \left(\dfrac{Q}{2A\sqrt{2g}}\right)^2$
③ $H = \left(\dfrac{Q}{2CA\sqrt{2g}}\right)^2$
④ $H = \left(\dfrac{Q}{CA\sqrt{2g}}\right)^2$

■ 해설 $Q = C \cdot A \cdot V = C \cdot A \cdot \sqrt{2gH}$
$\therefore H = \dfrac{Q^2}{2g \cdot C^2 \cdot A^2} = \left(\dfrac{Q}{\sqrt{2g} \cdot C \cdot A}\right)^2$

22. 다음 그림에서 A수조의 유속을 무시할 경우 유량 Q는?(단, $a = 0.1 \text{m}^2$, $C = 0.6$임)

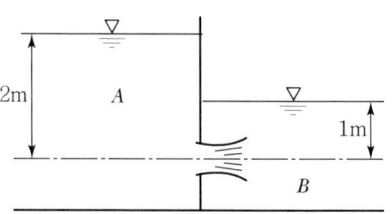

① 0.27m³/sec
② 0.24m³/sec
③ 0.31m³/sec
④ 0.21m³/sec

|해답| 18.② 19.④ 20.③ 21.④ 22.①

■해설 $Q = C \cdot a \cdot \sqrt{2gh}$
$= 0.6 \times 0.1 \times \sqrt{2 \times 9.8 \times (2-1)}$
$= 0.27 \text{m}^3/\text{sec}$

23. 수평과의 각 60°를 이루고, 초속 20m/sec로 사출되는 분수의 최대연직 도달높이는?(단, 공기 및 기타의 저항은 무시함)

① 15.3m ② 17.2m
③ 19.6m ④ 21.4m

■해설 $y = \dfrac{V^2 \cdot \sin^2\theta}{2g} = \dfrac{20^2 \times (\sin60°)^2}{19.6} = 15.3\text{m}$

24. 표면적 3ha인 저수지로부터 수면 아래 3m 깊이에 설치되어 있는 직경 300mm인 관을 이용하여 취수할 때 수위가 10cm 저하되는 데 소요되는 시간은?(단, 통관의 유량계수는 0.82이다.)

① 0.98hr ② 1.63hr
③ 1.89hr ④ 2.94hr

■해설 수조의 배수시간
㉠ 수조의 배수시간
$t = \dfrac{2A}{Ca\sqrt{2g}}\left(h_1^{\frac{1}{2}} - h_2^{\frac{1}{2}}\right)$
㉡ 저수지의 배수시간
$t = \dfrac{2A}{Ca\sqrt{2g}}\left(h_1^{\frac{1}{2}} - h_2^{\frac{1}{2}}\right)$
$= \dfrac{2 \times (3 \times 10^4)}{0.82 \times \left(\dfrac{\pi \times 0.3^2}{4}\right) \times \sqrt{2 \times 9.8}} \left(3^{\frac{1}{2}} - 2.9^{\frac{1}{2}}\right)$
$= 681038\text{sec} = 1.89\text{hr}$

25. 그림과 같은 두 개의 수조($A_1 = 2\text{m}^2$, $A_2 = 4\text{m}^2$)를 한 변의 길이가 10cm인 정사각형 단면(a_1)의 Orifice로 연결하여 물을 유출시킬 때 두 수조의 수면이 같아지려면 얼마의 시간이 걸리는가?(단, $h_1 = 5\text{m}$, $h_2 = 3\text{m}$, 유량계수 $C = 0.62$이다)

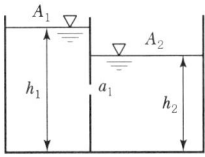

① 130초 ② 137초
③ 150초 ④ 157초

■해설 수조의 배수시간
두 수조의 수면이 같아지는 경우 수조의 배수시간
$t = \dfrac{2A_1 A_2}{Ca\sqrt{2g}(A_1+A_2)} h^{\frac{1}{2}}$
$= \dfrac{2 \times 2 \times 4}{0.62 \times (0.1 \times 0.1)\sqrt{2 \times 9.8}\,(2+4)} \times 2^{\frac{1}{2}} = 137$초

26. 그림과 같은 두 개의 수조를 한 변의 길이가 10cm인 정사각형 단면의 Orifice로 연결하여 물을 유출시킬 때 두 수조의 수면이 같아지려면 얼마의 시간이 걸리는가?(단, 유량계수 $C = 0.65$이다.)

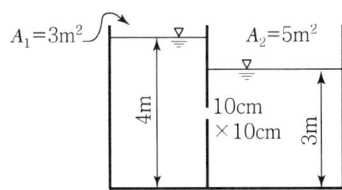

① 130초 ② 120초
③ 115초 ④ 110초

■해설 수조의 배수시간
두 수조의 수면이 같아지는 데 걸리는 시간은 다음과 같은 식으로 구한다.
$t = \dfrac{2A_1 A_2}{C \cdot a\sqrt{2g}\,(A_1+A_2)}\left(H_1^{\frac{1}{2}} - H_2^{\frac{1}{2}}\right)$
$= \dfrac{2 \times 3 \times 5}{0.65 \times 0.1 \times 0.1\sqrt{2 \times 9.8}\,(3+5)}\left(1^{\frac{1}{2}} - 0\right) = 130$초

27. 길이 5m, 폭 2m인 4각형 단면 수조의 중간에 수직판을 설치하여 수조의 길이를 1:4로 나누어 막았다. 이때 수직관의 아래쪽에 단면적 70cm²인 오리피스를 설치하여 물을 유출시킨다. 작은 수조의 수면이 큰 수조의 수면보다 3.5m 높을 때부터 2개 수조의 수면차가 70cm가 될 때까지 소요되는 시간은?(단, 오리피스의 유량계수는 0.61로 한다.)

① 175sec ② 192sec
③ 252sec ④ 271sec

■해설 수조의 배수시간
㉠ 자유유출의 경우
$$t = \frac{2A}{Ca\sqrt{2g}}(h_1^{\frac{1}{2}} - h_2^{\frac{1}{2}})$$
㉡ 수중유출의 경우
$$t = \frac{2A_1 A_2}{Ca\sqrt{2g}(A_1 + A_2)}(h_1^{\frac{1}{2}} - h_2^{\frac{1}{2}})$$
㉢ 수조의 배수시간 계산
$$t = \frac{2A_1 A_2}{Ca\sqrt{2g}(A_1 + A_2)}(h_1^{\frac{1}{2}} - h_2^{\frac{1}{2}})$$
$A_1 = 2 \times 1 = 2\text{m}^2$
$A_2 = 2 \times 4 = 8\text{m}^2$
$$= \frac{2 \times 2 \times 8}{0.61 \times 70 \times 10^{-4} \times \sqrt{2 \times 9.8} \times (2+8)}(3.5^{\frac{1}{2}} - 0.7^{\frac{1}{2}})$$
$= 175\text{sec}$

28. 폭이 5m인 수문을 높이 d 만큼 열었을 때 유량이 18m³/sec가 흘렀다. 이때 수문 상·하류의 수심이 각각 6m와 2m였다면 유량계수 $C=0.6$이라 할 때 수문 개방도(開放度) d는?

① 0.35m ② 0.45m
③ 0.58m ④ 0.68m

■해설 수문
㉠ 수문의 유량
$$Q = CA\sqrt{2g(h_1 - h_2)} = C(bd)\sqrt{2g(h_1 - h_2)}$$
㉡ 수문의 개방도
$$d = \frac{Q}{Cb\sqrt{2g(h_1 - h_2)}}$$
$$= \frac{18}{0.6 \times 5 \times \sqrt{2 \times 9.8(6-2)}} = 0.68\text{m}$$

|해답| 27.① 28.④

위어

Chapter 05

Contents

Section 01 위어의 정의 및 사용목적
Section 02 수맥의 종류
Section 03 수맥의 수축
Section 04 직사각형 위어
Section 05 삼각위어
Section 06 제형위어(사다리꼴 위어)
Section 07 광정위어
Section 08 수두측정 오차와 유량오차의 관계

ITEM·POOL 예상문제 및 기출문제

이것부터 깊어보고 시작하자!

1. **위어의 사용 목적**
   - 유량의 측정 및 조절
   - 상류부 취수를 위한 수위 증가
   - 흐름의 분수

2. **수맥의 수축**
   - 정수축 : 위어의 마루부가 날카로워서 생기는 수축
   - 면수축 : 상류(上流)에서 시작하여 하류(下流)까지 이어지는 수맥의 강하
   - 단수축 : 위어의 측벽이 날카로워서 생기는 수축

3. **직사각형 위어**
   - 이론식 : $Q = \frac{2}{3} Cb\sqrt{2g}\, h^{\frac{3}{2}}$
   - 프란시스 공식 : $Q = 1.84 b_0 h^{\frac{3}{2}}$, $b_0 = 0.1nh$

4. **삼각형 위어**
   - 소규모 유량의 정확한 측정용으로 사용
   - $Q = \frac{8}{15} C\tan\frac{\theta}{2} \sqrt{2g}\, h^{\frac{5}{2}}$

5. **체폴리티 위어**
   - $\tan\frac{\theta}{2} = \frac{1}{4}$ 이고 양단수축이 발생하면 유효폭이 b인 직사각형 위어와 같다.
   - $Q = 1.86 b h^{\frac{3}{2}}$

6. **광정 위어**
   - $Q = 1.7 Cb H^{\frac{3}{2}}$
   - $H = (h + h_a)$

7. 수두측정오차와 유량오차의 관계

- 직사각형 위어 : $\dfrac{dQ}{Q} = \dfrac{3}{2}\dfrac{dh}{h}$
- 삼각형 위어 : $\dfrac{dQ}{Q} = \dfrac{5}{2}\dfrac{dh}{h}$
- 오리피스 : $\dfrac{dQ}{Q} = \dfrac{1}{2}\dfrac{dh}{h}$

01 위어의 정의 및 사용목적

1. 정의
수로상 횡단으로 설치하여 그 일부 또는 전부에 물이 월류하도록 만든 시설물

2. 사용목적
① 유량의 조절 및 측정
② 상류부 취수를 위한 수위증가
③ 흐름의 분수

02 수맥의 종류

1. 완전 수맥
수맥의 상·하면에 동일기압(대기압)이 존재하며 공기 중에서 자유낙하(=자유월류)수맥

2. 불완전수맥
위어의 하류판에 소용돌이가 발생, 수맥의 형이 분명하지 않을 때

3. 부착수맥
월류수의 수평속도가 작아 수맥이 위어판을 따라 부착되어 낙하하는 경우

수맥의 수축

1. 마루부 수축(정수축)

수평한 위어 마루부에서 일어나는 수축, 위어 선단이 날카로워서 생기는 수축을 말한다.

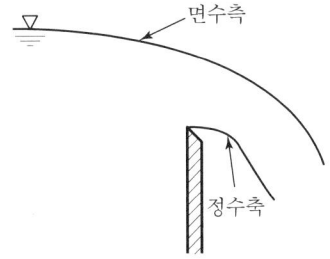

2. 단수축

위어의 측벽에 의해 월류 폭이 수축하는 현상

3. 면수축

① 상류(上流)에서 시작하여 하류(下流)까지 이어지는 수맥의 강하
② 접근유속으로 인하여 일어나는 수축
③ 위치에너지가 운동에너지로 바뀌는 과정

4. 연직수축

정수축과 면수축이 동시에 일어나는 경우

5. 완전수축

정수축과 단수축이 동시에 일어나는 경우

Section 04 직사각형 위어

1. 이론식

직사각형 위어를 그림과 같이 비교해보면 직사각형 큰 오리피스의 공식이 다음과 같이 변형된다.

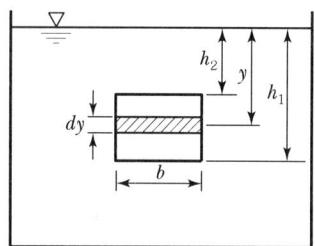

$$Q = \frac{2}{3} Cb \sqrt{2g}\, h^{\frac{3}{2}}$$

여기서, h : 월류수심
b : 위어의 폭
C : 유량계수
h_a : 접근유속수두

여기서, 접근 유속을 고려하면 $Q = \frac{2}{3} Cb \sqrt{2g} \left[(h+h_a)^{\frac{3}{2}} - h_a^{\frac{3}{2}} \right]$

핵심예제 5-1

그림과 같은 직사각형 위어(Weir)에서 유량계수를 고려하지 않을 경우 유량은?(단, g = 중력가속도) [15. 기]

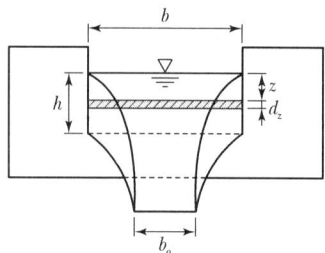

① $\frac{2}{5} b \sqrt{2g}\, h^{\frac{5}{2}}$ ② $\frac{2}{3} b \sqrt{2g}\, h^{\frac{3}{2}}$ ③ $\frac{2}{5} b_o \sqrt{2g}\, h^{\frac{5}{2}}$ ④ $\frac{2}{3} b_o \sqrt{2g}\, h^{\frac{3}{2}}$

해설 직사각형 위어

㉠ 직사각형 위어의 유량
$$Q = \frac{2}{3} Cb\sqrt{2g}\, h^{\frac{3}{2}}$$

㉡ 유량계수를 무시한 직사각형 위어의 유량
$$Q = \frac{2}{3} b\sqrt{2g}\, h^{\frac{3}{2}}$$

해답 ②

2. 일반식

$$Q = kbH^{\frac{3}{2}} = 1.84bH^{3/2}$$

여기서, k : 위어의 유량계수에 따른 계수

3. 실험식

직사각형 위어의 실험공식은 많으나 여기서는 자주 이용되는 프란시스(Francis) 공식을 다루기로 한다.

$$Q = 1.84 b_0 h^{\frac{3}{2}}$$

여기서, b_0(유효폭) $= b - 0.1nh$
수축이 없는 경우 $n=0$, 일단수축 $n=1$, 양단수축 $n=2$
h : 월류수심

▶ **Francis 공식**
- 직사각형 위어는 중요한 수공구조물인 댐여수로(spillway)의 월류량을 구하는 공식으로 양단 수축을 고려한다.
- 댐여수로의 월류량을 구하는 문제에서는 특별한 언급이 없어도 Francis 공식을 사용하고 기본적으로 양단 수축을 고려한다.

핵심예제 5-2

폭 1.2m인 양단수축 직사각형 위어 정상부로부터의 평균수심이 42cm일 때 Francis의 공식으로 계산한 유량은?(단, 접근유속은 무시한다.) [15. 산]

[참고 : Francis의 공식]
$$Q = 1.84(b - nh/10)h^{3/2}$$

① 0.427m³/s
② 0.462m³/s
③ 0.504m³/s
④ 0.559m³/s

해설 Francis 공식

㉠ 직사각형 위어의 월류량 산정은 Francis 공식을 이용한다.
$$Q = 1.84\, b_0\, h^{\frac{3}{2}}$$

여기서, $b_0 = b - 0.1nh$
(n=2 : 양단수축, n=1 : 일단수축, n=0 : 수축이 없는 경우)

ⓒ 월류량의 산정

$$Q = 1.84(b - 0.1nh)h^{\frac{3}{2}}$$
$$= 1.84(1.2 - 0.1 \times 2 \times 0.42) \times 0.42^{\frac{3}{2}}$$
$$= 0.559 \text{m}^3/\text{sec}$$

해답 ④

Section 05 삼각위어

소규모 유량의 정확한 측정을 필요로 할 때 사용한다.

$$Q = \frac{8}{15} C \cdot \tan\frac{\theta}{2} \sqrt{2g} \cdot H^{\frac{5}{2}}$$

여기서, $\theta = 90°$ 이면 $Q = \frac{8}{15} C \cdot \sqrt{2g} \cdot H^{\frac{5}{2}}$

C : 유량계수
H : 월류수심

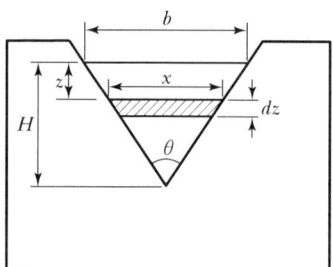

핵심예제 5-3

직각삼각형 예연 위어의 월류수심이 30cm일 때 이 위어를 통과하여 1시간 동안 방출된 수량은?(단, 유량계수(C)=0.6) [14. 기]

① 0.069m³/hr ② 0.091m³/hr
③ 251.3m³/hr ④ 318.8m³/hr

해설 삼각위어의 유량
 ㉠ 삼각위어는 소규모 유량의 정확한 측정이 필요할 때 사용하는 위어이다.
$$Q = \frac{8}{15} C \tan\frac{\theta}{2} \sqrt{2g}\, h^{\frac{5}{2}}$$
 ㉡ 유량의 산정
$$Q = \frac{8}{15} C \tan\frac{\theta}{2} \sqrt{2g}\, h^{\frac{5}{2}}$$
$$= \frac{8}{15} \times 0.6 \times \tan\frac{90}{2} \sqrt{2 \times 9.8} \times 0.3^{\frac{5}{2}}$$
$$= 0.07 \mathrm{m^3/sec}$$
$$= 251.4 \mathrm{m^3/hr}$$

해답 ③

Section 06 제형위어(사다리꼴 위어)

1. 제형위어

일반 제형 위어의 유량 Q는 폭이 b인 사각형 위어와 폭이 $(B-b)$이고 각이 θ인 삼각형 위어 유량의 합과 같다.

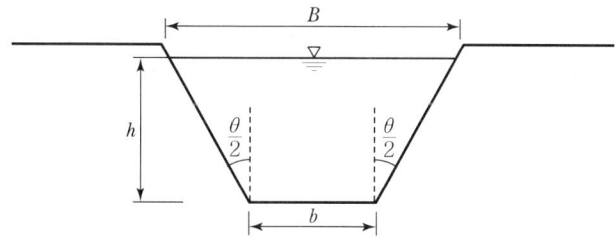

2. 치폴레티 위어

양단수축이 있고 $\tan\frac{\theta}{2} = \frac{1}{4}$ 인 경우의 유량은 유효폭이 b이고 단수축이 없는 사각형 위어의 유량과 같으며, 이 조건을 만족하는 사다리꼴 위어를 말한다.

$$Q = 1.86 \cdot b \cdot h^{\frac{3}{2}}$$

여기서, b : 저폭
h : 월류수심

07 광정위어

▶ 수중위어

하류수심(h)이 상류수심(H)의 $\frac{2}{3}$보다 높게 되면 위어 정상부 수심보다 하류의 수위 쪽이 높게 되어 물의 단은 점점 상류 쪽으로 진행되고 결국 위어의 사류수심은 하류수심에 묻히게 된다. 이를 완전한 수중위어라 한다.

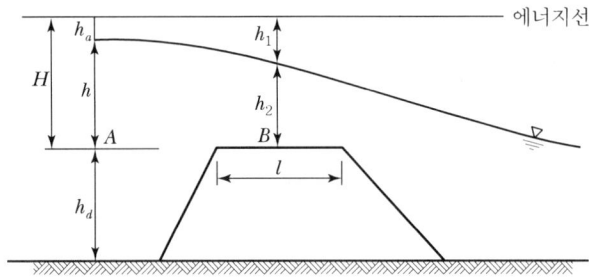

월류수심에 비해 등마루 폭이 상당히 큰 위어를 넓은 마루 위어라고 한다. 최대 월류량은

$$Q = 1.7CbH^{\frac{3}{2}}, \quad h_2 = \frac{2}{3}H$$

$$H = h + h_a (\text{접근유속수두})$$

핵심예제 5-4

수면의 높이가 일정한 저수지의 일부에 길이 30m의 월류 위어를 만들어 $40\text{m}^3/\text{s}$의 물을 취수하기 위한 위어 마루로부터의 상류 측 수심(H)은?(단, $C = 1.0$이고, 접근유속은 무시한다.) [15. 산]

① 0.70m
② 0.75m
③ 0.80m
④ 0.85m

해설 광정위어

㉠ 정상부 폭이 넓은 위어를 광정위어라 한다.
$$Q = 1.7CbH^{\frac{3}{2}}$$
여기서, $H : h(월류수심) + h_a(접근유속수두)$

㉡ 접근유속수두를 무시한 수심의 산정
$$H = \left(\frac{Q}{1.7Cb}\right)^{\frac{2}{3}} = \left(\frac{40}{1.7 \times 1 \times 30}\right)^{\frac{2}{3}} = 0.85\text{m}$$

해답 ④

수두측정 오차와 유량오차의 관계

1. 사각형 위어

$$\frac{dQ}{Q} = \frac{\frac{3}{2}Kbh^{\frac{1}{2}}dh}{Kbh^{\frac{3}{2}}} = \frac{3}{2}\frac{dh}{h}$$

여기서, dQ : 유량오차
dh : 수심오차
$\frac{dQ}{Q}$: 유량오차 비율
$\frac{dh}{h}$: 수심오차 비율

2. 삼각형 위어

$$\frac{dQ}{Q} = \frac{\frac{5}{2}Kh^{\frac{3}{2}}dh}{Kbh^{\frac{5}{2}}} = \frac{5}{2}\frac{dh}{h}$$

핵심예제 5-5

직사각형 위어(Weir)로 유량을 측정할 때 수두 H를 측정함에 있어 1%의 오차가 생길 경우, 유량에 생기는 오차는? [14. 산]

① 0.5%   ② 1.0%   ③ 1.5%   ④ 2.5%

해설 수두측정오차와 유량오차의 관계

㉠ 수두측정오차와 유량오차의 관계

- 직사각형 위어 : $\dfrac{dQ}{Q} = \dfrac{\frac{3}{2}KH^{\frac{1}{2}}dH}{KH^{\frac{3}{2}}} = \dfrac{3}{2}\dfrac{dH}{H}$

- 삼각형 위어 : $\dfrac{dQ}{Q} = \dfrac{\frac{5}{2}KH^{\frac{3}{2}}dH}{KH^{\frac{5}{2}}} = \dfrac{5}{2}\dfrac{dH}{H}$

- 작은 오리피스 : $\dfrac{dQ}{Q} = \dfrac{\dfrac{1}{2}KH^{-\frac{1}{2}}dH}{KH^{\frac{1}{2}}} = \dfrac{1}{2}\dfrac{dH}{H}$

ⓒ 유량오차의 계산

$\dfrac{dQ}{Q} = \dfrac{3}{2}\dfrac{dH}{H} = \dfrac{3}{2} \times 1\% = 1.5\%$

해답 ③

핵심예제 5-6

직각 삼각형 위어에서 월류수심의 측정에 1%의 오차가 있다고 하면 유량에 발생하는 오차는? [12. 기]

① 0.4% ② 0.8%
③ 1.5% ④ 2.5%

해설 수두측정오차와 유량오차의 관계

㉠ 수두측정오차와 유량오차의 관계

- 직사각형 위어 : $\dfrac{dQ}{Q} = \dfrac{\dfrac{3}{2}KH^{\frac{1}{2}}dH}{KH^{\frac{3}{2}}} = \dfrac{3}{2}\dfrac{dH}{H}$

- 삼각형 위어 : $\dfrac{dQ}{Q} = \dfrac{\dfrac{5}{2}KH^{\frac{3}{2}}dH}{KH^{\frac{5}{2}}} = \dfrac{5}{2}\dfrac{dH}{H}$

- 작은 오리피스 : $\dfrac{dQ}{Q} = \dfrac{\dfrac{1}{2}KH^{-\frac{1}{2}}dH}{KH^{\frac{1}{2}}} = \dfrac{1}{2}\dfrac{dH}{H}$

∴ 유량오차와 수심오차의 관계는 수심의 승에 비례한다.

ⓒ 직각삼각형의 유량오차와 수심오차의 계산

$\dfrac{dQ}{Q} = \dfrac{5}{2}\dfrac{dH}{H} = \dfrac{5}{2} \times 1\% = 2.5\%$

해답 ④

Item pool
예상문제 및 기출문제

01. 개수로의 수류가 위어(Weir)에 접근함에 따라 접근유속으로 인하여 일어나는 수축은 다음 중 어느 것인가?
92 산업

① 단수축 ② 정수축
③ 면수축 ④ 연직수축

■ 해설 상류에서 시작하여 위어까지 일어나는 수축

02. 수평한 위어의 마루부에서 일어나는 수축은?
00 산업
08 산업
12 산업

① 면수축 ② 정수축
③ 연직수축 ④ 단수축

■ 해설 마루부 수축은 "정수축"

03. 위어에 관한 설명 중 옳지 않은 것은?
07 기사
16 기사

① 위어를 월류하는 흐름은 일반적으로 상류에서 사류로 변한다.
② 위어를 월류하는 흐름이 사류일 경우 유량은 하류 수위의 영향을 받는다.
③ 위어는 개수로의 유량측정, 취수를 위한 수위증가 등의 목적으로 설치된다.
④ 작은 유량을 측정할 경우 3각위어가 효과적이다.

■ 해설 위어 일반사항
  ㉠ 수로상 횡단으로 가로막아 그 전부 또는 일부에 물이 월류하도록 만든 시설을 위어라 한다.
  ㉡ 유량의 측정 및 취수를 위한 수위증가의 목적으로 위어를 설치한다.
  ㉢ 일반적 유량측정에서 위어를 지배단면으로 이용하고 흐름은 상류(常流)에서 사류(射流)로 바뀐다.
  ㉣ 흐름이 사류(射流)일 경우 유량은 하류수위에 영향을 받지 않는다.

04. 위어(Weir)에 물이 월류할 경우에 위어 정상을 기준하여 상류측 전수두를 H 라 하고, 하류수위를 h 라 할 때, 수중위어(Submerged Weir)로 해석될 수 있는 조건은?
14 기사

① $h < \frac{2}{3}H$ ② $h < \frac{1}{2}H$
③ $h > \frac{2}{3}H$ ④ $h > \frac{1}{3}H$

■ 해설 수중위어

하류수심이(h) 상류수심(H)의 $\frac{2}{3}$ 보다 높게 되면 위어 위의 수심보다 하류의 수위 쪽이 높게 되어 물의 단은 점점 상류 쪽으로 진행되고 결국 위어 위의 사류수심은 하류수심에 묻히게 된다. 그러므로 사류는 없어지고 상류의 흐름이 된다. 이를 완전한 수중위어라 한다.

∴ 수중위어가 되기 위한 조건 : $h > \frac{2}{3}H$

05. 다음 설명 중 옳지 않은 것은?
14 기사

① 토리첼리 정리는 위치수두를 속도수두로 바꾸는 경우이다.
② 직사각형 위어에서 유량은 월류수심(H)의 $H^{2/3}$ 에 비례한다.
③ 베르누이 방정식이란 일종의 에너지 보존의 법칙이다.
④ 연속방정식이란 일종의 질량 보존의 법칙이다.

■ 해설 수리학 일반사항
  • 토리첼리 정리는 베르누이 정리를 이용하여 위치수두를 속도수두로 바꾸어 오리피스의 유속을 구하는 경우이다.
  • 직사각형 위어에서 유량은 월류수심의 $H^{\frac{3}{2}}$ 에 비례한다.
  $Q = \frac{2}{3} Cb\sqrt{2g}\, H^{\frac{3}{2}}$

|해답| 01.③ 02.② 03.② 04.③ 05.②

06. k가 엄격히 말하면 월류수심 h 등에 관한 함수이지만, 근사적으로 상수라 가정하면 직사각형 위어(Weir)의 유량 Q 와 h 의 일반적인 관계로 옳은 것은?

① $Q = k \cdot h$
② $Q = k \cdot h^{\frac{3}{2}}$
③ $Q = k \cdot h^{\frac{1}{2}}$
④ $Q = k \cdot h^{\frac{2}{3}}$

■해설 직사각형 위어의 유량
㉠ 위어의 유량
- 직사각형 : $Q = \frac{2}{3} C b \sqrt{2g} \, h^{\frac{3}{2}}$
- 삼각형 : $Q = \frac{8}{15} C \tan\frac{\theta}{2} \sqrt{2g} \, h^{\frac{5}{2}}$

㉡ 직사각형 위어의 유량과 수심의 관계
직사각형 위어의 유량과 수심의 관계는 수심의 $\frac{3}{2}$ 승에 비례한다.
∴ $Q = kh^{\frac{3}{2}}$ 이다.

07. 직사각형 위어에서 위어 폭 4.0m, 위어 높이 0.5m, 월류수심이 0.8m일 때 월류량은?(단, $C = 0.66$이다.)

① $4.6 \text{m}^3/\text{sec}$
② $5.6 \text{m}^3/\text{sec}$
③ $6.6 \text{m}^3/\text{sec}$
④ $7.6 \text{m}^3/\text{sec}$

■해설 직사각형 위어
직사각형 위어의 유량은 다음의 공식을 이용하여 구한다.
$Q = \frac{2}{3} C b \sqrt{2g} \, h^{\frac{3}{2}}$
$= \frac{2}{3} \times 0.66 \times 4 \sqrt{2 \times 9.8} \times 0.8^{\frac{3}{2}} = 5.57 \text{m}^3/\text{sec}$

08. 직각삼각형 위어에 있어서 월류수심이 0.25m 일 때 일반식에 의한 유량은?(단, 유량계수(C)는 0.6이고, 접근속도는 무시한다.)

① $0.0143\text{m}^3/\text{s}$
② $0.0243\text{m}^3/\text{s}$
③ $0.0343\text{m}^3/\text{s}$
④ $0.0443\text{m}^3/\text{s}$

■해설 삼각위어의 유량
㉠ 삼각형 위어
삼각위어는 소규모 유량의 정확한 측정이 필요할 때 사용하는 위어이다.
$Q = \frac{8}{15} C \tan\frac{\theta}{2} \sqrt{2g} \, h^{\frac{5}{2}}$

㉡ 직각삼각형 위어의 유량
$Q = \frac{8}{15} C \tan\frac{\theta}{2} \sqrt{2g} \, h^{\frac{5}{2}}$
$= \frac{8}{15} \times 0.6 \times \tan\frac{90}{2} \sqrt{2 \times 9.8} \times 0.25^{\frac{5}{2}}$
$= 0.0443 \text{m}^3/\text{s}$

09. 폭 2.5m 월류수심 0.4m인 사각형 위어(weir)의 유량은?(단, Francis 공식 : $Q = 1.84 B_o h^{3/2}$ 에 의하며, B_o : 유효폭, h : 월류수심, 접근유속은 무시하며 양단수축이다.)

① $1.117\text{m}^3/\text{sec}$
② $1.126\text{m}^3/\text{sec}$
③ $1.536\text{m}^3/\text{sec}$
④ $1.557\text{m}^3/\text{sec}$

■해설 Francis 공식
① Francis 공식
$Q = 1.84 b_o h^{\frac{3}{2}}$
여기서, b_o(유효폭) $= b - 0.1nh$
양단수축(n=2)
일단수축(n=1)
수축이 없는 경우(n=0)

② 유량의 계산
$Q = 1.84 b_o h^{\frac{3}{2}} = 1.84(b - 0.1nh) h^{\frac{3}{2}}$
$= 1.84 \times (2.5 - 0.1 \times 2 \times 0.4) \times 0.4^{\frac{3}{2}}$
$= 1.126 \text{m}^3/\text{sec}$

10. 저수지에서 홍수량을 방지하기 위한 스필웨이(Spillway)를 결정하고자 한다. 계획 홍수량이 $100\text{m}^3/\text{sec}$이고, 월류수심을 1m로 가정하면 적당한 스필웨이의 월류폭은?

① 100m
② 55m
③ 10m
④ 5m

■해설
$Q = 1.84 b_o h^{\frac{3}{2}} \Rightarrow Q = 1.84(b - 0.1nh) h^{\frac{3}{2}}$
$100 = 1.84(b - 0.1 \times 2 \times 1) 1^{\frac{3}{2}}$
∴ $b = 54.6\text{m}$

11.
폭이 b인 직사각형 위어에서 양단수축이 생길 경우 폭 b_0는 얼마인가?(단, Francis 공식을 적용한다.)

① $b_0 = b - \dfrac{h}{5}$
② $b_0 = 2b - \dfrac{h}{5}$
③ $b_0 = b - \dfrac{h}{10}$
④ $b_0 = 2b - \dfrac{h}{10}$

■해설 Francis 공식
㉠ 직사각형 위어의 월류량의 산정은 Francis 공식을 이용한다.

$$Q = 1.84\, b_0\, h^{\frac{3}{2}}$$

여기서, $b_0 = b - 0.1nh$
$n=2$: 양단수축
$n=1$: 일단수축
$n=0$: 수축이 없는 경우

㉡ 유효폭의 산정
$$b_0 = b - 0.1nh = b - 0.1 \times 2h = b - \dfrac{h}{5}$$

12.
다음 위어 중에서 정확한 유량측정이 필요한 경우 사용하는 위어는 어느 것인가?

① 제형 위어
② 구형 위어
③ 삼각 위어
④ 원형 위어

■해설 소규모 유량의 정확한 측정을 위해서는 삼각위어를 사용한다.

13.
그림과 같은 삼각 위어에서 수두 25cm일 때의 유량은?(단, 유량계수 $C=0.62$이다.)

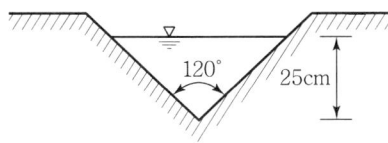

① $0.0792 \text{m}^3/\text{sec}$
② $0.792 \text{m}^3/\text{sec}$
③ $7.92 \text{m}^3/\text{sec}$
④ $79.2 \text{m}^3/\text{sec}$

■해설
$$Q = \dfrac{8}{15} \cdot C \cdot \tan\dfrac{\theta}{2} \cdot \sqrt{2g}\, h^{\frac{5}{2}}$$
$$= \dfrac{8}{15} \times 0.62 \times \tan\dfrac{120°}{2} \times \sqrt{19.6} \times 0.25^{\frac{5}{2}}$$
$$= 0.0792 \text{m}^3/\text{sec}$$

14.
삼각위어로 유량을 측정할 때 유량과 위어의 수심(h)과의 관계로 옳은 것은?

① 유량은 $h^{1/2}$에 비례한다.
② 유량은 $h^{3/2}$에 비례한다.
③ 유량은 $h^{5/2}$에 비례한다.
④ 유량은 $h^{2/3}$에 비례한다.

■해설 삼각위어의 유량
① 삼각위어의 유량
$$Q = \dfrac{8}{15} C \tan\dfrac{\theta}{2} \sqrt{2g}\, h^{\frac{5}{2}}$$
② 유량과 수심과의 관계
∴ 유량은 수심 $h^{\frac{5}{2}}$에 비례한다.

15.
다음 그림에서 치폴레티 위어(Cippoletti Weir)란 어떤 경우를 말하는가?

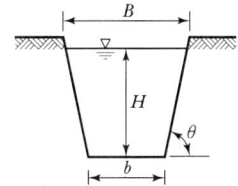

① $\tan\dfrac{\theta}{2} = 4$인 경우
② $\tan\dfrac{\theta}{2} = \dfrac{1}{\sqrt{2}}$인 경우
③ $\tan\dfrac{\theta}{2} = \dfrac{1}{\sqrt{3}}$인 경우
④ $\tan\dfrac{\theta}{2} = \dfrac{1}{4}$인 경우

■해설 $\tan\dfrac{\theta}{2} = \dfrac{1}{4}$이고 양단수축 $\left(n = \dfrac{1}{2}\right)$이 있는 사다리꼴을 치폴레티 위어라 한다.

|해답| 11.① 12.③ 13.① 14.③ 15.④

16. 폭 10m의 수로에 그림과 같은 넓은 마루 위어를 설치하였을 때 유량은?(단, 유량계수는 1.0, 접근유속 0.7m/sec로 계산할 것)

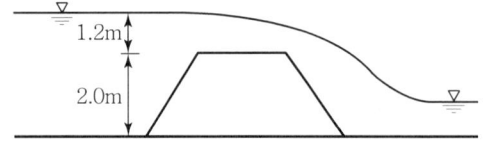

① 23.0m³/sec ② 22.3m³/sec
③ 19.5m³/sec ④ 10.8m³/sec

■ 해설 ㉠ 월류수심 $h = 1.2m$
∴ 접근유속수두
$$ha = \frac{V^2}{2g} = \frac{0.7^2}{19.6} = 0.025m$$
㉡ $Q = 1.7 \cdot c \cdot b(h+ha)^{\frac{3}{2}}$
$= 1.7 \times 1 \times 10(1.2+0.025)^{\frac{3}{2}}$
$= 23.04 m^3/sec$

17. 사각형 단면의 광정위어에서 월류수심 $h = 1m$, 수로 폭 $b = 2m$, 접근유속 $V_a = 2m/s$일 때 위어의 월류량은?(단, 유량계수 $C = 0.65$이고, 에너지 보정계수 $= 1.0$이다.)

① 1.76m³/s ② 2.21m³/s
③ 2.66m³/s ④ 2.92m³/s

■ 해설 광정위어
㉠ 정상부 폭이 넓은 위어를 광정위어라 한다.
$$Q = 1.7CbH^{\frac{3}{2}}$$
여기서, $H = h$(월류수심) $+ h_a$(접근유속수두)
㉡ 접근유속수두의 산정
$$h_a = \frac{V_a^2}{2g} = \frac{2^2}{2 \times 9.8} = 0.2m$$
㉢ 유량의 산정
$Q = 1.7Cb(h+h_a)^{\frac{3}{2}}$
$= 1.7 \times 0.65 \times 2 \times (1+0.2)^{\frac{3}{2}}$
$= 2.91 m^3/sec$

18. 삼각위어(Weir)에 월류수심을 측정할 때 2%의 오차가 있었다면 유량에는 얼마의 오차가 생길 것인가?

① 2% ② 3%
③ 4% ④ 5%

■ 해설 $\frac{dQ}{Q} = \frac{5}{2} \cdot \frac{dh}{h} = \frac{5}{2} \times 0.02 = 0.05 = 5\%$

19. 삼각위어에 있어서 유량계수가 일정하다고 할 때 월류수상의 측정오차에 의한 유량 오차가 1% 이하가 되기 위한 월류수심의 측정오차는 어느 정도로 해야 하는가?

① 1/2% 이하 ② 2/3% 이하
③ 2/5% 이하 ④ 3/5% 이하

■ 해설 $\frac{dQ}{Q} = \frac{5}{2} \frac{dh}{h} = 1\%$
∴ $\frac{dh}{h} = \frac{2}{5}\%$ 이하

20. 오리피스(Orifice)에서의 유량 Q를 계산할 때 수두 H의 측정에 1%의 오차가 있으면 유량계산의 결과에는 얼마의 오차가 생기는가?

① 0.1% ② 0.5%
③ 1% ④ 2%

■ 해설 수두측정오차와 유량오차
① 수두측정오차와 유량오차의 관계
• 직사각형 위어
$$\frac{dQ}{Q} = \frac{\frac{3}{2}KH^{\frac{1}{2}}dH}{KH^{\frac{3}{2}}} = \frac{3}{2}\frac{dH}{H}$$
• 삼각형 위어
$$\frac{dQ}{Q} = \frac{\frac{5}{2}KH^{\frac{3}{2}}dH}{KH^{\frac{5}{2}}} = \frac{5}{2}\frac{dH}{H}$$
• 작은 오리피스
$$\frac{dQ}{Q} = \frac{\frac{1}{2}KH^{-\frac{1}{2}}dH}{KH^{\frac{1}{2}}} = \frac{1}{2}\frac{dH}{H}$$

|해답| 16.① 17.④ 18.④ 19.③ 20.②

∴ 유량오차와 수심오차의 관계는 수심의 승에 비례한다.
② 작은 오리피스의 유량오차와 수심오차의 계산
$$\frac{dQ}{Q} = \frac{1}{2}\frac{dH}{H} = \frac{1}{2} \times 1\% = 0.5\%$$

21. 폭 35cm인 직사각형 위어(Weir)의 유량을 측정하였더니 0.03m³/sec였다. 월류수심의 측정에 1mm의 오차가 생겼다면 유량에는 몇 %의 오차가 발생한 것인가?(단, 유량계산은 프란시스(Frincis) 공식을 사용하되 월류시 단면수축은 없는 것으로 취급한다.)

① 1.84% ② 1.67%
③ 1.50% ④ 1.15%

■해설
㉠ $Q = 1.84 b_0 \cdot h^{\frac{3}{2}}$
$0.03 = 1.84 \times 0.35 \times h^{\frac{3}{2}}$
∴ $h = 0.13m$

㉡ $\frac{dQ}{Q} = \frac{3}{2}\frac{dh}{h} = \frac{3}{2} \times \frac{0.001}{0.13} = 0.0115 = 1.15\%$

22. Francis 공식으로 전폭 위어(Weir)의 월류량을 구할 때 위어폭의 측정에 2%의 오차가 있다면 유량에는 얼마의 오차가 있게 되는가?

① 1% ② 2%
③ 3% ④ 5%

■해설 수두측정오차와 유량오차와의 관계
① 수두측정오차와 유량오차의 관계
㉠ 직사각형 위어
$$\frac{dQ}{Q} = \frac{\frac{3}{2}KH^{\frac{1}{2}}dH}{KH^{\frac{3}{2}}} = \frac{3}{2}\frac{dH}{H}$$

㉡ 삼각형 위어
$$\frac{dQ}{Q} = \frac{\frac{5}{2}KH^{\frac{3}{2}}dH}{KH^{\frac{5}{2}}} = \frac{5}{2}\frac{dH}{H}$$

㉢ 작은 오리피스
$$\frac{dQ}{Q} = \frac{\frac{1}{2}KH^{-\frac{1}{2}}dH}{KH^{\frac{1}{2}}} = \frac{1}{2}\frac{dH}{H}$$

∴ 유량오차와 수심오차의 관계는 수심의 승에 비례한다.
② 유량오차와 수심폭 오차의 관계
Francis 공식: $Q = 1.84 b_0 h^{\frac{3}{2}}$
∴ 유량오차와 폭오차의 관계는 폭의 1승에 비례한다.
∴ $\frac{dQ}{Q} = 1\frac{db}{b} = 1 \times 2\% = 2\%$

23. 직사각형 위어의 계획월류수심을 25cm로 하여야 하는데 잘못하여 24.5cm로 월류시켰다면 이때 계획유량에 대한 월류유량의 크기는?

① 1.5% 증가 ② 1.5% 감소
③ 3% 증가   ④ 3% 감소

■해설 수두측정오차와 유량오차와의 관계
㉠ 수두측정오차와 유량오차의 관계

• 직사각형 위어: $\frac{dQ}{Q} = \frac{\frac{3}{2}KH^{\frac{1}{2}}dH}{KH^{\frac{3}{2}}} = \frac{3}{2}\frac{dH}{H}$

• 삼각형 위어: $\frac{dQ}{Q} = \frac{\frac{5}{2}KH^{\frac{3}{2}}dH}{KH^{\frac{5}{2}}} = \frac{5}{2}\frac{dH}{H}$

• 작은 오리피스: $\frac{dQ}{Q} = \frac{\frac{1}{2}KH^{-\frac{1}{2}}dH}{KH^{\frac{1}{2}}} = \frac{1}{2}\frac{dH}{H}$

∴ 유량오차와 수심오차의 관계는 수심의 승에 비례한다.

㉡ 직사각형 위어의 유량오차와 수심오차의 계산
$$\frac{dQ}{Q} = \frac{3}{2}\frac{dH}{H} = \frac{3}{2} \times \frac{0.5}{25} = \frac{3}{2} \times 2\% = 3\%$$
∴ 계획유량에 대한 월류유량의 크기는 3% 감소한다.

24. 월류수심 40cm인 전폭 위어의 유량을 Francis 공식에 의해 구하였더니 0.40m³/sec였다. 이때 위어 폭의 측정에 2mm의 오차가 발생했다면 유량의 오차는 몇 %인가?(단, 수축은 없는 것으로 한다.)

① 1.16% ② 1.50%
③ 2.00% ④ 0.23%

■해설 위어의 유량 오차
  ㉠ 위어 폭의 계산
  $$Q = 1.84bh^{\frac{3}{2}}$$
  $$\Rightarrow 0.4 = 1.84 \times b \times 0.4^{\frac{3}{2}}$$
  $$\therefore b = 0.86\text{m}$$

  ㉡ 직사각형 위어의 유량 오차와 폭 오차의 관계
  $$\frac{dQ}{Q} = \frac{db}{b} = \frac{0.002}{0.86} = 0.00233 = 0.23\%$$

25. 수심에 대한 측정오차(%)가 같을 때 사각형 위어 : 삼각형 위어 : 오리피스의 유량오차(%)비는?

05 산업
13 산업

① 2 : 1 : 3
② 1 : 3 : 5
③ 2 : 3 : 5
④ 3 : 5 : 1

■해설 수두측정오차와 유량 오차의 관계
  ㉠ 직사각형 위어 : $\dfrac{dQ}{Q} = \dfrac{\frac{3}{2}KH^{\frac{1}{2}}dH}{KH^{\frac{3}{2}}} = \dfrac{3}{2}\dfrac{dH}{H}$

  ㉡ 삼각형 위어 : $\dfrac{dQ}{Q} = \dfrac{\frac{5}{2}KH^{\frac{3}{2}}dH}{KH^{\frac{5}{2}}} = \dfrac{5}{2}\dfrac{dH}{H}$

  ㉢ 작은 오리피스 : $\dfrac{dQ}{Q} = \dfrac{\frac{1}{2}KH^{-\frac{1}{2}}dH}{KH^{\frac{1}{2}}} = \dfrac{1}{2}\dfrac{dH}{H}$

  ∴ 사각형 위어 : 삼각형 위어 : 오리피스의 유량 오차 비는 3 : 5 : 1

|해답| 25.④

Chapter **06**

관수로

Contents

Section 01 정의 및 특성
Section 02 관수로에서의 전단응력, 유속, 유량
Section 03 마찰 손실수두와 평균유속공식
Section 04 마찰 손실 계수
Section 05 마찰손실 이외의 손실수두
Section 06 단일 관수로의 유량
Section 07 복합 관수로
Section 08 사이폰
Section 09 관망(Hardy Cross 방법)
Section 10 관수로의 유수에 의한 동력
Section 11 수격작용(Water Hammer)과 서징(Surging)
Section 12 마찰속도

ITEM POOL 예상문제 및 기출문제

이것부터 깊어보고 시작하자!

1. 관수로 개요
- 자유수면이 없는 흐름을 관수로라고 한다.
- 흐름의 원동력은 압력과 점성

2. 관수로 흐름의 특성
- 유속은 중앙에서 최대이고 벽에서 0인 포물선 분포를 이룬다.
- 전단응력은 벽에서 최대이고 중앙에서 0인 직선비례 한다.

3. 전단응력, 유속
- $\tau = wRI$
- $V_{\max} = 2V_m$

4. Darcy - Weisbach의 마찰손실수두
- $h_L = f \dfrac{l}{D} \dfrac{V^2}{2g}$

5. 평균유속공식
- Manning 공식 : $V = \dfrac{1}{n} R^{\frac{2}{3}} I^{\frac{1}{2}}$
- Chezy 공식 : $V = C\sqrt{RI}$
- $C = \dfrac{1}{n} R^{\frac{1}{6}}$

6. 마찰손실계수
- $f = \dfrac{64}{R_e}$
- $f = \dfrac{8g}{C^2}$
- $f = \dfrac{124.6 n^2}{D^{\frac{1}{3}}}$

7. 마찰 이외의 손실

- $h_x = f_x \dfrac{V^2}{2g}$

8. 단일관수로의 유량

- $Q = A \sqrt{\dfrac{2gH}{1.5 + f\dfrac{l}{D}}}$

9. 관망(Hardy-Cross의 시행착오법)

- 각 관에 유입된 유량은 그 관에 정지하지 않고 모두 유출된다.
- 각 관에서 손실수두의 합은 0이다.
- 마찰 이외의 손실은 무시한다.

10. 사이폰

- 관로의 일부가 동수경사선 위로 돌출되어 부압을 갖는 관의 형태를 사이폰이라 한다.

11. 동력

- 수차의 출력($H = h - \sum h_L$) : $P = 9.8 QH\eta \,(\text{kW})$, $P = 13.3 QH\eta \,(\text{Hp})$
- 양수 동력($H = h + \sum h_L$) : $P = \dfrac{9.8 QH}{\eta} \,(\text{kW})$, $P = \dfrac{13.3 QH}{\eta} \,(\text{Hp})$

12. 마찰속도

- $U_* = \sqrt{\dfrac{\tau}{\rho}} = \sqrt{gRI}$

Section 01 정의 및 특성

> **보충**
> 관수로에서는 실제유체(점성, 압축성 유체)를 다룬다.

1. 정의

자유수면을 갖지 않는 흐름, 즉 단면 형상에 관계없이 유수가 단면 내를 완전히 충만하면서 유동할 때의 수로를 말한다.

2. 특성

① 자유수면을 갖지 않는다.
② 압력과 점성력에 의해 흐름이 지배 받는다.

3. 유속 및 전단응력 흐름 특성

① 유속은 중앙에서 최대이며 관벽에서 0인 포물선 분포한다.
② 전단응력은 벽에서 최대이고, 중앙에서 0인 직선 비례한다.

핵심예제 6-1

관수로의 흐름을 지배하는 주된 힘은? [12. 산]

① 점성력　　② 중력　　③ 사류　　④ 층류

해설 관수로
자유수면이 존재하지 않으면서 물이 충만되어 흐르는 흐름을 관수로라 하며, 흐름의 원동력은 압력과 점성력이다.

해답 ①

핵심예제 6-2

흐르는 물속에 연직으로 세운 두 고정 평행판 사이의 흐름에 대한 설명으로 옳은 것은? [13. 기]

① 전단응력과 유속분포는 전단면에서 일정하다.
② 전단응력과 유속분포는 판의 벽에서 0이고 판과 판의 중점을 향해서 직선 형태로 분포한다.
③ 전단응력과 유속분포는 전단면에서 포물선 형태로 분포한다.
④ 전단응력은 두 판의 중점에서 0이고, 중점으로부터 거리에 따라 직선 형태로 분포하며, 유속은 중점에서 최대인 포물선 형태로 분포한다.

해설 관수로 흐름의 형태
  ㉠ 관수로에서 유속은 중앙에서 최대이고 관 벽에서 0인 포물선 형태로 분포한다.
  ㉡ 관수로에서 전단응력은 중앙에서 0이고 관 벽에서 최대인 직선 비례 형태로 분포한다.

해답 ④

관수로에서의 전단응력, 유속, 유량

Section 02

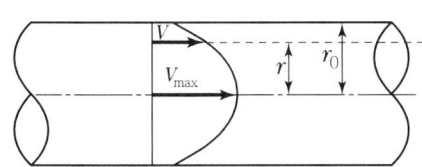
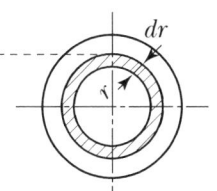

1. 전단응력(τ)

① $\tau = \dfrac{w \cdot h_L}{2l} \cdot r$

여기서, h_L : 손실수두
  l : 관의 길이
  r : 관의 반지름

② $\tau = wRI$

여기서, R : 경심
  I : 동수경사

2. 유속(V)

관수로의 최대유속은 다음과 같다.

$$V_{\max} = \dfrac{w \cdot h_L}{4 \cdot \mu \cdot l} \cdot r^2$$

여기서, μ : 점성계수

3. 유량

관수로에서의 유량은 점성으로 인한 유속분포로 인해 압력강하량과 직접 비례하고, 점성 및 관거의 길이와는 반비례한다. 이 식은 Hagen-Poiseuille의 실험에 의해 규명되어 Hagen-Poiseuille 법칙이라고 한다.

$$Q = \frac{\pi \cdot w \cdot h_L}{8 \cdot \mu \cdot l} \cdot r^4$$

4. 평균유속

관수로의 평균유속은 관수로의 유량을 면적으로 나누어 구할 수 있다.

$$V_m = \frac{w \cdot h_L}{8 \cdot \mu \cdot l} \cdot r^2$$

∴ 평균유속은 최대유속의 $\frac{1}{2}$이다.($V_{\max} = 2V_m$)

핵심예제 6-3

원형 관수로 내의 층류 흐름에 관한 설명으로 옳은 것은? [14. 기]

① 속도분포는 포물선이며, 유량은 지름의 4제곱에 반비례한다.
② 속도분포는 대수분포 곡선이며, 유량은 압력강하량에 반비례한다.
③ 마찰응력 분포는 포물선이며, 유량은 점성계수와 관의 길이에 반비례한다.
④ 속도분포는 포물선이며, 유량은 압력강하량에 비례한다.

해설 원형 관수로의 흐름 특성
  ㉠ 유속은 중앙에서 최대이며, 벽에서 0인 포물선으로 분포한다.
  ㉡ 마찰응력분포는 벽에서 최대이며, 중앙에서 0인 직선에 비례한다.
  ㉢ 유량
  $$Q = \frac{\pi w h_L}{8\mu l} R^4$$
  • 반지름의 4제곱에 비례한다.
  • 압력강하량에 비례한다.
  • 점성계수와 관의 길이에 반비례한다.

해답 ④

마찰 손실수두와 평균유속공식

1. Darcy-Weisbach의 마찰손실수두(h_L)

관수로 내의 흐름에서는 점성으로 인한 마찰손실이 발생하게 된다. Darcy와 Weisbach는 이러한 마찰손실을 수두의 형태로 나타내었다.

$$h_L = f \cdot \frac{l}{D} \cdot \frac{V^2}{2g}, \qquad f = \frac{64}{Re}$$

여기서, f : 마찰손실계수, l : 관의 길이
D : 관의 직경, V : 속도

2. 평균유속공식

① Chezy 공식 : $V = C\sqrt{RI}$

② Manning 공식 : $V = \frac{1}{n} R^{\frac{2}{3}} I^{\frac{1}{2}}$

여기서, C : Chezy 유속계수, n : 조도계수
R : 경심, I : 동수경사

※ Chezy 계수와 조도계수의 관계 $C = \frac{1}{n} R^{\frac{1}{6}}$

핵심예제 6-4

Darcy-Weisbach의 마찰손실 공식에 대한 다음 설명 중 틀린 것은? [15. 산]

① 마찰손실수두는 관경에 반비례한다.
② 마찰손실수두는 관의 조도에 반비례한다.
③ 마찰손실수두는 물의 점성에 비례한다.
④ 마찰손실수두는 관의 길이에 비례한다.

해설 관수로 마찰손실수두

㉠ 관수로의 마찰손실수두는 다음 식으로 산정한다.

$$h_l = f \frac{l}{D} \frac{V^2}{2g}$$

ⓒ 특징
- 관수로의 길이에 비례한다.
- 관의 조도계수에 비례한다. $\left(f = \dfrac{124.5n^2}{D^{\frac{1}{3}}} \right)$
- 관경에 반비례한다.
- 마찰손실수두는 물의 점성에 비례해서 커진다.

해답 ②

핵심예제 6-5

폭 4m, 수심 2m인 직사각형 수로에 등류가 흐르고 있을 때 조도계수 $n = 0.02$라면 Chezy의 평균유속계수 C는? [14. 산]

① 0.05   ② 0.5   ③ 5   ④ 50

해설 Chezy 식과 Manning 식의 관계

㉠ Chezy 식과 Manning 식의 관계는 다음과 같다.

$$C\sqrt{RI} = \dfrac{1}{n}R^{\frac{2}{3}}I^{\frac{1}{2}} \rightarrow C\sqrt{RI} = \dfrac{1}{n}R^{\frac{1}{6}}R^{\frac{1}{2}}I^{\frac{1}{2}}$$

$$\therefore C = \dfrac{1}{n}R^{\frac{1}{6}}$$

㉡ C의 산정

$$C = \dfrac{1}{n}R^{\frac{1}{6}} = \dfrac{1}{0.02} \times 1^{\frac{1}{6}} = 50$$

$$R = \dfrac{Bh}{B+2h} = \dfrac{4 \times 2}{4+2 \times 2} = 1\text{m}$$

해답 ④

마찰 손실 계수

1. Darycy-Weishbach 공식

실용적 계산 시에는 상업용관에 대하여 Moody가 제시한 도표를 사용한다.

▶ Moody 도표

마찰손실계수를 구하는 상용화된 도표로 마찰손실계수가 R_e 및 상대조도$\left(\dfrac{e}{D}\right)$와 관련되어 있음을 나타낸다.

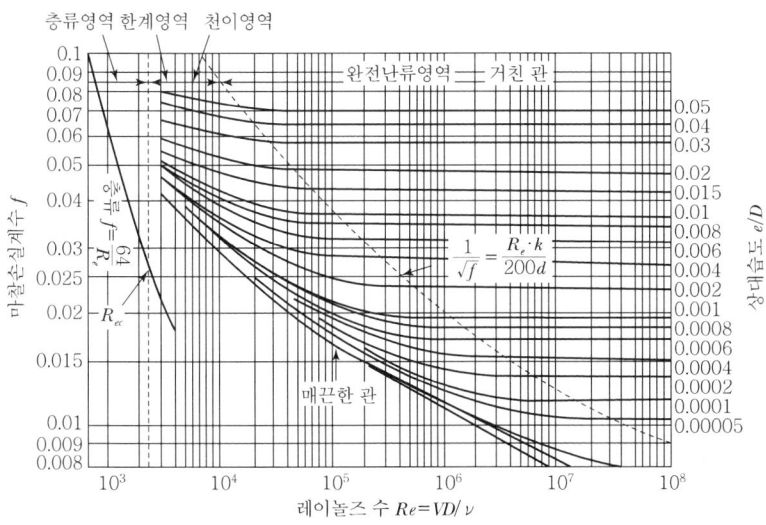

① 원관내 층류일 때($R_e < 2{,}000$) : $f = \dfrac{64}{R_e}$

② 불완전 층류 또는 난류일 때($R_e > 2{,}000$)

$$f = \phi''\left(\dfrac{1}{R_e},\ \dfrac{e}{D}\right)$$

㉠ 매끈한 관의 경우 : $f \propto \dfrac{1}{R_e}$

$$f = 0.3164 R_e^{-\frac{1}{4}}$$

㉡ 거친 관의 경우 : $f \propto \dfrac{e}{D}$ (상대조도)

2. Chezy 계수와의 관계

$$C = \sqrt{\frac{8g}{f}} \text{ 로부터 } f = \frac{8g}{C^2}$$

3. Manning의 조도계수와의 관계

$$f = \frac{12.7g \cdot n^2}{D^{\frac{1}{3}}} = \frac{124.6 n^2}{D^{\frac{1}{3}}}$$

핵심예제 6-6

관의 흐름에서 Darcy Weisbach의 마찰손실계수 f 는 Manning의 조도계수를 썼을 때 $f = \frac{124.6 n^2}{\sqrt[3]{D}}$ 이다. 다음 중 맞는 것은? [90. 기]

① D는 지름으로서 cm단위이다.
② D는 반지름으로서 cm단위이다.
③ D는 지름으로서 m단위이다.
④ D반지름으로서 m단위이다.

해설 $f = \frac{12.7g \cdot n^2}{D^{\frac{1}{3}}} \Rightarrow \frac{124.6 n^2}{\sqrt[3]{D}}$ 으로의 변환은 D를 m단위로 보고 g값을 9.8m/sec² 로 적용

해답 ③

핵심예제 6-7

레이놀즈수가 1,500인 관수로 흐름에 대한 마찰손실계수 f 의 값은? [15. 산]

① 0.030   ② 0.043   ③ 0.054   ④ 0.066

해설 마찰손실계수

㉠ 원관 내 층류($R_e < 2,000$)

$$f = \frac{64}{R_e}$$

㉡ 불완전 층류 및 난류($R_e > 2,000$)

$$f = \phi(\frac{1}{R_e}, \frac{e}{d})$$

• f는 R_e와 상대조도(ε/d)의 함수이다.
• 매끈한 관의 경우 f는 R_e만의 함수이다.

- 거친 관의 경우 f는 상대조도(ε/d)만의 함수이다.

ⓒ 마찰손실계수의 산정

$$f = \frac{64}{R_e} = \frac{64}{1,500} = 0.043$$

해답 ②

핵심예제 6-8

경심이 8m, 동수경사가 1/100, 마찰손실계수 $f=0.03$일 때 Chezy의 유속계수 C를 구한 값은? [13. 기], [15. 기]

① $51.1 \mathrm{m}^{\frac{1}{2}}/\mathrm{s}$
② $25.6 \mathrm{m}^{\frac{1}{2}}/\mathrm{s}$
③ $36.1 \mathrm{m}^{\frac{1}{2}}/\mathrm{s}$
④ $44.3 \mathrm{m}^{\frac{1}{2}}/\mathrm{s}$

해설 마찰손실계수

ⓐ R_e 수와의 관계

- 원관 내 층류 : $f = \dfrac{64}{R_e}$
- 불완전 층류 및 난류의 매끈한 관 : $f = 0.3164 R_e^{-\frac{1}{4}}$

ⓑ 조도계수 n과의 관계

$$f = \frac{124.5 n^2}{D^{\frac{1}{3}}}$$

ⓒ Chezy의 유속계수 C와의 관계

$$f = \frac{8g}{C^2}$$

$$\therefore C = \sqrt{\frac{8g}{f}} = \sqrt{\frac{8 \times 9.8}{0.03}} = 51.1 \mathrm{m}^{\frac{1}{2}}/\sec$$

해답 ①

핵심예제 6-9

관수로에서 흐름이 층류인 경우 마찰손실계수 f는? [00. 기]

① 조도에만 영향을 받는다.
② Reynolds 수에만 영향을 받는다.
③ 조도와 Reynolds 수에 영향을 받는다.
④ 항상 0.2778의 값이다.

해설 $f = \dfrac{64}{R_e}$

해답 ②

핵심예제 6-10

관수로의 마찰손실 공식 $h_L = f \cdot \dfrac{l}{D} \cdot \dfrac{V^2}{2g}$ 에 있어서 난류에서의 마찰손실 계수 f 는? [99. 기], [13. 기], [15. 기]

① 관벽의 조도의 함수이다.
② 레이놀즈수(Reynolds Number)만의 함수이다.
③ 레이놀즈수와 관벽의 조도의 함수이다.
④ 레이놀즈수와 상대조도의 함수이다.

해설 난류에서 마찰손실계수는 $f \propto \dfrac{1}{R_e}$, $f \propto \dfrac{e}{D}$

해답 ④

핵심예제 6-11

거친 철관 내에 물이 난류로 흐를 때 다음 마찰손실계수(f)에 대한 설명 중 가장 옳은 것은?(단, 레이놀즈수 : R_e, 상대조도 : k/D) [99. 기]

① f는 R_e, k/D의 영향을 받는다.
② f는 R_e만의 영향을 받는다.
③ f는 k/D보다 R_e의 영향을 받는다.
④ f는 R_e와는 관계없고, k/D만의 영향을 받는다.

해설 거친 관의 f는 $\dfrac{k}{D}$만의 영향을 받는다.

해답 ④

마찰손실 이외의 손실수두

1. 손실의 분류

① 대손실(major loss)
    마찰손실수두를 말한다.
$$h_L = f \dfrac{l}{D} \dfrac{V^2}{2g}$$

② 소손실(minor loss)

마찰 이외의 모든 손실을 말한다.

$$h_x = f_x \frac{V^2}{2g}$$

여기서, h_x : 소손실수두
f_x : 소손실계수

2. 소손실의 종류

소손실의 종류에는 다음과 같은 것들이 있다.

① 유입손실수두 : $h_i = f_i \dfrac{V^2}{2g}$

② 유출손실수두 : $h_o = f_o \dfrac{V^2}{2g}$

③ 단면급확대손실수두 : $h_{se} = f_{se} \dfrac{V^2}{2g}$

④ 단면급축소손실수두 : $h_{sc} = f_{sc} \dfrac{V^2}{2g}$

⑤ 단면점근확대손실수두 : $h_{ge} = f_{ge} \dfrac{V^2}{2g}$

⑥ 단면점근축소손실수두 : $h_{gc} = f_{gc} \dfrac{V^2}{2g}$

⑦ 굴절손실수두 : $h_b = f_b \dfrac{V^2}{2g}$

⑧ 밸브손실수두 : $h_v = f_v \dfrac{V^2}{2g}$

3. 설계기준

① $\dfrac{l}{D}$ > 3,000 : 장관(long pipe) → 마찰손실만 고려한다.

② $\dfrac{l}{D}$ < 3,000 : 단관(short pipe) → 모든 손실을 고려한다.

4. 소손실계수

(1) 유입손실계수

유입손실계수는 유입부 단면의 형상에 영향을 받으며, 일반적 유입손실계수는 다음과 같다.

$f_i = 0.5$

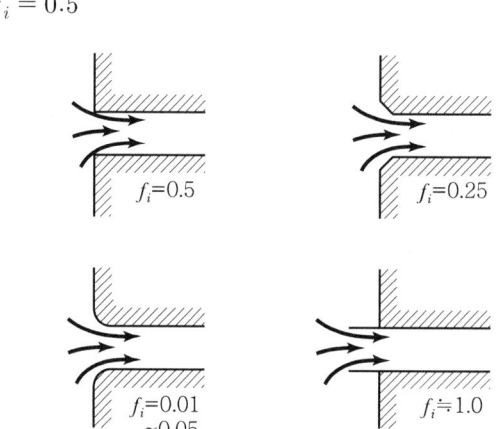

(2) 유출손실계수

① 단면이 큰 수중으로 배출 $f_o = 1.0$
② 대기 중으로 배출 $f_o = 0$

∴ 손실계수 중 가장 큰 값은 단면이 큰 수중으로 배출된 경우 유출손실계수가 가장 크다.

핵심예제 6-12

그림에서 유입손실이 제일 큰 것은?   [10. 기]

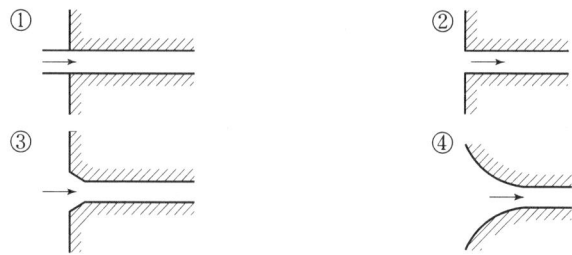

해설 유입손실수두
㉠ 큰 수조나 저수지로부터 관로 쪽으로 물이 유입하면 관로입구에서 유수단면이 일단 축소되었다가 바로 확대되어 관 속을 차서 흐르게 된다. 이때 손실이 발생하게 된다.

ⓒ 유입부 형상에 따른 유입손실계수 값
- ①의 경우 1.0
- ②의 경우 0.5
- ③의 경우 0.25
- ④의 경우 0.01~0.05

∴ 유입손실수두가 가장 큰 것은 ①의 경우이다.

해답 ①

핵심예제 6-13

다음 관수로에서의 손실 중 미소손실이 아닌 것은? [12. 산]

① 입구손실
② 마찰손실
③ 단면급확대손실
④ 굴절손실

해설 손실의 분류
ⓐ 대손실 : 마찰손실수두를 대손실이라 한다.
ⓑ 소손실 : 마찰이외의 모든 손실을 소손실이라 한다.

∴ 소손실이 아닌 것은 마찰손실이 아니다.

해답 ②

핵심예제 6-14

관수로 내의 손실수두에 대한 설명 중 틀린 것은? [14. 기]

① 관수로 내의 모든 손실수두는 속도수두에 비례한다.
② 마찰손실 이외의 손실수두를 소손실(Minor Loss)이라 한다.
③ 물이 관수로 내에서 큰 수조로 유입힐 때 출구의 손실수두는 속도수두와 같다고 가정할 수 있다.
④ 마찰손실수두는 모든 손실수두 가운데 가장 크며 이것은 마찰손실계수를 속도수두에 곱한 것이다.

해설 마찰손실수두
ⓐ 손실의 분류

- 대손실 : 마찰손실수두 $\left(h_l = f\dfrac{l}{D}\dfrac{V^2}{2g}\right)$

- 소손실 : 마찰 이외의 모든 손실 $\left(h_x = f_x\dfrac{V^2}{2g}\right)$

ⓑ 관수로 내의 모든 손실수두는 속도수두에 비례한다.

ⓒ 수조로 연결된 관수로의 출구손실계수는 1.0을 적용하며, 손실수두는 속도수두와 같다고 가정할 수 있다.

$$h_0 = f_0\dfrac{V^2}{2g} = 1.0 \times \dfrac{V^2}{2g} = \dfrac{V^2}{2g}$$

ⓒ 마찰손실수두를 대손실이라 하는데, 모든 손실수두 중 가장 큰 손실이며, 마찰손실계수에 속도수두와 길이와 직경의 비를 곱하여 산정한다.

해답 ④

핵심예제 6-15

관수로 계산에서 이 얼마 이상이면 마찰손실 이외의 소손실을 무시할 수 있는가?(단, D : 관의 지름, l : 관의 길이) [13. 기]

① 100　　　② 300　　　③ 1,000　　　④ 3,000

해설 마찰손실수두

㉠ $\dfrac{l}{D} > 3,000$이면 장관이라 하며, 마찰 이외의 손실은 무시한다.

㉡ $\dfrac{l}{D} < 3,000$이면 단관이라 하며, 모든 손실을 고려한다.

해답 ④

Section 06 단일 관수로의 유량

2개의 수조를 1개의 관수로로 연결하여 물을 흐르게 할 때 수면차를 H라 하면 관수로의 유량은 다음과 같다.

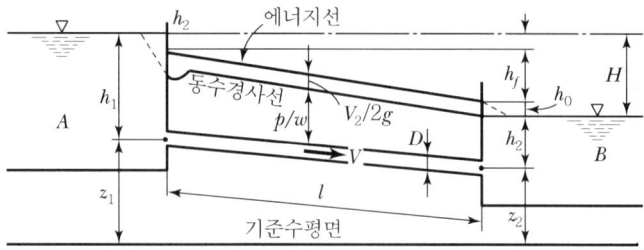

$$V = \sqrt{\dfrac{2gH}{1.5 + f\dfrac{l}{D}}}$$

$$Q = AV = \frac{\pi D^2}{4} \times \sqrt{\frac{2gH}{1.5 + f\frac{l}{D}}}$$

여기서, D : 관의 직경
l : 관의 길이
H : 수위차
f : 마찰손실계수

만일, $\frac{l}{D} > 3,000$이면 마찰 이외의 손실은 무시된다.

핵심예제 6-16

물이 저수지에서 25mm 원관을 통해 600m를 흘러 대기 중으로 유출된다. 유출구가 저수지 수면보다 0.3m 아래에 위치하고 있을 때 관내의 흐름이 층류이면 유출구에서의 유량은?(단, 마찰손실만 있는 것으로 보고, 마찰손실 계수는 0.048이다.)

[13. 기]

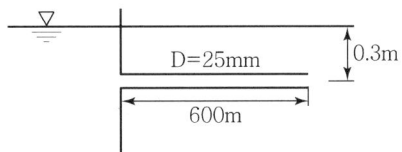

① 35cm³/sec   ② 594cm³/sec   ③ 1,188cm³/sec   ④ 1,464cm³/sec

해설 단일관수로의 유량
㉠ 마찰손실수두
$$h_L = f\frac{l}{D}\frac{V^2}{2g}$$
$$\therefore V = \sqrt{\frac{2g \cdot D \cdot h_L}{f \cdot l}}$$

㉡ 유량의 산정
$$Q = AV = \frac{\pi D^2}{4} \times \sqrt{\frac{2g \cdot D \cdot h_L}{f \cdot l}} = \frac{\pi \times 2.5^2}{4} \times \sqrt{\frac{2 \times 980 \times 2.5 \times 30}{0.048 \times 60,000}}$$
$$= 35\text{cm}^3/\text{sec}$$

해답 ①

핵심예제 6-17

지름 20cm, 길이 1.5km인 관이 수면차가 20cm인 두수조를 연결하고 있을 때 관내의 유량은?(단, 관의 마찰계수 $f = 0.0315$, 유입손실계수 $f_i = 0.5$, 유출손실계수 $f_o = 1$)

[06. 기]

① 0.518m³/sec   ② 0.0518m³/sec   ③ 0.004m³/sec   ④ 0.0207m³/sec

해설 $Q = A \cdot V = \dfrac{\pi D^2}{4} \cdot \sqrt{\dfrac{2gH}{1.5 + f \cdot \dfrac{\ell}{D}}}$

$= \dfrac{\pi \times 0.2^2}{4} \cdot \sqrt{\dfrac{2 \times 9.8 \times 0.2}{1.5 + 0.0315 \cdot \dfrac{1,500}{0.2}}}$

$= 0.004 \text{m}^3/\text{sec}$

해답 ③

핵심예제 6-18

그림과 같은 관수로의 말단에서 유출량은?(단, 입구손실계수=0.5, 만곡손실계수=0.2, 출구손실계수=1.0, 마찰손실계수=0.02이다.)

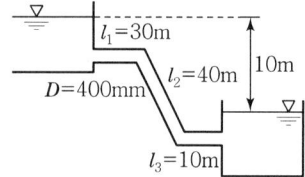

① 724L/sec
② 824L/sec
③ 924L/sec
④ 1,024L/sec

해설 단일관수로에서의 유량

㉠ 관수로에서의 유속

$V = \sqrt{\dfrac{2gH}{f_i + f_0 + 2f_b + f \cdot \dfrac{l}{D}}}$

$= \sqrt{\dfrac{2 \times 9.8 \times 10}{1.5 + 2 \times 0.2 + 0.02 \times \dfrac{80}{0.4}}}$

$= 5.764 \text{m/sec}$

㉡ 관수로의 유량

$Q = A \cdot V = \dfrac{\pi \times 0.4^2}{4} \times 5.764$

$= 0.724 \text{m}^3/\text{sec} = 724 \text{L/sec}$

해답 ①

복합 관수로

1. 분기 및 합류 관수로

분기 및 합류 관수로는 여러 개의 수조 사이를 연결하여 물을 수송할 때의 경우이며, 해석은 관수로의 물리적요와 수조의 수위를 알고 있을 때 할 수 있다. 여기서는 해석의 복잡함으로 인해 각 관수로의 연속방정식에 대해서만 보기로 한다.

① 분지관 : $Q_1 = Q_2 + Q_3$
② 합류관 : $Q_2 + Q_3 = Q_4$

2. 병렬관수로

1개의 관로에서 2개 이상의 관로로 분기하여 다시 1개의 관로로 합류하는 경우를 병렬관수로라고 한다. 병렬관수로 또한 해석의 복잡함으로 병렬관수로 해석의 기본원칙인 각 관로의 손실수두는 모두 동일하다는 원칙만 확인하기로 한다.

① 병렬관 : $H = H_1 + H_2 + H_4 = H_1 + H_3 + H_4$
  ∴ 각 병렬관에서의 손실수두의 합은 같다.

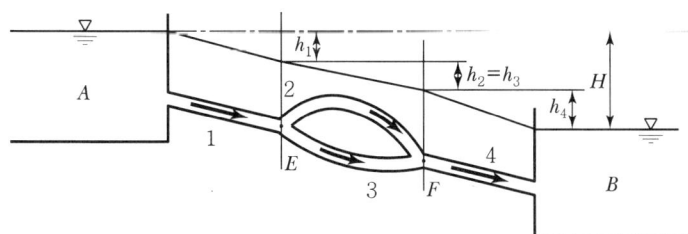

핵심예제 6-19

다음 그림과 같은 원관으로 된 관로에서 $D_1=300$mm, $Q_1=200l/\sec$이고, $D_2=200$mm, $V_2=2.5$m/sec인 경우 $D_3=150$mm에서의 유량 Q_3는? [80. 기], [95. 기]

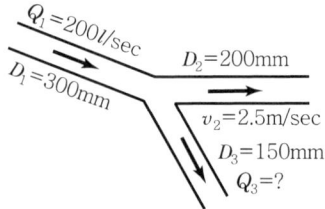

① 121.5l/sec
② 100.01l/sec
③ 78.51l/sec
④ 65.01l/sec

해설 ㉠ $Q_1 = Q_2 + Q_3$

∴ $Q_3 = Q_1 - Q_2 = 0.2 - 0.079 = 0.121 \text{m}^3/\sec$

㉡ $Q_1 = 200l/\sec = 0.2\text{m}^3/\sec$

㉢ $Q_2 = A \cdot V = \dfrac{\pi \times 0.2^2}{4} \times 2.5 = 0.079 \text{m}^3/\sec$

해답 ①

핵심예제 6-20

수로 ABC와 ADC의 유량을 0.5m³/sec라 할 때 ABC의 수두손실이 17.3m이다. ADC의 손실수두는 얼마인가?

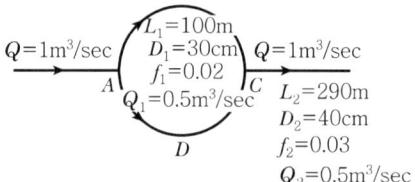

① 17.3m
② 50.17m
③ 34.6m
④ 8.65m

해설 ㉠ 병렬관수로

$Q_1 = Q_2 + Q_3 = Q_4$

㉡ 병렬관수로의 수두손실은 서로 같다.

∴ ABC손실이 17.3m이므로 ADC의 손실 또한 17.3m이다.

해답 ①

Section 08 사이폰

2개의 수조를 연결한 관수로의 일부가 동수경사선보다 위에 있는 관수로를 말하며, 이 부분의 관내 압력은 부압이다. 실제 h_c가 8m를 초과하면 사이폰 작용을 하지 않는다.

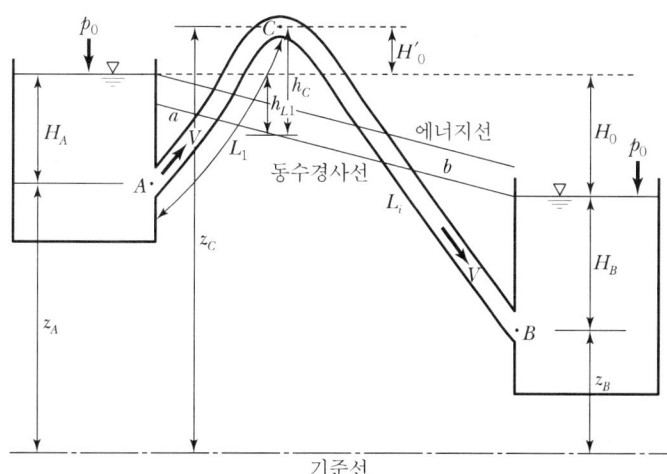

핵심예제 6-21

고수조에서 저수조로 관로에 의해서 송수할 때 관로의 일부가 동수경사선보다 높은 부분이 있을 경우가 있다. 이와 같은 관로를 무엇이라 하는가? [13. 산]

① 관망 ② 분기관 ③ 사이폰 ④ 피토관

해설 사이폰

수로의 일부가 동수경사선 위로 돌출되어 부압을 갖는 관의 형태를 사이폰(Shiphon)이라 한다.

해답 ③

핵심예제 6-22

사이폰 작용을 이용하여 고수조에서 저수조로 관수로에 의해 송수하려 할 때 동수경사선보다 관수로를 어느 정도까지 높일 수 있는가?

① 10m ② 8m ③ 3m ④ 15m

해설 이론적 적용 높이는 10.33m지만 실제 높이는 약 8m 정도이다.

해답 ②

Section 09 관망(Hardy Cross 방법)

수도 급수관과 같이 다수의 분지관, 합류관, 곡관 등이 합하여 하나의 관로 계통을 이루는 관수로를 말한다.

1. Hardy-Cross 방법(시행착오법)

① 각 분기점 또는 합류점에 유입하는 유량은 그 점에 정지하지 않고 전부 유출한다.
② 각 폐합관에 대한 손실수두의 합은 영이다(흐름의 방향은 관계없다).
③ 마찰 이외의 손실은 무시한다.

> **보충**
> Hardy-Cross 방법은 시행착오법으로 관망의 근사해석을 하는 방법이고 또 다른 방법에는 등치관법이 있다.

2. 사용되는 기본식

① 평균유속공식　　　　② 연속방정식
③ Darcy-Weisbach의 마찰손실공식 또는 Hazen-Williams의 공식

Section 10 관수로의 유수에 의한 동력

1. 수차의 출력

$$E = 9.8\eta Q H_e \,(\text{kW}), \quad E = 13.33\eta Q H_e : (\text{HP})$$

여기서, 유효수두(H_e) = $H - h_L$, η : 효율, Q : 토출량(m^3/sec)

2. 양수에 필요한 동력

$$E = \frac{9.8Q(H + \sum h_L)}{\eta} = \frac{9.8QH_P}{\eta}\,(\text{kW})$$

$$E = \frac{13.33Q(H + \sum h_L)}{\eta} = \frac{13.33QH_P}{\eta}\,(\text{HP})$$

여기서, 펌프에 요하는 양정($H_P = H + \sum h_L$)

핵심예제 6-23

유량 20m³/sec, 유효낙차 50m인 수력지점의 이론수력은? [12. 기]

① 1,000kW ② 4,900kW ③ 9,800kW ④ 10,000kW

해설 동력의 산정

㉠ 양수에 필요한 동력($H_e = h + \sum h_L$)

$$P = \frac{9.8QH_e}{\eta}(\text{kW})$$

$$P = \frac{13.3QH_e}{\eta}(\text{HP})$$

㉡ 수차의 출력($H_e = h - \sum h_L$)

$$P = 9.8QH_e\eta(\text{kW})$$

$$P = 13.3QH_e\eta(\text{HP})$$

㉢ 이론수력의 산정

$$P = 9.8QH_e\eta = 9.8 \times 20 \times 50 = 9,800\text{kW}$$

해답 ③

핵심예제 6-24

수면표고가 18m인 정수장에서 직경 600mm인 강관 900m를 이용하여 수면표고 39m인 배수지로 양수하려고 한다. 유량이 1.0m³/s이고 관로의 마찰손실계수가 0.03일 때 모터의 소요 동력은?(단, 마찰손실만 고려하며, 펌프 및 모터의 효율은 각각 80% 및 70%이다.) [14. 기]

① 520kW ② 620kW ③ 780kW ④ 870kW

해설 동력의 산정

㉠ 양수에 필요한 동력($H_e = h + \sum h_L$)

- $P = \dfrac{9.8QH_e}{Z}(\text{kW})$

- $P = \dfrac{13.3QH_e}{\eta}(\text{HP})$

㉡ 소요 동력의 산정

- 유속 : $V = \dfrac{Q}{A} = \dfrac{1.0}{\dfrac{\pi \times 0.6^2}{4}} = 3.54\text{m/sec}$

- 손실수두 : $h_l = f\dfrac{l}{D}\dfrac{V^2}{2g} = 0.03 \times \dfrac{900}{0.6} \times \dfrac{3.54^2}{2 \times 9.8} = 28.77\text{m}$

- 동력의 산정 : $P = \dfrac{9.8QH_e}{\eta} = \dfrac{9.8 \times 1.0 \times (21 + 28.77)}{0.8 \times 0.7} = 870.98\text{kW}$

해답 ④

 수격작용(Water Hammer)과 서징(Surging)

1. 수격작용

관수로의 경우 말단의 밸브를 갑자기 열거나 닫으면 압력의 변화가 생기고, 이러한 압력파의 작용을 수격작용이라 한다.

2. 서징

만일 수조를 일시적으로 폐쇄하면 흐르던 물이 서지 탱크 내로 유입하여 수원과 탱크 사이의 물이 진동하며, 탱크의 수면이 상승한다. 이러한 진동현상을 서징이라 한다.

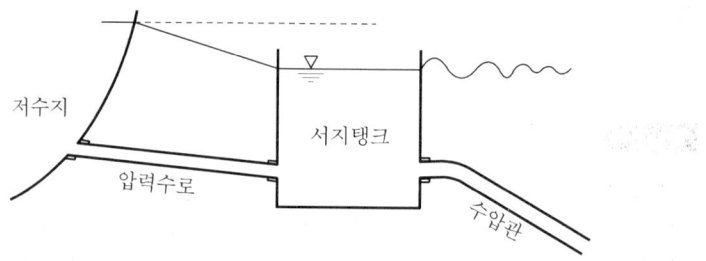

3. 공동현상

유수 중에 국부적으로 저압부분이 생겨 압력이 증기압 상태가 되어 물속에 있던 공기가 분리되어 물 속에 공기덩어리가 생기는 현상이다. 실제 공동의 발생과 소멸은 연속적으로 생기며 순간적으로 압괴하면서 고체면에 강한 충격을 주는 작용을 Pitting이라 한다.

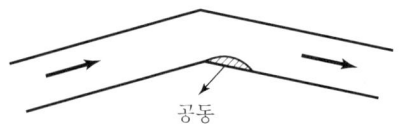

핵심예제 6-25

댐 여수로 설계 시 중요한 사항으로 국부적인 저압부가 발생하여 여수로 표면에 심각한 손상을 발생시키는 현상을 무엇이라 하는가? [13. 기]

① 수격작용
② 공동현상
③ 서징(Surging)
④ 도수현상

해설 공동현상

관로나 댐 여수로 등에 국부적 저압부가 발생하여 포화증기압 이하로 떨어지면 기화현상이 발생하여 공기덩어리가 형성되는 현상을 공동현상(Cavitation)이라 한다.

해답 ②

핵심예제 6-26

관 내에 유속 v로 물이 흐르고 있을 때 밸브의 급격한 폐쇄 등에 의하여 유속이 줄어들면 이에 따라 관 내에 압력의 변화가 생기는데 이것을 무엇이라 하는가? [15. 기]

① 수격압(水擊壓)
② 동압(動壓)
③ 정압(靜壓)
④ 정체압(停滯壓)

해설 수격작용

㉠ 펌프의 급정지, 급가동 또는 밸브를 급폐쇄하면 관로 내 유속의 급격한 변화가 발생하여 관 내의 물의 질량과 운동량 때문에 관 벽에 큰 힘을 가하게 되어 정상적인 동수압보다 몇 배의 큰 압력 상승이 일어난다. 이러한 현상을 수격작용이라 한다.

㉡ 방지책
- 펌프의 급정지, 급가동을 피한다.
- 부압 발생 방지를 위해 조압수조(Surge Tank), 공기밸브(Air Valve)를 설치한다.
- 압력 상승 방지를 위해 역지밸브(Check Valve), 안전밸브(Safety Valve), 압력수조(Air Chamber)를 설치한다.
- 펌프에 플라이휠(Fly Wheel)을 설치한다.
- 펌프의 토출 측 관로에 급폐식 혹은 완폐식 역지밸브를 설치한다.
- 펌프 설치위치를 낮게 하고 흡입양정을 적게 한다.

해답 ①

Section 12 마찰속도

관수로의 전단응력과 Darcy-Weisbach의 마찰손실수두 공식으로부터 가상의 개념속도로 마찰속도(friction Velocity) U_* 식을 유도할 수 있다.

$$U_* = \sqrt{\frac{\tau}{\rho}} = V\sqrt{\frac{f}{8}}$$

여기서, $\tau = wRI$ (전단응력)
ρ : 밀도
V : 속도
f : 마찰손실계수

$$U_* = \sqrt{\frac{wRI}{\rho}} = \sqrt{gRI}$$

※ 개수로에서 수심에 비해 폭이 클 경우 R(경심)$=h$(수심)이므로

$$U_* = \sqrt{ghI}$$

핵심예제 6-27

등류의 마찰속도 U_*를 구하는 공식으로 옳은 것은?(단, H : 수심, I : 수면경사, g : 중력가속도) [15. 산]

① $U_* = \sqrt{gHI}$
② $U_* = gHI$
③ $U_* = gH^2I$
④ $U_* = gHI^2$

해설 마찰속도

㉠ 마찰속도는 다음 식으로 나타낸다.
$$U_* = \sqrt{\frac{\tau_0}{\rho}} = \sqrt{\frac{wRI}{\rho}} = \sqrt{gRI} \;(\because\; w = \rho \cdot g)$$

㉡ 광폭수로에서는 ($R ≒ H$)이므로
$$U_* = \sqrt{gRI} = \sqrt{gHI}$$

해답 ①

Item pool
예상문제 및 기출문제

01. 관수로 내의 흐름을 지배하는 주된 힘은?

① 인력 ② 중력
③ 자기력 ④ 점성력

■ 해설 관수로 일반
㉠ 자유수면이 없으면서 물이 가득 차서 흐르는 흐름을 관수로라고 한다.
㉡ 관수로 흐름을 지배하는 힘은 압력과 점성력이다.

02. 매끈한 원관 속으로 완전발달 상태의 물이 흐를 때 단면의 전단응력은?

① 관의 중심에서 0이고 관 벽에서 가장 크다.
② 관 벽에서 변화가 없고 관의 중심에서 가장 큰 직선 변화를 한다.
③ 단면의 어디서나 일정하다.
④ 유속분포와 동일하게 포물선형으로 변화한다.

■ 해설 관수로 흐름의 특성
㉠ 관수로에서 유속분포는 중앙에서 최대이고 관 벽에서 0인 포물선 분포를 하고 있다.
㉡ 관수로에서 전단응력 분포는 관 벽에서 최대이고 중앙에서 0인 직선 비례한다.

03. 그림과 같은 관(管)에서 V의 유속으로 물이 흐르고 있을 경우에 대한 설명으로 옳지 않은 것은?

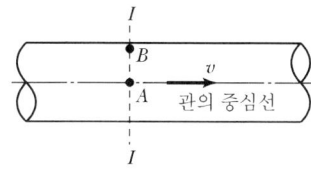

① 흐름이 층류인 경우 A점에서의 유속(流速)은 단면(斷面) I의 평균유속의 2배다.
② A점에서의 마찰저항력은 V^2에 비례한다.
③ A점에서 B점(管壁)으로 갈수록 마찰저항력은 커진다.
④ 유속은 A점에서 최대인 포물선 분포를 한다.

■ 해설 관수로 흐름의 특징
㉠ 관수로의 유속분포는 중앙에서 최대이고 관벽에서 0인 포물선 분포한다.
∴ 유속은 A점에서 최대인 포물선 분포한다.
㉡ 관수로의 전단응력분포는 관벽에서 최대이고 중앙에서 0인 직선비례한다.
∴ A점에서의 마찰저항력은 0이다.
∴ A점에서 B점으로 갈수록 마찰저항력은 커진다.
㉢ 관수로에서 최대유속은 평균유속의 2배이다.
$V_{\max} = 2V_m$

04. 두 개의 평행한 평판 사이에 유체가 흐르고 있다. 이때의 전단응력은?

① 전단면에서 걸쳐 일정하다.
② 벽면에서는 0이고 중심에서는 최대가 된다.
③ 포물선의 형태를 갖는다.
④ 중심에서는 0이고 중심으로부터의 거리에 비례하여 증가한다.

■ 해설 관수로에서의 유속분포는 관벽에서 0이고 중앙에서 최대인 포물선 분포하며, 전단응력은 반대로 중앙에서 0이고 벽에서 최대인 직선비례한다.

05. 관수로 흐름에 대한 설명으로 옳지 않은 것은?

① 자유표면이 존재하지 않는다.
② 관수로 내의 흐름이 층류인 경우 포물선 유속분포를 이룬다.
③ 관수로 내의 흐름에서는 점성저층(층류저층)이 존재하지 않는다.
④ 관수로의 전단응력은 반지름에 비례한다.

|해답| 01.④ 02.① 03.② 04.④ 05.③

■해설 관수로 흐름의 특성
㉠ 자유수면이 존재하지 않으며, 흐름의 원동력은 압력과 점성력인 수로를 관수로라 한다.
㉡ 관수로 내 흐름이 층류인 경우 유속은 중앙에서 최대이고 벽에서 0에 가까운 포물선 분포한다.
㉢ 관수로 내의 흐름에서 매끈한 관의 난류에는 층류저층이 발생한다.
㉣ 관수로의 전단응력은 반지름에 비례한다.

$$\tau = \frac{w h_L r}{2l}$$

여기서, τ : 전단응력
w : 물의 단위중량
h_L : 손실수두
r : 관의 반지름
l : 관의 길이

06. 다음에서 관내의 흐름이 층류일 때 τ와 τ_0의 관계로 옳은 것은?
06 산업
09 산업

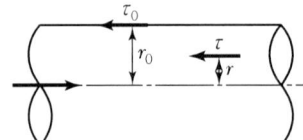

① $\tau_0 = \tau(1-r)$ ② $\tau_0 = \tau(r-1)$
③ $\tau = \tau_0 \left(\dfrac{r}{r_0}\right)$ ④ $\tau = \tau_0 \left(\dfrac{r_0}{r}\right)$

■해설 관수로의 전단응력
㉠ 관수로의 전단응력은 관 벽에서 최대(τ_0)이며 관 중앙에서 0인 직선으로 분포한다.
㉡ 전단응력은 직선 분포하므로 비례식에 의해 거리(r)인 지점의 전단응력을 산출할 수 있다.
$\tau_0 : r_0 = \tau : r$
$\therefore \tau = \tau_0 \left(\dfrac{r}{r_0}\right)$

07. 원관 내 흐름이 포물선형 유속분포를 가질 때 관 중심선 상에서의 유속을 V_o, 전단응력을 τ_0, 관 벽면에서의 전단 응력을 τ_s, 관 내의 평균유속을 V_m, 관 중심선에서 y만큼 떨어져 있는 곳의 유속을 V라 할 때 다음 중 틀린 것은?
06 산업

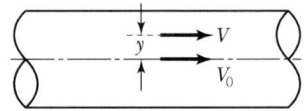

① $V_0 > V$ ② $V_0 = 3V_m$
③ $\tau_0 = 0$ ④ $\tau_s > \tau_0$

■해설 관수로에서의 유속 및 전단응력 분포
㉠ 관수로에서의 유속은 물의 점성이라는 성질로 인해 관 중앙에서 최대유속이고 관 벽에서 0인 포물선 분포한다.
- 최대유속 : $V_0 = \dfrac{w \cdot h_L}{4 \cdot \mu \cdot l} r_o^2$
- 평균유속 : $V_m = \dfrac{w \cdot h_L}{8 \cdot \mu \cdot l} r_o^2$
$\therefore V_0 = 2V_m$의 관계를 갖는다.

㉡ 관수로에서의 전단응력은 물의 점성이라는 성질로 인해 관 중앙에서 "0" 관 벽에서 최대인 직선 분포한다.
$\therefore \tau_s > \tau_0$의 관계를 갖는다.

08. 점성을 가지는 유체가 흐를 때 다음 설명 중 틀린 것은?
15 기사

① 원형관 내의 층류 흐름에서 유량은 점성계수에 반비례하고 직경의 4제곱(승)에 비례한다.
② Darcy-Weisbach의 식은 원형관 내의 마찰손실수두를 계산하기 위하여 사용된다.
③ 층류의 경우 마찰손실계수는 Reynolds 수에 반비례 한다.
④ 에너지 보정계수는 이상유체에서의 압력수두를 보정하기 위한 무차원상수이다.

■해설 점성 유체의 흐름
㉠ 원형관 내의 층류 흐름에서 유량은 점성계수에 반비례하고 직경의 4승에 비례한다.
$$Q = \frac{w h_L r^4}{8 \mu l}$$
㉡ Darcy-Weisbach의 식은 원형관 내의 마찰손실수두를 계산하기 위하여 사용된다.
$$h_L = f \frac{l}{D} \frac{V^2}{2g}$$
㉢ 층류의 경우 마찰손실계수는 Reynolds 수에 반비례한다.
$$f = \frac{64}{R_e}$$

㉣ 에너지보정계수는 실제유체에서 실제유속과 평균유속의 에너지차이를 보정하기 위한 무차원 상수이다.

09. 수평 원관 속에 층류의 흐름이 있을 때 유량에 대한 설명으로 옳은 것은?
10 산업

① 점성(μ)에 비례한다.
② 지름(d)의 4제곱에 비례한다.
③ 압력변화(ΔP)에 반비례한다.
④ 관의 길이(L)에 비례한다.

■해설 층류에서 관수로의 유량
① 관수로의 유량
관수로의 유량은 반지름의 4제곱에 비례하며, 압력강하량에 비례한다.
$$Q = \frac{\pi \Delta p(=wh_L)}{8\mu l} R^4$$
② 특징
• 유량의 크기는 관의 반지름의 4제곱(R^4)에 비례한다.
• 유량의 크기는 손실수두의 크기(h_L)에 비례한다.
• 유량의 크기는 유체의 단위중량의 크기(γ)에 비례한다.
• 유량의 크기는 점성계수의 크기(μ)에 반비례한다.
∴ 유량의 크기는 지름의 4승에 비례한다.

10. 원관 내 유체가 흐를때 마찰력에 관한 설명 중 옳지 않은 것은?
10 기사
10 산업

① 수두경사에 비례한다.
② 관의 직경에 비례한다.
③ 관의 길이에 비례한다.
④ 점성계수에 비례한다.

■해설 관수로 마찰응력
① $\tau = \dfrac{w \cdot h_L \cdot \gamma}{2l}$
② 특징
• 수두경사에 비례한다.
• 관의 길이에 반비례한다.
• 관의 직경에 비례한다.
• 점성에 비례하여 증가한다.

11. 반지름이 R인 수평 원관 내를 물이 층류로 흐를 경우 Hagen-Poiseuille의 법칙에서 유량 Q에 대한 설명으로 옳은 것은?(여기서 w : 물의 단위 질량, l : 관의 길이, h_L : 손실수두, μ : 점성계수)
11 산업

① 반지름 R인 원관에서 유량 $Q = \dfrac{wh_L \pi R^4}{128\mu l}$이다.

② 유량과 압력차 ΔP와의 관계에서 $Q = \dfrac{\Delta P \pi R^4}{8\mu l}$이다.

③ 유량과 동수경사 I와의 관계에서 $Q = \dfrac{\omega \pi I R^4}{8\mu l}$이다.

④ 반지름 R 대신에 지름 D이면 유량 $Q = \dfrac{wh_L \pi D^4}{8\mu l}$이다.

■해설 Hazen-Poiseuille 법칙
① 관수로에서 유량을 정의한 것을 Hazen-Poiseuille법칙이라 한다.
② Hazen-Poiseuille 법칙
$$Q = \frac{wh_L \pi R^4}{8\mu l}$$
여기서, $\Delta P = wh_L$
∴ $Q = \dfrac{\Delta P \pi R^4}{8\mu l}$

12. 지름 30cm 길이가 1m인 관의 손실이 30cm일 때 관벽에 작용하는 마찰력 τ_0는?
95 기사
10 기사

① 4.5g/cm²
② 2.25g/cm²
③ 1.0g/cm²
④ 0.5g/cm²

■해설 $\tau = wRI = w \cdot \dfrac{D}{4} \cdot \dfrac{\Delta h}{L} = 1 \times \dfrac{30}{4} \times \dfrac{30}{100} = 2.25$ g/cm²

13. 관로 길이 100m, 안지름 30cm의 주철관에 0.1 m³/s의 유량을 송수할 때 손실수두는?(단, $v = C\sqrt{RI}$, $C = 63$m$^{\frac{1}{2}}$/s 이다.)
16 기사

① 0.54m
② 0.67m
③ 0.74m
④ 0.88m

|해답| 09.② 10.③ 11.② 12.② 13.②

■해설 손실수두의 산정
  ㉠ 유속의 산정
  $$V = \frac{Q}{A} = \frac{0.1}{\frac{\pi \times 0.3^2}{4}} = 1.42 \text{m/s}$$
  ㉡ 손실수두의 산정
  $$V = C\sqrt{RI} = C\sqrt{\frac{D}{4} \times \frac{h_L}{l}}$$
  $$\therefore 1.42 = 63 \times \sqrt{\frac{0.3}{4} \times \frac{h_L}{100}}$$
  $$\therefore h_L = 0.678 \text{m}$$

14. 유량 147.6L/s를 송수하기 위하여 내경 0.4m의 관을 700m 설치하였을 때의 관로 경사는?(단, 조도계수 $n=0.012$, Manning 공식 적용)

① $\frac{3}{700}$ ② $\frac{2}{700}$

③ $\frac{3}{500}$ ④ $\frac{2}{500}$

■해설 경사의 산정
  ㉠ Manning 공식
  $$V = \frac{1}{n} R^{\frac{2}{3}} I^{\frac{1}{2}}$$
  ㉡ 경사의 산정
  • $Q = AV = \frac{\pi D^2}{4} \times \frac{1}{n} R^{\frac{2}{3}} I^{\frac{1}{2}}$
  • $I = \left(\frac{Qn}{AR^{\frac{2}{3}}}\right)^2 = \left(\frac{0.1476 \times 0.012}{\frac{\pi \times 0.4^2}{4} \times \left(\frac{0.4}{4}\right)^{\frac{2}{3}}}\right)^2$
  $= 4.28 \times 10^{-3} = \frac{3}{700}$

15. Manning의 평균유속 공식에서 Chezy의 평균유속계수 C에 대응되는 것은?

① $\frac{1}{n} R$ ② $\frac{1}{n} R^{\frac{1}{2}}$

③ $\frac{1}{n} R^{\frac{1}{3}}$ ④ $\frac{1}{n} R^{\frac{1}{6}}$

■해설 평균유속공식
  ① Manning 평균유속공식
  $$V = \frac{1}{n} R^{\frac{2}{3}} I^{\frac{1}{2}}$$
  ② Chezy 평균유속공식
  $$V = C\sqrt{RI}$$
  ③ 위 두 식을 같다고 놓으면
  • $\frac{1}{n} R^{\frac{2}{3}} I^{\frac{1}{2}} = C\sqrt{RI}$
  • $\frac{1}{n} R^{\frac{1}{6}} R^{\frac{1}{2}} I^{\frac{1}{2}} = C\sqrt{RI}$
  $\therefore C = \frac{1}{n} R^{\frac{1}{6}}$

16. 물이 단면적, 수로의 재료 및 동수경사가 동일한 정사각형관과 원관을 가득차서 흐를 때 유량비 $\left(\frac{Q_s}{Q_c}\right)$는?(단, Q_s : 정사각형의 유량, Q_c : 원관의 유량, Manning 공식을 적용)

① 0.645   ② 0.923

③ 1.083   ④ 1.341

■해설 유량비의 산정
  ㉠ Manning 공식을 이용한 정사각형관과 원형관의 유량의 산정
  • 정사각형관 : $Q_s = AV = b^2 \times \frac{1}{n} \times R^{\frac{2}{3}} \times I^{\frac{1}{2}}$
  • 원형관 : $Q_c = AV = \frac{\pi \times D^2}{4} \times \frac{1}{n} \times R^{\frac{2}{3}} \times I^{\frac{1}{2}}$
  ㉡ 관계의 설정 : 단면적이 동일하므로
  $$b^2 = \frac{\pi \times D^2}{4}$$
  $$\therefore b = \frac{\sqrt{\pi} \times D}{2}$$
  ㉢ 경심 R의 산정
  • 정사각형 단면 : $R_s = \frac{b^2}{4b} = \frac{\sqrt{\pi} D}{8}$
  • 원형 단면 : $R_c = \frac{D}{4}$
  ㉣ 유량비의 산정
  단면적 수로의 재료, 동수경사가 동일할 때의 유량비의 산정
  $$\frac{Q_s}{Q_c} = \frac{A \times \frac{1}{n} \times R_s^{\frac{2}{3}} \times I^{\frac{1}{2}}}{A \times \frac{1}{n} \times R_c^{\frac{2}{3}} \times I^{\frac{1}{2}}} = \frac{\left(\frac{\sqrt{\pi} D}{8}\right)^{\frac{2}{3}}}{\left(\frac{D}{4}\right)^{\frac{2}{3}}}$$
  $= 0.923$

|해답| 14.① 15.④ 16.②

17.
지름 1cm, 길이 3m인 원형관에 유속 0.2m/s의 물이 흐를 때 관 길이에 대한 마찰손실수두는? (단, $\nu = 1.12 \times 10^{-2}$ cm²/sec, $\rho = 1,000$ kg/m³)

① 8.023cm ② 6.525cm
③ 4.388cm ④ 2.194cm

■ 해설 마찰손실수두의 산정
① 마찰손실수두는 다음 식에 의해 구한다.
$$h_L = f\frac{l}{D}\frac{V^2}{2g}$$
여기서, l : 관의 길이, D : 관의 직경
V : 유속, f : 마찰손실계수 $\left(f = \frac{64}{R_e}\right)$

② 마찰손실계수의 계산
- $R_e = \frac{VD}{\nu} = \frac{20 \times 1}{1.12 \times 10^{-2}} = 1,785.7$
- $f = \frac{64}{R_e} = \frac{64}{1785.7} = 0.03584$
- $h_L = f\frac{l}{D}\frac{V^2}{2g}$
$= 0.03584 \times \frac{3}{0.01} \times \frac{0.2^2}{2 \times 9.8}$
$= 0.02194\text{m} = 2.194\text{cm}$

18.
각 변의 길이가 2cm×3cm인 직4각형 단면의 매끈한 관에 평균유속 1.0m/s로 물이 흐른다. 관의 길이 100m 구간에서 발생하는 손실수두는 (단, 관의 마찰손실계수 $f = 0.03$이다.)

① 3.2m   ② 6.4m
③ 13.8m ④ 25.5m

■ 해설 마찰손실수두의 산정
㉠ Darcy – Weisbach의 마찰손실수두
$$h_L = f\frac{l}{D}\frac{V^2}{2g}$$
㉡ 동수반경
동수반경 $R = \frac{A}{P}$
원형관의 동수반경 $R = \frac{D}{4}$
∴ $D = 4R$
㉢ 동수반경 조건을 Darcy – Weisbach의 공식에 적용
$$h_L = f\frac{l}{4R}\frac{V^2}{2g}$$
㉣ 비원형 단면에서의 손실수두
동수반경의 산정 :
$R = \frac{A}{P} = \frac{0.02 \times 0.03}{(0.02 + 0.03) \times 2} = 0.006\text{m}$
$h_L = f\frac{l}{4R}\frac{V^2}{2g} = 0.03 \times \frac{100}{4 \times 0.006} \times \frac{1^2}{2 \times 9.8}$
$= 6.4\text{m}$

19.
관수로에 있어서 마찰손실수두 $h_L = f \cdot \frac{l}{D} \cdot \frac{V^2}{2g}$ 를 유량 Q와 경심 R을 사용한 식으로 변형한 것으로 옳은 것은?

① $\frac{f}{16} \cdot \frac{l}{\pi^2 g} \cdot \frac{Q^2}{R^5}$

② $\frac{f}{32} \cdot \frac{l}{\pi^2 g} \cdot \frac{Q^2}{R^5}$

③ $\frac{f}{64} \cdot \frac{l}{\pi^2 g} \cdot \frac{Q^2}{R^5}$

④ $\frac{f}{128} \cdot \frac{l}{\pi^2 g} \cdot \frac{Q^2}{R^5}$

■ 해설 관수로 마찰손실수두
㉠ 마찰손실수두(h_L)
$$h_L = f\frac{l}{D}\frac{V^2}{2g}$$
㉡ 원형관의 경심(R)
$R = \frac{D}{4}$
∴ $D = 4R$
㉢ 손실수두의 표현
$h_L = f\frac{l}{D}\frac{V^2}{2g} = f\frac{l}{D}\frac{1}{2g}\left(\frac{Q}{A}\right)^2$
$= f\frac{l}{D}\frac{1}{2g}\frac{16Q^2}{\pi^2 D^4} = \frac{16flQ^2}{2g\pi^2 D^5}$

여기에 $D = 4R$의 관계를 대입
∴ $h_L = \frac{16flQ^2}{2g\pi^2 D^5} = \frac{16flQ^2}{2048g\pi^2 R^5} = \frac{flQ^2}{128g\pi^2 R^5}$

|해답| 17.④ 18.② 19.④

20. 길이 100m의 관에서 양단의 압력 수두차가 20m인 조건에서 0.5m³/s를 송수하기 위한 관경은?(단, 마찰손실계수 $f=0.03$)

① 21.5cm ② 23.5cm
③ 29.5cm ④ 31.5cm

■해설 **직경의 산정**
㉠ 마찰손실수두
$$h_l = f\frac{l}{D}\frac{V^2}{2g}$$
㉡ 직경 D에 관해서 정리
$$D = \left(\frac{8flQ^2}{h_l g\pi^2}\right)^{\frac{1}{5}} = \left(\frac{8\times 0.03\times 100\times 0.5^2}{20\times 9.8\times \pi^2}\right)^{\frac{1}{5}}$$
$$= 0.315\text{m} = 31.5\text{cm}$$

21. A 저수지에서 100m 떨어진 B 저수지로 3.6m³/s의 유량을 송수하기 위해 지름 2m의 주철관을 설치할 때 적정한 관로의 경사(I)는?(단, 마찰손실만 고려하고, 마찰손실계수 $f=0.03$이다.)

① 1/1,000 ② 1/500
③ 1/250   ④ 1/100

■해설 **관로경사의 산정**
㉠ 유속의 산정
$$V = \frac{Q}{A} = \frac{3.6}{\frac{\pi\times 2^2}{4}} = 1.15\text{m/sec}$$
㉡ 손실수두의 산정
$$h_L = f\frac{l}{D}\frac{V^2}{2g} = 0.03\times\frac{100}{2}\times\frac{1.15^2}{2\times 9.8} = 0.1\text{m}$$
㉢ 경사의 산정
$$I = \frac{h_L}{l} = \frac{0.1}{100} = \frac{1}{1,000}$$

22. 관수로의 흐름에 대한 설명으로 옳지 않은 것은?(단, R_e : 레이놀즈수)

① 층류에서 관 마찰에 의한 손실수두는 속도수두와 관 길이에 비례한다.
② Darcy-Weisbach의 마찰손실 공식에서 층류일 경우, 마찰손실계수 $f=\frac{64}{R_e}$로 표시한다.
③ 관로 내의 흐르는 물의 에너지 손실은 마찰력 τ에 반비례한다.
④ 층류의 경우 평균유속은 최대 유속의 1/2이다.

■해설 **관수로 일반사항**
㉠ 마찰손실수두 : $h_L = f\frac{l}{D}\frac{V^2}{2g}$
∴ 마찰손실수두는 속도수두와 관의 길이에 비례한다.
㉡ 층류일 경우 마찰손실계수는 다음과 같다.
$$f = \frac{64}{R_e}$$
㉢ 관수로 내 평균유속과 최대유속의 관계는 다음과 같다.
$$V_{\max} = 2V_m$$
∴ 평균유속은 최대유속의 1/2이다.
㉣ 관수로의 전단응력은 다음과 같다.
$$\tau = wRI = wR\frac{h_L}{l}$$
∴ 관수로에서 에너지손실과 전단응력은 비례한다.

23. 마찰손실계수(f)와 Reynolds 수(R_e) 및 상대조도(ϵ/d)의 관계를 나타낸 Moody 도표에 대한 설명으로 옳지 않은 것은?

① 층류와 난류의 물리적 상이점은 $f - R_e$ 관계가 한계 Reynolds 수 부근에서 갑자기 변한다.
② 층류영역에서는 단일 직선이 관의 조도에 관계 없이 적용된다.
③ 난류영역에서는 $f - R_e$ 곡선은 상대조도(ϵ/d)에 따라 변하며 Reynolds 수 보다는 관의 조도가 더 중요한 변수가 된다.
④ 완전 난류의 완전히 거치른 영역에서 f는 $R_e^{\,n}$과 반비례하는 관계를 보인다.

■해설 **Moody 도표**
① Moody 도표
㉠ 원관내 층류
$$f = \frac{64}{R_e}$$
㉡ 불완전층류 및 난류
$$f = \phi\left(\frac{\epsilon}{d}, \frac{1}{R_e}\right)$$

|해답| 20.④ 21.① 22.③ 23.④

- 거친 관 : R_e와는 상관없는 상대조도$\left(\dfrac{\epsilon}{d}\right)$ 만의 함수
- 매끈한 관 : 상대조도와는 관계없는 R_e만의 함수$\left(f = 0.3164 R_e^{-\frac{1}{4}}\right)$

② 해석
  ㉠ 층류와 난류의 물리적 상이점은 $f - R_e$의 관계가 한계 Reynolds 수 부근에서 갑자기 변한다.
  ㉡ 층류영역에서는 단일직선이 관의 조도에 관계없이 R_e의 함수로 나타난다.
  ㉢ 난류에서 $f - R_e$ 곡선은 상대조도$\left(\dfrac{\epsilon}{d}\right)$에 따라 변하며 Reynolds 수보다는 관의 조도가 더 중요한 변수가 된다.
  ㉣ 완전 난류의 거친 영역에서는 상대조도$\left(\dfrac{\epsilon}{d}\right)$의 함수로 나타난다.

24. 물이 가득 차서 흐르는 원형 관수로에서 마찰손실계수 f를 Manning의 조도계수 n과 연관시킨 식으로 옳은 것은?(단, d : 관지름, R : 동수반경, g : 중력가속도)

① $f = \dfrac{124.5n^2}{d^{1/3}}$ ② $f = \dfrac{8gn^2}{d^{1/3}}$

③ $f = \dfrac{124.5n^2}{R^{1/3}}$ ④ $f = \dfrac{8gn^2}{R^{1/3}}$

■해설 마찰손실계수
  ㉠ R_e수와의 관계
   - 원관 내 층류 : $f = \dfrac{64}{R_e}$
   - 불완전층류 및 난류의 매끈한 관 : $f = 0.3164 R_e^{-\frac{1}{4}}$
  ㉡ 조도계수 n과의 관계
    $f = \dfrac{124.5n^2}{D^{\frac{1}{3}}}$
  ㉢ Chezy 유속계수 C와의 관계
    $f = \dfrac{8g}{C^2}$

25. 내경 100mm, 조도계수 $n = 0.014$의 관으로 물을 보낼 때 마찰손실계수 f는?(단, Manning 공식 적용)

① 0.0240 ② 0.0306
③ 0.0386 ④ 0.0526

■해설 마찰손실계수
  ① Manning의 조도계수와 마찰손실계수와의 관계
   $f = \dfrac{124.6n^2}{D^{\frac{1}{3}}}$
  ② 마찰손실계수의 계산
   $f = \dfrac{124.6n^2}{D^{\frac{1}{3}}} = \dfrac{124.6 \times 0.014^2}{0.1^{\frac{1}{3}}} = 0.0526$

26. 직경이 20cm인 관수로에 39.25cm³/sec의 유량이 흐를 때 동점성 계수가 $\nu = 1.0 \times 10^{-2}$cm²/sec이면 마찰손실계수 f는?

① 0.010 ② 0.025
③ 0.256 ④ 0.560

■해설 마찰손실계수
  ① 마찰손실계수
   ㉠ $R_e < 2,000 : f = \dfrac{64}{R_e}$
   ㉡ $R_e > 2,000 : f = 0.3164 R_e^{-0.25}$
  ② 마찰손실계수의 산정
   ㉠ 유속의 산정
    $V = \dfrac{Q}{A} = \dfrac{39.25}{\dfrac{\pi \times 20^2}{4}} = 0.125 \text{cm/sec}$
   ㉡ R_e 값의 산정
    $R_e = \dfrac{VD}{\nu} = \dfrac{0.125 \times 20}{1.0 \times 10^{-2}} = 250$
   ㉢ 마찰손실계수의 산정
    $f = \dfrac{64}{R_e} = \dfrac{64}{250} = 0.256$

|해답| 24.① 25.④ 26.③

27. 경심이 8m, 동수경사가 1/100, 마찰손실계수 $f = 0.03$일 때 Chezy의 유속계수 C를 구한 값은?

① $51.1 \text{m}^{\frac{1}{2}}/\text{s}$ ② $25.6 \text{m}^{\frac{1}{2}}/\text{s}$

③ $36.1 \text{m}^{\frac{1}{2}}/\text{s}$ ④ $44.3 \text{m}^{\frac{1}{2}}/\text{s}$

■해설 마찰손실계수

㉠ R_e 수와의 관계

- 원관 내 층류 : $f = \dfrac{64}{R_e}$
- 불완전 층류 및 난류의 매끈한 관 :
$$f = 0.3164 R_e^{-\frac{1}{4}}$$

㉡ 조도계수 n과의 관계
$$f = \dfrac{124.5 n^2}{D^{\frac{1}{3}}}$$

㉢ Chezy의 유속계수 C와의 관계
$$f = \dfrac{8g}{C^2}$$
$$\therefore C = \sqrt{\dfrac{8g}{f}} = \sqrt{\dfrac{8 \times 9.8}{0.03}} = 51.1 \text{m}^{\frac{1}{2}}/\text{sec}$$

28. 경심이 5m이고 동수경사가 1/200인 관로에서의 Reynolds 수가 1,000인 흐름으로 흐를 때 관내의 평균 유속은?

① 7.5m/s ② 5.5m/s
③ 3.5m/s ④ 2.5m/s

■해설 평균유속의 산정

㉠ 마찰손실계수의 산정
$$f = \dfrac{64}{R_e} = \dfrac{64}{1,000} = 0.064$$

㉡ Chezy 유속계수의 산정
$$C = \sqrt{\dfrac{8g}{f}} = \sqrt{\dfrac{8 \times 9.8}{0.064}} = 35$$

㉢ 평균유속의 산정
$$V = C\sqrt{RI} = 35 \times \sqrt{5 \times \dfrac{1}{200}} = 5.53 \text{m/sec}$$

29. 상대조도(相對粗度)를 바르게 설명한 것은?

① 차원(次元)이 [L]이다.
② 절대조도를 관경으로 곱한 값이다.
③ 거친 원관 내의 난류인 흐름에서 속도분포에 영향을 준다.
④ 원형관 내의 난류 흐름에서 마찰손실계수와 관계가 없는 값이다.

■해설 마찰손실계수

㉠ 원관 내 층류($R_e < 2,000$)
$$f = \dfrac{64}{R_e}$$

㉡ 불완전 층류 및 난류($R_e > 2,000$)
$$f = \phi\left(\dfrac{1}{R_e}, \dfrac{e}{d}\right)$$

- f는 R_e와 상대조도(ε/d)의 함수이다.
- 매끈한 관의 경우 f는 R_e만의 함수이다.
- 거친 관의 경우 f는 상대조도(ε/d)만의 함수이다.

㉢ 상대조도
- 상대조도의 차원은 L^{-1}이다.
- 절대조도를 관의 직경으로 나눈 값이다.
- 거친 원관 내의 난류 흐름에서 속도분포에 영향을 준다.
- 원형관 내의 난류 흐름에서 마찰손실계수와 관련이 있다.

30. 관수로에서의 미소손실(Minor Loss)은?

① 위치수두에 비례한다.
② 압력수두에 비례한다.
③ 속도수두에 비례한다.
④ 레이놀드수의 제곱에 반비례한다.

■해설 미소손실수두

미소손실수두는 속도수두에 비례한다.
$$h_x = f_x \dfrac{V^2}{2g}$$

여기서, h_x : 미소손실수두, f_x : 미소손실계수
$\dfrac{V^2}{2g}$: 속도수두

∴ 모든 미소손실수두는 계수에 속도수두를 곱하여 산정한다.

|해답| 27.① 28.② 29.③ 30.③

31. 그림과 같은 원형관을 통하여 정상 상태로 흐를 때 관의 축소부로 인한 수두손실은?(단, V_1 = 0.5m/sec, D_1 = 0.2m, D_2 = 0.1m, f_c = 0.36)

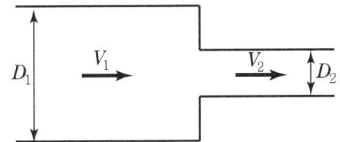

① 0.46cm
② 0.92cm
③ 3.65cm
④ 7.30cm

■해설 ㉠ 관의 축소부로 인한 수두손실 계산

$$h_c = f_c \cdot \frac{V^2}{2g} = 0.36 \times \frac{2^2}{2 \times 9.8}$$
$$= 0.073m = 7.3cm$$

㉡ 연속방정식 적용
$A_1 V_1 = A_2 V_2$

$$\therefore V_2 = \frac{A_1}{A_2} V_1 = \frac{\frac{\pi \times 0.2^2}{4}}{\frac{\pi \times 0.1^2}{4}} \times 0.5$$
$$= 2m/sec$$

32. 내경 10cm의 관로에 있어서 관 벽의 마찰에 의한 손실수두가 속도수두와 같을 때의 관의 길이는?(단, f = 0.03이다.)

① 0.33m
② 1.33m
③ 2.33m
④ 3.33m

■해설 마찰손실수두

㉠ 마찰손실수두 : $h_L = f \frac{l}{D} \frac{V^2}{2g}$

㉡ 길이의 계산 : $f \frac{l}{D} \frac{V^2}{2g} = \frac{V^2}{2g}$

$\rightarrow 0.03 \times \frac{l}{0.1} \times \frac{V^2}{2g} = \frac{V^2}{2g}$

$\therefore l = 3.33m$

33. Pipe의 배관에 있어서 엘보(Elbow)에 의한 손실수두와 직선관의 마찰손실수두가 같아지는 직선관의 길이는 직경의 몇 배에 해당하는가? (단, 관의 마찰계수 f는 0.025이고 엘보(Elbow)의 미소 손실계수 K는 0.9이다.)

① 48배
② 40배
③ 36배
④ 20배

■해설 손실수두

㉠ 마찰손실수두 : $h_L = f \frac{l}{D} \frac{V^2}{2g}$

㉡ 엘보손실수두 : $h_e = k \frac{V^2}{2g}$

㉢ 손실수두의 관계 : $f \frac{l}{D} \frac{V^2}{2g} = k \frac{V^2}{2g}$

$0.025 \frac{l}{D} \frac{V^2}{2g} = 0.9 \frac{V^2}{2g}$

$\therefore \frac{l}{D} = 36$배이다.

34. 다음의 설명 중 옳지 않은 것은?(단, l = 관의 총길이, D = 관의 지름)

① 관수로의 출구 손실계수는 보통 1로 본다.
② 관수로 내의 손실수두는 유속수두에 비례한다.
③ 관수로에서 마찰 이외의 손실수두를 무시할 수 있는 경우는 $l/D > 3,000$이다.
④ 마찰손실 수두는 모든 손실수두 가운데 가장 큰 것으로 마찰손실 계수에 유속수두를 곱한 것과 같다.

■해설 관수로일반
㉠ 관수로의 출구손실계수는 수조에서 수조로 넘어간 경우 1로 본다.
㉡ 관수로의 손실수두는 속도수두에 비례한다.
$h_L = f \frac{l}{D} \frac{V^2}{2g}$

㉢ 관수로 설계기준
- $\frac{l}{D} > 3,000$: 장관 → 마찰손실만 고려
- $\frac{l}{D} < 3,000$: 단관 → 모든 손실 고려

㉣ 마찰손실수두는 대손실로 손실수두 중 가장 큰 손실이며 그 크기는 계수에 관의 직경과 길이의 비, 속도수두를 곱한 것과 같다.
$h_L = f \frac{l}{D} \frac{V^2}{2g}$

35. 다음 그림의 손실계수 중 가장 큰 것은?

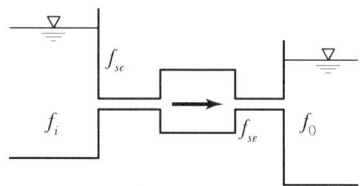

① 입구 손실계수(f_i)
② 단면 급확대 손실계수(f_e)
③ 단면 급축소 손실계수(f_c)
④ 출구 손실계수(f_0)

■해설 수조에서 수조로 가는 경우 출구 손실계수 $f_0 = 1$

36. 관 속에서 물이 넓은 저수지(貯水池)로 유출될 때 관의 유출손실계수(流出損失係數)는?

① 0.5   ② 1.0
③ 1.5   ④ 2.0

■해설 유출손실계수
① 유출손실수두
$$h_o = f_o \frac{V^2}{2g}$$
여기서, h_o : 유출손실수두
f_o : 유출손실계수
$\frac{V^2}{2g}$: 속도수두

② 유출손실계수
• 수조에서 수조로 넘어가는 경우 : $f_o = 1.0$
• 수조에서 자유수면으로 방출되는 경우
   : $f_o = 0$
∴ 수조에서 저수지로 넘어가는 경우 유출손실계수 $f_o = 1.0$이다.

37. 수위차가 3m인 2개의 저수지를 지름 50cm, 길이 80m의 직선관으로 연결하였을 때 유량은?(단, 입구손실계수=0.5, 관의 마찰손실계수=0.0265, 출구손실계수=1.0, 이외의 손실은 없다고 한다.)

① $0.124\text{m}^3/\text{s}$ ② $0.314\text{m}^3/\text{s}$
③ $0.628\text{m}^3/\text{s}$ ④ $1.280\text{m}^3/\text{s}$

■해설 단일관수로의 유량
㉠ 단일관수로의 유속
$$V = \sqrt{\frac{2gH}{f_i + f_o + f \cdot \frac{l}{d}}}$$
㉡ 유량의 산정
$$Q = AV = \frac{\pi D^2}{4} \times \sqrt{\frac{2gH}{f_i + f_o + f \cdot \frac{l}{d}}}$$
$$= \frac{\pi \times 0.5^2}{4} \times \sqrt{\frac{2 \times 9.8 \times 3}{0.5 + 1 + 0.0265 \times \frac{80}{0.5}}}$$
$$= 0.628\text{m}^3/\text{s}$$

38. A 저수지에서 300m 떨어진 B 저수지에 직경 30cm, 마찰손실계수 0.013인 주철관으로 유량 0.173m³/sec을 송수하고자 할 때, 두 저수지간의 수면차(H)는 얼마로 하면 되는가?(단, 관의 유입 및 유출, 마찰손실만 존재한다.)

① $H = 2.56\text{m}$ ② $H = 4.43\text{m}$
③ $H = 10.0\text{m}$ ④ $H = 25.6\text{m}$

■해설 단일관수로의 유량
㉠ 두 저수지간의 수위차
H = 마찰손실 + 유입손실 + 유출손실
$$\therefore H = \frac{V^2}{2g}\left(f\frac{l}{D} + f_i + f_0\right)$$
㉡ 수위차의 계산
$$V = \frac{Q}{A} = \frac{0.173}{\frac{\pi \times 0.3^2}{4}} = 2.45\text{m/sec}$$
$$H = \frac{V^2}{2g}\left(f\frac{l}{D} + f_i + f_0\right)$$
$$= \frac{2.45^2}{2 \times 9.8}\left(0.013 \times \frac{300}{0.3} + 0.5 + 1.0\right)$$
$$= 4.44\text{m}$$

39. 그림과 같은 분기 관수로에서 에너지선($E.L$)이 그림에 표시된 바와 같다면, 다음 설명 중 옳은 것은?(단, NB구간의 에너지선은 수평이다.)

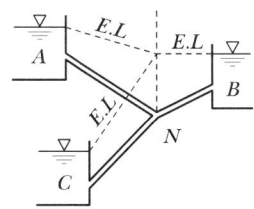

① 물은 A수조로부터 B, C수조로 흐른다.
② 물은 A, B수조로부터 C수조로만 흐른다.
③ 물은 A 수조로부터 C수조로만 흐른다.
④ 물은 A, C수조로부터 B수조로만 흐른다.

■해설 분지 및 합류관수로
㉠ 분지 및 합류관수로의 유송은 동수경사선(=에너지선)에 의해 좌우된다.
㉡ NB구간의 에너지선이 수평이므로 B수조의 흐름은 발생이 되지 않으며, A수조에서 C수조로만 흐름이 발생된다.

40. 관의 직경과 유속이 다른 두 개의 병렬관수로(Looping Pipe Line)에 대한 설명 중 옳은 것은?
04 산업

① 각 관의 수두손실은 전 손실을 구하기 위하여 합한다.
② 각 관에서의 유량은 같다고 본다.
③ 각 관에서의 손실수두는 같다고 본다.
④ 전 유량이 주어지면 각 관의 유량은 등분하여 결정한다.

■해설 ㉠ 일반적으로 관의 길이가 커서 마찰손실만 고려한다.
㉡ 각 병렬관수로에서 손실수두의 크기는 같다.
∴ 병렬관수로는 손실수두의 크기는 일정하고 유량은 각 관의 유량을 합한 것과 같다.

41. 그림과 같이 A에서 분기했다가 B에서 다시 합류하는 관수로에 물이 흐를 때 관 Ⅰ과 Ⅱ의 손실수두에 대한 설명으로 옳은 것은?(단, 관의 성질은 같고, 관 Ⅰ의 직경<관 Ⅱ의 직경이다.)
11 기사

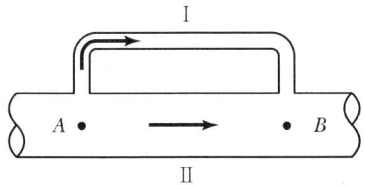

① 관Ⅰ의 손실수두가 크다.
② 관Ⅱ의 손실수두가 크다.
③ 관Ⅰ과 관Ⅱ의 손실수두는 같다.
④ 관Ⅰ과 관Ⅱ의 손실수두 합은 0이다.

■해설 병렬관수로
① 병렬관수로의 정의
하나의 관수로가 도중에서 수 개의 관으로 분기되었다가 하류에서 다시 하나의 관으로 합류하는 관로를 말한다.
② 직렬관수로와의 차이점
㉠ 직렬 : 유량은 일정하나 수두손실은 관의 연장에 걸쳐 누가된다.
㉡ 병렬 : 수두손실은 일정하나 유량은 각 관의 유량을 누가한 것과 동일하다.
∴ 각 관의 손실수두는 동일하다.

42. 그림과 같은 관로의 흐름에 대한 설명으로 옳지 않은 것은? (단, h_1, h_2는 위치 1, 2에서의 손실수두, h_{LA}, h_{LB}는 각각 관로 A 및 B에서의 손실수두이다.)
10 기사

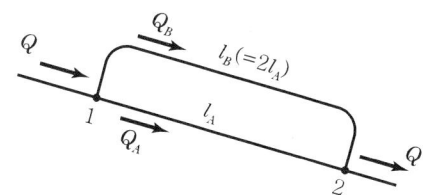

① $h_{LA} = h_{LB}$
② $Q = Q_A + Q_B$
③ $h_2 = h_1 + 2h_{LB}$
④ $h_2 = h_1 + h_{LA}$

■해설 병렬관수로의 해석
① 병렬관수로 해석의 원칙은 각 관수로의 손실수두의 합은 같다.
∴ $h_{LA} = h_{LB}$
② 2번 지점의 손실수두는 1번 지점까지의 손실수두와 A관로를 통한 손실을 더한 값과 같다.
∴ $h_2 = h_1 + h_{LA}$
③ 연속방정식의 적용
$Q = Q_1 + Q_2$

43.
그림과 같은 병렬관수로에서 $d_1 : d_2 = 2 : 1$, $l_1 : l_2 = 1 : 2$이며 $f_1 = f_2$일 때 $\dfrac{V_1}{V_2}$는?

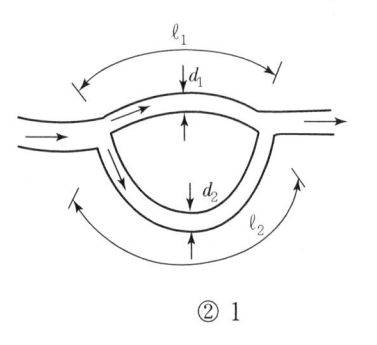

① $\dfrac{1}{2}$ ② 1
③ 2 ④ 4

■해설 병렬관수로 해석
㉠ 병렬관수로의 해석 : 각 관로의 손실수두의 합은 같다.
∴ $h_{L1} = h_{L2}$
㉡ 손실수두의 산정
$h_{L1} = f_1 \dfrac{l_1}{D_1} \dfrac{V_1^2}{2g}$, $h_{L2} = f_2 \dfrac{l_2}{D_2} \dfrac{V_2^2}{2g}$
㉢ 유속비의 산정
$\dfrac{f_1 \dfrac{l_1}{D_1} \dfrac{V_1^2}{2g}}{f_2 \dfrac{l_2}{D_2} \dfrac{V_2^2}{2g}}$
여기서, $D_1 : D_2 = 2 : 1$
$l_1 : l_2 = 1 : 2$
$f_1 = f_2$이므로
∴ $\left(\dfrac{V_1}{V_2}\right)^2 = 4$
∴ $\left(\dfrac{V_1}{V_2}\right) = 2$

44.
관망에 대한 설명으로 옳지 않은 것은?
① 다수의 분기관과 합류관으로 혼합되어 하나의 관 계통으로 연결된 관로를 칭한다.
② Hardy-Cross법은 관망은 가장 정확하게 계산할 수 있는 해석방법이다.
③ 관망계산은 각 관로의 유량과 손실수두의 관계로부터 해석한다.
④ 각 폐합관에서 관로 손실수두의 합이 0이라고 가정하여 해석하는 것이 효과적이다.

■해설 관망 해석
㉠ 하나의 관에서 두 개 또는 수 개로 분기하여 다시 하나의 관으로 합쳐지는 관을 병렬관수로라 하며 여러 개의 병렬관수로가 모여 만든 관로계통을 관망(Pipe Network)이라 한다.
㉡ 관망 해석은 Hazen-Williams의 유량공식을 사용하며, Hardy-Cross의 시행착오법을 사용한다.
㉢ Hardy-Cross의 시행착오법은 근사해석으로 가정과 계산을 반복하는 방법으로 계산이 복잡하고 시간이 많이 소요된다.
㉣ 관망계산은 각 관로의 유량과 손실수두의 관계로부터 해석한다.
㉤ 각 폐합관에서 관로 손실수두의 합이 '0'이라고 가정하여 해석하는 것이 효과적이다.

45.
관망 문제해석에서 손실수두를 유량의 함수로 표시하여 사용할 경우 지름이 D인 원형 단면관에 대하여 $h_L = kQ^2$으로 표시할 수 있다. 관의 특성 제원에 따라 결정되는 상수 k의 값은?(단, f는 마찰손실계수이고, l은 관의 길이이며, 다른 손실은 무시함)

① $\dfrac{0.0827f \cdot l}{D^3}$ ② $\dfrac{0.0827l \cdot D}{f}$
③ $\dfrac{0.0827f \cdot l}{D^5}$ ④ $\dfrac{0.0827f \cdot D}{l^2}$

■해설 손실수두의 산정
㉠ 마찰손실수두 : $h_L = f \dfrac{l}{D} \dfrac{V^2}{2g}$
㉡ 상수 k의 결정
$h_L = f \dfrac{l}{D} \dfrac{V^2}{2g} = f \dfrac{l}{D} \dfrac{1}{2g} \left(\dfrac{Q}{A}\right)^2 = \dfrac{8flQ^2}{g\pi^2 D^5}$
$= kQ^2$
∴ $k = \dfrac{0.0827fl}{D^5}$

46.
다음 중 사이폰에 대한 설명으로 가장 옳은 것은?
① 사이폰이란 만곡된 수로이다.
② 역사이폰과 보통사이폰은 형상은 반대이나 수리학적 이론은 같다.
③ 부압이 생기는 부분이 없는 관로이다.
④ 관의 일부가 동수경사선보다 위에 있는 관로이다.

|해답| 43.③ 44.② 45.③ 46.④

■해설 관로의 일부가 동수경사선위에 있어 압력이 "대기압"보다 낮아져 부압을 가지는 관수로

47. 지름 20cm, 길이 100m의 주철관으로서 매초 0.1m³의 물을 40m의 높이까지 양수하려고 한다. 펌프의 효율이 100%라 할 때, 필요한 펌프의 동력은?(단, 마찰손실계수는 0.03, 유출 및 유입손실계수는 각각 1.0 및 0.5이다.)

① 40HP ② 65HP
③ 75HP ④ 85HP

■해설 동력의 산정
① 양수에 필요한 동력($H_e = h + \Sigma h_L$)

$$P = \frac{9.8 QH_e}{\eta} \text{ (kW)}$$

$$P = \frac{13.3 QH_e}{\eta} \text{ (HP)}$$

② 동력의 산정
㉠ 손실수두의 산정

$$H = h_L + h_i + h_o = \frac{V^2}{2g}\left(f\frac{l}{D} + f_i + f_o\right)$$

$$= \frac{3.18^2}{19.6}\left(0.03 \times \frac{100}{0.2} + 1 + 0.5\right)$$

$$= 8.51\text{m}$$

$$V = \frac{Q}{A} = \frac{0.1}{\frac{\pi \times 0.2^2}{4}} = 3.18\text{m/sec}$$

㉡ 동력의 산정

$$P = \frac{13.3 QH_e}{\eta}$$

$$= \frac{13.3 \times 0.1 \times (40 + 8.51)}{1}$$

$$= 64.65 HP$$

48. 수면표고가 18m인 정수장에서 직경 600mm인 강관 900m를 이용하여 수면표고 39m인 배수지로 양수하려고 한다. 유량이 1.0m³/s이고 관로의 마찰손실계수가 0.03일 때 모터의 소요 동력은?(단, 마찰손실만 고려하며, 펌프 및 모터의 효율은 각각 80% 및 70%이다.)

① 520kW ② 620kW
③ 780kW ④ 870kW

■해설 동력의 산정
㉠ 양수에 필요한 동력($H_e = h + \Sigma h_L$)

$$P = \frac{9.8 QH_e}{\eta} \text{ (kW)}$$

$$P = \frac{13.3 QH_e}{\eta} \text{ (HP)}$$

㉡ 소요 동력의 산정
• 유속 : $V = \frac{Q}{A} = \frac{1.0}{\frac{\pi \times 0.6^2}{4}} = 3.54\text{m/sec}$

• 손실수두

$$h_l = f\frac{l}{D}\frac{V^2}{2g} = 0.03 \times \frac{900}{0.6} \times \frac{3.54^2}{2 \times 9.8}$$

$$= 28.77\text{m}$$

• 동력의 산정

$$P = \frac{9.8 QH_e}{\eta} = \frac{9.8 \times 1.0 \times (21 + 28.77)}{0.8 \times 0.7}$$

$$= 870.98\text{kW}$$

49. 긴 관로상의 유량조절 밸브를 갑자기 폐쇄시키면 관로 내의 유량은 갑자기 크게 변화하게 되며 관내의 물의 질량과 운동량 때문에 관벽에 큰 힘을 가하게 되어 정상적인 동수압보다 몇 배의 큰 압력 상승이 일어난다. 이와 같은 현상을 무엇이라 하는가?

① 공동현상 ② 도수현상
③ 수격작용 ④ 배수현상

■해설 수격작용
㉠ 펌프의 급정지, 급가동 또는 밸브를 급폐쇄하면 관로 내 유속의 급격한 변화가 발생하여 관내의 물의 질량과 운동량 때문에 관벽에 큰 힘을 가하게 되어 정상적인 동수압보다 몇 배의 큰 압력 상승이 일어난다. 이러한 현상을 수격작용이라 한다.

㉡ 방지책
• 펌프의 급정지, 급가동을 피한다.
• 부압 발생방지를 위해 조압수조(Surge Tank), 공기밸브(Air Valve)를 설치한다.
• 압력상승 방지를 위해 역지밸브(Check Valve), 안전밸브(Safety Valve), 압력수조(Air Chamber)를 설치한다.
• 펌프에 플라이휠(Fly Wheel)을 설치한다.

|해답| 47.② 48.④ 49.③

ⓒ 펌프의 토출측 관로에 급폐식 혹은 완폐식 역지밸브를 설치한다.
ⓔ 펌프 설치위치를 낮게 하고 흡입양정을 적게 한다.

50. 관수로에서 밸브를 급히 차단시켰을 때 수위가 상승하는 현상은?
04 산업

① 도수현상 ② 수격작용
③ 공동현상 ④ 서징

■해설 서징(Surging)
수문 또는 밸브의 급폐쇄로 인해 발생되는 과대한 압력과 수격작용을 감쇄 내지 제거하기 위하여 흐름을 큰 수조(Surge Tank)로 유입시켜 수조 내에서 물이 진동하여 상승하는 현상을 서징(Surging)현상이라 한다.

51. 관 벽면의 마찰력 τ_o, 유체의 밀도 ρ, 점성계수를 μ라 할 때 마찰속도(U_*)는?
16 기사

① $\dfrac{\tau_o}{\rho\mu}$ ② $\sqrt{\dfrac{\tau_o}{\rho\mu}}$

③ $\sqrt{\dfrac{\tau_o}{\rho}}$ ④ $\sqrt{\dfrac{\tau_o}{\mu}}$

■해설 마찰속도
ⓐ 마찰속도는 다음 식으로 나타낸다.
$$U_* = \sqrt{\dfrac{\tau_0}{\rho}} = \sqrt{\dfrac{wRI}{\rho}} = \sqrt{gRI} \quad (\because w = \rho \cdot g)$$
ⓑ 광폭수로에서는 ($R ≒ H$)이므로
$$U_* = \sqrt{gRI} = \sqrt{gHI}$$

|해답| 50.④ 51.③

Chapter 07 개수로

Contents

Section 01 개요
Section 02 하천의 평균유속 산정법
Section 03 평균유속공식
Section 04 수로의 단면형
Section 05 비에너지와 한계수심
Section 06 흐름의 상태와 한계 경사
Section 07 한계 레이놀즈수와 한계 프루드수
Section 08 부등류의 수면형
Section 09 비력과 도수
Section 10 곡선수로의 흐름과 단파

ITEM POOL 예상문제 및 기출문제

이것부터 긁어보고 시작하자!

1. **개수로 개요**
   - 자유수면을 갖는 흐름을 개수로라고 한다.
   - 흐름의 원동력은 중력이다.

2. **개수로 평균유속공식**
   - Manning 공식 : $V = \dfrac{1}{n} R^{\frac{2}{3}} I^{\frac{1}{2}}$
   - Chezy 공식 : $V = C\sqrt{RI}$

3. **수리학적으로 유리한 단면**
   - R_{max} or P_{min}
   - 직사각형 단면 : $B = 2H$, $R = \dfrac{H}{2}$

4. **비에너지**
   - 수로바닥면을 기준으로 한 단위무게의 물이 갖는 에너지
   - $H_e = H + \dfrac{\alpha V^2}{2g}$

5. **한계수심**
   - 유량이 일정할 때 비에너지가 최소일 때 수심
   - 비에너지가 일정할 때 유량이 최대일 때 수심
   - 유량이 일정할 때 비력이 최소일 때 수심
   - 직사각형 단면의 한계수심 : $h_c = \left(\dfrac{\alpha Q^2}{gb^2}\right)^{\frac{1}{3}}$

6. **한계유속**
   - 한계수심을 통과할 때의 유속
   - 직사각형 단면 : $V_c = \sqrt{\dfrac{gh_c}{\alpha}}$

7. 한계경사

- 흐름이 상류(常流)에서 사류(射流)로 바뀌는 지점의 경사
- 직사각형 단면 : $I_c = \dfrac{g}{\alpha C^2}$

8. 부등류 수면형

- 댐 상류부 등에서 발생하며 $\dfrac{dh}{dx} > 0$인 수면형을 배수곡선이라 한다.
- 폭포나 단락부 등에서 발생하며 $\dfrac{dh}{dx} < 0$인 수면형을 저하곡선이라 한다.

9. 비력(충력치)

- 단위무게에 대한 운동량과 정수압의 합을 말한다.
- $M = \eta \dfrac{Q}{g} V + h_G A$

10. 도수

- 흐름이 사류(射流)에서 상류(常流)로 바뀔 때 수심이 상승하는 현상을 도수라 한다.
- 도수 후의 수심 : $h_2 = -\dfrac{h_1}{2} + \dfrac{h_1}{2}\sqrt{1 + 8F_{r1}^2}$
- 도수로 인한 에너지 손실 : $\Delta H_e = \dfrac{(h_2 - h_1)^3}{4h_1 h_2}$

Section 01 개요

1. 정의

개수로(Open Channel)는 자유수면을 갖고 중력에 의해 흐르는 흐름을 말한다. 자연하천의 흐름은 개수로 대표적인 예이며, 그 밖에 운하(Channel), 관계용 수로(Irrigation Channel)와 같은 인공적 수로, 물이 충만되지 않은 하·배수관 등은 개수로에 속한다.

2. 특징

① 개수로의 물은 자유수면을 갖으며, 중력에 의해 흐른다.
② 개수로는 관수로와 달리 폭포, 수파, 와류 등 다양한 자유 수면의 형태를 갖는다.
③ 대부분 관수로는 그 경계면과 재질이 일정하지만, 개수로는 자연하천과 같이 그 경계면의 형상과 재질이 수로마다 다르다는 것이다.

3. 용어 정리

(1) 수리수심(Hydraulic Depth)

단면적 A와 수면 폭 T의 비를 말한다.

$$D = \frac{A}{T}$$

(2) 단면계수(Section Factor)

한계류 조건에 관련된 단면형상 특성을 가리키는 지표

$$Z = \sqrt{\frac{A^3}{T}} = A\sqrt{D}$$

※ 단면계수 일반식

$$Z = Ch^M$$

여기서, Z : 단면계수, C : 형상계수, h : 수심, M : 수리지수

Chapter 07 | 개수로

핵심예제 7-1

다음 중 수리수심(Hydraulic Depth)을 옳게 나타낸 것은?(단, A는 유수 단면적이다.) [91. 기], [08. 기]

① 수심 H일 때 A/H를 뜻한다.
② 윤변 S일 때 A/S를 뜻한다.
③ 수면 폭 B일 때 A/B를 뜻한다.
④ 수로길이 L일 때 A/L를 뜻한다.

해설 수리수심 $D = \dfrac{A}{B}$

해답 ③

Section 02 하천의 평균유속 산정법

개수로 내의 흐름분포는 횡단면별 유속분포와 연직방향 유속분포가 다르므로 자연하천에서 평균유속을 결정하는 방법은 다음과 같은 방법을 널리 쓰고 있다.

① 표면법 : $V_m = 0.85 V_s$
② 1점법 : $V_m = V_{0.6}$
③ 2점법 : $V_m = \dfrac{V_{0.2} + V_{0.8}}{2}$
④ 3점법 : $V_m = \dfrac{V_{0.2} + 2V_{0.6} + V_{0.8}}{4}$

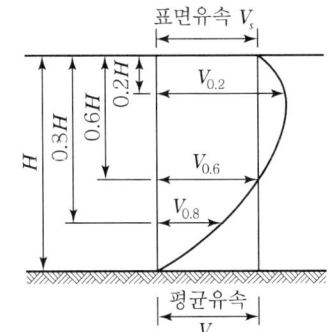

핵심예제 7-2

하천의 어느 단면에서의 수심이 5m이다. 이 단면에서 연직방향의 수심별 유속자료가 다음 표와 같을 때 2점법에 의해서 평균유속을 구하면 얼마인가? [06. 산]

수심(m)	0.0	0.5	1.0	2.0	3.0	4.0	5.0
유속(m/s)	1.1	1.5	1.3	1.1	0.8	0.5	0.2

① 0.8m/s
② 0.9m/s
③ 1.1m/s
④ 1.3m/s

해설 개수로 평균유속의 산정
2점법에 의한 평균유속의 산정
㉠ $V = \dfrac{1}{2}(V_{0.2} + V_{0.8})$
㉡ 5m 수심의 20% 지점은 1m이고, 80% 지점은 4m이다.
∴ $V = \dfrac{1}{2}(V_{0.2} + V_{0.8}) = \dfrac{1}{2}(1.3 + 0.5) = 0.9 \text{m/sec}$

해답 ②

Section 03 평균유속공식

개수로 등류에서의 평균유속공식은 관수로와 같이 Chezy 공식과 Manning 공식이 대표적으로 사용된다.

1. Chezy 공식

$$V = \sqrt{\dfrac{8g}{f}} \cdot \sqrt{RI} = C\sqrt{RI}$$

여기서, C : Chezy 유속계수
R : 경심
I : 동수경사

2. Manning 공식

$$V = \dfrac{1}{n} R^{\frac{2}{3}} I^{\frac{1}{2}}$$

여기서, n : Manning의 조도계수
R : 경심
I : 동수경사

3. Ganguillet – Kutter 공식

$$V = C\sqrt{RI}$$

$$C = \dfrac{\dfrac{1}{n} + 23 + \dfrac{0.00155}{I}}{1 + \left(23 + \dfrac{0.000155}{I}\right)\dfrac{n}{\sqrt{R}}}$$

4. Manning의 조도계수

조도계수 n값은 변화가 매우 심하고 여러 가지 요소에 의해 좌우된다. 인공수로와 자연수로의 조도계수에 영향을 주는 요소들은 다음과 같다.
① 표면조도
② 식물
③ 수로의 부정
④ 수로의 법선
⑤ 침전과 세굴
⑥ 장애물
⑦ 수로의 크기와 형상
⑧ 수위 및 유량
⑨ 계절적인 변화
⑩ 부유물질과 소류물질

핵심예제 7-3

개수로 흐름에 대한 Manning 공식의 조도계수 값의 결정요소로 가장 거리가 먼 것은? [14. 기]

① 동수경사
② 하상 물질
③ 하도 형상 및 선형
④ 식생

해설 조도계수

조도계수에 영향을 주는 요소는 다음과 같다.
- 표면조도
- 식물
- 수로의 부정
- 수로의 법선
- 침전과 세굴
- 장애물
- 수로의 크기와 형상
- 수위 및 유량
- 계절적인 변화
- 부유물질과 소류물질

해답 ①

핵심예제 7-4

수심 2m, 폭 4m의 직사각형 단면 개수로의 유량을 Manning의 평균유속 공식을 사용하여 구한 값은?(단, 수로경사 $i=\dfrac{1}{100}$, 수로의 조도계수 $n=0.025$) [12. 산]

① 32.0m³/sec ② 64.0m³/sec
③ 128.0m³/sec ④ 160.0m³/sec

해설 개수로의 유량

Manning 공식을 이용한 개수로 유량의 산정

$$Q = AV = (BH) \times \frac{1}{n} \times R^{\frac{2}{3}} \times I^{\frac{1}{2}}$$

$$= (4 \times 2) \times \frac{1}{0.025} \times \left(\frac{4 \times 2}{4+2 \times 2}\right)^{\frac{2}{3}} \times \left(\frac{1}{100}\right)^{\frac{1}{2}} = 32 \text{m}^3/\text{sec}$$

해답 ①

핵심예제 7-5

그림과 같은 복단면(複斷面) 수로에 물이 흐를 때 윤변(潤邊)은? [14. 기]

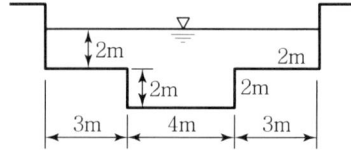

① 18m ② 16m ③ 14m ④ 12m

해설 윤변

㉠ 물이 차서 흐르는 단면의 길이를 윤변(Wetted Paremeter)이라 한다.

㉡ 윤변의 계산
물이 차서 흐르는 길이를 모두 더하면 된다.
∴ 2+3+2+4+2+3+2=18m

해답 ①

핵심예제 7-6

Manning의 조도계수 n에 대한 설명으로 옳지 않은 것은? [15. 기]

① 콘크리트관이 유리관보다 일반적으로 값이 작다.
② Kutter의 조도계수보다 이후에 제안되었다.
③ Chezy의 C계수와는 $C=1/n \times R^{1/6}$의 관계가 성립한다.
④ n의 값은 대부분 1보다 작다.

해설 조도계수
 ㉠ Manning의 조도계수는 관의 거칠기를 나타낸 계수로 콘크리트관이 유리관보다 일반적으로 값이 크다.
 ㉡ Kutter의 조도계수보다 이후에 제안되었다.
 ㉢ Chezy의 계수 C와의 관계는 다음과 같다.
$$C = \frac{1}{n} R^{\frac{1}{6}}$$
 ㉣ n의 값은 대부분 1보다 작다.

해답 ①

Section 04 수로의 단면형

1. 수리상 유리한 단면

일정한 단면적에 대하여 최대유량이 흐르는 수로의 단면을 말하며 최량수리단면 또는 가장 경제적 단면이라고 한다.
수리학적으로 유리한 단면이 되기 위한 조건은 경심(R)이 최대이거나, 윤변(P)이 최소일 때이다.

(1) 직사각형 단면

$$h = \frac{B}{2}, \quad R = \frac{h}{2}$$

즉, 수로폭이 수심이 2배가 되는 단면이 수리상 유리한 단면이다.

(2) 사다리꼴 단면

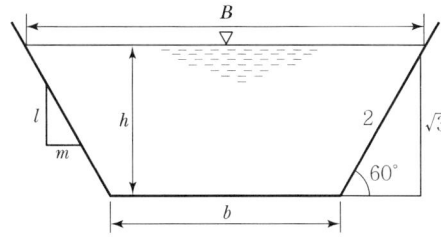

$$b = 2h \tan\frac{\theta}{2}, \quad l = \frac{B}{2}$$
$$R_{\max} = \frac{h}{2}, \quad B = \frac{2h}{\sin\theta}$$

▶ 보충

사다리꼴 단면은 정육면체의 절반, 즉 정삼각형 3개가 모였을 때 수리학적으로 가장 유리한 단면이 된다.

핵심예제 7-7

수리학적으로 유리한 단면이 아닌 것은? [12. 산]

① 일정 단면적에서 유량이 최대로 흐르는 단면
② 일정 단면적에서 경심이 최대인 단면
③ 일정 단면적에서 윤변이 최소인 단면
④ 일정 단면적에서 조도가 최대인 단면

해설 수리학적 유리한 단면
  ㉠ 일정한 단면적에 유량이 최대로 흐르는 단면을 수리학적 유리한 단면 또는 최량수리단면이라 한다.
  ㉡ 수리학적 유리한 단면이 되기 위해서는 경심(R)이 최대이던지 윤변(P)이 최소이어야 한다.

해답 ④

핵심예제 7-8

개수로에서 수로 수심이 1.5m인 직사각형단면일 때 수리적으로 유리한 단면으로 계산한 수로의 경심(동수반경)은? [12. 기]

① 0.75m ② 1.0m ③ 1.25m ④ 1.5m

해설 수리학적 유리한 단면
  ㉠ 일정한 단면적에 유량이 최대로 흐를 수 있는 단면을 수리학적 유리한 단면이라 한다.
   • 경심(R)이 최대이거나 윤변(P)이 최소인 단면
   • 직사각형의 경우 $B=2H$, $R=\dfrac{H}{2}$ 이다.
  ㉡ 동수반경의 산정
   $R = \dfrac{H}{2} = \dfrac{1.5}{2} = 0.75\mathrm{m}$

해답 ①

2. 수리특성 곡선

폐수로에 대하여 전단면에 물이 차서 흐를 때의 흐름 특성치와 임의의 수심에 대한 값

> **보충**
> 원형단면의 수리학적 유리한 조건
> - $Q_{max} = 0.94D$
> - $V_{max} = 0.81D$

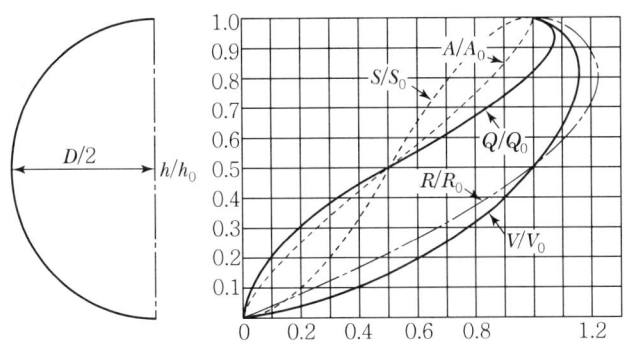

3. 통수능

개수로 흐름의 특성을 나타내는 기본적인 양으로 K로 표시하며, 개수로의 단면형과 수심 그리고 조도의 함수이다.

$$Q = AV = A\frac{1}{n}R^{\frac{2}{3}}I^{\frac{1}{2}}, \quad Q = KI^{1/2}$$

$$\therefore \text{통수능 } K = \frac{A}{n}R^{\frac{2}{3}}$$

핵심예제 7-9

개수로 내 등류의 통수능(通水能) K_0는?(단, A_0 : 유수 단면적, n : 조도계수, R_0 : 수리평균수심, I_0 : 등류 때의 수면경사이다.) [92. 기], [12. 기]

① $A_0 \frac{1}{n} R^{\frac{2}{3}} I_0^{\frac{2}{3}}$
② $\frac{1}{n} R_0^{\frac{2}{3}}$
③ $\frac{1}{n} A_0 R_0^{\frac{2}{3}}$
④ $A_0 R_0^{\frac{2}{3}}$

해설 $Q = A \cdot V = A \cdot \frac{1}{n} \cdot R^{\frac{2}{3}} \cdot I^{\frac{1}{2}}$

$Q = KI^{\frac{1}{2}}$ 이므로

통수능 $K = A \cdot \frac{1}{n} \cdot R^{\frac{2}{3}}$

해답 ③

Section 05. 비에너지와 한계수심

1. 비에너지

수로 바닥을 기준으로 하여 단위무게의 물의 에너지를 생각하면

$$H_e = h + \frac{\alpha V^2}{2g}$$

여기서, H_e : 비에너지
 h : 수심
 α : 에너지 보정계수
 V : 속도

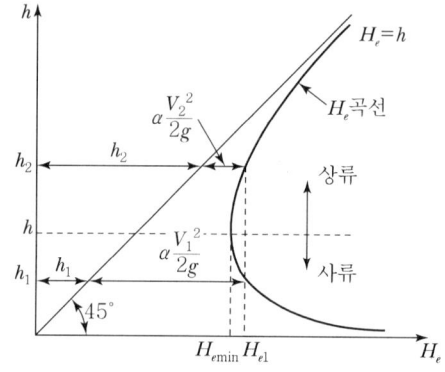

2. 수심에 따른 비에너지의 변화

① 임의의 비에너지 H_{e1}에 대응하는 수심은 항상 2개이며, h_1, h_2이다. 이 수심을 대응 수심(Alternate Depth)이라 한다.
② 사류 수심 h_1에 대한 속도수두는 크고, 상류수심 h_2에 대한 속도수두는 적다.
③ 최소 비에너지 H_{emin}에 대한 수심은 1개이며, 이것을 한계수심(Critical Depth) h_c라 하고, 이 때의 유속을 한계유속(Critical Velocity)이라 한다.
④ $h > h_c$: 한계수심보다 큰 흐름을 상류(Subcritical Flow)라 한다.
⑤ $h < h_c$: 한계수심보다 작은 흐름을 사류(Supercritical Flow)라 한다.

3. 수심에 따른 유량의 변화

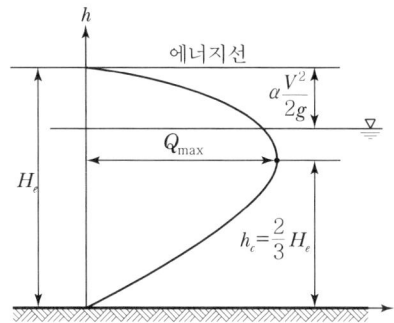

① 유량이 최대가 되는 점(Q_{max})에서의 수심은 한계수심(h_c)이다.
② 유량이 최대가 되는 점을 제외하고 임의의 유량 Q_1에 대한 수심은 2개이다.
③ 직사각형 단면의 경우 비에너지와 한계수심과의 관계는 다음과 같다.

$$h_c = \frac{2}{3} H_e$$

핵심예제 7-10

다음 중 비에너지(Specific Energy)에 관한 설명으로 옳지 않은 것은? [12. 산]
① 어느 수로단면의 수로 바닥을 기준으로 한 수두이다.
② 한계류인 경우 비에너지는 가장 크게 된다.
③ 상류인 경우 수심의 증가에 따라 증가한다.
④ 사류인 경우 수심의 감소에 따라 증가한다.

해설 비에너지
  ㉠ 비에너지 : 수로바닥 면을 기준으로 한 단위중량의 물이 갖는 수두(=에너지)를 비에너지라 한다.

  $$H_e = h + \frac{\alpha v^2}{2g}$$

  여기서, h : 수심
  α : 에너지보정계수
  v : 유속

  ㉡ 특징
  • 비에너지 최소일 때의 수심을 한계수심이라 하며, 이때의 흐름이 한계류이다.
  • 상류(常流)인 경우 수심의 증가에 따라 비에너지는 증가한다.
  • 사류(射流)인 경우 수심의 감소에 따라 비에너지는 증가한다.

해답 ②

핵심예제 7-11

단위 폭에 대하여 유량 1m³/sec가 흐르는 직사각형 단면수로의 최소 비에너지 값은?(단, $\alpha = 1.1$이다.) [13. 산]

① 0.48m ② 0.72m ③ 0.57m ④ 0.81m

해설 비에너지

㉠ 단위무게당의 물이 수로바닥면을 기준으로 갖는 흐름의 에너지 또는 수두를 비에너지라 한다.

$$H_e = h + \frac{\alpha v^2}{2g}$$

여기서, h : 수심
α : 에너지보정계수
v : 유속

㉡ 비에너지의 계산
최소 비에너지가 발생할 때의 수심은 한계수심이 나타난다.

한계수심의 계산 : $h_c = \left(\dfrac{\alpha Q^2}{gb^2}\right)^{\frac{1}{3}} = \left(\dfrac{1.1 \times 1^2}{9.8 \times 1^2}\right)^{\frac{1}{3}} = 0.482\text{m}$

$v = \dfrac{Q}{A} = \dfrac{1}{1 \times 0.482} = 2.075\text{m/sec}$

$H_e = h + \dfrac{\alpha v^2}{2g} = 0.482 + \dfrac{1.1 \times 2.075^2}{2 \times 9.8} = 0.72\text{m}$

해답 ②

4. 한계수심

한계유속으로 흐를 때의 수심, 즉 비에너지가 최소인 수심이다.

직사각형단면의 한계수심 $h_c = \left(\dfrac{\alpha Q^2}{gb^2}\right)^{\frac{1}{3}}$

여기서, h_c : 한계수심, α : 에너지 보정계수
Q : 유량, b : 폭

핵심예제 7-12

비에너지와 한계수심에 관한 설명으로 옳지 않은 것은? [13. 기]

① 비에너지가 일정할 때 한계수심으로 흐르면 유량이 최소가 된다.
② 유량이 일정할 때 비에너지가 최소가 되는 수심이 한계수심이다.
③ 비에너지는 수로바닥을 기준으로 하는 흐름의 전 에너지이다.
④ 유량이 일정할 때 직사각형 단면 수로 내 한계수심은 최소 비에너지의 $\dfrac{2}{3}$이다.

해설 비에너지와 한계수심
㉠ 단위무게당의 물이 수로바닥면을 기준으로 갖는 흐름의 에너지 또는 수두를 비에너지라 한다.

$$H_e = h + \frac{\alpha v^2}{2g}$$

여기서, h : 수심, α : 에너지보정계수, v : 유속

㉡ 비에너지와 한계수심의 관계
- 유량이 일정할 경우, 비에너지가 최소일 때의 수심을 한계수심이라 한다.
- 비에너지가 일정할 경우, 유량이 최대로 흐를 때의 수심을 한계수심이라 한다.
- 직사각형 단면에서의 경우 한계수심은 비에너지의 2/3이다.

해답 ①

핵심예제 7-13

폭 10m의 직사각형 단면수로에 15m³/sec의 유량이 80cm의 수심으로 흐를 때 한계수심은?(단, 에너지 보정계수 α = 1.10이다.) [12. 기]

① 0.263m ② 0.352m ③ 0.523m ④ 0.632m

해설 비에너지와 한계수심
㉠ 비에너지가 최소일 때의 수심을 한계수심이라 한다.

$h_c = \frac{2}{3} h_e$ (직사각형 단면의 한계수심과 비에너지의 관계)

㉡ 유량이 최대일 때의 수심을 한계수심이라 한다.
∴ 한계수심일 때의 유량이 최대유량이 된다.

㉢ 한계수심의 계산(직사각형 단면)

$$h_c = \left(\frac{\alpha Q^2}{gb^2}\right)^{\frac{1}{3}} = \left(\frac{1.1 \times 15^2}{9.8 \times 10^2}\right)^{\frac{1}{3}} = 0.632\text{m}$$

해답 ④

5. 한계 유속

한계수심으로 흐를 때의 유속을 한계유속이라 하며 직사각형 단면수로의 한계유속을 구하면

$$V_c = \sqrt{\frac{gh_c}{\alpha}}$$

여기서, V_c : 한계유속, h_c : 한계수심
α : 에너지보정계수

if) $\alpha \fallingdotseq 1.0$, ∴ $V_c = \sqrt{gh_c}$

Section 06 흐름의 상태와 한계 경사

1. 한계경사

등 단면 수로에서 정상류가 흐를 때 하류로 갈수록 경사가 급해진다면 유속은 가속되고 수심은 낮아진다. 수로경사가 어느 한계 값에 도달하면 한계수심이 되고 흐름은 상류에서 사류로 된다. 이와 같이 상류에서 사류로 변화될 때 한계지점의 단면을 지배단면(Control Section)이라 하고, 이때의 경사를 한계경사라 한다.

직사각형 단면에서 수심에 비하여 폭이 충분히 넓은 수로의 등류수심 H는 세지공식을 이용한다.

$$I_c = \frac{g}{\alpha C^2}$$

여기서, I_c : 한계경사
α : 에너지 보정계수
C : Chezy 유속계수

2. 상류와 사류의 구분

대표적인 상류와 사류의 구분조건은 F_r(Froude Number)로 결정하며 한계수심, 한계유속, 한계경사를 통해서 분류해보면 다음과 같다.

구분	상류	사류	한계류
F_r	$F_r < 1$	$F_r > 1$	$F_r = 1$
H_c	$H_c < H$	$H_c > H$	$H_c = H$
V_c	$V_c > V$	$V_c < V$	$V_c = V$
I_c	$I_c > I$	$I_c < I$	$I_c = I$

핵심예제 7-14

한계경사에 대한 설명으로 옳지 않은 것은?(단, α : 에너지보정계수, C : 평균유속계수(Chezy 계수), g : 중력가속도) [13. 산]

① 한계경사는 $\dfrac{g}{\alpha C^2}$ 로 표시한다.
② 지배 단면이 생기는 경사를 말한다.
③ 흐름이 상류에서 사류로 변하는 한계에서의 경사이다.
④ 수로의 조도계수가 클수록 한계경사는 일반적으로 작아진다.

해설 한계경사
㉠ 흐름이 상류(常流)에서 사류(射流)로 바뀔 때의 경사를 한계경사라 한다.

$$I_c = \dfrac{g}{\alpha C^2}$$

㉡ 흐름이 상류(常流)에서 사류(射流)로 바뀔 때의 단면을 지배단면이라 한다.

해답 ④

핵심예제 7-15

프루드(Froude) 수와 한계경사 및 흐름의 상태 중 상류일 조건으로 옳은 것은?(단, F_r : 프루드 수, I : 수면경사, I_c : 한계경사, V : 유속, V_c : 한계유속, y : 수심, y_c : 한계수심) [14. 산]

① $V > V_c$
② $F_r > 1$
③ $I < I_c$
④ $y < y_c$

해설 흐름의 상태 구분
㉠ 상류(常流)와 사류(射流)
개수로 흐름과 같이 중력에 의해 움직이는 흐름에서는 관성력과 중력의 비가 흐름의 특성을 좌우한다. 개수로 흐름은 물의 관성력과 중력의 비인 프루드 수(Froude Number)를 기준으로 상류, 사류, 한계류 등으로 구분한다.
  • 상류(常流) : 하류(下流)의 흐름이 상류(上流)에 영향을 미치는 흐름을 말한다.
  • 사류(射流) : 하류(下流)의 흐름이 상류(上流)에 영향을 미치지 못하는 흐름을 말한다.

㉡ 여러 가지 조건으로 흐름의 상태 구분

구분	상류(常流)	사류(射流)
F_r	$F_r < 1$	$F_r > 1$
I_c	$I < I_c$	$I > I_c$
y_c	$y > y_c$	$y < y_c$
V_c	$V < V_c$	$V > V_c$

해답 ③

Section 07 한계 레이놀즈수와 한계 프루드수

관로흐름과 마찬가지로 개수로에서도 레이놀즈수가 어느 한계 이상이 되면 층류에서 난류로 변한다. 원관에 대한 한계 레이놀즈수는 $R ≒ 2,000$이었다. 개수로에서는 $R_e = \dfrac{VR}{\nu}$로 쓰고, 원의 지름 $D = 4R$의 관계가 있으므로 개수로에 대한 한계 레이놀즈수는 $R ≒ 500$으로 사용한다. 또한 개수로의 흐름은 상류(常流)와 사류(射流)의 흐름도 존재하므로 개수로의 흐름은 층류, 난류, 상류 및 사류가 결합한 것으로 볼 수 있다.

$R_e < 500$: 층류
$R_e > 500$: 난류
$F_r < 1$: 상류
$F_r > 1$: 사류

폭이 넓은 개수로에서 4종류의 흐름의 양식에 대한 $\log h$와 $\log V$의 관계를 그리면 그림과 같다. 그림을 보면 4개의 영역으로 구분된다.

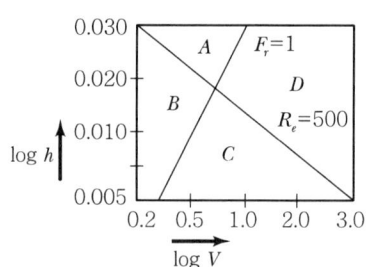

여기서, A : 난류이며 상류
B : 층류이며 상류
C : 층류이며 사류
D : 난류이며 사류

핵심예제 7-16

다음 그림은 개수로에서 동점성 계수가 일정하다고 할 때 수심 h와 유속 V에 대한 한계 레이놀즈수(R_e)와 프르드수(F_r)를 전대수지에 나타낸 것이다. 그림에서 4개의 영역으로 나눌 때 난류인 상류를 나타내는 영역은? [06. 기]

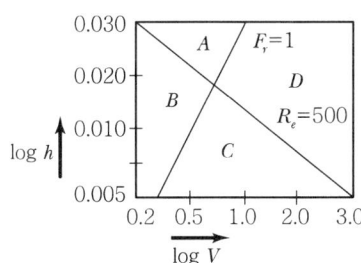

① A　　　　　② B
③ C　　　　　④ D

해설 흐름의 구분

㉠ 층류와 난류
- $R_e = \dfrac{V \cdot D}{\nu}$

  여기서, V : 유속
  　　　　D : 직경
  　　　　ν : 동점성계수
- $R_e < 2,000$: 층류
- $2,000 < R_e < 4,000$: 천이영역
- $R_e > 4,000$: 난류

㉡ 상류와 사류
- $F_r = \dfrac{V}{C} = \dfrac{V}{\sqrt{gh}}$

  여기서, V : 유속
  　　　　C : 파의 전달속도
- $F_r < 1$: 상류(常流)
- $F_r > 1$: 사류(射流)
- $F_r = 1$: 한계류

㉢ 난류인 상류구간
개수로에서의 한계 레이놀즈수는 $D = 4R$이므로 층류와 난류의 기준은 $R_e = 500$을 기준으로 한다.

∴ 난류이면서 상류 구간은 A구간이다.

해답 ①

08 부등류의 수면형

1. 배수곡선과 저하곡선

① 배수곡선(backwater curve) : 댐 상류부 등에서 볼 수 있고 거리에 따라 수면이 상승하는 형상의 곡선($\frac{dh}{dx} > 0$)

② 저하곡선(dropdown curve) : 폭포나 단락부 등에서 볼 수 있고 거리에 따라 수면이 하강하는 형상의 곡선($\frac{dh}{dx} < 0$)

2. 완경사, 상류 $\left(I < \dfrac{g}{\alpha C^2},\ h_0 > h_c \right)$

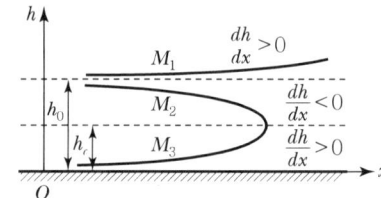

① $h > h_0 > h_c$인 경우를 배수곡선(M_1곡선)이라 하며, 댐 상류부 등에서 발생한다.

② $h_0 > h > h_c$인 경우를 저하곡선(M_2곡선)이라 하며, 폭포 등에서 발생한다.

③ $h_0 > h_c > h$인 경우를 배수곡선(M_3곡선)이라 하며, 수문 등에서 발생한다.

▶ 개수로 부등류 수면형의 계산
- 상류(常流)구간 : 한계수심을 기준으로 하류(下流)에서 상류(上流)방향으로 진행한다.
- 사류(射流)구간 : 한계수심을 기준으로 상류(上流)에서 하류(下流)방향으로 진행한다.

▶ 보충
점변류 수면곡선의 계산은 HEC-RAS에서 사용하고 있는 표준축차계산법을 기본으로 하고 있다.

3. 급경사, 사류 $\left(I > \dfrac{g}{\alpha C^2},\ h_c > h_0\right)$

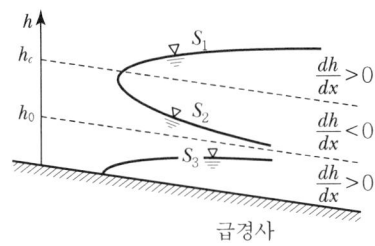

① $h > h_c > h_0$인 경우를 배수곡선(S_1)이라 한다.
② $h_c > h > h_0$인 경우를 저하곡선(S_2)이라 한다.
③ $h_c > h_0 > h$인 경우를 배수곡선(S_3)이라 한다.
④ S_1, S_2 곡선은 사류수로에 댐을 만들 때 그 상·하류에서 볼 수 있고, S_3곡선은 사류수로에 수문이 있을 때 그 하류에서 볼 수 있다.

핵심예제 7-17

상류(常流)로 흐르는 수로에 댐을 만들었을 경우 그 상류(上流)에 생기는 수면곡선은?

[14. 산]

① 배수 곡선
② 저하 곡선
③ 수리 특성 곡선
④ 홍수 추적 곡선

해설 부등류의 수면형
- $dx/dy > 0$이면 흐름방향으로 수심이 증가함을 뜻하며 이 유형의 곡선을 배수곡선(Backwater Curve)이라 하고, 댐 상류부에서 볼 수 있는 곡선이다.
- $dx/dy < 0$이면 수심이 흐름방향으로 감소함을 뜻하며 이를 저하곡선(Dropdown Curve)이라 하며, 위어 등에서 볼 수 있는 곡선이다.
- ∴ 상류(常流)로 흐르는 수로에 댐을 만들었을 때 그 상류(上流)에 생기는 수면곡선은 배수곡선이다.

해답 ①

핵심예제 7-18

완경사 수로에서 배수곡선(M_1)이 발생할 경우 각 수심간의 관계로 옳은 것은?(단, 흐름은 완경사의 상류흐름 조건이고, y : 측정수심, y_n : 등류수심, y_c : 한계수심)

[12. 기]

① $y > y_n > y_c$
② $y < y_n < y_c$
③ $y > y_c > y_n$
④ $y_n > y > y_c$

해설 부등류의 수면형
㉠ 배수곡선과 저하곡선
- $dx/dy > 0$이면 흐름방향으로 수심이 증가함을 뜻하며 이 유형의 곡선을 배수곡선(Backwater Curve)라 하며, 댐 상류부에서 볼 수 있는 곡선이다.
- $dx/dy < 0$이면 수심이 흐름방향으로 감소함을 뜻하며 이를 저하곡선(Dropdown Curve)이라 하며, 위어 등에서 볼 수 있는 곡선이다.
㉡ 완경사 상류(常流)구간에서의 수면곡선
- 배수곡선 : $M_1(y > y_n > y_c)$, $M_3(y_n > y_c > y)$
- 저하곡선 : $M_2(y_n > y > y_c)$

해답 ①

핵심예제 7-19

그림과 같은 부등류 흐름에서 y는 실제 수심, y_c는 한계수심, y_n은 등류수심을 표시한다. 그림의 수면곡선 명칭과 수로경사에 관한 설명으로 옳은 것은?

[02. 기], [15. 기]

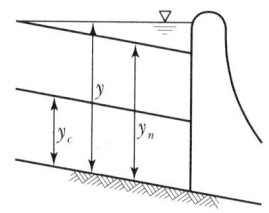

① 완경사 수로에서 배수곡선이며 M1곡선
② 완경사 수로에서 배수곡선이며 S1곡선
③ 완경사 수로에서 배수곡선이며 M2곡선
④ 급경사 수로에서 저하곡선이며 S2곡선

해설 그림의 수면곡선은 완경사 상류 구간에서 배수곡선이며 M1곡선을 의미한다.

해답 ①

비력과 도수

1. 비력(Specific Force)

수로바닥을 기준으로 물의 단위시간, 단위중량당의 운동량을 비력이라 한다. 비력은 단위무게에 대한 운동량과 정압력의 합으로 나타내진다.

$$M = \eta \frac{Q}{g} V + H_G A$$

여기서, M : 비력,　　　　η : 운동량 보정계수
　　　　Q : 유량,　　　　V : 유속
　　　　H_G : 수면에서 연직 중심점까지의 거리
　　　　A : 면적

2. 비력과 수심의 관계

위 식에 $V = Q/A$를 대입하면

$$\rightarrow M = \eta \frac{Q^2}{gA} + H_G A$$

A, H_G는 수심 H의 함수이므로 M은 수심의 함수라고 할 수 있다. 일정한 유량에 대하여 M과 H의 관계를 그리면 다음과 같다.

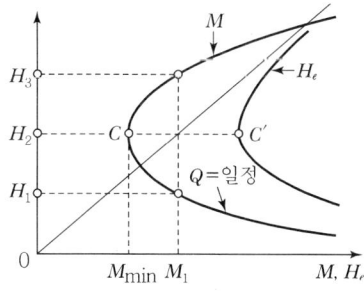

① 임의의 비력 M_1에 대하여 수심은 2개(H_1, H_3 : 공액수심)
② 최소비력 M_{min}에 대한 수심은 1개(H_2 : 한계수심)

3. 도수(Hydraulic Jump)

상류(常流)에서 사류(射流)로 변할 때는 수면이 연속적이지만 사류에서 상류로 변할 때는 수면이 불연속적이고 급히 등대하며 큰 소용돌이가 생긴다. 이러한 현상을 도수라 한다.

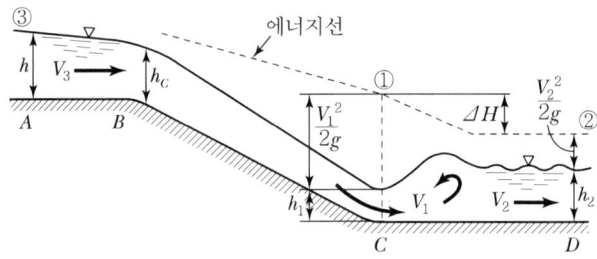

(1) 도수 후 수심

$$H_2 = -\frac{H_1}{2} + \frac{H_1}{2}\sqrt{1+8F_{r1}^2}$$

여기서, H_1, H_2 : 도수 전·후의 수심

(2) 도수에 의한 에너지 손실

도수현상에서는 표면와(表面渦) 때문에 에너지 손실이 있게 된다. 이런 경우 사류와 상류의 비에너지 차를 구하면 에너지 손실량을 구할 수 있다.

$$\Delta H_e = \frac{(H_2 - H_1)^3}{4H_1 H_2}$$

(3) 도수 길이

도수현상에서 볼 수 있는 표면 소용돌이의 길이를 도수의 길이라 하며, 완전도수의 길이 L을 구하는 실험공식들은 다음과 같고 단위는 m이다.

① 사프라네츠(Safranez) 공식 : $L = 4.5 H_2$

② 스메타나(Smetana) 공식 : $L = 6(H_2 - H_1)$

③ 린드퀴스트(Lindquist) 공식 : $L = 5(H_2 - H_1)$

④ 위이치키(Qoycicki) 공식 : $L = \left(8 - 0.05\dfrac{H_2}{H_1}\right)(H_2 - H_1)$

⑤ 미국 개척국 공식 : $L = 6.1 H_2$

⑥ 샤페르낙(Schaffernak) 공식 : $L = 6 V_1 \dfrac{\sqrt{H_1}}{g}$

⑦ 바크메테프-마츠케 공식 : $L = 4.8 H_2$

4. 완전도수와 불완전도수

(1) 완전도수(Direct Jump)
① 사류수심과 상류수심과의 비(H_2/H_1)가 클 때 수면은 급사면을 이루며 상승하고, 급사면에 큰 소용돌이가 발생한다.
② $F_r \geq \sqrt{3}$ 일 때 완전도수가 발생한다.

(2) 불완전도수(파상도수 : Undular Jump)
① 사류수심과 상류수심과의 비(H_2/H_1)가 그다지 크지 않을 때는 도수부분이 파상을 이루며 소용돌이도 그다지 크지 않다.
② $1 < F_r < \sqrt{3}$ 일 때 파상도수가 발생한다.

(3) 프루드수를 기준으로 한 도수의 구분
① $F_r = 1 \sim \sqrt{3}$: 파상도수
② $F_r = \sqrt{3} \sim 2.5$: 약류도수
③ $F_r = 2.5 \sim 4.5$: 진동도수
④ $F_r = 4.5 \sim 9.0$: 정상도수
⑤ $F_r > 9.0$: 강류도수
∴ $F_r < 1$ 적을 때는 도수는 발생하지 않는다.

핵심예제 7-20

비력(Special Force)에 대한 설명으로 옳은 것은? [14. 기]

① 물의 충격에 의해 생기는 힘의 크기
② 비에너지가 최대가 되는 수심에서의 에너지
③ 한계수심으로 흐를 때 한 단면에서의 총 에너지 크기
④ 개수로의 어떤 단면에서 단위중량당 동수압과 정수압의 합계

해설 비력
개수로 어떤 단면에서 수로바닥을 기준으로한 물의 단위시간, 단위중량당의 운동량(동수압과 정수압의 합)을 말한다.
$$M = \eta \frac{Q}{g} V + h_G A$$

해답 ④

핵심예제 7-21

유량 Q, 유속 V, 단면적 A, 도심거리 h_G라 할 때 충력치(M)의 값은?(단, 충력치는 비력이라고도 하며, η : 운동량 보정계수, g : 중력가속도, W : 물의 중량, w : 물의 단위중량) [12. 산]

① $\eta\dfrac{Q}{g}+Wh_G A$ ② $\eta\dfrac{gV}{Q}+h_G A$ ③ $\eta\dfrac{Q}{g}V+h_G A$ ④ $\eta\dfrac{Q}{g}V+\dfrac{1}{2}w^2$

해설 비력

수로바닥을 기준으로 물의 단위시간 단위중량당의 운동량을 말하며, 개수로 내 한 단면에서의 물의 단위 중량당 정수압과 운동량의 합을 말한다.($M_1 = M_2$)

$$M = \eta\frac{Q}{g}V + h_G A$$

해답 ③

핵심예제 7-22

도수(Hydraulic Jump) 전후의 수심 h_1, h_2의 관계를 도수 전의 프루드수 Fr_1의 함수로 표시한 것으로 옳은 것은? [12. 기], [16. 기]

① $\dfrac{h_1}{h_2}=\dfrac{1}{2}(\sqrt{8Fr_1^2+1}-1)$ ② $\dfrac{h_1}{h_2}=\dfrac{1}{2}(\sqrt{8Fr_1^2+1}+1)$

③ $\dfrac{h_2}{h_1}=\dfrac{1}{2}(\sqrt{8Fr_1^2+1}-1)$ ④ $\dfrac{h_2}{h_1}=\dfrac{1}{2}(\sqrt{8Fr_1^2+1}+1)$

해설 도수 후의 수심

도수 후의 수심을 구하는 식은 다음과 같다.

$$h_2 = -\frac{h_1}{2}+\frac{h_1}{2}\sqrt{1+8F_{r1}^2}$$

$$\therefore \frac{h_2}{h_1}=\frac{1}{2}(\sqrt{8F_{r1}^2+1}-1)$$

해답 ③

핵심예제 7-23

도수 전후의 수심이 각각 1m, 3m일 때 에너지 손실은? [14. 기]

① $\dfrac{1}{3}$m ② $\dfrac{1}{2}$m ③ $\dfrac{2}{3}$m ④ $\dfrac{4}{5}$m

해설 도수

㉠ 흐름이 사류(射流)에서 상류(常流)로 바뀔 때 물이 뛰는 현상을 도수라 한다.

㉡ 도수 후의 수심 : $h_2 = -\dfrac{h_1}{2}+\dfrac{h_1}{2}\sqrt{1+8F_{r1}^2}$

㉢ 도수로 인한 에너지 손실 : $\Delta H_e = \dfrac{(h_2-h_1)^3}{4h_1 h_2} = \dfrac{(3-1)^3}{4\times 3\times 1} = \dfrac{2}{3}$m

해답 ③

곡선수로의 흐름과 단파

1. 곡선수로의 수면형

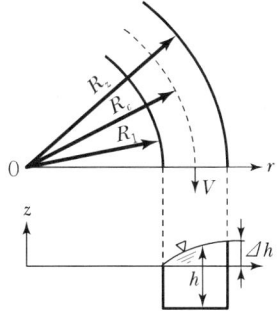

① 상류 : $V \times R$ = 일정

② 사류 : 충격파가 생길 때 마하각 : $\sin\beta = \dfrac{1}{F_{r1}}$

핵심예제 7-24

수평면상 곡선수로의 상류에서 비회전흐름인 경우, 유속 V와 곡률반경 R의 관계로 옳은 것은?(단, C는 상수) [10. 기], [14. 기]

① $V = CR$ ② $VR = C$ ③ $R + \dfrac{V^2}{2g} = C$ ④ $\dfrac{V^2}{2g} + CR = 0$

해설 곡선수로의 흐름

㉠ 상류(常流)

VR = Constant

여기서, V : 유속, R : 곡률반경

㉡ 사류(射流)

충격파가 생길 때 마하각 $\sin\beta = \dfrac{1}{F_{r1}}$

해답 ②

2. 단파(Surge or Hyudraulic Bore)

수문 등을 갑자기 닫아서 물의 흐름을 중지시키면 수문 상류의 수심이 갑자기 상승하여 서지(Surge), 또는 단파라 불리는 수파가 형성되어 상류로 전파된다. 이와 비슷한 자연 현상은 하구에 조류가 밀려오는 경우 볼 수 있으며, 이를 특히 조류보어(Tidal Bore) 또는 간단히 보어라 한다.

① 정단파(양단파)

단파가 일어난 후의 수심이 처음의 수심보다 큰 단파

② 부단파(음단파)

단파후의 수심이 처음 수심보다 적어지는 경우로 단파가 불안정하고 전파 도중 급속히 파두가 편평하게 된다.

③ 단파의 종류

흐름의 방향으로 전파하는 단파에 대해서는 정부(正負)중 정단파가 되고, 상류로 전파할 때는 부단파가 된다.

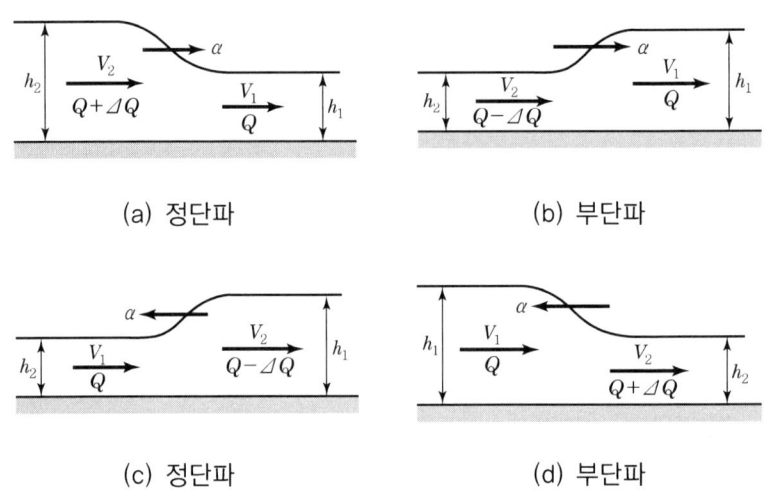

(a) 정단파　　　　　　　　(b) 부단파

(c) 정단파　　　　　　　　(d) 부단파

핵심예제 7-25

수문을 갑자기 닫아서 물의 흐름을 막으면 상류(上流)쪽의 수면이 갑자기 상승하여 단상(段狀)이 되고, 이것이 상류로 향하여 전파된다. 이러한 현상을 무엇이라 하는가? [06. 기], [15. 기]

① 장파(長波)　　　　　　　② 단파(段波)
③ 홍수파(洪水波)　　　　　④ 파상도수(波狀跳水)

해설 단파

ⓐ 일정한 유량이 흐르고 있는 하천이나 개수로에서 상류(上流)나 하류(下流)의 수문을 급조작하여 수심, 유속, 유량 등 흐름의 특성을 변화시키면, 급경사부가 형성되어 상류나 하류 쪽으로 진행하는 파를 단파(Hydraulic Bore)라 한다.

ⓑ 충격력이 강하고 시간적으로 급격한 수위변화를 수반한다.

해답 ②

Item pool
예상문제 및 기출문제

01. 개수로와 관수로의 흐름에 모두 적용되는 설명으로 옳은 것은?
10 기사
① 중력이 흐름의 원동력이다.
② 압력이 흐름의 원동력이다.
③ 자유수면을 갖는다.
④ 마찰로 인한 에너지손실이 발생한다.

■해설 관수로와 개수로
㉠ 자유수면이 존재하지 않으며, 흐름의 원동력이 압력인 경우를 관수로라 한다.
㉡ 자유수면이 존재하며, 흐름의 원동력이 중력인 경우를 개수로라 한다.
㉢ 관수로와 개수로 모두 실제유체를 적용하며, 마찰에 의한 에너지손실이 발생한다.

02. 개수로에서 유량을 측정할 수 있는 장치가 아닌 것은?
09 산업
11 기사
① 위어   ② 벤투리미터
③ 파샬플룸   ④ 수문

■해설 벤투리미터
관내에 축소부를 두어 축소 전과 축소 후의 압력차를 측정하여 관수로의 유량을 측정하는 기구를 말한다.

03. 유속이 2m/sec, 길이가 1,000m이고, 직사각형 수로의 폭이 100m, 수심이 3m, 조도계수가 0.02일 경우 에너지선의 강하량을 구하라?
02 기사
① 0.4m   ② 0.35m
③ 0.3m   ④ 0.45m

■해설
$$V = \frac{1}{n} \cdot R^{\frac{2}{3}} \cdot I^{\frac{1}{2}} = \frac{1}{n} \cdot R^{\frac{2}{3}} \cdot \left(\frac{h_L}{l}\right)^{\frac{1}{2}}$$
$$2 = \frac{1}{0.02} \times \left(\frac{100 \times 3}{100 + 2 \times 3}\right)^{\frac{2}{3}} \times \left(\frac{h_L}{1,000}\right)^{\frac{1}{2}}$$
∴ $h_L = 0.4$m

04. 폭이 무한히 넓은 개수로의 수리반경은?
00 기사
① 개수로의 폭과 같다.
② 개수로의 수심과 같다.
③ 개수로의 면적과 같다.
④ 계산할 수 없다.

■해설 $R = \frac{B \cdot h}{B + 2h} ≒ \frac{B \cdot h}{B} = h$

05. 그림과 같은 단면의 수로에 대한 경심은?
12 산업

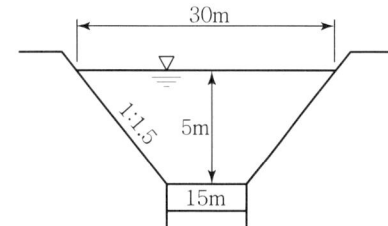

① 3.41m
② 3.55m
③ 3.73m
④ 3.92m

■해설 경심
㉠ 경심
$$R = \frac{A}{P}$$
㉡ 경심의 산정
$$A = (15 \times 5) + (2 \times \frac{1}{2} \times 7.5 \times 5) = 112.5 \text{m}^2$$
경사길이 : $l = \sqrt{7.5^2 + 5^2} = 9.01$m
$P = 2 \times 9.01 + 15 = 33.02$m
$$R = \frac{A}{P} = \frac{112.5}{33.02} = 3.41\text{m}$$

|해답| 01.④ 02.② 03.① 04.② 05.①

06. 수로의 경사 및 단면의 형상이 주어질 때 최대 유량이 흐르는 조건은?

① 윤변이 최대이거나 경심이 최소일 때
② 수로 폭이 최소이거나 수심이 최대일 때
③ 윤변이 최소이거나 경심이 최대일 때
④ 수심이 최소이거나 경심이 최대일 때

■해설 경심(R)이 최대 또는 윤변(P)이 최소이어야 한다.

07. 사다리꼴 수로에서 수리학상 가장 경제적인 단면의 조건은?(단, R : 동수반경, B : 수면폭, H : 수심)

① $R = 2H$
② $B = 2H$
③ $R = H/2$
④ $B = H$

■해설 수리학적으로 유리한 단면
  ㉠ 수로의 경사, 조도계수, 단면이 일정할 때 유량이 최대로 흐를 수 있는 단면을 수리학적으로 유리한 단면 또는 최량수리단면이라 한다.
  ㉡ 수리학적으로 유리한 단면은 경심(R)이 최대이거나, 윤변(P)이 최소일 때 성립된다.
  R_{max} 또는 P_{min}
  ㉢ 직사각형 단면에서 수리학적으로 유리한 단면이 되기 위한 조건은 $B = 2H$, $R = \dfrac{H}{2}$이다.
  ㉣ 사다리꼴 단면에서는 정삼각형 3개가 모인 단면이 가장 유리한 단면이 된다.
  ∴ $b = l$, $\theta = 60°$, $R = \dfrac{H}{2}$

08. 폭 1m인 판을 접어서 직사각형 개수로를 만들었을 때 수리상 유리한 단면의 단면적은?

① 0.111m^2
② 0.120m^2
③ 0.125m^2
④ 0.135m^2

■해설 수리학적 유리한 단면
  ㉠ 일정한 단면적에 유량이 최대로 흐를 수 있는 단면을 수리학적 유리한 단면이라 한다. 경심(R)이 최대이거나 윤변(P)이 최소인 단면 직사각형의 경우 $B = 2H$, $R = \dfrac{H}{2}$이다.
  ㉡ 단면의 산정

폭 1m의 판을 접어서 직사각형 단면을 만들려면 $B = 2H$의 조건을 만족해야 하므로 $B = 0.5\text{m}$, $H = 0.25\text{m}$이어야 한다.
∴ $A = BH = 0.5 \times 0.25 = 0.125\text{m}^2$

09. 수면경사 1/10,000인 구형 단면수로에 유량 30m³/sec를 흐르게 할 때 수리상 유리한 단면을 결정하면?(단, Manning 공식을 쓰고 $n = 0.025$이다 또 구형의 폭 B, 수심은 h이다.)

① $h = 3.0\text{m}$, $B = 6\text{m}$
② $h = 1.95\text{m}$, $B = 3.9\text{m}$
③ $h = 4.63\text{m}$, $B = 9.26\text{m}$
④ $h = 2.0\text{m}$, $B = 4\text{m}$

■해설 수리학상 유리한 단면
  $B = 2h$, $R = \dfrac{h}{2}$
  $Q = A \cdot V$
  $30 = (2h \cdot h) \times \dfrac{1}{0.025} \times \left(\dfrac{h}{2}\right)^{\frac{2}{3}} \times \left(\dfrac{1}{10,000}\right)^{\frac{1}{2}}$
  ∴ $h = 4.63\text{m}$, B = 9.26m

10. 수리학적으로 가장 유리한 단면에 대한 설명으로 옳지 않은 것은?

① 수로의 경사, 조도계수, 단면이 일정할 때 최대유량을 통수시키게 하는 가장 경제적인 단면이다.
② 동수반경이 최소일 때 유량이 최대가 된다.
③ 최적 수리단면에서는 직사각형 수로단면이나 사다리꼴 수로단면 모두 동수반경이 수심의 절반이 된다.
④ 기하학적으로 반원 단면이 최적 수리단면이나 시공상의 이유로 직사각형 단면 또는 사다리꼴 단면이 사용된다.

■해설 수리학적 유리한 단면
  ① 수로의 경사, 조도계수, 단면이 일정할 때 유량이 최대로 흐를 수 있는 단면을 수리학적 유리한 단면 또는 최량수리단면이라 한다.
  ② 수리학적 유리한 단면이 되기 위해서는 경심(=동수반경)이 최대이거나, 윤변이 최소일 때 성립된다.
  ③ 직사각형 또는 사다리꼴 단면에서의 최량수리 단면 조건은 경심이 수심의 절반이 된다. ($R = \dfrac{h}{2}$)

11. 비에너지(Specific Energy)에 대한 설명으로 옳지 않은 것은?

① 수로바닥을 기준으로 한다.
② 상류일 때는 수심이 작아짐에 따라 비에너지는 커진다.
③ 수류가 등류이면 비에너지는 일정한 값을 갖는다.
④ 단위무게의 물이 가진 흐름의 에너지를 말한다.

■해설 비에너지
  ㉠ 단위무게당의 물이 수로바닥면을 기준으로 갖는 흐름의 에너지 또는 수두를 비에너지라 한다.
  ㉡ 상류(常流)에서 수심이 적어지면 비에너지는 감소한다.
  ㉢ 수류가 등류이면 비에너지는 일정한 값을 갖는다.

12. 직사각형 수로에서 유량이 2m³/sec일 때, 비에너지를 구한 값은?(단, 에너지 보정계수 α=1)

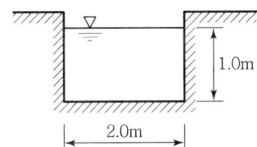

① 1.05m   ② 1.51m
③ 2.05m   ④ 2.51m

■해설 비에너지
  ① 수로바닥 면을 기준으로 한 수두(=에너지)를 비에너지라 한다.
  $$H_e = h + \frac{\alpha v^2}{2g}$$
  여기서, h : 수심, α : 에너지보정계수, v : 유속
  ② 비에너지의 산정
  $$H_e = h + \frac{\alpha v^2}{2g}$$
  $$= 1.0 + \frac{1 \times \left(\frac{2}{(2\times 1)}\right)^2}{2 \times 9.8} = 1.05\text{m}$$

13. 그림과 같은 수로에 유량이 11m³/s로 흐를 때 비에너지는?(단, 에너지보정계수 α=1)

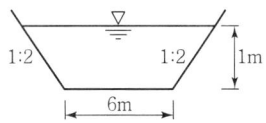

① 1.156m   ② 1.165m
③ 1.106m   ④ 1.096m

■해설 비에너지
  ㉠ 단위무게당의 물이 수로바닥면을 기준으로 갖는 흐름의 에너지 또는 수두를 비에너지라 한다.
  $$H_e = h + \frac{\alpha v^2}{2g}$$
  여기서, h : 수심, α : 에너지보정계수, v : 유속
  ㉡ 비에너지의 계산
  $$v = \frac{Q}{A} = \frac{11}{(6 \times 1) + (\frac{1}{2} \times 2 \times 1 \times 2)}$$
  $$= 1.375\text{m/sec}$$
  $$H_e = h + \frac{\alpha v^2}{2g} = 1 + \frac{1 \times 1.375^2}{2 \times 9.8} = 1.095\text{m}$$

14. 최소 비에너지가 1m인 직사각형 수로에서 단위 폭당 최대 유량은?

① 2.89m³/sec   ② 2.37m³/sec
③ 1.70m³/sec   ④ 1.28m³/sec

■해설 비에너지와 한계수심
  ① 비에너지가 최소일 때의 수심을 한계수심이라 한다.
  $$h_c = \frac{2}{3} h_e$$
  (직사각형 단면의 한계수심과 비에너지의 관계)
  ② 유량이 최대일 때의 수심을 한계수심이라 한다.
  ∴ 한계수심일 때의 유량이 최대유량이 된다.
  ③ 최대유량의 계산
  ㉠ 한계수심의 계산
  $$h_c = \frac{2}{3} h_e = \frac{2}{3} \times 1 = 0.667$$
  ㉡ 최대유량의 계산
  $$h_c = \left(\frac{\alpha Q^2}{g b^2}\right)^{\frac{1}{3}} \text{(직사각형 단면의 한계수심)}$$
  $$0.667 = \left(\frac{1 \times Q^2}{9.8 \times 1^2}\right)^{\frac{1}{3}}$$
  ∴ $Q = 1.703\text{m}^3/\text{sec}$

|해답| 11.② 12.① 13.④ 14.③

15. 사각형 단면의 개수로에서 비에너지의 최소값이 $E_{min} = 1.5\text{m}$라면 단위폭당의 유량은?

① $1.75\text{m}^3/\text{sec}$
② $2.73\text{m}^3/\text{sec}$
③ $3.13\text{m}^3/\text{sec}$
④ $4.25\text{m}^3/\text{sec}$

■ 해설 비에너지와 한계수심
① 비에너지가 최소일 때의 수심을 한계수심이라 한다.
$$h_c = \frac{2}{3}h_e$$
(직사각형 단면의 한계수심과 비에너지의 관계)
② 유량의 계산
㉠ 한계수심의 계산
$$h_c = \frac{2}{3}h_e = \frac{2}{3}\times 1.5 = 1$$
㉡ 유량의 계산
$$h_c = \left(\frac{\alpha Q^2}{gb^2}\right)^{\frac{1}{3}}$$ (직사각형 단면의 한계수심)
$$1 = \left(\frac{1\times Q^2}{9.8\times 1^2}\right)^{\frac{1}{3}}$$
$$\therefore Q = 3.13\text{m}^3/\text{sec}$$

16. 폭 9m의 직사각형수로에 $16.2\text{m}^3/\text{s}$의 유량이 92cm의 수심으로 흐르고 있다. 장파의 전파속도 C와 비에너지 E는?(단, 에너지보정계수 $\alpha = 1.0$)

① $C = 2.0\text{m/s}$, $E = 1.015\text{m}$
② $C = 2.0\text{m/s}$, $E = 1.115\text{m}$
③ $C = 3.0\text{m/s}$, $E = 1.015\text{m}$
④ $C = 3.0\text{m/s}$, $E = 1.115\text{m}$

■ 해설 장파의 전파속도와 비에너지
㉠ 장파의 전파속도
$$C = \sqrt{gh} = \sqrt{9.8\times 0.92} = 3.0\text{m/s}$$
㉡ 비에너지의 산정
• $h_e = h + \frac{\alpha v^2}{2g} = 0.92 + \frac{1\times 1.96^2}{2\times 9.8} = 1.115\text{m}$
• $v = \frac{Q}{A} = \frac{16.2}{9\times 0.92} = 1.96\text{m/s}$

17. 한계수심에 대한 설명으로 틀린 것은?

① 일정한 유량이 흐를 때 최소의 비에너지를 갖게 하는 수심
② 일정한 비에너지 아래서 최소유량을 흐르게 하는 수심
③ 흐름의 속도가 장파의 전파속도와 같은 흐름의 수심
④ 일정한 유량이 흐를 때 비력을 최소로 하는 수심

■ 해설 한계수심
㉠ 일정한 유량이 흐를 때 비에너지가 최소일 때의 수심이다.
㉡ 일정한 비에너지에서 유량이 최대로 흐를 때의 수심이다.
㉢ 유량이 일정할 때 최소 비력이 되는 수심이다.
㉣ 상류에서 사류로 변할 때의 수심이 한계수심이며 그때의 단면을 지배단면이라 한다.
㉤ 흐름의 속도가 장파의 전파속도(한계속도)와 같은 흐름의 수심을 한계수심이라 한다.

18. 주어진 유량에 대한 비에너지(Specific Energy)가 3m이면, 한계수심은?

① 1m
② 1.5m
③ 2m
④ 2.5m

■ 해설 비에너지
㉠ 단위무게당의 물이 수로바닥면을 기준으로 갖는 흐름의 에너지 또는 수두를 비에너지라 한다.
$$H_e = h + \frac{\alpha v^2}{2g}$$
여기서, h : 수심, α : 에너지보정계수, v : 유속

㉡ 비에너지와 한계수심의 관계
직사각형 단면의 비에너지와 한계수심의 관계는 다음과 같다.
$$h_c = \frac{2}{3}H_e = \frac{2}{3}\times 3 = 2\text{m}$$

19. 그림은 어떤 개수로에 일정한 유량이 흐르는 경우에 대한 비에너지(H_e) 곡선을 나타낸 것이다. 동일 단면에 다른 크기의 유량이 흐르는 경우, 3점(A, B, C)의 흐름상태를 순서대로 바르게 나타낸 것은?

|해답| 15.③ 16.④ 17.② 18.③ 19.③

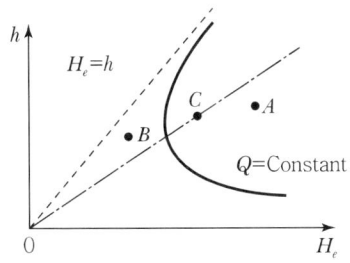

① 사류, 한계류, 상류　② 상류, 사류, 한계류
③ 사류, 상류, 한계류　④ 상류, 한계류, 사류

■해설 비에너지와 수심의 관계
㉠ 유량이 일정할 때 비에너지가 최소일 경우의 수심을 한계수심(실선)이라 한다.
㉡ 한계수심을 기준으로 위쪽의 흐름을 상류(常流), 아래쪽의 흐름을 사류(射流)라 한다.
∴ 실선 C의 흐름은 한계류, C를 기준으로 위쪽 B의 흐름은 상류, 아래쪽 A의 흐름은 사류이다. A, B, C의 순으로 나열하면 사류, 상류, 한계류이다.

20. 비에너지와 수심의 관계 그래프에서 한계수심보다 수심이 작은 흐름은?
16 산업

① 사류　　② 상류
③ 한계류　④ 난류

■해설 한계수심
㉠ 한계수심의 정의
 • 유량이 일정할 때 비에너지가 최소일 때의 수심을 한계수심이라 한다.
 • 비에너지가 일정할 때 유량이 최대로 흐를 때의 수심을 한계수심이라 한다.
 • 유량이 일정할 때 비력이 최소일 때의 수심을 한계수심이라 한다.
㉡ 한계수심과 수심의 관계
 • $h > h_c$: 상류(常流)
 • $h < h_c$: 사류(射流)

21. 한계수심 h_c와 비에너지 h_e의 관계로 옳은 것은?(단, 광폭 직사각형 단면인 경우)
15 산업

① $h_c = \dfrac{1}{2} h_e$　② $h_c = \dfrac{1}{3} h_e$
③ $h_c = \dfrac{2}{3} h_e$　④ $h_c = 2 h_e$

■해설 비에너지
㉠ 단위무게당의 물이 수로 바닥면을 기준으로 갖는 흐름의 에너지 또는 수두를 비에너지라 한다.
$$h_e = h + \dfrac{\alpha v^2}{2g}$$
여기서, h : 수심, α : 에너지보정계수, v : 유속
㉡ 비에너지와 한계수심의 관계
직사각형 단면의 비에너지와 한계수심의 관계는 다음과 같다.
$$h_c = \dfrac{2}{3} h_e$$

22. 직사각형 단면의 개수로에 흐르는 한계유속을 표시한 것은?(단, V_c : 한계유속, h_c : 한계수심, α : 에너지보정계수)
16 산업

① $V_c = \left(\dfrac{g h_c}{\alpha}\right)^{1/2}$　② $V_c = \left(\dfrac{\alpha h_c}{g}\right)^{1/2}$
③ $V_c = \left(\dfrac{\alpha h_c^2}{g}\right)^{1/3}$　④ $V_c = \left(\dfrac{g h_c^2}{\alpha}\right)^{1/3}$

■해설 한계유속
직사각형 단면의 한계유속은 다음 식으로 구한다.
$$V_c = \sqrt{\dfrac{g h_c}{\alpha}}$$
여기서, V_c : 한계유속
g : 중력가속도
h_c : 한계수심
α : 에너지보정계수

23. 직사각형 단면의 개수로에서 한계유속(V_c)과 한계수심(h_c)의 관계로 옳은 것은?
16 산업

① $V_c \propto h_c$　② $V_c \propto h_c^{-1}$
③ $V_c \propto h_c^{1/2}$　④ $V_c \propto h_c^{2}$

■해설 한계유속
㉠ 직사각형 단면의 한계유속
$$V_c = \sqrt{\dfrac{g h_c}{\alpha}}$$
여기서, V_c : 한계유속
g : 중력가속도
h_c : 한계수심
α : 에너지보정계수

© 한계유속과 한계수심의 관계
$$V_c \propto h_c^{\frac{1}{2}}$$

24. 폭이 10m인 직사각형 수로에서 유량 10m³/s가 1m의 수심으로 흐를 때 한계유속은?(단, 에너지 보정계수 $\alpha = 1.1$이다.)
13 산업

① 3.96m/s ② 2.87m/s
③ 2.07m/s ④ 1.89m/s

■해설 한계유속
㉠ 한계수심을 통과할 때의 유속을 한계유속이라 한다.
㉡ 한계수심의 산정
$$h_c = \left(\frac{\alpha Q^2}{gb^2}\right)^{\frac{1}{3}} = \left(\frac{1.1 \times 10^2}{9.8 \times 10^2}\right)^{\frac{1}{3}} = 0.48\text{m}$$
㉢ 직사각형단면의 한계유속
$$V_c = \sqrt{\frac{gh_c}{\alpha}} = \sqrt{\frac{9.8 \times 0.48}{1.1}} = 2.07\text{m/sec}$$

25. 개수로의 흐름을 상류(常流)와 사류(射流)로 구분할 때 기준으로 사용할 수 없는 것은?
07 산업

① 프루드 수(Froude Number)
② 한계유속(Critical Velocity)
③ 한계수심(Critical Depth)
④ 레이놀즈수(Reynolds Number)

■해설 흐름의 상태 구분
㉠ 흐름의 상태 구분

구분	상류(常流)	사류(射流)
F_r	$F_r < 1$	$F_r > 1$
S_c	$S < S_c$	$S > S_c$
y_c	$y > y_c$	$y < y_c$
V_c	$V < V_c$	$V > V_c$

㉡ 프루드 수(F_r), 한계유속(V_c), 한계수심(y_c)으로 흐름을 상류와 사류로 나눌 수 있다.

26. 개수로의 흐름을 상류-층류와 상류-난류, 사류-층류와 사류-난류의 네 가지 흐름으로 나누는 기준이 되는 한계 Froude 수(F_r)와 한계 Reynolds(R_e) 수는?
12 기사

① $F_r = 1$, $R_e = 1$ ② $F_r = 1$, $R_e = 500$
③ $F_r = 500$, $R_e = 1$ ④ $F_r = 500$, $R_e = 500$

■해설 흐름의 상태
㉠ 상류(常流)와 사류(射流)
$$F_r = \frac{V}{C} = \frac{V}{\sqrt{gh}}$$
여기서, V : 유속
C : 파의 전달속도
• $F_r < 1$: 상류(常流)
• $F_r > 1$: 사류(射流)
• $F_r = 1$: 한계류

㉡ 층류와 난류
$$R_e = \frac{VD}{\nu}$$
여기서, V : 유속
D : 직경
ν : 동점성계수
• $R_e < 2,000$: 층류
• $2,000 < R_e < 4,000$: 천이영역
• $R_e > 4,000$: 난류

㉢ 한계 Reynolds
• $R_e < 500$: 층류
• $R_e > 500$: 난류

27. 배수(Back Water)에 대한 설명 중 옳은 것은?
03 기사
14 기사

① 개수로의 어느 곳에 댐업(Dam Up)이 발생함으로써 수위가 상승되는 영향이 상류(上流) 쪽으로 미치는 현상을 말한다.
② 수자원 개발을 위하여 저수지에 물을 가두어 두었다가 용수 부족 시에 사용하는 물을 말한다.
③ 홍수시에 제내지(堤內地)에 만든 유수지(遊水池)의 수면이 상승되는 현상을 말한다.
④ 관수로 내의 물을 급격히 차단할 경우 관 내의 상승압력으로 인하여 습파(襲波)가 생겨서 상류 쪽으로 습파가 전달되는 현상을 말한다.

■해설 배수(Back Water)

임의 단면을 가진 개수로 내에서 발생 가능한 점변류의 수면곡선형의 기본식으로부터
㉠ dy/dx = 0이면 흐름방향으로 수심변화가 없음을 의미하므로 수면곡선은 수로 바닥과 평형을 이루어 등류가 형성된다.
㉡ dy/dx > 0이면 흐름방향으로 수심이 증가함을 뜻하며 이 유형의 곡선을 배수곡선(Back Water Curve)이라 하며 댐 상류부에서 볼 수 있는 곡선이다.
㉢ dy/dx < 0이면 수심이 흐름방향으로 감소함을 뜻하며 이를 저하곡선(Dropdown Curve)이라 부르며, 위어에서 볼 수 있는 곡선이다.

28. 수로 경사가 급한 폭포와 같이, 수심이 흐름방향으로 감소하는 형태의 수면 곡선은?
05 산업

① 유속곡선　　② 저하곡선
③ 완화곡선　　④ 유량곡선

■해설 부등류의 수면형

임의 단면을 가진 개수로 내에서 발생 가능한 점변류의 수면곡선형을 기본식으로부터 유도해 보면
㉠ $dx/dy = 0$이면 흐름방향과 수심변화가 없음을 의미하므로 수면곡선은 수로바닥과 평형을 이루어 등류가 형성된다.
㉡ $dx/dy > 0$이면 흐름방향으로 수심이 증가함을 뜻하며 이 유형의 곡선을 배수곡선(Backwater Curve)이라 하며, 댐 상류부에서 볼 수 있는 곡선이다.
㉢ $dx/dy < 0$이면 수심이 흐름방향으로 감소함을 뜻하며 이를 저하곡선(Dropdown Curve)이라 하며, 위어, 폭포 등에서 볼 수 있는 곡선이다.

29. 개수로 구간에 댐을 설치했을 때 수심 h가 상류로 갈수록 등류 수심 h_0에 접근하는 수면곡선을 무엇이라 하는가?
10 산업

① 저하곡선　　② 배수곡선
③ 수문곡선　　④ 수면곡선

■해설 부등류의 수면형
① $dx/dy > 0$이면 흐름방향으로 수심이 증가함을 뜻하며 이 유형의 곡선을 배수곡선(Backwater Curve)라 하며, 댐 상류부에서 볼 수 있는 곡선이다.
② $dx/dy < 0$이면 수심이 흐름방향으로 감소함을 뜻하며 이를 저하곡선(Drawdown Curve)이라 하며, 위어 등에서 볼 수 있는 곡선이다.
∴ 댐 상류부 등에서 발생되며 수심 h가 상류로 갈수록 등류 수심 h_0에 접근하는 수면 곡선은 배수곡선이며, M_1곡선이다.

30. 개수로의 점변류를 설명하는 $\frac{dy}{dx}$에 대한 설명으로 틀린 것은?(단, y는 수심, x는 수평좌표를 나타낸다.)
11 기사

① $\frac{dy}{dx} = 0$이면 등류이다.
② $\frac{dy}{dx} > 0$이면 수심은 증가한다.
③ 경사가 수평인 수로에서는 항상 $\frac{dy}{dx} = 0$이다.
④ 흐름방향 x에 대한 수심 y의 변화를 나타낸다.

■해설 개수로 점변류의 해석
① $\frac{dy}{dx}$는 흐름방향의 거리 x에 대한 수심 y의 변화를 나타낸다.
② $\frac{dy}{dx} = 0$은 거리에 따라 수심의 변화가 없음을 말하므로 흐름은 등류이다.
③ $\frac{dy}{dx} > 0$이면 거리에 따라 수심이 증가함을 의미한다.
④ 경사가 수평인 수로일지라도 $\frac{dy}{dx}$는 변할 수 있다.

31. 개수로에서 수면형(水面形)이 배수곡선으로 되는 수심 h의 범위를 나타내는 것은?(단, h_o : 등류수심, h_c : 한계수심, h : 고려하는 임의의 수심)
13 기사

① $h_c > h_o > h$　　② $h_c > h > h_o$
③ $h > h_o > h_c$　　④ $h_o > h > h_o$

|해답| 28.② 29.② 30.③ 31.③

■해설 부등류의 수면형
  ㉠ 배수곡선과 저하곡선
    • $dx/dy>0$이면 흐름방향으로 수심이 증가함을 뜻하며, 이 유형의 곡선을 배수곡선(Backwater Curve)이라고 한다. 이러한 곡선은 댐 상류부에서 볼 수 있다.
    • $dx/dy<0$이면 수심이 흐름방향으로 감소함을 뜻하며 이를 저하곡선(Dropdown Curve)이라 한다. 위어 등에서 볼 수 있는 곡선이다.
  ㉡ 완경사 상류(常流) 구간에서의 수면곡선
    • 배수곡선 : $M_1(h>h_o>h_c)$
                $M_3(h_o>h_c>h)$
    • 저하곡선 : $M_2(h_o>h>h_c)$
    ∴ 배수곡선은 M곡선이며, 수심의 크기는 $h>h_o>h_c$의 순이다.

32. 다음에서 배수곡선이 생기는 영역은?(단, h는 측정수심, h_0는 등류수심, h_c는 한계수심이다.)

① $h_o>h_c>h$ ② $h<h_o<h_c$
③ $h>h_c>h_o$ ④ $h_o<h_c<h$

■해설 $h_0>h_c>h$인 경우를 배수곡선(M_3 곡선)이라 하며, 수문 등에서 발생한다.

33. 개수로 내에 댐을 축조하여 월류(越流)시킬 때 수면곡선이 변화된다. 배수곡선(背水曲線)의 부등류(不等流)계산을 진행하는 방향이 옳은 것은?

① 지배단면에서 상류(上流) 측으로
② 지배단면에서 하류(下流) 측으로
③ 등류수심 지점에서 댐 지점으로
④ 등류수심 지점에서 지배단면으로

■해설 배수곡선의 수면계산
수위계산은 상류(常流) 구간은 지배단면을 기준으로 상류(上流) 방향으로 해나가고, 사류(射流) 구간은 지배단면을 기준으로 하류(下流) 방향으로 해나간다.
∴ 상류(常流) 구간의 배수곡선의 수위계산은 지배단면을 기준으로 상류(上流) 구간으로 진행한다.

34. 다음 그림과 같이 수로가 완경사로부터 급경사로 변화하였다. 이때 급경사 부분의 수심을 계산하고자 할 때 구해야 할 구간은?

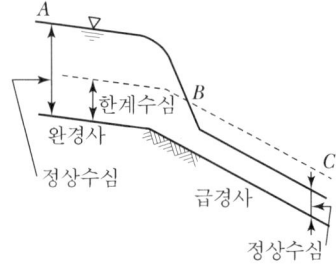

① A부터 시작하여 C까지 계산한다.
② B부터 시작하여 C까지 계산한다.
③ C부터 역으로 B를 거쳐 A까지 계산한다.
④ B부터 시작하여 완경사 부분의 수심을 A까지 계산한 후에 다시 C부터 시작하여 B까지 계산하고 B에서의 수심과 일치하는가를 확인한다.

■해설 사류구간의 수위계산
사류구간의 수위계산은 지배단면을 기준으로 상류에서 하류로 진행한다.

35. 다음의 비력(M)곡선에서 한계수심을 나타내는 것은?

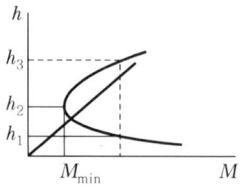

① h_1 ② h_2
③ h_3 ④ h_3-h_1

■해설 비력
  ㉠ 개수로 흐름에서 비력은 단위중량당 물이 가지는 힘을 말한다.
  ㉡ 최소 비력을 제외하고는 하나의 비력에 대하여 두 개의 수심 (h_1, h_3)이 존재하며 이것을 공액수심이라 한다.
  ㉢ 최소 비력일 때는 한 개의 수심(h_2)이 존재하며 이를 한계수심이라 한다.
    ∴ 그림에서 한계수심을 나타내는 것은 h_2이다.

36. 수심이 3m, 하폭이 20m, 유속이 4m/s인 직사각형 단면 개수로에서 비력은?(단, 운동량 보정계수 $\eta = 1.1$)

① $107.2m^3$ ② $158.3m^3$
③ $197.8m^3$ ④ $215.2m^3$

■해설 충력치(비력)
  ㉠ 충력치는 개수로 어떤 단면에서 수로바닥을 기준으로 한 물의 단위시간, 단위중량당의 운동량(동수압과 정수압의 합)을 말한다.
  $$M = \eta \frac{Q}{g}V + h_G A$$
  ㉡ 비력의 계산
  $$M = \eta \frac{Q}{g}V + h_G A$$
  $$= 1.1 \times \frac{240}{9.8} \times 4 + \frac{3}{2} \times (20 \times 3) = 197.8m^3$$

37. 도수 전후의 충력치(비력)를 각각 M_1, M_2라 할 때 M_1, M_2의 크기와 충력치에 대한 설명으로 옳은 것은?

① 충력치란 물의 충격에 의해서 생기는 힘을 말하며, $M_1 = M_2$
② 충력치란 한계수심에서의 비에너지를 말하며, $M_1 > M_2$
③ 충력치란 개수로 내 한 단면에서의 물의 단위 무게당 정수압과 운동량의 합을 말하며, $M_1 = M_2$
④ 충력치란 비에너지가 최대가 되는 수심에서의 역적을 말하며, $M_1 < M_2$

■해설 비력
  수로바닥을 기준으로 물의 단위시간, 단위중량당의 운동량을 말하며, 개수로 내 한 단면에서의 물의 단위 중량당 정수압과 운동량의 합을 말한다.
  ($M_1 = M_2$)
  $$M = \eta \frac{Q}{g}V + h_G A$$

38. 물이 하상의 돌출부를 통과할 경우 비에너지와 비력의 변화는?

① 비에너지와 비력이 모두 감소한다.
② 비에너지는 감소하고 비력은 일정하다.
③ 비에너지는 증가하고 비력은 감소한다.
④ 비에너지는 일정하고 비력은 감소한다.

■해설 장애물 구간의 비에너지와 비력 관계
  ㉠ 장애물 구간(하상 돌출부)
    비에너지 손실은 없고 비력 손실은 발생한다.
    $E_1 = E_2$, $M_1 \neq M_2$
  ㉡ 도수 발생 구간
    비에너지 손실은 발생하고, 비력 손실은 없다.
    $E_1 \neq E_2$, $M_1 = M_2$

39. 도수에 대한 설명으로 틀린 것은?

① 도수란 흐름이 사류에서 상류로 변화할 때 수면이 불연속적으로 상승하는 현상을 말한다.
② 도수 전후의 수심에 대한 비는 흐름의 프루드수만의 함수로 표현할 수 있다.
③ 도수 전후의 비력은 같다.($M_1 = M_2$)
④ 도수 전후에 구조물이 없는 경우 비에너지는 같다.($E_1 = E_2$)

■해설 도수
  ㉠ 흐름이 사류(射流)에서 상류(常流)로 바뀔 때 물이 뛰는 현상을 도수라 한다.
  ㉡ 도수 후의 수심은 프루드수만의 함수로 표현할 수 있다.
    도수 후의 수심 :
    $$h_2 = -\frac{h_1}{2} + \frac{h_1}{2}\sqrt{1 + 8F_{r1}^2}$$
    여기서, F_r : 프루드수
  ㉢ 도수 전후의 비력은 같다.($M_1 = M_2$)
  ㉣ 도수 전후에 구조물이 없는 경우 비에너지는 같지 않다.($E_1 \neq E_2$)

40. 다음 ( ) 안에 들어갈 적절한 말이 순서대로 짝지어진 것은 어느 것인가?

> 흐름이 사류(射流)에서 상류(常流)로 바뀔 때에는 ( )을 거치고, 상류(常流)에서 사류(射流)로 바뀔 때에는 ( )을 거친다.

① 도수현상, 지배단면 ② 대응수심, 공액수심
③ 도수현상, 대응수심 ④ 지배단면, 공액수심

|해답| 36.③ 37.③ 38.④ 39.④ 40.①

■해설 개수로 일반
흐름이 사류(射流)에서 상류(常流)로 바뀔 때 수면이 뛰는 현상을 도수라 하며 상류(常流)에서 사류(射流)로 바뀔 때 발생되는 단면을 지배단면이라 한다.

41. 도수전의 수심을 초기수심이라고 하고 이와 대응되는 도수 후의 수심을 무엇이라 하는가?
07 산업
09 산업
① 대응수심   ② 한계수심
③ 등류수심   ④ 공액수심

■해설 공액수심
㉠ 개수로 흐름에서 비력은 단위중량당의 물이 가지는 힘을 말한다.
㉡ 최소 비력을 제외하고는 하나의 비력에 대하여 두 개의 수심(h_1, h_2)이 존재하며 이것을 공액수심이라 한다.
㉢ 도수 전후의 비력은 같고 도수 전후의 수심(h_1, h_2)을 공액수심이라 한다.

42. 개수로의 흐름에서 사류(射流)에서 상류(常流)로 변할 때 가지고 있는 에너지의 일부를 와류와 난류를 통해 소모하는 현상은?
05 기사
① 한계수심(限界水心)
② 등류(等流)
③ 도수(跳水)
④ 저하곡선 수심(底下曲線水面)

■해설 도수
흐름이 사류(射流)에서 상류(常流)로 변할 때 물이 뛰는 현상을 도수라 한다. 이때 물이 뛰어오르면서 에너지 손실이 발생한다.

43. 개수로에서 상류에서 사류 또는 사류에서 상류로 변할 때 도수가 생기지 않는 범위는?
93 산업
① $F_r < 1$ ② $F_r > 1$
③ $F_r > \sqrt{3}$ ④ $F_r < \sqrt{3}$

■해설 도수가 생기지 않는 범위
$F_r < 1$

44. 도수에 대한 설명으로 틀린 것은?
11 산업
① 흐름이 사류(射流)에서 상류(常流)로 바뀔 때 발생한다.
② 수면이 불연속적으로 상승하는 현상이다.
③ 도수가 발생하기 이전의 수심을 한계수심이라고 하고, 도수가 발생한 후의 수심은 대응수심이라 한다.
④ 도수 전의 수심과 Froude 수만 알면 도수 후의 수심을 구할 수 있다.

■해설 도수
① 흐름이 사류(射流)에서 상류(常流)로 바뀔 때 물이 뛰는 현상을 도수라 한다.
② 수면이 불연속적으로 상승하는 현상을 말한다.
③ 도수가 발생한 후의 수심을 공액수심이라 한다.
④ 도수 전의 수심과 Froude 수만 알면 도수 후의 수심을 구할 수 있다.

45. 도수(Hydraulic Jump)가 발생한 후 하류에서의 변화로 옳은 것은?
11 산업
① 유량이 증가한다.
② 유속은 느려지고 물의 깊이가 갑자기 증가한다.
③ 유속은 빨라지고 물의 깊이가 감소한다.
④ 유량이 감소한다.

■해설 도수
① 흐름이 사류(射流)에서 상류(常流)로 변할 때 수면이 뛰는 현상을 도수라 한다.
② 도수로인해 하류의 유속은 느려지고 물의 깊이는 수면이 뛰어서 갑자기 증가한다.

46. 다음 중 Hydraulic Jump에 관한 공식이 아닌 것은?
99 기사
12 기사
① Safranez 공식   ② Smetana 공식
③ Woycicki 공식   ④ Zunker 공식

■해설 도수의 길이를 구하는 공식
㉠ Safranez 공식   ㉡ Smetana 공식
㉢ Woycicki 공식   ㉣ 미국 개척국 공식

|해답| 41.④ 42.③ 43.① 44.③ 45.② 46.④

47. 도수가 일어나기 전후의 수로 깊이가 각각 1.5m, 9.24m이었다. 도수로 인한 손실수두는?

① 0.8m ② 1.08m
③ 8.36m ④ 16.7m

■ 해설

$$\Delta H = \frac{(h_2 - h_1)^3}{4 \cdot h_1 \cdot h_2} = \frac{(9.24 - 1.5)^3}{4 \times 1.5 \times 9.24} = 8.36\text{m}$$

48. 도수(跳水)가 15m 폭의 수문 하류측에서 발생되었다. 도수가 일어나기 전의 깊이가 1.5m이고, 그 때의 유속은 18m/sec이었다면 도수로 인한 에너지 손실 수두는?(단, 에너지 보정계수 $\alpha = 1$이다.)

① 8.3m ② 7.6m
③ 5.4m ④ 3.2m

■ 해설 도수로 인한 에너지손실
① 도수 후의 수심

㉠ $h_2 = -\frac{h_1}{2} + \frac{h_1}{2}\sqrt{1 + 8F_{r1}^2}$
  $= -\frac{1.5}{2} + \frac{1.5}{2}\sqrt{1 + 8 \times 4.69^2}$
  $= 9.23$

㉡ $F_{r1} = \frac{V_1}{\sqrt{gh_1}} = \frac{18}{\sqrt{9.8 \times 1.5}} = 4.69$

② 도수로 인한 에너지손실
$\Delta E = \frac{(h_2 - h_1)^3}{4h_1h_2} = \frac{(9.23 - 1.5)^3}{4 \times 9.23 \times 1.5}$
  $= 8.34\text{m}$

49. 댐 여수로 내 물받이(Apron)에서 시점수위가 3.0m이고, 폭이 50m, 방류량이 $2,000\text{m}^3/\text{s}$인 경우, 하류 수심은?

① 2.5m ② 8.0m
③ 9.0m ④ 13.3m

■ 해설 도수
㉠ 흐름이 사류(射流)에서 상류(常流)로 바뀔 때 표면에 소용돌이가 발생하면서 수심이 급격하게 증가하는 현상을 도수라 한다.

㉡ 도수 후의 수심
• $h_2 = -\frac{h_1}{2} + \frac{h_1}{2}\sqrt{1 + 8F_{r1}^2}$
  $= -\frac{3}{2} + \frac{3}{2}\sqrt{1 + 8 \times 2.45^2} = 9.0\text{m}$
• $F_{r1} = \frac{V_1}{\sqrt{gh_1}} = \frac{13.3}{\sqrt{9.8 \times 3}} = 2.45$
• $V = \frac{Q}{A} = \frac{2,000}{50 \times 3} = 13.3\text{m/sec}$

50. 폭 5m인 직4각형 단면 수로에서 유량이 $100.5\text{m}^3/\text{sec}$일 때 도수 전후의 수심이 각각 2.0m 및 5.5m이라면 도수로 인한 동력손실은?

① 955.4kW ② 1,300.2kW
③ 1,969.4kW ④ 5,417.2kW

■ 해설 도수로 인한 에너지손실
㉠ 도수로 인한 에너지손실
$\Delta E = \frac{(h_2 - h_1)^3}{4h_1h_2} = \frac{(5.5 - 2.0)^3}{4 \times 5.5 \times 2.0} = 0.974\text{m}$

㉡ 동력손실의 계산
수두 0.974m가 감소됐으므로 그만큼의 동력을 산정해본다.
$P = 9.8QH = 9.8 \times 100.5 \times 0.974 = 959.3\text{kW}$

51. 개수로의 지배단면(Control Section)에 대한 설명으로 옳은 것은?

① 개수로 내에서 유속이 가장 크게 되는 단면이다.
② 개수로 내에서 압력이 가장 크게 작용하는 단면이다.
③ 개수로 내에서 수로경사가 항상 같은 단면을 말한다.
④ 한계수심이 생기는 단면으로서 상류에서 사류로 변하는 단면을 말한다.

■ 해설 지배단면
개수로에서 흐름이 상류(常流)에서 사류(射流)로 바뀌는 지점의 단면을 지배단면이라 한다. 이 지점의 수심은 한계수심이 된다.

|해답| 47.③ 48.① 49.③ 50.① 51.④

52. 개수로에서 지배단면이란 무엇을 뜻하는가?

① 사류에서 상류로 변하는 지점의 단면
② 비에너지가 최대로 되는 지점의 단면
③ 상류에서 사류로 변하는 지점의 단면
④ 층류에서 난류로 변하는 지점의 단면

■해설 개수로에서 지배단면이란 한계경사일 때의 단면, 즉 상류에서 사류로 변할 때의 단면을 의미한다.

53. 직사각형 광폭 수로에서 한계류의 특징이 아닌 것은?

① 주어진 유량에 대해 비에너지가 최소이다.
② 주어진 비에너지에 대해 유량이 최대이다.
③ 한계수심은 비에너지의 2/3이다.
④ 주어진 유량에 대해 비력이 최대이다.

■해설 한계류의 특징
㉠ 일정한 유량에 대해 비에너지가 최소인 경우의 흐름을 말한다.
㉡ 일정한 비에너지에 대해 유량이 최대인 경우의 흐름을 말한다.
㉢ 직사각형 단면에서 한계수심은 비에너지의 2/3이다. $h_c = \dfrac{2}{3} h_e$
㉣ 일정한 유량에 대해 비력이 최소인 경우의 흐름을 말한다.

54. 한계류에 대한 설명으로 옳은 것은?

① 유속의 허용한계를 초과하는 흐름
② 유속과 장파의 전파속도의 크기가 동일한 흐름
③ 유속이 빠르고 수심이 작은 흐름
④ 동압력이 정압력보다 큰 흐름

■해설 흐름의 상태
상류(常流)와 사류(射流)
① 상류(常流) : 하류(下流)의 흐름이 상류(上流)에 영향을 미치는 흐름을 말한다.
② 사류(射流) : 하류(下流)의 흐름이 상류(上流)에 영향을 미치지 못하는 흐름을 말한다.
③ $F_r = \dfrac{V}{C} = \dfrac{V}{\sqrt{gh}}$
여기서, V : 유속,
C : 파의 전달속도

④ $F_r < 1$: 상류(常流)
⑤ $F_r > 1$: 사류(射流)
⑥ $F_r = 1$: 한계류
∴ 한계류는 유속과 장파의 전달속도의 크기가 같은 경우이다.

55. 개수로의 흐름에 대한 설명으로 옳지 않은 것은?

① 사류(supercritical flow)에서는 수면변동이 일어날 때 상류(上流)로 전파될 수 없다.
② 상류(subcritical flow)일 때는 Froude 수가 1보다 크다.
③ 수로경사가 한계경사보다 클 때 사류(supercritical flow)가 된다.
④ Reynolds 수가 500보다 커지면 난류(turbulent flow)가 된다.

■해설 개수로 흐름 일반
㉠ 하류(下流)의 흐름이 상류(上流)에 영향을 주는 흐름을 상류(常流), 주지 못하는 흐름을 사류(射流)라고 한다.
㉡ 상류와 사류의 구분

구분	상류(常流)	사류(射流)
F_r	$F_r < 1$	$F_r > 1$
I_c	$I < I_c$	$I > I_c$
y_c	$y > y_c$	$y < y_c$
V_c	$V < V_c$	$V > V_c$

∴ Froude 수가 1보다 적어야 상류이다.
㉢ 수로경사(I)가 한계경사(I_c)보다 클 때 사류가 된다.
㉣ Reynolds 수가 500보다 크면 난류가 된다.

56. 개수로 흐름에 대한 설명으로 틀린 것은?

① 한계류 상태에서는 수심의 크기가 속도수두의 2배가 된다.
② 유량이 일정할 때 상류에서는 수심이 작아질수록 유속은 커진다.
③ 비에너지는 수평기준면을 기준으로 한 단위무게의 유수가 가진 에너지를 말한다.
④ 흐름이 사류에서 상류로 바뀔 때에는 도수와 함께 큰 에너지 손실을 동반한다.

|해답| 52.③ 53.④ 54.② 55.② 56.③

■해설 개수로 일반사항
- 한계류 상태에서는 수심의 크기가 속도수두의 2배가 된다.
- 유량이 일정할 때 상류(常流)에서는 수심이 작아질수록 유속은 커진다.
- 비에너지는 수로바닥면을 기준으로 한 단위무게당의 유수가 가진 에너지(수두)를 말한다.
- 흐름이 사류(射流)에서 상류(常流)로 바뀔 때에는 도수와 함께 에너지 손실을 동반한다.

57. 개수로의 특성에 대한 설명으로 옳지 않은 것은?
15 산업
① 배수곡선은 완경사 흐름의 하천에서 장애물에 의해 발생한다.
② 상류에서 사류로 바뀔 때 한계수심이 생기는 단면을 지배단면이라 한다.
③ 사류에서 상류로 바뀌어도 흐름의 에너지선은 변하지 않는다.
④ 한계수심으로 흐를 때의 경사를 한계경사라 한다.

■해설 개수로 흐름의 특성
㉠ 배수곡선은 완경사 구간에서 댐 등의 장애물에 의해 발생한다.
㉡ 상류에서 사류로 바뀔 때의 수심이 한계수심이며, 이 때의 단면을 지배단면이라 한다.
㉢ 사류에서 상류로 바뀔 때 도수와 함께 에너지 손실이 발생되며 에너지선도 변하게 된다.
㉣ 한계수심으로 흐를 때의 경사를 한계경사, 유속을 한계유속이라 한다.

58. 개수로 흐름에 관한 다음 설명 중 틀린 것은?
03 기사
14 기사
① 사류에서 상류로 변하는 곳에 도수현상이 생긴다.
② 유량이 수심에 의해 확실히 결정되는 단면을 지배단면이라 한다.
③ 비에너지는 수로 바닥을 기준으로 한 에너지이다.
④ 배수곡선은 수로가 단락(段落)이 되는 곳에 생기는 수면곡선이다.

■해설 ㉠ 도수 : 흐름이 상류에서 사류로 변하는 구간에서 물이 뛰어오르는 현상
㉡ 지배단면 : 흐름이 상류에서 사류로 변하는 곳의 단면
㉢ 비에너지 : 수로 바닥면을 기준으로 한 수두
㉣ 배수곡선 : 완경사 수로에서 댐 상류부에 발생되는 수면곡선
∴ 수로가 단락되는 곳에 생기는 수면곡선은 저하곡선이다.

59. 단파(Hydraulic Bore)에 대한 설명으로 옳은 것은?
11 기사
① 수문을 급히 개방할 경우 하류로 전파되는 흐름
② 유속이 파의 전파속도보다 작은 흐름
③ 댐을 건설하여 상류 측 수로에 생기는 수면파
④ 계단식 여수로에 형성되는 흐름의 형상

■해설 단파
수문 등을 갑자기 닫아서 물의 흐름을 정지시키면 수문 상류의 수심이 갑자기 상승하여 서지 또는 단파라 불리는 수파가 형성되어 상류로 전파된다.

|해답| 57.③ 58.④ 59.①

Chapter 08

지하수

Contents

Section 01 Darcy 법칙
Section 02 Dupuit의 침윤선 공식
Section 03 우물의 수리

ITEM POOL 예상문제 및 기출문제

이것부터 깊어보고 시작하자!

1. Darcy의 법칙
   - $V = KI = K\dfrac{h}{l}$
   - $Q = AV = AKI$
   - 층류에만 적용된다. (특히, $R_e < 4$에 잘 적용된다.)

2. Dupuit의 침윤선 공식
   - $q = \dfrac{K}{2l}(h_1^2 - h_2^2)$

3. 굴착정
   - 피압대수층의 물을 양수하는 우물
   - $Q = \dfrac{2\pi aK(H - h_0)}{2.3\log\left(\dfrac{R}{r_0}\right)}$

4. 깊은 우물
   - 우물의 바닥이 불투수층까지 도달한 우물을 말한다.
   - $Q = \dfrac{\pi K(H^2 - h_0^2)}{2.3\log\left(\dfrac{R}{r_0}\right)}$

5. 집수암거
   - 하천 복류수를 취수하기 위한 우물
   - $Q = \dfrac{Kl}{R}(H^2 - h_0^2)$

Darcy 법칙

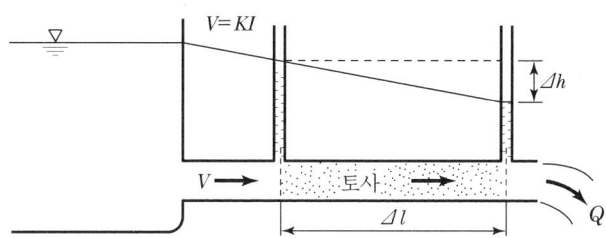

1. 다르시(Darcy)의 법칙

지하수의 흐름은 지표수의 흐름에 비하여 속도가 아주 느리고 층류로 취급되는 경우가 많다.

(1) 지하수의 유량

① $V = kI = k\dfrac{\Delta h}{\Delta l}$

② $Q = AV = AkI = Ak\dfrac{\Delta h}{\Delta l}$

여기서, k : 투수계수(Conefficint of Permeability)라 하며 속도의 차원 $[LT^{-1}]$을 갖는다.
I : 동수경사

(2) 적용범위

다르시의 법칙은 공극 내에서 점성유체의 운동에 대한 관성의 영향을 무시했으므로 흐름이 층류에서 난류로 변할 때 적용의 한계가 있다.

① 머스켓(Muskat) : $R_e = 1$
② 린디퀴스트(Lindiquist) : $R_e < 4$

(3) Darcy 법칙의 3대 가정

① 다공 층을 구성하고 있는 물질의 특성이 균일하고 동질할 것
② 대수층 내에는 모관수대가 존재하지 않을 것
③ 흐름이 정상류 일 것

핵심예제 8-1

Darcy의 법칙($V=KI$)에 대한 설명으로 옳은 것은? [12. 기]

① 정상류의 흐름에서는 층류와 난류에 상관없이 식을 적용할 수 있다.
② V는 동수경사와는 관계없이 흙의 특성에 좌우된다.
③ K의 차원은 $[LT]$이며 단위는 $[Darcy]$로도 표시한다.
④ K는 투수계수이며 흙입자의 모양 및 크기, 유체의 점성 등에 의해 변화한다.

해설 Darcy의 법칙
  ㉠ Darcy의 법칙

$$V=KI=K\frac{h_L}{L}, \quad Q=AV=AKI=AK\frac{h_L}{L} \text{로 구할 수 있다.}$$

  ㉡ 해석
  • 지하수의 유속은 동수경사(I)에 비례한다.
  • 동수경사(I)는 무차원이므로 투수계수는 유속과 동일 차원을 갖는다.$[LT^{-1}]$
  • Darcy의 법칙은 층류에만 적용된다.
  • K는 투수계수이며 흙입자의 모양 및 크기, 유체의 점성 등에 의해 변화한다.

해답 ④

핵심예제 8-2

Darcy의 법칙 $V=k\dfrac{\Delta h}{\Delta l}$에 대한 설명으로 틀린 것은? [12. 산]

① k는 투수계수를 의미한다.
② $\dfrac{\Delta h}{\Delta l}$는 동수 경사를 의미한다.
③ k의 차원은 $[LT^{-1}]$이다.
④ $\dfrac{\Delta h}{\Delta l}$는 토사의 공극률에 의해 결정된다.

해설 Darcy의 법칙
  ㉠ Darcy의 법칙

$$V=K\cdot I=K\cdot \frac{h_L}{L}$$

$$Q=A\cdot V=A\cdot K\cdot I=A\cdot K\cdot \frac{h_L}{L} \text{로 구할 수 있다.}$$

  ㉡ 특징
  • 지하수의 유속은 동수경사(I)에 비례한다.
  • 동수경사(I)는 무차원이므로 투수계수는 유속과 동일 차원$[LT^{-1}]$을 갖는다.
  • Darcy의 법칙은 정상류흐름에 층류에만 적용된다.
  • 다공층의 매질은 균일하며 동질이다.
  • 투수계수 K는 토사의 공극률에 영향을 받는다.

해답 ④

핵심예제 8-3

모래여과지에서 사층 두께 2.4m, 투수계수를 0.04cm/sec로 하고 여과수두를 50cm로 할 때 10,000m³/day의 물을 여과시키는 경우 여과지 면적은?

[10. 기], [13. 기], [16. 기]

① 1,289m²
② 1,389m²
③ 1,489m²
④ 1,589m²

해설 여과지의 면적계산

㉠ Darcy의 법칙

$$V = KI = K\frac{h_L}{L}, \quad Q = AV = AKI = AK\frac{h_L}{L}$$ 로 구할 수 있다.

㉡ 여과지의 면적계산

$$A = \frac{Q}{KI} = \frac{\frac{10,000}{24 \times 3,600}}{0.04 \times 10^{-2} \times \frac{0.5}{2.4}} = 1,388.9 \text{m}^2$$

해답 ②

핵심예제 8-4

지하수의 흐름은 Darcy의 법칙을 이용하여 표현할 수 있다. 이때 지하수의 흐름과 가장 잘 일치되는 경우는?

[11. 산], [13. 산], [16. 산]

① 층류인 경우
② 난류인 경우
③ 상류인 경우
④ 사류인 경우

해설 Darcy의 법칙

㉠ Darcy의 법칙

$$V = K \cdot I = K \cdot \frac{h_L}{L}$$

$$Q = A \cdot V = A \cdot K \cdot I = A \cdot K \cdot \frac{h_L}{L}$$ 로 구할 수 있다.

㉡ 특징
- Darcy의 법칙은 지하수의 층류 흐름에 대한 마찰저항공식이다.
- Darcy의 법칙은 정상류 흐름의 층류에만 적용된다.(특히, $R_e < 4$일 때 잘 적용된다.)
- $V = K \cdot I$로 지하수의 유속은 동수경사와 비례관계를 가지고 있다.

해답 ①

2. 투수계수

투수층의 투수능 정도를 양적으로 표시하는 방법으로 통상 투수계수(k)를 사용한다.

(1) 투수계수의 영향인자

$$k = D_s^2 \frac{\rho g}{\mu} \frac{e^3}{1+e} C$$

여기서, k : 투수계수
 D_s : 입자의 직경
 ρg : 물의 단위중량
 μ : 점성계수
 e : 간극비
 C : 형상계수

① 흙입자의 모양 및 크기
② 간극비
③ 포화도 : 포화도가 커질수록 투수계수는 증가한다.
④ 흙입자의 구성 및 구조
⑤ 유체의 점성
⑥ 유체의 밀도, 구성 및 구조

(2) 투수계수의 단위

투수계수의 단위로 [Darcy]가 사용된다.

$$1[\mathrm{Darcy}] = \frac{\frac{1[\mathrm{centipoise}] \times 1[\mathrm{cm}^3/\mathrm{s}]}{1[\mathrm{cm}^2]}}{1[\text{기압}/\mathrm{cm}]}$$

즉, 압력경사 1[기압/cm] 하에서 1[centipoise]의 점성을 갖는 유체가 1[cm³/s]의 유량으로 1[cm²]의 단면적을 통해서 흐를 때의 투수계수를 1[Darcy]라 한다.

핵심예제 8-5

다음 중 1Darcy를 옳게 기술한 것은?

① 압력경사 2기압/cm 하에서 1centipoise의 점성을 가진 유체가 1cc/s의 유량으로 1cm²의 단면을 통해서 흐를 때의 투수계수
② 압력경사 1기압/cm 하에서 1centipoise의 점성을 가진 유체가 1cc/s의 유량으로 1cm²의 단면을 통해서 흐를 때의 투수계수
③ 압력경사 2기압/cm 하에서 2centipoise의 점성을 가진 유체가 1cc/s의 유량으로 10cm²의 단면을 통해서 흐를 때의 투수계수
④ 압력경사 2기압/cm 하에서 1centipoise의 점성을 가진 유체가 1cc/s의 유량으로 10cm²의 간면을 통해서 흐를 때의 투수계수

해설 $1\mathrm{Darcy} = \dfrac{\dfrac{1\mathrm{centipoise} \times 1\mathrm{cc/s}}{1\mathrm{cm}^2}}{1\mathrm{기압/cm}}$

∴ 1Darcy는 압력경사 1기압/cm 하에서 1centipoise의 점성을 가진 유체가 1cc/s의 유량으로 1cm²의 단면을 통해서 흐를 때의 투수계수를 의미한다.

해답 ②

Section 02 Dupuit의 침윤선 공식

자유수면을 갖는 지하수층에서의 흐름상태를 나타내기 위해 Dupuit은 제방 내 침투유량을 다음 식으로 정의하였다.

$$q = KIA = \frac{K}{2l}(h_1^2 - h_2^2)$$

여기서, K : 투수계수, I : 동수경사
　　　　A : 면적,　　　l : 제방의 길이
　　　　h_1 : 제외지 수위,　h_2 : 제내지 수위

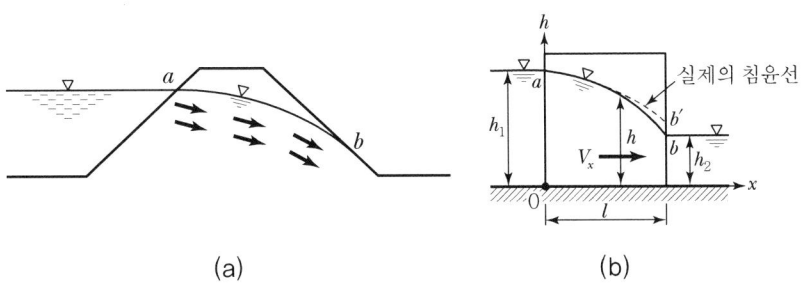

(a)　　　　　　　　(b)

핵심예제 8-6

Dupuit의 침윤선(浸潤線) 공식의 유량은?(단, 직사각형 단면 제방 내부의 투수인 경우이며, 제방의 저면은 불투수층이고 q : 단위폭당 유량, L : 침윤거리, h_1, h_2 : 상하류의 수위, k : 투수계수) [10. 산], [11. 산], [14. 산]

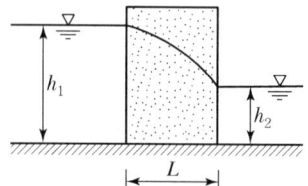

① $q = \dfrac{k}{2L}(h_1^2 - h_2^2)$ ② $q = \dfrac{k}{2L}(h_1^2 + h_2^2)$

③ $q = \dfrac{k}{L}(h_1^2 - h_2^2)$ ④ $q = \dfrac{k}{L}(h_1^2 + h_2^2)$

해설 Dupuit의 침윤선 공식

Dupuit의 침윤선 공식을 이용하여 제방 내 침투유량을 산정한다.

$q = \dfrac{k}{2L}(h_1^2 - h_2^2)$

해답 ①

우물의 수리

1. 굴착정

피압 대수층의 물을 양수하는 우물을 굴착정이라 한다. 여기서, R은 양수의 영향이 미치는 영향원의 반경이다.

$$Q = \dfrac{2\pi a K(H - h_0)}{\log_e (R/r_0)} = \dfrac{2\pi a K(H - h_0)}{2.3 \log_{10}\left(\dfrac{R}{r_0}\right)}$$

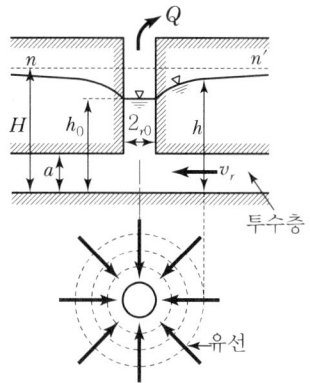

2. 깊은 우물(심정호)

집수정의 바닥이 불투수층까지 도달한 경우를 심정호라 한다.

$$Q = \frac{\pi K(H^2 - h_0^2)}{\log_e(R/r_0)} = \frac{\pi K(H^2 - h_0^2)}{2.3\log_{10}\left(\dfrac{R}{r_0}\right)}$$

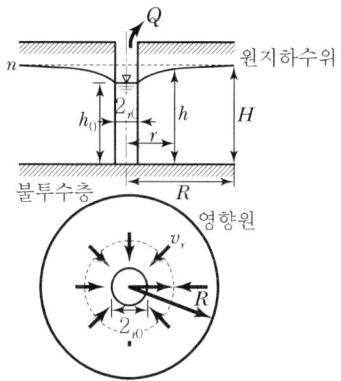

3. 얕은 우물(천정호)

우물의 바닥이 불투수층까지 도달하지 않은 경우를 얕은 우물이라 한다.

(1) 바닥이 수평인 경우

$$Q = 4 \cdot K \cdot r_0 (H - h_0)$$

(2) 바닥이 둥근 경우

$$Q = 2\pi \cdot K \cdot r_0 (H - h_0)$$

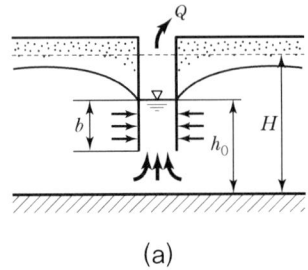
(a)

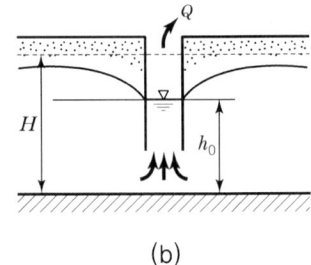
(b)

4. 집수암거

하천 복류수를 취수하기 위하여 설치한 우물로 양수량은 다음 식으로 결정한다.

$$Q = 2lq = \frac{kl}{R}(H^2 - h_0^2) \text{ (양쪽 침투)}$$
$$= \frac{kl}{2R}(H^2 - h_0^2) \text{ (한쪽 침투)}$$

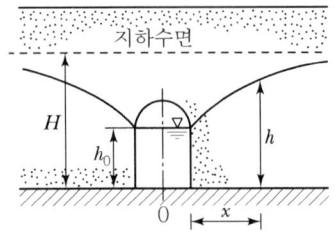

핵심예제 8-7

지하수의 연직분포를 크게 나누면 통기대와 포화대로 나눌 수 있다. 다음 중 통기대에 속하지 않는 것은? [14. 기]

① 토양수대　　　　　　　　② 중간수대
③ 모관수대　　　　　　　　④ 지하수대

해설 지하의 연직분포대
- 지하의 연직분포대는 크게 통기대(자유면 지하수)와 포화대(피압면 지하수)로 나눈다.
- 통기대는 다시 토양수대, 중간(중력)수대, 모관수대로 나뉜다.

해답 ④

핵심예제 8-8

깊은 우물(심정호)에 대한 설명으로 옳은 것은? [10. 산], [14. 산]

① 불투수층에서 50m 이상 도달한 우물
② 집수 우물 바닥이 불투수층까지 도달한 우물
③ 집수 깊이가 100m 이상인 우물
④ 집수 우물 바닥이 불투수층을 통과하여 새로운 대수층에 도달한 우물

해설 우물의 수리

종류	내용
깊은 우물(심정호)	우물의 바닥이 불투수층까지 도달한 우물을 말한다. $Q = \dfrac{\pi K(H^2 - h_0^2)}{2.3\log(R/r_0)}$
얕은 우물(천정호)	우물의 바닥이 불투수층까지 도달하지 못한 우물을 말한다. $Q = 4Kr_0(H - h_0)$
굴착정	피압대수층의 물을 양수하는 우물을 굴착정이라 한다. $Q = \dfrac{2\pi aK(H - h_0)}{2.3\log(R/r_0)}$
집수암거	복류수를 취수하는 우물을 집수암거라 한다. $Q = \dfrac{Kl}{R}(H^2 - h^2)$

∴ 깊은 우물(심정호)은 우물의 바닥이 불투수층까지 도달한 우물을 말한다.

해답 ②

핵심예제 8-9

자유수면을 가지고 있는 깊은 우물에서 양수량 Q를 일정하게 퍼냈더니 최초의 수위 H가 h_o로 강하하여 정상흐름이 되었다. 이때의 양수량은?(단, 우물의 반지름 = r_o, 영향원의 반지름 = R, 투수계수 = k) [12. 기], [14. 기]

① $Q = \dfrac{\pi k(H^2 - h_o^2)}{\ln\dfrac{R}{r_o}}$ ② $Q = \dfrac{2\pi k(H^2 - h_o^2)}{\ln\dfrac{R}{r_o}}$

③ $Q = \dfrac{\pi k(H^2 - h_o^2)}{2\ln\dfrac{R}{r_o}}$ ④ $Q = \dfrac{\pi k(H^2 - h_o^2)}{2\ln\dfrac{r_o}{R}}$

해설 우물의 양수량

종류	내용
깊은 우물(심정호)	우물의 바닥이 불투수층까지 도달한 우물을 말한다. $Q = \dfrac{\pi K(H^2 - h_o^2)}{\ln(R/r_o)} = \dfrac{\pi K(H^2 - h_o^2)}{2.3\log(R/r_o)}$
얕은 우물(천정호)	우물의 바닥이 불투수층까지 도달하지 못한 우물을 말한다. $Q = 4Kr_o(H - h_o)$
굴착정	피압대수층의 물을 양수하는 우물을 굴착정이라 한다. $Q = \dfrac{2\pi aK(H - h_o)}{\ln(R/r_o)} = \dfrac{2\pi aK(H - h_o)}{2.3\log(R/r_o)}$
집수암거	복류수를 취수하는 우물을 집수암거라 한다. $Q = \dfrac{Kl}{R}(H^2 - h^2)$

해답 ①

핵심예제 8-10

두께 3m인 피압대수층에서 반지름 1m인 우물로 양수한 결과, 수면강하 10m일 때 정상상태로 되었다. 투수계수 0.3m/hr, 영향권 반지름 400m라면 이때의 양수량은? [13. 기]

① $2.6 \times 10^{-3} \, \text{m}^3/\text{s}$
② $6.0 \times 10^{-3} \, \text{m}^3/\text{s}$
③ $9.4 \, \text{m}^3/\text{s}$
④ $21.6 \, \text{m}^3/\text{s}$

해설 우물의 수리
  ㉠ 우물의 종류

종류	내용
깊은 우물(심정호)	우물의 바닥이 불투수층까지 도달한 우물을 말한다. $Q = \dfrac{\pi K(H^2 - h_0^2)}{2.3\log(R/r_0)}$
얕은 우물(천정호)	우물의 바닥이 불투수층까지 도달하지 못한 우물을 말한다. $Q = 4Kr_0(H - h_0)$
굴착정	피압대수층의 물을 양수하는 우물을 굴착정이라 한다. $Q = \dfrac{2\pi aK(H - h_0)}{2.3\log(R/r_0)}$
집수암거	복류수를 취수하는 우물을 집수암거라 한다. $Q = \dfrac{Kl}{R}(H^2 - h^2)$

  ㉡ 굴착정의 양수량 산정

$$Q = \dfrac{2\pi aK(H - h_0)}{2.3\log(R/r_0)} = \dfrac{2 \times \pi \times 3 \times \left(\dfrac{0.3}{3,600}\right) \times 10}{2.3\log(400/1)} = 0.0026 \, \text{m}^3/\text{sec}$$
$$= 2.6 \times 10^{-3} \, \text{m}^3/\text{sec}$$

해답 ①

핵심예제 8-11

그림과 같이 불투수층까지 미치는 암거에서의 용수량(湧水量) Q는?(단, 투수계수 $k=0.009\text{m/s}$) [15. 산]

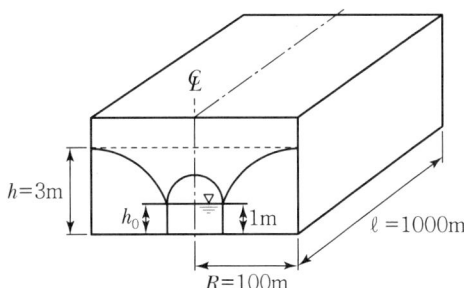

① $0.36\text{m}^3/\text{s}$
② $0.72\text{m}^3/\text{s}$
③ $36\text{m}^3/\text{s}$
④ $72\text{m}^3/\text{s}$

해설 우물의 수리

㉠ 우물의 양수량

종류	내용
깊은 우물(심정호)	우물의 바닥이 불투수층까지 도달한 우물을 말한다. $Q = \dfrac{\pi K(H^2 - h_o^2)}{\ln(R/r_o)} = \dfrac{\pi K(H^2 - h_o^2)}{2.3\log(R/r_o)}$
얕은 우물(천정호)	우물의 바닥이 불투수층까지 도달하지 못한 우물을 말한다. $Q = 4Kr_o(H - h_o)$
굴착정	피압대수층의 물을 양수하는 우물을 굴착정이라 한다. $Q = \dfrac{2\pi a K(H - h_o)}{\ln(R/r_o)} = \dfrac{2\pi a K(H - h_o)}{2.3\log(R/r_o)}$
집수암거	복류수를 취수하는 우물을 집수암거라 한다. $Q = \dfrac{Kl}{R}(H^2 - h^2)$

㉡ 집수암거의 용수량

$Q = \dfrac{Kl}{R}(H^2 - h^2) = \dfrac{0.009 \times 1,000}{100} \times (3^2 - 1^2) = 0.72\text{m}^3/\sec$

해답 ②

Item pool 예상문제 및 기출문제

01. 지하수의 흐름을 나타내는 Darcy 법칙에 관한 설명 중 틀린 것은?
06 기사

① $R_e > 10$인 흐름과 대수층 내에 모관수대가 존재하는 흐름에만 적용된다.
② 투수물질은 균질 등방성이며, 대수층 내의 모관수대는 존재하지 않는다.
③ 유속은 토양간극 사이를 흐르는 평균유속이며, 동수경사에 비례한다.
④ 투수계수는 물의 흐름에 대한 흙의 저항정도를 표현하는 계수로서, 속도와 차원이 같다.

■ 해설 Darcy의 법칙

$$V = k \cdot I = k \cdot \frac{h_l}{l}$$

여기서, k : 투수계수로 물의 흐름에 대한 흙의 저항정도를 표현하며, 차원은 속도와 같다. $[LT^{-1}]$
I : 동수경사(무차원)

㉠ 지하수의 유속은 동수경사(I)에 비례한다.
㉡ 흐름은 층류에만 적용한다.(특히 $R_e < 4$)
㉢ 투수물질은 균질 등방성이며, 대수층 내의 모관수대는 존재하지 않는다.

02. Darcy의 법칙에 대한 설명으로 옳지 않은 것은?
10 기사
13 기사
14 산업

① Darcy의 법칙은 지하수의 층류흐름에 대한 마찰저항공식이다.
② 투수계수는 물의 점성계수에 따라서도 변화한다.
③ Reynolds수가 클수록 안심하고 적용할 수 있다.
④ 평균유속이 동수경사와 비례관계를 가지고 있는 흐름에 적용될 수 있다.

■ 해설 Darcy의 법칙

$V = K \cdot I = K \cdot \frac{h_l}{L}$, $Q = A \cdot V = A \cdot K \cdot I = A \cdot K \cdot \frac{h_L}{L}$ 로 구할 수 있다.

① 지하수의 유속은 동수경사(I)에 비례한다.
② 동수경사(I)는 무차원이므로 투수계수는 유속과 동일 차원을 갖는다.
③ Darcy의 법칙은 층류에만 적용된다.(특히, $R_e < 4$인 경우에 잘 적용된다.)
④ 투수계수는 물의 점성계수, 지하수의 온도, 토사의 입경, 물의 단위중량 등에 관계된다.

03. Darcy의 법칙($v = k \cdot l$)에 관한 설명으로 틀린 것은?(단, k는 투수계수, l는 동수경사)
14 기사

① Darcy의 법칙은 물의 흐름이 층류일 경우에만 적용 가능하고, 흐름 방향과는 무관하다.
② 대수층의 유속은 동수경사에 비례한다.
③ 유속 v는 입자 사이를 흐르는 실제유속을 의미한다.
④ 투수계수 k는 흙입자 크기, 공극률, 물의 점성계수 등에 관계된다.

■ 해설 Darcy의 법칙
㉠ Darcy의 법칙

$$V = K \cdot I = K \cdot \frac{h_L}{L}$$
$$Q = A \cdot V = A \cdot K \cdot I = A \cdot K \cdot \frac{h_L}{L}$$

로 구할 수 있다.

㉡ 특징
• Darcy의 법칙은 지하수의 층류흐름에 대한 마찰저항공식이다.
• 투수계수는 물의 점성계수와 토사의 공극률에 따라서도 변화한다.

$$K = D_s^2 \frac{\rho g}{\mu} \frac{e^3}{1+e} C$$

여기서, μ : 점성계수
e : 공극률

• Darcy의 법칙은 정상류 흐름에 층류에만 적용된다.(특히, $R_e < 4$일 때 잘 적용된다.)
• $V = K \cdot I$로 지하수의 유속은 동수경사와 비례관계를 가지고 있다.

04. 지하수의 흐름에서 Darcy법칙을 사용할 때의 가정조건으로 옳지 않은 것은?

① 흐름은 정상류이다.
② 다공층의 매질은 균일하며 동질이다.
③ 유속은 입자 사이를 흐르는 평균이론유속이다.
④ 흐름이 층류보단 난류인 경우에 더욱 정확하다.

해설 Darcy의 법칙
㉠ Darcy의 법칙

$$V = K \cdot I = K \cdot \frac{h_L}{L}$$

$$Q = A \cdot V = A \cdot K \cdot I = A \cdot K \cdot \frac{h_L}{L} \text{로 구할 수 있다.}$$

㉡ 특징
- 지하수의 유속은 동수경사(I)에 비례한다.
- 동수경사(I)는 무차원이므로 투수계수는 유속과 동일 차원을 갖는다.
- Darcy의 법칙은 정상류흐름에 층류에만 적용된다.
- 다공층의 매질은 균일하며 동질이다.

05. 지하수의 유수 이동에 적용되는 다르시(Darcy)의 법칙은?(단, v : 유속, k : 투수계수, I : 동수경사, h : 수심, R : 동수반경, C : 유속계수)

① $v = -kI$
② $v = C\sqrt{RI}$
③ $v = -kCI$
④ $v = -kh$

해설 Darcy의 법칙
㉠ Darcy의 법칙

$$V = K \cdot I = K \cdot \frac{h_L}{L},$$

$$Q = A \cdot V = A \cdot K \cdot I = A \cdot K \cdot \frac{h_L}{L} \text{로 구할 수 있다.}$$

㉡ 특징
- Darcy의 법칙은 지하수의 층류흐름에 대한 마찰저항공식이다.
- 투수계수는 물의 점성계수에 따라서도 변화한다.

$$K = D_s^2 \frac{\rho g}{\mu} \frac{e^3}{1+e} C$$

여기서, μ : 점성계수

- Darcy의 법칙은 정상류흐름에 층류에만 적용된다.(특히, $R_e < 4$ 일 때 잘 적용된다.)
- $V = K \cdot I$로 지하수의 유속은 동수경사와 비례관계를 가지고 있다.

06. Darcy의 법칙 $V = k\frac{\Delta h}{\Delta l}$에 대한 설명으로 틀린 것은?

① k는 투수계수를 의미한다.
② $\frac{\Delta h}{\Delta l}$는 동수 경사를 의미한다.
③ k의 차원은 $[LT^{-1}]$이다.
④ $\frac{\Delta h}{\Delta l}$는 토사의 공극률에 의해 결정된다.

해설 Darcy의 법칙
㉠ Darcy의 법칙

$$V = K \cdot I = K \cdot \frac{h_L}{L}$$

$$Q = A \cdot V = A \cdot K \cdot I = A \cdot K \cdot \frac{h_L}{L} \text{로 구할 수 있다.}$$

㉡ 특징
- 지하수의 유속은 동수경사(I)에 비례한다.
- 동수경사(I)는 무차원이므로 투수계수는 유속과 동일 차원[LT^{-1}]을 갖는다.
- Darcy의 법칙은 정상류흐름에 층류에만 적용된다.
- 다공층의 매질은 균일하며 동질이다.
- 투수계수 K는 토사의 공극률에 영향을 받는다.

07. 다르시의 법칙(Darcy's Law)에 대한 설명으로 옳은 것은?

① 점성계수를 구하는 법칙이다.
② 지하수의 유속은 동수경사에 비례한다는 법칙이다.
③ 관수로의 흐름에 대한 수류상사의 법칙이다.
④ 개수로의 흐름에 대한 수류상사의 법칙이다.

해설 Darcy의 법칙
㉠ Darcy의 법칙

$$V = K \cdot I = K \cdot \frac{h_L}{L}$$

$$Q = A \cdot V = A \cdot K \cdot I$$

|해답| 04.④ 05.① 06.④ 07.②

$= A \cdot K \cdot \dfrac{h_L}{L}$ 로 구할 수 있다.

ⓒ 특징
 • 지하수의 유속은 동수경사(I)에 비례한다.
 • 동수경사(I)는 무차원이므로 투수계수는 유속과 동일 차원을 갖는다.
 • Darcy의 법칙은 층류에만 적용된다.

08. 지하수의 유속에 대한 설명으로 옳은 것은?
15 기사
① 수온이 높으면 크다.
② 수온이 낮으면 크다.
③ 4℃에서 가장 크다.
④ 수온에 관계없이 일정하다.

■ 해설 Darcy의 법칙
ⓐ Darcy의 법칙
 • $V = K \cdot I = K \cdot \dfrac{h_L}{L}$
 • $Q = A \cdot V = A \cdot K \cdot I = A \cdot K \cdot \dfrac{h_L}{L}$

ⓑ 투수계수
$K = D_s^2 \dfrac{\rho g}{\mu} \dfrac{e^3}{1+e} C$

여기서, D_s^2 : 입자의 직경
 ρg : 유체의 밀도 및 단위중량
 μ : 점성계수
 e : 간극비
 C : 형상계수

ⓒ 투수계수의 특징
점성계수는 온도가 상승하면 그 값이 작아진다.
∴ 온도가 상승하면 투수계수는 그 값이 커진다.
∴ 투수계수 값이 커지면 지하수의 유속은 커진다.

09. Darcy 법칙에서 투수계수의 차원은?
08 산업
11 기사
① 동수경사의 차원이다.
② 속도수두의 차원이다.
③ 유속의 차원이다.
④ 점성계수의 차원이다.

■ 해설 Darcy의 법칙
지하수의 흐름은 Darcy의 법칙을 이용한다.
ⓐ $V = K \cdot I = K \cdot \dfrac{h_L}{L}$
ⓑ 여기서 동수경사의 차원은 무차원이다.

∴ 투수해석의 차원은 유속의 차원과 같다.

10. 지하수 수리에서 Darcy법칙을 적용할 수 있는 R_e 수의 범위로 옳은 것은?
00 산업
12 산업
15 산업
① $R_e < 2,000$ ② $R_e < 500$
③ $R_e < 45$ ④ $R_e < 4$

■ 해설 Darcy법칙 성립 범위
"층류" 특히 $R_e < 4$

11. 지하수 흐름의 기본 방정식으로 이용되는 법칙은?
13 산업
① Chezy의 법칙 ② Darcy의 법칙
③ Manning의 법칙 ④ Reynolds의 법칙

■ 해설 Darcy의 법칙
ⓐ 지하수 흐름의 기본방정식으로 Darcy의 법칙을 이용한다.
ⓑ Darcy의 법칙
$V = K \cdot I = K \cdot \dfrac{h_L}{L}$
$Q = A \cdot V = A \cdot K \cdot I = A \cdot K \cdot \dfrac{h_L}{L}$ 로 구할 수 있다.

12. 다음 중 부정류 흐름의 지하수를 해석하는 방법은?
16 기사
① Theis 방법 ② Dupuit 방법
③ Thiem 방법 ④ Laplace 방법

■ 해설 부정류 지하수 해석법
부정류 지하수를 해석하는 방법에는 Theis, Jacob, Chow 방법 등이 있다.

13. 다음 중 지하수의 흐름을 지배하는 힘은?
00 산업
09 산업
12 산업
① 관성력 ② 점성력
③ 중력 ④ 표면장력

■ 해설 지하수라 함은 땅속에 침투되어 암반이나 점토같은 불투수층에 도달되어 그 이상 통과하지 못하고 머무르는 물
∴ 중력의 영향을 받는다.

|해답| 08.① 09.③ 10.④ 11.② 12.① 13.③

14.
지하수의 유속공식에서 투수계수(K)의 변화와 관계가 없는 것은?

① 물의 점성계수   ② 지하수위
③ 토사의 입경   ④ 토사의 공극률

■ 해설 투수계수
  ㉠ 정의 : 투수층의 투수능 정도를 양적으로 표시하는 방법으로 통상 투수계수(k)를 사용한다.
  ㉡ 투수계수 영향인자
    • $k = D_s^2 \dfrac{\rho g}{\mu} \dfrac{e^3}{1+e} C$
    • 흙입자의 모양 및 크기
    • 간극비
    • 포화도
    • 흙입자의 구성 및 구조
    • 유체의 점성
    • 유체의 밀도
  ∴ 투수계수와 관련이 없는 인자는 지하수위이다.

15.
지하수의 투수계수에 관한 설명으로 틀린 것은?

① 같은 종류의 토사라 할지라도 그 간극률에 따라 변한다.
② 흙입자의 구성, 지하수의 점성계수에 따라 변한다.
③ 지하수의 유량을 결정하는 데 사용된다.
④ 지역에 따른 무차원 상수이다.

■ 해설 Darcy의 법칙
  ㉠ Darcy의 법칙
    • $V = K \cdot I = K \cdot \dfrac{h_L}{L}$
    • $Q = A \cdot V = A \cdot K \cdot I = A \cdot K \cdot \dfrac{h_L}{L}$
    로 구할 수 있다.
  ㉡ 투수계수
    • $K = D_s^2 \dfrac{\rho g}{\mu} \dfrac{e^3}{1+e} C$
    여기서, D_s^2 : 입자의 직경
            ρg : 유체의 밀도 및 단위중량
            μ : 점성계수
            e : 간극비
            C : 형상계수
  ㉢ 투수계수의 특징
    • 투수계수는 간극률에 따라 변한다.
    • 투수계수는 흙입자의 구성, 지하수의 점성계수에 영향을 받는다.
    • 투수계수는 지하수의 유량을 결정하는 데 사용된다.
    • 투수계수는 유속과 동일한 차원을 갖는다. [LT^{-1}]

16.
내경 10cm의 연진관 속에 1.2m만큼 모래가 들어 있다. 모래면 위의 수위를 일정하게 하여 유량을 측정한 바 $Q = 4\ell/\text{hr}$이었다. 이 모래의 투수계수 k는?

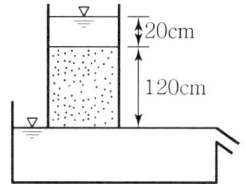

① 1.2×10^{-2} cm/sec   ② 2.4×10^{-2} cm/sec
③ 3.3×10^{-2} cm/sec   ④ 4.4×10^{-2} cm/sec

■ 해설
  ㉠ $Q = 4\ell/\text{hr} = \dfrac{4,000}{3,600}$
         $= 1.11 \text{cm}^3/\text{sec}$
  ㉡ $1.11 = k \cdot \dfrac{140}{120} \cdot \dfrac{\pi \times 10^2}{4}$
  ∴ $K = 1.2 \times 10^{-2}$ cm/sec

17.
그림은 정수위투수계에 의한 투수계수 측정 모습이다. $h = 100$cm, $L = 20$cm, $Q = 45\text{cm}^3/\text{sec}$이고 시료의 단면적 $A = 300\text{cm}^2$일 때 투수계수는?

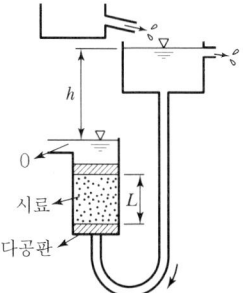

① 0.004cm/sec   ② 0.03cm/sec
③ 0.2cm/sec   ④ 1.0cm/sec

■ 해설 Darcy의 법칙
㉠ Darcy의 법칙

$$V = K \cdot I = K \cdot \frac{h_L}{L}$$

$$Q = A \cdot V = A \cdot K \cdot I = A \cdot K \cdot \frac{h_L}{L}$$ 로 구할 수 있다.

㉡ 특징
- 지하수의 유속은 동수경사(I)에 비례한다.
- 동수경사(I)는 무차원이므로 투수계수는 유속과 동일 차원을 갖는다.
- Darcy의 법칙은 층류에만 적용된다.

㉢ 투수계수의 산정

$$K = \frac{Q}{A\frac{h_L}{L}} = \frac{45}{300 \times \frac{100}{20}} = 0.03\,\text{cm/sec}$$

18. 두 개의 수조를 연결하는 길이 3.7m의 수평관 속에 모래가 가득 차 있다. 두 수조의 수위차를 2.5m, 투수계수를 0.5m/sec라고 하면 모래를 통과할 때의 평균 유속은?

① 0.104m/s   ② 0.207m/s
③ 0.338m/s   ④ 0.446m/s

■ 해설 Darcy의 법칙
㉠ Darcy의 법칙

$$V = K \cdot I = K \cdot \frac{h_L}{L}$$

$$Q = A \cdot V = A \cdot K \cdot I = A \cdot K \cdot \frac{h_L}{L}$$

㉡ 유속의 산정

$$V = K \cdot I = 0.5 \times 2.5/3.7 = 0.338\,\text{m/sec}$$

19. 지하수의 흐름에서 상·하류 두 지점의 수두차가 1.6m이고, 두 지점의 수평거리가 480m인 경우, 대수층의 두께 3.5m, 폭이 1.2m일 때의 지하수 유량은?(단, 투수계수 $k = 208\,\text{m/day}$이다.)

① $3.82\,\text{m}^3/\text{day}$ ② $2.91\,\text{m}^3/\text{day}$
③ $2.12\,\text{m}^3/\text{day}$ ④ $2.08\,\text{m}^3/\text{day}$

■ 해설 Darcy의 법칙
㉠ Darcy의 법칙

- $V = K \cdot I = K \cdot \dfrac{h_L}{L}$

- $Q = A \cdot V = A \cdot K \cdot I = A \cdot K \cdot \dfrac{h_L}{L}$

㉡ 지하수 유량의 산정

$$Q = A \cdot K \cdot \frac{h_L}{L} = (3.5 \times 1.2) \times 208 \times \frac{1.6}{480} = 2.91\,\text{m}^3/\text{day}$$

20. 대수층의 두께 2m, 폭 1.2m이고 지하수 흐름의 상·하류 두 점 사이의 수두차는 1.5m, 두 점 사이의 평균거리 300m, 지하수 유량이 2.4m³/d일 때 투수계수는?

① 200m/d   ② 225m/d
③ 267m/d   ④ 360m/d

■ 해설 Darcy의 법칙
㉠ Darcy의 법칙

- $V = K \cdot I = K \cdot \dfrac{h_L}{L}$

- $Q = A \cdot V = A \cdot K \cdot I = A \cdot K \cdot \dfrac{h_L}{L}$

㉡ 투수계수의 산정

$$K = \frac{Q}{AI} = \frac{2.4}{(2 \times 1.2) \times \frac{1.5}{300}} = 200\,\text{m/day}$$

21. 비파압 대수층의 우물에서 100m 떨어진 지점의 지하수위가 50m이고, 지하수위의 경사가 0.05, 투수계수가 20m/day일 때 우물의 양수량은?

① 약 $28,200\,\text{m}^3/\text{day}$ ② 약 $31,400\,\text{m}^3/\text{day}$
③ 약 $36,800\,\text{m}^3/\text{day}$ ④ 약 $42,500\,\text{m}^3/\text{day}$

■ 해설 Darcy의 법칙

① $V = KI = K \cdot \dfrac{h_L}{L} = A \cdot K \cdot I$,

$\quad = A \cdot K \cdot \dfrac{h_L}{L}$

$Q = A \cdot V$로 구할 수 있다.

㉠ 지하수의 유속은 동수경사(I)에 비례한다.

|해답| 18.③ 19.② 20.① 21.②

ⓒ 동수경사(I)는 무차원이므로 투수계수는 유속과 동일 차원을 갖는다.
ⓓ Darcy의 법칙은 층류에만 적용된다.
② 양수량의 결정
$Q = A \cdot V = A \cdot KI$
$= 31,400 \times 20 \times 0.05 = 31,400 \text{m}^3/\text{day}$
③ 면적의 산정
우물로부터 영양원의 반지름은 100m 떨어진 곳이므로 지름은 200m이다.
$\therefore A = \dfrac{\pi \times D^2}{4} = \dfrac{\pi \times 200^2}{4} = 31,400 \text{m}^2$

22. 2개의 불투수층 사이에 있는 대수층의 두께 a, 투수계수 k인 곳에 반지름 r_0인 굴착정(Artesian Well)을 설치하고 일정 양수량 Q를 양수하였더니, 양수 전 굴착정 내의 수위 H가 h_0로 강하하여 정상흐름이 되었다. 굴착정의 영향원 반지름을 R이라 할 때 $(H-h_0)$의 값은?

① $\dfrac{2Q}{\pi ak}\ln(\dfrac{R}{r_0})$ ② $\dfrac{2Q}{\pi ak}\ln(\dfrac{r_0}{R})$
③ $\dfrac{Q}{2\pi ak}\ln(\dfrac{R}{r_0})$ ④ $\dfrac{Q}{2\pi ak}\ln(\dfrac{r_0}{R})$

■해설 우물의 수리

종류	내용
깊은우물 (심정호)	우물의 바닥이 불투수층까지 도달한 우물을 말한다. $Q = \dfrac{\pi K(H^2 - h_o^2)}{\ln(R/r_o)} = \dfrac{\pi K(H^2 - h_o^2)}{2.3\log(R/r_o)}$
얕은우물 (천정호)	우물의 바닥이 불투수층까지 도달하지 못한 우물을 말한다. $Q = 4Kr_o(H - h_o)$
굴착정	피압대수층의 물을 양수하는 우물을 굴착정이라 한다. $Q = \dfrac{2\pi aK(H-h_o)}{\ln(R/r_o)} = \dfrac{2\pi aK(H-h_o)}{2.3\log(R/r_o)}$
집수암거	복류수를 취수하는 우물을 집수암거라 한다. $Q = \dfrac{Kl}{R}(H^2 - h^2)$

∴ 굴착정의 우물의 양수량 공식은
$Q = \dfrac{2\pi aK(H-h_0)}{2.3\log(R/r_0)} = \dfrac{2\pi aK(H-h_0)}{\ln(R/r_0)}$에서
$(H-h_0)$에 관해서 정리하면 $\dfrac{Q}{2\pi ak}\ln\left(\dfrac{R}{r_o}\right)$

23. 두께 20.0m의 피압대수층에서 $0.1\text{m}^3/\text{s}$로 양수했을 때 평형상태에 도달하였다. 이 양수정에서 각각 50.0m, 200.0m 떨어진 관측점에서 수위가 39.20m, 40.66m이었다면 이 대수층의 투수계수(k)는?

① 0.2m/day ② 6.5m/day
③ 20.7m/day ④ 65.3m/day

■해설 우물의 양수량
㉠ 우물의 양수량

종류	내용
깊은 우물 (심정호)	우물의 바닥이 불투수층까지 도달한 우물을 말한다. $Q = \dfrac{\pi K(H^2 - h_o^2)}{\ln(R/r_o)} = \dfrac{\pi K(H^2 - h_o^2)}{2.3\log(R/r_o)}$
얕은 우물 (천정호)	우물의 바닥이 불투수층까지 도달하지 못한 우물을 말한다. $Q = 4Kr_o(H - h_o)$
굴착정	피압대수층의 물을 양수하는 우물을 굴착정이라 한다. $Q = \dfrac{2\pi aK(H-h_o)}{\ln(R/r_o)} = \dfrac{2\pi aK(H-h_o)}{2.3\log(R/r_o)}$
집수암거	복류수를 취수하는 우물을 집수암거라 한다. $Q = \dfrac{Kl}{R}(H^2 - h^2)$

㉡ 굴착정의 투수계수
$K = \dfrac{2.3\log(R/r_o)Q}{2\pi a(H-h_o)}$
$= \dfrac{2.3\log(200/50) \times 0.1}{2 \times \pi \times 20 \times (40.66 - 39.20)}$
$= 65.3 \text{m/day}$

24. 지름이 2m이고 영향원의 반지름이 1,000m이며, 원지하수의 수위 $H = 7\text{m}$, 집수정의 수위 $h_0 = 5\text{m}$인 심정호의 양수량은?(단, $K = 0.0038\text{m/sec}$)

① $0.0415\text{m}^3/\text{sec}$ ② $0.0461\text{m}^3/\text{sec}$
③ $0.0830\text{m}^3/\text{sec}$ ④ $1.820\text{m}^3/\text{sec}$

■해설 심정호 양수량
$Q = \dfrac{\pi K(H^2 - h_0^2)}{2.3\log\left(\dfrac{R}{r_0}\right)}$

|해답| 22.③ 23.④ 24.①

$$= \frac{\pi \times 0.0038(7^2 - 5^2)}{2.3\log\left(\frac{1,000}{1}\right)}$$

$$= 0.0415 \text{m}^3/\text{sec}$$

25. 지하수에 대한 설명 중 옳지 않은 것은?

① 불투수층 위의 대수층 내에 자유 지하수면을 가지는 자유 지하수를 양수하는 우물 중 우물바닥이 불투수층까지 도달한 것을 심정이라 한다.
② 불투수층 사이에 낀 투수층 내에 포함되어 있는 지하수를 피압면 지하수라 하며 이를 양수하는 우물을 굴착정이라 한다.
③ 점토층과 같이 불투수층이 낀 투수층 내의 압력을 받고 있는 지하수를 자유면 지하수라 하고 이를 양수하는 우물 중 우물바닥이 불투수층까지 도달하지 않은 것을 천정이라 한다.
④ 다르시(Darcy)의 법칙에서 지하수 유속은 동수경사에 비례하며 투수계수 k는 토사의 간극률과 입경 등에 따라 다르다.

■해설 우물의 수리

종류	내용
깊은 우물	우물의 바닥이 불투수층까지 도달한 우물을 말한다. $Q = \dfrac{\pi K(H^2 - h_0^2)}{2.3\log(R/r_0)}$
얕은 우물	우물의 바닥이 불투수층까지 도달하지 못한 우물을 말한다. $Q = 4Kr_0(H - h_0)$
굴착정	피압대수층의 물을 양수하는 우물을 굴착정이라 한다. $Q = \dfrac{2\pi a K(H - h_0)}{2.3\log(R/r_0)}$
집수 암거	복류수를 취수하는 우물을 집수암거라 한다. $Q = \dfrac{Kl}{R}(H^2 - h^2)$

26. 다음 설명 중 옳지 않은 것은?

① 침윤선의 형상은 일반적으로 포물선이다.
② 우물로부터 양수할 경우 지하수면으로부터 그 우물에 물이 모여드는 범위를 영향원이라 한다.
③ Darcy법칙에서 지하수의 유속은 동수경사에 반비례한다.
④ 자유지하수는 대기압이 작용하는 지하수면을 갖는 지하수이다.

■해설 지하수 일반

㉠ 침윤선의 형상은 이론상 포물선을 이루는 것으로서 이것을 이론침윤선이라 한다.
㉡ 우물로부터 지하수를 양수할 경우 지하수면으로부터 그 우물에 물이 모여드는 범위를 영향원이라 한다.
㉢ 다르시 법칙은

$$V = K \cdot I = K \cdot \frac{h_l}{L}$$

∴ 지하수의 유속은 동수경사(I)에 비례하며 속도의 차원을 갖는다.
㉣ 자유지하수는 제1불투수층 위를 흐르며 대기압이 작용하는 지하수면을 갖는 지하수이다.

27. 깊은 우물과 얕은 우물의 설명으로 옳지 않은 것은?

① 깊은 우물은 바닥이 불투수층까지 도달한 우물이다.
② 얕은 우물은 바닥이 불투수층까지 도달하였으나 그 깊이가 우물직경에 비해 작은 우물이다.
③ 깊은 우물은 물이 측벽으로만 유입된다.
④ 얕은 우물은 물이 측벽 및 바닥에서 유입된다.

■해설 우물의 수리

종류	내용
깊은 우물	우물의 바닥이 불투수층까지 도달한 우물을 말한다. $Q = \dfrac{\pi K(H^2 - h_0^2)}{2.3\log(R/r_0)}$
얕은 우물	우물의 바닥이 불투수층까지 도달하지 못한 우물을 말한다. $Q = 4Kr_0(H - h_0)$
굴착정	피압대수층의 물을 양수하는 우물을 굴착정이라 한다. $Q = \dfrac{2\pi a K(H - h_0)}{2.3\log(R/r_0)}$
집수 암거	복류수를 취수하는 우물을 집수암거라 한다. $Q = \dfrac{Kl}{R}(H^2 - h^2)$

28. 피압지하수를 설명한 것으로 옳은 것은?

① 지하수와 공기가 접해 있는 지하수면을 가지는 지하수
② 두 개의 불투수층 사이에 끼어 있는 지하수면이 없는 지하수
③ 하상 밑의 지하수
④ 한 수원이나 조직에서 다른 지역으로 보내는 지하수

|해답| 25.③ 26.③ 27.② 28.②

■해설 지하수
  ㉠ 두 개의 불투수층 사이에 끼어 지하수면이 없는 지하수를 피압 지하수라 한다.
  ㉡ 두 개의 불투수층 사이에 충만되어 흐르며, 관수로의 흐름과 동일하게 보면 된다.

29. 우물에서 장기간 양수를 한 후에도 수면강하가 일어나지 않는 지점까지의 우물로부터 거리(범위)를 무엇이라 하는가?

08 기사
13 기사

① 용수효율권
② 대수층권
③ 수류영역권
④ 영향권

■해설 영양권
  우물에서 장기간 양수를 한 후에도 수면강하가 일어나지 않는 지점까지의 우물로부터의 거리를 영양권(area of influence)이라 한다.

Chapter 09 유사이론과 수리학적 상사성

Contents

Section 01 유수의 소류력과 마찰속도
Section 02 토사입자의 침강속도
Section 03 수리학적 상사
Section 04 수리모형법칙

ITEM POOL 예상문제 및 기출문제

이것부터 짚어보고 시작하자!

1. 우수의 소류력
   - $\tau = wRI$

2. 토사입자의 침강속도
   - $V_s = \dfrac{(w_s - w_w)d^2}{18\mu}$

3. 수리학적 상사
   - 기하학적 상사, 운동학적 상사, 동역학적 상사를 모두 만족하는 상사를 수리학적 완전상사라고 한다.

4. 수리모형법칙
   - Reynolds 모형법칙 : 흐름을 지배하는 힘이 점성일 때 적용
   - Froude 모형법칙 : 흐름을 지배하는 힘이 중력일 때 적용
   - Weber 모형법칙 : 흐름을 지배하는 힘이 표면장력일 때 적용
   - Cauchy 모형법칙 : 흐름을 지배하는 힘이 탄성력일 때 적용

5. 중력이 지배하는 흐름의 경우 물리량 비
   - 시간비 : $T_r = \dfrac{T_m}{T_p} = L_r^{\frac{1}{2}}$
   - 유속비 : $V_r = L_r T_r^{-1} = L_r L_r^{-\frac{1}{2}} = L_r^{\frac{1}{2}}$
   - 유량비 : $Q_r = L_r^3 T_r^{-1} = L_r^3 L_r^{-\frac{1}{2}} = L_r^{\frac{5}{2}}$

유수의 소류력과 마찰속도

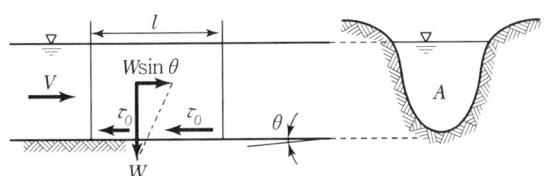

1. 유수의 소류력 : $\tau_0 = T = wRI$

여기서, τ_0는 유수가 수로에 윤변에 작용하는 마찰력이며 이것을 소류력이라 한다.

2. 마찰속도 : $U_* = \sqrt{gRI}$

수심에 비해 폭이 아주 큰 수로에는 $R \fallingdotseq h$이므로, $U_* = \sqrt{ghI}$

핵심예제 9-1

물의 단위중량 w, 수면경사 I, 수리평균심 R이라 할 때, 등류 내에서의 유수의 소류력 τ를 구하는 식으로 옳은 것은? [11. 기]

① wRI
② $\dfrac{RI}{w}$
③ $\dfrac{I}{Rw}$
④ $\dfrac{Rw}{I}$

해설 유수의 소류력

개수로에서 경계면의 전단응력은 힘으로 표시하여 통상 소류력이라 하며 다음 식으로 나타낸다.

$\tau = wRI$

여기서, w : 단위중량
R : 수리평균심
I : 수면경사

해답 ①

Section 02 토사입자의 침강속도

침강속도(Fall Velocity)는 무한대의 정지 유체에 토사입자를 침강시킬 때 갖게 되는 종말 침전속도를 말한다.

1. Stoke's의 침강속도

$$V_s = \frac{(w_s - w_w)d^2}{18\mu} = \frac{g(\rho_s - \rho_w)d^2}{18\mu}$$

2. Stoke's의 침강이론

① 흙입자의 크기는 일정하다.
② 흙입자는 구형이다.
③ 물의 흐름은 층류상태이다.
④ 입자 간 독립침전을 가정한다.

Section 03 수리학적 상사

1. 기하학적 상사

모형과 원형 사이의 모든 대응하는 크기의 비가 같을 때 물체는 기하학적 상사라하며, 원형과 모형의 대응길이(Homologous Lengths) 사이의 축척이 일정하게 유지될 때 기하학적인 상사가 성립된다. 기하학적 상사에 관련되는 물리량에는 길이(L), 면적(A) 및 체적(V)이 있다.

① 길이비 : $\dfrac{L_P}{L_m} = L_r$

② 면적비 : $A_r = \dfrac{A_P}{A_m} = \dfrac{L_P^2}{L_m^2} = L_r^2$

③ 체적비 : $V_r = \dfrac{V_P}{V_m} = \dfrac{L_P^{\,3}}{L_m^{\,3}} = L_r^{\,3}$

2. 운동학적 상사

모형과 원형 사이에 있어서 운동의 유사성을 운동학적 상사라고 하며, 그 운동에 내포된 여러 대응하는 입자들의 속도비가 같을 때 운동학적 상사성을 가진다고 할 수 있다. 운동학적 상사에 관련되는 물리량에는 속도(V), 가속도(a), 및 유량(Q) 등이 있다.

① 속도비 : $V_r = \dfrac{V_P}{V_m} = \dfrac{\dfrac{L_P}{T_p}}{\dfrac{L_m}{T_m}} = \dfrac{\dfrac{L_P}{L_m}}{\dfrac{T_p}{T_m}} = \dfrac{L_r}{T_r}$

② 가속도비 : $a_r = \dfrac{a_P}{a_m} = \dfrac{\dfrac{V_p}{T_P}}{\dfrac{V_m}{T_m}} = \dfrac{\dfrac{L_P}{T_p^2}}{\dfrac{L_m}{T_m^2}} = \dfrac{\dfrac{L_p}{L_m}}{\left(\dfrac{T_p}{T_m}\right)^2} = \dfrac{L_r}{T_r^{\,2}}$

③ 유량비 : $Q_r = \dfrac{Q_P}{Q_m} = \dfrac{\dfrac{L_P^{\,3}}{T_p}}{\dfrac{L_m^{\,3}}{T_m}} = \dfrac{\dfrac{L_P^{\,3}}{L_m^{\,3}}}{\dfrac{T_p}{T_m}} = \dfrac{L_r^{\,3}}{T_r}$

3. 동역학적 상사

모형과 원형의 각 대응점(Homologous Point)에 작용하는 힘의 비(F_r)가 같으면 모형과 원형 사이에 동역학적 상사성이 성립된다. 동역학적 상사에 관련되는 물리량에는 일(W)과 동력(P)이 있다.

① 힘의 비 : $F_r = \dfrac{F_p}{F_m} = M_r a_r = \rho L_r^{\,3} \dfrac{L_r}{T_r^{\,2}} = \rho_r L_r^{\,4} T_r^{\,-2}$

② 일의 비 : $W_r = \dfrac{W_p}{W_m} = F_r \cdot L_r = \rho_r L_r^{\,5} T_r^{\,-2}$

③ 동력의 비 : $P_r = \dfrac{P_p}{P_m} = \dfrac{W_r}{T_r} = \dfrac{F_r L_r}{T_r} = \rho_r L_r^{\,5} T_r^{\,-3}$

Section 04 수리모형법칙

1. Reynolds 모형법칙

흐름을 주로 지배하는 힘이 점성력일 경우에는 Reynolds 모형법칙을 적용하며, 관수로의 흐름이 이에 해당한다.

2. Forude 모형법칙

수리현상이 자유표면을 가지고 흐를 경우에는 주로 중력이 지배적인 힘이 되며 이때는 Froude 모형법칙을 적용하게 되며, 개수로의 흐름이 이에 해당한다.

① 시간비 : $T_r = \dfrac{T_m}{T_p} = \sqrt{\dfrac{L_r}{g_r}} = \sqrt{L_r} = L_r^{\frac{1}{2}}$

② 유속비 : $V_r = \dfrac{V_m}{V_p} = L_r T_r^{-1} = L_r L_r^{-\frac{1}{2}} = L_r^{\frac{1}{2}}$

③ 유량비 : $Q_r = \dfrac{Q_m}{Q_p} = L_r^3 T_r^{-1} = L_r^3 L_r^{-\frac{1}{2}} = L_r^{\frac{5}{2}}$

[Forude 모형법칙에서 각 물리량의 비]

기하학적 상사		운동학적 상사		동역학적 상사	
물리량	비	물리량	비	물리량	비
길이	L_r	시간	$L_r^{\frac{1}{2}}$	힘	L_r^3
면적	L_r^2	속도	$L_r^{\frac{1}{2}}$	질량	L_r^3
체적	L_r^3	가속도	1	일	L_r^4
		유량	$L_r^{\frac{5}{2}}$	동력	$L_r^{\frac{7}{2}}$
		각속도	$L_r^{-\frac{1}{2}}$		
		각가속도	L_r^{-1}		

3. Weber 모형법칙

흐름을 주로 지배하는 힘이 표면장력일 경우에는 Weber 모형법칙을 적용하게 되며, 적용 예로는 수두가 아주 작은 위어(Weir)상의 흐름이라든지 미소표면파의 전파, 수면을 통한 공기의 흡수현상의 모형을 들 수 있다.

4. Cauchy 모형법칙

유체의 탄성력이 흐름을 주로 지배하는 경우에는 Cauchy 모형법칙이 적용되며, 수격작용(Water Hammer)이라든가 기타 관수로내의 부정류에 있어서 몇몇 문제 등을 들 수 있다.

핵심예제 9-2

하천의 모형실험에 주로 사용되는 상사법칙은? [14. 기]

① Froude의 상사법칙
② Reynolds의 상사법칙
③ Weber의 상사법칙
④ Cauchy의 상사법칙

해설 수리모형의 상사법칙

종류	특징
Reynolds의 상사법칙	점성력이 흐름을 주로 지배하고, 관수로 흐름의 경우에 적용
Froude의 상사법칙	중력이 흐름을 주로 지배하고, 개수로 흐름의 경우에 적용
Weber의 상사법칙	표면장력이 흐름을 주로 지배하고, 수두가 아주 적은 위어 흐름의 경우에 적용
Cauchy의 상사법칙	탄성력이 흐름을 주로 지배하고, 수격작용의 경우에 적용

∴ 하천의 모형실험은 중력이 흐름을 지배하므로 Froude의 상사법칙을 적용한다.

해답 ①

핵심예제 9-3

축척이 1 : 50인 하천 수리모형에서 원형 유량 10,000m³/sec에 대한 모형 유량은? [13. 기]

① 0.401m³/sec
② 0.566m³/sec
③ 14.142m³/sec
④ 28.284m³/sec

해설 수리모형 실험

㉠ 수리모형의 상사법칙

종류	특징
Reynolds의 상사법칙	점성력이 흐름을 주로 지배하고, 관수로 흐름의 경우에 적용
Froude의 상사법칙	중력이 흐름을 주로 지배하고, 개수로 흐름의 경우에 적용
Weber의 상사법칙	표면장력이 흐름을 주로 지배하고, 수두가 아주 적은 위어 흐름의 경우에 적용
Cauchy의 상사법칙	탄성력이 흐름을 주로 지배하고, 수격작용의 경우에 적용

∴ 개수로에서는 중력이 흐름을 지배하므로 Froude의 상사법칙을 적용한다.

㉡ Froude의 모형법칙

- 유속비 : $V_r = \sqrt{L_r}$
- 시간비 : $T_r = \dfrac{L_r}{V_r} = \sqrt{L_r}$
- 가속도비 : $a_r = \dfrac{V_r}{T_r} = 1$
- 유량비 : $Q_r = \dfrac{L_r^3}{T_r} = L_r^{\frac{5}{2}}$

㉢ 유량비의 계산

$$Q_r = \dfrac{L_r^3}{T_r} = L_r^{\frac{5}{2}}$$

$$\dfrac{Q_p}{Q_m} = L_r^{\frac{5}{2}}$$

$$\therefore Q_m = \dfrac{Q_p}{L_r^{\frac{5}{2}}} = \dfrac{10,000}{50^{\frac{5}{2}}} = 0.566 \mathrm{m^3/sec}$$

해답 ②

핵심예제 9-4

원형 댐의 월류량(Q_p)이 1,000m³/s 이고, 수문을 개방하는 데 필요한 시간(T_p)이 40초라 할 때 1/50 모형(模形)에서의 유량(Q_m)과 개방 시간(T_m)은?(단, 중력가속도비(g_r)는 1로 가정한다.) [12. 기], [15. 기]

① $Q_m = 0.057 \mathrm{m^3/s},\ T_m = 5.657 \mathrm{s}$
② $Q_m = 1.623 \mathrm{m^3/s},\ T_m = 0.825 \mathrm{s}$
③ $Q_m = 56.56 \mathrm{m^3/s},\ T_m = 0.825 \mathrm{s}$
④ $Q_m = 115.00 \mathrm{m^3/s},\ T_m = 5.657 \mathrm{s}$

해설 수리모형 실험

㉠ Froude의 모형법칙

- 유속비 : $V_r = \sqrt{L_r}$
- 시간비 : $T_r = \dfrac{L_r}{V_r} = \sqrt{L_r}$
- 가속도비 : $a_r = \dfrac{V_r}{T_r} = 1$

- 유량비 : $Q_r = \dfrac{L_r^3}{T_r} = L_r^{\frac{5}{2}}$

ⓒ 유량의 계산
- $Q_r = \dfrac{L_r^3}{T_r} = L_r^{\frac{5}{2}}$
- $\dfrac{Q_p}{Q_m} = L_r^{\frac{5}{2}}$

$\therefore Q_m = \dfrac{Q_p}{L_r^{\frac{5}{2}}} = \dfrac{1,000}{50^{\frac{5}{2}}} = 0.05 \text{m}^3/\text{sec}$

ⓒ 시간의 계산
- $T_r = \dfrac{L_r}{V_r} = \sqrt{L_r}$
- $\dfrac{T_p}{T_m} = L_r^{\frac{1}{2}}$

$\therefore T_m = \dfrac{T_p}{L_r^{\frac{1}{2}}} = \dfrac{40}{50^{\frac{1}{2}}} = 5.657\text{s}$

해답 ①

Item pool
예상문제 및 기출문제

01. 흐름을 지배하는 가장 큰 요인이 점성일 때 흐름의 상태를 구분하는 방법으로 쓰이는 무차원 수는?
85 기사
10 기사

① Cauchy수 ② Wever수
③ Reynolds수 ④ froude수

■해설 흐름의 지배가 점성인 경우 "Reynolds수"

02. 수리모형 실험에 있어서 원형과 모형에 작용하는 힘들 중 중력이 운동현상을 지배하는 대표적인 힘인 경우는?
82 기사
10 기사

① Reynods의 모형법칙 ② Froude의 모형법칙
③ Weber의 모형법칙 ④ Cauchy의 모형법칙

■해설 중력이 흐름을 지배하는 경우는 Froude의 상사법칙

03. 개수로의 설계와 수공 구조물의 설계에 주로 적용되는 수리학적 상사법칙은?
09 기사
07 산업
10 산업
12 산업
16 산업

① Reynolds 상사법칙 ② Froude 상사법칙
③ Weber 상사법칙 ④ Mach 상사법칙

■해설 수리모형의 상사법칙

종류	특징
Reynolds의 상사법칙	점성력이 흐름을 주로 지배하고, 관수로 흐름의 경우에 적용
Froude의 상사법칙	중력이 흐름을 주로 지배하고, 개수로 흐름의 경우에 적용
Weber의 상사법칙	표면장력이 흐름을 주로 지배하고, 수두가 아주 적은 위어 흐름의 경우에 적용
Cauchy의 상사법칙	탄성력이 흐름을 주로 지배하고, 수격작용의 경우에 적용

∴ 개수로 흐름의 원동력은 중력으로 적용되는 상사법칙은 Froude의 상사법칙을 적용한다.

04. 개수로 내의 흐름, 댐의 여수토의 흐름에 적용되는 수류의 상사법칙은?
10 산업

① Reynolds의 상사법칙 ② Froude의 상사법칙
③ Mach의 상사법칙 ④ Weber의 상사법칙

■해설 수리모형의 상사법칙

종류	특징
Reynolds의 상사법칙	점성력이 흐름을 주로 지배하고, 관수로 흐름의 경우에 적용
Froude의 상사법칙	중력이 흐름을 주로 지배하고, 개수로 흐름의 경우에 적용
Weber의 상사법칙	표면장력이 흐름을 주로 지배하고, 수두가 아주 적은 위어 흐름의 경우에 적용
Cauchy의 상사법칙	탄성력이 흐름을 주로 지배하고, 수격작용의 경우에 적용

∴ 개수로 흐름을 지배하는 힘은 중력으로, 흐름을 지배하는 힘이 중력일 때 적용하는 상사법칙은 Froude의 상사법칙이다.

05. 저수지의 물을 방류하는 데 1 : 225로 축소된 모형에서 4분이 소요되었다면, 원형에서는 얼마나 소요되겠는가?
10 기사
16 기사

① 60분 ② 120분
③ 900분 ④ 3,375분

■해설 수리모형 실험
① 수리모형의 상사법칙

종류	특징
Reynolds의 상사법칙	점성력이 흐름을 주로 지배하고, 관수로 흐름의 경우에 적용
Froude의 상사법칙	중력이 흐름을 주로 지배하고, 개수로 흐름의 경우에 적용
Weber의 상사법칙	표면장력이 흐름을 주로 지배하고, 수두가 아주 적은 위어 흐름의 경우에 적용
Cauchy의 상사법칙	탄성력이 흐름을 주로 지배하고, 수격작용의 경우에 적용

|해답| 01.③ 02.② 03.② 04.② 05.①

∴ 개수로에서는 중력이 흐름을 지배하므로 Froude의 상사법칙을 적용한다.

② Froude의 모형법칙
- 유속비 : $V_r = \sqrt{L_r}$
- 시간비 : $T_r = \dfrac{L_r}{V_r} = \sqrt{L_r}$
- 가속도비 : $a_r = \dfrac{V_r}{T_r} = 1$
- 유량비 : $Q_r = \dfrac{L_r^3}{T_r} = L_r^{\frac{5}{2}}$

③ 시간비의 계산
$$T_r = \dfrac{L_r}{V_r} = \sqrt{L_r} = \dfrac{T_p}{T_m}$$
$$\therefore \dfrac{T_p}{T_m} = \sqrt{L_r}$$
$$\therefore T_p = T_m\sqrt{L_r} = 4\min \times \sqrt{225} = 60\min$$

■해설 수리학적 상사
㉠ 원형(Prototype)과 모형(Model)의 수리학적 상사의 종류
- 기하학적 상사(Geometric Similarity)
- 운동학적 상사(Kinematic Similarity)
- 동력학적 상사(Dynamic Similarity)

㉡ 수리학적 완전상사
- 기하+운동+동력학적 상사가 동시 만족
- 5개 무차원 변량(상사조건) 만족(Euler, Froude, Reynolds, Weber, Cauchy)
- 실제는 불가

06. 다음은 수리모형 법칙을 서술한 것이다. 모형법칙과 지배인자가 잘못 연결된 것은?
07 기사

① Cauchy 법칙 : 탄성력
② Reynolds 법칙 : 점성력
③ Froude 법칙 : 중력
④ Weber 법칙 : 압력

■해설 수리모형의 상사법칙

종류	특징
Reynolds의 상사법칙	점성력이 흐름을 주로 지배하고, 관수로 흐름의 경우에 적용
Froude의 상사법칙	중력이 흐름을 주로 지배하고, 개수로 흐름의 경우에 적용
Weber의 상사법칙	표면장력이 흐름을 주로 지배하고, 수두가 아주 적은 위어 흐름의 경우에 적용
Cauchy의 상사법칙	탄성력이 흐름을 주로 지배하고, 수격작용의 경우에 적용

∴ Weber의 상사법칙은 표면장력이 흐름을 지배하는 경우 사용한다.

07. 수리학적 완전상사를 이루기 위한 조건이 아닌 것은?
05 기사
14 기사

① 기하학적 상사(Geometric Similarity)
② 운동학적 상사(Kinematic Similarity)
③ 동역학적 상사(Dynamic Similarity)
④ 정역학적 상사(Static Similarity)

수문학의 일반

Chapter **10**

Contents

Section 01 물의 순환
Section 02 우리나라의 수자원
Section 03 수문 기상학
Section 04 강수의 형태
Section 05 강수량 자료의 조정, 보완, 분석
Section 06 강수량 자료의 해석

ITEM POOL 예상문제 및 기출문제

이것부터 짚어보고 시작하자!

1. **물의 순환**
   - 강수 ⇔ 침투 + 저류 + 유출 + 증발

2. **하상계수**
   - 하상계수 = 최대유량/최소유량

3. **상대습도**
   - $h = \dfrac{e}{e_s} \times 100\%$

4. **이중누가우량분석**
   - 장기간 수문자료의 일관성 검사에 활용한다.

5. **강수기록의 결측보완**
   - 산술평균법 : 정상연강수량의 차가 10% 이내인 경우 적용
   $$P_X = \dfrac{1}{3}(P_A + P_B + P_C)$$
   - 정상연강수량비율법 : 정상연강수량 차가 10% 이상인 경우 적용
   $$P_X = \dfrac{N_X}{3}\left(\dfrac{P_A}{N_A} + \dfrac{P_B}{N_B} + \dfrac{P_C}{N_C}\right)$$
   - 단순비례법 : 주위 인근 관측점이 1개만 있는 경우 적용

6. **유역의 평균강우량 산정**
   - 산술평균법 : 우량계가 등분포된 경우, 면적 500㎢ 미만인 지역에 적용
   $$P_m = \dfrac{P_1 + P_2 + \ldots + P_n}{N}$$
   - Thiessen의 가중법 : 우량계가 불균등 분포한 경우, 면적 500~5,000㎢인 지역에 적용
   $$P_m = \dfrac{P_1 A_1 + P_2 A_2 + \ldots + P_n A_n}{A_1 + A_2 + \ldots + A_n}$$
   - 등우선법 : 우량계가 불균등 분포하고 강우의 산악의 영향이 고려된 경우, 면적 5,000㎢ 이상인 지역에 적용
   $$P_m = \dfrac{P_1 A_1 + P_2 A_2 + \ldots + P_n A_n}{A_1 + A_2 + \ldots + A_n}$$

7. 강우강도와 지속시간의 관계
- 단위시간당 내린 비의 양을 강우강도라고 한다.(mm/hr)
- 강우강도와 지속시간의 관계는 경험공식, 지역공식을 사용한다.
- 강우강도와 지속시간은 반비례 관계를 갖는다.

8. DAD 해석
- 최대평균우량깊이를 산술축에, 유역면적을 대수축에 표시하고 지속시간을 제3의 변수로 표시하여 관계를 작성한다.
- 각종 수공구조물 설계에 유용하게 활용한다.

9. 가능최대강수량(PMP)
- 어떤 지역에서 가장 극심한 기상조건하에서 발생 가능한 호우
- 대규모 수공구조물 설계 또는 크기를 결정하는 기준으로 활용

Section 01 물의 순환

지구상의 물의 순환 개념은 수문학을 연구하는 데 대단히 편리하고 유용한 개념이다. 그림은 물의 순환과정을 서술적으로 표시하고 있다.

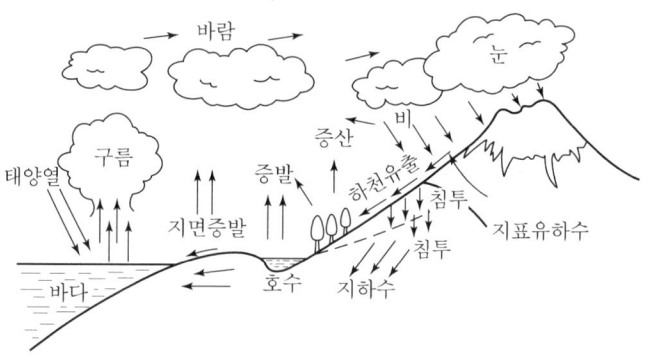

[물의 순환에 관한 물수지 방정식]

강수 ⇌ 침투+유출+저류+증발

핵심예제 10-1

다음 중 물의 순환에 관한 설명으로서 틀린 것은? [12. 기]

① 지구상에 존재하는 수자원의 대기원을 통해 지표면에 공급되고, 지하로 침투하여 지하수를 형성하는 등 복잡한 반복과정이다.
② 지표면 또는 바다로부터 증발된 물이 강수, 침투 및 침루, 유출 등의 과정을 거치는 물의 이동현상이다.
③ 물의 순환과정은 성분과정간의 물의 이동이 일정률로 연속된다는 것을 의미한다.
④ 물의 순환과정 중 강수, 증발 및 증산은 수문기상학 분야이다.

해설 물의 순환과정
① 지구상에 존재하는 수자원은 대기원을 통해 강수의 형태로 지표면에 공급되고, 지하로 침투되고 침루를 통해 지하수를 형성하는 등 복잡한 반복과정을 거친다.
② 지표면 또는 바다로부터 증발된 물이 강수, 침투 및 침루, 유출 등의 과정을 거치는 물의 이동현상이다.
③ 물의 순환과정 중 강수, 증발 및 증산은 수문기상학 분야이다.
④ 물의 순환과정은 성분과정간의 물의 이동을 말하며 일정률로 연속되는 것은 아니다.

해답 ③

핵심예제 10-2

강수량 P, 증발산량 E, 침투량 C, 유출량 R 그리고 모든 저유량(貯油量)을 S라고 할 때, 물의 순환(Hydrologic Cycle)을 옳게 나타낸 물수지 방정식은?

[80. 산], [85. 기], [88. 기], [92. 기]

① P→R+E+C+S
② P=R+E+C+S
③ P←R+E+C+S
④ P⇔R+E+C+S

해설 강수량(P) ⇌ 유출량(R)+증발산량(E)+침투량(C)+저유량(S)

해답 ④

Section 02 우리나라의 수자원

1. 강우특성

① 우리나라 연평균 강수량은 약 1,283mm로 세계평균 강수량 973mm의 1.3배이나 1인당 강수총량은 2,705m³으로 세계평균 26,800m³의 1/10 정도에 불과하다.

② 강우가 경년별, 계절별, 지역적으로 편중되며, 경사가 급한 산악지형의 특성으로 수자원 관리에 불리한 지역적 조건을 가지고 있다.

③ 계절별로 연강수량의 2/3가 홍수기인 6~9월의 장마와 태풍기간에 집중되고, 갈수기인 11월부터 익년 4월까지는 연강수량의 1/5에 불과하다.

2. 수자원 현황

① 우리나라 연간 수자원 총량은 1,276억m³으로 이중 43%에 해당하는 545m³은 증발산으로 손실되고 이용가능한 수자원인 하천 유출량은 수자원 총량의 50%에 해당하는 731억m³이다.

② 하천유출총량은 홍수기인 6~9월의 유출량이 439억 m³으로 총유출의 67%를 차지하며, 평상시 유출량은 238억m³로 연 유출량의 1/3에 불과하다.

3. 수자원 이용현황

① 용도별 수자원 이용현황은 농업용수가 158억m³으로 총 용수이용량의 48%로 가장 많고, 생활용수(73억m³, 21%), 공업용수(29억m³, 9%) 순이었다.
② 수원별로는 하천수 이용량이 161억m³, 댐 이용량이 133억m³, 지하수 이용량은 37억m³으로 나타났다.

4. 우리나라의 하천

① 우리나라 대부분의 하천은 그 유역면적이 작고 유로연장이 짧으며 또한 국토면적의 약 70%가 산지로 하천의 경사도 급한 곳이 많다.
② 지표면은 풍화작용과 침식작용을 받아 고저기복이 적은 노년기말의 지형을 이루고 있다.
③ 평수량 및 갈수량은 적은 반면에 홍수량은 대단히 커서 하천유량의 변동이 극심하다.
④ 대하천의 주요지점에서의 최대유량과 최소유량의 비인 유량변동계수(=하상계수)가 대체로 300을 넘어 외국하천에 비해 하천유황이 대단히 불안정하다.

핵심예제 10-3

우리나라의 부존 수자원 중 가장 많은 양이 이용되는 분야는 다음 중 어느 것인가?

[00. 산]

① 생활용수
② 공업용수
③ 농업용수
④ 발전 및 하천유지 용수

해설 ㉠ 생활용수 29억m³
㉡ 공업용수 11억m³
㉢ 농업용수 115억m³
㉣ 발전 및 유지용수 31억m³

해답 ③

핵심예제 10-4

우리나라 수자원의 특성이 아닌 것은?

[03. 산]

① 6, 7, 8, 9월에 강우가 집중된다.
② 강우의 하천유출량은 홍수 시에 집중된다.
③ 하천경사가 급한 곳이 많다.
④ 하상계수가 낮은 편에 속한다.

해설 우리나라의 수자원 특성
㉠ 연평균 강수량은 1,283mm로 세계평균이 1.3배이나 인구 1인당의 1/11이다.
㉡ 수자원 총량도 1,267억m³이지만 이중 2/3 이상이 6, 7, 8, 9월에 집중되고 있는 실정이다.
㉢ 국토의 2/3이 산악지형으로 유출이 빠르고, 최소유량과 최대유량의 비인 하상계수가 300을 상회하는 경우가 대부분으로 치수에 대한 대책이 절실하다.

해답 ④

핵심예제 10-5

하상계수란 무엇인가? [04. 기], [09. 기], [13. 기], [15. 기], [16. 기]

① 대하천 주요지점에서 풍수량과 저수량의 비
② 대하천의 주요지점에서의 최소유량과 최대유량의 비
③ 대하천의 주요지점에서의 홍수량과 하천유지유량의 비
④ 대하천의 주요지점에서의 최소유량과 갈수량의 비

해설 하천유황의 변동정도를 표시하는 지표로서 대하천의 주요지점에서 최대유량과 최소유량의 비를 말한다. 우리나라의 주요하천은 하상계수가 대부분 300을 넘어 외국하천에 비해 하천유황이 대단히 불안정하다.

해답 ②

Section 03 수문 기상학

1. 기온

(1) 日평균기온

하루 동안의 시간별 기온을 평균하는 방법이 가장 정확하지만, 실제로 가장 많이 사용하는 방법은 일 최고 및 최저 기온을 평균하는 방법이다.

(2) 月평균기온

해당 월의 일평균기온 중 최고값과 최저값을 평균한 기온이다.

(3) 年평균기온

해당연의 월평균기온의 평균값을 말한다.

(4) 정상 일 평균기온
특정일의 30년간의 일평균기온을 평균한 기온을 말한다.

(5) 정상 월 평균기온
특정 월에 대한 30년 동안의 월평균기온의 산술평균값을 말한다.

2. 습도
대기 중의 공기가 함유하는 수분의 정도

(1) 포화증기압(Saturation Vapor Pressure)
공기가 수증기로 포화되어 더 이상 증발할 수 없을 때까지, 증발현상은 계속된다. 이때 수증기분자는 수표면에 압력을 가하게 되며 이 압력을 포화증기압(e_s)이라 한다.

(2) 상대습도(Relative Humidity)
임의의 온도에서 포화증기압(e_s)에 대한 실제증기압(e)의 비

$$h = \frac{e}{e_s} \times 100(\%)$$

3. 바람
바람이란 고기압에서 저기압으로 이동하는 기단을 지칭하며, 바람의 측정은 풍속계(Anemometer)를 이용한다.

핵심예제 10-6

대기온도 t_1, 상대습도 75%인 상태에서 증발이 진행되어 온도는 t_2로 상승하고 대기 중의 증기압은 20% 증가하였다. 온도 t_1 및 t_2에서의 포화증기압을 각각 10.0mmHg 및 18.0mmHg라 할 때 온도 t_2에서의 상대습도는? [09. 기], [12. 기]

① 50% ② 75%
③ 90% ④ 95%

해설 ㉠ t_1°C 일 때 상대습도 75%이므로 $h = \dfrac{e}{e_s} \times 100$

$75 = \dfrac{e}{10} \times 100$

∴ $e = 7.5\text{mmHg}$

㉡ t_2°C 일 때 증기압이 20% 증가하였으므로
$e = 7.5 \times 1.2 = 9\text{mmHg}$
$h = \dfrac{e}{e_s} \times 100 = \dfrac{9}{18} \times 100 = 50\%$

해답 ①

핵심예제 10-7

기온에 관한 다음 설명 중 옳지 않은 것은?   [09. 산], [10. 산], [13. 기]

① 연평균기온은 해당 연의 월평균기온의 평균치로 정의한다.
② 월평균기온은 해당 월의 일평균기온의 평균치로 정의한다.
③ 일평균기온은 일최고 및 최저 기온을 평균하여 주로 사용한다.
④ 정상 일평균기온은 30년간의 특정일의 일 평균기온을 평균하여 정의한다.

해설 기온
㉠ 일평균기온 : 하루 동안의 시간별 기온을 평균한 방법이 가장 정확하지만, 실제로 가장 많이 사용하는 방법은 일 최고 및 최저 기온을 평균하는 방법이다.
㉡ 월평균기온 : 해당 월의 일평균기온 중 최고값과 최저값을 평균한 기온이다.
㉢ 연평균기온 : 해당 연의 월평균기온의 평균값을 말한다.
㉣ 정상 일평균기온 : 특정 일의 30년간의 일평균기온을 평균한 기온을 말한다.
㉤ 정상 월평균기온 : 특정 월의 30년 동안의 월평균기온의 산술평균값을 말한다.

해답 ②

Section 04 강수의 형태

1. 선풍형 강수(Cyclonic Precipitation)

(1) 온난전선형 강수(Warm Front Precipitation)

① 난기단이 한기단 위로 이동할 때 발생된다.
② 전선의 경사는 완만하며, 상승속도도 비교적 느리다.
③ 강수강도는 보통이며 전선이 완전히 통과할 때까지 강수가 계속된다.

(2) 한랭전선형 강수(Cold Front Precipitation)

① 한기단이 이동하면서 온기단이 강제로 상승하면서 일어나는 강수
② 이동이 빠르며, 경사도 급하고 소나기와 같은 성질의 강수를 형성한다.

2. 대류형 강수(Convective Precipitation)

① 따뜻하고 가벼워진 공기가 대류현상에 의해 보다 차갑고 밀도가 큰 공기 속으로 상승할 때 발생한다.
② 지나가는 소나기(Shower)로부터 뇌우(Thunderstorm)에 이르기까지 다양하다.

3. 산악형 강수(Orographic Precipitation)

① 습윤한 기단을 운반하는 바람이 산맥에 부딪쳐서 기단이 산위로 상승할 때 발생한다.
② 바람이 불어오는 사면에는 호강수가 발생하나 배사면에는 대단히 건조하다.

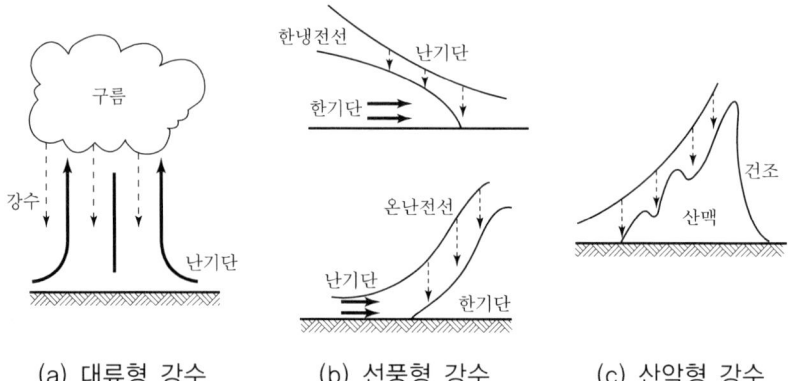

(a) 대류형 강수　　(b) 선풍형 강수　　(c) 산악형 강수

강수량 자료의 조정, 보완, 분석

1. 누가우량곡선(Rainfall Mass Curve)

자기우량계에 의한 우량측정은 누가우량의 시간적 변화상태를 기록함으로써 얻게 되며 기록지상의 누가우량곡선으로부터 각종 목적에 알맞은 자료를 얻게 된다.

① 경사가 급하면 강우강도도 크다.
② 경사가 없으면 무강우를 의미한다.
③ 일정기간 강우자료를 얻을 수 있다.

2. 이중누가우량분석(Double Mass Analysis)

① 수자원 계획 수립 시 수문학적 해석에 앞서 장기적 수문(강수)자료의 일관성(Consistency) 검사가 요구된다.
② 우량계의 위치, 노출상태, 관측방법 및 주위환경의 변화로 일관성이 결여된 경우 문제 관측점에서의 년, 혹은 계절 강수량의 누적총량을 부근 일련의 관측점군(10개 이상)의 누적총량과 비교하여 교정한다.

3. 강수기록의 결측 보완

결측치를 가진 관측점에 가능한 근거리의 간격 3개 지점에 대하여 동일기간에 동일기록을 획득하여 비교 평가 후 보완

(1) 산술평균법

인근 관측점의 정상 연평균 강수량의 차가 10% 이내의 경우

$$P_X = \frac{1}{3}(P_A + P_B + P_C)$$

여기서, P_X : 결측점의 강수량
P_A, P_B, P_C : 관측점 A, B, C 에서의 강수량

(2) 정상 연강수량 비율법

인근 3개의 관측점 중에 한 개라도 정상 연평균 강수량의 차가 10% 이상일 때 사용한다.

$$P_X = \frac{N_X}{3}\left(\frac{P_A}{N_A} + \frac{P_B}{N_B} + \frac{P_C}{N_C}\right)$$

여기서, N_X, N_A, N_B, N_C : 관측점 X, A, B, C의 정상 연평균 강수량

(3) 단순비례법

결측치를 가진 관측점 인근의 관측점이 1개만 있는 경우

$$P_X = \frac{P_A}{N_A} N_X$$

4. 유역의 평균강우량 산정

(1) 산술평균법

① 비교적 평탄한 지역에 사용되며 강우분포가 균일하고, 우량계가 등분포된 경우
② 유역면적 500km² 미만인 지역에 사용하며, 정밀도는 가장 낮다.

$$P_m = \frac{P_1 + P_2 + \cdots\cdots + P_n}{n} = \frac{\sum P}{n}$$

(2) Thiessen의 가중법

① 산악의 영향이 비교적 작고, 유량계가 불균등 분포한 경우
② 유역면적 500~5,000km²인 지역에 많이 사용하며, 정밀도는 보통이다.

$$P_m = \frac{A_1 P_1 + A_2 P_2 + \cdots\cdots + A_n P_n}{A_1 + A_2 + \cdots\cdots + A_n} = \frac{\sum AP}{\sum A}$$

(3) 등우선법

① 강우의 산악의 영향이 고려된 경우 사용한다.
② 유역면적 5,000km² 이상인 지역에 많이 사용하며, 정밀도는 가장 높다.

$$P_m = \frac{A_1P_1 + A_2P_2 + \cdots\cdots + A_nP_n}{A_1 + A_2 + \cdots\cdots + A_n} = \frac{\sum AP}{\sum A}$$

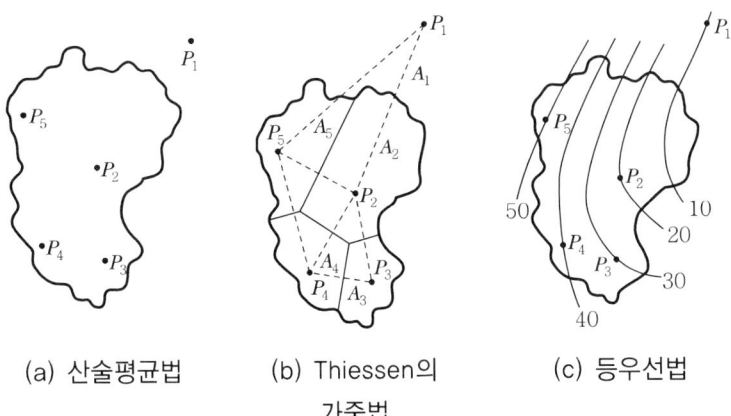

(a) 산술평균법　　(b) Thiessen의 가중법　　(c) 등우선법

핵심예제 10-8

측정된 강우량 자료가 기상학적 원인 이외에 다른 영향을 받았는지의 여부를 판단하는, 즉 일관성(Conssistency)에 대한 검사방법은? [10. 기], [13. 기], [14. 기]

① 순간 단위 유량도법
② 합성 단위 유량도법
③ 이중 누가 우량 분석법
④ 선행 강수 지수법

해설 이중 누가 우량 분석
　　수십 년에 걸친 장기간의 강수자료의 일관성(Consistency) 검증을 위해 이중 누가 우량 분석(Double Mass Analysis)을 실시한다.

해답 ③

핵심예제 10-9

유역의 평균 강우량을 계산하기 위하여 사용되는 Thiessen방법의 단점으로 옳은 것은? [13. 기]

① 지형의 영향(산악효과)을 고려할 수 없다.
② 지형의 영향은 고려되나 강우 형태는 고려되지 않는다.
③ 우량계의 종류에 따라 크게 영향을 받는다.
④ 계산은 간편하나 산술평균법보다 부정확하다.

해설 유역의 평균 강우량 산정법

㉠ 유역의 평균 강우량 산정공식

종류	적용
산술평균법	유역면적 500km² 이내에 적용 $P_m = \dfrac{1}{N}\sum_{i=1}^{N} P_i$
Thiessen법	유역면적 500~5,000km² 이내에 적용 $P_m = \dfrac{\sum_{i=1}^{N} A_i P_i}{\sum_{i=1}^{N} A_i}$
등우선법	산악의 영향이 고려되고, 유역면적 5,000km² 이상인 곳에 적용 $P_m = \dfrac{\sum_{i=1}^{N} A_i P_i}{\sum_{i=1}^{N} A_i}$

㉡ Thiessen법의 특징
우량계의 불균등 분포의 문제를 해결하지만 지역 내 산악의 영향을 고려할 수는 없다.

해답 ①

핵심예제 10-10

X우량 관측소의 우량계 고장으로 수개월 동안 관측을 실시하지 못하였다. 이 기간 동안 인접한 A, B, C 관측소에서 관측된 총 우량은 각각 210, 180, 240mm이었다. 관측소, X, A, B, C에서의 30년 이상에 걸쳐 산정된 정상 연평균 강우량이 각각 1,170, 1,340, 1,120 및 1,440mm이면 X관측소 관측 호우량은?

[89. 기], [90. 기], [95. 기], [93. 산]

① 93.90mm
② 113.25mm
③ 141.57mm
④ 188.80mm

해설 ㉠ 3개 관측점과 결측점의 최대오차를 구한다.
$\dfrac{(1,440-1,170)}{1,170} \times 100 = 23.08 > 10\%$
∴ 정상 연평균 비율법 적용

ⓛ $P_x = \dfrac{N_x}{3}\left(\dfrac{P_A}{N_A} + \dfrac{P_B}{N_B} + \dfrac{P_c}{N_c}\right)$

$= \dfrac{1,170}{3}\left(\dfrac{210}{1,340} + \dfrac{180}{1,120} + \dfrac{240}{1,440}\right)$

$= 188.8 \text{mm}$

해답 ④

Section 06 강수량 자료의 해석

1. 강우강도와 지속시간의 관계 (Rainfall Intensity – Duration Relationship)

(1) 강우강도

단위시간에 내리는 강우량(mm/hr)을 강우강도라 하며, 다음의 대표적 강우강도식이 있다.

① Talbot형 : $I = \dfrac{a}{t+b}$ (t : min), 광주지역에 적합한 공식

② Sherman형 : $I = \dfrac{c}{t^c}$ (t : min), 서울, 목포, 부산지역에 적합한 공식

③ Japaness형 : $I = \dfrac{d}{\sqrt{t+c}}$ (t : min), 대구, 인천, 강릉 포항지역에 적합한 공식

여기서, I : 강우 강도

a, b, c, d, e, n : 지역에 따라 다른 상수로 최소자승법에 의거 산출

(2) 강우강도 – 지속시간 관계

① 일반적으로 강우강도가 클수록 지속시간은 짧다.
② 통상 지역적 특성을 가지므로 각 지역별 자료를 바탕으로 지속시간별 최대우량을 결정함으로써 얻어진다.
③ 강우강도 – 지속시간 관계를 해석해 놓으면 각종 수공구조물 설계에 유용하다.

2. 강우강도 – 지속시간 – 생기빈도곡선 (Rainfall Intensity – Duration – Frequency Curves)

강우강도 – 지속시간 관계에 그 강우의 생기확률을 제3의 변수로 도입하면 수문설계에 대단히 유용한 일련의 곡선을 얻게 되며, I–D–F curve라고 한다.

① 수공구조물의 설계빈도별, 지속시간별, 강우강도를 쉽게 획득하여 설계에 반영

② 관계식 $I = \dfrac{kT^x}{t^n}$

여기서, T : 강우의 설계빈도를 나타내는 연수(생기빈도)
k, x, n : 지역에 따라 결정되는 상수

3. 평균우량깊이 – 유역면적 – 강우지속시간의 해석 (Rainfall Depth – Area – Duration Analysis)

여러 크기를 가진 유역에 각종 지속시간별 강우가 발생될 때 예상되는 지속시간별 최대 강우 깊이를 유역별로 결정해두면 수공구조물의 설계 및 해석에 유용한 자료가 된다.

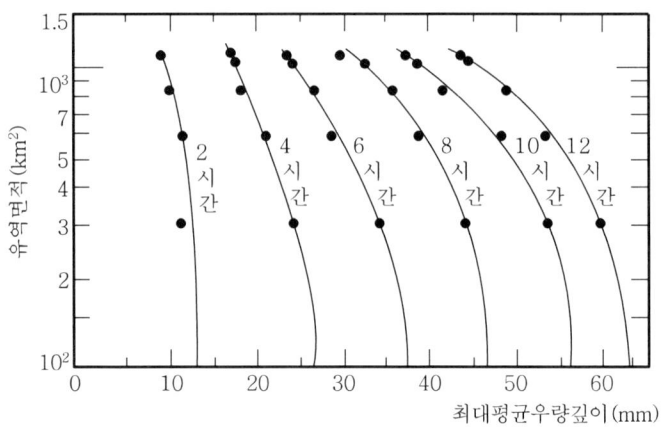

① 최대 평균우량 깊이를 산술축에, 유역면적을 대수축에 표시하고 지속기간을 제3의 변수로 표시하여 작성한다.
② 최대 평균우량깊이와 면적의 관계는 반비례이며, 지속기간에는 비례한다.

4. 가능최대강수량(Probable Maximum Precipitation : PMP)

① 어떤 지역에서 가장 극심한 기상조건하에서 발생 가능한 호우로 인한 최대 강수량
② 한 유역에 내릴 수 있는 최대강수량으로 대규모 수공구조물 설계 또는 크기를 결정하는 기준으로 삼아 강우 – 유출 모형에 입력 자료로 사용가능하다.
③ PMP를 산정하는 방법에는 수문기상학적 방법, 최대우량 포락곡선 방법 및 통계학적 방법이 있다.

핵심예제 10-11

강우강도(I), 지속시간(D), 생기빈도(F) 관계를 표현하는 $I-D-F$ 관계식 $I=\dfrac{kT^x}{t^n}$ 에 대한 설명으로 틀린 것은? [12. 기], [16. 기]

① t : 강우의 지속시간(min)으로서, 강우가 계속 지속될수록 강우강도(I)는 커진다.
② I : 단위시간에 내리는 강우량(mm/hr)인 강우강도이며 각종 수문학적 해석 및 설계에 필요하다.
③ T : 강우의 생기빈도를 나타내는 연수(年數)로서 재현기간(년)을 말한다.
④ k, x, n : 지역에 따라 다른 값을 가지는 상수이다.

해설 IDF 관계

㉠ 강우강도(I), 지속시간(D), 생기빈도(F)의 관계를 나타낸다.

$$I=\dfrac{kT^x}{t^n}$$

㉡ 해석
- t는 강우지속시간(min)을 나타내며, 지속시간이 길어지면 강우강도(I)는 작아진다.
- I는 단위시간에 내리는 강우량(mm/hr)인 강우강도이며 각종 수문학적 해석 및 설계에 필요하다.
- T는 강우의 생기빈도를 나타내는 연수로서 재현기간을 말한다.
- k, x, n은 지역에 따른 값을 갖는 상수이다.

해답 ①

핵심예제 10-12

DAD(Depth-Area-Duration)해석에 관한 설명 중 옳은 것은? [12. 기]

① 최대 평균 우량깊이, 유역면적, 강우강도와의 관계를 수립하는 작업이다.
② 유역면적을 대수축(Logarithmic Scale)에 최대평균강우량을 산술축(Arithmetic Scale)에 표시한다.
③ DAD 해석시 상대습도 자료가 필요하다.
④ 유역면적과 증발산량과의 관계를 알 수 있다.

해설 DAD 해석

DAD(Rainfall Depth-Area-Duration) 해석은 최대평균우량깊이(강우량), 유역면적, 강우지속시간의 관계의 해석을 말한다.

구성	특징
용도	암거의 설계나, 지하수 흐름에 대한 하천수위의 시간적 변화의 영향 등에 사용
구성	최대평균우량깊이(Rainfall Depth), 유역면적(Area), 지속시간(Duration)으로 구성
방법	면적을 대수축에, 최대우량을 산술축에, 지속시간을 제3의 변수로 표시

해답 ②

핵심예제 10-13

일정한 기간 동안에 어떤 크기의 호우가 발생할 횟수를 의미하는 것은? [07. 기]

① 호우빈도
② 지속강도
③ 생기빈도
④ 발생강도

해설 생기빈도(Frequency of Occurrence)
일정 기간 동안 어떤 크기의 호우가 발생할 횟수

해답 ③

핵심예제 10-14

가능최대강수량(Probable Maximum Precipi-tation)을 설명한 것 중 옳지 않은 것은? [03. 기]

① 수공구조물의 설계홍수량을 결정하는 기준으로 사용될 수 있다.
② 물리적으로 발생할 수 있는 강수량의 최대 한계치를 말한다.
③ 예전에 일어났던 호우정보들부터 통계적 방법을 통하여 결정할 수 있다.
④ 재현기간 200년을 넘는 확률 강수량만이 이에 해당한다.

해설 가능 최대 강수량이란 어떤 지역에서 생성될 수 있는 가장 극심한 기상 조건 하에서 발생 가능한 호우로 인한 최대 강수량을 의미한다. 대규모 수공구조물을 설계하고자 할 때 기준으로 삼는 우량이며, 통계학적으로는 10,000년 빈도에 해당하는 홍수량이다.

해답 ④

Chapter 10 | 수문학의 일반

Item pool 예상문제 및 기출문제

01. 물의 순환과정에서 발생하는 대기현상 중 수문기상학의 분야에 해당하는 것은?
① 강수의 시공간적 분포
② 침투 및 침루
③ 차단 및 지표면 저류
④ 지표수 및 지하수 유출

■해설 수문기상학 분야란 강우가 지상에 도달하기 이전까지의 현상중 물에 관한 부분을 다룬 것이다.

02. 물의 순환과정에 포함되는 용어로 짝지어지지 않은 것은?
① 강수 – 증산
② 침투 – 침루
③ 침루 – 저류
④ 풍향 – 상대습도

■해설 물의 순환과정
지면이나 바다의 물은 증발과 증산을 통해 수증기가 되며, 강수를 통해 지상으로 떨어지며, 지상에 떨어진 강수는 침투, 침루, 저류, 유출을 통해 지면과 지하를 통해 흐르게 된다. 이를 물의 순환과정이라 한다.

03. 다음의 강수에 관한 설명 중 틀린 것은?
① 강수는 구름이 응축되어 지상으로 강하하는 모든 형태의 수분을 총칭한다.
② 일우량(24hr 우량)이 0.1mm 이하일 경우에는 무강우로 취급한다.
③ 누가우량곡선은 자기우량계에 의해 축정된 누가강우의 시간적 변화를 기록한 곡선이다.
④ 이중누가우량 분석법은 강수량 자료의 결측치를 보완하는 방법이다.

■해설 강수 일반사항
① 강수는 구름이 응축되어 지상으로 떨어지는 모든 형태의 수분을 말한다.
② 일우량이 0.1mm 이하일 경우에는 무강우로 취급한다.
③ 자기우량계의 관측으로 시간에 대한 누가 강우량 기록으로 누가우량곡선을 제공한다.
④ 이중누가우량 분석법은 장기간 강수량 자료의 일관성 검증을 위해 실시하는 방법이다.

04. 일기 및 기후변화의 직접적인 주요 원인은?
① 에너지 소비
② 태양흑점의 변화
③ 물의 오염
④ 지구의 자전 및 공전

■해설 지구의 공전궤도와 자전축의 변화
지구의 공전이나 자전형태가 변하면 지구가 받는 태양에너지량이 변하고, 또 위도별 에너지 분포도 변하여 기후가 바뀌게 된다.

05. 다음 중 지구상의 수자원에서 총수량이 가장 적은 것은?
① 지하수
② 하천수
③ 해양
④ 만년빙하

■해설 지구상의 수자원 부존량

종류	부존량(%)
해수	96.5
빙하	1.74
지하수	1.7
지표수	0.06

∴ 부존량이 가장 적은 것은 지표수, 즉 하천수이다.

06. 강우와 강우해석에 대한 설명으로 옳지 않은 것은?
① 강우강도의 단위는 mm/hr이다.
② DAD 해석은 지속기간별, 면적별 최대강우량을 구하는 방법이다.

|해답| 01.① 02.④ 03.④ 04.④ 05.② 06.③

③ 정상 연강수비율법(Normal Ratio Method)은 면적평균 강수량을 구하는 방법이다.
④ 대류형 강우는 주위보다 더운 공기의 상승으로 일어난다.

■해설 강우해석 일반
① 강우강도는 단위시간당 내린 비의 양을 말하며 단위는 mm/hr이다.
② DAD(Rainfall Depth-Area-Duration) 해석은 최대평균우량깊이(강우량), 유역면적, 강우지속시간의 관계의 해석을 말한다.
③ 정상 연강수 비율법(Nomal Ratio Method)은 결측강수량 추정법이다.
④ 대류형 강우는 주위보다 더운 공기의 대류현상에 의한 상승으로 발생된다.

07. 누가우량곡선(Rainfall Mass Curve)의 특성 중 맞는 것은?
85 기사 / 91 기사 / 95 기사 / 11 기사 / 15 기사

① 누가우량곡선의 경사가 클수록 강우강도가 크다.
② 누가우량곡선의 경사는 지역에 관계없이 일정하다.
③ 누가우량곡선은 자기우량기록에 의하여 작성하는 것보다 보통 유량계의 기록에 의하여 작성하는 것이 더 정확하다.
④ 누가우량곡선으로부터 일정기간 내의 강우량을 산출할 수 없다.

■해설 ㉠ 곡선 경사 급할수록 강우 강도 크다.
㉡ 곡선 경사 없으면 무강우 처리

08. 다음 중 강수 결측자료의 보완을 위한 추정방법이 아닌 것은?
14 기사

① 단순비례법　　② 이중누가우량분석법
③ 산술평균법　　④ 정상연강수량비율법

■해설 결측자료의 보완
㉠ 산술평균법
　인근 관측점의 정상 연평균 강수량의 차가 10% 이내에 적용
$$P_X = \frac{1}{3}(P_A + P_B + P_C)$$
㉡ 정상년 강수량 비율법
　인근 3개의 관측점 중에 한 개라도 정상 연평균강수량의 차가 10% 이상일 때 적용
$$P_X = \frac{N_X}{3}\left(\frac{P_A}{N_A} + \frac{P_B}{N_B} + \frac{P_C}{N_C}\right)$$
㉢ 단순비례법
　결측치를 가진 관측점 인근의 관측점이 1개만 있는 경우 적용
$$P_X = \frac{P_A}{N_A}N_X$$

09. 강우량 자료를 분석하는 방법 중 2중누가곡선법(Double Mass Curve)을 많이 이용한다. 이에 대한 다음 설명 중 맞는 것은?
02 기사 / 04 기사 / 08 산업 / 10 산업 / 12 기사

① 평균강수량을 계산하기 위하여 쓴다.
② 강수량 자료의 지속시간을 알기 위하여 쓴다.
③ 결측자료를 보완하기 위하여 쓴다.
④ 강수량 자료의 일관성 검증을 위하여 쓴다.

■해설 2중누가곡선법(Double Mass Curve)은 강수자료의 일관성 검증을 하기 위하여 사용한다.

10. 강우강도 공식에 관한 설명으로 틀린 것은?
16 기사

① 강우강도(I)와 강우지속시간(D)의 관계로서 Talbot, Shermam, Japanese형의 경험공식에 의해 표현될 수 있다.
② 강우강도공식은 자기우량계의 유량자료로부터 결정되며, 지역에 무관하게 적용 가능하다.
③ 도시지역의 우수거, 고속도로 암거 등의 설계 시에 기본자료로서 널리 이용된다.
④ 강우강도가 커질수록 강우가 계속되는 시간은 일반적으로 작아지는 반비례관계이다.

■해설 강우강도와 지속시간의 관계
㉠ 강우강도와 지속시간의 관계는 Talbot, Sherman, Japanese형의 경험공식에 의해 표현된다.
㉡ 강우강도공식은 자기우량계의 우량자료로부터 결정되며, 지역공식이며, 경험공식이다.
㉢ 강우강도와 지속시간의 관계를 결정해 놓으면 도시지역 우수거, 고속도로 암거 등의 설계에 기본 자료로 이용한다.
㉣ 강우강도와 지속시간의 관계는 반비례로 강우강도가 커지면 지속시간은 작아진다.

|해답| 07.① 08.② 09.④ 10.②

11. 어느 지역에서 100분간 200mm의 강우가 발생하였다고 하면 이때 강우강도는?

① 333mm/hr
② 200mm/hr
③ 120mm/hr
④ 100mm/hr

■해설 강우강도
㉠ 강우강도는 단위시간당 내린 비의 양을 말하며 단위는 mm/hr이다.
㉡ 강우강도의 계산
$$I_1 = \frac{200\text{mm}}{100\text{min}} \times 60 = 120\text{mm/hr}$$

12. 강우강도 공식형이 $I = \frac{5,000}{t+40}$ (mm/h)로 표시된 어떤 도시에 있어서 20분간의 강우량은? (단, t의 단위는 min이다.)

① $R_{20} = 17.8\text{mm}$
② $R_{20} = 27.8\text{mm}$
③ $R_{20} = 37.8\text{mm}$
④ $R_{20} = 47.8\text{mm}$

■해설 ㉠ 강우강도
$$I = \frac{5,000}{20+40} = 83.33\text{mm/hr}$$
㉡ 20분간 강우량
$$R_{20} = \frac{83.33}{60} \times 20 = 27.8\text{mm}$$

13. 3종의 강우강도 I_1, I_2 및 I_3의 대소(大小)관계로 옳은 것은?

구분	I_1	I_2	I_3
강우량(mm)	200	50	120
지속시간(min)	100	30	80

① $I_1 > I_2 > I_3$
② $I_1 > I_3 > I_2$
③ $I_1 = I_2 < I_3$
④ $I_1 < I_2 = I_3$

■해설 강우강도
㉠ 강우강도는 단위시간당 내린 비의 양을 말하며 단위는 mm/hr이다.
㉡ 강우강도의 계산
- $I_1 = \frac{200\text{mm}}{100\text{min}} \times 60 = 120\text{mm/hr}$
- $I_2 = \frac{50\text{mm}}{30\text{min}} \times 60 = 100\text{mm/hr}$
- $I_3 = \frac{120\text{mm}}{80\text{min}} \times 60 = 90\text{mm/hr}$
∴ 강우강도의 크기는 $I_1 > I_2 > I_3$

14. 다음 표는 어느 지역의 40분간 집중 호우를 매 5분마다 관측한 것이다. 지속기간이 20분인 최대 강우강도는?

시간(분)	우량(mm)
0~5	1
5~10	4
10~15	2
15~20	5
20~25	8
25~30	7
30~35	3
35~40	2

① $I = 49\text{mm/h}$
② $I = 59\text{mm/h}$
③ $I = 69\text{mm/h}$
④ $I = 72\text{mm/h}$

■해설
- 0~20분 : 1+4+2+5=12mm
- 5~25분 : 4+2+5+8=19mm
- 10~30분 : 2+5+8+7=22mm
- 15~35분 : 5+8+7+3=23mm
- 20~40분 : 8+7+3+2=20mm

∴ 지속시간 20분이 최대강우강도
: $\frac{23}{20} \times 60 = 69\text{mm/hr}$

15. 어떤 유역에 표와 같이 30분간 집중호우가 발생하였다. 지속시간 15분인 최대강우강도는?

시간(분)	0~5	5~10	10~15	15~20	20~25	25~30
우량(mm)	2	4	6	4	8	6

① 80mm/hr
② 72mm/hr
③ 64mm/hr
④ 50mm/hr

■해설 강우강도
㉠ 강우강도는 단위시간당 내린 비의 양을 말하며 단위는 mm/hr이다.

ⓒ 지속시간 15분 강우량의 구성
- 0~15분 : 2+4+6=12mm
- 5~20분 : 4+6+4=14mm
- 10~25분 : 6+4+8=18mm
- 15~30분 : 4+8+6=18mm

ⓔ 지속시간 15분 최대강우강도의 산정

$$\frac{18\text{mm}}{15\text{min}} \times 60 = 72\text{mm/hr}$$

18. 유역의 평균강우량 산정방법에 의한 우량은 실제의 평균 우량과 어느 정도의 편차를 가지는데 그 편차에 직접적인 영향을 주는 인자는?
① 우량계측망의 밀도 ② 정상연평균강수량
③ 정상일평균기온   ④ 1일평균기온

■해설 평균강우량 산정 인자는 유역면적으로 우량 계측망 밀도가 좌우한다.

16. IDF 곡선의 강우강도와 지속기간의 관계에서 Talbot 형으로 표시된 식은?(단, I는 강우강도, t는 지속기간, T는 생기빈도(지속기간)이고 a, b, c, d, e, n, k, x는 지역에 따라 다른 값을 갖는 상수)

① $I = \frac{c}{t^n}$ ② $I = \frac{kT^x}{t^n}$

③ $I = \frac{d}{\sqrt{t}+e}$ ④ $I = \frac{a}{t+b}$

■해설 강우강도와 지속시간의 관계
① 대표공식

종류	내용
Talbot형	광주지역에 적합한 공식 $I = \frac{a}{t+b}$
Sherman형	서울, 목포, 부산에 적합 $I = \frac{c}{t^n}$
Japanese형	대구, 인천, 강릉에 적합 $I = \frac{d}{\sqrt{t}+e}$

② 용도
도시지역의 우수관거, 고속도로 암거 등의 설계의 기본자료로 사용한다.

19. 유역의 평균 강우량을 계산하기 위하여 사용되는 Thiessen방법의 단점으로 옳은 것은?
① 지형의 영향(산악효과)을 고려할 수 없다.
② 지형의 영향은 고려되나 강우 형태는 고려되지 않는다.
③ 우량계의 종류에 따라 크게 영향을 받는다.
④ 계산은 간편하나 산술평균법보다 부정확하다.

■해설 유역의 평균 강우량 산정법
㉠ 유역의 평균 강우량 산정공식

종류	적용
산술평균법	유역면적 500km² 이내에 적용 $P_m = \frac{1}{N}\sum_{i=1}^{N} P_i$
Thiessen법	유역면적 500~5,000km² 이내에 적용 $P_m = \frac{\sum_{i=1}^{N} A_i P_i}{\sum_{i=1}^{N} A_i}$
등우선법	산악의 영향이 고려되고, 유역면적 5,000km² 이상인 곳에 적용 $P_m = \frac{\sum_{i=1}^{N} A_i P_i}{\sum_{i=1}^{N} A_i}$

㉡ Thiessen법의 특징
우량계의 불균등 분포의 문제를 해결하지만 지역 내 산악의 영향을 고려할 수는 없다.

17. 유역의 평균우량 산정 방법이 아닌 것은?
① 산술평균법   ② Thiessen가중법
③ 평균비율법   ④ 등우선법

■해설 평균우량산정법
㉠ 산술평균법
㉡ Thiessen의 가중법
㉢ 등우선법

20. 비교적 평야지역에서 강우계의 관측분포가 균일하고 500km² 정도의 작은 유역에 발생한 강우에 대한 적합한 유역 평균 강우량 산정법은?
① Thiessen의 가중법   ② Talbot의 강도법
③ 산술평균법   ④ 등우선법

|해답| 16.④ 17.③ 18.① 19.① 20.③

■ 해설 유역의 평균 강우량 산정법

종류	적용
산술평균법	유역면적 500km² 이내에 적용, 유량계 균등 분포 $P_m = \dfrac{1}{N}\sum_{i=1}^{N} P_i$
Thiessen법	유역면적 500~5,000km² 이내에 적용, 유량계 불균등 분포 $P_m = \dfrac{\sum_{i=1}^{N} A_i P_i}{\sum_{i=1}^{N} A_i}$
등우선법	산악의 영향이 고려되고, 유역면적 5,000km² 이상인 곳에 적용 $P_m = \dfrac{\sum_{i=1}^{N} A_i P_i}{\sum_{i=1}^{N} A_i}$

∴ 유량계 균등 분포되고 유역면적 500km²에 적용하는 방법은 산술평균법이다.

21. 그림과 같은 우량관측소의 우량에 대하여 Thiessen법으로 이 유역의 평균강우량을 계산한 값은? (단, 강우량은 mm로 표시하였다.)

84 기사
85 기사
86 산업
88 산업
89 기사
91 기사
93 산업
08 산업
10 기사

소구역명	㉠	㉡	㉢	㉣	㉤
다각형 면적(km²)	30	40	60	50	25

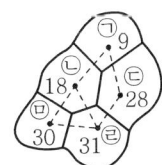

① 26.03mm   ② 24.24mm
③ 22.32mm   ④ 21.33mm

■ 해설 $P_m = \dfrac{A_1 P_1 + A_2 P_2 + \cdots + A_N P_N}{A}$

$= \dfrac{(30 \times 9) + (40 \times 18) + (60 \times 28) + (50 \times 31) + (25 \times 30)}{30 + 40 + 60 + 50 + 25}$

$= 24.24\text{mm}$

22. Thiessen 다각형에서 각각의 면적이 20km², 30km², 50km²이고, 이에 대응하는 강우량이 각각 40mm, 30mm, 20mm일 때, 이 지역의 면적평균 강우량은?

10 기사
17 기사

① 25mm   ② 27mm
③ 30mm   ④ 32mm

■ 해설 유역의 평균우량 산정법
㉠ 유역의 평균우량 산정공식

종류	적용
산술평균법	우량계가 균등분포된 유역면적 500km² 이내에 적용 $P_m = \dfrac{1}{N}\sum_{i=1}^{N} P_i$
Thiessen법	유역면적 500~5,000km² 이내에 적용 $P_m = \dfrac{\sum_{i=1}^{N} A_i P_i}{\sum_{i=1}^{N} A_i}$
등우선법	산악의 영향이 고려되고, 유역면적 5,000km² 이상인 곳에 적용 $P_m = \dfrac{\sum_{i=1}^{N} A_i P_i}{\sum_{i=1}^{N} A_i}$

㉡ Thiessen법을 이용한 면적평균 강우량의 산정

$P_m = \dfrac{\sum_{i=1}^{N} A_i P_i}{\sum_{i=1}^{N} A_i}$

$= \dfrac{(20 \times 40) + (30 \times 30) + (50 \times 20)}{20 + 30 + 50}$

$= 27\text{mm}$

23. DAD 해석에 관계되는 요소로 짝지어진 것은?

14 기사
16 기사

① 수심, 하천 단면적, 홍수기간
② 강우깊이, 면적, 지속기간
③ 적설량, 분포면적, 적설일수
④ 강우량, 유수단면적, 최대수심

■ 해설 DAD 해석
㉠ DAD(rainfall depth-area-duration) 해석은 최대평균우량깊이(강우량), 유역면적, 강우지속시간의 관계의 해석을 말한다.

|해답| 21.② 22.② 23.②

구성	특징
용도	암거의 설계나 지하수 흐름에 대한 하천수위의 시간적 변화의 영향 등에 사용
구성	최대평균우량깊이(Rainfall Depth), 유역면적(Area), 지속시간(Duration)으로 구성
방법	면적을 대수축에, 최대우량을 산술축에, 지속시간을 제3의 변수로 표시

ⓒ DAD 해석
- DAD 해석을 위해서는 지속시간별 최대평균우량깊이(강우량), 유역면적, 강우지속시간 등의 자료가 필요하다.
- 최대평균우량은 지속시간에 비례한다.
- 최대평균우량은 유역면적에 반비례한다.
- 최대평균우량은 재현기간에 비례한다.

24. (10기사)
얻어진 강우 기록으로부터 우량의 값, 유역면적 및 강우 계속시간 등의 관계를 규명하는 것은?

① 유출함수법　　② DAD 해석
③ 단위도법　　　④ 비우량해석

■해설 DAD 해석
㉠ DAD(Rainfall Depth-Area-Duration) 해석은 최대평균우량깊이(강우량), 유역면적, 강우지속시간 관계의 해석을 말한다.

구성	특징
용도	암거의 설계나, 지하수 흐름에 대한 하천수위의 시간적 변화의 영향 등에 사용
구성	최대평균우량깊이(Rainfall Depth), 유역면적(Area), 지속시간(Duration)으로 구성
방법	면적을 대수축에, 최대우량을 산술축에, 지속시간을 제3의 변수로 표시

ⓒ DAD 해석
- DAD 해석을 위해서는 지속시간별 최대평균우량깊이(강우량), 유역면적, 강우지속시간 등의 자료가 필요하다.

25. (07산업)
최대평균우량깊이(D) - 유역면적(A) - 지속시간(D) 관계를 해석하여 작성된 DAD곡선에 관한 설명 중 틀린 것은?

① 유역별로 작성해두면 암거 설계 등의 각종 수문학적 문제해결에 유용하게 이용할 수 있다.

② 반대수지(Semi-log Paper)상에서 대수축은 유역면적, 산술축은 최대평균우량, 지속시간은 제3의 변수로 표시하여 작성된다.
③ 최대평균유량은 유역면적에 비례하여 증가한다.
④ 최대평균유량은 지속시간에 비례하여 증가한다.

■해설 DAD 해석
㉠ DAD 해석
DAD(Rainfall Depth-Area-Duration) 해석은 최대평균우량깊이(=강우량), 유역면적, 강우지속시간의 관계의 해석을 말한다.
- 용도 : 암거의 설계나 지하수 흐름에 대한 하천수위의 시간적 변화의 영향 등에 사용
- 구성 : 최대평균우량깊이(Rainfall Depth), 유역면적(Area), 지속시간(Duration)으로 구성
- 방법 : 면적을 대수축에, 최대우량을 산술축에, 지속시간을 제3의 변수로 표시
ⓒ DAD 해석에 의하면 최대평균유량은 지속시간이 커질수록 증가하며, 유역면적이 커질수록 작아진다.

26. (09산업)
대규모 수공구조물의 설계홍수량 산정에 가장 적합한 것은?

① 기록상의 최대우량
② 면적평균강우량
③ 가능최대강수량
④ 재현기간 5년에 해당하는 강우량

■해설 가능최대강수량
가능최대강수량(Probable Maximum Precipitation)이란 어떤 지역에서 생성될 수 있는 가장 극심한 기상 조건하에서 발생 가능한 호우로 인한 최대 강수량을 의미한다. 대규모 수공구조물을 설계하고자 할 때 기준으로 삼는 우량이며, 통계학적으로는 10,000년 빈도에 해당하는 홍수량을 말한다.

증발산과 침투

Chapter 11

Contents

Section 01 증발 및 증산
Section 02 침투 및 침루
Section 03 SCS 방법에 의한 유역의 유효우량 산정

ITEM POOL 예상문제 및 기출문제

이것부터 깊어보고 시작하자!

1. **증발과 증산**
   - 물분자가 수 표면으로부터 대기 중으로 방출되는 현상을 증발이라 한다.
   - 땅속의 물이 식물의 옆면을 통해 대기 중으로 방출되는 현상을 증산이라 한다.

2. **저수지 증발량 산정방법**
   - 물수지방법 : $E = P + I \pm U - O \pm S$
   - 증발접시에 의한 방법 : 저수지 증발량 = 접시의 증발량 × 증발접시계수
   - 에너지 수지방법
   - 공기동역학적 방법
   - 에너지 수지방법 및 공기동역학적 방법을 혼합한 방법

3. **침투 및 침루**
   - 물이 토양면을 통해 토양 속으로 스며드는 현상을 침투라고 한다.
   - 침투된 물이 중력에 의해 지하수위까지 도달하는 현상을 침루라고 한다.
   - 주어진 조건에서 물이 침투할 수 있는 최대율을 침투능이라고 한다.

4. **토양의 침투능 결정방법**
   - 침투계에 의한 방법
   - 경험공식에 의한 방법
   - 침투지수법에 의한 방법

5. **ϕ - 지수법**
   - 총 침투량 = 강우량 - 유출량
   - ϕ - 지수 = 총 침투량/침투지속시간

증발 및 증산

1. 정의

(1) 증발(Evaporation)
수표면 혹은 습한 토양면의 물분자가 열에너지를 얻어 액체상태에서 기체상태로 변환하는 과정을 말한다.

(2) 증산(Transpiration)
식물의 옆면을 통해 땅속의 물이 수증기의 형태로 대기중에 방출되는 현상을 말한다.

(3) 증발산(Evaptranspiration)
증발과 증산량의 합을 말한다.

2. 증발의 지배인자

증발현상은 공기와 수증기의 혼합체가 포화상태에 도달할 때까지 계속되며 증기압에 영향을 미치는 인자가 곧 증발현상을 지배하는 인자들이며 물과 공기의 습도, 바람, 상대습도, 대기압, 수질 및 수표면의 성질과 형상이 증발현상의 지배인자들이다.

3. 저수지 증발량의 산정방법

(1) 물 수지방법
일정기간동안의 저수지내로의 유입량과 유출량을 고려하여 물수지관계를 계산함으로써 증발량을 산정

$$E = P + I \pm U - O \pm S$$

여기서, E : 증발량
P : 강우량
I : 유입량
U : 지하 유·출입량
O : 유출량
S : 저수지 내 저유량의 변화량

(2) 에너지 수지방법

증발에 관련된 에너지의 항들로 표시되는 연속방정식을 풀어서 증발량을 산정하는 방법

(3) 공기동역학적 방법

물표면의 입자이동은 연직 증기압 구배에 비례한다는 가정(Dalton의 법칙)을 적용한 경험 공식을 통해 증발량을 산정하는 방법

(4) 에너지 수지방법 및 공기 동역학적 방법을 혼합한 방법

Penman의 방법으로 증발량에 대한 실측치가 없는 유역에 대한 수자원 계획시 예비조사방법으로 적용하면 상당히 정확한 방법이다.

(5) 증발접시에 의한 방법

댐 후보지역이나 인근지역에 증발접시를 설치하여 측정한 증발량을 저수지 증발량으로 환산하는 방법으로, 증발접시의 종류에는 지상식, 함몰식, 부유식 3종이 있다.

$$증발접수계수 = \frac{저수지의\ 증발량}{접시의\ 증발량}$$

핵심예제 11-1

다음 중 증발량 산정방법이 아닌 것은? [10. 기], [14. 기]

① 에너지수지(Energy Budget) 방법
② 물수지(Water Budget) 방법
③ IDF 곡선 방법
④ Penman 방법

해설 저수지 증발량 산정방법

㉠ 물수지 방법 : 일정기간 동안의 저수지 내로의 유입량과 유출량을 고려하여 물수지 관계를 계산함으로써 증발량을 산정

㉡ 에너지수지 방법 : 증발에 관련된 에너지의 항으로 표시되는 연속방정식을 풀어서 증발량을 산정하는 방법

㉢ 공기동역학적 방법 : 물표면의 입자이동은 연직 증기압 구배에 비례한다는 가정 (Dalton의 법칙)을 적용한 경험 공식을 통해 증발량을 산정하는 방법

㉣ 에너지수지 방법 및 공기동역학적 방법을 혼합한 방법 : Penman의 방법으로 증발량에 대한 실측치가 없는 유역에 대한 수자원 계획 시 예비조사방법으로 적용하면 상당히 정확한 방법

㉤ 증발접시에 의한 방법 : 증발접시를 설치하여 측정한 증발량을 저수지 증발량으로 환산하는 방법

해답 ③

핵심예제 11-2

물 수지관계를 표시하는 저유량 방정식에서 증발산량을 나타내는 다음 식 중 옳은 것은?(단, E : 증발산량, P : 총강수량, I : 지표 유입량, U : 지하 유·출입량, O : 지표유출량, S : 지표 및 지하 저유량의 변화이다.)

[80. 산], [86. 산], [92. 산], [93. 기], [11. 기]

① $E = P + I \pm U - O \pm S$
② $E = I \pm P - U + O - S$
③ $E = P - I \pm U + O + S$
④ $E = U \pm P \pm I + U - O - S$

해설 $E = P + I \pm U - O \pm S$

해답 ①

핵심예제 11-3

수표면적이 10km²되는 어떤 저수지면으로부터 측정된 대기의 평균온도가 25℃이고, 상대습도가 65%, 저수지면 6m 위에서 측정한 풍속이 4m/sec이고, 저수지면 경계층의 수온이 20℃로 추정되었을 때 증발률(E_0)이 1.44mm/day였다면 이 저수지면으로부터의 일증발량(E_{day})은?   [06. 기], [14. 기]

① 42,366m³
② 42,918m³
③ 57,339m³
④ 14,400m³

해설 일증발량의 계산

일증발량 = 증발률 × 수표면적
= $(1.44 \times 10^{-3}) \times (10 \times 10^6)$
= 14,400m³

해답 ④

Section 02 침투 및 침루

1. 정의

(1) 침투(Infiltration)

물이 토양면을 통해서 토양 속으로 스며드는 현상

(2) 침루(Percolation)

침투된 물이 중력의 영향으로 계속 하부로 내려가 지하수위까지 도달하는 현상

(3) 침투능(Infiltration Capacity)

주어진 조건에서 물이 침투할 수 있는 최대율(mm/h)

2. 토양의 침투능 지배인자

① 강우강도(Intensity)
② 토양의 종류 : 공극의 정도 및 분포상태
③ 토양의 다짐정도
④ 토양의 수분함유율
⑤ 지표면 보류수 깊이와 포화층의 두께
⑥ 식생상태 : 우수의 충격력으로부터 토양 보존, 뿌리의 존재는 공극의 피해경감 및 토양의 다짐방지로 침투능은 증대
⑦ 기타 요인 : 토양의 동결, 융해 등

3. 토양의 침투능 결정방법

침투계에 의한 실측방법과 이들 측정자료를 사용하여 유도한 경험공식에 의한 방법, 침투 지수법에 의한 유역의 평균침투능 결정방법이 있다.

(1) 침투계에 의한 방법

Flooding형과 Sprinkling형의 두 가지가 있다.

(2) 경험공식에 의한 방법

① Horton의 경험식
② Philp의 경험식
③ Holtan의 경험식

(3) 침투지수법에 의한 방법

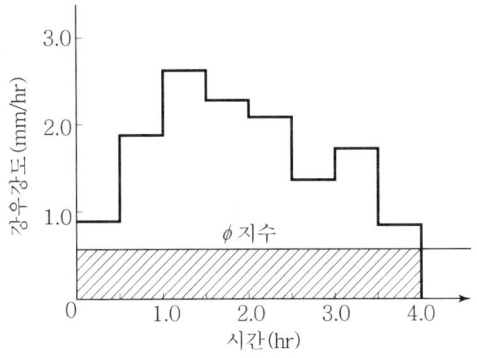

① ϕ-index법

우량주상도에서 총강우량과 손실량을 구분하는 수평선에 대응하는 강우강도가 ϕ-지표이며, 이것이 평균침투능의 크기이다.

② W-index법

ϕ-index법을 개선한 방법으로 지면 보유, 요면저류, 등은 실제 침투량에 속하지 않으므로 이 것들을 고려하여 증발산등을 결정하는 방법이며, W-index는 강우강도가 침투능보다 큰 호우기간 동안의 평균침투율(mm/hr)이라 정의할 수 있다.

4. 토양의 초기함수조건에 따른 총우량-유출량 관계

유역의 선행함수조건은 강우 초기의 토양함수조건을 의미하는 것으로, 유역의 평균침투능력 혹은 직접유출 잠재력과 직결된다.

(1) 선행강수지수(API)

선행강수지수가 클수록 토양의 함유수분이 크므로 유출량이 커진다.

(2) 지하수 유출량

지하수 유출량이 클수록 토양의 함유수분이 크므로 유출량이 커진다.

(3) 토양함수 미흡량

토양함수 미흡량이 클수록 토양은 건조하고 유출량은 적어진다.

핵심예제 11-4

어떤 지역에 내린 총강우량 75mm 시간적의 분포가 다음 우량주상도로 나타났다. 이 유역의 출구에서 측정한 지표유출량이 33mm이었다면 ϕ-index는?

[83. 기], [84. 기], [85. 기], [87. 기], [88. 기]

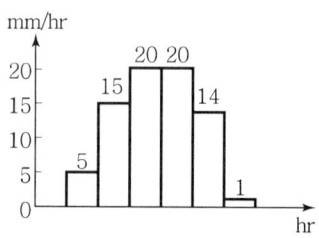

① 9mm/h
② 8mm/h
③ 7mm/h
④ 6mm/h

해설 총강우량 = 유출량 + 침투량

$75 = 33 +$ 침투량

∴ 침투량 42mm

∴ $\phi-\text{index} = \dfrac{42-6}{4} = 9\text{mm/h}$

해답 ①

핵심예제 11-5

다음 중 침투능을 추정하는 방법은?

① ϕ-index 법
② Theis 법
③ DAD해석법
④ N-day법

해설 ㉠ 침투능을 추정하는 방법
- 침투 지수법에 의한 방법
- 침투계에 의한 방법
- 경험공식에 의한 방법

㉡ 침투 지수법에 의한 방법
- ϕ-index법 : 우량주상도에서 총강우량과 손실량을 구분하는 수평선에 대응하는 강우강도가 ϕ-지표이며, 이것이 평균침투능의 크기이다.
- W-index법 : ϕ-index법을 개선한 방법으로 지면보유, 증발산량 등을 고려한 방법이다.

해답 ①

SCS 방법에 의한 유역의 유효우량 산정

1. 정의

유출량 자료가 없는 경우에 유역의 토양특성과 식생피복상태 및 선행강수 조건 등에 대한 상세한 자료만으로 총우량으로부터 유효우량을 산정할 수 있는 방법으로 미국 토양보존청에서 개발한 방법으로 SCS 유출곡선지수방법이라 한다.

2. 해석

① SCS 유효우량 산정방법에서는 유효우량의 크기에 직접적으로 영향을 미치는 인자로서 강우가 있기 이전의 유역의 선행토양함수조건과 유역을 형성하고 있는 토양의 종류와 토지이용상태 및 식생피복의 처리상태, 그리고 토양의 수문학적 조건 등을 고려하였다.

② 유출곡선지수(CN)는 총우량으로부터 유효우량의 잠재력을 표시하는 지수이다.

$$Q = \frac{(P-0.2S)^2}{P+0.8S}, \quad S = \frac{25,400}{CN} - 254$$

여기서, Q : 유효우량
P : 총우량
S : 토양의 최내 잠재보류수량
CN : 유출곡선지수

③ 투수성 지역의 유출곡선지수는 불투수성 지역의 유출곡선지수보다 적은 값을 갖는다.

④ 선행토양함수조건은 1년을 성수기와 비성수기로 나누어 각 경우에 대하여 3가지 조건(AMC-I, AMC-II, AMC-III)으로 구분하고 있다.

핵심예제 11-6

SCS의 초과강우량 산정방법에 대한 설명 중 옳지 않은 것은? [09. 기], [16. 기]

① 유역의 토지이용형태는 유효우량의 크기에 영향을 미친다.
② 유출곡선지수(runoff curve number)는 총 우량으로부터 유효우량의 잠재력을 표시하는 지수이다.
③ 투수성 지역의 유출곡선지수는 불투수성 지역의 유출곡선지수보다 큰 값을 갖는다.
④ 선행토양함수조건(antecedent soil moisture con-dition)은 1년을 성수기와 비성수기로 나누어 각 경우에 대하여 3가지 조건으로 구분하고 있다.

해설 SCS 초과우량 산정방법
㉠ 유출량 자료가 없는 경우 유역의 토양특성과 식생피복상태 및 선행강수조건 등에 대한 상세한 자료만으로 총 우량으로부터 유효우량을 산정할 수 있는 방법을 SCS 유출곡선지수방법이라 한다.
㉡ SCS 유효우량 산정방법에서는 유효우량의 크기에 직접적으로 영향을 미치는 인자로서 강우가 있기 이전의 유역의 선행토양함수조건과 유역을 형성하고 있는 토양의 종류와 토지이용상태 및 식생피복의 처리상태, 그리고 토양의 수문학적 조건 등을 고려하였다.
㉢ 유출곡선지수(CN)는 총 우량으로부터 유효우량의 잠재력을 표시하는 지수이다.
㉣ 투수성 지역의 유출곡선지수는 불투수성 지역의 유출곡선지수보다 적은 값을 갖는다.
㉤ 선행토양함수조건은 1년을 성수기와 비성수기로 나누어 각 경우에 대하여 3가지 조건(AMC-Ⅰ, AMC-Ⅱ, AMC-Ⅲ)으로 구분하고 있다.

해답 ③

핵심예제 11-7

유출량 자료가 없는 경우에 유역의 토양특성과 식생피복상태 등에 대한 상세한 자료만으로도 총우량으로부터 유효우량을 산정할 수 있는 방법은? [05. 기], [12. 기]

① SCS법
② ϕ-지표법
③ W-지표법
④ f-지표법

해설 SCS법
유출량 자료가 없는 경우에 유역의 토양특성과 식생피복상태 등에 대한 상세한 자료만으로도 총 우량으로부터 유효우량을 산정하는 방법을 미국토양보존국(U.S.Soil Conservation Service, SCS) 방법이라 한다.

해답 ①

Chapter 11 | 증발산과 침투

Item pool 예상문제 및 기출문제

01. 다음 사항 중 옳지 않은 것은?
82 기사
84 기사
93 기사
08 기사

① 증발이란 액체상태의 물이 기체상태의 수증기로 바뀌는 현상이다.
② 증산(Transpiration)이란 식물의 엽면(葉面)을 통해 지중(地中)의 물이 수증기의 형태로 대기 중에 방출되는 현상이다.
③ 침투(Percolation)란 토양면을 통해 스며든 물이 중력에 의해 계속 지하로 이동하여 불투수층까지 도달하는 것이다.
④ 강수(Precipitation)란 구름이 응축되어 지상으로 떨어지는 모든 형태의 수분을 총칭한다.

■ 해설 토양을 통해 스며든 물이 불투수층까지 도달하는 경우를 "침루"라 한다.

02. 물의 순환과정인 증발에 관한 설명으로 옳지 않은 것은?
16 기사

① 증발량은 물수지방정식에 의하여 산정될 수 있다.
② 증발은 자유수면뿐만 아니라 식물의 엽면 등을 통하여 기화되는 모든 현상을 의미한다.
③ 증발접시계수는 저수지 증발량의 증발접시 증발량에 대한 비이다.
④ 증발량은 수면온도에 대한 공기의 포화증기압과 수면에서 일정 높이에서의 증기압의 차이에 비례한다.

■ 해설 증발 및 증산
자유수면으로부터 물이 대기 중으로 방출되는 현상을 증발이라 하고, 지중의 물을 식물의 뿌리가 끌어올려서 식물의 엽면으로부터 대기 중으로 방출되는 현상을 증산이라고 한다.

03. 다음 중 자유수면으로부터의 증발량 산정방법이 아닌 것은?
05 산업

① 에너지 수지에 의한 방법
② 물수지에 의한 방법
③ 증발접시 관측에 의한 방법
④ Blanny-Criddle 방법

■ 해설 증발량 산정방법
㉠ 물 수지방법
㉡ 에너지 수지방법
㉢ 공기동역학적 방법
㉣ 에너지 수지방법 및 공기 동역학적 방법을 혼합한 방법
㉤ 증발접시에 의한 방법

04. 어느 지역의 증발접시에 의한 연증발량이 750mm이다. 증발접시계수가 0.7일 때 저수지의 연증발량을 구한 값은?
90 기사
95 기사

① 525mm
② 532mm
③ 534mm
④ 520mm

■ 해설 증발접시계수 = $\dfrac{\text{저수지의 증발량}}{\text{접시의 증발량}}$

$0.7 = \dfrac{x}{750}$ ∴ $x = 525$mm

05. 수표면적이 200ha인 저수지에서 24시간 동안 측정된 증발량은 2cm이며, 이 기간 동안 평균 $2\text{m}^3/\text{s}$의 유량이 저수지로 유입된다. 24시간 경과 후 저수지의 수위가 초기 수위와 동일할 경우 저수지로부터의 유출량은 얼마인가?(단, 저수지의 수표면적은 수심에 따라 변화하지 않음)
00 기사

① 1,328ha·cm
② 1,728ha·cm
③ 2,160ha·cm
④ 2,592ha·cm

| 해답 | 01.③ 02.② 03.④ 04.① 05.①

■ 해설 증발량 = 유입량 − 유출량
유출량 = 유입량 − 증발량
$= 2 \times (24 \times 3,600) - (200 \times 10^4 \times 2 \times 10^{-2})$
$= 132,800 \, m^3$
$= 1,328 \, ha \cdot cm \, (1ha = 10^4 m^2)$

06. 수표면적이 $10km^2$인 저수지에서 24시간 동안 측정된 증발량이 2mm이며, 이 기간 동안 저수지 수위의 변화가 없었다면, 저수지로 유입된 유량은?(단, 저수지의 수표면적은 수심에 따라 변화하지 않음)
15 기사

① $0.23m^3/s$ ② $2.32m^3/s$
③ $0.46m^3/s$ ④ $4.63m^3/s$

■ 해설 저수지 증발량 산정방법
㉠ 물수지 방법
일정기간 동안의 저수지 내로의 유입량과 유출량을 고려하여 물수지관계를 계산함으로써 증발량을 산정
$E = P + I - O \pm S \pm U$

여기서, E : 증발량
I : 유입량
O : 유출량
S : 저류량
U : 지하수 유출입량

㉡ 유입량의 산정
주어진 조건은 증발량과 유입량만 있으므로 물수지방정식을 사용하면 다음과 같다.
$E = I = (2 \times 10^{-3}) \times (10 \times 10^6)$
$= 20,000 m^3/day \doteq 0.23 m^3/sec$

07. 유역면적이 $1km^2$, 강수량이 1,000mm, 지표유입량이 $400,000m^3$, 지표유출량이 $600,000m^3$, 지하유입량이 $100,000m^3$, 저류량의 감소량이 $200,000m^3$라면 증발량은?
04 기사

① $300,000m^3$ ② $500,000m^3$
③ $700,000m^3$ ④ $900,000m^3$

■ 해설 증발량의 산정
㉠ 물수지 방정식에 의한 증발량의 산정
$E = P + I - O \pm U \pm S$

여기서, E : 증발량
P : 강수량
I : 지표유입량
O : 지표유출량
U : 지하수 유·출입량
S : 지표 및 지하 저류량

㉡ 증발량의 산정
$E = P + I - O \pm U \pm S$
$= 1m \times 10^6 (m^2) + 400,000 m^3 - 600,000 m^3$
$+ 100,000 m^3 - 200,000 m^3$
$= 700,000 m^3$

08. 침투지수법에 의한 침투능 추정방법에 관한 다음 설명 중 틀린 것은?
05 산업
09 산업

① 침투지수란 호우기간의 총침투량을 호우지속기간으로 나눈 것이다.
② ϕ − index는 강우주상도에서 유효우량과 손실우량을 구분하는 수평선에 상응하는 강우강도와 크기가 같다.
③ W − index는 강우강도가 침투능보다 큰 호우기간 동안의 평균침투율이다.
④ ϕ − index법은 침투능의 시간에 따른 변화를 고려한 방법으로서 가장 많이 사용된다.

■ 해설 침투능 추정법
㉠ 침투능을 추정하는 방법
• 침투 지수법에 의한 방법
• 침투계에 의한 방법
• 경험공식에 의한 방법
㉡ 침투 지수법에 의한 방법
• ϕ − index법 : 우량주상도에서 총강우량과 손실량을 구분하는 수평선에 대응하는 강우강도가 ϕ − 지표이며, 이것이 평균침투능의 크기이다. 시간에 따른 침투능의 변화를 고려하지 않은 방법이다.
• W − index법 : ϕ − index법을 개선한 방법으로 지면보유, 증발산량 등을 고려한 방법으로 강우강도가 침투능보다 큰 호우기간 동안의 평균침투율이다.
• 침투지수란 호우기간의 총침투량을 호우지속시 기간으로 나눈 것이다.

|해답| 06.① 07.③ 08.④

09. 다음 중 토양의 침투능(Infiltration Capacity) 결정방법에 해당되지 않는 것은?

① 침투계에 의한 실측법
② 경험공식에 의한 계산법
③ 침투지수에 의한 수문곡선법
④ 물수지 원리에 의한 산정법

■해설 침투능 추정법
㉠ 침투능을 추정하는 방법
- 침투 지수법에 의한 방법
- 침투계에 의한 방법
- 경험공식에 의한 방법

㉡ 침투 지수법에 의한 방법
- ϕ-index법 : 우량주상도에서 총강우량과 손실량을 구분하는 수평선에 대응하는 강우강도가 ϕ-지표이며, 이것이 평균침투능의 크기이다.
- W-index법 : ϕ-index법을 개선한 방법으로 지면보유, 증발산량 등을 고려한 방법이다.

10. 어떤 유역에 70mm의 강우량이 그림과 같은 분포로 내렸을 때 유역의 직접유출량이 30mm이었다면 이때의 ϕ-index 는?

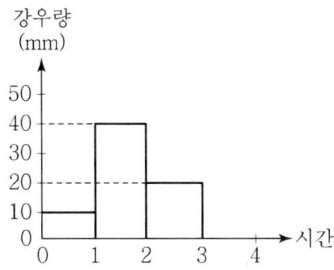

① 10mm/h
② 12.5mm/h
③ 15mm/h
④ 20mm/h

■해설 침투능 추정법
㉠ 침투능을 추정하는 방법
- 침투지수법에 의한 방법
- 침투계에 의한 방법
- 경험공식에 의한 방법

㉡ 침투지수법에 의한 방법
- ϕ-index법 : 우량주상도에서 총 강우량과 손실량을 구분하는 수평선에 대응하는 강우강도가 ϕ-지표이며, 이것이 평균침투능의 크기이다.
- W-index법 : ϕ-index법을 개선한 방법으로 지면보유, 증발산량 등을 고려한 방법이다.

㉢ ϕ-지수법에 의한 ϕ-index의 산정
- 손실량(침투량) = 총 강우량 − 유출량
  = 70 − 30 = 40
- ϕ-index = 침투량/시간
  = (40 − 10)/2 = 15mm/hr

11. 선행강수지수는 다음 어느 것과 관계되는 내용인가?

① 지하수량과 강우량과의 상관관계를 표시하는 방법
② 토양의 초기 함수조건을 양적으로 표시하는 방법
③ 강우의 침투조건을 나타내는 방법
④ 하천 유출량과 강우량과의 상관관계를 표시하는 방법

■해설 토양의 초기함수조건을 양적으로 표시하는 방법
㉠ 선행 강수 지수
㉡ 지하수 유출량
㉢ 토양 함수 미흡량

하천유량 및 유출

Chapter 12

Contents

Section 01 하천유량
Section 02 유출의 구성

ITEM POOL 예상문제 및 기출문제

이것부터 짚어보고 시작하자!

1. 수위의 명칭
- 풍수위 : 1년 중 고수위에서부터 95번째 수위
- 평수위 : 1년 중 고수위에서부터 185번째 수위
- 저수위 : 1년 중 고수위에서부터 275번째 수위
- 갈수위 : 1년 중 고수위에서부터 355번째 수위

2. 수위-유량관계곡선
- 장기간 자료의 수위와 유량 간 관계를 나타낸 곡선을 말한다.
- 수위-유량관계곡선은 하도의 인공적·자연적 변화, 홍수 시 수위의 급상승·급하강, 배수 및 저하효과, 하도 내 초목 및 얼음의 효과 등으로 인해 loop형을 이룬다.
- 수위-유량관계곡선의 연장에는 전대수지법, Stevens 방법, Manning 공식에 의한 방법 등이 있다.

3. 유출의 구성
- 유출은 생기원천에 따라서 지표면유출, 지표하유출, 지하수유출로 나눈다.
- 지표면유출과 조기지표하유출을 직접유출이라고 한다.
- 지연지표하유출과 지하수유출을 기저유출이라고 한다.
- 직접유출의 근원이 되는 강수량을 유효강수량이라고 한다.

하천유량

하천유량이란 하천수로상의 어떤 단면을 통과하는 단위시간당의 수량을 말한다.

1. 수위의 명칭

① 평균수위 : 어느 기간 중의 관측수위의 합계를 관측회수로 나눈 수위
② 풍수위 : 1년 중 고수위에서부터 95번째 수위
③ 평수위 : 1년 중 고수위에서부터 185번째 수위
④ 저수위 : 1년 중 고수위에서부터 275번째 수위
⑤ 갈수위 : 1년 중 고수위에서부터 355번째 수위

2. 수위 - 유량 관계곡선(Stage - Discharge Relation Curve)

임의 관측점에서 수위와 유량을 동시에 관측하여 상당기간 자료를 축적했다면 수위-유량관계곡선을 얻을 수 있으며 이를 수위-유량 관계곡선 또는 Rating-Curve라 한다.

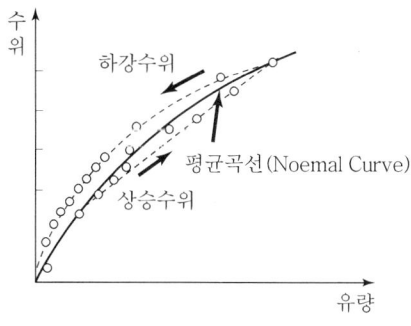

(1) 수위 - 유량관계의 조정

자연하천의 경우 대부분의 관측점은 하도통제를 받으므로 loop형 수위-유량관계를 가져서 동일 수위에서도 수위 상승시와 하강시의 유량이 달라지며 이의 발생원인은 다음과 같다.

① 준설, 퇴적, 세굴 등의 하도의 인공적 자연적 변화
② 홍수시 수위의 급상승 및 급하강
③ 배수 및 저하 효과
④ 하도내의 초목 및 얼음의 효과

(2) 수위-유량곡선의 연장

유량측정이 되지 않은 고수위에 대한 유량을 수위-유량곡선을 연장하여 추정한다.

① 전대수지법
   수위-유량곡선을 전대수지상에 직선적으로 표시하여 연장 가능

② Stevens 방법
   Chezy의 평균유속공식을 사용하여 임의 고수위에 대한 유량을 추정하는 방법

③ Manning 공식에 의한 방법
   Manning의 평균유속공식을 사용하여 임의 고수위에 대한 유량을 추정하는 방법

핵심예제 12-1

저수위(L.W.L)란 1년을 통해서 며칠 동안 이보다 저하하지 않는 수위를 말하는가?

[10. 기]

① 90일 ② 185일
③ 200일 ④ 275일

해설 수위의 정의
① 풍수위 : 1년 중 95일은 이보다 저하하지 않는 수위
② 평수위 : 1년 중 185일은 이보다 저하하지 않는 수위
③ 저수위 : 1년 중 275일은 이보다 저하하지 않는 수위
④ 갈수위 : 1년 중 355일은 이보다 저하하지 않는 수위
∴ 저수위는 1년 중 275일은 이보다 저하하지 않는 수위를 말한다.

해답 ④

핵심예제 12-2

자연하천에서 수위-유량관계곡선이 loop형을 이루게 되는 이유가 아닌 것은?

[15. 기]

① 배수 및 저수효과 ② 하도의 인공적 변화
③ 홍수 시 수위의 급변화 ④ 조류 발생

해설 수위-유량 관계곡선
㉠ 하천 임의 단면에서 수위와 유량을 동시에 측정하여 장기간 자료를 수집하면 이들의 관계를 나타내는 검정곡선을 얻을 수 있다. 이 곡선을 수위-유량 관계곡선(Rating Curve)이라 한다.

ⓒ 자연하천에서 수위-유량관계곡선이 loop형인 이유
  - 하도의 인공적, 자연적 변화
  - 홍수시 수위의 급상승, 급하강
  - 배수 및 저하효과
  - 초목 및 얼음의 효과
ⓒ 수위-유량곡선의 연장방법에는 전대수지법, Manning 공식에 의한 방법, Stevens 방법 등이 있다.

해답 ④

핵심예제 12-3

하천유출에서 Rating Curve는 무엇과 관련된 것인가? [10. 기]

① 수위-시간
② 수위-유량
③ 수위-단면적
④ 수위-유속

해설 수위-유량 관계곡선
ⓐ 하천 임의 단면에서 수위와 유량을 동시에 측정하여 장기간 자료를 수집하면 이들의 관계를 나타내는 검정곡선을 얻을 수 있다. 이 곡선을 수위-유량 관계곡선(Rating Curve)이라 한다.
ⓑ 이 곡선의 연장으로 실측되지 않은 고수위에 대한 홍수량을 산정한다.
ⓒ 수위-유량곡선의 연장방법에는 전대수지법, Man-ning공식에 의한 방법, Stevens방법 등이 있다.
∴ Rating Curve는 수위-유량의 관계를 나타낸 곡선이다.

해답 ②

Section 02 유출의 구성

강우가 지상에 도달하여 하천유량의 형태로 흐르는 현상을 유출(Runoff)이라 한다.

1. 생기원천에 따른 분류

(1) 지표면 유출(Surfass Runoff)
지표면 및 지상의 각종수로를 통해 흘러 유역의 출구에 도달하는 유출을 말한다.

(2) 지표하 유출(Subsurfass Runoff : 중간유출)
지표토양 속에 침투하여 지표에 가까운 상부토층을 통해 하천을 향해 횡적으로 흐르는 유출을 말하며 지하수 보다는 높은 층을 흐른다.

(3) 지하수 유출(Ground Water)
침루에 의한 지하수의 상승으로 인한 유출을 말한다.

2. 유출해석을 위한 분류

유출해석을 위해서는 총유출을 직접유출과 기저유출로 분류한다.

(1) 직접유출(Direct Runoff)
강수 후 비교적 단시간내에 하천으로 흘러들어가는 유출을 말한다.
① 지표유출수
② 단시간내로의 하천으로 흘러들어가는 지표하 유출수
③ 하천이나 호수 등의 수표면에 직접 떨어지는 수로상 강수

(2) 기저유출(Base Flow)
비가 오기 전의 건천후시 유출을 말한다.
① 지하수 유출
② 시간적으로 지연된 지표하 유출

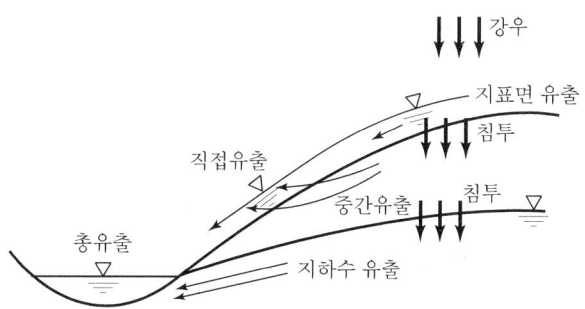

3. 유출의 구성

(1) 총강수량

초과강수량과 손실량으로 구성되어 있다.
① 초과강수량 : 지표면 유출수에 직접적인 공헌을 하는 총강수량의 한 부분
② 손실량 : 지표면 유출수가 되지 않은 총강수량의 잔여부분

(2) 유효강수량(Effective Precipitation)

직접유출의 근원이 되는 강수의 부분으로 초과강수량과 단시간 내에 하천으로 유입하는 지표하 유출수의 합

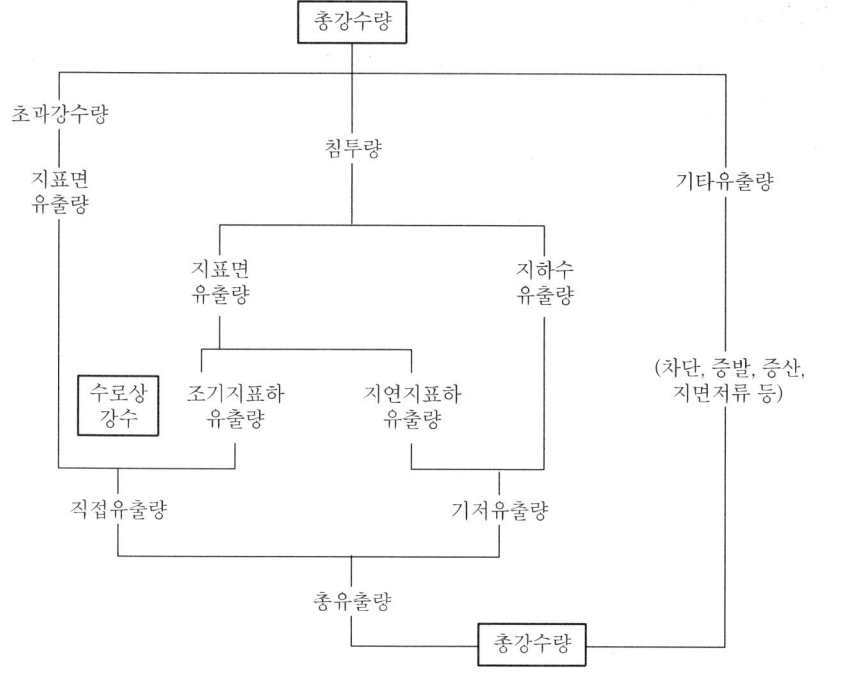

4. 유출계수, 유출률

① 유출계수＝하천유량/강수량
② 유출률＝유효강수량/총강수량

5. 유출의 지배인자

(1) 지상학적 인자(Physiographic Factor)

① 유역면적
② 유역경사
③ 유역의 방향성
④ 유역의 형상
⑤ 유역의 고도
⑥ 수계의 구성양상

(2) 기후학적 인자(Climatic Factor)

강수와 차단, 증발 및 증산은 유출의 크기 및 시간적 분포에 절대적인 영향을 미친다.

핵심예제 12-4

유효강우량(Effective Rainfall)에 대한 설명으로 옳은 것은? [13. 기]

① 지표면 유출에 해당하는 강우량이다.
② 총 유출에 해당하는 강우량이다.
③ 기저유출에 해당하는 강우량이다.
④ 직접유출에 해당하는 강우량이다.

해설 유출해석 일반

㉠ 총 유출은 직접유출과 기저유출로 구분된다.
㉡ 직접유출은 강수 후 비교적 단시간 내에 하천으로 흘러들어가는 부분을 말하며 지표면유출수와 조기지표하유출이 이에 해당된다. 또한 직접유출에 해당하는 유출을 유효강우량이라 한다.
㉢ 기저유출은 지연지표하유출과 지하수유출로 구성되며, 시간이 상당히 지연된 후 유출되는 것을 말한다.

해답 ④

핵심예제 12-5

유출(流出)에 대한 설명으로 옳지 않은 것은? [15. 기]

① 비가 오기 전의 유출을 기저유출이라 한다.
② 우량은 그 전량이 하천으로 유출된다.
③ 일정기간에 하천으로 유출되는 수량의 합을 유출량(流出量)이라 한다.
④ 유출량과 그 기간의 강수량과의 비(比)를 유출계수 또는 유출률(流出率)이라 한다.

해설 유출해석 일반

㉠ 총 유출은 직접유출과 기저유출로 구분된다.
㉡ 직접유출은 강수 후 비교적 단시간 내에 하천으로 흘러들어가는 부분을 말하며, 지표면유출수와 조기지표하유출이 이에 해당된다. 또한 직접유출에 해당하는 유출을 유효강우량이라 한다.
㉢ 기저유출은 지연지표하유출과 지하수유출로 구성되며, 시간이 상당히 지연된 후 이루어지는 유출을 말한다.
㉣ 강우량은 초기 손실을 이룬 후에 비로서 유출이 시작되며, 유출량과 강수량과의 비를 유출계수 또는 유출률이라고 한다.

해답 ②

6. 하천유량의 산정

(1) 유속계에 의한 방법

① Price Meter
② 봉부자에 의한 방법
③ 전자파 표면유속계

(2) 화학적 방법

① 일정량 주입 방법
② 일시 주입 방법

(3) 위어에 의한 유량 측정

(4) 초음파에 의한 유량 측정

(5) 수면경사-단면적법에 의한 첨두 하천유량의 산정

대규모 홍수시 일반적인 점유속의 측정이 곤란하다. 따라서 간접측정의 방법으로 수면경사 단면적을 수리학적으로 연관시켜 유량을 산출하는 방법이다.

핵심예제 12-6

대규모의 홍수가 발생할 경우 점 유속의 측정에 의한 첨두홍수량의 산정은 큰 하천에서는 실질적으로 불가능한 경우가 많아 간접적인 방법으로 추정하여야 한다. 이러한 방법으로 가장 많이 사용되는 것은? [11. 기]

① 경사단면적법(Slope-area Method)
② SCS 방법(Soil Conservation Service)
③ DAD 해석법
④ 누가우량곡선법

해설 경사단면적법
대규모 홍수 발생시 유량을 직접 측정하지 않고 하도구간의 홍수 흔적을 조사하여 간접적으로 유량을 결정한다.

해답 ①

Chapter 12 | 하천유량 및 유출

예상문제 및 기출문제

01. 다음 설명 중 옳은 것은?
07 기사
① 풍수량은 1년을 통하여 85일은 이보다 더 작지 않은 유량이다.
② 평수량은 1년을 통하여 180일은 이보다 더 작지 않은 유량이다.
③ 저수량은 1년을 275일은 이보다 더 작지 않은 유량이다.
④ 갈수량은 1년을 통하여 350일은 이보다 더 작지 않은 유량이다.

■해설 유량 정의
㉠ 풍수량 : 1년 중 95일은 이보다 큰 유량이 발생하는 유량
㉡ 평수량 : 1년 중 185일은 이보다 큰 유량이 발생하는 유량
㉢ 저수량 : 1년 중 275일은 이보다 큰 유량이 발생하는 유량
㉣ 갈수량 : 1년 중 355일은 이보다 큰 유량이 발생하는 유량

02. 자연하천에서 여러 가지 이유로 인하여 수위-유량관계곡선은 Loop형을 이루고 있다. 그 이유가 아닌 것은?
06 기사
08 기사
15 기사
① 배수 및 저수효과
② 홍수시 수위의 급변화
③ 하도의 인공적 변화
④ 하천유량의 계절적 변화

■해설 자연하천에서 수위-유량관계곡선이 loop형을 이루는 이유
㉠ 준설, 세굴, 퇴적 등에 의한 하도의 인공 및 자연적 변화
㉡ 배수 및 저하 효과
㉢ 홍수시 수위의 급상승 및 하강
㉣ 하도 내의 초목 및 얼음의 효과

03. 다음 중 수위-유량 관계곡선의 연장방법이 아닌 것은?
00 기사
09 기사
15 기사
① 전 대수지법
② Stevens 방법
③ Manning 공식에 의한 방법
④ 유량빈도 곡선법

■해설 수위-유량 관계곡선 연장법
㉠ 전 대수지법
㉡ Stevens 방법
㉢ Manning 공식에 의한 방법

04. 다음 중 유효강수량과 가장 관계가 깊은 것은?
86 기사
93 기사
08 기사
13 기사
14 기사
16 기사
① 직접 유출량
② 기저 유출량
③ 지표면 유출량
④ 지표하 유출량

■해설 유효 강수량이라 함은 직접 유출의 근원이 되는 강수를 말한다.
∴ 초과강수량과 조기지표하유출량을 말한다.

05. 수문 순환과정의 우량에 대한 성분을 직접유출, 기저유출, 손실량 등으로 구분할 때 그 성분이 다른 것은?
07 산업
10 산업
① 지표 유출수
② 지표하 유출수
③ 수로상 강수
④ 지표면 저류수

■해설 유출 해석을 위한 유출의 분류
㉠ 직접유출은 강수 후 비교적 단기간 내에 하천으로 흘러 들어가는 부분을 말한다.
• 지표면 유출
• 조기 지표하 유출
• 수로상 강수

|해답| 01.③ 02.④ 03.④ 04.① 05.④

ⓒ 기저유출은 비가 오기 전의 건천후 시의 유출을 말한다.
  - 지하수 유출
  - 지연 지표하 유출
  ∴ 수문순환에서 유출해석과 관련이 없는 항목은 지표면 저류수이다.

06. 유출에 대한 설명으로 옳지 않은 것은? (04 기사)

① 직접유출(Direct Runoff)은 강수 후 비교적 짧은 시간 내에 하천으로 흘러들어가는 부분을 말한다.
② 지표유출(Surface Runoff)은 짧은 시간 내에 하천으로 유출되는 지표류 및 하천 또는 호수면에 직접 떨어진 수로상 강수 등으로 구성된다.
③ 기저유출(Base Flow)은 비가 온 후의 불어난 유출을 말한다.
④ 하천에 도달하기 전에 지표면 위로 흐르는 유출을 지표류(Overland Flow)라 한다.

■해설 유출 해석을 위한 유출의 분류
  ㉠ 직접유출은 강수 후 비교적 단기간 내에 하천으로 흘러 들어가는 부분을 말한다.
    - 지표면 유출
    - 조기 지표 하 유출
    - 수로상 강수
  ㉡ 기저유출은 비가 오기 전의 건천후시의 유출을 말한다.
    - 지하수 유출
    - 지연 지표 하 유출
  ∴ 기저유출은 비가 오기 전의 건천후시의 유출을 말한다.

07. 유출에 대한 설명 중 틀린 것은? (12 기사)

① 직접유출은 강수 후 비교적 단시간 내에 하천으로 흘러 들어가는 부분을 말한다.
② 지표유하수(Overland Flow)가 하천에 도달한 후 다른 성분의 유출수와 합친 유수를 총 유출수라 한다.
③ 총 유출은 통상 직접유출과 기저유출로 분류된다.
④ 지하유출은 토양을 침투한 물이 지하수를 형성하는 것으로 총 유출량에는 고려되지 않는다.

■해설 유출해석일반
  ㉠ 총 유출은 직접유출과 기저유출로 구분된다.
  ㉡ 직접유출은 강수 후 비교적 단시간 내에 하천으로 흘러들어가는 부분을 말하며 지표면유출수와 조기지표하유출이 이에 해당된다.
  ㉢ 지표유하수와 조기지표하유출수, 수로상 강수 등이 합쳐진 유수를 총 유출수라 한다.
  ㉣ 총유출은 직접유출과 기저유출로 기저유출은 지하수유출과 지연지표하유출로 구성되어 있다.

08. 유출을 구분하면 표면유출(A), 중간유출(B) 및 지하수유출(C)로 구분할 수 있다. 또한 중간유출을 조기지표하(早期地表下)유출(B_1)과 지연지표하(遲延地表下)유출(B_2)로 구분할 때 직접(直接)유출로 옳은 것은? (08 기사)

① $(A)+(B)+(C)$ ② $(A)+(B_1)$
③ $(A)+(B_2)$ ④ $(A)+(B)$

■해설 유출 해석을 위한 유출의 분류
  ㉠ 직접유출은 강수 후 비교적 단기간 내에 하천으로 흘러들어가는 부분을 말한다.
    - 지표면 유출
    - 조기 지표하 유출
    - 수로상 강수
  ㉡ 기저유출은 비가 오기 전의 건천후시의 유출을 말한다.
    - 지하수 유출
    - 지연 지표하 유출
  ∴ 직접유출에 해당하는 항목은 표면유출(A)+조기지표하유출(B_1)이다.

09. 다음 설명 중 기저유출에 해당되는 것은? (16 기사)

- 유출은 유수의 생기원천에 따라 (A) 지표면 유출, (B) 지표하(중간) 유출, (C) 지하수 유출로 분류되며, 지표하 유출은 (B_1) 조기 지표하 유출(prompt subsurface runoff), (B_2) 지연 지표하 유출(delayed subsurface runoff)로 구성된다.
- 또한 실용적인 유출해석을 위해 하천수로를 통한 총 유출은 직접유출과 기저유출로 분류된다.

① $(A)+(B)+(C)$ ② $(B)+(C)$
③ $(A)+(B_1)$ ④ $(C)+(B_2)$

|해답| 06.③ 07.④ 08.② 09.④

■ 해설 유출해석 일반
　㉠ 유출은 생기원천에 따라 지표면 유출(A), 지표하유출(B), 지하수 유출(C)로 구분한다. 또한 지표하 유출은 비교적 단시간에 발생되는 조기 지표하 유출(B_1)과 강수 후 한참 지연되어서 발생되는 지연지표하 유출(B_2)로 구분된다.
　㉡ 유출을 다시 유출해석을 위해서 분류하면 직접유출과 기저유출로 나뉜다.
　㉢ 직접유출은 비교적 단시간에 발생된 유출을 말하며, 지표수유출(A)과 조기지표하유출(B_1)로 구성된다.
　㉣ 기저유출은 강수 후 한참 지연되어서 발생되는 지연지표하 유출(B_2)과 지하수 유출(C)로 구성된다.

수문곡선의 해석

Chapter 13

Contents

Section 01 수문곡선
Section 02 단위유량도(단위도)
Section 03 합성단위유량도
Section 04 첨두홍수량
Section 05 홍수추적(Flood Routing)
Section 06 수문 모의 기법

ITEM POOL 예상문제 및 기출문제

이것부터 짚어보고 시작하자!

1. **수문곡선**
   - 수위나 유량 등의 변화를 시간에 따라 나타낸 곡선을 수문곡선이라고 한다.
   - 수문곡선은 지체시간, 기저시간, 첨두유량으로 구성되어 있다.
   - 수문곡선은 지하수감수곡선법, 수평직선분리법, N-day법, 수정N-day법 등으로 직접유출과 기저유출을 분리할 수 있다.

2. **단위도 정의**
   - 특정단위 시간 동안 균등한 강우강도로 유역 전반에 걸쳐 균등한 분포로 내리는 단위유효우량으로 인하여 발생하는 직접유출수문곡선을 단위도라고 한다.

3. **단위도 가정**
   - 일정 기저시간 가정
   - 비례가정
   - 중첩가정

4. **단위도 지속시간의 변환**
   - 정수배 방법 : 짧은 지속시간 단위도로부터 정수배 긴 지속시간 단위도로 변환
   - S-Curve 방법 : 긴 지속시간을 가진 단위도로부터 짧은 지속시간을 가진 단위도로 변환

5. **합성단위유량도**
   - 다른 유역의 과거 경험을 토대로 미개측 유역에 대한 근사치로 사용한 단위도를 합성단위유량도라고 한다.

6. **합성단위유량도의 종류**
   - Snyder 방법
   - SCS 무차원 단위도
   - Nakayasu의 종합 단위도
   - Clark의 유역추적법

7. **합리식**
   - 첨두홍수량을 결정하는 경험식
   - $Q = 0.2778\,CIA$

수문곡선

1. 정의

하천의 어느 단면에서 3개의 유출성분(지표면, 지표하, 지하수 유출)이 복합되어 나타나는 수위 혹은 유량의 시간적인 변화 상태를 표시하는 곡선으로 우량주상도와 함께 단기호우와 홍수유출 간의 관계를 해석하는 데 필수적인 자료가 된다.

유량을 직접 연속적으로 측정한다는 것은 기술적, 경제적으로 대단히 어려우므로 비교적 측정이 용이한 하천수위를 연속적으로 측정하여 이를 수위-유량관계에 의해 유량으로 환산하여 사용한다.

> **보충**
> 수문곡선이란 시간에 따른 수문량(수위, 유량 등)의 변화를 나타낸 곡선을 말한다.
> • 시간-수위곡선
> • 시간-유량곡선

핵심예제 13-1

어떤 하천 단면에서의 유출량의 시간적 분포를 나타내는 홍수유출 수문곡선을 작성하는 일반적인 방법은? [83. 기]

① 시간별 하천유량을 유속계로 직접 측정하여 작성
② 하천단면적과 평균유속을 측정하여 연속방정식으로 계산하여 작성
③ 수위-유량 관계곡선을 사용하여 수위를 유량으로 환산하여 작성
④ 하천유량의 시간적 변화를 표시하는 방정식을 유도하여 이로부터 계산 작성

해설 일반적으로 홍수시 유량 수문곡선은 임의 시간에 있어서의 수위에 대한 유량을 수위-유량 관계곡선에서 구해 각각의 시간에 대한 유량의 관계곡선을 작성한다.

해답 ③

2. 수문곡선의 구성

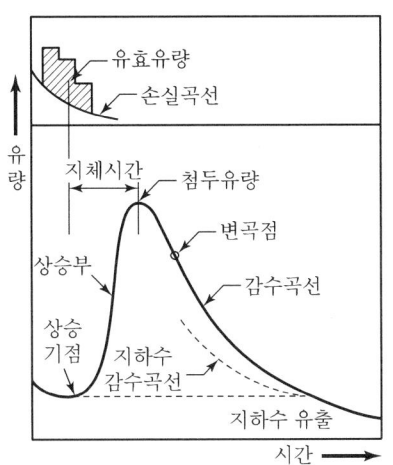

> **강우의 시간분포**
> • 연속형 : 누가우량곡선
> • 이산형 : 강우주상도

(1) 지체시간(Lag Time)

우량주상도의 질량중심으로부터 첨두유량(Peak flow)이 발생하는 시간까지의 시간차를 말한다.

(2) 기저시간(Base Time)

수문곡선의 상승 기점부터 직접유출이 끝나는 지점까지의 시간을 말한다.

(3) 첨두유량(Peak Flow)

강우가 시작되어 유량증가가 최고조에 이르는 유량

3. 호우조건과 토양수분 미흡량에 따른 수문곡선의 구성양상

(1) $I < f_i$, $F_i < M_d$

① 지표면, 중간유출, 지하수 유출이 발생하지 않는다.
② 수로상 강수로 인해 하천수위는 조금 증가하고, 지하수위 변동 없다.

(2) $I < f_i$, $F_i > M_d$

① 지표면 유출 없고, 중간유출, 지하수 유출은 발생한다.
② 수로상 강수와 함께 지하수 유출의 발생으로 지하수위가 상승한다.

(3) $I > f_i$, $F_i < M_d$

지표면유출, 수로상 강수로 인해 하천유량은 증가하나 지하수위 상승은 없다.

(4) $I > f_i$, $F_i > M_d$

대규모 호우기간 동안에 발생하며, 하천유량은 수로상 강수, 지표면 유출, 중간유출, 지하수유출에 의하여 증가한다.

여기서, I : 강우강도
f_i : 침투율
F_i : 침투수량
M_d : 토양수분 미흡량

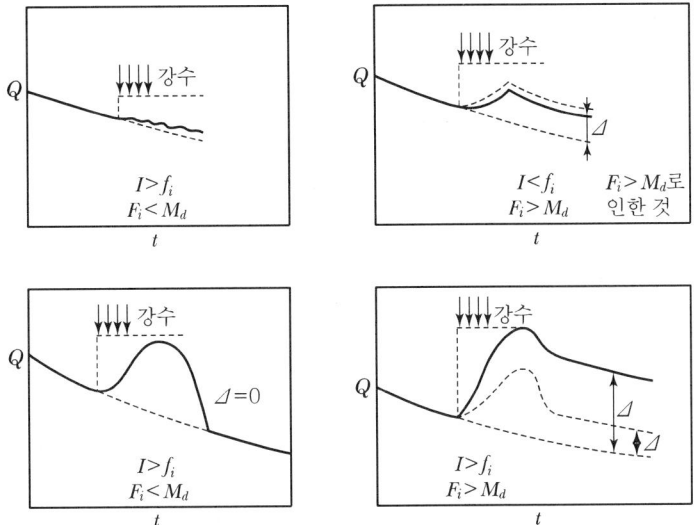

핵심예제 13-2

강우강도를 I, 침투능 f, 총 침투량 F, 투양수분 미흡량을 D라 할 때, 다음 중 지표유출은 발생하나 지하수위는 상승하지 않은 경우에 대한 조건식은?

[82. 기], [92. 기], [08. 산]

① $I < f$, $F < D$
② $I < f$, $F < D$
③ $I > f$, $F < D$
④ $I > f$, $F > D$

해설 $I > f$, $F < D$인 경우에 발생

해답 ③

4. 수문곡선의 분리

(1) 지하수 감수곡선법

연속적 우량 기록으로부터 지하수 감수곡선 부분을 택하여 $\log Q - t$ 관계를 나타내어 대략적 선형 $Q - t$ 관계로 그린 것이 주지하수 감수 곡선이다.

(2) 수평직선 분리법

수문곡선의 상승부 기점으로부터 수평선을 그어 분리하는 방법이다.

(3) N-day법

첨두유량 발생 후 N일 후의 유량을 표시하는 방법이며, N일은 다음 공식에 의해 산정한다.

$$N = A^{0.2}(\text{mile}^2) = 0.827^{0.2}(\text{km}^2)$$

(4) 수정 N-day법

감수곡선 GA를 첨두유량 발생시간까지 연장하는 방법이다.

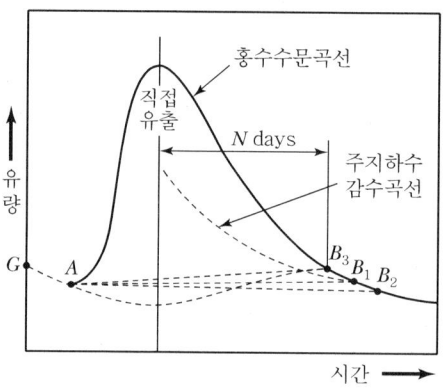

핵심예제 13-3

다음 중 기저유출과 직접유출의 분리 방법이 아닌 것은? [06. 산], [10. 산]

① 경사급변점법
② N-day법
③ 주지하수감수곡선법
④ SCS법

해설 수문곡선의 분리
수문곡선에서 직접유출과 기저유출의 분리 방법은 다음과 같다.
㉠ 주지하수감수곡선법
㉡ 수평직선 분리법
㉢ N-day법
㉣ 수정 N-day법
㉤ 경사급변점법
∴ SCS방법은 수문곡선의 분리방법이 아니라 유효우량 산정방법이다.

해답 ④

단위유량도(단위도)

1. 정의

특정단위 시간 동안에 균등한 강우강도로 유역전반에 걸쳐 균등한 분포로 내리는 단위유효우량으로 인하여 발생하는 직접유출 수문곡선

> **보충**
> 단위도의 특정단위시간은 단위도의 지속시간과 유효강우의 지속시간을 말한다.

2. 단위 유량도 적용시 유의사항

(1) 지속시간이 비교적 짧은 호우 사상 선택

강우가 지속되는 기간 동안 강우강도가 일정하다는 조건을 만족하기 위해

(2) 가능한 한 유역면적이 작은 유역에 적용

유역 전반에 균등하게 비가 내려야 한다는 가정을 만족하기 위해

> **보충**
> 단위도의 단위유효유량은 보통 비가 1cm 내렸을 때를 말한다.

3. 단위도 이론 적용을 위한 3대 기본가정

(1) 일정기저시간 가정(Principle of Equal Time)

동일한 유역에 균일한 강도로 비가 내릴 경우 지속시간은 같으나 강도가 다른 각종 강우로 인한 유출량은 크기가 다를지라도 유하시간은 동일하다.

(2) 비례가정(Principle of Proportionality)

동일한 유역에 균일한 강도의 비가 내릴 경우 동일 지속시간을 가진 각종 강도의 강우로부터 결과되는 직접유출 수문곡선의 종거는 임의 시간에 있어서 강우강도에 직접 비례한다.

(3) 중첩가정(Principle of Superposition)

일정 기간동안 균일한 강도를 가진 일련의 유효강우량에 의한 총 유출량은 각 기간의 유효강우량에 의한 개개 유출량을 산술적으로 합한 것과 같다.

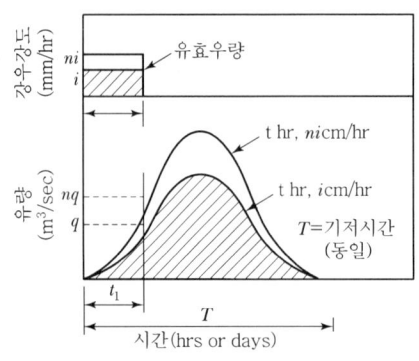 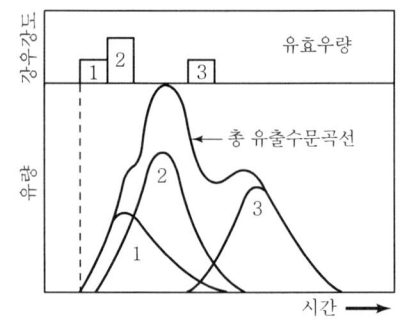

4. 단위도의 지속시간의 변환

(1) 정수배에 의한 방법

짧은 지속시간을 가진 단위도로부터 정수배(2, 3, 4배…)로 긴 지속시간을 가진 단위도를 유도하는 방법

(2) S-Curve 방법에 의한 변환

긴 지속시간을 가진 단위도로부터 짧은 지속시간을 가진 단위도를 유도하는 방법으로 사용하며, 이 방법은 짧은 지속시간으로부터 긴 지속시간을 가진 단위도를 유도할 때도 사용이 가능하다.

> **보충**
> S-curve 방법에서 S-curve란 평형유출량을 말한다.

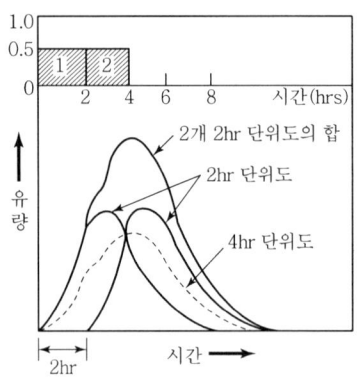 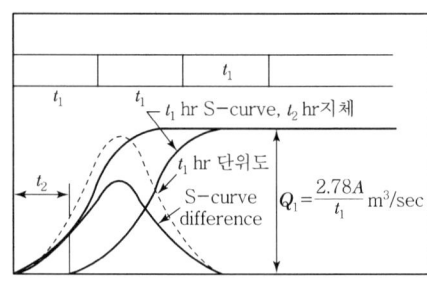

핵심예제 13-4

단위 유량도 작성시 필요 없는 사항은? [12. 기]

① 직접유출량　　　　② 유효우량의 지속시간
③ 유역면적　　　　　④ 투수계수

해설 단위유량도
㉠ 단위도의 정의 : 특정단위 시간동안 균등한 강우강도로 유역전반에 걸쳐 균등한 분포로 내리는 단위유효우량으로 인하여 발생하는 직접유출 수문곡선
㉡ 단위도의 구성요소
　• 직접유출량
　• 유효우량 지속시간
　• 유역면적

해답 ④

핵심예제 13-5

단위유량도(Unit Hydrograph)에서 강우자료를 유효우량으로 쓰게 되는 이유는?
[15. 기]

① 기저유출이 포함되어 있기 때문에
② 손실우량을 산정할 수 없기 때문에
③ 직접유출의 근원이 되는 우량이기 때문에
④ 대상유역 내 균일하게 분포하는 것으로 볼 수 있기 때문에

해설 단위유량도
㉠ 단위도의 정의
　특정 단위시간 동안 균등한 강우강도로 유역 전반에 걸쳐 균등한 분포로 내리는 단위유효우량으로 인하여 발생하는 직접유출 수문곡선
㉡ 단위도의 구성요소
　• 직접유출량
　• 유효우량 지속시간
　• 유역면적
㉢ 단위도의 3가정
　• 일정기저시간 가정
　• 비례가정
　• 중첩가정
∴ 단위유량도에서 유효우량을 쓰게 되는 이유는 직접유출량의 근원이 되는 우량이기 때문이다.

해답 ③

핵심예제 13-6

단위도(Unit Hydrograph)에 관한 설명으로 옳지 않은 것은? [13. 기]

① 어느 유역에 지속시간 t의 유효우량이 1cm 또는 1inch 내렸을 때의 직접유출 수문곡선이다.
② 단위도 작성 시 필요한 기본가정은 일정기저시간 가정, 비례 가정, 중첩 가정이다.
③ 장시간 지속시간의 단일 호우사상을 선택하여 대유역 면적에 적용할 때에 정확한 결과를 얻을 수 있다.
④ 단위도 작성에는 직접유출량, 강우지속시간, 유역면적 등이 필요하다.

해설 단위유량도
  ㉠ 단위도의 정의
     특정단위 시간 동안 균등한 강우강도로 유역 전반에 걸쳐 균등한 분포로 내리는 단위유효우량으로 인하여 발생하는 직접유출 수문곡선
  ㉡ 단위도의 구성요소
     • 직접유출량
     • 유효우량 지속시간
     • 유역면적
  ㉢ 단위도의 3가정
     • 일정기저시간 가정
     • 비례 가정
     • 중첩 가정
  ㉣ 해석
     단위도의 기본가정인 균등 강우강도, 유역 전반에 걸쳐 균등분포로 내리는 조건을 만족시키려면 비교적 단시간 지속시간의 단일호우사상을 선택하여 소유역에 적용할 때 정확한 결과를 얻을 수 있다.

해답 ③

핵심예제 13-7

S-curve와 가장 관계가 먼 것은? [10. 기], [12. 기]

① 직접 유출 수문곡선   ② 단위도의 지속시간
③ 평형 유출량   ④ 등우 선도

해설 S-curve
  ㉠ S-curve는 단위도의 지속시간을 변환하는 방법이다.
  ㉡ 단위도에서 유출유량이 평형상태에 도달하는 경우 S-곡선을 얻는다.
  ㉢ 단위도는 직접유출수문곡선이다.
  ∴ S-curve와 가장 관계가 먼 것은 등우선도이다.

해답 ④

합성단위유량도

유량 기록이 없는 유역에서의 수자원 개발 목적을 위하여 다른 유역에서 얻은 과거의 경험을 토대로 단위도를 합성하여 이를 미개측 유역에 대한 근사치로 사용한 단위도를 합성단위유량도(Synthetic Unit Hydrograph)라 한다.

1. Snyder 방법

단위도의 기저폭, 첨두유량, 유역의 지체시간 등 3개의 매개변수로 단위도를 대략적으로 정의한 방법이다.

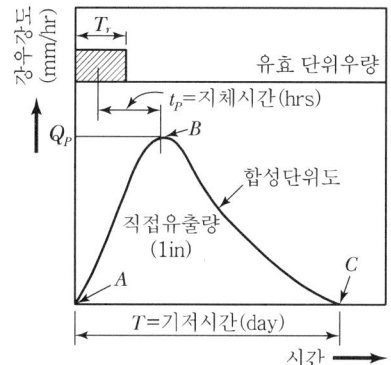

2. SCS 무차원 단위도

미국 토양보존국(SCS)에서 합성단위유량도를 작성하기 위해서 제안한 방법으로 미국 내 여러 유역의 자료를 분석하여 $(t/t_p \sim Q/Q_p)$ 관계를 나타내는 무차원 단위도를 유도하였다.
여러 유역의 특성을 전반적으로 고려한 방법으로 유역의 특성에 별로 관계없이 적용할 수 있는 장점을 갖고 있다.

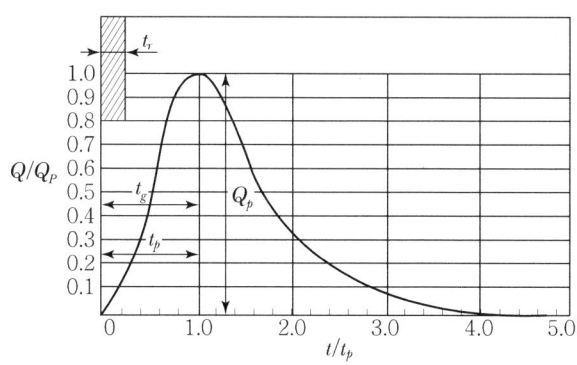

3. Nakayasu(中安)의 종합 단위도법

중안에 의한 무차원 수문곡선으로 Snyder 방법과 SCS 무차원 단위도법과 유사한 방법이다. 일본 내 유역의 단위도 특성 변수와 지형학적 특성 변수 간의 관계를 조사하여 작성하였고 단위도의 상승부와 하강부로 나누어서 작도하는 방법이다.

핵심예제 13-8

다음 중 합성 단위유량도를 작성할 때 필요한 자료는? [15. 기]

① 우량 주상도
② 유역 면적
③ 직접 유출량
④ 강우의 공간적 분포

해설 합성단위도
㉠ 유량기록이 없는 미계측 유역에서 수자원 개발 목적을 위하여 다른 유역의 과거의 경험을 토대로 단위도를 합성하여 근사치로 사용하는 단위유량도를 합성단위유량도라 한다.
㉡ 합성단위 유량도법
  • Snyder 방법 • SCS 무차원단위도법
  • 中安(나까야스)방법 • Clark의 유역추적법
㉢ 구성인자
  • 강우 지속시간(t_r) • 지체시간(t_p)
  • 첨두홍수량(Q_p) • 기저시간(T)
∴ 첨두홍수량 산정에는 유역 면적이 필요하다.

해답 ②

핵심예제 13-9

합성단위 유량도(Synthetic Unit Hydrograph)작성법이 아닌 것은? [13. 기]

① Snyder 방법
② SCS의 무차원 단위유량도 이용법
③ Nakayasu 방법
④ 순간 단위유량도법

해설 합성단위도
㉠ 유량기록이 없는 미계측 유역에서 수자원 개발 목적을 위하여 다른 유역의 과거 경험을 토대로 단위도를 합성하여 근사치로 사용하는 단위유량도를 합성단위유량도라 한다.
㉡ 합성단위 유량도법
  • Snyder 방법 • SCS 무차원단위도법
  • 中安(나까야스)방법 • Clark의 유역추적법
∴ 합성단위유량도의 작성법이 아닌 것은 순간 단위유량도법이다.

해답 ④

첨두홍수량

일정한 강우강도를 가지는 호우로 인한 한 유역의 첨두홍수량을 결정할 수 있다면 치수(治水)구조물의 설계를 위한 기준유량이 결정되는 것이다. 이와 같은 관계를 표시하기 위한 공식에는 여러 가지가 있으나 대표적으로 합리식(Rational Formula)이 사용된다.

1. 합리식

작은 면적의 불투수 지역 내에 일정한 강우강도의 강우가 유역의 도달시간(t_c)보다 긴 시간 동안 계속되면 첨두유량은 t_c시간부터 강우강도에 유역면적을 곱한 것과 같아질 것이다는 기본 가정에서 유도된 공식이다.

$$Q = 0.2778\, CIA$$

여기서, Q : 첨두유량(m^3/s)
C : 유출계수
I : 강우강도(mm/hr)
A : 유역면적(km^2)

2. 합리식의 적용

합리식이 적용되는 유역면적은 자연하천에서 $5km^2$ 이내로 한정하는 것이 좋으며 도시지역의 우수배수망의 설계홍수량을 결정할 경우에 주로 이용되고 있다.

핵심예제 13-10

합리식에 관한 설명으로 틀린 것은? [14. 기]

① 첨두유량을 계산할 수 있다.
② 강우강도를 고려할 필요가 없다.
③ 도시와 농촌지역에 적용할 수 있다.
④ 유출계수는 유역의 특성에 따라 다르다.

해설 합리식
㉠ 합리식
- $Q = \dfrac{1}{360} CIA$

여기서, Q : 우수량(m^3/sec)
C : 유출계수(무차원)
I : 강우강도(mm/hr)
A : 유역면적(ha)

ⓒ 특징
- 강우에 따른 첨두유량을 계산하는 공식이다.
- 해당 유역에 내리는 강우강도를 고려한 공식이다.
- 도시와 농촌에 모두 적용할 수 있지만 자연유역에서는 유역면적 $5km^2$ 이내 지역에 적용을 권장하고 있다.
- 유출계수는 해당 유역의 토지이용상태에 따라 결정되는 계수로 유역의 특성에 따라 다르게 적용한다.

해답 ②

핵심예제 13-11

유역면적이 $25km^2$이고, 1시간에 내린 강우량이 120mm일 때 하천의 최대 유출량이 $360m^3$/s이면 이 지역에 대한 합리식의 유출계수는? [10. 기], [14. 기]

① 0.32　　　　　　　　　　② 0.43
③ 0.56　　　　　　　　　　④ 0.72

해설 우수유출량의 산정

㉠ 합리식
$$Q = \frac{1}{3.6} CIA$$
여기서, Q : 우수량(m^3/sec)
C : 유출계수(무차원)
I : 강우강도(mm/hr)
A : 유역면적(km^2)

ⓒ 강우강도의 산정
$I = 120mm/hr$

㉢ 유출계수의 산정
$$C = \frac{3.6Q}{IA} = \frac{3.6 \times 360}{120 \times 25} = 0.43$$

해답 ②

홍수추적(Flood Routing)

1. 정의

상류 한점의 기지 수문곡선으로부터 하류의 수문곡선을 결정해 나가는 절차 즉, 하천의 임의 점으로 홍수파가 진행할 때 하도의 저류효과에 의해서 그 크기는 얼마나 작아지며, 지속시간은 얼마나 커지는가를 결정해 나가는 과정으로서 수문학적 홍수추적, 수리학적 홍수추적으로 대별할 수 있다.

2. 수리학적 홍수추적

홍수파의 흐름의 거동을 나타내주는 부정부등류의 지배방정식인 편미분 운동방정식과 연속방정식을 초기조건과 경계조건 등에 맞추어 풀어나가는 방법이다.

3. 수문학적 홍수추적(Hydraulic Routing)

홍수파의 연속방정식으로부터 구해지는 저류방정식을 근사해법으로 풀어나가는 방법으로 저수지 추적, 하도 추적, 유역 추적법들이 있다.

(1) 저수지 추적

저수지를 통과하는 홍수파에 대한 저수지의 홍수조절효과를 측정하는 수단으로 제공하는 것으로서 저수지의 홍수조절 용량, 저수지의 높이, 기타 댐 부속구조물의 설계 제원을 제공한다.

(2) 하도 추적

하도 내를 통과하는 홍수파에 대해 저수지가 미치는 저류효과를 측정하는 수단을 제공하는 것으로서 홍수가 하류로 진행함에 따라서 그 크기가 어떻게 변화하는가를 계산하여 하천개수계획 수립을 위한 설계수문량을 제공한다.

(3) 유역 추적

자연하천유역의 홍수저류효과를 고려하여 유역출구에서의 홍수량의 시간적 변화를 계산하여 수리구조물의 설계수문량을 제공한다.

 수문 모의 기법

1. 확정론적 기법

임의 변수 간 관계의 확정성을 전제로 하여 자연현상을 수학적으로 모의하고자 하는 모형

2. 확률론적 기법

물 순환과정의 발생들이 확률론적인 성격을 띠고 있으며, 수문사상 분석에 필요한 정보가 관측자료 자체에 포함되어 있으므로, 관측된 자료를 확률 통계적으로 분석하여 관측된 현상을 구명하고 앞으로 발생될 양상도 예측하는 수문기법

3. 추계학적 기법

실제의 수문사상과는 관계없이 유역에서 실측된 수문 시계열의 확률 통계학적 재연으로 장래에 발생할 강우나 유출을 예측하고자 하는 모형

4. 빈도해석 기법

강우, 홍수량, 갈수량 등의 변수별 생기빈도 또는 재현기간을 확률론적으로 예측하는 방법

Item pool 예상문제 및 기출문제

01. 다음 중 수문곡선(hydrograph)이 아닌 것은?
03 산업
① 누가 유량 곡선   ② 수위-유량 곡선
③ 시간-유량 곡선   ④ 시간-수위 곡선

■해설 수문곡선이란 하천의 어떤 단면에서의 수위 혹은 유량의 시간의 변화를 표시하는 곡선으로 수위의 경우는 수위수문곡선, 유량의 경우는 유량수문곡선이라 한다.

02. 하나의 호우지속기간의 시간강우 분포는 이산 또는 연속형태로 표현하는데 이산형은 강우주상도로 나타내고 연속시간분포는 무엇으로 나타내는가?
02 기사
① s-수문곡선   ② 강우량누가곡선
③ 합성단위유량도   ④ 수요물선

■해설 누가우량곡선(Rainfall Mass Curve) : 자기 우량계에 의해 측정된 우량을 기록지에 누가 우량의 시간적 변화 상태로서 기록한 것

03. 수문곡선에서 시간 매개변수에 대한 정의 중 틀린 것은?
15 기사
① 첨두시간은 수문곡선의 상승부 변곡점부터 첨두유량이 발생하는 시각까지의 시간차이다.
② 지체시간은 유효우량주상도의 중심에서 첨두유량이 발생하는 시각까지의 시간차이다.
③ 도달시간은 유효우량이 끝나는 시각에서 수문곡선의 감수부 변곡점까지의 시간차이다.
④ 기저시간은 직접유출이 시작되는 시각에서 끝나는 시각까지의 시간차이다.

■해설 시간 매개변수
• 지체시간은 유효우량주상도의 질량 중심에서 첨두유량이 발생하는 시각까지의 시간차이다.
• 도달시간은 유효우량이 끝나는 시각에서 수문곡선의 감수부 변곡점까지의 시간차이다.
• 기저시간은 직접유출이 시작되는 시각에서 끝나는 시각까지의 시간차이다.

04. 다음 사항 중 옳지 않은 것은?
07 기사
09 기사
12 기사
① 유량누가곡선의 경사가 급하면 홍수가 드물고 지하수의 하천방출이 크다.
② 수위-유량 관계곡선의 연장방법인 Stevens법은 Chezy의 유속공식을 이용한다.
③ 자연하천에서 대부분 동일 수위에 대한 수위 상승시와 하강시의 유량이 다르다.
④ 합리식은 어떤 배수영역에 발생한 강우강도와 첨두유량간 관계를 나타낸다.

■해설 수문학 일반
㉠ 유량누가곡선의 기울기가 급하면 홍수의 발생이 빈번하고 지하수의 하천방출이 적어 유량변동계수가 큰 하천으로 이수 및 치수에 불리하다.
㉡ 수위-유량 관계곡선의 연장방법에는 전대수지법, Stevens 방법, Manning공식에 의한 방법이 있으며 Stevens방법은 Chezy의 유속공식을 이용한다.
㉢ 자연하천에서는 대부분이 동일수위일지라도 수위 상승시와 하강시의 유량이 다르다.
㉣ 합리식은 어떤 배수영역의 첨두유량을 산정하는 공식으로 대상유역에 발생한 강우강도와 첨두유량 간의 관계를 나타내는 공식이다.

05. 수문곡선에 대한 설명으로 옳지 않은 것은?
12 기사
① 하천유로상의 임의의 한 점에서 수문량의 시간에 대한 관계곡선이다.
② 초기에는 지하수에 의한 기저유출만이 하천에 존재한다.
③ 시간이 경과함에 따라 지수분포형의 감수곡선이 된다.
④ 표면유출은 점차적으로 수문곡선을 하강시키게 된다.

|해답| 01.② 02.② 03.① 04.① 05.④

■ 해설 수문곡선
  ㉠ 정의
    하천의 어느 단면에서 3개의 유출성분(지표면, 지표하, 지하수유출)이 복합되어 나타나는 수위 혹은 유량의 시간적인 변화 상태를 표시하는 곡선으로 우량주상도와 함께 단기호우와 홍수유출간의 관계를 해석하는 데 필수적인 자료가 된다.
  ㉡ 해석
    • 초기에는 지하수에 의한 기저유출만이 하천에 존재한다.
    • 시간이 경과함에 따라 지수분포형의 감수곡선이 된다.
    • 표면유출이 시작되면 수문곡선은 점차적으로 상승하게 된다.

06. 다음 단위도에 대한 설명 중 옳지 않은 것은?
94 산업
08 기사
12 기사

① 단위도의 3가정은 일정기저시간가정, 비례가정, 중첩가정이다.
② 단위도는 기저유량과 직접유출량을 포함하는 수문곡선이다.
③ S-Curve 방법을 이용하여 단위도의 단위시간을 변경할 수 있다.
④ Snyder는 합성단위도법을 연구 발표하였다.

■ 해설 단위도란 유효우량 1cm 일 때의 유역 출구점에서의 직접유출수문곡선이다.

07. ( ) 안에 들어갈 용어로 알맞은 것은?
09 산업

단위도의 정의에서 "특정 단위시간"은 강우의 ( )이 특정 시간으로 표시됨을 뜻한다.

① 지속시간   ② 기저시간
③ 도달시간   ④ 유도시간

■ 해설 단위유량도
  ㉠ 특정단위시간 동안 균일한 강도로 유역전반에 걸쳐 균등하게 내리는 단위 유효우량으로 인하여 발생하는 직접유출 수문곡선을 단위도라 한다. 여기서 특정단위시간은 강우의 지속시간을 말한다.

  ㉡ 단위도의 3가정은 일정기저시간 가정, 비례가정, 중첩가정이 있다.
  ㉢ 단위도의 지속시간의 변환에는 정수배방법과 S-Curve방법이 있다.
  ㉣ 미계측유역의 단위도를 합성하는 방법에는 Snyder 합성단위도법, SCS무차원 합성단위도법, Nakayasu 종합단위도법 등이 있다.

08. 단위도의 정의에서 특정 단위시간은 단위도의 지속기간을 말하며 이는 또한 무엇을 의미하는가?
10 산업

① 직접유출의 지속기간   ② 중간유출의 지속기간
③ 유효강우의 지속기간   ④ 초과강우의 지속기간

■ 해설 단위도
  ㉠ 단위도의 정의
    특정 단위시간 동안에 균등한 강우강도로 유역 전반에 걸쳐 균등한 분포로 내리는 단위유효우량으로 인하여 발생하는 직접유출 수문곡선을 단위도라 한다.
  ㉡ 단위도의 해석
    • 특정 단위시간 : 단위도의 지속시간을 의미하며 유효강우의 지속기간을 말한다.
    • 균등한 강우강도 : 지속시간이 비교적 짧은 호우사상을 선택해야 강우가 지속되는 기간 동안 강우강도가 일정하다는 조건을 만족할 수 있다.
    • 유역 전반에 걸쳐 균등분포 : 가능한 한 유역 면적이 작은 유역에 적용하여야 유역 전반에 균등하게 비가 내려야 한다는 가정을 만족시킬 수 있다.

09. 단위유량도에 대한 설명 중 틀린 것은?
16 기사

① 일정기저시간가정, 비례가정, 중첩가정은 단위도의 3대 기본가정이다.
② 단위도의 정의에서 특정 단위시간은 1시간을 의미한다.
③ 단위도의 정의에서 단위 유효우량은 유역 전 면적 상의 등가우량 깊이로 측정되는 특정량의 우량을 의미한다.
④ 단위 유효우량은 유출량의 형태로 단위도 상에 표시되며, 단위도 아래의 면적은 부피의 차원을 가진다.

■해설 단위유량도
  ㉠ 단위도의 정의
    특정단위 시간 동안 균등한 강우강도로 유역 전반에 걸쳐 균등한 분포로 내리는 단위유효우량으로 인하여 발생하는 직접유출 수문곡선
  ㉡ 단위도의 구성요소
    • 직접유출량
    • 유효우량 지속시간
    • 유역면적
  ㉢ 단위도의 3가정
    • 일정기저시간 가정
    • 비례가정
    • 중첩가정
  ∴ 단위도의 특정단위 시간은 강우지속시간을 나타낸 것으로 꼭 1시간을 의미하지는 않는다.

10. 단위유량도(Unit Hydrograph)에 대한 설명으로 틀린 것은?
14 기사

① 동일한 유역에 강도가 다른 강우에 대해서도 지속기간이 같으면 기저시간도 같다.
② 일정기간 동안에 n배 큰 강도의 강우 발생 시 수문곡선 종거는 n배 커진다.
③ 지속기간이 비교적 긴 강우사상을 택하여 해석하여야 정확한 결과가 얻어진다.
④ n개의 강우로 인한 총 유출수문곡선은 이들 n개의 수문곡선 종거를 시간에 따라 합함으로써 얻어진다.

■해설 단위유량도
  ㉠ 단위도의 정의
    특정단위시간 동안 균등한 강우강도로 유역 전반에 걸쳐 균등한 분포로 내리는 단위유효우량으로 인하여 발생하는 직접유출 수문곡선
  ㉡ 단위도의 구성요소
    • 직접유출량
    • 유효우량 지속시간
    • 유역면적
  ㉢ 단위도의 3가정
    • 일정기저시간 가정
    • 비례가정
    • 중첩가정

  ㉣ 해석
    단위도의 기본가정인 균등 강우강도, 유역 전반에 걸쳐 균등분포로 내리는 조건을 만족시키려면 비교적 짧은 지속시간의 단일호우사상을 선택하여 소유역에 적용할 때 정확한 결과를 얻을 수 있다.

11. 단위유량도(Unit Hydrograph)를 작성함에 있어서 3가지 기본 가정이 필요하다. 다음 중 기본 가정이 아닌 것은?
91 기사
13 기사

① 직접유출의 가정
② 일정 기저시간의 가정
③ 비례 가정
④ 중첩 가정

■해설 기본가정
  ㉠ 일정 기저시간가정
  ㉡ 비례 가정
  ㉢ 중첩 가정

12. 단위유량도 이론의 기본가정에 충실한 호우사상을 선별하여 분석하기 위해 선별시 고려해야 할 사항으로 적당하지 않은 것은?
11 기사

① 가급적 단순호우사상을 택한다.
② 강우지속기간 동안 강우강도의 변화가 가급적 큰 분포를 택한다.
③ 유역 전반에 걸쳐 강우의 공간적 분포가 가급적 균일한 것을 택한다.
④ 강우의 지속기간이 비교적 짧은 호우사상을 택한다.

■해설 단위유량도
  ㉠ 특정단위시간 동안 균일한 강도로 유역 전반에 걸쳐 균등하게 내리는 단위 유효우량으로 인하여 발생하는 직접유출 수문곡선을 단위도라 한다. 여기서 특정단위시간은 강우의 지속시간을 말한다.
  ㉡ 단위도의 기본가정
    • 균일한 강우강도
    • 유역 전반에 걸쳐 균등한 강우분포
    • 위의 조건을 만족하려면 가급적 단순호우사상과 비교적 짧은 호우사상을 선택하여야 한다.

|해답| 10.③ 11.① 12.②

13. "일반적으로 우수 도달시간이 길 경우 첨두유량은 시간적으로는 (　) 나타나고 그 크기는 (　)." (　) 안에 들어갈 알맞은 말이 순서대로 바르게 짝지어진 것은?

① 일찍, 크다.　② 늦게, 크다.
③ 일찍, 작다.　④ 늦게, 작다.

■해설　도달시간
① 도달시간은 유입시간과 유하시간을 더한 것과 같다.
 • 유입시간 : 유역의 최원격지점에서 유역출구까지 도달하는 데 걸리는 시간
 • 유하시간 : 하수관의 시점에서 종점까지 도달하는 데 걸리는 시간
② 따라서 일반적으로 우수의 도달시간이 길 경우 첨두유량이 발생되는 시간은 늦어지게 되며, 첨두유량의 크기는 적어지게 된다.

14. 단위유량도(Unit Hydrograph) 작성에 있어 긴 강우지속기간을 가진 단위도로부터 짧은 지속기간을 가진 단위도로 변환하기 위해서 사용하는 방법으로 맞는 것은?

① S-Curve법　② 지하수 감수곡선법
③ 단위도의 비례가정법　④ 단위 유량 분포도법

■해설　단위도의 지속시간의 변환
㉠ 정수배에 의한 방법 : 짧은 지속시간을 가진 단위도로부터 정수배(2, 3, 4배…)로 긴 지속시간을 가진 단위도를 유도하는 방법
㉡ S-curve 방법에 의한 방법 : 긴 지속시간을 가진 단위도로부터 짧은 지속시간을 가진 단위도를 유도하는 방법으로 사용하며, 이 방법은 짧은 지속시간으로부터 긴 지속시간을 가진 단위도를 유도할 때도 사용이 가능하다.

15. 지속기간 2hr인 어느 단위도의 기저시간의 10hr이다. 강우강도가 각각 2.0, 3.0 및 5.0[cm/hr]이고 강우지속기간은 똑같이 모두 2hr인 3개의 유효강우가 연속해서 내릴 경우 이로 인한 직접유출수문곡선의 기저시간은 얼마인가?

① 2hr　② 10hr
③ 14hr　④ 16hr

■해설　단위도의 기본가정
㉠ 단위도의 기본가정
 • 일정기저시간 가정 : 동일한 유역에 균일한 강도로 비가 내릴 경우 지속시간은 같으나 강도가 다른 각종 강우로 인한 유출량은 그 크기가 다를지라도 유하시간은 동일하다.
 • 비례가정 : 동일한 유역에 균일한 강도로 비가 내릴 경우 동일 지속시간을 가진 각종 강도의 강우로부터 결과되는 직접유출 수문곡선의 종거는 임의시간에 있어서 강우강도에 직접 비례한다.
 • 중첩가정 : 일정 기간 동안 균일한 강도를 가진 일련의 유효강우량에 의한 총 유출량은 각 기간의 유효강우량에 의한 개개 유출량을 산술적으로 합한 것과 같다.
㉡ 기저시간의 산정
일정기저시간 가정과 중첩가정에 의해 지속시간 2hr인 3개의 유효강우가 연속해서 발생되면 기저시간 10시간을 2차례 2시간씩 뒤로 밀면 되므로 총 유출량의 기저시간은 14시간이 된다.

16. 10mm단위도의 종거가 0, 20, 8, 3, 0[m³/sec]이고 유효강우량 20mm, 10mm일 경우에 첨두유량[m³/sec]은?(단, 단위시간은 2시간이다.)

① 20　② 34
③ 40　④ 42

■해설　단위도의 종거
단위도의 종거 계산은 다음 표에 의해 구한다.

㉠ 시간 (hr)	㉡ 단위도 종거(m³/sec)	㉢ 20mm 유효 강우량	㉣ 10mm 유효 강우량	㉤ 직접 유출 ㉢+㉣
0	0	0		0
1	20	40		40
2	8	16	0	16
3	3	6	20	26
4	0	0	8	8
5			3	3
6			0	0
7				
8				

∴ 단위도의 최대종거(첨두유량)는 40m³/sec이다.

17.
다음과 같은 1시간 단위도로부터 3시간 단위도를 유도하였을 경우 3시간 단위도의 최대종거는 얼마인가?

시간(hr)	0	1	2	3	4	5	6
1시간 단위도 종거 (m³/sec)	0	2	8	10	6	3	0

① 3.3m³/sec ② 8.0m³/sec
③ 10.0m³/sec ④ 24.0m³/sec

■ 해설 단위도의 종거
단위도의 종거 계산은 다음 표에 의해 구한다.

(1) 시간(hr)	(2) 1hr 단위도 종거(m³/sec)	(3) 1시간 지체 1hr 단위도	(4) 2시간 지체 1hr 단위도	(5) 단위도 종거의 합 (2)+(3)+(4)	(6) 3hr 단위도 (5)×1/3
0	0	—	—	0	0
1	2	0	—	2	0.67
2	8	2	0	10	3.33
3	10	8	2	20	6.67
4	6	10	8	24	8
5	3	6	10	19	6.33
6	0	3	6	9	3
7		0	3	3	1
8		—	0	0	0

∴ 3hr 단위도의 최대종거는 8m³/sec이다.

18.
강우량과 유출의 자료 등 관측기록이 없는 미계측 유역에서 경험적으로 단위도를 구하는 방법은?

① 순간 단위 유량도
② 유역 단위 유량도
③ 합성 단위 유량도
④ 지하수 단위 유량도

■ 해설 유량기록이 전혀 없는 경우에 다른 유역에서 얻은 과거의 경험을 토대로 단위도를 합성하는 것을 합성단위유량도라 하며, 대표적으로 Snyder 방법과 SCS방법이 있다.
  ㉠ Snyder 방법 : 단위도의 기저폭, 첨두유량, 유역의 지체시간 등 3개의 매개변수로 단위도를 정의하는 것이다.
  ㉡ SCS 방법 : 미국 토양보존국에서 고안한 방법으로 무차원 단위도의 이용에 근거를 두고 있다.

19.
단위유량도 합성방법이 아닌 것은?

① Snyder방법 ② SCS방법
③ Clark방법 ④ Horton방법

■ 해설 합성단위유량도
㉠ 유량 기록이 없는 미계측 유역에서 수자원 개발 목적을 위하여 다른 유역의 과거의 경험을 토대로 단위도를 합성하여 근사치로 사용하는 단위유량도를 합성단위유량도라 한다.

㉡ 합성단위유량도법
  • Snyder방법
  • SCS 무차원단위도법
  • 中安(나까야스)방법
  • Clark 방법

㉢ 합성단위도 결정인자(By Snyder)
  • 지체시간 : $t_p = C_t(L_{ea} \cdot L)^{0.3}$
  • 첨두유량 : $Q_p = C_p \cdot \dfrac{640 \cdot A}{t_p}$
  • 기저시간 : $T = 3 + 3\left(\dfrac{t_p}{24}\right)$

20.
다음 중 Snyder방법에 의한 단위유량도 합성방법의 결정 요소(매개변수)와 거리가 먼 것은?

① 지역의 지체시간 ② 첨두 유량
③ 유효 우량의 주상도 ④ 단위도의 기저폭

합성단위도
㉠ 유량기록이 없는 미계측 유역에서 수자원 개발 목적을 위하여 다른 유역의 과거의 경험을 토대로 단위도를 합성하여 근사치로 사용하는 단위유량도를 합성단위유량도라 한다.

㉡ 합성단위유량도법
  • Snyder 방법
  • SCS 무차원단위도법
  • 中安(나까야스)방법

㉢ 합성단위도 결정인자(By Snyder)
  • 지체시간 : $t_p = C_t(L_{ea} \cdot L)^{0.3}$
  • 첨두유량 : $Q_p = C_p \cdot \dfrac{640 \cdot A}{t_p}$
  • 기저시간 : $T = 3 + 3\left(\dfrac{t_p}{24}\right)$

|해답| 17.② 18.③ 19.④ 20.③

여기서, C_t : 계수
L_{ca} : 관측 점으로부터 본류를 따라 유역의 중심에 가장 가까운 본류 상의 점까지 측정거리
L : 관측 점으로부터 본류를 따라 유역경계선까지 측정한 거리
A : 유역면적
∴ Snyder법에서 매개변수와 거리가 먼 것은 유효우량의 주상도이다.

21. 합성 단위유량도의 모양을 결정하는 인자가 아닌 것은?
16 기사

① 기저시간
② 첨두유량
③ 지체시간
④ 강우강도

■해설 합성단위도
㉠ 유량기록이 없는 미계측 유역에서 수자원 개발 목적을 위하여 다른 유역의 과거 경험을 토대로 단위도를 합성하여 근사치로 사용하는 단위 유량도를 합성단위유량도라 한다.
㉡ 합성단위 유량도법
  • Snyder 방법
  • SCS 무차원단위도법
  • 中安(나까야스)방법
  • Clark의 유역추적법
㉢ 구성인자
  • 강우 지속시간(t_r)
  • 지체시간(t_p)
  • 첨두홍수량(Q_p)
  • 기저시간(T)
∴ 단위유량도의 모양을 결정하는 인자가 아닌 것은 강우강도이다.

22. 설계홍수량 계산에 있어서 합리식의 적용에 관한 설명 중 옳지 않은 것은?
03 기사

① 우수 도달시간은 강우 지속시간보다 길어야 한다.
② 강우강도는 균일하고 전 유역에 고르게 분포되어야 한다.
③ 유량이 점차 증가되어 평형상태일 때의 유출량을 나타낸다.
④ 하수도 설계 등 소유역에만 적용될 수 있다.

■해설 합리식의 기본 가정 및 유도
㉠ 일정한 강도의 강우가 불투수면에 강하하면 유출률이 점점 증가하다가 결국 강우강도와 동일하게 되어 평형상태에 도달하게 한다.
㉡ 평형상태에 도달하는데 소요되는 시간은 유역 내 가장 먼 지점으로부터 유역출구까지 도달하는데 소요되는 시간은 같다.
㉢ 합리식에 적용되는 유역면적은 자연하천 유역에서는 5km² 이내로 한정하는 것이 좋다.

23. 강우로 인한 유수가 그 유역 내의 가장 먼 지점으로부터 유역출구까지 도달하는 데 소요되는 시간을 의미하는 것은?
14 기사

① 강우지속시간
② 지체시간
③ 도달시간
④ 기저시간

■해설 합리식
㉠ 합리식
$$Q = \frac{1}{3.6} CIA$$
여기서, Q : 우수량(m³/sec)
C : 유출계수(무차원)
I : 강우강도(mm/hr)
A : 유역면적(km²)
㉡ 강우강도와 지속시간의 관계
합리식에서는 강우강도와 지속시간의 관계에서 지속시간 대신에 유달시간의 개념을 사용한다.
  • 유달시간은 유입시간에 유하시간을 더한 값이다.(유달시간=유입시간+유하시간)
  • 유입시간은 유역 내의 가장 먼 지점으로부터 유역출구까지 도달하는 데 소요되는 시간이다.
  • 유하시간은 유역의 주수로 입구에서 주수로 출구까지 유하하는 데 소요되는 시간이다.

24. 면적 10km²의 지역에 4시간에 10mm의 강우강도로 무한히 내릴 때 평형유출량(Q_e)은 약 얼마인가?
11 기사

① 10.72m³/sec
② 9.26m³/sec
③ 8.94m³/sec
④ 6.94m³/sec

|해답| 21.④ 22.① 23.③ 24.④

■ 해설 우수유출량의 산정
① 합리식
$$Q = \frac{1}{3.6}CIA$$
여기서, Q : 우수량 (m³/sec)
C : 유출계수(무차원)
I : 강우강도(mm/hr)
A : 유역면적(km²)

② 강우강도의 산정
$$I = \frac{10}{4} = 2.5 \text{mm/hr}$$

③ 계획우수유출량의 산정
$$Q = \frac{1}{3.6}CIA = \frac{1}{3.6} \times 2.5 \times 10 = 6.94 \text{m}^3/\text{sec}$$

25. 유역면적이 1.2km²인 유역에서 강우강도 $I = \frac{5,358}{t+37}$ [mm/hr]로 나타나고 도달시간이 10분이라 할 때 유역출구에서 첨두유출량을 측정한 결과 22.80m³/sec이었다면 유출계수는?

① 0.55　　② 0.60
③ 0.65　　④ 0.70

■ 해설 우수유출량의 산정
① 합리식
$$Q = \frac{1}{3.6}CIA$$
여기서, Q : 우수량 (m³/sec)
C : 유출계수(무차원)
I : 강우강도(mm/hr)
A : 유역면적(km²)

② 강우강도의 산정
$$I = \frac{5,358}{t+37} = \frac{5,358}{10+37} = 114 \text{mm/hr}$$

③ 유출계수의 산정
$$C = \frac{3.6Q}{IA} = \frac{3.6 \times 22.8}{114 \times 1.2} = 0.6$$

26. 유역면적이 0.2km²인 어느 유역에 강우가 20mm/30min로 지속적으로 내렸을 때 유역출구에서 관측된 첨두유출량이 1m³/sec이었다면 이 유역의 유출계수는?(단, 합리식으로 계산할 것)

① 0.15　　② 0.25
③ 0.35　　④ 0.45

■ 해설 우수유출량의 산정
㉠ 합리식
$$Q = \frac{1}{3.6}CIA$$
여기서, Q : 우수량(m³/sec), C : 유출계수(무차원)
I : 강우강도(mm/hr), A : 유역면적(km²)

㉡ 강우강도의 산정
$$I = \frac{20}{30} \times 60 = 40 \text{mm/hr}$$

㉢ 유출계수의 산정
$$Q = \frac{1}{3.6}CIA$$
$$\therefore C = \frac{3.6Q}{IA} = \frac{3.6 \times 1}{40 \times 0.2} = 0.45$$

과년도 출제문제 및 해설

부록

Contents

- 2017년　기사/산업기사
- 2018년　기사/산업기사
- 2019년　기사/산업기사
- 2020년　기사/산업기사
- 2021년　기사
- 2022년　기사

Item pool (기사 2017년 3월 5일 시행)
과년도 출제문제 및 해설

01. 수심 h, 단면적 A, 유량 Q로 흐르고 있는 개수로에서 에너지 보정계수를 α라고 할 때 비에너지 H_e를 구하는 식은?(단, h = 수심, g = 중력가속도)

① $H_e = h + \alpha\left(\dfrac{Q}{A}\right)$

② $H_e = h + \alpha\left(\dfrac{Q}{A}\right)^2$

③ $H_e = h + \alpha\left(\dfrac{Q^2}{A}\right)$

④ $H_e = h + \dfrac{\alpha}{2g}\left(\dfrac{Q}{A}\right)^2$

■해설 비에너지
단위무게당 물이 수로바닥면을 기준으로 갖는 흐름의 에너지 또는 수두를 말한다.
$$H_e = h + \frac{\alpha v^2}{2g} = h + \frac{\alpha}{2g}\left(\frac{Q}{A}\right)^2$$
여기서, h : 수심, α : 에너지보정계수, v : 유속

02. 두 수조가 관길이 $L = 50$m, 지름 $D = 0.8$m, Manning의 조도계수 $n = 0.013$인 원형관으로 연결되어 있다. 이 관을 통하여 유량 $Q = 1.2$m³/s의 난류가 흐를 때, 두 수조의 수위차 (H)는?(단, 마찰, 단면 급확대 및 급축소 손실만을 고려한다.)

① 0.98m   ② 0.85m
③ 0.54m   ④ 0.36m

■해설 단일관수로의 유량
㉠ 단일관수로에서 급확대, 급축소는 유입과 유출 손실로 보아야 하므로 유입, 유출, 마찰손실을 고려한 유량공식을 사용한다.
$$Q = AV = \frac{\pi D^2}{4} \times \sqrt{\frac{2gH}{f_i + f_o + f\frac{l}{D}}}$$
$$= \frac{\pi D^2}{4} \times \sqrt{\frac{2gH}{1.5 + f\frac{l}{D}}}$$

㉡ 마찰손실계수의 산정
$$f = \frac{124.6n^2}{D^{\frac{1}{3}}} = \frac{124.6 \times 0.013^2}{0.8^{\frac{1}{3}}} = 0.0227$$

㉢ 수위차의 산정
$$Q = \frac{\pi D^2}{4} \times \sqrt{\frac{2gH}{1.5 + f\frac{l}{D}}}$$
$$\therefore 1.2 = \frac{\pi \times 0.8^2}{4} \times \sqrt{\frac{2 \times 9.8 \times H}{1.5 + 0.0227 \times \frac{50}{0.8}}}$$
$$\therefore H = 0.85\text{m}$$

03. 어떤 유역에 내린 호우사상의 시간적 분포가 표와 같고 유역의 출구에서 측정한 지표유출량이 15mm일 때 ϕ-지표는?

시간(hr)	0~1	1~2	2~3	3~4	4~5	5~6
강우강도(mm/hr)	2	10	6	8	2	1

① 2mm/hr   ② 3mm/hr
③ 5mm/hr   ④ 7mm/hr

■해설 ϕ-index법
㉠ ϕ-index법
우량주상도에서 총 강우량과 손실량을 구분하는 수평선에 대응하는 강우강도가 ϕ-index이며, 이것이 평균침투능의 크기이다.
- 침투량 = 총 강우량 – 유효우량(유출량)
- ϕ-index = 침투량/침투시간

㉡ ϕ-index의 산정
- 총 강우량 = 2+10+6+8+2+1 = 29mm
- 침투량 = 29-15 = 14mm
- ϕ-index = $\dfrac{14}{6}$ = 2.33mm
- 2.33mm 이하의 강우 2mm, 1mm를 제외하고 다시 계산하면

$\therefore \phi$-index = $\dfrac{9}{3}$ = 3mm/hr

04. DAD(Depth-Area-Duration) 해석에 관한 설명으로 옳은 것은?

① 최대 평균 우량깊이, 유역면적, 강우강도와의 관계를 수립하는 작업이다.
② 유역면적을 대수축(Logarithmic Scale)에, 최대평균강우량을 산술축(Arithmetic Scale)에 표시한다.
③ DAD 해석 시 상대습도 자료가 필요하다.
④ 유역면적과 증발산량과의 관계를 알 수 있다.

■ 해설 DAD 해석
㉠ DAD(Rainfall Depth-Area-Duration) 해석은 최대평균우량깊이(강우량), 유역면적, 강우지속시간 간 관계의 해석을 말한다.

구분	특징
용도	암거의 설계나 지하수 흐름에 대한 하천수위의 시간적 변화의 영향 등에 사용
구성	최대평균우량깊이(rainfall depth), 유역면적(area), 지속시간(duration)으로 구성
방법	면적을 대수축에, 최대우량을 산술축에, 지속시간을 제3의 변수로 표시

㉡ DAD 곡선 작성순서
 1) 누가우량곡선으로부터 지속시간별 최대우량을 결정한다.
 2) 소구역에 대한 평균누가우량을 결정한다.
 3) 누가면적에 대한 평균누가우량을 산정한다.
 4) 지속시간에 대한 최대우량깊이를 누가면적별로 결정한다.
∴ 면적을 대수축에, 최대평균강우량을 산술축에, 지속시간을 제3의 변수로 표기하는 방법을 DAD 해석이라고 한다.

05. 정상류(Steady Flow)의 정의로 가장 적합한 것은?

① 수리학적 특성이 시간에 따라 변하지 않는 흐름
② 수리학적 특성이 공간에 따라 변하지 않는 흐름
③ 수리학적 특성이 시간에 따라 변하는 흐름
④ 수리학적 특성이 공간에 따라 변하는 흐름

■ 해설 흐름의 분류
㉠ 정류와 부정류 : 시간에 따른 흐름의 특성이 변하지 않는 경우를 정류, 변하는 경우를 부정류라 한다.
 • 정류 : $\frac{\partial v}{\partial t} = 0$, $\frac{\partial p}{\partial t} = 0$, $\frac{\partial \rho}{\partial t} = 0$
 • 부정류 : $\frac{\partial v}{\partial t} \neq 0$, $\frac{\partial p}{\partial t} \neq 0$, $\frac{\partial \rho}{\partial t} \neq 0$

㉡ 등류와 부등류 : 공간에 따른 흐름의 특성이 변하지 않는 경우를 등류, 변하는 경우를 부등류라 한다.
 • 등류 : $\frac{\partial Q}{\partial l} = 0$, $\frac{\partial v}{\partial l} = 0$, $\frac{\partial h}{\partial l} = 0$
 • 부등류 : $\frac{\partial Q}{\partial l} \neq 0$, $\frac{\partial v}{\partial l} \neq 0$, $\frac{\partial h}{\partial l} \neq 0$
∴ 정상류는 흐름의 특성이 시간에 따라 변하지 않는 흐름을 말한다.

06. 개수로 내 흐름에 있어서 한계수심에 대한 설명으로 옳은 것은?

① 상류 쪽의 저항이 하류 쪽의 조건에 따라 변한다.
② 유량이 일정할 때 비력이 최대가 된다.
③ 유량이 일정할 때 비에너지가 최소가 된다.
④ 비에너지가 일정할 때 유량이 최소가 된다.

■ 해설 한계수심
㉠ 한계수심의 정의
 • 유량이 일정하고 비에너지가 최소일 때의 수심을 한계수심이라 한다.
 • 에너지가 일정하고 유량이 최대로 흐를 때의 수심을 한계수심이라 한다.
 • 유량이 일정하고 비력이 최소일 때의 수심을 한계수심이라 한다.

㉡ 한계수심과 수심의 관계
 • $h > h_c$: 상류(常流)
 • $h < h_c$: 사류(射流)

07. 단위유량도 작성 시 필요 없는 사항은?

① 유효우량의 지속시간 ② 직접유출량
③ 유역면적 ④ 투수계수

■ 해설 단위유량도
㉠ 단위도의 정의 : 특정 단위시간 동안 균등한 강우강도로 유역 전반에 걸쳐 균등한 분포로 내리는 단위유효우량으로 인하여 발생하는 직접유출 수문곡선

㉡ 단위도의 구성요소
 • 직접유출량
 • 유효우량 지속시간
 • 유역면적

|해답| 04.② 05.① 06.③ 07.④

ⓒ 단위도의 3가정
  - 일정기저시간 가정
  - 비례가정
  - 중첩가정
∴ 단위유량도 작성 시 필요 없는 사항은 투수계수이다.

08. 컨테이너 부두 안벽에 입사하는 파랑의 입사파고가 0.8m이고, 안벽에서 반사된 파랑의 반사파고가 0.3m일 때 반사율은?

① 0.325   ② 0.375
③ 0.425   ④ 0.475

■해설 파랑의 반사율
ⓐ 파랑의 반사율 : 반사율은 구조물의 특성(형태, 재질, 입도, 공극률)과 파랑 특성(파형경사, 상대수심)에 따라 변하며, 일반적으로 파형경사와 반사율은 반비례의 관계가 있다.

$$K_R = \frac{H_R}{H_I}$$

여기서, K_R : 반사율
H_R : 반사파고
H_I : 입사파고

ⓑ 반사율의 계산

$$K_R = \frac{H_R}{H_I} = \frac{0.3}{0.8} = 0.375$$

09. 댐의 여수로에서 도수를 발생시키는 목적 중 가장 중요한 것은?

① 유수의 에너지 감쇄
② 취수를 위한 수위 상승
③ 댐 하류부에서의 유속의 증가
④ 댐 하류부에서의 유량의 증가

■해설 도수
ⓐ 흐름이 사류(射流)에서 상류(常流)로 바뀔 때 수면이 뛰는 현상을 도수(hydraulic jump)라고 한다.
ⓑ 도수는 큰 에너지 손실을 동반한다.
∴ 댐 여수로에서 도수를 발생시키는 것은 유수의 에너지 감쇄에 목적이 있다.

10. 강우계의 관측분포가 균일한 평야지역의 작은 유역에 발생한 강우에 적합한 유역 평균강우량 산정법은?

① Thiessen의 가중법   ② Talbot의 강도법
③ 산술평균법   ④ 등우선법

■해설 유역의 평균우량 산정법

종류	적용
산술평균법	우량계가 균등분포된 유역면적 500km² 이내에 적용 $$P_m = \frac{1}{N}\sum_{i=1}^{N} P_i$$
Thiessen법	우량계가 불균등분포된 유역면적 500~5,000km² 이내에 적용 $$P_m = \frac{\sum_{i=1}^{N} A_i P_i}{\sum_{i=1}^{N} A_i}$$
등우선법	산악의 영향이 고려되고, 유역면적 5,000km² 이상인 곳에 적용 $$P_m = \frac{\sum_{i=1}^{N} A_i P_i}{\sum_{i=1}^{N} A_i}$$

∴ 강우계의 관측분포가 균일한 평야지역에는 산술평균법을 적용한다.

11. 흐름에 대한 설명 중 틀린 것은?

① 흐름이 층류일 때는 뉴턴의 점성법칙을 적용할 수 있다.
② 등류란 모든 점에서의 흐름의 특성이 공간에 따라 변하지 않는 흐름이다.
③ 유관이란 개개의 유체입자가 흐르는 경로를 말한다.
④ 유선이란 각 점에서 속도벡터에 접하는 곡선을 연결한 선이다.

■해설 흐름의 특성
ⓐ 흐름이 층류일 경우에는 뉴턴의 점성법칙을 적용할 수 있다.
ⓑ 등류란 흐름의 특성이 공간(거리)에 따라 변하지 않는 흐름을 말한다.
ⓒ 유관이란 여러 개의 유선이 모여 만든 하나의 가상 폐합관을 말한다.
ⓓ 유선이란 유체입자의 속도벡터에 공통으로 접하는 접선을 말한다.

|해답| 08.② 09.① 10.③ 11.③

12. 우량관측소에서 측정된 5분 단위 강우량 자료가 표와 같을 때 10분 지속 최대 강우강도는?

시각(분)	0	5	10	15	20
누가우량(mm)	0	2	8	18	25

① 17mm/hr ② 48mm/hr
③ 102mm/hr ④ 120mm/hr

■해설 강우강도
㉠ 강우강도는 단위시간당 내린 비의 양을 말하며 단위는 mm/hr이다.
㉡ 지속시간 10분 강우량의 구성
  • 0~10분 : 2+6=8mm
  • 5~15분 : 6+10=16mm
  • 10~20분 : 10+7=17mm
㉢ 지속시간 10분 최대강우강도의 산정
$\frac{17mm}{10min} \times 60 = 102mm/hr$

13. 흐르는 유체 속에 잠겨 있는 물체에 작용하는 항력과 관계가 없는 것은?

① 유체의 밀도 ② 물체의 크기
③ 물체의 형상 ④ 물체의 밀도

■해설 항력(Drag Force)
흐르는 유체 속에 물체가 잠겨 있을 때 유체에 의해 물체가 받는 힘을 말한다.
$D = C_D \cdot A \cdot \frac{\rho V^2}{2}$
여기서, C_D : 항력계수 $\left(C_D = \frac{24}{R_e} \right)$
A : 투영면적
$\frac{\rho V^2}{2}$: 동압력
∴ 항력과 관련이 없는 인자는 물체의 밀도이다.

14. 그림과 같이 반지름 R인 원형관에서 물이 층류로 흐를 때 중심부에서의 최대속도를 V라 할 경우 평균속도 V_m은?

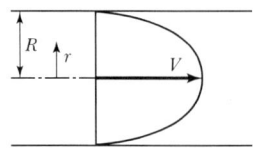

① $V_m = \frac{V}{2}$ ② $V_m = \frac{V}{3}$
③ $V_m = \frac{V}{4}$ ④ $V_m = \frac{V}{5}$

■해설 관수로 흐름의 특징
㉠ 관수로의 유속분포는 중앙에서 최대이고 관 벽에서 0인 포물선 분포를 한다.
㉡ 관수로의 전단응력분포는 관 벽에서 최대이고 중앙에서 0인 직선비례를 한다.
㉢ 관수로에서 최대유속은 평균유속의 2배이다.
$V_{max} = 2V_m$
∴ $V_m = \frac{V}{2}$

15. 관수로의 흐름이 층류인 경우 마찰손실계수(f)에 대한 설명으로 옳은 것은?

① 조도에만 영향을 받는다.
② 레이놀즈수에만 영향을 받는다.
③ 항상 0.2778로 일정한 값을 갖는다.
④ 조도와 레이놀즈수에 영향을 받는다.

■해설 마찰손실계수
㉠ 원관 내 층류($R_e < 2,000$)
$f = \frac{64}{R_e}$
㉡ 불완전 층류 및 난류($R_e > 2,000$)
 • $f = \phi \left(\frac{1}{R_e}, \frac{e}{D} \right)$
 • 거친 관 : f는 상대조도 $\left(\frac{e}{D} \right)$만의 함수
 • 매끈한 관 : f는 레이놀즈수(R_e)만의 함수
  $\left(f = 0.3164 R_e^{-\frac{1}{4}} \right)$
∴ 층류영역에서의 마찰손실계수는 레이놀즈수에만 영향을 받는다. $\left(f = \frac{64}{R_e} \right)$

16. 중량이 600N, 비중이 3.0인 물체를 물(담수)속에 넣었을 때 물속에서의 중량은?

① 100N ② 200N
③ 300N ④ 400N

■해설 부체의 평형조건
㉠ 부체의 평형조건
- W(무게) $= B$(부력)
- $w \cdot V = w_w \cdot V'$

여기서, w : 물체의 단위중량, V : 부체의 체적
w_w : 물의 단위중량, V' : 물에 잠긴 만큼의 체적

㉡ 수중에서 물체의 무게(W')
- $W' = W$(공기 중 무게) $- B$(부력)
  $= W - w_w \cdot V' = 600 - 200 = 400N$
- $V = \dfrac{W}{w} = 200\text{m}^3$

17. 물속에 존재하는 임의의 면에 작용하는 정수압의 작용방향은?

① 수면에 대하여 수평방향으로 작용한다.
② 수면에 대하여 수직방향으로 작용한다.
③ 정수압의 수직압은 존재하지 않는다.
④ 임의의 면에 직각으로 작용한다.

■해설 정수압
㉠ 정수압의 정의 : 유체입자가 정지해 있거나 상대적 움직임이 없는 경우 받는 압력
㉡ 정수압의 작용방향 : 정수압의 작용방향은 모든 면에 직각으로 작용

18. 저수지의 측벽에 폭 20cm, 높이 5cm의 직사각형 오리피스를 설치하여 유량 200L/s를 유출시키려고 할 때 수면으로부터의 오리피스 설치 위치는?(단, 유량계수 $C = 0.62$)

① 33m ② 43m
③ 53m ④ 63m

■해설 오리피스의 설치 위치
㉠ 작은 오리피스
$Q = Ca\sqrt{2gh}$

여기서, Q : 오리피스 유량, C : 유량계수
a : 오리피스 단면적, h : 수위차

㉡ 오리피스의 설치 위치 계산
$h = \dfrac{Q^2}{C^2 a^2 2g} = \dfrac{0.2^2}{0.62^2 \times (0.2 \times 0.05)^2 \times 2 \times 9.8}$
$= 53\text{m}$

19. 대수층에서 지하수가 2.4m의 투과거리를 통과하면서 0.4m의 수두손실이 발생할 때 지하수의 유속은?(단, 투수계수 $= 0.3$m/s)

① 0.01m/s ② 0.05m/s
③ 0.1m/s   ④ 0.5m/s

■해설 Darcy의 법칙
㉠ Darcy의 법칙
- $V = K \cdot I = K \cdot \dfrac{h_L}{L}$
- $Q = A \cdot V = A \cdot K \cdot I = A \cdot K \cdot \dfrac{h_L}{L}$

∴ Darcy의 법칙은 지하수 유속은 동수경사에 비례한다는 것이다.

㉡ 지하수 유속의 계산
$V = K \cdot \dfrac{h_L}{L} = 0.3 \times \dfrac{0.4}{2.4} = 0.05\text{m/s}$

20. 삼각위어에 있어서 유량계수가 일정하다고 할 때 유량변화율(dQ/Q)이 1% 이하가 되기 위한 월류수심의 변화율(dH/H)은?

① 0.4% 이하 ② 0.5% 이하
③ 0.6% 이하 ④ 0.7% 이하

■해설 수두측정오차와 유량오차의 관계
㉠ 수두측정오차와 유량오차의 관계

- 직사각형 위어 : $\dfrac{dQ}{Q} = \dfrac{\dfrac{3}{2}KH^{\frac{1}{2}}dH}{KH^{\frac{3}{2}}} = \dfrac{3}{2}\dfrac{dH}{H}$

- 삼각형 위어 : $\dfrac{dQ}{Q} = \dfrac{\dfrac{5}{2}KH^{\frac{3}{2}}dH}{KH^{\frac{5}{2}}} = \dfrac{5}{2}\dfrac{dH}{H}$

- 작은 오리피스 : $\dfrac{dQ}{Q} = \dfrac{\dfrac{1}{2}KH^{-\frac{1}{2}}dH}{KH^{\frac{1}{2}}} = \dfrac{1}{2}\dfrac{dH}{H}$

㉡ 삼각위어의 유량오차가 1% 이하가 되기 위한 수심오차의 계산
- $\dfrac{dQ}{Q} = \dfrac{5}{2}\dfrac{dH}{H}$
∴ $1 = \dfrac{5}{2}\dfrac{dH}{H}$
∴ $\dfrac{dH}{H} = \dfrac{2}{5}\% = 0.4\%$ 이하

과년도 출제문제 및 해설

Item pool (산업기사 2017년 3월 5일 시행)

01. 수조 1과 수조 2를 단면적 A인 완전 수중 오리피스 2개로 연결하였다. 수조 1로부터 지속적으로 일정한 유량의 물을 수조 2로 송수할 때 두 수조의 수면차(H)는?(단, 오리피스의 유량계수는 C이고, 접근유속수두(h_a)는 무시한다.)

① $H = \left(\dfrac{Q}{A\sqrt{2g}}\right)^2$

② $H = \left(\dfrac{Q}{2A\sqrt{2g}}\right)^2$

③ $H = \left(\dfrac{Q}{2CA\sqrt{2g}}\right)^2$

④ $H = \left(\dfrac{Q}{CA\sqrt{2g}}\right)^2$

■해설 완전 수중 오리피스
㉠ 완전 수중 오리피스의 유량
$Q = CA\sqrt{2gH}$
㉡ H의 산정(2개의 오리피스로 연결)
$Q = CA\sqrt{2gH} \times 2$
∴ $H = \left(\dfrac{Q}{2CA\sqrt{2g}}\right)^2$

02. 폭 7.0m의 수로 중간에 폭 2.5m의 직사각형 위어를 설치하였더니 월류수심이 0.35m였다면 이때 월류량은?(단, $C = 0.63$이며 접근유속은 무시한다.)

① $0.401\text{m}^3/\text{s}$ ② $0.439\text{m}^3/\text{s}$
③ $0.963\text{m}^3/\text{s}$ ④ $1.444\text{m}^3/\text{s}$

■해설 직사각형 위어
㉠ 직사각형 위어의 월류량
$Q = \dfrac{2}{3}Cb\sqrt{2g}\,h^{\frac{3}{2}}$

여기서, C: 유량계수
b: 위어의 폭
h: 월류수심

㉡ 직사각형 위어의 월류량 계산
$Q = \dfrac{2}{3}Cb\sqrt{2g}\,h^{\frac{3}{2}}$
$= \dfrac{2}{3} \times 0.63 \times 2.5\sqrt{2 \times 9.8} \times 0.35^{\frac{3}{2}}$
$= 0.963\text{m}^3/\text{s}$

03. 압력을 P, 물의 단위무게를 W_o라 할 때, P/W_o의 단위는?

① 시간   ② 길이
③ 질량   ④ 중량

■해설 물리량의 단위
㉠ 압력[$P(\text{t/m}^2)$]: 어떤 물체의 단위면적당 누르는 힘
㉡ 단위중량[$W_o(\text{t/m}^3)$]: 어떤 물체의 단위체적당 무게
㉢ P/W_o의 단위 산정
$P/W_o = \dfrac{\text{t/m}^2}{\text{t/m}^3} = \text{m}$
∴ 길이의 단위(m)와 같다.

04. 그림과 같이 원 관이 중심축에 수평하게 놓여 있고 계기압력이 각각 1.8kg/cm^2, 2.0kg/cm^2일 때 유량은?(단, 압력계의 kg은 무게를 표시한다.)

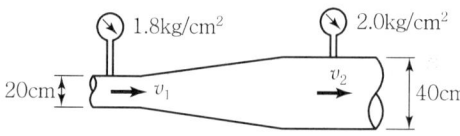

① 203L/s
② 223L/s
③ 243L/s
④ 263L/s

|해답| 01.③ 02.③ 03.② 04.①

■해설 벤투리미터
　㉠ 정의 : 관 내 축소부를 두어 축소 전과 축소 후의 압력차를 측정하여 유량을 구하는 관수로 유량측정장치

$$Q = \frac{CA_1A_2}{\sqrt{A_1^2 - A_2^2}}\sqrt{2gH}$$

　　여기서, C : 유량계수
　　　　　 A_1 : 축소 전의 단면적
　　　　　 A_2 : 축소 후의 단면적
　　　　　 H : 압력차(수두)

　㉡ 압력차의 산정
　　• $h_1 = \dfrac{P}{w} = \dfrac{18t/m^2}{1t/m^3} = 18m$
　　• $h_2 = \dfrac{P}{w} = 20\dfrac{t/m^2}{1t/m^3} = 20m$
　　∴ $H = 20 - 18 = 2m$

　㉢ 유량의 산정
　　• 유량계수는 1로 가정
　　• $A_1 = \dfrac{\pi \times 0.4^2}{4} = 0.1256m^2$
　　• $A_2 = \dfrac{\pi \times 0.2^2}{4} = 0.0314m^2$
　　• $Q = \dfrac{CA_1A_2}{\sqrt{A_1^2-A_2^2}}\sqrt{2gH}$
　　　　$= \dfrac{1 \times 0.1256 \times 0.0314}{\sqrt{0.1256^2 - 0.0314^2}}\sqrt{2 \times 9.8 \times 2}$
　　　　$= 203L/s$

05. 지름 1m인 원형 관에 물이 가득 차서 흐른다면 이때의 경심은?

① 0.25m ② 0.5m
③ 1.0m   ④ 2.0m

■해설 경심
　㉠ 경심(수리반경) : 경심은 면적을 윤변으로 나눈 값을 말한다.

$$R = \frac{A}{P}$$

　　여기서, R : 경심
　　　　　 A : 면적
　　　　　 P : 윤변

　㉡ 원형관의 경심

$$R = \frac{A}{P} = \frac{\dfrac{\pi D^2}{4}}{\pi D} = \frac{D}{4} = \frac{1}{4} = 0.25m$$

06. 개수로에서 중력가속도를 g, 수심을 h로 표시할 때 장파(長波)의 전파속도는?

① $\sqrt{gh}$　　② gh
③ $\sqrt{\dfrac{h}{g}}$　　④ $\dfrac{h}{g}$

■해설 장파의 전파속도와 비에너지
　장파의 전파속도는 다음 식으로 구한다.

$$C = \sqrt{gh}$$

　　여기서, C : 장파의 전파속도
　　　　　 g : 중력가속도
　　　　　 h : 수심

07. 물의 점성계수의 단위는 g/cm·s이다. 동점성계수의 단위는?

① cm^3/s　　② cm/s^2
③ s/cm^2　　④ cm^2/s

■해설 동점성계수
　㉠ 밀도(ρ)

$$\rho = \frac{w}{g} = \frac{g/cm^3}{cm/sec^2} = g \cdot sec^2/cm^4$$

　㉡ 동점성계수(ν)

$$\nu = \frac{\mu}{\rho}$$

　　여기서, μ : 점성계수

　㉢ 동점성계수의 단위

$$\nu = \frac{\mu}{\rho} = \frac{g/cm^2 \cdot sec}{g \cdot sec^2/cm^4} = cm^2/sec$$

08. 정상적인 흐름에서 한 유선 상의 유체입자에 대하여 그 속도수두 $\dfrac{V^2}{2g}$, 압력수두 $\dfrac{P}{w_o}$, 위치수두 Z라면 동수경사로 옳은 것은?

① $\dfrac{V^2}{2g} + \dfrac{P}{w_o}$　　② $\dfrac{V^2}{2g} + Z + \dfrac{P}{w_o}$
③ $\dfrac{V^2}{2g} + Z$　　④ $\dfrac{P}{w_o} + Z$

■해설 동수경사선 및 에너지선
  ㉠ 위치수두와 압력수두의 합을 연결한 선을 동수경사선이라 하며, 일명 동수구배선, 수두경사선, 압력선 이라고도 부른다.
    ∴ 동수경사선은 $\frac{P}{w_o}+Z$를 연결한 값이다.
  ㉡ 총 수두(위치수두+압력수두+속도수두)를 연결한선을 에너지선이라 한다.

09.
원관 내 흐름이 포물선형 유속분포를 가질 때, 관 중심선 상에서 유속이 V_o, 전단응력이 τ_o, 관 벽면에서 전단응력이 τ_s, 관 내의 평균유속이 V_m, 관 중심선에서 y만큼 떨어져 있는 곳의 유속이 V, 전단응력이 τ라 할 때 옳지 않은 것은?

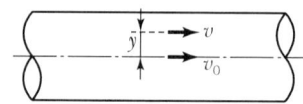

① $V_o > V$ ② $V_o = 2V_m$
③ $\tau_s = 2\tau_o$ ④ $\tau_s > \tau$

■해설 관수로에서 유속 및 전단응력분포
  ㉠ 유속은 관중앙에서 최대이고 관벽에서 0인 포물선 분포를 한다.
    ∴ $V_0 > V$
  ㉡ 관수로 최대유속은 평균유속의 2배이다.
    ∴ $V_0 = 2V_m$
  ㉢ 전단응력분포는 관벽에서 최대이고 중앙에서 0인 직선비례를 한다.
    $\tau_s > \tau$
    ∴ $\tau_s = 2\tau_0$는 성립되지 않는다.

10.
개수로를 따라 흐르는 한계류에 대한 설명으로 옳지 않은 것은?

① 주어진 유량에 대하여 비에너지(Specific Energy)가 최소이다.
② 주어진 비에너지에 대하여 유량이 최대이다.
③ 프루드(Froude) 수는 1이다.
④ 일정한 유량에 대한 비력(Specific Force)이 최대이다.

■해설 한계류
  다음과 같은 흐름이 한계류가 되기 위한 조건이다.
  • 유량이 일정하고 비에너지가 최소일 때의 흐름을 한계류라고 한다.
  • 비에너지가 일정하고 유량이 최대로 흐를 때의 흐름을 한계류라고 한다.
  • 유량이 일정하고 비력이 최소일 때의 흐름을 한계류라고 한다.
  • Froude 수가 1일 때의 흐름을 한계류라고 한다.

11.
Darcy 법칙에서 투수계수의 차원은?

① 동수경사의 차원과 같다.
② 속도수두의 차원과 같다.
③ 유속의 차원과 같다.
④ 점성계수의 차원과 같다.

■해설 Darcy의 법칙
  ㉠ Darcy의 법칙
    • $V = K \cdot I = K \cdot \frac{h_L}{L}$
    • $Q = A \cdot V = A \cdot K \cdot I = A \cdot K \cdot \frac{h_L}{L}$
    ∴ Darcy의 법칙은 지하수 유속은 동수경사에 비례한다는 법칙이다.
  ㉡ 차원 : 동수경사는 무차원이므로 투수계수의 차원은 속도와 차원이 같다.

12.
2m×2m×2m인 고가수조에 관로를 통해 유입되는 물의 유입량이 0.15L/s일 때 만수가 되기까지 걸리는 시간은?(단, 현재 고가수조의 수심은 0.5m이다.)

① 5시간 20분   ② 8시간 22분
③ 10시간 5분   ④ 11시간 7분

■해설 수조의 유량
  ㉠ 수조의 체적
    • 총 체적 : $V = 2 \times 2 \times 2 = 8\text{m}^3$
    • 물을 채워야 하는 체적
      : $V = 2 \times 2 \times 1.5 = 6\text{m}^3$
  ㉡ 유입시간의 계산
    • 유입량 : 0.15L/s = $1.5 \times 10^{-4}\text{m}^3/\text{s}$
      $= 0.54\text{m}^3/h_r$
    • 만수시간 : $t = \frac{6}{0.54} = 11.11 h_r = $ 11시간 7분

|해답| 09.③ 10.④ 11.③ 12.④

13. 개수로 흐름에서 수심이 1m, 유속이 3m/s이라면 흐름의 상태는?

① 사류(射流) ② 난류(亂流)
③ 층류(層流) ④ 상류(常流)

■해설 흐름의 상태
㉠ 상류(常流)와 사류(射流)의 구분
- $F_r = \dfrac{V}{C} = \dfrac{V}{\sqrt{gh}}$

  여기서, V : 유속
  C : 파의 전달속도

- $F_r < 1$: 상류(常流)
- $F_r = 1$: 한계류
- $F_r > 1$: 사류(射流)

㉡ 상류(常流)와 사류(射流)의 계산
$F_r = \dfrac{V}{\sqrt{gh}} = \dfrac{3}{\sqrt{9.8 \times 1}} = 0.96$
∴ 상류

14. 도수(Hydraulic Jump)현상에 관한 설명으로 옳지 않은 것은?

① 역적-운동량 방정식으로부터 유도할 수 있다.
② 상류에서 사류로 급변할 경우 발생한다.
③ 도수로 인한 에너지 손실이 발생한다.
④ 파상도수와 완전도수는 Froude 수로 구분한다.

■해설 도수
㉠ 도수 현상은 역적-운동량 방정식으로부터 유도할 수 있다.
㉡ 흐름이 사류(射流)에서 상류(常流)로 바뀔 때 수면이 뛰는 현상을 도수(hydraulic jump)라고 한다.
㉢ 도수는 큰 에너지 손실을 동반한다.
㉣ $1 < F_r < \sqrt{3}$ 을 파상도수라고 하며, $F_r > \sqrt{3}$ 을 완전도수라고 한다.

15. 그림과 같이 물속에 잠긴 원판에 작용하는 전수압은?(단, 무게 1kg=9.8N)

① 92.3kN
② 184.7kN
③ 369.3kN
④ 738.5kN

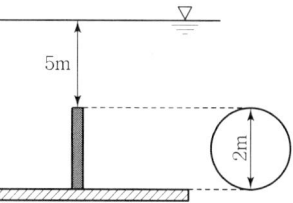

■해설 수면과 연직인 면이 받는 압력
㉠ 수면과 연직인 면이 받는 압력
- 전수압 : $P = w h_G A$
- 작용점의 위치 : $h_c = h_G + \dfrac{I}{h_G A}$

㉡ 전수압의 계산
$P = w h_G A = 1 \times \left(5 + \dfrac{1}{2}\right) \times \dfrac{\pi \times 2^2}{4}$
$= 18.84t = 18.84 \times 9.8 = 184.7kN$

16. 부체가 물 위에 떠 있을 때, 부체의 중심(G)과 부심(C)의 거리($\overline{CG}$)를 e, 부심(C)과 경심(M)의 거리($\overline{CM}$)를 a, 경심(M)에서 중심(G)까지의 거리($\overline{MG}$)를 b라 할 때, 부체의 안정조건은?

① $a > e$ ② $a < b$
③ $b < e$ ④ $b > e$

■해설 부체의 안정조건
㉠ 경심(M)을 이용하는 방법
- 경심(M)이 중심(G)보다 위에 존재 : 안정
- 경심(M)이 중심(G)보다 아래에 존재 : 불안정

㉡ 경심고($\overline{MG}$)를 이용하는 방법
- $\overline{MG} = \overline{MC} - \overline{GC}$
- $\overline{MG} > 0$: 안정
- $\overline{MG} < 0$: 불안정

㉢ 경심고 일반식을 이용하는 방법
- $\overline{MG} = \dfrac{I}{V} - \overline{GC}$
- $\dfrac{I}{V} > \overline{GC}$: 안정
- $\dfrac{I}{V} < \overline{GC}$: 불안정

∴ 부체가 안정되기 위해서는 $\overline{MG} > 0$을 만족해야 한다.
∴ $\overline{MG}(b) = \overline{MC}(a) - \overline{GC}(e)$
∴ $\overline{MG} > 0$을 만족하기 위해서는 a>e를 만족해야 한다.

17. 그림에서 판 AB에 가해지는 힘 F는?(단, ρ는 밀도이다.)

① $Q\dfrac{V_1^{\,2}}{2g}$
② $\rho Q V_1$
③ $\rho Q V_1^{\,2}$
④ $\rho Q V_2$

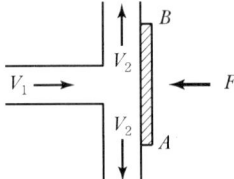

■해설 운동량 방정식
  ㉠ 운동량 방정식
    • $F = \rho Q(V_2 - V_1) = \dfrac{wQ}{g}(V_2 - V_1)$
      : 운동량 방정식
    • $F = \rho Q(V_1 - V_2) = \dfrac{wQ}{g}(V_1 - V_2)$
      : 판이 받는 힘(반력)
  ㉡ 반력의 산정
    • 유입부 x방향 속도 : $V_1 = V$
    • 유출부 x방향 속도 : $V_2 = 0$
    ∴ $F = \rho Q(V_1 - V_2) = \rho Q V_1$

18. Darcy의 법칙을 지하수에 적용시킬 때 가장 잘 일치하는 흐름은?

① 층류 ② 난류
③ 사류 ④ 상류

■해설 Darcy의 법칙
  ㉠ Darcy의 법칙
    • $V = K \cdot I = K \cdot \dfrac{h_L}{L}$
    • $Q = A \cdot V = A \cdot K \cdot I = A \cdot K \cdot \dfrac{h_L}{L}$
    ∴ Darcy의 법칙은 지하수 유속은 동수경사에 비례한다는 법칙이다.
  ㉡ 특징
    • Darcy의 법칙은 지하수의 층류흐름에 대한 마찰저항공식이다.
    • 투수계수는 물의 점성계수에 따라서도 변화한다.
      $K = D_s^2 \dfrac{\rho g}{\mu} \dfrac{e^3}{1+e} C$
      여기서, μ : 점성계수
    • Darcy의 법칙은 정상류흐름의 층류에만 적용된다.(특히, $R_e < 4$일 때 잘 적용된다.)

19. 물의 흐름에서 단면과 유속 등 유동 특성이 시간에 따라 변하지 않는 흐름은?

① 층류 ② 난류
③ 정상류 ④ 부정류

■해설 흐름의 분류
  ㉠ 정류와 부정류 : 시간에 따른 흐름의 특성이 변하지 않는 경우를 정류, 변하는 경우를 부정류라 한다.
    • 정류 : $\dfrac{\partial v}{\partial t} = 0$, $\dfrac{\partial p}{\partial t} = 0$, $\dfrac{\partial \rho}{\partial t} = 0$
    • 부정류 : $\dfrac{\partial v}{\partial t} \neq 0$, $\dfrac{\partial p}{\partial t} \neq 0$, $\dfrac{\partial \rho}{\partial t} \neq 0$
  ㉡ 등류와 부등류 : 공간에 따른 흐름의 특성이 변하지 않는 경우를 등류, 변하는 경우를 부등류라 한다.
    • 등류 : $\dfrac{\partial Q}{\partial l} = 0$, $\dfrac{\partial v}{\partial l} = 0$, $\dfrac{\partial h}{\partial l} = 0$
    • 부등류 : $\dfrac{\partial Q}{\partial l} \neq 0$, $\dfrac{\partial v}{\partial l} \neq 0$, $\dfrac{\partial h}{\partial l} \neq 0$
  ∴ 정상류는 흐름의 특성이 시간에 따라 변하지 않는 흐름을 말한다.

20. 레이놀즈(Reynolds) 수가 1,000인 관에 대한 마찰손실계수 f의 값은?

① 0.016 ② 0.022
③ 0.032 ④ 0.064

■해설 마찰손실계수
  ㉠ 원관 내 층류($R_e < 2,000$)
    $f = \dfrac{64}{R_e}$
  ㉡ 불완전 층류 및 난류($R_e > 2,000$)
    • $f = \phi\left(\dfrac{1}{R_e}, \dfrac{e}{D}\right)$
    • 거친 관 : f는 상대조도 $\left(\dfrac{e}{D}\right)$만의 함수
    • 매끈한 관 : f는 레이놀즈수(R_e)만의 함수
      ($f = 0.3164 R_e^{-\frac{1}{4}}$)
  ㉢ 마찰손실계수의 계산
    $f = \dfrac{64}{R_e} = \dfrac{64}{1,000} = 0.064$

과년도 출제문제 및 해설

(기사 2017년 5월 7일 시행)

01. 삼각위어에서 수두를 H라 할 때 위어를 통해 흐르는 유량 Q와 비례하는 것은?

① $H^{-1/2}$ ② $H^{1/2}$
③ $H^{3/2}$ ④ $H^{5/2}$

■해설 삼각위어의 유량
㉠ 삼각형 위어 : 삼각위어는 소규모 유량의 정확한 측정이 필요할 때 사용하는 위어이다.
$$Q = \frac{8}{15} C \tan\frac{\theta}{2} \sqrt{2g}\, H^{\frac{5}{2}}$$
㉡ 삼각형 위어의 유량과 수두의 관계
$$Q \propto H^{\frac{5}{2}}$$

02. 도수(hydraulic jump)에 대한 설명으로 옳은 것은?

① 수문을 급히 개방할 경우 하류로 전파되는 흐름
② 유속이 파의 전파속도보다 작은 흐름
③ 상류에서 사류로 변할 때 발생하는 현상
④ Froude 수가 1보다 큰 흐름에서 1보다 작아질 때 발생하는 현상

■해설 도수
㉠ 흐름이 사류(射流)에서 상류(常流)로 바뀔 때 수면이 뛰는 현상을 도수(hydraulic jump)라고 한다.
㉡ Froude 수가 1보다 큰 경우를 사류라고 하고 Froude 수가 1보다 작은 경우를 상류라고 한다.
∴ 도수는 Froude 수가 1보다 큰 사류에서 Froude 수가 1보다 작은 상류로 바뀔 때 발생하는 현상이다.

03. 어떤 계속된 호우에 있어서 총 유효우량 $\sum R_e$ (mm), 직접유출의 총량 $\sum Q_e$ (m³), 유역면적 A (km²) 사이에 성립하는 식은?

① $\sum R_e = A \times \sum Q_e$
② $\sum R_e = \dfrac{10^3 \times A}{\sum Q_e}$
③ $\sum R_e = 10^3 \times A \times \sum Q_e$
④ $\sum R_e = \dfrac{\sum Q_e}{10^3 \times A}$

■해설 총 유효우량
어떤 호우의 총 유효우량 $\sum R_e$ (mm)은 직접유출의 총량 $\sum Q_e$ (m³)을 유역면적 A (km²)로 나누어서 구할 수 있다.
$$\therefore \sum R_e = \frac{\sum Q_e}{A \times 10^3}$$

04. DAD 해석에 관계되는 요소로 짝지어진 것은?

① 강우깊이, 면적, 지속기간
② 적설량, 분포면적, 적설일수
③ 수심, 하천 단면적, 홍수기간
④ 강우량, 유수단면적, 최대수심

■해설 DAD 해석
㉠ DAD(Rainfall Depth-Area-Duration) 해석은 최대평균우량깊이(강우량), 유역면적, 강우지속시간 간 관계의 해석을 말한다.

구성	특징
용도	암거의 설계나 지하수 흐름에 대한 하천수위의 시간적 변화의 영향 등에 사용
구성	최대평균우량깊이(rainfall depth), 유역면적(area), 지속시간(duration)으로 구성
방법	면적을 대수축에, 최대우량을 산술축에, 지속시간을 제3의 변수로 표시

|해답| 01.④ 02.④ 03.④ 04.①

ⓒ DAD 곡선 작성순서
1) 누가우량곡선으로부터 지속시간별 최대우량을 결정한다.
2) 소구역에 대한 평균누가우량을 결정한다.
3) 누가면적에 대한 평균누가우량을 산정한다.
4) 지속시간에 대한 최대우량깊이를 누가면적별로 결정한다.
∴ DAD 해석의 구성요소는 강우량(강우깊이), 유역면적, 강우지속시간이다.

05.
그림과 같이 원형관 중심에서 V의 유속으로 물이 흐르는 경우에 대한 설명으로 틀린 것은? (단, 흐름은 층류로 가정한다.)

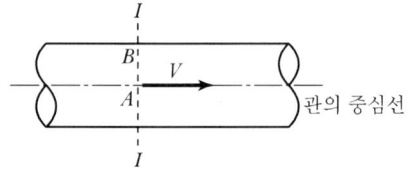

① A점에서의 유속은 단면 평균유속의 2배다.
② A점에서의 마찰력은 V^2에 비례한다.
③ A점에서 B점으로 갈수록 마찰력은 커진다.
④ 유속은 A점에서 최대인 포물선 분포를 한다.

■해설 관수로 흐름의 특징
㉠ 관수로의 유속분포는 중앙에서 최대이고 관 벽에서 0인 포물선 분포를 한다.
∴ 유속은 A점에서 최대인 포물선 분포를 한다.
㉡ 관수로의 전단응력분포는 관 벽에서 최대이고 중앙에서 0인 직선비례를 한다.
∴ A점에서의 마찰 저항력은 0이다.
∴ A점에서 B점으로 갈수록 마찰 저항력은 커진다.
㉢ 관수로에서 최대유속은 평균유속의 2배이다.
$V_{max} = 2V_m$

06.
두 개의 수평한 판이 5mm 간격으로 놓여 있고, 점성계수 0.01N·s/cm²인 유체로 채워져 있다. 하나의 판을 고정시키고 다른 하나의 판을 2m/s로 움직일 때 유체 내에서 발생되는 전단응력은?

① 1N/cm²
② 2N/cm²
③ 3N/cm²
④ 4N/cm²

■해설 Newton의 점성법칙
㉠ Newton의 점성법칙
$\tau = \mu \dfrac{dv}{dy}$

여기서, τ : 전단응력
μ : 점성계수
dv : 속도
dy : 거리

㉡ 전단응력의 산정
$\tau = \mu \dfrac{dv}{dy} = 0.01 \times \dfrac{200}{0.5} = 4 \text{N/cm}^2$

07.
관 내의 손실수두(h_L)와 유량(Q)의 관계로 옳은 것은?(단, Darcy-Weisbach 공식을 사용)

① $h_L \propto Q$
② $h_L \propto Q^{1.85}$
③ $h_L \propto Q^2$
④ $h_L \propto Q^{2.5}$

■해설 관수로 마찰손실수두
㉠ Darcy - Weisbach 마찰손실수두
$h_L = f \dfrac{l}{D} \dfrac{V^2}{2g}$

㉡ 손실수두(h_L)와 유량(Q)의 관계
$h_L = f \dfrac{l}{D} \dfrac{V^2}{2g} = f \dfrac{l}{D} \dfrac{1}{2g} \left(\dfrac{Q}{A}\right)^2 = \dfrac{flQ^2}{2gDA^2}$
∴ $h_L \propto Q^2$

08.
유역의 평균 폭 B, 유역면적 A, 본류의 유로연장 L인 유역의 형상을 양적으로 표시하기 위한 유역형상계수는?

① $\dfrac{A}{L}$
② $\dfrac{A}{L^2}$
③ $\dfrac{B}{L}$
④ $\dfrac{B}{L^2}$

■해설 유역형상계수
유역의 형상이나 성질을 나타내는 계수로 유역의 면적을 그 유역 내의 주하천 길이의 제곱 값으로 나눈 값으로 나타낸다.
∴ $F = \dfrac{A}{L^2} = \dfrac{BL}{L^2} = \dfrac{B}{L}$

여기서, F : 형상계수
A : 유역면적
L : 유역 주하천의 길이

09. 지하수 흐름과 관련된 Dupuit의 공식으로 옳은 것은?(단, q = 단위폭당의 유량, ℓ = 침윤선 길이, k = 투수계수)

① $q = \dfrac{k}{2\ell}\left(h_1^{\,2} - h_2^{\,2}\right)$

② $q = \dfrac{k}{2\ell}\left(h_1^{\,2} + h_2^{\,2}\right)$

③ $q = \dfrac{k}{\ell}\left(h_1^{\frac{3}{2}} - h_2^{\frac{3}{2}}\right)$

④ $q = \dfrac{k}{\ell}\left(h_1^{\frac{3}{2}} + h_2^{\frac{3}{2}}\right)$

■해설 제방의 침투유량
제방의 침투유량의 산정에는 Dupuit의 침윤선 공식을 이용한다.
$$q = \dfrac{k}{2l}\left(h_1^{\,2} - h_2^{\,2}\right)$$
여기서, q : 제방의 침투유량
k : 투수계수
ℓ : 제방의 길이
h_1 : 제외지 수심
h_2 : 제내지 수심

10. 강우자료의 변화요소가 발생한 과거의 기록치를 보정하기 위하여 전반적인 자료의 일관성을 조사하려고 할 때, 사용할 수 있는 가장 적절한 방법은?

① 정상연강수량비율법
② Thiessen의 가중법
③ 이중누가우량분석
④ DAD분석

■해설 이중누가우량분석(Double Mass Analysis)
수십 년에 걸친 장기간의 강수자료의 일관성(Consistency) 검증을 위해 실시하는 방법이다.

11. 수면폭이 1.2m인 V형 삼각 수로에서 2.8m³/s의 유량이 0.9m 수심으로 흐른다면 이때의 비에너지는?(단, 에너지보정계수 α = 1로 가정한다.)

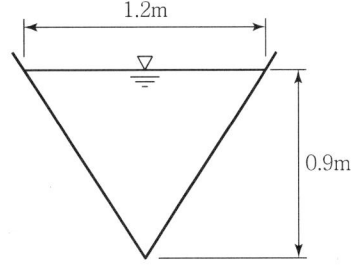

① 0.9m ② 1.14m
③ 1.84m ④ 2.27m

■해설 비에너지
㉠ 단위무게당 물이 수로바닥면을 기준으로 갖는 흐름의 에너지 또는 수두를 말한다.
$$h_e = h + \dfrac{\alpha V^2}{2g}$$
여기서, h : 수심
α : 에너지보정계수
V : 유속

㉡ 비에너지의 산정
- $A = \dfrac{1}{2}bh = \dfrac{1}{2} \times 1.2 \times 0.9 = 0.54\text{m}^2$
- $V = \dfrac{Q}{A} = \dfrac{2.8}{0.54} = 5.19\text{m/s}$
- $h_e = h + \dfrac{\alpha V^2}{2g} = 0.9 + \dfrac{1 \times 5.19^2}{2 \times 9.8} = 2.27\text{m}$

12. 층류영역에서 사용 가능한 마찰손실계수의 산정식은?(단, R_e : Reynolds 수)

① $\dfrac{1}{R_e}$ ② $\dfrac{4}{R_e}$

③ $\dfrac{24}{R_e}$ ④ $\dfrac{64}{R_e}$

■해설 마찰손실계수
㉠ 원관 내 층류($R_e < 2,000$)
$$f = \dfrac{64}{R_e}$$

㉡ 불완전 층류 및 난류($R_e > 2,000$)
- $f = \phi\left(\dfrac{1}{R_e}, \dfrac{e}{D}\right)$

- 거친 관 : f는 상대조도 $\left(\dfrac{e}{D}\right)$만의 함수
- 매끈한 관 : f는 레이놀즈수(R_e)만의 함수
  $\left(f = 0.3164 R_e^{-\frac{1}{4}}\right)$

∴ 층류영역에서의 마찰손실계수는 $f = \dfrac{64}{R_e}$ 이다.

13. 수심 10.0m에서 파속(C_1)이 50.0m/s인 파랑이 입사각(β_1) 30°로 들어올 때, 수심 8.0m에서 굴절된 파랑의 입사각(β_2)은?(단, 수심 8.0m에서 파랑의 파속(C_2) = 40.0m/s)

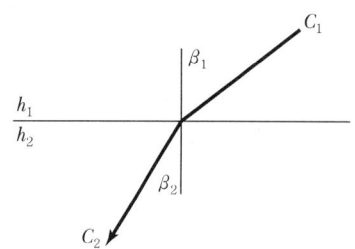

① 20.58° ② 23.58°
③ 38.68° ④ 46.15°

■해설 규칙파의 굴절계산
㉠ 굴절계수는 파향선의 각을 구해서 도표로부터 계산한다.
Snell 법칙
$$\dfrac{\sin\alpha_1}{\sin\alpha_2} = \dfrac{C_1}{C_2} = \dfrac{L_1}{L_2}$$
여기서, α_1, α_2 : 입사각
C_1, C_2 : 파랑의 파속
L_1, L_2 : 수심

㉡ 입사각 β_2의 산정
$$\dfrac{\sin\beta_1}{\sin\beta_2} = \dfrac{L_1}{L_2}$$
∴ $\beta_2 = \sin^{-1}\left(\dfrac{L_2}{L_1}\right)\sin\beta_1 = \sin^{-1}\left(\dfrac{8}{10}\right) \times \sin 30$
$= 23.58°$

14. 벤투리미터(Venturi Meter)의 일반적인 용도로 옳은 것은?

① 수심 측정 ② 압력 측정
③ 유속 측정 ④ 단면 측정

■해설 벤투리미터
관 내에 축소부를 두어 축소 전과 축소 후의 압력차를 측정하여 관수로의 유속 및 유량을 측정하는 기구를 말한다.

15. 단면적 20cm²인 원형 오리피스(Orifice)가 수면에서 3m의 깊이에 있을 때, 유출수의 유량은?(단, 유량계수는 0.6이라 한다.)

① 0.0014m³/s ② 0.0092m³/s
③ 0.0119m³/s ④ 0.1524m³/s

■해설 오리피스
㉠ 작은 오리피스
$Q = Ca\sqrt{2gh}$
여기서, Q : 오리피스 유량, C : 유량계수
a : 오리피스 단면적, h : 수위차

㉡ 오리피스의 유량 계산
$Q = Ca\sqrt{2gh}$
$= 0.6 \times (20 \times 10^{-4}) \times \sqrt{2 \times 9.8 \times 3}$
$= 0.0092\text{m}^3/\sec$

16. 그림과 같은 관로의 흐름에 대한 설명으로 옳지 않은 것은?(단, h_1, h_2는 위치 1, 2에서의 수두, h_{LA}, h_{LB}는 각각 관로 A 및 B에서의 손실수두이다.)

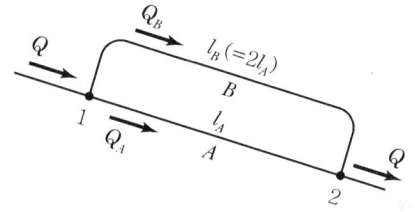

① $h_{LA} = h_{LB}$ ② $Q = Q_A + Q_B$
③ $Q_A = Q_B$ ④ $h_2 = h_1 - h_{LA}$

■해설 병렬관수로
㉠ 병렬관수로의 해석에 있어서 각 관수로의 손실수두의 크기는 같다고 본다.
∴ $h_{LA} = h_{LB}$
㉡ 병렬관수로의 연속방정식
$Q = Q_A + Q_B$

17. 1시간 간격의 강우량이 15.2mm, 25.4mm, 20.3mm, 7.6mm이고, 지표 유출량이 47.9mm일 때 ϕ-index는?

① 5.15mm/hr ② 2.58mm/hr
③ 6.25mm/hr ④ 4.25mm/hr

■해설 ϕ-index법
㉠ ϕ-index법: 우량주상도에서 총 강우량과 손실량을 구분하는 수평선에 대응하는 강우강도가 ϕ-index이며, 이것이 평균침투능의 크기이다.
- 침투량 = 총 강우량 - 유효우량(유출량)
- ϕ-index = 침투량/침투시간

㉡ ϕ-index의 산정
- 총 강우량 = 15.2 + 25.4 + 20.3 + 7.6 = 68.5mm
- 침투량 = 68.5 - 47.9 = 20.6mm
- ϕ-index = $\frac{20.6}{4}$ = 5.15mm/hr

18. 비중 γ_1의 물체가 비중 $\gamma_2(\gamma_2 > \gamma_1)$의 액체에 떠 있다. 액면 위의 부피($V_1$)와 액면 아래의 부피($V_2$) 비 $\left(\frac{V_1}{V_2}\right)$는?

① $\frac{V_1}{V_2} = \frac{\gamma_2}{\gamma_1} + 1$ ② $\frac{V_1}{V_2} = \frac{\gamma_2}{\gamma_1} - 1$
③ $\frac{V_1}{V_2} = \frac{\gamma_1}{\gamma_2}$ ④ $\frac{V_1}{V_2} = \frac{\gamma_2}{\gamma_1}$

■해설 부체의 평형조건
㉠ 부체의 평형조건
$W(\text{무게}) = B(\text{부력})$
→ $\gamma_1 V(\text{총 체적}) = \gamma_2 V_2(\text{물에 잠긴 만큼의 체적})$

㉡ V_1/V_2의 산정
$\gamma_1 V(\text{총 체적}) = \gamma_2 V_2(\text{물에 잠긴 만큼의 체적})$
→ $\gamma_1 (V_1 + V_2) = \gamma_2 V_2$
→ $\gamma_1 V_1 = V_2(\gamma_2 - \gamma_1)$
∴ $\frac{V_1}{V_2} = \frac{\gamma_2 - \gamma_1}{\gamma_1} = \frac{\gamma_2}{\gamma_1} - 1$

19. 기계적 에너지와 마찰손실을 고려하는 베르누이 정리에 관한 표현식은?(단, E_P 및 E_T는 각각 펌프 및 터빈에 의한 수두를 의미하며, 유체는 점 1에서 점 2로 흐른다.)

① $\frac{v_1^2}{2g} + \frac{p_1}{\gamma} + z_1 = \frac{v_2^2}{2g} + \frac{p_2}{\gamma} + z_2 + E_P + E_T + h_L$

② $\frac{v_1^2}{2g} + \frac{p_1}{\gamma} + z_1 = \frac{v_2^2}{2g} + \frac{p_2}{\gamma} + z_2 - E_P - E_T - h_L$

③ $\frac{v_1^2}{2g} + \frac{p_1}{\gamma} + z_1 = \frac{v_2^2}{2g} + \frac{p_2}{\gamma} + z_2 - E_P + E_T + h_L$

④ $\frac{v_1^2}{2g} + \frac{p_1}{\gamma} + z_1 = \frac{v_2^2}{2g} + \frac{p_2}{\gamma} + z_2 + E_P - E_T + h_L$

■해설 Bernoulli 정리의 응용
㉠ 하나의 유선상에 펌프 혹은 손실수두가 포함되어 있을 경우 펌프는 흐름에 에너지를 가해주며 손실수두는 흐름이 가지는 에너지의 일부를 빼앗게 된다.

㉡ Bernoulli 정리
$z_1 + \frac{p_1}{\gamma} + \frac{v_1^2}{2g} = z_2 + \frac{p_2}{\gamma} + \frac{v_2^2}{2g}$

㉢ 손실수두를 고려한 Bernoulli 정리
$z_1 + \frac{p_1}{\gamma} + \frac{v_1^2}{2g} = z_2 + \frac{p_2}{\gamma} + \frac{v_2^2}{2g} + h_L$

㉣ 두 단면 사이에 수차를 설치할 경우
$z_1 + \frac{p_1}{\gamma} + \frac{v_1^2}{2g} = z_2 + \frac{p_2}{\gamma} + \frac{v_2^2}{2g} + E_T + h_L$

㉤ 두 단면 사이에 펌프를 설치할 경우
$z_1 + \frac{p_1}{\gamma} + \frac{v_1^2}{2g} + E_P = z_2 + \frac{p_2}{\gamma} + \frac{v_2^2}{2g} + h_L$

㉥ 1, 2점에 펌프와 터빈을 모두 설치한 경우
$z_1 + \frac{p_1}{\gamma} + \frac{v_1^2}{2g} = z_2 + \frac{p_2}{\gamma} + \frac{v_2^2}{2g} - E_P + E_T + h_L$

|해답| 17.① 18.② 19.③

20. 수심 2m, 폭 4m, 경사 0.0004인 직사각형 단면 수로에서 유량 14.56m³/s가 흐르고 있다. 이 흐름에서 수로표면 조도계수(n)는?(단, Manning 공식 사용)

① 0.0096
② 0.01099
③ 0.02096
④ 0.03099

■ 해설 Manning 공식
㉠ Manning 공식
$$V = \frac{1}{n} R^{\frac{2}{3}} I^{\frac{1}{2}}$$

여기서, V : 속도
R : 경심
I : 동수경사

㉡ 경심의 산정
$$R = \frac{BH}{B+2H} = \frac{4 \times 2}{4+2 \times 2} = 1\text{m}$$

㉢ 조도계수 n의 산정
$$Q = AV = A \frac{1}{n} R^{\frac{2}{3}} I^{\frac{1}{2}}$$

$$\therefore n = \frac{A R^{\frac{2}{3}} I^{\frac{1}{2}}}{Q}$$

$$= \frac{(4 \times 2) \times 1^{\frac{2}{3}} \times 0.0004^{\frac{1}{2}}}{14.56}$$

$$= 0.01099$$

Item pool (산업기사 2017년 5월 7일 시행)
과년도 출제문제 및 해설

01. 그림과 같은 사다리꼴 인공수로의 유적(A)과 동수반경(R)은?

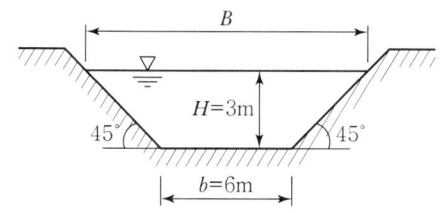

① $A=27\text{m}^2$, $R=2.64\text{m}$
② $A=27\text{m}^2$, $R=1.86\text{m}$
③ $A=18\text{m}^2$, $R=1.86\text{m}$
④ $A=18\text{m}^2$, $R=2.64\text{m}$

■해설 유적과 동수반경
㉠ 유적(A) : 사다리꼴의 면적
- $A = \dfrac{(B+b)}{2}h = \dfrac{(12+6)}{2}\times 3 = 27\text{m}^2$
- 윗변의 늘어난 길이 : $\tan 45° = 1$
∴ $3+3 = 6\text{m}$

㉡ 경심(수리반경) : 경심은 면적을 윤변으로 나눈 값을 말한다.
- $R = \dfrac{A}{P} = \dfrac{27}{6+4.24\times 2} = 1.86\text{m}$
- 경사길이 : $l = \sqrt{3^2+3^2} = 4.24\text{m}$

여기서, R : 경심
A : 면적
P : 윤변

02. 수심 h가 폭 b에 비해서 매우 작아 $R ≒ h$가 될 때 Chezy 평균유속계수 C는?(단, Manning의 평균유속공식 사용)

① $C = \dfrac{1}{n}h^{\frac{1}{3}}$ ② $C = \dfrac{1}{n}h^{\frac{1}{4}}$
③ $C = \dfrac{1}{n}h^{\frac{1}{5}}$ ④ $C = \dfrac{1}{n}h^{\frac{1}{6}}$

■해설 C와 n의 관계
㉠ C와 n의 관계
$C = \dfrac{1}{n}R^{\frac{1}{6}}$

㉡ 광폭 개수로의 경우
$R ≒ h$

∴ $C = \dfrac{1}{n}h^{\frac{1}{6}}$

03. 초속 20m/s, 수평과의 각 45°로 사출된 분수가 도달하는 최대 연직 높이는?(단, 공기 및 기타 저항은 무시한다.)

① 10.2m ② 11.6m
③ 15.3m ④ 16.8m

■해설 사출수의 도달거리
㉠ 사출수의 도달거리
- 수평거리 : $L = \dfrac{V_o^2 \sin 2\theta}{g}$
- 연직거리 : $H = \dfrac{V_o^2 \sin^2\theta}{2g}$

㉡ 도달높이의 산정
- $H = \dfrac{V_o^2 \sin^2\theta}{2g} = \dfrac{20^2 \times (\sin 45°)^2}{2\times 9.8} = 10.2\text{m}$

04. 비에너지(Specific Energy)에 관한 설명으로 옳지 않은 것은?

① 한계류인 경우 비에너지는 최대가 된다.
② 상류인 경우 수심의 증가에 따라 비에너지가 증가한다.
③ 사류인 경우 수심의 감소에 따라 비에너지가 증가한다.
④ 어느 수로단면의 수로 바닥을 기준으로 하여 측정한 단위 무게의 물이 가지는 흐름의 에너지이다.

|해답| 01.② 02.④ 03.① 04.①

■ 해설 비에너지
  ㉠ 단위무게당 물이 수로바닥면을 기준으로 갖는 흐름의 에너지 또는 수두를 비에너지라 한다.
  $$h_e = h + \frac{\alpha v^2}{2g}$$
  여기서, h : 수심, α : 에너지보정계수, v : 유속
  ㉡ 비에너지와 한계수심의 관계
  • 한계류인 경우 비에너지는 최소가 된다.
  • 상류인 경우 수심의 증가에 따라 비에너지는 증가한다.
  • 사류인 경우 수심의 감소에 따라 비에너지가 증가한다.

05. 지하수에서의 Darcy의 법칙에 대한 설명으로 틀린 것은?

① 지하수의 유속은 동수경사에 비례한다.
② Darcy의 법칙에서 투수계수의 차원은 $[LT^{-1}]$ 이다.
③ Darcy의 법칙은 지하수의 흐름이 정상류라는 가정에서 성립된다.
④ Darcy의 법칙은 주로 난류로 취급했으며 레이놀즈 수 $R_e > 2{,}000$의 범위에서 주로 잘 적용된다.

■ 해설 Darcy의 법칙
  ㉠ Darcy의 법칙
  • $V = K \cdot I = K \cdot \dfrac{h_L}{L}$
  • $Q = A \cdot V = A \cdot K \cdot I = A \cdot K \cdot \dfrac{h_L}{L}$
  ∴ Darcy의 법칙은 지하수 유속은 동수경사에 비례한다는 것이다.
  ㉡ 특징
  1) 투수계수의 차원은 동수경사가 무차원이므로 속도의 차원 $[LT^{-1}]$과 동일하다.
  2) Darcy의 법칙은 지하수의 층류흐름에 대한 마찰저항공식이다.
  3) 투수계수는 물의 점성계수에 따라서도 변화한다.
  $$K = D_s^2 \frac{\rho g}{\mu} \frac{e^3}{1+e} C$$
  여기서, μ : 점성계수
  4) Darcy의 법칙은 정상류흐름의 층류에만 적용된다.(특히, $R_e < 4$일 때 잘 적용된다.)

06. 관 내의 흐름에서 레이놀즈수(Reynolds Number)에 대한 설명으로 옳지 않은 것은?

① 레이놀즈수는 물의 동점성 계수에 비례한다.
② 레이놀즈수가 2,000보다 작으면 층류이다.
③ 레이놀즈수가 4,000보다 크면 난류이다.
④ 레이놀즈수는 관의 내경에 비례한다.

■ 해설 흐름의 상태
  층류와 난류의 구분
  $$R_e = \frac{VD}{\nu}$$
  여기서, V : 유속
  D : 관의 직경
  ν : 동점성계수
  • $R_e < 2{,}000$: 층류
  • $2{,}000 < R_e < 4{,}000$: 천이영역
  • $R_e > 4{,}000$: 난류
  ∴ 레이놀즈 수는 물의 동점성계수에 반비례한다.

07. 삼각위어(weir)에서 $\theta = 60°$일 때 월류 수심은? (단, Q : 유량, C : 유량계수, H : 위어 높이)

① $\left(\dfrac{Q}{1.36\,C}\right)^{\frac{2}{5}}$ ② $\left(\dfrac{Q}{1.36\,C}\right)^{\frac{5}{2}}$

③ $1.36\,CH^{\frac{5}{2}}$ ④ $1.36\,CH^{\frac{2}{5}}$

■ 해설 삼각위어
  ㉠ 삼각형 위어 : 소규모 유량의 정확한 측정이 필요할 때 사용하는 위어이다.
  $$Q = \frac{8}{15} C \tan\frac{\theta}{2} \sqrt{2g}\, H^{\frac{5}{2}}$$
  ㉡ 삼각위어의 수심
  $$Q = \frac{8}{15} C \tan\frac{\theta}{2} \sqrt{2g}\, H^{\frac{5}{2}}$$
  $$= \frac{8}{15} \times C \times \tan\frac{60}{2} \times \sqrt{2 \times 9.8} \times H^{\frac{5}{2}}$$
  ∴ $Q = 1.36\,CH^{\frac{5}{2}}$
  ∴ $H = \left(\dfrac{Q}{1.36\,C}\right)^{\frac{2}{5}}$

08. 유체에서 1차원 흐름에 대한 설명으로 옳은 것은?

① 면만으로는 정의될 수 없고 하나의 체적요소의 공간으로 정의되는 흐름
② 여러 개의 유선으로 이루어지는 유동면으로 정의되는 흐름
③ 유동 특성이 1개의 유선을 따라서만 변화하는 흐름
④ 유동 특성이 여러 개의 유선을 따라서 변화하는 흐름

■해설 **1차원 흐름**
유체의 1차원 흐름의 유동 특성은 직각방향의 속도성분을 갖지 않고 1개의 유선을 따라 흐르는 흐름방향 속도성분만을 갖는 흐름을 말한다.

09. 오리피스에서 지름이 1cm, 수축단면(Vena Con-tracta)의 지름이 0.8cm이고 유속계수(C_V)가 0.9일 때 유량계수(C)는?

① 0.584
② 0.720
③ 0.576
④ 0.812

■해설 **오리피스의 계수**
㉠ 유속계수(C_v) : 실제유속과 이론유속의 차를 보정해주는 계수로, 실제유속과 이론유속의 비로 나타낸다.
C_v = 실제유속/이론유속 ≒ 0.97~0.99

㉡ 수축계수(C_a) : 수축단면적과 오리피스단면적의 차를 보정해주는 계수로 수축단면적과 오리피스단면적의 비로 나타낸다.
- C_a = 수축 단면의 단면적/오리피스의 단면적 ≒ 0.64
- $C_a = \dfrac{A_0}{A} = \dfrac{0.8^2}{1^2} = 0.64$

㉢ 유량계수(C) : 실제유량과 이론유량의 차를 보정해주는 계수로 실제유량과 이론유량의 비로 나타낸다.
C = 실제유량/이론유량 = $C_a \times C_v$ ≒ 0.62

∴ $C = C_a \times C_v = 0.64 \times 0.9 = 0.576$

10. 최적수리단면(수리학적으로 가장 유리한 단면)에 대한 설명으로 틀린 것은?

① 동수반경(경심)이 최소일 때 유량이 최대가 된다.
② 수로의 경사, 조도계수, 단면이 일정할 때 최대유량을 통수시키게 하는 가장 경제적인 단면이다.
③ 최적수리단면에서는 직사각형 수로 단면이나 사다리꼴 수로 단면이나 모두 동수반경이 수심의 절반이 된다.
④ 기하학적으로는 반원 단면이 최적수리단면이나 시공상의 이유로 직사각형 단면 또는 사다리꼴 단면이 주로 사용된다.

■해설 **수리학적으로 유리한 단면**
㉠ 수로의 경사, 조도계수, 단면이 일정할 때 유량이 최대로 흐를 수 있는 단면을 수리학적으로 유리한 단면 또는 최량수리단면이라 한다.
㉡ 수리학적으로 유리한 단면은 경심(R)이 최대이거나, 윤변(P)이 최소일 때 성립된다.
$R_{\max}$ 또는 $P_{\min}$
㉢ 직사각형 단면에서 수리학적으로 유리한 단면이 되기 위한 조건은 $B = 2H$, $R = \dfrac{H}{2}$이다.
㉣ 사다리꼴 단면에서는 정삼각형 3개가 모인 단면이 가장 유리한 단면이 된다.
∴ $b = l$, $\theta = 60°$, $R = \dfrac{H}{2}$

11. A 저수지에서 1km 떨어진 B 저수지에 유량 8m³/s를 송수한다. 저수지의 수면차를 10m로 하기 위한 관의 지름은?(단, 마찰손실만을 고려하고 마찰손실 계수 $f = 0.03$이다.)

① 2.15m
② 1.92m
③ 1.74m
④ 1.52m

■해설 **마찰손실수두**
㉠ 마찰손실수두
$h_L = f \dfrac{l}{D} \dfrac{V^2}{2g}$

㉡ 직경을 산정하기 위한 공식
$h_L = f \dfrac{l}{D} \dfrac{1}{2g} \left(\dfrac{Q}{A}\right)^2$

∴ $h_L = \dfrac{8flQ^2}{g\pi^2 D^5}$

|해답| 08.③ 09.③ 10.① 11.③

$$\therefore D = \left(\frac{8flQ^2}{g\pi^2 h_L}\right)^{\frac{1}{5}}$$
$$= \left(\frac{8 \times 0.03 \times 1000 \times 8^2}{9.8 \times \pi^2 \times 10}\right)^{\frac{1}{5}}$$
$$= 1.74\text{m}$$

12. 2개의 수조를 연결하는 길이 1m의 수평관 속에 모래가 가득 차 있다. 양수조의 수위차는 0.5m이고 투수계수가 0.01cm/s이면 모래를 통과할 때의 평균 유속은?

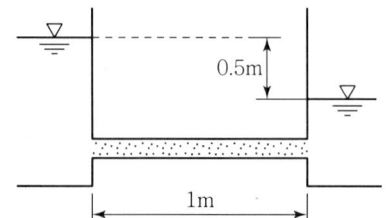

① 0.05cm/s   ② 0.0025cm/s
③ 0.005cm/s ④ 0.0075cm/s

■해설 Darcy의 법칙
㉠ Darcy의 법칙
- $V = K \cdot I = K \cdot \dfrac{h_L}{L}$
- $Q = A \cdot V = A \cdot K \cdot I = A \cdot K \cdot \dfrac{h_L}{L}$

㉡ 유속의 산정
$V = K \cdot \dfrac{h_L}{L} = 0.01 \times \dfrac{50}{100} = 0.005\text{cm/sec}$

13. 개수로의 흐름이 사류일 때를 나타내는 것은?
(단, h : 수심, h_c : 한계수심, F_r : Froude 수)

① $h < h_c$, $F_r < 1$
② $h < h_c$, $F_r > 1$
③ $h > h_c$, $F_r < 1$
④ $h > h_c$, $F_r > 1$

■해설 개수로 흐름 일반
㉠ 하류(下流)의 흐름이 상류(上流)에 영향을 주는 흐름을 상류(常流), 주지 못하는 흐름을 사류(射流)라고 한다.

㉡ 상류와 사류의 구분

구분	상류(常流)	사류(射流)
F_r	$F_r < 1$	$F_r > 1$
I_c	$I < I_c$	$I > I_c$
y_c	$y > y_c$	$y < y_c$
V_c	$V < V_c$	$V > V_c$

∴ 사류일 경우에는 $h < h_c$, $F_r > 1$일 경우이다.

14. 관로상의 유량조절 밸브나 펌프의 급조작으로 유수의 운동에너지가 압력에너지로 변환되어 관 벽에 큰 압력이 작용하게 되는 현상은?

① 난류현상   ② 수격작용
③ 공동현상   ④ 도수현상

■해설 수격작용
㉠ 펌프의 급정지, 급가동 또는 밸브를 급폐쇄하면 관로 내 유속의 급격한 변화가 발생하여 관내의 물의 질량과 운동량 때문에 관 벽에 큰 힘을 가하게 되어 정상적인 동수압보다 몇 배의 큰 압력 상승이 일어난다. 이러한 현상을 수격작용이라 한다.

㉡ 방지책
- 펌프의 급정지, 급가동을 피한다.
- 부압 발생방지를 위해 조압수조(Surge Tank), 공기밸브(Air Valve)를 설치한다.
- 압력상승 방지를 위해 역지밸브(Check Valve), 안전밸브(Safety Valve), 압력수조(Air Chamber)를 설치한다.
- 펌프에 플라이휠(Fly Wheel)을 설치한다.
- 펌프의 토출측 관로에 급폐식 혹은 완폐식 역지밸브를 설치한다.
- 펌프 설치위치를 낮게 하고 흡입양정을 적게 한다.

15. 흐름의 상태를 나타낸 것 중 옳지 않은 것은?
(단, t = 시간, l = 공간, v = 유속)

① $\dfrac{\partial v}{\partial t} = 0$ (정상류)

② $\dfrac{\partial v}{\partial t} \neq 0$ (부정류)

③ $\dfrac{\partial v}{\partial l} = 0$, $\dfrac{\partial v}{\partial t} = 0$ (정상등류)

④ $\dfrac{\partial v}{\partial t} \neq 0$, $\dfrac{\partial v}{\partial l} \neq 0$ (정상부등류)

|해답| 12.③ 13.② 14.② 15.④

■해설 흐름의 분류
㉠ 정류와 부정류 : 시간에 따른 흐름의 특성이 변하지 않는 경우를 정류, 변하는 경우를 부정류라 한다.
- 정상류 : $\frac{\partial v}{\partial t}=0, \ \frac{\partial p}{\partial t}=0, \ \frac{\partial \rho}{\partial t}=0$
- 부정류 : $\frac{\partial v}{\partial t}\neq 0, \ \frac{\partial p}{\partial t}\neq 0, \ \frac{\partial \rho}{\partial t}\neq 0$

㉡ 등류와 부등류 : 공간에 따른 흐름의 특성이 변하지 않는 경우를 등류, 변하는 경우를 부등류라 한다.
- 등류 : $\frac{\partial Q}{\partial l}=0, \ \frac{\partial v}{\partial l}=0, \ \frac{\partial h}{\partial l}=0$
- 부등류 : $\frac{\partial Q}{\partial l}\neq 0, \ \frac{\partial v}{\partial l}\neq 0, \ \frac{\partial h}{\partial l}\neq 0$

∴ 흐름의 분류가 옳지 않은 것은 $\frac{\partial v}{\partial t}\neq 0, \ \frac{\partial v}{\partial l}\neq 0$ 는 부정부등류이다.

16. 그림과 같은 직사각형 평면이 연직으로 서 있을 때 그 중심의 수심을 H_G라 하면 압력의 중심 위치(작용점)를 a, b, H_G로 표현한 것으로 옳은 것은?

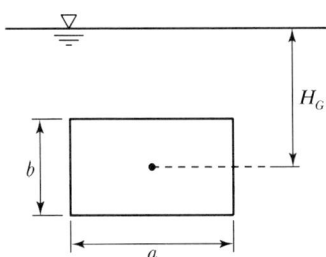

① $H_G + \dfrac{1}{H_G \cdot a \cdot b}$

② $H_G + \dfrac{ab^2}{12}$

③ $H_G + \dfrac{b}{12 \cdot H_G}$

④ $H_G + \dfrac{b^2}{12 \cdot H_G}$

■해설 수면과 연직인 면이 받는 압력
㉠ 수면과 연직인 면이 받는 압력
- 전수압 : $P = wh_G A$
- 작용점의 위치 : $h_c = H_G + \dfrac{I}{H_G A}$

㉡ 작용점의 위치

$h_c = H_G + \dfrac{I}{H_G A} = H_G + \dfrac{\frac{ab^3}{12}}{H_G ab} = H_G + \dfrac{b^2}{12 H_G}$

17. 밑면이 7.5m×3m이고 깊이가 4m인 빈 상자의 무게가 4×10⁵N이다. 이 상자를 물속에 완전히 가라앉히기 위하여 상자에 넣어야 할 최소 추가 무게는?(단, 물의 단위 무게=9,800N/m³)

① 340,000N   ② 375,000N
③ 400,000N   ④ 482,000N

■해설 부체의 평형조건
㉠ 부체의 평형조건
- $W(무게) = B(부력)$
- $w \cdot V = w_w \cdot V'$

여기서, w : 물체의 단위중량
V : 부체의 체적
w_w : 물의 단위중량
V' : 물에 잠긴 만큼의 체적

㉡ 추가 무게의 산정(추가무게 P)
- $W(무게) + P = B(부력)$

∴ $P = B - W = 9,800 \times (7.5 \times 3 \times 4) - 4 \times 10^5$
$= 482,000N$

18. 물의 성질에 대한 설명으로 옳지 않은 것은?
① 물의 점성계수는 수온이 높을수록 작아진다.
② 동점성계수는 수온에 따라 변하며 온도가 낮을수록 그 값은 크다.
③ 물은 일정한 체적을 갖고 있으나 온도와 압력의 변화에 따라 어느 정도 팽창 또는 수축을 한다.
④ 물의 단위중량은 0°C에서 최대이고 밀도는 4°C에서 최대이다.

■해설 물의 성질
물의 단위중량과 밀도는 온도 4°C에서 가장 무겁고 온도의 증가와 감소에 따라 가벼워진다.

19. 물의 밀도에 대한 차원으로 옳은 것은?

① $[FL^{-4}T^2]$　　② $[FL^{-1}T^2]$
③ $[FL^{-2}T]$　　④ $[FL]$

■해설 차원
　㉠ 물리량의 크기를 힘[F], 질량[M], 시간[T], 길이[L]의 지수형태로 표기한 것
　㉡ 밀도(ρ)
　　$\rho = \dfrac{w}{g} = \dfrac{g/cm^3}{cm/sec^2} = g \cdot sec^2/cm^4$
　∴ 차원으로 바꾸면 $FL^{-4}T^2$

20. 임의로 정한 수평기준면으로부터 유선 상의 해당 지점까지의 연직거리를 의미하는 것은?

① 기준수두　　② 위치수두
③ 압력수두　　④ 속도수두

■해설 위치수두
　㉠ 총 수두(H)
　　$H = Z + \dfrac{P}{w} + \dfrac{V^2}{2g}$
　㉡ 해석
　　• 위치수두(Z) : 수평기준면에서 수로바닥까지의 높이
　　• 압력수두$\left(\dfrac{P}{w}\right)$: 수로바닥에서 수면까지의 높이(수심)
　　• 속도수두$\left(\dfrac{V^2}{2g}\right)$: 수면에서 에너지선까지의 높이
　∴ 수평기준면에서 해당 지점까지의 연직거리는 위치수두이다.

과년도 출제문제 및 해설

(기사 2017년 9월 23일 시행)

01. 개수로 흐름에 대한 설명으로 틀린 것은?

① 한계류 상태에서는 수심의 크기가 속도수두의 2배가 된다.
② 유량이 일정할 때 상류에서는 수심이 작아질수록 유속은 커진다.
③ 비에너지는 수평기준면을 기준으로 한 단위무게의 유수가 가진 에너지를 말한다.
④ 흐름이 사류에서 상류로 바뀔 때에는 도수와 함께 큰 에너지 손실을 동반한다.

■ 해설 개수로 흐름의 특성
㉠ 한계류 상태에서는 수심의 크기가 속도수두의 2배가 된다.
㉡ 유량이 일정할 때 상류에서는 수심이 작아질수록 유속은 커진다.
㉢ 비에너지는 수로 바닥면을 기준으로 한 단위무게의 유수가 가진 에너지를 말한다.
㉣ 흐름이 사류에서 상류로 바뀔 때 수면이 뛰는 현상을 도수라고 하며, 도수는 큰 에너지 손실을 동반한다.

02. 밀도가 ρ인 유체가 일정한 유속 V_O로 수평방향으로 흐르고 있다. 이 유체 속에 지름 d, 길이 l인 원주가 그림과 같이 놓였을 때 원주에 작용되는 항력(抗力)을 구하는 공식은?(단, C_D는 항력계수)

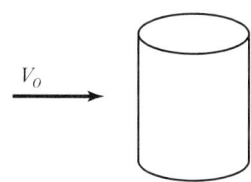

① $C_D \cdot \dfrac{\pi d^2}{4} \cdot \dfrac{\rho V_O}{2}$

② $C_D \cdot d \cdot l \cdot \dfrac{\rho V_O^2}{2}$

③ $C_D \cdot \dfrac{\pi d^2}{4} \cdot l \cdot \dfrac{\rho V_O}{2}$

④ $C_D \cdot \pi d \cdot l \cdot \dfrac{\rho V_O}{2}$

■ 해설 항력(drag force)
㉠ 흐르는 유체 속에 물체가 잠겨 있을 때 유체에 의해 물체가 받는 힘을 항력(drag force)이라 한다.

$$D = C_D \cdot A \cdot \dfrac{\rho V^2}{2}$$

여기서, C_D : 항력계수 $\left(C_D = \dfrac{24}{R_e}\right)$
A : 투영면적
$\dfrac{\rho V^2}{2}$: 동압력

㉡ 항력 공식 : 그림에서 면적 A는 투영면적으로 지름 d와 길이 l을 곱한 면적을 적용한다.

$$D = C_D \cdot A \cdot \dfrac{\rho V^2}{2} = C_D \cdot d \cdot l \cdot \dfrac{\rho V_O^2}{2}$$

03. 폭 3.5m, 수심 0.4m인 직시각형 수로의 Francis 공식에 의한 유량은?(단, 접근유속은 무시하고 양단수축이다.)

① 1.59m³/s
② 2.04m³/s
③ 2.19m³/s
④ 2.34m³/s

■ 해설 Francis 공식
㉠ Francis 공식

$$Q = 1.84 b_0 h^{\frac{3}{2}}$$

여기서, $b_0 = b - 0.1nh$ (n=2 : 양단수축, n=1 : 일단수축, n=0 : 수축이 없는 경우)

㉡ 월류량의 산정

$$Q = 1.84(b - 0.1nh)h^{\frac{3}{2}}$$
$$= 1.84(3.5 - 0.1 \times 2 \times 0.4) \times 0.4^{\frac{3}{2}}$$
$$= 1.59 \text{m}^3/\text{sec}$$

|해답| 01.③ 02.② 03.①

04. 개수로에서 단면적이 일정할 때 수리학적으로 유리한 단면에 해당되지 않는 것은?(단, H : 수심, R_h : 동수반경, l : 측면의 길이, B : 수면폭, P : 윤변, θ : 측면의 경사)

① H를 반지름으로 하는 반원에 외접하는 직사각형 단면
② R_h가 최대 또는 P가 최소인 단면
③ $H = B/2$이고 $R_h = B/2$인 직사각형 단면
④ $l = B/2$, $R_h = H/2$, $\theta = 60°$인 사다리꼴 단면

■ 해설 수리학적으로 유리한 단면
　㉠ 수로의 경사, 조도계수, 단면이 일정할 때 유량이 최대로 흐를 수 있는 단면을 수리학적으로 유리한 단면 또는 최량수리단면이라 한다.
　㉡ 수리학적으로 유리한 단면은 경심(R)이 최대이거나, 윤변(P)이 최소일 때 성립된다.
　　$R_{\max}$ 또는 $P_{\min}$
　㉢ 직사각형 단면에서 수리학적으로 유리한 단면이 되기 위한 조건은 $B = 2H$, $R = \dfrac{H}{2}$이다.
　　• 이 조건을 적용하면 수심 H를 반지름으로 하는 반원에 외접하는 단면이 된다.
　㉣ 사다리꼴 단면에서는 정삼각형 3개가 모인 단면이 가장 유리한 단면이 된다.
　　$\therefore b = l$, $\theta = 60°$, $R = \dfrac{H}{2}$

05. Thiessen 다각형에서 각각의 면적이 20km², 30km², 50km²이고, 이에 대응하는 강우량이 각각 40mm, 30mm, 20mm일 때, 이 지역의 면적 평균 강우량은?

① 25mm　② 27mm
③ 30mm　④ 32mm

■ 해설 유역의 평균우량 산정법
　㉠ 유역의 평균우량 산정공식

종류	적용
산술평균법	우량계가 균등분포된 유역면적 500 km² 이내에 적용 $P_m = \dfrac{1}{N}\sum_{i=1}^{N} P_i$
Thiessen법	유역면적 500~5,000km² 이내에 적용 $P_m = \dfrac{\sum_{i=1}^{N} A_i P_i}{\sum_{i=1}^{N} A_i}$
등우선법	산악의 영향이 고려되고, 유역면적 5,000km² 이상인 곳에 적용 $P_m = \dfrac{\sum_{i=1}^{N} A_i P_i}{\sum_{i=1}^{N} A_i}$

　㉡ Thiessen법을 이용한 면적평균 강우량의 산정

$$P_m = \dfrac{\sum_{i=1}^{N} A_i P_i}{\sum_{i=1}^{N} A_i}$$
$$= \dfrac{(20 \times 40) + (30 \times 30) + (50 \times 20)}{20 + 30 + 50}$$
$$= 27\text{mm}$$

06. 미소진폭파(small-amplitude wave)이론을 가정할 때 일정 수심 h의 해역을 전파하는 파장 L, 파고 H, 주기 T의 파랑에 대한 설명 중 틀린 것은?

① h/L이 0.05보다 작을 때, 천해파로 정의한다.
② h/L이 1.0보다 클 때, 심해파로 정의한다.
③ 분산관계식은 L, h 및 T 사이의 관계를 나타낸다.
④ 파랑의 에너지는 H^2에 비례한다.

■ 해설 미소진폭파 이론
　㉠ 파랑을 파장(L)과 수심(H)의 비에 따라 분류하면, 수심이 파장의 1/2보다 깊은 중력파를 심해파라 하며, 수심이 파장의 1/20보다 얕은 중력파를 천해파라고 한다.
　㉡ 미소진폭파의 기본방정식은 파의 주기(T)와 수심(H), 파장(L)의 관계식으로 나타내며, 이를 분산관계식이라고 한다.
　㉢ 파랑의 평균에너지(E)는 파고(H^2)에 비례한다.
　　$E = E_k + E_p = \dfrac{1}{8}wH^2$
　　여기서, E_k : 운동에너지
　　　　　　E_p : 위치에너지

07. 면적 10km²인 저수지의 수면으로부터 2m 위에서 측정된 대기의 평균온도가 25℃, 상대습도가 65%, 풍속이 4m/s일 때 증발률이 1.44mm/day이었다면 저수지 수면에서 일증발량은?

① 9,360m³/day ② 3,600m³/day
③ 7,200m³/day ④ 14,400m³/day

■해설 일증발량의 산정
저수지의 일증발량(m³)은 저수지 수표면적(m²)에 증발률(m/day)을 곱해서 구할 수 있다.
- 일증발량 = 수표면적 × 증발률
  $= (10 \times 10^6) \times (1.44 \times 10^{-3})$
  $= 14{,}400\text{m}^3/\text{day}$

08. 정상류의 흐름에 대한 설명으로 옳은 것은?

① 흐름 특성이 시간에 따라 변하지 않는 흐름이다.
② 흐름 특성이 공간에 따라 변하지 않는 흐름이다.
③ 흐름 특성이 단면에 관계없이 동일한 흐름이다.
④ 흐름 특성이 시간에 따라 일정한 비율로 변하는 흐름이다.

■해설 흐름의 분류
㉠ 정류와 부정류 : 시간에 따른 흐름의 특성이 변하지 않는 경우를 정류, 변하는 경우를 부정류라 한다.
- 정류 : $\frac{\partial v}{\partial t}=0,\ \frac{\partial p}{\partial t}=0,\ \frac{\partial \rho}{\partial t}=0$
- 부정류 : $\frac{\partial v}{\partial t} \ne 0,\ \frac{\partial p}{\partial t} \ne 0,\ \frac{\partial \rho}{\partial t} \ne 0$

㉡ 등류와 부등류 : 공간에 따른 흐름의 특성이 변하지 않는 경우를 등류, 변하는 경우를 부등류라 한다.
- 등류 : $\frac{\partial Q}{\partial l}=0,\ \frac{\partial v}{\partial l}=0,\ \frac{\partial h}{\partial l}=0$
- 부등류 : $\frac{\partial Q}{\partial l} \ne 0,\ \frac{\partial v}{\partial l} \ne 0,\ \frac{\partial h}{\partial l} \ne 0$

∴ 정상류는 흐름의 특성이 시간에 따라 변하지 않는 흐름을 말한다.

09. 지하수의 투수계수에 영향을 주는 인자로 거리가 먼 것은?

① 토양의 평균입경 ② 지하수의 단위중량
③ 지하수의 점성계수 ④ 토양의 단위중량

■해설 Darcy의 법칙
㉠ Darcy의 법칙
- $V = K \cdot I = K \cdot \frac{h_L}{L}$
- $Q = A \cdot V = A \cdot K \cdot I = A \cdot K \cdot \frac{h_L}{L}$

㉡ 투수계수 K
$K = D_s^2 \frac{\rho g}{\mu} \frac{e^3}{1+e} C$

여기서, D_s : 토사의 입경
$\rho g = w$: 지하수의 단위중량
μ : 점성계수
e : 간극비
C : 형상계수

∴ 투수계수와 관련이 없는 인자는 토양의 단위중량이다.

10. 차원계를 [MLT]에서 [FLT]로 변환할 때 사용하는 식으로 옳은 것은?

① $[M] = [LFT]$
② $[M] = [L^{-1}FT^2]$
③ $[M] = [LFT^2]$
④ $[M] = [L^2FT]$

■해설 차원
㉠ 물리량의 크기를 힘[F], 질량[M], 시간[T], 길이[L]의 지수형태로 표기한 것
㉡ 힘과 질량의 차원

물리량	FLT계	MLT계
힘	F	MLT^{-2}
질량	FT^2L^{-1}	M

11. 수면 높이차가 항상 20m인 두 수조가 지름 30cm, 길이 500m, 마찰손실계수가 0.03인 수평관으로 연결되었다면 관 내의 유속은?(단, 마찰, 단면 급확대 및 급축소에 따른 손실을 고려한다.)

① 2.76m/s ② 4.72m/s
③ 5.76m/s ④ 6.72m/s

|해답| 07.④ 08.① 09.④ 10.② 11.①

■해설 단일관수로의 유속
 ㉠ 단일관수로에서 급확대, 급축소는 유입과 유출 손실로 보아야 하므로 유입, 유출, 마찰손실을 고려한 유속공식을 적용한다.
$$V = \sqrt{\frac{2gH}{f_i + f_o + f\frac{l}{D}}} = \sqrt{\frac{2gH}{1.5 + f\frac{l}{D}}}$$

 ㉡ 유속의 산정
$$V = \sqrt{\frac{2gH}{1.5 + f\frac{l}{D}}} = \sqrt{\frac{2 \times 9.8 \times 20}{1.5 + 0.03 \times \frac{500}{0.3}}}$$
$$= 2.76 \text{m/s}$$

12. 그림에서 배수구의 면적이 5cm²일 때 물통에 작용하는 힘은?(단, 물의 높이는 유지되고, 손실은 무시한다.)

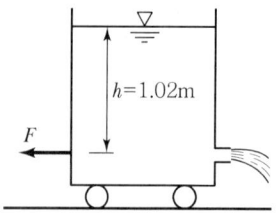

① 1N ② 10N
③ 100N ④ 102N

■해설 운동량방정식
 ㉠ 운동량방정식
  • $F = \rho Q(V_2 - V_1)$: 운동량방정식
  • $F = \rho Q(V_1 - V_2)$: 판이 받는 힘(반력)
 ㉡ 유속의 산정
  $V = \sqrt{2gh} = \sqrt{2 \times 980 \times 102} = 447 \text{cm/sec}$
 ㉢ 물통에 작용하는 힘의 계산(x방향 힘의 계산)
  $F_x = \frac{wQ}{g}(V_1 - V_2) = \frac{1 \times 5 \times 447}{980} \times (447 - 0)$
  $= 1019 \text{g} = 1.019 \text{kg} \times 9.8$
  $= 10 \text{N}$

13. 수심 H에 위치한 작은 오리피스(orifice)에서 물이 분출할 때 일어나는 손실수두(Δh)의 계산식으로 틀린 것은?(단, V_a는 오리피스에서 측정된 유속이며 C_v는 유속계수이다.)

① $\Delta h = H - \frac{V_a^2}{2g}$

② $\Delta h = H(1 - C_v^2)$

③ $\Delta h = \frac{V_a^2}{2g}\left(\frac{1}{C_v^2} - 1\right)$

④ $\Delta h = \frac{V_a^2}{2g}\left(\frac{1}{C_v^2 + 1}\right)$

■해설 오리피스의 손실수두
 오리피스에서 물이 분출할 때 일어나는 손실수두는 다음 식에 의해 계산한다.
 ㉠ $\Delta h = H - \frac{V_a^2}{2g}$
 ㉡ $\Delta h = H(1 - C_v^2)$
 ㉢ $\Delta h = \frac{V_a^2}{2g}\left(\frac{1}{C_v^2} - 1\right)$

14. 그림과 같이 정수 중에 있는 판에 작용하는 전수압을 계산하는 식은?

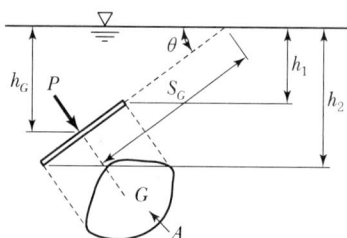

① $P = \gamma S_G A$ ② $P = \gamma \frac{h_1 + h_2}{2} A$
③ $P = \gamma h_G A$ ④ $P = \gamma h_G A \sin\theta$

■해설 경사평면이 받는 전수압
 수면과 경사인 면이 받는 전수압
  • $P = \gamma h_G A$
  • $h_G = S_G \sin\theta$
 여기서, h_G : 수면과 연직 중심점까지의 거리
  A : 면적
  S_G : 경사중심점까지의 거리

|해답| 12.② 13.④ 14.③

15. 다음 중에서 차원이 다른 것은?

① 증발량 ② 침투율
③ 강우강도 ④ 유출량

■해설 차원
㉠ 물리량의 크기를 힘[F], 질량[M], 시간[T], 길이[L]의 지수형태로 표기한 것
㉡ 차원

물리량	단위	차원
증발량	mm/day	LT^{-1}
침투율	mm/hr	LT^{-1}
강우강도	mm/hr	LT^{-1}
유출량	m³/sec	L^3T^{-1}

∴ 차원이 다른 것은 유출량이다.

16. 두께가 10m인 피압대수층에서 우물을 통해 양수한 결과, 50m 및 100m 떨어진 두 지점에서 수면강하가 각각 20m 및 10m로 관측되었다. 정상상태를 가정할 때 우물의 양수량은?(단, 투수계수는 0.3m/hr)

① $7.6×10^{-2}$m³/s ② $6.0×10^{-3}$m³/s
③ 9.4m³/s ④ 21.6m³/s

■해설 우물의 양수량
㉠ 우물의 양수량

종류	내용
깊은 우물 (심정호)	우물의 바닥이 불투수층까지 도달한 우물을 말한다. $Q = \dfrac{\pi K(H^2 - h_o^2)}{\ln(R/r_o)} = \dfrac{\pi K(H^2 - h_o^2)}{2.3\log(R/r_o)}$
얕은 우물 (천정호)	우물의 바닥이 불투수층까지 도달하지 못한 우물을 말한다. $Q = 4Kr_o(H - h_o)$
굴착정	피압대수층의 물을 양수하는 우물을 말한다. $Q = \dfrac{2\pi aK(H-h_o)}{\ln(R/r_o)}$ $= \dfrac{2\pi aK(H-h_o)}{2.3\log(R/r_o)}$
집수 암거	복류수를 취수하는 우물을 말한다. $Q = \dfrac{Kl}{R}(H^2 - h^2)$

㉡ 굴착정의 양수량 계산
$Q = \dfrac{2\pi aK(H-h_o)}{2.3\log(R/r_o)}$
$= \dfrac{2\times\pi\times 10\times (0.3/3,600)\times (20-10)}{2.3\log(100/50)}$
$= \dfrac{2\times\pi\times 10\times (0.3/3,600)\times (20-10)}{2.3\log(100/50)}$
$= 7.6\times 10^{-2}$m³/s

17. 폭이 넓은 하천에서 수심이 2m이고 경사가 $\dfrac{1}{200}$ 인 흐름의 소류력(Tractive Force)은?

① 98N/m²
② 49N/m²
③ 196N/m²
④ 294N/m²

■해설 소류력
㉠ 유수의 소류력
$\tau = wRI ≒ whI$
∵ 광폭개수로 : $R ≒ h$

㉡ 소류력의 산정
$\tau = whI = 1\times 2\times \dfrac{1}{200} = 0.01$t/m²
$= 10$kg/m² $= 98$N/m²
∵ 1kg = 9.8N

18. 강우량자료를 분석하는 방법 중 이중누가곡선법에 대한 설명으로 옳은 것은?

① 평균강수량을 산정하기 위하여 사용한다.
② 강수의 지속기간을 구하기 위하여 사용한다.
③ 결측자료를 보완하기 위하여 사용한다.
④ 강우량자료의 일관성을 검증하기 위하여 사용한다.

■해설 이중누가우량분석(Double Mass Analysis)
수십 년에 걸친 장기간의 강수자료의 일관성(Consistency) 검증을 위해 실시하는 방법이다.

19. 지름이 4cm인 원형관 속에 물이 흐르고 있다. 관로 길이 1.0m 구간에서 압력강하가 0.1N/m² 이었다면 관벽의 마찰응력은?

① 0.001N/m² ② 0.002N/m²
③ 0.01N/m²   ④ 0.02N/m²

■해설 전단응력
  ㉠ 관수로의 전단응력
  $$\tau = \frac{\Delta P r}{2l}$$
  여기서, ΔP : 압력강하량
         r : 반지름
         l : 관의 길이
  ㉡ 전단응력의 산정
  $$\tau = \frac{\Delta P r}{2l} = \frac{0.1 \times 0.02}{2 \times 1} = 0.001 \text{N/m}^2$$

20. 관수로 흐름에서 난류에 대한 설명으로 옳은 것은?

① 마찰손실계수는 레이놀즈수만 알면 구할 수 있다.
② 관벽 조도가 유속에 주는 영향은 층류일 때보다 작다.
③ 관성력의 점성력에 대한 비율이 층류의 경우보다 크다.
④ 에너지 손실은 주로 난류효과보다 유체의 점성 때문에 발생한다.

■해설 관수로 흐름 일반
  ㉠ 난류에서의 마찰손실계수는 레이놀즈수(R_e)와 상대조도$\left(\frac{e}{D}\right)$의 함수이다.
  ㉡ 난류에서는 관 벽의 조도가 유속에 주는 영향이 층류일 때보다 크다.
  ㉢ 난류에서는 관성력이 점성력에 비하여 크므로 관성력과 점성력의 비율이 층류의 경우보다 크다.
  ㉣ 점성에 의한 에너지손실은 난류보다 층류의 경우에 발생된다.

01. 초속 V_o의 사출수가 도달하는 수평 최대거리는?

① 최대연직높이의 1.2배이다.
② 최대연직높이의 1.5배이다.
③ 최대연직높이의 2.0배이다.
④ 최대연직높이의 3.0배이다.

■해설 사출수의 도달거리
  ㉠ 수평거리
  $$L = \frac{V_o^2 \sin 2\theta}{g}$$
  ㉡ 연직거리
  $$H = \frac{V_o^2 \sin^2\theta}{2g}$$
  ㉢ 최대수평거리와 최대연직거리의 관계
  • 최대수평거리는 $\theta = 45°$일 때이므로
  $$L_{\max} = \frac{V_o^2}{g}$$
  • 최대연직거리는 $\theta = 90°$일 때이므로
  $$H_{\max} = \frac{V_o^2}{2g}$$
  ∴ $L_{\max} = 2H_{\max}$

02. 지하대수층에서의 지하수 흐름에 대하여 Darcy 법칙을 적용하기 위한 가정으로 옳지 않은 것은?

① 수식의 속도는 지하대수층 내의 실제 흐름속도를 의미한다.
② 다공층을 구성하고 있는 물질의 특성이 균일하고 동질이라 가정한다.
③ 지하수 흐름이 정상류이며 또한 층류로 가정한다.
④ 대수층 내에 모관수대가 존재하지 않는다고 가정한다.

■해설 Darcy의 법칙
  ㉠ Darcy의 법칙
  • $V = K \cdot I = K \cdot \dfrac{h_L}{L}$
  • $Q = A \cdot V = A \cdot K \cdot I = A \cdot K \cdot \dfrac{h_L}{L}$
  ∴ Darcy의 법칙은 지하수 유속은 동수경사에 비례한다는 것이다.
  ㉡ 특징
  • 수식의 평균속도는 지하대수층 내의 평균흐름속도를 의미한다.
  • 다공층을 구성하고 있는 물질의 특성은 균일하고 동질이라 가정한다.
  • 투수계수의 차원은 동수경사가 무차원이므로 속도의 차원$[LT^{-1}]$과 동일하다.
  • Darcy의 법칙은 정상류흐름의 층류에만 적용된다.(특히, $R_e < 4$일 때 잘 적용된다.)
  • 대수층 내에서 모관수대는 존재하지 않는다고 가정한다.

03. 다음 설명 중 옳지 않은 것은?

① 유선이란 임의 순간에 각 점의 속도벡터에 접하는 곡선이다.
② 유관이란 개방된 곡선을 통과하는 유선으로 이루어진 평면을 말한다.
③ 흐름이 층류일 때 뉴턴의 점성법칙을 적용할 수 있다.
④ 정상류란 한 점에서 흐름의 특성이 시간에 따라 변하지 않는 흐름이다.

■해설 유관
  여러 개의 유선이 모여 만들어진 하나의 가상 관을 유관(stream tube)이라 한다.

04. 그림과 같이 단면적이 A_1, A_2인 두 관이 연결되어 있고 관 내 두 점의 수두차가 H일 때 유량을 계산하는 식은?

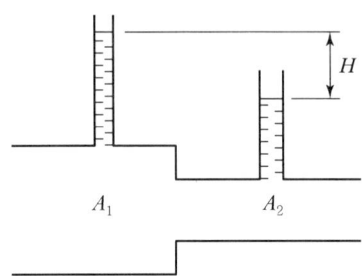

① $Q = \dfrac{A_1 - A_2}{\sqrt{A_1^2 - A_2^2}} \sqrt{2gH}$

② $Q = \dfrac{A_1 \cdot A_2}{\sqrt{A_1^2 + A_2^2}} \sqrt{2gH}$

③ $Q = \dfrac{A_1 - A_2}{\sqrt{A_1^2 + A_2^2}} \sqrt{2gH}$

④ $Q = \dfrac{A_1 \cdot A_2}{\sqrt{A_1^2 - A_2^2}} \sqrt{2gH}$

■해설 벤투리미터

관 내 축소부를 두어 축소 전과 후의 압력차를 측정하여 유량을 구하는 관수로 유량측정장치

$$Q = \dfrac{A_1 A_2}{\sqrt{A_1^2 - A_2^2}} \sqrt{2gH}$$

여기서, A_1 : 축소 전의 단면적
A_2 : 축소 후의 단면적
H : 압력차(수두)

05. 관망의 유량을 계산하는 방법인 Hardy-Cross의 방법에서 가정조건이 아닌 것은?

① 분기점에서 유입하는 유량은 그 점에서 정지하지 않고 전부 유출한다.
② 각 폐합관에서 시계방향 또는 반시계방향으로 흐르는 관로의 손실수두의 합은 0이다.
③ 합류점에 유입하는 유량은 그 점에서 정지하지 않고 전부 유출한다.
④ 보정유량 ΔQ는 크기와 상관없이 균등하게 배분하여 유량을 결정한다.

■해설 Hardy-Cross의 시행착오법

Hardy-Cross의 시행착오법을 적용하기 위해서 다음의 가정을 따른다.
- 각 관에 유입된 유량은 그 관에 정지하지 않고 모두 유출된다.
- 각 폐합관의 손실수두의 합은 0이다.
- 마찰 이외의 손실은 무시한다.

06. 동수경사선(hydraulic grade line)에 대한 설명으로 옳은 것은?

① 위치수두를 연결한 선이다.
② 속도수두와 위치수두를 합해 연결한 선이다.
③ 압력수두와 위치수두를 합해 연결한 선이다.
④ 전수두를 연결한 선이다.

■해설 동수경사선 및 에너지선

㉠ 위치수두와 압력수두의 합을 연결한 선을 동수경사선이라 하며, 일명 동수구배선, 수두경사선, 압력선이라고도 부른다.

∴ 동수경사선은 $\dfrac{P}{w_o} + Z$를 연결한 값이다.

㉡ 총 수두(위치수두+압력수두+속도수두)를 연결한선을 에너지선이라 한다.

07. 길이 130m인 관로에서 양단의 압력수두차가 8m가 되도록 하고 0.3m³/s의 물을 송수하기 위한 관의 직경은?(단, 관로의 마찰손실계수는 0.03이다.)

① 43.0cm ② 32.5cm
③ 30.3cm ④ 25.4cm

■해설 마찰손실수두

㉠ 마찰손실수두

$$h_L = f \dfrac{l}{D} \dfrac{V^2}{2g}$$

㉡ 직경을 산정하기 위한 공식

$$h_L = f \dfrac{l}{D} \dfrac{1}{2g} \left(\dfrac{Q}{A}\right)^2$$

$$\therefore h_L = \dfrac{8flQ^2}{g\pi^2 D^5}$$

$$\therefore D = \left(\dfrac{8flQ^2}{g\pi^2 h_L}\right)^{\frac{1}{5}} = \left(\dfrac{8 \times 0.03 \times 130 \times 0.3^2}{9.8 \times \pi^2 \times 8}\right)^{\frac{1}{5}}$$

$$= 0.325\text{m} = 32.5\text{cm}$$

|해답| 04.④ 05.④ 06.③ 07.②

08. 그림과 같은 수중오리피스에서 오리피스 단면적이 30cm²일 때 유출량은?(단, 유량계수 $C=0.6$)

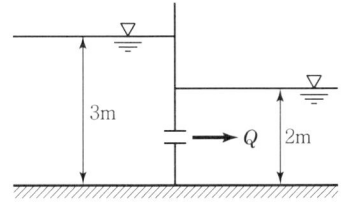

① 13.7L/s ② 12.5L/s
③ 10.2L/s ④ 8.0L/s

■해설 완전수중오리피스
  ㉠ 완전수중오리피스
   • $Q = CA\sqrt{2gH}$
   • $H = h_1 - h_2$
  ㉡ 완전수중오리피스의 유량계산
   $Q = CA\sqrt{2gH}$
   $= 0.6 \times (30 \times 10^{-4}) \times \sqrt{2 \times 9.8 \times (3-2)}$
   $= 8.0 \times 10^{-3} \text{m}^3/\text{sec}$
   $= 8\text{L/s}$

09. 물의 점성계수(Coefficient of Viscosity)에 대한 설명 중 옳은 것은?

① 수온에서 관계없이 점성계수는 일정하다.
② 점성계수와 동점성계수는 반비례한다.
③ 수온이 낮을수록 점성계수는 크다.
④ 4℃에서의 점성계수가 가장 크다.

■해설 점성계수
  ㉠ 점성계수는 온도 0℃에서 최댓값을 가지며 온도가 상승하면 그 값은 작아진다.
  ㉡ 동점성계수 : 점성계수를 밀도로 나눈 값을 동점성계수라고 한다.
   $\nu = \dfrac{\mu}{\rho}$
   ∴ 점성계수와 동점성계수는 비례한다.

10. 한계류에 대한 설명으로 옳은 것은?

① 유속의 허용한계를 초과하는 흐름
② 유속과 장파의 전파속도의 크기가 동일한 흐름
③ 유속이 빠르고 수심이 작은 흐름
④ 동압력이 정압력보다 큰 흐름

■해설 한계류
  다음과 같은 흐름이 한계류가 되기 위한 조건이다.
  • 흐름의 유속이 한계유속을 초과하는 흐름 ($V > V_c$)
  • 유속과 장파의 전파속도의 크기가 동일한 흐름 $\left(F_r = \dfrac{V}{C} = 1\right)$
  • 유속이 한계유속보다 빠르고, 수심은 한계수심보다 적은 흐름

11. 다음 중 차원이 있는 것은?

① 조도계수 n ② 동수경사 I
③ 상대조도 e/D ④ 마찰손실계수 f

■해설 차원
  ㉠ 물리량의 크기를 힘[F], 질량[M], 시간[T], 길이[L]의 지수형태로 표기한 것
  ㉡ 동수경사, 상대조도, 마찰손실계수는 무차원이고 조도계수는 $[TL^{-\frac{1}{3}}]$의 차원을 갖는다.

12. 유체 내부 임의의 점(x, y, z)에서의 시간 t에 대한 속도성분을 각각 u, v, w로 표시할 때 정류이며 비압축성인 유체에 대한 연속방정식으로 옳은 것은?(단, ρ는 유체의 밀도이다.)

① $\dfrac{\partial u}{\partial x} + \dfrac{\partial v}{\partial y} + \dfrac{\partial w}{\partial z} = 0$

② $\dfrac{\partial \rho u}{\partial x} + \dfrac{\partial \rho v}{\partial y} + \dfrac{\partial \rho w}{\partial z} = 0$

③ $\dfrac{\partial \rho}{\partial t} + \rho\left(\dfrac{\partial u}{\partial x} + \dfrac{\partial v}{\partial y} + \dfrac{\partial w}{\partial z}\right) = 0$

④ $\dfrac{\partial \rho}{\partial t} + \dfrac{\partial (\rho u)}{\partial x} + \dfrac{\partial (\rho v)}{\partial y} + \dfrac{\partial (\rho w)}{\partial z} = 0$

■해설 3차원 연속방정식
  ㉠ 3차원 부정류 비압축성 유체의 연속방정식
   $\dfrac{\partial (\rho u)}{\partial x} + \dfrac{\partial (\rho v)}{\partial y} + \dfrac{\partial (\rho w)}{\partial z} = -\dfrac{\partial \rho}{\partial t}$
  ㉡ 3차원 비압축성 정류의 연속방정식
   • 정류 : $\dfrac{\partial \rho}{\partial t} = 0$
   • 비압축성 : $\rho = $일정(생략 가능)
   ∴ $\dfrac{\partial u}{\partial x} + \dfrac{\partial v}{\partial y} + \dfrac{\partial w}{\partial z} = 0$

|해답| 08.④ 09.③ 10.② 11.① 12.①

13. 원형 관수로의 흐름에서 레이놀즈수(R_e)를 유량 Q, 지름 d 및 동점성계수 ν의 함수로 표시한 것으로 옳은 것은?

① $R_e = \dfrac{4Q}{\pi d \nu}$ ② $R_e = \dfrac{Q}{4\pi d \nu}$

③ $R_e = \dfrac{\pi \nu}{Qd}$ ④ $R_e = \dfrac{\pi d}{\nu Q}$

■해설 흐름의 상태
㉠ 레이놀즈수
$$R_e = \dfrac{Vd}{\nu}$$
여기서, V : 유속
       d : 관의 직경
       ν : 동점성계수
㉡ 풀이
$$R_e = \dfrac{Vd}{\nu} = \dfrac{d}{\nu}\dfrac{Q}{A} = \dfrac{4Q}{\pi d \nu}$$

14. 개수로의 흐름에서 등류의 흐름일 때 옳은 것은?

① 유속은 점점 빨라진다.
② 유속은 점점 늦어진다.
③ 유속은 일정하게 유지된다.
④ 유속은 0이다.

■해설 흐름의 분류
㉠ 정류와 부정류 : 시간에 따른 흐름의 특성이 변하지 않는 경우를 정류, 변하는 경우를 부정류라 한다.
- 정류 : $\dfrac{\partial v}{\partial t}=0$, $\dfrac{\partial p}{\partial t}=0$, $\dfrac{\partial \rho}{\partial t}=0$
- 부정류 : $\dfrac{\partial v}{\partial t}\neq 0$, $\dfrac{\partial p}{\partial t}\neq 0$, $\dfrac{\partial \rho}{\partial t}\neq 0$

㉡ 등류와 부등류 : 공간에 따른 흐름의 특성이 변하지 않는 경우를 등류, 변하는 경우를 부등류라 한다.
- 등류 : $\dfrac{\partial Q}{\partial l}=0$, $\dfrac{\partial v}{\partial l}=0$, $\dfrac{\partial h}{\partial l}=0$
- 부등류 : $\dfrac{\partial Q}{\partial l}\neq 0$, $\dfrac{\partial v}{\partial l}\neq 0$, $\dfrac{\partial h}{\partial l}\neq 0$

∴ 등류는 공간을 기준으로 유속이 일정하게 유지되는 것을 말한다.

15. 투수계수가 0.1cm/s이고 지하수위의 동수경사가 1/10인 지하수 흐름의 속도는?

① 0.005cm/s   ② 0.01cm/s
③ 0.5cm/s   ④ 1cm/s

■해설 Darcy의 법칙
㉠ Darcy의 법칙
- $V = K \cdot I = K \cdot \dfrac{h_L}{L}$
- $Q = A \cdot V = A \cdot K \cdot I = A \cdot K \cdot \dfrac{h_L}{L}$

㉡ 유속의 산정
$V = K \cdot I = 0.1 \times 1/10 = 0.01\text{cm/s}$

16. 오리피스에서 유출되는 실제 유량을 계산하기 위한 수축계수 C_a로 옳은 것은?(단, a_0 : 수축단면의 단면적, a : 오리피스의 단면적, V : 실제 유속, V_0 : 이론유속)

① $\dfrac{a}{a_0}$ ② $\dfrac{V_0}{V}$

③ $\dfrac{a_0}{a}$ ④ $\dfrac{V}{V_0}$

■해설 오리피스의 계수
㉠ 유속계수(C_v) : 실제유속과 이론유속의 차를 보정해주는 계수로, 실제유속과 이론유속의 비로 나타낸다.
C_v = 실제유속/이론유속 ≒ 0.97~0.99

㉡ 수축계수(C_a) : 수축단면적과 오리피스단면적의 차를 보정해주는 계수로 수축단면적과 오리피스단면적의 비로 나타낸다.
C_a = 수축 단면의 단면적/오리피스의 단면적 ≒ 0.64

∴ $C_a = \dfrac{a_0}{a}$

㉢ 유량계수(C) : 실제유량과 이론유량의 차를 보정해주는 계수로 실제유량과 이론유량의 비로 나타낸다.
C = 실제유량/이론유량 = $C_a \times C_v$ ≒ 0.62

17. 부체(浮體)가 불안정해지는 조건에 대한 설명으로 옳은 것은?

① 부양면에 대한 단면 1차 모멘트가 클수록
② 부양면에 대한 단면 1차 모멘트가 작을수록
③ 부양면에 대한 단면 2차 모멘트가 클수록
④ 부양면에 대한 단면 2차 모멘트가 작을수록

■해설 부체의 안정조건
  ㉠ 경심(M)을 이용하는 방법
   · 경심(M)이 중심(G)보다 위에 존재 : 안정
   · 경심(M)이 중심(G)보다 아래에 존재 : 불안정
  ㉡ 경심고($\overline{MG}$)를 이용하는 방법
   · $\overline{MG} = \overline{MC} - \overline{GC}$
   · $\overline{MG} > 0$: 안정
   · $\overline{MG} < 0$: 불안정
  ㉢ 경심고 일반식을 이용하는 방법
   · $\overline{MG} = \dfrac{I}{V} - \overline{GC}$
   · $\dfrac{I}{V} > \overline{GC}$: 안정
   · $\dfrac{I}{V} < \overline{GC}$: 불안정

  ∴ 단면 2차 모멘트가 작을수록 부체는 불안정해진다.

18. 콘크리트 직사각형 수로 폭이 8m, 수심이 6m일 때 Chezy의 공식에서 유속계수(C)의 값은?(단, Manning의 조도계수 $n = 0.014$이다.)

① 79   ② 83
③ 87   ④ 92

■해설 C와 n의 관계
  ㉠ C와 n의 관계
   $C = \dfrac{1}{n} R^{\frac{1}{6}}$
  ㉡ C의 산정
   경심 : $R = \dfrac{A}{P} = \dfrac{8 \times 6}{8 + 6 \times 2} = 2.4\text{m}$
   ∴ $C = \dfrac{1}{n} R^{\frac{1}{6}} = \dfrac{1}{0.014} \times 2.4^{\frac{1}{6}} = 82.64 = 83$

19. 수압 98kPa(1kg/cm²)을 압력수두로 환산한 값으로 옳은 것은?

① 1m   ② 10m
③ 100m ④ 1,000m

■해설 압력수두
  ㉠ 정압력
   $P = wh$
  ㉡ 수두로 환산
   $P = 1\text{kg/cm}^2 = 10\text{t/m}^2$
   ∴ $h = \dfrac{P}{w} = \dfrac{10\text{t/m}^2}{1\text{t/m}^3} = 10\text{m}$

20. 개수로의 수면기울기가 1/1,200이고, 경심 0.85m, Chezy의 유속계수 56일 때 평균유속은?

① 1.19m/s   ② 1.29m/s
③ 1.39m/s   ④ 1.49m/s

■해설 Chezy 평균유속공식
  ㉠ Chezy 공식
   $V = C\sqrt{RI}$
   여기서, C : Chezy 유속계수
   R : 경심
   I : 동수경사
  ㉡ 유속의 산정
   $V = C\sqrt{RI} = 56 \times \sqrt{0.85 \times 1/1,200} = 1.49\text{m/s}$

|해답| 17.④ 18.② 19.② 20.④

과년도 출제문제 및 해설

01. 수리학에서 취급되는 여러 가지 양에 대한 차원이 옳은 것은?

① 유량 = $[L^3T^{-1}]$
② 힘 = $[MLT^{-3}]$
③ 동점성계수 = $[L^3T^{-1}]$
④ 운동량 = $[MLT^{-2}]$

해설 차원
  ㉠ 물리량의 크기를 힘[F], 질량[M], 시간[T], 길이[L]의 지수형태로 표기한 것
  ㉡ 물리량의 차원

물리량	FLT	MLT
유량	L^3T^{-1}	L^3T^{-1}
힘	F	MLT^{-2}
동점성계수	L^2T^{-1}	L^2T^{-1}
운동량	FT	MLT^{-1}

02. 폭이 b인 직사각형 위어에서 접근유속이 작은 경우 월류수심이 h일 때 양단수축 조건에서 월류수맥에 대한 단수축 폭(b_0)은?(단, Francis 공식을 적용)

① $b_0 = b - \dfrac{h}{5}$
② $b_0 = 2b - \dfrac{h}{5}$
③ $b_0 = b - \dfrac{h}{10}$
④ $b_0 = 2b - \dfrac{h}{10}$

해설 Francis 공식
  ㉠ Francis 공식
  $$Q = 1.84\, b_0\, h^{\frac{3}{2}}$$
  여기서, $b_0 = b - 0.1nh$ (n=2 : 양단수축, n=1 : 일단수축, n=0 : 수축이 없는 경우)
  ㉡ 유효폭의 산정
  $$b_o = b - 0.1 \times 2 \times h = b - \frac{2h}{10} = b - \frac{h}{5}$$

03. 누가우량곡선(Rainfall mass curve)의 특성으로 옳은 것은?

① 누가우량곡선의 경사가 클수록 강우강도가 크다.
② 누가우량곡선의 경사는 지역에 관계없이 일정하다.
③ 누가우량곡선으로 일정기간 내의 강우량을 산출할 수는 없다.
④ 누가우량곡선은 자기우량 기록에 의하여 작성하는 것보다 보통우량계의 기록에 의하여 작성하는 것이 더 정확하다.

해설 누가우량곡선
  ㉠ 정의 : 자기우량계의 관측으로 시간에 대한 누가 강우량 기록으로 누가우량곡선을 제공한다.
  ㉡ 특징
   • 곡선의 경사가 클수록 강우강도 크다.
   • 곡선의 경사가 없으면 무강우 처리한다.
   • 곡선만으로 일정기간 강우량의 산정이 가능하다.
   • 누가우량곡선은 지역에 따른 강우의 기록으로 지역에 따라 그 값이 다르다.

04. 폭 4.8m, 높이 2.7m의 연직 직사각형 수문이 한쪽 면에서 수압을 받고 있다. 수문의 밑면은 힌지로 연결되어 있고 상단은 수평체인(Chain)으로 고정되어 있을 때 이 체인에 작용하는 장력(張力)은? (단, 수문의 정상과 수면은 일치한다.)

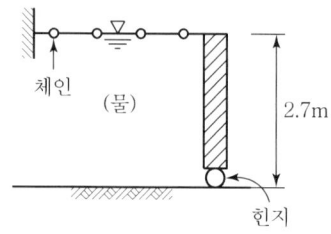

① 29.23kN
② 57.15kN
③ 7.87kN
④ 0.88kN

|해답| 01.① 02.① 03.① 04.②

■해설 수면과 연직인 면이 받는 압력
  ㉠ 면이 받는 압력
  $$P = wh_G A = 1 \times \frac{2.7}{2} \times (4.8 \times 2.7) = 17.5\text{t}$$
  ㉡ 체인에 작용하는 장력 : 힌지를 기점으로 잡아 모멘트를 취하면 체인에 작용하는 장력을 구할 수 있다.
  $$17.5 \times \frac{1}{3} \times 2.7 = P_c \times 2.7$$
  $$\therefore P_c = 5.85\text{t} = 5.85 \times 9.8 = 57.16\text{kN}$$

05. 어느 소유역의 면적이 20ha, 유수의 도달시간이 5분이다. 강수자료의 해석으로부터 얻어진 이 지역의 강우강도식이 아래와 같을 때 합리식에 의한 홍수량은?(단, 유역의 평균 유출계수는 0.6이다.)

> 강우강도식 : $I = \dfrac{6,000}{(t+35)}$[mm/hr]
> 여기서, t : 강우지속시간[분]

① 18.0m³/s ② 5.0m³/s
③ 1.8m³/s ④ 0.5m³/s

■해설 합리식
  ㉠ 합리식
  $$Q = \frac{1}{360} CIA$$
  여기서, Q : 우수량 (m³/sec)
  C : 유출계수(무차원)
  I : 강우강도(mm/hr)
  A : 유역면적(ha)
  ㉡ 강우강도의 산정
  $$I = \frac{6,000}{(t+35)} = \frac{6,000}{(5+35)} = 150\text{mm/hr}$$
  ㉢ 우수유출량의 산정
  $$Q = \frac{1}{360} CIA = \frac{1}{360} \times 0.6 \times 150 \times 20 = 5\text{m}^3/\text{s}$$

06. 비력(special force)에 대한 설명으로 옳은 것은?
① 물의 충격에 의해 생기는 힘의 크기
② 비에너지가 최대가 되는 수심에서의 에너지
③ 한계수심으로 흐를 때 한 단면에서의 총에너지 크기
④ 개수로의 어떤 단면에서 단위중량당 운동량과 정수압의 합계

■해설 충력치(비력)
충력치(비력)는 개수로 어떤 단면에서 수로바닥을 기준으로 한 물의 단위시간, 단위중량당의 운동량(동수압과 정수압의 합)을 말한다.
$$M = \eta \frac{Q}{g} V + h_G A$$

07. 지름이 20cm인 관수로에 평균유속 5m/s로 물이 흐른다. 관의 길이가 50m일 때 5m의 손실수두가 나타났다면, 마찰속도(U_*)는?

① $U_* = 0.022$m/s ② $U_* = 0.22$m/s
③ $U_* = 2.21$m/s ④ $U_* = 22.1$m/s

■해설 마찰속도
  ㉠ 마찰속도는 다음 식으로 나타낸다.
  $$U_* = \sqrt{\frac{\tau_0}{\rho}} = \sqrt{\frac{wRI}{\rho}} = \sqrt{gRI} \quad (\because w = \rho \cdot g)$$
  ㉡ 마찰속도의 계산
  $$U_* = \sqrt{gRI} = \sqrt{9.8 \times \frac{0.2}{4} \times \frac{5}{50}} = 0.22\text{m/s}$$

08. 항만을 설계하기 위해 관측한 불규칙 파랑의 주기 및 파고가 다음 표와 같을 때, 유의파고($H_{1/3}$)는?

연번	파고(m)	주기(s)
1	9.5	9.8
2	8.9	9.0
3	7.4	8.0
4	7.3	7.4
5	6.5	7.5
6	5.8	6.5
7	4.2	6.2
8	3.3	4.3
9	3.2	5.6

① 9.0m ② 8.6m
③ 8.2m ④ 7.4m

■해설 유의파고
  ㉠ 유의파고란 파고가 큰 쪽부터 1/3 이내에 있는 파의 파고를 산술평균한 값을 말한다.

|해답| 05.② 06.④ 07.② 08.②

ⓒ 유의파고의 계산 : 9개의 파랑에서 큰 쪽부터 1/3이므로 연번 1~3까지의 파고를 산술평균 하면 된다.

$$H_{1/3} = \frac{9.5 + 8.9 + 7.4}{3} = 8.6\text{m}$$

09. 비에너지와 한계수심에 관한 설명으로 옳지 않은 것은?

① 비에너지가 일정할 때 한계수심으로 흐르면 유량이 최소가 된다.
② 유량이 일정할 때 비에너지가 최소가 되는 수심이 한계수심이다.
③ 비에너지는 수로바닥을 기준으로 하는 단위 무게당 흐름에너지이다.
④ 유량이 일정할 때 직사각형 단면 수로 내 한계수심은 최소 비에너지의 $\frac{2}{3}$이다.

■해설 한계수심
  • 유량이 일정하고 비에너지가 최소일 때의 수심을 한계수심이라 한다.
  • 비에너지가 일정하고 유량이 최대로 흐를 때의 수심을 한계수심이라 한다.
  • 유량이 일정하고 비력이 최소일 때의 수심을 한계수심이라 한다.
  • 흐름이 상류(常流)에서 사류(射流)로 바뀔 때의 수심을 한계수심이라 한다.

10. 토양면을 통해 스며든 물이 중력의 영향 때문에 지하로 이동하여 지하수면까지 도달하는 현상은?

① 침투(infiltration)
② 침투능(infiltration capacity)
③ 침투율(infiltration rate)
④ 침루(percolation)

■해설 침루(percolation)
  토양면을 통해 물이 스며드는 현상을 '침투'(infiltration)라 하고, 스며든 물이 중력에 의해 지하수위까지 도달하는 현상을 '침루'라 한다.

11. 오리피스(orifice)의 이론유속 $V = \sqrt{2gh}$이 유도되는 이론으로 옳은 것은?(단, V : 유속, g : 중력가속도, h : 수두차)

① 베르누이(Bernoulli)의 정리
② 레이놀즈(Reynolds)의 정리
③ 벤투리(Venturi)의 이론식
④ 운동량방정식 이론

■해설 Torricelli 정리
  베르누이 정리를 이용하여 오리피스의 유출구의 이론유속을 구하는 공식을 유도한다.
  $V = \sqrt{2gh}$

12. 3차원 흐름의 연속방정식을 아래와 같은 형태로 나타낼 때 이에 알맞은 흐름의 상태는?

$$\frac{\partial u}{\partial x} + \frac{\partial v}{\partial y} + \frac{\partial w}{\partial z} = 0$$

① 비압축성 정상류
② 비압축성 부정류
③ 압축성 정상류
④ 압축성 부정류

■해설 3차원 연속방정식
  ㉠ 3차원 부정류 압축성 유체의 연속방정식
  $$\frac{\partial(\rho u)}{\partial x} + \frac{\partial(\rho v)}{\partial y} + \frac{\partial(\rho w)}{\partial z} = -\frac{\partial \rho}{\partial t}$$
  ㉡ 연속방정식의 해석
    • 정류 : $\frac{\partial \rho}{\partial t} = 0$
    • 비압축성 : ρ = 일정(생략 가능)
  ∴ $\frac{\partial u}{\partial x} + \frac{\partial v}{\partial y} + \frac{\partial w}{\partial z} = 0$의 형태는 3차원 비압축성 정상류 흐름이다.

13. 동력 20,000kW, 효율 88%인 펌프를 이용하여 150m 위의 저수지로 물을 양수하려고 한다. 손실수두가 10m일 때 양수량은?

① 15.5m³/s   ② 14.5m³/s
③ 11.2m³/s   ④ 12.0m³/s

|해답| 09.① 10.④ 11.① 12.① 13.③

■해설 동력의 산정
㉠ 양수에 필요한 동력($H_e = h + \Sigma\, h_L$)
- $P = \dfrac{9.8 Q H_e}{\eta}$ (kW)
- $P = \dfrac{13.3 Q H_e}{\eta}$ (HP)

㉡ 양수량의 산정
$$20,000 = \dfrac{9.8 \times Q \times (150 + 10)}{0.88}$$
$$\therefore\ Q = 11.22 \text{m}^3/\text{s}$$

14. 측정된 강우량 자료가 기상학적 원인 이외에 다른 영향을 받았는지의 여부를 판단하는, 즉 일관성(consistency)에 대한 검사방법은?

① 순간단위유량도법
② 합성단위유량도법
③ 이중누가우량분석법
④ 선행강수지수법

■해설 이중누가우량분석(double mass analysis)
수십 년에 걸친 장기간의 강수자료의 일관성(consistency) 검증을 위해 이중누가우량분석을 실시한다.

15. 레이놀즈(Reynolds) 수에 대한 설명으로 옳은 것은?

① 중력에 대한 점성력의 상대적인 크기
② 관성력에 대한 점성력의 상대적인 크기
③ 관성력에 대한 중력의 상대적인 크기
④ 압력에 대한 탄성력의 상대적인 크기

■해설 레이놀즈 수
㉠ 레이놀즈 수
$$R_e = \dfrac{VD}{\nu}$$
여기서, V : 유속
D : 관의 직경
ν : 동점성계수

㉡ 해석 : 레이놀즈 수는 식에서 나타낸 것처럼 관성에 대한 점성력의 상대적 크기를 말한다.

16. 하천의 모형실험에 주로 사용되는 상사법칙은?

① Reynolds의 상사법칙
② Weber의 상사법칙
③ Cauchy의 상사법칙
④ Froude의 상사법칙

■해설 수리모형의 상사법칙

종류	특징
Reynolds의 상사법칙	점성력이 흐름을 주로 지배하고, 관수로 흐름의 경우에 적용
Froude의 상사법칙	중력이 흐름을 주로 지배하고, 개수로 흐름의 경우에 적용
Weber의 상사법칙	표면장력이 흐름을 주로 지배하고, 수두가 아주 적은 위어 흐름의 경우에 적용
Cauchy의 상사법칙	탄성력이 흐름을 주로 지배하고, 수격작용의 경우에 적용

∴ 하천의 흐름을 지배하는 힘은 중력으로 Froude의 상사법칙을 적용한다.

17. Darcy의 법칙에 대한 설명으로 옳지 않은 것은?

① Darcy의 법칙은 지하수의 흐름에 대한 공식이다.
② 투수계수는 물의 점성계수에 따라서도 변화한다.
③ Reynolds 수가 클수록 안심하고 적용할 수 있다.
④ 평균유속이 동수경사와 비례관계를 가지고 있는 흐름에 적용될 수 있다.

■해설 Darcy의 법칙
㉠ Darcy의 법칙
$$V = K \cdot I = K \cdot \dfrac{h_L}{L}$$
$$Q = A \cdot V = A \cdot K \cdot I = A \cdot K \cdot \dfrac{h_L}{L}$$

㉡ 특징
- Darcy의 법칙은 지하수의 층류흐름에 대한 마찰저항공식이다.
- 투수계수는 물의 점성계수에 따라서도 변화한다.
$$K = D_s^2 \dfrac{\rho g}{\mu} \dfrac{e^3}{1+e} C$$
여기서, μ : 점성계수

- Darcy의 법칙은 정상류흐름에 층류에만 적용된다.(특히, $R_e < 4$일 때 잘 적용된다.)
- Darcy의 법칙은 지하수 유속은 동수경사에 비례한다는 법칙이다.($V = KI$)

|해답| 14.③ 15.② 16.④ 17.③

18. A저수지에서 200m 떨어진 B저수지로 지름 20cm, 마찰손실계수 0.035인 원형 관으로 0.0628m³/s의 물을 송수하려고 한다. A저수지와 B저수지 사이의 수위차는?(단, 마찰손실, 단면 급확대 및 급축소 손실을 고려한다.)

① 5.75m ② 6.94m
③ 7.14m ④ 7.45m

■해설 단일관수로의 유량
   ㉠ 단일관수로에서 급확대, 급축소는 유입과 유출손실로 보아야 하므로 유입, 유출, 마찰손실을 고려한 유량공식은 다음과 같다.
   $$Q = AV = \frac{\pi D^2}{4} \times \sqrt{\frac{2gH}{f_i + f_o + f\frac{l}{D}}}$$
   $$= \frac{\pi D^2}{4} \times \sqrt{\frac{2gH}{1.5 + f\frac{l}{D}}}$$
   여기서, 유입손실계수 $f_i = 0.5$
   유출손실계수 $f_o = 1.0$
   ㉡ 수위차의 산정
   $$Q = \frac{\pi D^2}{4} \times \sqrt{\frac{2gH}{1.5 + f\frac{l}{D}}}$$
   $$\therefore 0.0628 = \frac{\pi \times 0.2^2}{4} \times \sqrt{\frac{2 \times 9.8 \times H}{1.5 + 0.035 \times \frac{200}{0.2}}}$$
   $\therefore H = 7.45$m

19. 다음 중 단위유량도 이론에서 사용하고 있는 기본가정이 아닌 것은?

① 일정 기저시간 가정 ② 비례가정
③ 푸아송 분포 가정 ④ 중첩가정

■해설 단위유량도
   ㉠ 단위도의 정의 : 특정 단위시간 동안 균등한 강우강도로 유역 전반에 걸쳐 균등한 분포로 내리는 단위유효우량으로 인하여 발생하는 직접유출 수문곡선
   ㉡ 단위도의 구성요소
   • 직접유출량
   • 유효우량 지속시간
   • 유역면적
   ㉢ 단위도의 3가정
   • 일정 기저시간 가정
   • 비례가정
   • 중첩가정
   ∴ 단위유량도 기본가정이 아닌 것은 푸아송 분포 가정이다.

20. 배수곡선(backwater curve)에 해당하는 수면곡선은?

① 댐을 월류할 때의 수면곡선
② 홍수 시의 하천의 수면곡선
③ 하천 단락부(段落部) 상류의 수면곡선
④ 상류 상태로 흐르는 하천에 댐을 구축했을 때 저수지의 수면곡선

■해설 부등류의 수면형
   ㉠ $dx/dy > 0$이면 흐름방향으로 수심이 증가함을 뜻하며 이 유형의 곡선을 배수곡선(backwater curve)이라 하고, 댐 상류부에서 볼 수 있는 곡선이다.
   ㉡ $dx/dy < 0$이면 수심이 흐름방향으로 감소함을 뜻하며 이를 저하곡선(dropdown curve)이라 하고, 위어 등에서 볼 수 있는 곡선이다.
   ∴ 배수곡선은 상류상태로 흐르는 하천에 댐을 구축했을 때 저수지의 수면곡선에 해당된다.

과년도 출제문제 및 해설

Item pool (산업기사 2018년 3월 4일 시행)

01. 프루드(Froude) 수와 한계경사 및 흐름의 상태 중 상류일 조건으로 옳은 것은?(단, F_r : 프루드 수, I : 수면경사, V : 유속, y : 수심, I_c : 한계경사, V_c : 한계유속, y_c : 한계수심)

① $V > V_c$
② $F_r > 1$
③ $I < I_c$
④ $y < y_c$

■해설 흐름의 상태 구분

㉠ 상류(常流)와 사류(射流) : 개수로 흐름과 같이 중력에 의해 움직이는 흐름에서는 관성력과 중력의 비가 흐름의 특성을 좌우한다. 개수로 흐름은 물의 관성력과 중력의 비인 프루드 수(Froude number)를 기준으로 상류, 사류, 한계류 등으로 구분한다.
- 상류(常流) : 하류(下流)의 흐름이 상류(上流)에 영향을 미치는 흐름을 말한다.
- 사류(射流) : 하류(下流)의 흐름이 상류(上流)에 영향을 미치지 못하는 흐름을 말한다.

㉡ 흐름의 상태 구분

구분	상류(常流)	사류(射流)
F_r	$F_r < 1$	$F_r > 1$
I_c	$I < I_c$	$I > I_c$
y_c	$y > y_c$	$y < y_c$
V_c	$V < V_c$	$V > V_c$

∴ 상류조건에서는 $I < I_c$ 이어야 한다.

02. 연직 평면에 작용하는 전수압의 작용점 위치에 관한 설명 중 옳은 것은?

① 전수압의 작용점은 항상 도심보다 위에 있다.
② 전수압의 작용점은 항상 도심보다 아래에 있다.
③ 전수압의 작용점은 항상 도심과 일치한다.
④ 전수압의 작용점은 도심 위에 있을 때도 있고 아래에 있을 때도 있다.

■해설 수면과 연직인 면이 받는 압력
- 전수압 : $P = wh_G A$
- 작용점의 위치 : $h_c = h_G + \dfrac{I}{h_G A}$

여기서, h_c : 작용점의 위치, h_G : 도심

∴ 전수압의 작용점은 항상 도심보다 아래에 있다.

03. 원형 단면의 관수로에 물이 흐를 때 층류가 되는 경우는?(단, R_e는 레이놀즈(Reynolds) 수이다.)

① $R_e > 4,000$
② $4,000 > R_e > 2,000$
③ $R_e > 2,000$
④ $R_e < 2,000$

■해설 흐름의 상태
층류와 난류의 구분

- $R_e = \dfrac{VD}{\nu}$

여기서, V : 유속, D : 관의 직경, ν : 동점성계수

- $R_e < 2,000$: 층류
- $2,000 < R_e < 4,000$: 천이영역
- $R_e > 4,000$: 난류

04. 관수로와 개수로의 흐름에 대한 설명으로 옳지 않은 것은?

① 관수로는 자유표면이 없고 개수로는 있다.
② 관수로는 두 단면 간의 속도차로 흐르고 개수로는 두 단면 간의 압력차로 흐른다.
③ 관수로는 점성력의 영향이 크고 개수로는 중력의 영향이 크다.
④ 개수로는 프루드 수(F_r)로 상류와 사류로 구분할 수 있다.

|해답| 01.③ 02.② 03.④ 04.②

■ 해설 관수로와 개수로의 일반사항
  ㉠ 자유수면이 존재하지 않는 흐름을 관수로, 존재하는 흐름을 개수로라고 한다.
  ㉡ 관수로는 두 단면의 압력차로 흐르고, 개수로는 두 단면의 경사에 의해 흐른다.
  ㉢ 관수로 흐름의 원동력은 압력과 점성이며, 개수로는 중력이다.
  ㉣ 개수로는 프로드 수(F_r)로 상류와 사류로 구분할 수 있다.

05. 동수경사선(hydraulic grade line)에 대한 설명으로 옳은 것은?

① 에너지선보다 언제나 위에 위치한다.
② 개수로 수면보다 언제나 위에 있다.
③ 에너지선보다 유속수두만큼 아래에 있다.
④ 속도수두와 위치수두의 합을 의미한다.

■ 해설 동수경사선 및 에너지선
  ㉠ 위치수두와 압력수두의 합을 연결한 선을 동수경사선이라 하며, 일명 동수구배선, 수두경사선, 압력선이라고도 부른다.
  ㉡ 총수두(위치수두+압력수두+속도수두)를 연결한 선을 에너지선이라 한다.
  ∴ 동수경사선은 에너지선에서 속도수두만큼 아래에 위치한다.

06. 지름이 0.2cm인 미끈한 원형 관 내를 유량 0.8cm³/s로 물이 흐르고 있을 때, 관 1m당의 마찰손실수두는?(단, 동점성계수 $v=1.12\times10^{-2}$cm²/s)

① 20.20cm
② 21.30cm
③ 22.20cm
④ 23.20cm

■ 해설 관수로 마찰손실수두
  ㉠ 마찰손실수두
  • $h_L = f\dfrac{l}{D}\dfrac{V^2}{2g}$
  • 마찰손실계수 $f=\dfrac{64}{R_e}$
  • 레이놀즈 수 $R_e=\dfrac{VD}{\nu}$

  ㉡ 마찰손실계수의 산정
  • $V=\dfrac{Q}{A}=\dfrac{0.8}{\dfrac{\pi\times 0.2^2}{4}}=25.48$cm/s
  • $R_e=\dfrac{25.48\times 0.2}{1.12\times 10^{-2}}=455$
  • $f=\dfrac{64}{455}=0.14$

  ㉢ 마찰손실수두의 산정
  $h_L=f\dfrac{l}{D}\dfrac{V^2}{2g}=0.14\times\dfrac{100}{0.2}\times\dfrac{25.48^2}{2\times 980}=23.2$cm

07. 개수로에서 지배단면(Control Section)에 대한 설명으로 옳은 것은?

① 개수로 내에서 압력이 가장 크게 작용하는 단면이다.
② 개수로 내에서 수로경사가 항상 같은 단면을 말한다.
③ 한계수심이 생기는 단면으로서 상류에서 사류로 변하는 단면을 말한다.
④ 개수로 내에서 유속이 가장 크게 되는 단면이다.

■ 해설 지배단면
개수로에서 흐름이 상류(常流)에서 사류(射流)로 바뀌는 지점의 단면을 지배단면(control section)이라 하고 이 지점의 수심은 한계수심이 된다.

08. 심정(깊은 우물)에서 유량(양수량)을 구하는 식은?(단, H_0 : 우물 수심, r_0 : 우물 반지름, K : 투수계수, R : 영향원 반지름, H : 지하수면 수위)

① $Q=\dfrac{\pi K(H-H_0)}{\ln(R/r_0)}$
② $Q=\dfrac{2\pi K(H-H_0)}{\ln(r_0/R)}$
③ $Q=\dfrac{2\pi K(H+H_0)^2}{\ln(R/r_0)}$
④ $Q=\dfrac{\pi K(H^2-H_0^2)}{\ln(R/r_0)}$

|해답| 05.③ 06.④ 07.③ 08.④

■해설 우물의 양수량 공식

종류	내용
깊은 우물 (심정호)	우물의 바닥이 불투수층까지 도달한 우물을 말한다. $Q = \dfrac{\pi K(H^2 - h_o^2)}{\ln(R/r_o)} = \dfrac{\pi K(H^2 - h_o^2)}{2.3\log(R/r_o)}$
얕은 우물 (천정호)	우물의 바닥이 불투수층까지 도달하지 못한 우물을 말한다. $Q = 4Kr_o(H - h_o)$
굴착정	피압대수층의 물을 양수하는 우물을 굴착정이라 한다. $Q = \dfrac{2\pi aK(H - h_o)}{\ln(R/r_o)} = \dfrac{2\pi aK(H - h_o)}{2.3\log(R/r_o)}$
집수암거	복류수를 취수하는 우물을 집수암거라 한다. $Q = \dfrac{Kl}{R}(H^2 - h^2)$

09. 평행하게 놓여 있는 관로에서 A점의 유속이 3m/s, 압력이 294kPa이고, B점의 유속이 1m/s이라면 B점의 압력은?(단, 무게 1kg = 9.8N)

① 30kPa ② 31kPa
③ 298kPa ④ 309kPa

■해설 Bernoulli 정리
㉠ Bernoulli 정리
$$z_1 + \frac{P_1}{w} + \frac{V_1^2}{2g} = z_2 + \frac{P_2}{w} + \frac{V_2^2}{2g}$$
㉡ 평형수로에서는 위치수두는 동일하다.($z_1 = z_2$)
$$\frac{P_1}{w} + \frac{V_1^2}{2g} = \frac{P_2}{w} + \frac{V_2^2}{2g}$$
㉢ 주어진 조건을 대입하여 B점의 압력을 산정
$$\frac{294}{9.8} + \frac{3^2}{19.6} = \frac{P_2}{9.8} + \frac{1^2}{19.6}$$
$$\therefore P_2 = 298\text{kPa}$$

10. 점성계수(μ)의 차원으로 옳은 것은?

① $[ML^{-2}T^{-2}]$ ② $[ML^{-1}T^{-1}]$
③ $[ML^{-1}T^{-2}]$ ④ $[ML^2T^{-1}]$

■해설 차원
㉠ 물리량의 크기를 힘[F], 질량[M], 시간[T], 길이[L]의 지수형태로 표기한 것
㉡ 점성계수(μ)
$$\mu = \frac{\tau}{\dfrac{dv}{dy}} = \frac{\text{g/cm}^2}{1/\text{sec}} = \text{g} \cdot \text{sec/cm}^2$$
∴ 공학차원으로 바꾸면 FTL^{-2}
절대차원으로 바꾸면 $ML^{-1}T^{-1}$

11. 모세관현상에 관한 설명으로 옳은 것은?

① 모세관 내의 액체의 상승 높이는 모세관 지름의 제곱에 반비례한다.
② 모세관 내의 액체의 상승 높이는 모세관의 크기에만 관계된다.
③ 모세관의 높이는 액체의 특성과 무관하게 주위의 액체면보다 높게 상승한다.
④ 모세관 내의 액체의 상승 높이는 모세관 주위의 중력과 표면장력 등에 관계된다.

■해설 모세관현상
㉠ 유체입자 간의 표면장력(입자 간의 응집력과 유체입자와 관벽 사이의 부착력)으로 인해 수면이 상승하는 현상이다.
$$h = \frac{4T\cos\theta}{wD}$$
㉡ 모세관현상은 상방향으로 작용하는 표면장력과 하방향으로 작용하는 중력 등에 관계된다.

12. 정상류의 흐름에 대한 설명으로 가장 적합한 것은?

① 모든 점에서 유동특성이 시간에 따라 변하지 않는다.
② 수로의 어느 구간을 흐르는 동안 유속이 변하지 않는다.
③ 모든 점에서 유체의 상태가 시간에 따라 일정한 비율로 변한다.
④ 유체의 입자들이 모두 열을 지어 질서 있게 흐른다.

|해답| 09.③ 10.② 11.④ 12.①

■ 해설 흐름의 분류
  ㉠ 정류와 부정류 : 시간에 따른 흐름의 특성이 변하지 않는 경우를 정류, 변하는 경우를 부정류라 한다.
   • 정류 : $\frac{\partial v}{\partial t} = 0, \ \frac{\partial p}{\partial t} = 0, \ \frac{\partial \rho}{\partial t} = 0$
   • 부정류 : $\frac{\partial v}{\partial t} \neq 0, \ \frac{\partial p}{\partial t} \neq 0, \ \frac{\partial \rho}{\partial t} \neq 0$
  ㉡ 등류와 부등류 : 공간에 따른 흐름의 특성이 변하지 않는 경우를 등류, 변하는 경우를 부등류라 한다.
   • 등류 : $\frac{\partial Q}{\partial l} = 0, \ \frac{\partial v}{\partial l} = 0, \ \frac{\partial h}{\partial l} = 0$
   • 부등류 : $\frac{\partial Q}{\partial l} \neq 0, \ \frac{\partial v}{\partial l} \neq 0, \ \frac{\partial h}{\partial l} \neq 0$
  ∴ 정상류는 흐름의 특성이 시간에 따라 변하지 않는 흐름을 말한다.

13. 그림에서 A점에 작용하는 정수압 $P_1, \ P_2, \ P_3, \ P_4$에 관한 사항 중 옳은 것은?

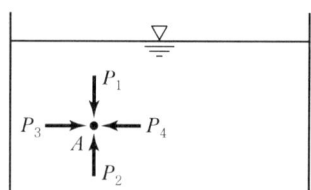

① P_1의 크기가 가장 작다.
② P_2의 크기가 가장 크다.
③ P_3의 크기가 가장 크다.
④ $P_1, \ P_2, \ P_3, \ P_4$의 크기는 같다.

■ 해설 정수압
  정수 중 한 점에 작용하는 압력은 모든 면에서 동일 크기의 힘이 직각방향으로 작용한다.

14. 그림에서 수문에 단위폭당 작용하는 힘(F)을 구하는 운동량방정식으로 옳은 것은?(단, 바닥 마찰은 무시하며, ω는 물의 단위중량, ρ는 물의 밀도, Q는 단위폭당 유량이다.)

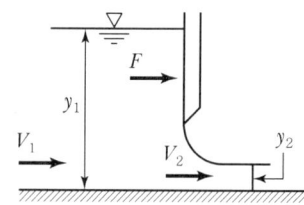

① $\frac{y_1^2}{2} - \frac{y_2^2}{2} - F = \rho Q(V_2 - V_1)$

② $\frac{y_1^2}{2} - \frac{y_2^2}{2} - F = \rho Q(V_2^2 - V_1^2)$

③ $\frac{\omega_1^2}{2} - \frac{\omega_2^2}{2} - F = \rho Q(V_2 - V_1)$

④ $\frac{\omega_1^2}{2} - \frac{\omega_2^2}{2} - F = \rho Q(V_2^2 - V_1^2)$

■ 해설 운동량방정식
  상류측 1번 단면에 작용하는 정수압은 왼쪽에서 오른쪽으로, 하류측 단면 2에 작용하는 정수압은 오른쪽에서 왼쪽으로 작용하게 된다. 따라서 수평하도 단위폭당 수문에 대해 x방향의 운동량방정식을 적용하면 다음과 같다.
   • $P_1 - P_2 - F = \rho Q(V_2 - V_1)$
   • $P_1, \ P_2$는 정수압이므로
   ∴ $\frac{wy_1^2}{2} - \frac{wy_2^2}{2} - F = \rho Q(V_2 - V_1)$

15. Darcy의 법칙에 대한 설명으로 틀린 것은?
  ① Reynolds 수가 클수록 안심하고 적용할 수 있다.
  ② 평균유속이 손실수두와 비례관계를 가지고 있는 흐름에 적용될 수 있다.
  ③ 정상류 흐름에서 적용될 수 있다.
  ④ 층류 흐름에서 적용 가능하다.

■ 해설 Darcy의 법칙
  ㉠ Darcy의 법칙
   $V = K \cdot I = K \cdot \frac{h_L}{L},$
   $Q = A \cdot V = A \cdot K \cdot I = A \cdot K \cdot \frac{h_L}{L}$
  ㉡ 특징
   • Darcy의 법칙은 지하수의 층류흐름에 대한 마찰저항공식이다.
   • 투수계수는 물의 점성계수에 따라서도 변화

한다.

$$K = D_s^2 \frac{\rho g}{\mu} \frac{e^3}{1+e} C$$

여기서, μ : 점성계수

- Darcy의 법칙은 정상류흐름에 층류에만 적용된다.(특히, $R_e < 4$일 때 잘 적용된다.)

16. 수평 원형관 내를 물이 층류로 흐를 경우 Hagen-Poiseuille의 법칙에서 유량 Q에 대한 설명으로 옳은 것은?(여기서, w : 물의 단위중량, l : 관의 길이, h_L : 손실수두, μ : 점성계수)

① 유량과 반지름 R의 관계는 $Q = \dfrac{wh_L \pi R^4}{128\mu l}$ 이다.

② 유량과 압력차 ΔP의 관계는 $Q = \dfrac{\Delta P \pi R^4}{8\mu l}$ 이다.

③ 유량과 동수경사 I의 관계는 $Q = \dfrac{w\pi IR^4}{8\mu l}$ 이다.

④ 유량과 지름 D의 관계는 $Q = \dfrac{wh_L \pi D^4}{8\mu l}$ 이다.

■ 해설 Hagen-Poiseuille 법칙
  ㉠ 관수로 유량의 정의
  $$Q = \frac{\pi wh_L R^4}{8\mu l}$$
  ㉡ 유량과 압력차 ΔP의 관계
   여기서, $wh_L = \Delta P$이므로
   $$\therefore Q = \frac{\Delta P \pi R^4}{8\mu l}$$

17. 개수로의 단면이 축소되는 부분의 흐름에 관한 설명으로 옳은 것은?

① 상류가 유입되면 수심이 감소하고 사류가 유입되면 수심이 증가한다.
② 상류가 유입되면 수심이 증가하고 사류가 유입되면 수심이 감소한다.
③ 유입되는 흐름의 상태(상류 또는 사류)와 무관하게 수심이 증가한다.
④ 유입되는 흐름의 상태(상류 또는 사류)와 무관하게 수심이 감소한다.

■ 해설 개수로 단면에서 수로 폭의 변화에 따른 수면곡선의 변화
  ㉠ 수로 폭의 축소에 따른 변화
   - 상류(subcritical flow) : $y_1 > y_2$: 수위 저하
   - 사류(supercritical flow) : $y_1 < y_2$: 수위 상승
  ㉡ 수로 폭의 확대에 따른 변화
   - 상류(subcritical flow) : $y_1 < y_2$: 수위 상승
   - 사류(supercritical flow) : $y_1 > y_2$: 수위 저하

18. 단면적이 1m²인 수조의 측벽에 면적 20cm²인 구멍을 내어서 물을 빼낸다. 수위가 처음의 2m에서 1m로 하강하는 데 걸리는 시간은?(단, 유량계수 C=0.6)

① 25.0초   ② 108.2초
③ 155.9초   ④ 169.5초

■ 해설 수조의 배수시간
  ㉠ 자유유출의 경우
  $$t = \frac{2A}{Ca\sqrt{2g}}(h_1^{\frac{1}{2}} - h_2^{\frac{1}{2}})$$
  ㉡ 수중유출의 경우
  $$t = \frac{2A_1 A_2}{Ca\sqrt{2g}(A_1 + A_2)}(h_1^{\frac{1}{2}} - h_2^{\frac{1}{2}})$$
  - 만일, 두 수조의 수면이 같아지는 데 걸리는 시간 $h_2 = 0$일 때
  $$t = \frac{2A_1 A_2}{Ca\sqrt{2g}(A_1 + A_2)}h_1^{\frac{1}{2}}$$
  ㉢ 수조의 배수시간 계산
  $$t = \frac{2A}{Ca\sqrt{2g}}(h_1^{\frac{1}{2}} - h_2^{\frac{1}{2}})$$
  $$= \frac{2 \times 1}{0.6 \times 20 \times 10^{-4} \times \sqrt{2 \times 9.8}}(2^{\frac{1}{2}} - 1^{\frac{1}{2}})$$
  $$= 155.9 \text{sec}$$

19. 부체의 경심(M), 부심(C), 무게중심(G)에 대하여 부체가 안정되기 위한 조건은?

① $\overline{MG} > 0$ ② $\overline{MG} = 0$
③ $\overline{MG} < 0$ ④ $\overline{MG} = \overline{CG}$

■해설 부체의 안정조건
  ㉠ 경심(M)을 이용하는 방법
   • 경심(M)이 중심(G)보다 위에 존재 : 안정
   • 경심(M)이 중심(G)보다 아래에 존재 : 불안정
  ㉡ 경심고($\overline{MG}$)를 이용하는 방법
   • $\overline{MG} = \overline{MC} - \overline{GC}$
   • $\overline{MG} > 0$: 안정
   • $\overline{MG} < 0$: 불안정
  ㉢ 경심고 일반식을 이용하는 방법
   • $\overline{MG} = \dfrac{I}{V} - \overline{GC}$
   • $\dfrac{I}{V} > \overline{GC}$: 안정
   • $\dfrac{I}{V} < \overline{GC}$: 불안정
  ∴ 부체가 안정되기 위해서는 $\overline{MG} > 0$ 을 만족해야 한다.

20. 그림과 같이 삼각위어의 수두를 측정한 결과 30cm이었을 때 유출량은?(단, 유량계수는 0.62 이다.)

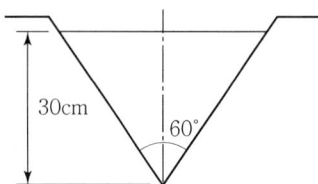

① 0.042m³/s　　② 0.125m³/s
③ 0.139m³/s　　④ 0.417m³/s

■해설 삼각위어의 유량
  ㉠ 삼각형 위어 : 삼각위어는 소규모 유량의 정확한 측정이 필요할 때 사용한다.
  $Q = \dfrac{8}{15} C \tan\dfrac{\theta}{2} \sqrt{2g}\, h^{\frac{5}{2}}$
  ㉡ 삼각형 위어의 유량의 산정
  $Q = \dfrac{8}{15} C \tan\dfrac{\theta}{2} \sqrt{2g}\, h^{\frac{5}{2}}$
  $= \dfrac{8}{15} \times 0.62 \times \tan\dfrac{60}{2} \times \sqrt{2 \times 9.8} \times 0.3^{\frac{5}{2}}$
  $= 0.042 \text{m}^3/\text{s}$

과년도 출제문제 및 해설

01. 다음 중 유효강우량과 가장 관계가 깊은 것은?

① 직접유출량　② 기저유출량
③ 지표면유출량　④ 지표하유출량

■해설 유효강우량
㉠ 유출을 생기원천에 따라서 분류하면 지표면유출, 지표하 유출, 지하수유출로 구분한다. 또한 지표하유출은 비교적 단시간에 발생되는 조기 지표하유출과 강수 후 한참 지연되어서 발생되는 지연지표하유출로 구분된다.
㉡ 유출을 다시 유출해석을 위해서 분류하면 직접유출과 기저유출로 나누어진다.
㉢ 직접유출은 비교적 단시간에 발생된 유출을 말하며, 지표면유출과 조기지표하유출로 구성된다.
㉣ 유효강우량의 근원은 직접유출이 해당된다.

02. 지하수의 투수계수에 관한 설명으로 틀린 것은?

① 같은 종류의 토사라 할지라도 그 간극률에 따라 변한다.
② 흙입자의 구성, 지하수의 점성계수에 따라 변한다.
③ 지하수의 유량을 결정하는 데 사용된다.
④ 지역 특성에 따른 무차원 상수이다.

■해설 Darcy의 법칙
㉠ Darcy의 법칙
$$V = K \cdot I = K \cdot \frac{h_L}{L}$$
$$Q = A \cdot V = A \cdot K \cdot I = A \cdot K \cdot \frac{h_L}{L}$$
㉡ 특징
• Darcy의 법칙은 지하수의 층류흐름에 대한 마찰저항공식이다.
• 투수계수는 흙입자의 직경, 점성계수, 간극률, 형상계수 등에 따라서 변화한다.

$$K = D_s^2 \frac{\rho g}{\mu} \frac{e^3}{1+e} C$$

여기서, D_s : 흙입자의 직경
　　　　μ : 점성계수
　　　　ρg : 지하수의 단위중량
　　　　$\frac{e^3}{1+e}$: 간극비
　　　　C : 형상계수

• Darcy의 법칙은 정상류흐름에 층류에만 적용된다.(특히, $R_e < 4$일 때 잘 적용된다.)
• Darcy의 법칙은 지하수 유속은 동수경사에 비례한다는 법칙이다.($V = KI$)
• 투수계수는 지하수 유량을 결정하는 데 사용되며, 속도의 차원을 갖는다.

03. 그림과 같은 노즐에서 유량을 구하기 위한 식으로 옳은 것은?(단, 유량계수는 1.0으로 가정한다.)

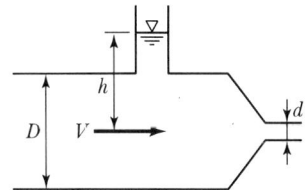

① $\dfrac{\pi d^2}{4} \sqrt{\dfrac{2gh}{1-(d/D)^2}}$　② $\dfrac{\pi d^2}{4} \sqrt{\dfrac{2gh}{1-(d/D)^4}}$

③ $\dfrac{\pi d^2}{4} \sqrt{\dfrac{2gh}{1+(d/D)^2}}$　④ $\dfrac{\pi d^2}{4} \sqrt{2gh}$

■해설 노즐
㉠ 노즐 : 호스 선단에 붙여서 물을 사출할 수 있도록 한 점근 축소관을 노즐이라 한다.
㉡ 노즐의 유량

유량 : $Q = Ca \sqrt{\dfrac{2gh}{1-\left(\dfrac{Ca}{A}\right)^2}}$

$\qquad = \dfrac{\pi \times d^2}{4} \sqrt{\dfrac{2gh}{1-\left(\dfrac{d}{D}\right)^4}}$

|해답| 01.①　02.④　03.②

04. 물의 점성계수를 μ, 동점성계수를 ν, 밀도를 ρ라 할 때 관계식으로 옳은 것은?

① $\nu = \rho\mu$
② $\nu = \dfrac{\rho}{\mu}$
③ $\nu = \dfrac{\mu}{\rho}$
④ $\nu = \dfrac{1}{\rho\mu}$

■해설 동점성계수
㉠ 밀도(ρ)
$$\rho = \dfrac{w}{g} = \dfrac{g/cm^3}{cm/sec^2} = g \cdot sec^2/cm^4$$

㉡ 동점성계수(ν)
$$\nu = \dfrac{\mu}{\rho}$$
여기서, μ : 점성계수

05. 폭 2.5m, 월류수심 0.4m인 사각형 위어(weir)의 유량은?(단, Francis 공식 : $Q = 1.84B_o h^{3/2}$에 의하며, B_o : 유효폭, h : 월류수심, 접근유속은 무시하며 양단수축이다.)

① $1.117 m^3/s$
② $1.126 m^3/s$
③ $1.145 m^3/s$
④ $1.164 m^3/s$

■해설 Francis 공식
㉠ Francis 공식
$$Q = 1.84 b_0 h^{\frac{3}{2}}$$
여기서, $b_0 = b - 0.1nh$ (n=2 : 양단수축, n=1 : 일단수축, n=0 : 수축이 없는 경우)

㉡ 월류량의 산정
$$Q = 1.84(b - 0.1nh)h^{\frac{3}{2}}$$
$$= 1.84 \times (2.5 - 0.1 \times 2 \times 0.4) \times 0.4^{\frac{3}{2}}$$
$$= 1.126 m^3/s$$

06. 흐름의 단면적과 수로경사가 일정할 때 최대유량이 흐르는 조건으로 옳은 것은?

① 윤변이 최소이거나 동수반경이 최대일 때
② 윤변이 최대이거나 동수반경이 최소일 때
③ 수심이 최소이거나 동수반경이 최대일 때
④ 수심이 최대이거나 수로 폭이 최소일 때

■해설 수리학적으로 유리한 단면
㉠ 수로의 경사, 조도계수, 단면이 일정할 때 유량이 최대로 흐를 수 있는 단면을 수리학적 유리한 단면 또는 최량수리단면이라 한다.
㉡ 수리학적으로 유리한 단면이 되기 위해서는 경심(R)이 최대이거나, 윤변(P)이 최소일 때 성립된다.
R_{max} 또는 P_{min}

∴ 윤변이 최소이거나 동수반경이 최대일 때가 최대유량이 흐르는 조건이 된다.

07. 그림과 같이 단위폭당 자중이 $3.5 \times 10^6 N/m$인 직립식 방파제에 $1.5 \times 10^6 N/m$의 수평 파력이 작용할 때, 방파제의 활동 안전율은?(단, 중력가속도=$10.0 m/s^2$, 방파제와 바닥의 마찰계수=0.7, 해수의 비중=1로 가정하며, 파랑에 의한 양압력은 무시하고, 부력은 고려한다.)

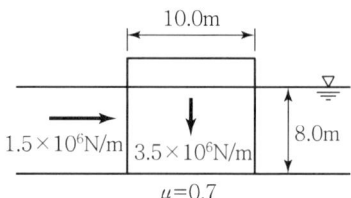

① 1.20
② 1.22
③ 1.24
④ 1.26

■해설 방파제의 활동 안전율
㉠ 활동 안전율
$$F_s = \dfrac{fW_V}{P_H}$$
여기서, f : 마찰계수
W_V : 연직력
P_H : 수평력

㉡ 연직력의 계산 : 연직력은 방파제의 자중에서 부력을 빼주면 구할 수 있다.
$$W_V = W - B = 3.5 \times 10^6 \times 10^{-3} - 10 \times 10 \times 8$$
$$= 2,700 kN/m$$

㉢ 안전율 계산
$$F_s = \dfrac{fW_V}{P_H} = \dfrac{0.7 \times 2,700}{1.5 \times 10^6 \times 10^{-3}} = 1.26$$

08. 유역면적이 4km²이고 유출계수가 0.8인 산지 하천의 강우강도가 80mm/hr이다. 합리식을 사용한 유역출구에서의 첨두홍수량은?

① 35.5m³/s   ② 71.1m³/s
③ 128m³/s   ④ 256m³/s

■해설 합리식
㉠ 합리식
$$Q = \frac{1}{3.6}CIA$$
여기서, Q : 우수량 (m³/sec)
C : 유출계수(무차원)
I : 강우강도(mm/hr)
A : 유역면적(km²)

㉡ 우수유출량 산정
$$Q = \frac{1}{3.6}CIA = \frac{1}{3.6} \times 0.8 \times 80 \times 4 = 71.11 \text{m}^3/\text{s}$$

09. Manning의 조도계수 $n=0.012$인 원관을 사용하여 1m³/s의 물을 동수경사 1/100로 송수하려 할 때 적당한 관의 지름은?

① 70cm   ② 80cm
③ 90cm   ④ 100cm

■해설 Manning 공식
㉠ Manning 공식
$$V = \frac{1}{n}R^{\frac{2}{3}}I^{\frac{1}{2}}$$
여기서, V : 속도
R : 경심
I : 동수경사

㉡ 유량
$$Q = AV = \frac{\pi D^2}{4} \times \frac{1}{n}R^{\frac{2}{3}}I^{\frac{1}{2}}$$

㉢ 직경의 산정
$$1 = \frac{\pi D^2}{4} \times \frac{1}{0.012} \times \left(\frac{D}{4}\right)^{\frac{2}{3}} \times \left(\frac{1}{100}\right)^{\frac{1}{2}}$$
$$\therefore D = 0.7\text{m} = 70\text{cm}$$

10. 관수로 흐름에서 레이놀즈 수가 500보다 작은 경우의 흐름 상태는?

① 상류   ② 난류
③ 사류   ④ 층류

■해설 흐름의 상태
층류와 난류의 구분
• $R_e = \frac{VD}{\nu}$

여기서, V : 유속, D : 관의 직경, ν : 동점성계수

• $R_e < 2,000$: 층류
• $2,000 < R_e < 4,000$: 천이영역
• $R_e > 4,000$: 난류

∴ 레이놀즈 수가 500보다 작으면 흐름의 상태는 층류이다.

11. 광폭 직사각형 단면 수로의 단위폭당 유량이 16 m³/s일 때, 한계경사는?(단, 수로의 조도계수 $n=0.02$이다.)

① 3.27×10^{-3}
② 2.73×10^{-3}
③ 2.81×10^{-2}
④ 2.90×10^{-2}

■해설 한계경사
㉠ 흐름이 상류(상류)에서 사류(사류)로 바뀔 때의 경사를 한계경사라 한다.
$$I_c = \frac{g}{\alpha C^2}$$
여기서, g : 중력가속도
α : 에너지보정계수
C : Chezy 유속계수

㉡ 한계수심의 계산
$$h_c = \left(\frac{\alpha Q^2}{gB^2}\right)^{\frac{1}{3}} = \left(\frac{1 \times 16^2}{9.8 \times 1^2}\right)^{\frac{1}{3}} = 2.97\text{m}$$

㉢ 유속계수의 산정
• $C = \frac{1}{n}R^{\frac{1}{6}} = \frac{1}{0.02} \times 2.97^{\frac{1}{6}} = 59.95$
• 광폭개수로에서는 경심과 수심을 동일하게 본다.($R = h$)

㉣ 한계경사의 산정
$$I_c = \frac{g}{\alpha C^2} = \frac{9.8}{1 \times 59.95^2} = 2.73 \times 10^{-3}$$

|해답| 08.②   09.①   10.④   11.②

12. 개수로 흐름에 관한 설명으로 틀린 것은?

① 사류에서 상류로 변하는 곳에 도수현상이 생긴다.
② 개수로 흐름은 중력이 원동력이 된다.
③ 비에너지는 수로 바닥을 기준으로 한 에너지이다.
④ 배수곡선은 수로가 단락(段落)이 되는 곳에 생기는 수면곡선이다.

■해설 개수로 흐름해석
㉠ 흐름이 사류(射流)에서 상류(常流)로 바뀔 때 수면이 뛰는 현상을 도수라 한다.
㉡ 개수로 흐름의 원동력은 중력이다.
㉢ 수로바닥면을 기준으로 한 단위중량당 물이 갖는 에너지를 비에너지라고 한다.
㉣ 수로가 단락이 되는 곳에서 발생하는 수면곡선은 저하곡선이다.

13. 정지유체에 침강하는 물체가 받는 항력(drag force)의 크기와 관계가 없는 것은?

① 유체의 밀도
② Froude 수
③ 물체의 형상
④ Reynolds 수

■해설 항력(drag force)
흐르는 유체 속에 물체가 잠겨 있을 때 유체에 의해 물체가 받는 힘을 항력(drag force)이라 한다.

$$D = C_D \cdot A \cdot \frac{\rho V^2}{2}$$

여기서, C_D : 항력계수 $\left(C_D = \frac{24}{Re}\right)$
A : 투영면적
$\frac{\rho V^2}{2}$: 동압력

∴ 항력과 관련이 없는 인자는 Froude number이다.

14. $\triangle t$ 시간 동안 질량 m 인 물체에 속도변화 $\triangle v$가 발생할 때, 이 물체에 작용하는 외력 F는?

① $\dfrac{m \cdot \triangle t}{\triangle v}$
② $m \cdot \triangle v \cdot \triangle t$
③ $\dfrac{m \cdot \triangle v}{\triangle t}$
④ $m \cdot \triangle t$

■해설 운동량방정식
㉠ 운동량방정식은 관수로 및 개수로 흐름의 다양한 경우에 적용할 수가 있으며, 일반적인 경우가 유량과 압력이 주어진 상태에서 관의 만곡부, 터빈 및 수리구조물에 작용하는 힘을 구하는 것이다. 운동량방정식은 흐름이 정상류이며, 유속은 단면 내에서 균일한 경우 입구부와 출구부 유속만으로 흐름을 해석할 수 있는 방정식이다.

㉡ 운동량방정식

$$F = ma = m\frac{(v_2 - v_1)}{\triangle t} = m\frac{\triangle v}{\triangle t}$$

15. 다음 중 평균강우량 산정방법이 아닌 것은?

① 각 관측점의 강우량을 산술평균하여 얻는다.
② 각 관측점의 지배면적을 가중인자로 잡아서 각 강우량에 곱하여 합산한 후 전유역면적으로 나누어서 얻는다.
③ 각 등우선 간의 면적을 측정하고 전유역면적에 대한 등우선 간의 면적을 등우선 간의 평균 강우량에 곱하여 이들을 합산하여 얻는다.
④ 각 관측점의 강우량을 크기순으로 나열하여 중앙에 위치한 값을 얻는다.

■해설 유역의 평균우량 산정법

종류	적용
산술평균법	각 관측점의 강우량을 산술평균하여 구하며, 유역면적 500km² 이내에 적용한다. $P_m = \dfrac{1}{N}\sum_{i=1}^{N} P_i$
Thiessen법	각 관측점의 지배면적을 가중인자로 잡아서 각 강우량에 곱하여 합산한 후 전유역면적으로 나누어서 구하며, 유역면적 500~5,000 km² 이내에 적용한다. $P_m = \dfrac{\sum_{i=1}^{N} A_i P_i}{\sum_{i=1}^{N} A_i}$
등우선법	각 등우선 간의 면적을 측정하고 전유역면적에 대한 등우선 간의 면적을 등우선 간의 평균강우량에 곱하고 이들을 합산하여 구하며, 유역면적 5,000km² 이상인 곳에 적용한다. $P_m = \dfrac{\sum_{i=1}^{N} A_i P_i}{\sum_{i=1}^{N} A_i}$

|해답| 12.④ 13.② 14.③ 15.④

16. 강우자료의 일관성을 분석하기 위해 사용하는 방법은?

① 합리식
② DAD 해석법
③ 누가우량곡선법
④ SCS(Soil Conservation Service) 방법

■ 해설 이중누가우량분석(double mass analysis)
수십 년에 걸친 장기간의 강수자료의 일관성 (consistency) 검증을 위해 이중누가우량 분석을 실시한다.

17. 부체의 안정에 관한 설명으로 옳지 않은 것은?

① 경심(M)이 무게중심(G)보다 낮을 경우 안정하다.
② 무게중심(G)이 부심(B)보다 아래쪽에 있으면 안정하다.
③ 부심(B)과 무게중심(G)이 동일 연직선상에 위치할 때 안정을 유지한다.
④ 경심(M)이 무게중심(G)보다 높을 경우 복원 모멘트가 작용한다.

■ 해설 부체의 안정조건
㉠ 경심(M)을 이용하는 방법
 • 경심(M)이 중심(G)보다 위에 존재 : 안정
 • 경심(M)이 중심(G)보다 아래에 존재 : 불안정
㉡ 경심고($\overline{MG}$)를 이용하는 방법
 • $\overline{MG} = \overline{MC} - \overline{GC}$
 • $\overline{MG} > 0$: 안정
 • $\overline{MG} < 0$: 불안정
㉢ 경심고 일반식을 이용하는 방법
 • $\overline{MG} = \dfrac{I}{V} - \overline{GC}$
 • $\dfrac{I}{V} > \overline{GC}$: 안정
 • $\dfrac{I}{V} < \overline{GC}$: 불안정
∴ 부체가 안정되기 위해서는 경심(M)이 중심(G)보다 위에 있어야 한다.

18. 다음 중 물의 순환에 관한 설명으로서 틀린 것은?

① 지구상에 존재하는 수자원이 대기권을 통해 지표면에 공급되고, 지하로 침투하여 지하수를 형성하는 등 복잡한 반복과정이다.
② 지표면 또는 바다로부터 증발된 물이 강수, 침투 및 침루, 유출 등의 과정을 거치는 물의 이동현상이다.
③ 물의 순환과정에서 강수량은 지하수 흐름과 지표면 흐름의 합과 동일하다.
④ 물의 순환 중 강수, 증발 및 증산은 수문기상학 분야이다.

■ 해설 물의 순환
㉠ 지구상에 존재하는 수자원이 대기권을 통해 지표면에 공급되고, 지하로 침투하여 지하수를 형성하는 복잡한 반복과정을 물의 순환이라고 한다.
㉡ 지표면 또는 바다로부터 증발된 물이 강수, 침투 및 침루, 유출 등의 과정을 거치는 물의 이동현상이다.
㉢ 입력자료인 강수량과 출력자료인 지하수 흐름, 지표면 흐름은 일정률로 진행되는 것이 아니므로 이들의 합이 동일하지는 않다.

19. 압력수두 P, 속도수두 V, 위치수두 Z라고 할 때 정체압력수두 P_s는?

① $P_s = P - V - Z$
② $P_s = P + V + Z$
③ $P_s = P - V$
④ $P_s = P + V$

■ 해설 정체압력수두
㉠ Bernoulli 정리
$$z + \frac{p}{w} + \frac{v^2}{2g} = H(일정)$$
㉡ Bernoulli 정리를 압력의 항으로 표시 : 각 항에 ρg를 곱한다.
$$\rho g z + p + \frac{\rho v^2}{2} = H(일정)$$
여기서, $\rho g z$: 위치압력
p : 정압력
$\dfrac{\rho v^2}{2}$: 동압력

ⓒ 정체압은 정압과 동압의 합으로 표현할 수 있다.

정체압 $= P + \dfrac{\rho V^2}{2}$

ⓔ 정체압력수두 : 정체압력수두는 정압력과 동압력을 수두로 바꾸면 된다.

∴ 정체압력수두 $P_s = P + V$

20. 관수로에서 관의 마찰손실계수가 0.02, 관의 지름이 40cm일 때, 관내 물의 흐름이 100m를 흐르는 동안 2m의 마찰손실수두가 발생하였다면 관내의 유속은?

① 0.3m/s ② 1.3m/s
③ 2.8m/s ④ 3.8m/s

■해설 관수로 마찰손실수두

㉠ Darcy-Weisbach 마찰손실수두

$h_L = f \dfrac{l}{D} \dfrac{V^2}{2g}$

㉡ 유속의 산정

$V = \sqrt{\dfrac{2gDh_L}{fl}} = \sqrt{\dfrac{2 \times 9.8 \times 0.4 \times 2}{0.02 \times 100}} = 2.8\text{m/s}$

|해답| 20.③

Item pool (산업기사 2018년 4월 28일 시행)
과년도 출제문제 및 해설

01. 그림과 같이 안지름 10cm의 연직관 속에 1.2m 만큼의 모래가 들어있다. 모래면 위의 수위를 일정하게 하여 유량을 측정하였더니 유량이 4L/hr이었다면 모래의 투수계수 k는?

① 0.012cm/s
② 0.024cm/s
③ 0.033cm/s
④ 0.044cm/s

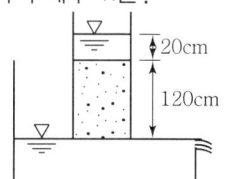

해설 Darcy의 법칙
㉠ Darcy의 법칙
$$V = K \cdot I = K \cdot \frac{h_L}{L},$$
$$Q = A \cdot V = A \cdot K \cdot I = A \cdot K \cdot \frac{h_L}{L}$$
∴ Darcy의 법칙은 지하수 유속은 동수경사에 비례한다는 것이다.

㉡ 투수계수의 계산
$$K = \frac{Q}{AI} = \frac{Q}{A\frac{h_L}{l}} = \frac{\frac{4,000}{3,600}}{\frac{\pi \times 10^2}{4} \times \frac{140}{120}}$$
$$= 0.012 \text{cm/s}$$

02. 원관 내를 흐르고 있는 층류에 대한 설명으로 옳지 않은 것은?

① 유량은 관의 반지름의 4제곱에 비례한다.
② 유량은 단위길이당 압력강하량에 반비례한다.
③ 유속은 점성계수에 반비례한다.
④ 평균유속은 최대유속의 $\frac{1}{2}$이다.

해설 원관 내 흐름
㉠ 관수로 유량의 정의
$$Q = \frac{\pi w h_L R^4}{8 \mu l}$$
∴ 유량은 관의 반지름의 4제곱에 비례한다.

㉡ 유량과 압력차 ΔP의 관계
여기서, $w h_L = \Delta P$이므로
$$\therefore Q = \frac{\Delta P \pi R^4}{8 \mu l}$$
∴ 유량은 단위길이당 압력강하량에 비례한다.

㉢ 관수로 유속
$$V_{\max} = \frac{w h_L R^2}{4 \mu l}$$
∴ 유속은 점성계수에 반비례한다.

㉣ 평균유속과 최대유속의 관계
$$V_m = \frac{w h_L R^2}{8 \mu l}$$
$$\therefore V_{\max} = 2 V_m$$

03. 유량 147.6 L/s를 송수하기 위하여 내경 0.4m의 관을 700m 설치하였을 때의 관로 경사는? (단, 조도계수 $n = 0.012$, Manning 공식 적용)

① $\frac{2}{700}$
② $\frac{2}{500}$
③ $\frac{3}{700}$
④ $\frac{3}{500}$

해설 Manning 공식
㉠ Manning 공식
• $V = \frac{1}{n} R^{\frac{2}{3}} I^{\frac{1}{2}}$
• $Q = AV$

㉡ 경사의 산정
• $I = \left(\frac{Q}{A\frac{1}{n}R^{\frac{2}{3}}}\right)^2 = \left(\frac{0.1476}{0.1256 \times \frac{1}{0.012} \times \frac{0.4}{4^{\frac{2}{3}}}}\right)^2$
$= \frac{1}{233.4} = \frac{3}{700}$
• $A = \frac{\pi D^2}{4} = \frac{\pi \times 0.4^2}{4} = 0.1256 \text{m}^2$

|해답| 01.① 02.② 03.③

04. 수심 2m, 폭 4m인 직사각형 단면 개수로에서 Manning의 평균유속공식에 의한 유량은?(단, 수로의 조도계수 $n=0.025$, 수로경사 $I=1/100$)

① $32\text{m}^3/\text{s}$
② $64\text{m}^3/\text{s}$
③ $128\text{m}^3/\text{s}$
④ $160\text{m}^3/\text{s}$

■해설 Manning 공식
㉠ Manning 공식
- $V = \dfrac{1}{n} R^{\frac{2}{3}} I^{\frac{1}{2}}$
- $Q = AV$

㉡ 유량의 산정
$$Q = A\dfrac{1}{n}R^{\frac{2}{3}}I^{\frac{1}{2}}$$
$$= (4\times 2)\times\dfrac{1}{0.025}\times\left(\dfrac{4\times 2}{4+2\times 2}\right)^{\frac{2}{3}}\times\left(\dfrac{1}{100}\right)^{\frac{1}{2}}$$
$$= 32\text{m}^3/\text{s}$$

05. 수면의 높이가 일정한 저수지의 일부에 길이(B) 30m의 월류 위어를 만들어 $40\text{m}^3/\text{s}$의 물을 취수하기 위한 위어 마루부로부터의 상류측 수심(H)은?(단, $C=1.0$이고, 접근 유속은 무시한다.)

① 0.70m
② 0.75m
③ 0.80m
④ 0.85m

■해설 광정위어
㉠ 광정위어
$$Q = 1.7 CBH^{\frac{3}{2}}$$

㉡ 수심의 산정
$$H = \left(\dfrac{Q}{1.7CB}\right)^{\frac{2}{3}} = \left(\dfrac{40}{1.7\times 1\times 30}\right)^{\frac{2}{3}} = 0.85\text{m}$$

06. 베르누이의 정리에 관한 설명으로 옳지 않은 것은?

① 베르누이의 정리는 (운동에너지) + (위치에너지)가 일정함을 표시한다.
② 베르누이의 정리는 에너지(energy) 불변의 법칙을 유수의 운동에 응용한 것이다.
③ 베르누이의 정리는 (속도수두) + (위치수두) + (압력수두)가 일정함을 표시한다.
④ 베르누이의 정리는 이상유체에 대하여 유도되었다.

■해설 Bernoulli 정리
㉠ Bernoulli 정리
$$z_1 + \dfrac{P_1}{w} + \dfrac{V_1^2}{2g} = z_2 + \dfrac{P_2}{w} + \dfrac{V_2^2}{2g}$$

여기서, z : 위치수두, $\dfrac{P}{w}$: 압력수두, $\dfrac{V^2}{2g}$: 속도수두

㉡ 해석
- Bernoulli 정리는 에너지보존법칙에 의해 유도되었다.
- 위치수두+압력수두+속도수두가 일정함을 표시한다.
- 이상유체, 정상류 흐름에 대하여 유도되었다.

07. 단면이 일정한 긴 관에서 마찰손실만이 발생하는 경우 에너지선과 동수경사선은?

① 일치한다.
② 교차한다.
③ 서로 나란하다.
④ 관의 두께에 따라 다르다.

■해설 동수경사선 및 에너지선
㉠ 위치수두와 압력수두의 합을 연결한 선을 동수경사선이라 하며, 일명 동수구배선, 수두경사선, 압력선이라고도 부른다.
㉡ 총수두(위치수두+압력수두+속도수두)를 연결한 선을 에너지선이라 한다.
㉢ 관수로에서 마찰손실이 일어난 경우에는 에너지선이 손실수두만큼 내려오므로 동수경사선과 서로 나란하다.

08. 단면적 2.5cm^2, 길이 2m인 원형 강철봉의 무게가 대기 중에서 27.5N이었다면 단위무게가 $10\text{kN}/\text{m}^3$인 수중에서의 무게는?

① 22.5N
② 25.5N
③ 27.5N
④ 28.5N

|해답| 04.① 05.④ 06.① 07.③ 08.①

■해설 수중 물체의 무게
　㉠ 수중에서 물체의 무게(W')
　　$W' = W(공기 중 무게) - B(부력) = W - w_w \cdot V$
　㉡ 수중무게의 산정
　　$W' = (2.75 \times 10^{-3}) - (1 \times 2.5 \times 10^{-4} \times 2)$
　　　 $= 2.25 \times 10^{-3} t$
　　　 $= 2.25 kg = 22.5N$

09. 모세혈관현상에서 액체기둥의 상승 또는 하강 높이의 크기를 결정하는 힘은?
① 응집력　　　　② 부착력
③ 마찰력　　　　④ 표면장력

■해설 모세관현상
　㉠ 유체입자 간의 표면장력(입자 간의 응집력과 유체입자와 관벽 사이의 부착력)으로 인해 수면이 상승하는 현상을 말한다.
　　$h = \dfrac{4T\cos\theta}{wD}$
　㉡ 모세관현상은 상방향으로 작용하는 표면장력과 하방향으로 작용하는 중력 등에 관계된다. 액체의 상승과 하강 높이의 크기를 결정하는 힘은 표면장력이다.

10. 1차원 정상류 흐름에서 질량 m인 유체가 유속이 v_1인 단면 1에서 유속이 v_2인 단면 2로 흘러가는 데 짧은 시간 $\triangle t$가 소요된다면 이 경우의 운동량방정식으로 옳은 것은?
① $F \cdot m = \triangle t(v_1 - v_2)$
② $F \cdot m = (v_1 - v_2)/\triangle t$
③ $F \cdot \triangle t = m(v_2 - v_1)$
④ $F \cdot \triangle t = (v_2 - v_1)/m$

■해설 운동량방정식
　㉠ 운동량방정식
　　$F = ma$
　　여기서, m : 질량, a : 가속도($= \dfrac{V_2 - V_1}{\triangle t}$)
　㉡ 짧은 시간에서 운동량방정식($\triangle t = 1$)
　　$F = m\left(\dfrac{V_2 - V_1}{\triangle t}\right) = m(V_2 - V_1)$

11. 저수지로부터 30m 위쪽에 위치한 수조탱크에 $0.35m^3/s$의 물을 양수하고자 할 때 펌프에 공급되어야 하는 동력은?(단, 손실수두는 무시하고 펌프의 효율은 75%이다.)

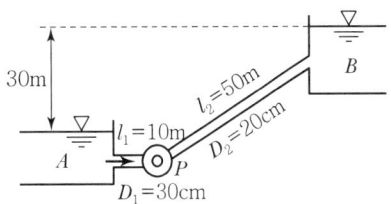

① 77.2kW　　　　② 102.9kW
③ 120.1kW　　　④ 137.2kW

■해설 동력의 산정
　㉠ 양수에 필요한 동력($H_e = h + \Sigma h_L$)
　　・$P = \dfrac{9.8QH_e}{\eta}$ (kW)
　　・$P = \dfrac{13.3QH_e}{\eta}$ (HP)
　㉡ 소요동력의 산정
　　동력의 산정 : $P = \dfrac{9.8QH_e}{\eta} = \dfrac{9.8 \times 0.35 \times 30}{0.75}$
　　　　　　　　$= 137.2kW$

12. 폭 1.5m인 직사각형 수로에 유량 $1.8m^3/s$의 물이 항상 수심 1m로 흐르는 경우 이 흐름의 상태는?(단, 에너지보정계수 $a = 1.1$)
① 한계류　　　　② 부정류
③ 사류　　　　　④ 상류

■해설 흐름의 상태
　㉠ 상류(常流)와 사류(射流)의 구분
　　・$F_r = \dfrac{V}{C} = \dfrac{V}{\sqrt{gh}}$
　　여기서, V : 유속, C : 파의 전달속도
　　・$F_r < 1$: 상류(常流)
　　・$F_r = 1$: 한계류
　　・$F_r > 1$: 사류(射流)
　㉡ 상류(常流)와 사류(射流)의 계산
　　$F_r = \dfrac{V}{\sqrt{gh}} = \dfrac{\dfrac{1.8}{1.5 \times 1}}{\sqrt{9.8 \times 1}} = 0.38$
　∴ 상류

13. 개수로의 지배단면(control section)에 대한 설명으로 옳은 것은?

① 홍수 시 하천흐름이 부정류인 경우에 발생한다.
② 급경사의 흐름에서 배수곡선이 나타나면 발생한다.
③ 상류흐름에서 사류흐름으로 변화할 때 발생한다.
④ 사류흐름에서 상류흐름으로 변화하면서 도수가 발생할 때 나타난다.

■해설 **지배단면**
개수로의 흐름이 상류(常流)에서 사류(射流)로 바뀌는 지점의 단면을 지배단면(control section) 이라 하고 이 지점의 수심을 한계수심이라 한다.

14. 수로폭이 B이고 수심이 H인 직사각형 수로에서 수리학상 유리한 단면은?

① $B = H^2$
② $B = 0.3H^2$
③ $B = 0.5H$
④ $B = 2H$

■해설 **수리학적으로 유리한 단면**
㉠ 수로의 경사, 조도계수, 단면이 일정할 때 유량이 최대로 흐를 수 있는 단면을 수리학적으로 유리한 단면 또는 최량수리단면이라 한다.
㉡ 수리학적 유리한 단면은 경심(R)이 최대이거나 윤변(P)이 최소일 때 성립된다.
R_{max} 또는 P_{min}
㉢ 직사각형 단면에서 수리학적 유리한 단면이 되기 위한 조건은 $B = 2H$, $R = \dfrac{H}{2}$이다.

15. 부력과 부체 안정에 관한 설명 중에서 옳지 않은 것은?

① 부체의 무게중심과 경심의 거리를 경심고라 한다.
② 부체가 수면에 의하여 절단되는 가상면을 부양면이라 한다.
③ 부력의 작용선과 물체 중심축의 교점을 부심이라 한다.
④ 수면에서 부체의 최심부까지의 거리를 흘수라 한다.

■해설 **부력 용어**
㉠ 부체의 무게중심(G)과 경심(M)의 거리를 경심고($\overline{MG}$)라고 한다.
㉡ 부체가 수면에 의해 절단되는 가상면을 부양면이라고 한다.
㉢ 부력의 작용선과 물체 중심축의 교점을 경심(M)이라 한다.
㉣ 부양면(수면)에서 부체 최심부까지의 거리를 흘수라 한다.

16. 오리피스에서 에너지 손실을 보정한 실제유속을 구하는 방법은?

① 이론유속에 유량계수를 곱한다.
② 이론유속에 유속계수를 곱한다.
③ 이론유속에 동점성계수를 곱한다.
④ 이론유속에 항력계수를 곱한다.

■해설 **에너지 손실**
㉠ 이론유속과 실제유속의 에너지 차이를 보정해 주는 계수를 에너지 보정계수라 한다.
㉡ 에너지 손실을 실제유속에 반영하기 위하여 이론유속에 유속계수를 곱한다.
C_v = 실제유속/이론유속
∴ 실제유속 = C_v×이론유속

17. 하나의 유관 내의 흐름이 정류일 때, 미소거리 dl만큼 떨어진 1, 2 단면에서 단면적 및 평균유속을 각각 A_1, A_2 및 V_1, V_2라 하면, 이상유체에 대한 연속방정식으로 옳은 것은?

① $A_1 V_1 = A_2 V_2$
② $d(A_1 V_1 - A_2 V_2)/dl = $ 일정(一定)
③ $d(A_1 V_1 + A_2 V_2)/dl = $ 일정(一定)
④ $A_1 V_2 = A_2 V_1$

■해설 **연속방정식**
㉠ 질량보존의 법칙에 의해 만들어진 방정식이다.
㉡ 검사구간에서 도중에 질량의 유입이나 유출이 없다고 하면 구간 내 어느 곳에서나 질량유량은 같다.
$Q = A_1 V_1 = A_2 V_2$ (체적유량)

18. 다음 물리량에 대한 차원을 설명한 것 중 옳지 않은 것은?

① 압력 : $[ML^{-1}T^{-2}]$
② 밀도 : $[ML^{-2}]$
③ 점성계수 : $[ML^{-1}T^{-1}]$
④ 표면장력 : $[MT^{-2}]$

■해설 차원
㉠ 물리량의 크기를 힘[F], 질량[M], 시간[T], 길이[L]의 지수형태로 표기한 것
㉡ 차원해석

물리량	FLT	MLT
압력	FL^{-2}	$ML^{-1}T^{-2}$
밀도	$FL^{-4}T^2$	ML^{-3}
점성계수	$FL^{-2}T$	$ML^{-1}T^{-1}$
표면장력	FL^{-1}	MT^{-2}

19. 지하수 흐름의 기본방정식으로 이용되는 법칙은?

① Chezy의 법칙
② Darcy의 법칙
③ Manning의 법칙
④ Reynolds의 법칙

■해설 Darcy의 법칙
Darcy의 법칙은 지하수 흐름의 기본방정식으로 이용되고 있다.

- $V = K \cdot I = K \cdot \dfrac{h_L}{L}$
- $Q = A \cdot V = A \cdot K \cdot I = A \cdot K \cdot \dfrac{h_L}{L}$

20. 그림과 같이 직경 8cm인 분류가 35m/s의 속도로 vane에 부딪친 후 최초의 흐름방향에서 150° 수평방향 변화를 하였다. vane이 최초의 흐름방향으로 10m/s의 속도로 이동하고 있을 때, vane에 작용하는 힘의 크기는?(단, 무게 1kg=9.8N)

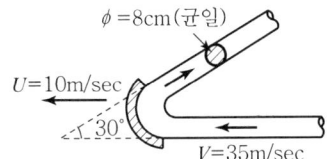

① 3.6kN
② 5.4kN
③ 6.1kN
④ 8.5kN

■해설 운동량방정식
㉠ vane에 작용하는 운동량방정식
$$F = \dfrac{w}{g} A (V_1 - U)^2 (1 - \cos\theta)$$
㉡ vane에 작용하는 힘의 산정
$$F = \dfrac{w}{g} A (V_1 - U)^2 (1 - \cos\theta)$$
$$= \dfrac{1}{9.8} \times \dfrac{\pi \times 0.08^2}{4} \times (35-10)^2 (1 - \cos 150)$$
$$= 0.6t = 5.9 \text{kN}$$

Item pool (기사 2018년 8월 19일 시행)
과년도 출제문제 및 해설

01. 유속이 3m/s인 유수 중에 유선형 물체가 흐름 방향으로 향하여 $h=3m$ 깊이에 놓여 있을 때 정체압력(stagnation pressure)은?

① 0.46kN/m² ② 12.21kN/m²
③ 33.90kN/m² ④ 102.35kN/m²

■해설 정체압력수두
  ㉠ Bernoulli 정리
  $$z+\frac{p}{w}+\frac{v^2}{2g}=H(일정)$$
  ㉡ Bernoulli 정리를 압력의 항으로 표시 : 각 항에 ρg를 곱한다.
  $$\rho gz+p+\frac{\rho v^2}{2}=H(일정)$$
  여기서, ρgz : 위치압력
    p : 정압력
    $\frac{\rho v^2}{2}$: 동압력
  ㉢ 정체압은 정압과 동압의 합으로 표현할 수 있다.
  $$정체압 = P+\frac{\rho V^2}{2}$$
  ㉣ 정체압력의 계산
  $$정체압 = P+\frac{\rho V^2}{2} = 1\times 3+\frac{\frac{1}{9.8}\times 3^2}{2}$$
  $$= 3.459t/m^2 \times 9.8$$
  $$= 33.9kN/m^2$$

02. 다음 중 직접 유출량에 포함되는 것은?

① 지체지표하 유출량 ② 지하수 유출량
③ 기저 유출량 ④ 조기지표하 유출량

■해설 유출의 구성
  ㉠ 유출을 생기원천에 따라서 분류하면 지표면 유출, 지표하 유출, 지하수 유출로 구분한다. 또한 지표하 유출은 비교적 단시간에 발생되는 조기지표하 유출과 강수 후 한참 지연되어 서 발생되는 지연지표하 유출로 구분된다.
  ㉡ 유출을 다시 유출해석을 위해서 분류하면 직접 유출과 기저 유출로 나누어진다.
  ㉢ 직접 유출은 비교적 단시간에 발생된 유출을 말하며, 지표면 유출과 조기지표하 유출로 구성된다.
  ㉣ 기저 유출은 시간적 지연이 일어난 후에 발생된 유출을 말하며, 지연지표하 유출과 지하수 유출로 구성된다.

03. 직사각형 단면수로의 폭이 5m이고 한계수심이 1m일 때의 유량은?(단, 에너지 보정계수 α = 1.0)

① 15.65m³/s ② 10.75m³/s
③ 9.80m³/s ④ 3.13m³/s

■해설 한계수심
  ㉠ 직사각형 단면의 한계수심
  $$h_c = \left(\frac{\alpha Q^2}{gb^2}\right)^{\frac{1}{3}}$$
  ㉡ 유량의 산정
  $$1 = \left(\frac{1\times Q^2}{9.8\times 5^2}\right)^{\frac{1}{3}}$$
  $$\therefore Q = 15.65 m^3/s$$

04. 표와 같은 집중호우가 자기기록지에 기록되었다. 지속기간 20분 동안의 최대강우강도는?

시간(분)	5	10	15	20	25	30	35	40
누가우량(mm)	2	5	10	20	35	40	43	45

① 95mm/hr ② 105mm/hr
③ 115mm/hr ④ 135mm/hr

|해답| 01.③ 02.④ 03.① 04.②

■ 해설 ㉠ 강우강도는 단위시간당 내린 비의 양을 말하며 단위는 mm/hr이다.
㉡ 지속시간 20분 강우량의 구성
- 0~20분 : 2+3+5+10=20mm
- 5~25분 : 3+5+10+15=33mm
- 10~30분 : 5+10+15+5=35mm
- 15~35분 : 10+15+5+3=33mm
- 20~40분 : 15+5+3+2=25mm
㉢ 지속시간 20분 최대강우강도의 산정
$\frac{35mm}{20min} \times 60 = 105mm/hr$

05. 단위유량도 이론의 가정에 대한 설명으로 옳지 않은 것은?

① 초과강우는 유효지속기간 동안에 일정한 강도를 가진다.
② 초과강우는 전 유역에 걸쳐서 균등하게 분포된다.
③ 주어진 지속기간의 초과 강우로부터 발생된 직접유출수문곡선의 기저시간은 일정하다.
④ 동일한 기저시간을 가진 모든 직접유출 수문곡선의 종거들은 각 수문곡선에 의하여 주어진 총 직접유출 수문곡선에 반비례한다.

■ 해설 단위유량도
㉠ 단위도의 정의 : 특정 단위시간 동안 균등한 강우강도로 유역 전반에 걸쳐 균등한 분포로 내리는 단위유효우량으로 인하여 발생하는 직접유출 수문곡선
㉡ 단위도의 구성요소
- 직접유출량
- 유효우량 지속시간
- 유역면적
㉢ 단위도의 3가정
- 일정기저시간 가정
- 비례가정
- 중첩가정
㉣ 해석 : 단위도의 기본가정으로 유효지속기간 동안의 일정 강우강도, 유역 전반에 걸쳐 균등분포로 내리는 조건을 만족 시켜야 하고, 동일 기저시간을 가진 모든 직접유출 수문곡선의 종거들은 각 수문곡선에 의하여 주어진 총 직접유출 수문곡선에 비례하여야 한다.

06. 사각 위어에서 유량산출에 쓰이는 Francis 공식에 대하여 양단 수축이 있는 경우에 유량으로 옳은 것은?(단, B : 위어 폭, h : 월류수심)

① $Q = 1.84(B-0.4h)h^{\frac{3}{2}}$
② $Q = 1.84(B-0.3h)h^{\frac{3}{2}}$
③ $Q = 1.84(B-0.2h)h^{\frac{3}{2}}$
④ $Q = 1.84(B-0.1h)h^{\frac{3}{2}}$

■ 해설 Francis 공식
㉠ Francis 공식
$Q = 1.84 b_0 h^{\frac{3}{2}}$
여기서, $b_0 = b - 0.1nh$ (n=2 : 양단수축, n=1 : 일단수축, n=0 : 수축이 없는 경우)
㉡ 월류량의 산정
$Q = 1.84(B-0.1nh)h^{\frac{3}{2}} = 1.84(B-0.2h)h^{\frac{3}{2}}$

07. 비에너지(specific energy)와 한계수심에 대한 설명으로 옳지 않은 것은?

① 비에너지는 수로의 바닥을 기준으로 한 단위무게의 유수가 가진 에너지이다.
② 유량이 일정할 때 비에너지가 최소가 되는 수심이 한계수심이다.
③ 비에너지가 일정할 때 한계수심으로 흐르면 유량이 최소가 된다.
④ 직사각형 단면에서 한계수심은 비에너지의 2/3가 된다.

■ 해설 비에너지
㉠ 단위무게당의 물이 수로바닥면을 기준으로 갖는 흐름의 에너지 또는 수두를 비에너지라 한다.
㉡ 유량이 일정할 때 비에너지가 최소일 때의 수심을 한계수심이라 한다.
㉢ 비에너지가 일정할 때 유량이 최대로 흐를 때의 수심을 한계수심이라 한다.
㉣ 직사각형 단면의 한계수심은 비에너지의 2/3가 된다.
$h_c = \frac{2}{3} h_e$

|해답| 05.④ 06.③ 07.③

08. 관수로의 마찰손실공식 중 난류에서의 마찰손실계수 f는?

① 상대조도만의 함수이다.
② 레이놀즈 수와 상대조도의 함수이다.
③ 프루드 수와 상대조도의 함수이다.
④ 레이놀즈 수만의 함수이다.

■해설 마찰손실계수
㉠ 원관 내 층류($R_e < 2,000$)
$$f = \frac{64}{R_e}$$
㉡ 불완전 층류 및 난류($R_e > 2,000$)
$$f = \varnothing\left(\frac{1}{R_e}, \frac{e}{D}\right)$$
- 거친 관 : f는 상대조도($\frac{e}{D}$)만의 함수
- 매끈한 관 : f는 레이놀즈수(R_e)만의 함수
$$(f = 0.3164 R_e^{-\frac{1}{4}})$$
∴ 난류에서의 마찰손실계수는 레이놀즈 수와 상대조도의 함수이다.

09. 우물에서 장기간 양수를 한 후에도 수면강하가 일어나지 않는 지점까지의 우물로부터 거리(범위)를 무엇이라 하는가?

① 용수효율권
② 대수층권
③ 수류영역권
④ 영향권

■해설 영향권
우물로부터 지하수를 양수할 경우 지하수면으로부터 그 우물에 물이 모여드는 범위를 영향권(영향원)이라 한다.

10. 빙산(氷山)의 부피가 V, 비중이 0.92이고, 바닷물의 비중은 1.025라 할 때 바닷물 속에 잠겨 있는 빙산의 부피는?

① $1.1V$
② $0.9V$
③ $0.8V$
④ $0.7V$

■해설 부체의 평형조건
㉠ 부체의 평형조건
- W(무게) $= B$(부력)
- $w \cdot V = w_w \cdot V'$

여기서, w : 물체의 단위중량
V : 부체의 체적
w_w : 물의 단위중량
V' : 물에 잠긴 만큼의 체적

㉡ 물속에 잠긴 빙산의 부피
$0.92 V = 1.025 V'$
$$\therefore V' = \frac{0.92 V}{1.025} = 0.9 V$$

11. 지름 d인 구(球)가 밀도 ρ의 유체 속을 유속 V로 침강할 때 구의 항력 D는?(단, 항력계수는 C_D라 한다.)

① $\frac{1}{8} C_D \pi d^2 \rho V^2$
② $\frac{1}{2} C_D \pi d^2 \rho V^2$
③ $\frac{1}{4} C_D \pi d^2 \rho V^2$
④ $C_D \pi d^2 \rho V^2$

■해설 항력(drag force)
㉠ 항력 : 흐르는 유체 속에 물체가 잠겨 있을 때 유체에 의해 물체가 받는 힘을 항력(drag force)이라 한다.
$$D = C_D \cdot A \cdot \frac{\rho V^2}{2}$$
여기서, C_D : 항력계수 $\left(C_D = \frac{24}{Re}\right)$
A : 투영면적
$\frac{\rho V^2}{2}$: 동압력

㉡ 항력계산
$$D = C_D \times \frac{\pi d^2}{4} \times \frac{\rho V^2}{2} = \frac{1}{8} C_D \pi d^2 \rho V^2$$

12. 수리실험에서 점성력이 지배적인 힘이 될 때 사용할 수 있는 모형법칙은?

① Reynolds 모형법칙
② Froude 모형법칙
③ Weber 모형법칙
④ Cauchy 모형법칙

|해답| 08.② 09.④ 10.② 11.① 12.①

■해설 수리모형의 상사법칙

종류	특징
Reynolds의 상사법칙	점성력이 흐름을 주로 지배하고, 관수로 흐름의 경우에 적용
Froude의 상사법칙	중력이 흐름을 주로 지배하고, 개수로 흐름의 경우에 적용
Weber의 상사법칙	표면장력이 흐름을 주로 지배하고, 수두가 아주 적은 위어 흐름의 경우에 적용
Cauchy의 상사법칙	탄성력이 흐름을 주로 지배하고, 수격작용의 경우에 적용

∴ 점성력이 지배적인 힘이 될 때는 Reynolds의 모형법칙을 이용한다.

13. 개수로의 상류(subcritical flow)에 대한 설명으로 옳은 것은?

① 유속과 수심이 일정한 흐름
② 수심이 한계수심보다 작은 흐름
③ 유속이 한계유속보다 작은 흐름
④ Froude 수가 1보다 큰 흐름

■해설 흐름의 상태 구분

여러 가지 조건으로 흐름의 상태 구분

구분	상류(常流)	사류(射流)
F_r	$F_r < 1$	$F_r > 1$
I_c	$I < I_c$	$I > I_c$
y_c	$y > y_c$	$y < y_c$
V_c	$V < V_c$	$V > V_c$

∴ 상류 조건에서는 유속이 한계유속보다 작은 흐름을 말한다.

14. 그림과 같은 높이 2m인 물통에 물이 1.5m만큼 담겨 있다. 물통이 수평으로 4.9m/s²의 일정한 가속도를 받고 있을 때, 물통의 물이 넘쳐흐르지 않기 위한 물통의 길이(L)는?

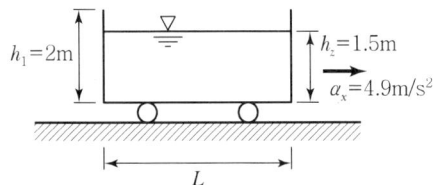

① 2.0m
② 2.4m
③ 2.8m
④ 3.0m

■해설 수평가속도를 받는 경우

㉠ 수면상승고
$$z = -\frac{\alpha}{g}x$$

㉡ 수평길이의 계산
• 상승최대높이는 2m − 1.5m = 0.5m (z값)
• z값으로부터 x의 계산
$$0.5 = -\frac{4.9}{9.8} \times x$$
∴ $x = -1$m (중앙을 중심으로 좌표개념)
• x값은 중앙을 중심으로 $\frac{1}{2}L$이므로 전체길이 L은 2m이다.

15. 미소진폭파(small–amplitude wave) 이론에 포함된 가정이 아닌 것은?

① 파장이 수심에 비해 매우 크다.
② 유체는 비압축성이다.
③ 바닥은 평평한 불투수층이다.
④ 파고는 수심에 비해 매우 작다.

■해설 미소진폭파

㉠ 규칙파를 이론적으로 취급할 때 진폭이 파장에 비해서 극히 작다고 가정하고, 물입자의 연직가속도를 작다고 하여 이것을 생략한다면 파동에 대한 운동방정식은 선형이 되고 이와 같은 파동을 미소진폭파(Small amplitude waves)라고 한다.

㉡ 미소진폭파 기본가정
• 유체밀도는 불변
• 수면인장은 무시
• Coriolis 영향은 무시
• 자유표면의 압력은 균등
• 비점성 유체
• 비회전류
• 해저는 수평, 고정, 불투수성이어서 물입자의 연직속도가 해저에서 영(0)이다.
• 진폭이 작고 파형은 시간과 공간적으로 불변
• 연직 2차원 장봉파(평면)

∴ 파고가 아주 작아서 파형경사가 무시할만하고 또한 수심에 비하여 파고가 아주 작아서 파고수심비가 무시할만하다는 가정, 즉, 미소진폭

의 가정을 하고 있기 때문에 미소진폭파라고 이름이 붙여졌다.

16. 관수로에 대한 설명 중 틀린 것은?

① 단면 점확대로 인한 수두손실은 단면 급확대로 인한 수두손실보다 클 수 있다.
② 관수로 내의 마찰손실수두는 유속수두에 비례한다.
③ 아주 긴 관수로에서는 마찰 이외의 손실수두를 무시할 수 있다.
④ 마찰손실수두는 모든 손실수두 가운데 가장 큰 것으로 마찰손실계수에 유속수두를 곱한 것과 같다.

■해설 관수로 일반사항
㉠ 단면 점확대로 인한 수두손실은 점성의 영향으로 단면 급확대로 인한 수두손실보다 클 수 있다.
㉡ 관수로 내의 마찰손실수두는 유속수두에 비례한다.
$$h_L = f \frac{l}{D} \frac{V^2}{2g}$$
㉢ 아주 긴 관수로에서는 마찰 이외의 손실수두를 무시할 수 있다.
- $\frac{l}{D} > 3,000$: 장관
  → 마찰손실만 고려
- $\frac{l}{D} < 3,000$: 단관
  → 모든 손실 고려
㉣ 마찰손실수두는 모든 손실수두 가운데 가장 큰 것으로 마찰손실계수에 속도수두, 직경과 길이의 비를 곱한 것과 같다.

17. 수문자료의 해석에 사용되는 확률분포형의 매개변수를 추정하는 방법이 아닌 것은?

① 모멘트법(method of moments)
② 회선적분법(convolution integral method)
③ 확률가중모멘트법(method of probability weighted moments)
④ 최우도법(method of maximum likelihood)

■해설 확률분포형의 매개변수 추정방법
㉠ 확률론적 수문학에서는 확률분포형의 적합성을 검정하기 위해서 매개변수를 추정한다.
㉡ 매개변수의 추정법
- 모멘트법
- 최우도법
- 확률가중모멘트법
- L-모멘트법

∴ 매개변수 추정법이 아닌 것은 회선적분법이다.

18. 에너지선에 대한 설명으로 옳은 것은?

① 언제나 수평선이 된다.
② 동수경사선보다 아래에 있다.
③ 속도수두와 위치수두의 합을 의미한다.
④ 동수경사선보다 속도수두만큼 위에 위치하게 된다.

■해설 동수경사선 및 에너지선
㉠ 위치수두와 압력수두의 합을 연결한 선을 동수경사선이라 하며, 일명 동수구배선, 수두경사선, 압력선이라고도 부른다.
∴ 동수경사선은 $\frac{P}{w_o} + Z$를 연결한 값이다.
㉡ 총수두(위치수두+압력수두+속도수두)를 연결한 선을 에너지선이라 한다.
에너지선은 동수경사선보다 속도수두만큼 위에 위치하게 된다.

19. 대기의 온도 t_1, 상대습도 70%인 상태에서 증발이 진행되었다. 온도가 t_2로 상승하고 대기 중의 증기압이 20% 증가하였다면 온도 t_1 및 t_2에서의 포화 증기압이 각각 10.0mmHg 및 14.0mmHg라 할 때 온도 t_2에서의 상대습도는?

① 50% ② 60%
③ 70% ④ 80%

■해설 ㉠ 임의의 온도에서 포화증기압(e_s)에 대한 실제 증기압(e)의 비
$$h = \frac{e}{e_s} \times 100(\%)$$

|해답| 16.④ 17.② 18.④ 19.②

ⓛ t_1℃일 때 상대습도 70%

$$70 = \frac{e}{10} \times 100 \quad \therefore \ e = 7\text{mmHg}$$

ⓒ t_2℃일 때 증기압이 20% 증가하였으므로 상대습도
- 실제증기압 : $e = 7.0 \times 1.2 = 8.4\text{mmHg}$
- 상대습도 : $h = \frac{e}{e_s} \times 100(\%)$
  $= \frac{8.4}{14} \times 100(\%)$
  $= 60\%$

20. 다음 물리량 중에서 차원이 잘못 표시된 것은?

① 동점계수 : $[FL^2T]$
② 밀도 : $[FL^{-4}T^2]$
③ 전단응력 : $[FL^{-2}]$
④ 표면장력 : $[FL^{-1}]$

■해설 차원
  ㉠ 물리량의 크기를 힘[F], 질량[M], 시간[T], 길이[L]의 지수형태로 표기한 것
  ㉡ 물리량의 차원

물리량	FLT	MLT
동점성계수	L^2T^{-1}	L^2T^{-1}
밀도	FT^2L^{-4}	ML^{-3}
전단응력	FL^{-2}	$ML^{-1}T^{-2}$
표면장력	FL^{-1}	MT^{-2}

과년도 출제문제 및 해설

Item pool (산업기사 2018년 9월 15일 시행)

01. 개수로의 특성에 대한 설명으로 옳지 않은 것은?

① 배수곡선은 완경사 흐름의 하천에서 장애물에 의해 발생한다.
② 상류에서 사류로 바뀔 때 한계수심이 생기는 단면을 지배단면이라 한다.
③ 사류에서 상류로 바뀌어도 흐름의 에너지선은 변하지 않는다.
④ 한계수심으로 흐를 때의 경사를 한계경사라 한다.

■해설 개수로의 특성
㉠ 배수곡선은 완경사 흐름의 하천에서 댐 등의 장애물에 의해 발생한다.
㉡ 상류에서 사류로 바뀌는 지점의 단면을 지배단면이라 하고, 이때 한계수심이 발생한다.
㉢ 사류에서 상류로 바뀔 때 수면이 뛰는 현상을 도수라고 하며, 이때 에너지손실이 발생한다.
㉣ 한계수심이 발생하는 곳의 유속을 한계유속, 경사를 한계경사라고 한다.

02. 폭이 b인 직사각형 위어에서 양단수축이 생길 경우 유효폭 b_0은?(단, Francis 공식 적용)

① $b_0 = b - \dfrac{h}{10}$
② $b_0 = b - \dfrac{h}{5}$
③ $b_0 = 2b - \dfrac{h}{10}$
④ $b_0 = 2b - \dfrac{h}{5}$

■해설 Francis 공식
㉠ Francis 공식
$$Q = 1.84\, b_0\, h^{\frac{3}{2}}$$
여기서, $b_0 = b - 0.1nh$ (n=2 : 양단수축, n=1 : 일단수축, n=0 : 수축이 없는 경우)

㉡ 유효폭의 산정
$$b_0 = b - 0.1 \times 2 \times h = b - \dfrac{2h}{10} = b - \dfrac{h}{5}$$

03. 수심이 3m, 폭이 2m인 직사각형 수로를 연직으로 가로막을 때 연직판에 작용하는 전수압의 작용점($\bar{y}$) 위치는?(단, $\bar{y}$는 수면으로부터의 거리)

① 2m
② 2.5m
③ 3m
④ 6m

■해설 수면과 연직인 면이 받는 압력
수면과 연직인 면이 받는 압력은 다음 식으로 구한다.
• 전수압 : $P = wh_G A$
• 작용점의 위치 : $h_c = h_G + \dfrac{I}{h_G A}$

여기서, h_c : 작용점의 위치, h_G : 도심

$$h_c = h_G + \dfrac{I}{h_G A} = 1.5 + \dfrac{\dfrac{2 \times 3^3}{12}}{1.5 \times (2 \times 3)} = 2\text{m}$$

04. 관수로에서 Darcy-Weisbach 공식의 마찰손실계수 f가 0.04일 때 Chezy의 평균유속공식 $V = C\sqrt{RI}$에서 C는?

① 25.5
② 44.3
③ 51.1
④ 62.4

■해설 유속계수의 산정
Chezy 유속계수와 마찰손실계수의 관계로부터 C의 산정
$$C = \sqrt{\dfrac{8g}{f}} = \sqrt{\dfrac{8 \times 9.8}{0.04}} = 44.3$$

05. 관수로 내의 흐름에서 가장 큰 손실수두는?

① 마찰 손실수두
② 유출 손실수두
③ 유입 손실수두
④ 급확대 손실수두

|해답| 01.③ 02.② 03.① 04.② 05.①

■해설 손실의 분류
  ㉠ 대손실(major loss) : 마찰손실수두
  ㉡ 소손실(minor loss) : 마찰 이외의 모든 손실
  ∴ 관수로의 가장 큰 손실은 마찰손실수두이다.

06. 다음 중 점성계수의 차원으로 옳은 것은?

① L^2T^{-1} ② $ML^{-1}T^{-1}$
③ MLT^{-1} ④ $ML^{-3}ML^{-3}$

■해설 차원
  ㉠ 물리량의 크기를 힘[F], 질량[M], 시간[T], 길이[L]의 지수형태로 표기한 것
  ㉡ 점성계수(μ)
  $$\mu = \frac{\tau}{\frac{dv}{dy}} = \frac{g/cm^2}{1/sec} = g \cdot sec/cm^2$$
  ∴ 공학차원으로 바꾸면 FTL^{-2}
  절대차원으로 바꾸면 $ML^{-1}T^{-1}$

07. 모세관현상에 대한 설명으로 옳지 않은 것은?

① 모세관현상은 액체와 벽면 사이의 부착력과 액체분자 간 응집력의 상대적인 크기에 의해 영향을 받는다.
② 물과 같이 부착력이 응집력보다 클 경우 세관 내의 물은 물 표면보다 위로 올라간다.
③ 액체와 고체 벽면이 이루는 접촉각은 액체의 종류와 관계없이 동일하다.
④ 수은과 같이 응집력이 부착력보다 크면 세관 내의 수은은 수은 표면보다 아래로 내려간다.

■해설 모세관현상
  ㉠ 유체입자 간의 표면장력(입자 간의 응집력과 유체입자와 관벽 사이의 부착력)으로 인해 수면이 상승하는 현상을 말한다.
  $$h = \frac{4T\cos\theta}{wD}$$
  ㉡ 해석
    • 모세관현상은 액체 사이의 응집력과 액체와 관 벽 사이의 부착력에 영향을 받는다.
    • 부착력이 응집력보다 클 경우 액체는 관 벽을 타고 상승한다.
    • 액체와 고체 벽면이 이루는 접촉각은 액체의 비중에 따라서 다르다.
    • 응집력이 부착력보다 큰 경우에는 액체가 표면보다 내려간다.

08. 지하수에 대한 설명으로 옳은 것은?

① 지하수의 연직분포는 지하수위 상부층인 포화대, 지하수위, 하부층인 통기대로 구분된다.
② 지표면의 물이 지하로 침투되어 투수성이 높은 암석 또는 흙에 포함되어 있는 포화상태의 물을 지하수라 한다.
③ 지하수면이 대기압의 영향을 받고 자유수면을 갖는 지하수를 피압지하수라 한다.
④ 상하의 불투수층 사이에 낀 대수층 내에 포함되어 있는 지하수를 비피압지하수라 한다.

■해설 지하수
  ㉠ 지하의 연직분포는 지하수위 상층부인 통기대와 지하수위 하층부인 포화대로 나뉜다.
  ㉡ 지표면의 물이 지하로 침투하여 투수성 암석이나 흙에 포화되어 있는 물을 지하수라고 한다.
  ㉢ 자유수면을 갖는 지하수를 자유면지하수라고 한다.
  ㉣ 상하의 불투수층 사이에 낀 대수층 내에 포함되어 있는 지하수를 피압면 지하수라고 한다.

09. 개수로의 흐름에서 상류의 조건으로 옳은 것은?(단, h_c : 한계수심, V_c : 한계유속, I_c : 한계경사, h : 수심, V : 유속, I : 경사)

① $F_r > 1$ ② $h < h_c$
③ $V > V_c$ ④ $I < I_c$

■해설 흐름의 상태 구분
  ㉠ 상류(常流)와 사류(射流) : 개수로 흐름과 같이 중력에 의해 움직이는 흐름에서는 관성력과 중력의 비가 흐름의 특성을 좌우한다. 개수로 흐름은 물의 관성력과 중력의 비인 프루드수(Froude number)를 기준으로 상류, 사류, 한계류 등으로 구분한다.
    • 상류(常流) : 하류(下流)의 흐름이 상류(上流)에 영향을 미치는 흐름을 말한다.
    • 사류(射流) : 하류(下流)의 흐름이 상류(上流)에 영향을 미치지 못하는 흐름을 말한다.

|해답| 06.② 07.③ 08.② 09.④

ⓒ 흐름의 상태 구분

구분	상류(常流)	사류(射流)
F_r	$F_r < 1$	$F_r > 1$
I_c	$I < I_c$	$I > I_c$
y_c	$y > y_c$	$y < y_c$
V_c	$V < V_c$	$V > V_c$

∴ 상류조건에서는 $I < I_c$ 이어야 한다.

10. 정상적인 흐름 내 하나의 유선 상에서 유체 입자에 대하여 속도수두가 $\dfrac{V^2}{2g}$, 압력수두가 $\dfrac{P}{W_0}$, 위치수두가 Z라고 할 때 동수경사선은?

① $\dfrac{V^2}{2g} + Z$
② $\dfrac{V^2}{2g} + \dfrac{P}{W_0}$
③ $\dfrac{P}{W_0} + Z$
④ $\dfrac{V^2}{2g} + \dfrac{P}{W_0} + Z$

■해설 동수경사선 및 에너지선
ⓐ 위치수두와 압력수두의 합을 연결한 선을 동수경사선이라 하며, 일명 동수구배선, 수두경사선, 압력선이라고 부른다.
∴ 동수경사선은 $\dfrac{P}{w_o} + Z$를 연결한 값이다.
ⓑ 총수두(위치수두+압력수두+속도수두)를 연결한 선을 에너지선이라 한다.

11. 그림과 같이 단면 ①에서 단면적 $A_1 = 10cm^2$, 유속 $V_1 = 2m/s$이고, 단면 ②에서 단면적 $A_2 = 20cm^2$일 때 단면 ②의 유속(V_2)과 유량(Q)은?

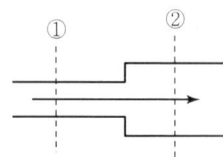

① $V_2 = 200cm/s$, $Q = 2,000cm^3/s$
② $V_2 = 100cm/s$, $Q = 1,500cm^3/s$
③ $V_2 = 100cm/s$, $Q = 2,000cm^3/s$
④ $V_2 = 200cm/s$, $Q = 1,000cm^3/s$

■해설 연속방정식
ⓐ 검사구간 도중에 질량의 유입이나 유출이 없다고 하면 구간 내 어느 곳에서나 질량유량은 같다.
$Q = A_1 V_1 = A_2 V_2$ (체적유량)
ⓑ 유속과 유량의 산정
- $V_2 = \dfrac{A_1}{A_2} V_1 = \dfrac{10}{20} \times 200 = 100cm/s$
- $Q = A_2 V_2 = 20 \times 100 = 2,000cm^3/s$

12. 그림과 같이 1/4원의 벽면에 접하여 유량 $Q = 0.05m^3/s$이 면적 $200cm^2$으로 일정한 단면을 따라 흐를 때 벽면에 작용하는 힘은?(단, 무게 $1kg = 9.8N$)

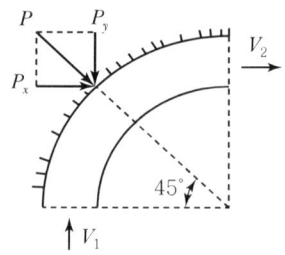

① 117.6N
② 176.4N
③ 1176N
④ 1764N

■해설 운동량방정식
ⓐ 운동량방정식
- $F = \rho Q(V_2 - V_1)$: 운동량방정식
- $F = \rho Q(V_1 - V_2)$: 판이 받는 힘(반력)

ⓑ 유속의 산정
$V = \dfrac{Q}{A} = \dfrac{0.05}{200 \times 10^{-4}} = 2.5m/s$

ⓒ 벽면에 작용하는 힘의 계산
- $F_x = \dfrac{wQ}{g}(V_1 - V_2) = \dfrac{1 \times 0.05}{9.8} \times (0 - 2.5)$
$= -0.01276t$
- $F_y = \dfrac{wQ}{g}(V_1 - V_2) = \dfrac{1 \times 0.05}{9.8} \times (2.5 - 0)$
$= 0.01276t$
∴ $F = \sqrt{F_x^2 + F_y^2} = \sqrt{(-0.01276)^2 + 0.01276^2}$
$= 0.018t = 18.04kg \times 9.8$
$= 176.8N$

13. 오리피스에서의 실제 유속을 구하기 위하여 에너지 손실을 고려하는 방법으로 옳은 것은?

① 이론 유속에 유속계수를 곱한다.
② 이론 유속에 유량계수를 곱한다.
③ 이론 유속에 수축계수를 곱한다.
④ 이론 유속에 모형계수를 곱한다.

■해설 에너지 손실
  ㉠ 이론유속과 실제유속의 에너지 차이를 보정해 주는 계수를 에너지 보정계수라 한다.
  ㉡ 에너지 손실을 실제유속에 반영하기 위하여 이론유속에 유속계수를 곱한다.
    C_v = 실제유속/이론유속
  ∴ 실제유속 = C_v × 이론유속

14. 수리학적으로 유리한 단면(best hydraulic section)에 대한 설명으로 옳은 것은?

① 동수반경이 최소가 되는 단면이다.
② 유량을 최소로 하여 주는 단면이다.
③ 윤변을 최대로 하여 주는 단면이다.
④ 주어진 유량에 대하여 단면적을 최소로 하는 단면이다.

■해설 수리학적 유리한 단면
  ㉠ 수로의 경사, 조도계수, 단면이 일정할 때 유량이 최대로 흐를 수 있는 단면을 수리학적 유리한 단면 또는 최량수리단면이라 한다.
  ㉡ 수리학적 유리한 단면은 경심(R)이 최대이거나 윤변(P)이 최소일 때 성립된다.
    R_{max} 또는 P_{min}
  ∴ 수리학적 유리한 단면은 주어진 유량에 대하여 단면적을 최소로 하는 단면이다.

15. 부체에 관한 설명 중 틀린 것은?

① 수면으로부터 부체의 최심부(가장 깊은 곳)까지의 수심을 흘수라 한다.
② 경심은 물체 중심선과 부력 작용선의 교점이다.
③ 수중에 있는 물체는 그 물체가 배제한 배수량만큼 가벼워진다.
④ 수면에 떠 있는 물체의 경우 경심이 중심보다 위에 있을 때는 불안정한 상태이다.

■해설 부력
  ㉠ 수면으로부터 부체 최심부까지의 수심을 흘수라고 한다.
  ㉡ 부체의 중심선상과 부력의 작용선상과의 교차점을 경심이라고 한다.
  ㉢ 수중에서 물체는 그 물체가 배제한 배수량만큼 가벼워진다.
  ㉣ 수면에 떠 있는 물체는 경심이 중심보다 위에 있을 때는 안정상태이다.

16. Darcy-Weisbach의 마찰손실계수 $f = \dfrac{64}{Re}$ 이고, 지름 0.2cm인 유리관 속을 0.8cm³/s의 물이 흐를 때 관의 길이 1.0m에 대한 손실수두는?(단, 레이놀즈수는 500이다.)

① 1.1cm
② 2.1cm
③ 11.3cm
④ 21.2cm

■해설 관수로 마찰손실수두
  ㉠ 마찰손실수두
    • $h_L = f\dfrac{l}{D}\dfrac{V^2}{2g}$
    • 마찰손실계수 $f = \dfrac{64}{R_e}$
  ㉡ 마찰손실계수의 산정
    • $V = \dfrac{Q}{A} = \dfrac{0.8}{\dfrac{\pi \times 0.2^2}{4}} = 25.48 \text{cm/s}$
    • $f = \dfrac{64}{500} = 0.128$
  ㉢ 마찰손실수두의 산정
    $h_L = f\dfrac{l}{D}\dfrac{V^2}{2g}$
    $= 0.128 \times \dfrac{100}{0.2} \times \dfrac{25.48^2}{2 \times 980}$
    $= 21.2 \text{cm}$

17. 아래 식과 같이 표현되는 것은?

$$(\Sigma F)dt = m(V_2 - V_1)$$

① 역적 - 운동량 방정식
② Bernoulli 방정식
③ 연속방정식
④ 공선조건식

■해설 운동량방정식
  ㉠ 운동량방정식은 관수로 및 개수로 흐름이 다양한 경우에 적용할 수 있으며, 일반적인 경우가 유량과 압력이 주어진 상태에서 관의 만곡부, 터빈 및 수리구조물에 작용하는 힘을 구하는 것이다.
  ㉡ 운동량방정식은 흐름이 정상류이며, 유속은 단면 내에서 균일한 경우 입구부와 출구부 유속만으로 흐름을 해석할 수 있는 방정식이다.
  $$F = ma = m\frac{(v_2 - v_1)}{\Delta t} = m\frac{\Delta v}{\Delta t}$$
  $$\therefore F\Delta t = m(v_2 - v_1)$$

18. 폭이 1.5m인 직사각형 단면 수로에 유량 $Q = 0.5\text{m}^3/\text{s}$의 물이 흐르고 있다. 수심 $h = 1\text{m}$인 경우 이 흐름의 상태는?

① 상류 ② 사류
③ 한계류 ④ 층류

■해설 흐름의 상태
  ㉠ 상류(常流)와 사류(射流)의 구분
  • $F_r = \dfrac{V}{C} = \dfrac{V}{\sqrt{gh}}$
  여기서, V : 유속
  　　　　C : 파의 전달속도
  • $F_r < 1$: 상류(常流)
  • $F_r = 1$: 한계류
  • $F_r > 1$: 사류(射流)
  ㉡ 상류(常流)와 사류(射流)의 계산
  $$F_r = \frac{V}{\sqrt{gh}} = \frac{\dfrac{0.5}{1.5 \times 1}}{\sqrt{9.8 \times 1}} = 0.11$$
  ∴ 상류

19. 직사각형 광폭 수로에서 한계류의 특징이 아닌 것은?

① 주어진 유량에 대해 비에너지가 최소이다.
② 주어진 비에너지에 대해 유량이 최대이다.
③ 한계수심은 비에너지의 2/3이다.
④ 주어진 유량에 대해 비력이 최대이다.

■해설 한계류
  ㉠ 한계수심을 통과할 때의 흐름을 한계류라고 한다.
  ㉡ 한계수심의 정의
  • 유량이 일정하고 비에너지가 최소일 때의 수심을 한계수심이라 한다.
  • 비에너지가 일정하고 유량이 최대로 흐를 때의 수심을 한계수심이라 한다.
  • 직사각형 단면에서의 한계수심은 비에너지의 2/3이다.
  • 유량이 일정하고 비력이 최소일 때의 수심을 한계수심이라 한다.

20. 지하수의 흐름에서 Darcy 공식에 관한 설명으로 옳지 않은 것은?(단, dh : 수두 차, ds : 흐름의 길이)

① Darcy 공식은 물의 흐름이 층류인 경우에만 적용할 수 있다.
② 투수계수 K의 차원은 $[LT^{-1}]$이다.
③ 투수계수는 흙입자의 크기에만 관계된다.
④ 동수경사는 $I = -\dfrac{dh}{ds}$로 표현할 수 있다.

■해설 Darcy의 법칙
  ㉠ Darcy의 법칙
  • $V = K \cdot I = K \cdot \dfrac{h_L}{L}$
  $$Q = A \cdot V = A \cdot K \cdot I = A \cdot K \cdot \frac{h_L}{L}$$
  • 동수경사 $I = -\dfrac{dh}{ds}$로 표현할 수 있다.
  ㉡ 특징
  • Darcy의 법칙은 지하수의 층류흐름에 대한 마찰저항공식이다.
  • 투수계수는 속도의 차원$[LT^{-1}]$이다.
  • 투수계수는 흙입자의 직경, 단위중량, 점성계수, 간극비, 형상계수 등에 영향을 받는다.
  • $K = D_s^2 \dfrac{\rho g}{\mu} \dfrac{e^3}{1+e} C$
  여기서, μ : 점성계수
  ㉢ Darcy의 법칙은 정상류흐름의 층류에만 적용된다.(특히, $R_e < 4$일 때 잘 적용된다.)

과년도 출제문제 및 해설

01. 개수로의 흐름에서 비에너지의 정의로 옳은 것은?

① 단위 중량의 물이 가지고 있는 에너지로 수심과 속도수두의 합
② 수로의 한 단면에서 물이 가지고 있는 에너지를 단면적으로 나눈 값
③ 수로의 두 단면에서 물이 가지고 있는 에너지를 수심으로 나눈 값
④ 압력 에너지와 속도 에너지의 비

■ 해설 **비에너지**

단위무게당의 물이 수로 바닥면을 기준으로 갖는 흐름의 에너지 또는 수두를 비에너지라 한다.

$$h_e = h + \frac{\alpha v^2}{2g} = h + \frac{\alpha}{2g}\left(\frac{Q}{A}\right)^2$$

여기서, h : 수심
α : 에너지 보정계수
v : 유속

∴ 비에너지는 수심과 속도수두의 합으로 나타난다.

02. 지름 200mm인 관로에 축소부 지름이 120mm인 벤투리미터(venturimeter)가 부착되어 있다. 두 단면의 수두차가 1.0m, $C=0.98$일 때의 유량은?

① 0.00525m³/s
② 0.0525m³/s
③ 0.525m³/s
④ 5.250m³/s

■ 해설 **벤투리미터**

㉠ 정의

관 내 축소부를 두어 축소 전과 축소 후의 압력차를 측정하여 유량을 구하는 관수로 유량측정 장치

$$Q = \frac{CA_1 A_2}{\sqrt{A_1^2 - A_2^2}}\sqrt{2gH}$$

여기서, C : 유량계수
A_1 : 축소 전의 단면적
A_2 : 축소 후의 단면적
H : 압력차(수두)

㉡ 유량의 산정

• $A_1 = \dfrac{\pi \times 0.2^2}{4} = 0.0314\text{m}^2$

• $A_2 = \dfrac{\pi \times 0.12^2}{4} = 0.0113\text{m}^2$

∴ $Q = \dfrac{CA_1 A_2}{\sqrt{A_1^2 - A_2^2}}\sqrt{2gH}$

$= \dfrac{0.98 \times 0.0314 \times 0.0113}{\sqrt{0.0314^2 - 0.0113^2}}\sqrt{2 \times 9.8 \times 1}$

$= 0.053\text{m}^3/\text{s}$

03. 대규모 수공구조물의 설계우량으로 가장 적합한 것은?

① 평균 면적우량
② 발생 가능 최대 강수량(PMP)
③ 기록상의 최대 우량
④ 재현기간 100년에 해당하는 강우량

■ 해설 **가능 최대 강수량**

가능 최대 강수량(Probable Maximum Precipitation)이란 어떤 지역에서 생성될 수 있는 가장 극심한 기상 조건하에서 발생 가능한 호우로 인한 최대 강수량을 의미한다. 대규모 수공구조물을 설계하고자 할 때 기준으로 삼는 우량이며, 통계학적으로는 10,000년 빈도에 해당하는 홍수량을 말한다.

04. 그림과 같은 굴착정(artesian well)의 유량을 구하는 공식은?(단, R : 영향원의 반지름, K : 투수계수, m : 피압대수층의 두께)

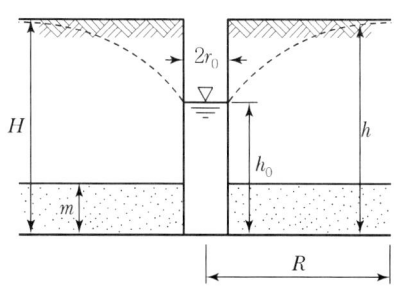

|해답| 01.① 02.② 03.② 04.③

① $Q=\dfrac{2\pi mK(H+h_o)}{\ln(R/r_o)}$

② $Q=\dfrac{2\pi mK(H+h_o)}{\ln(r_o/R)}$

③ $Q=\dfrac{2\pi mK(H-h_o)}{\ln(R/r_o)}$

④ $Q=\dfrac{2\pi mK(H-h_o)}{\ln(r_o/R)}$

■해설 우물의 양수량

종류	내용
깊은 우물 (심정호)	우물의 바닥이 불투수층까지 도달한 우물을 말한다. $Q=\dfrac{\pi K(H^2-h_o^2)}{\ln(R/r_o)}=\dfrac{\pi K(H^2-h_o^2)}{2.3\log(R/r_o)}$
얕은 우물 (천정호)	우물의 바닥이 불투수층까지 도달하지 못한 우물을 말한다. $Q=4Kr_o(H-h_o)$
굴착정	피압대수층의 물을 양수하는 우물을 굴착정이라 한다. $Q=\dfrac{2\pi aK(H-h_o)}{\ln(R/r_o)}=\dfrac{2\pi aK(H-h_o)}{2.3\log(R/r_o)}$
집수암거	복류수를 취수하는 우물을 집수암거라 한다. $Q=\dfrac{Kl}{R}(H^2-h^2)$

∴ 굴착정의 양수량 공식은 $Q=\dfrac{2\pi mK(H-h_o)}{\ln(R/r_o)}$

05. 개수로에서 한계수심에 대한 설명으로 옳은 것은?

① 사류 흐름의 수심
② 상류 흐름의 수심
③ 비에너지가 최대일 때의 수심
④ 비에너지가 최소일 때의 수심

■해설 한계수심
㉠ 유량이 일정하고 비에너지가 최소일 때의 수심을 한계수심이라 한다.
㉡ 비에너지가 일정하고 유량이 최대로 흐를 때의 수심을 한계수심이라 한다.
㉢ 유량이 일정하고 비력이 최소일 때의 수심을 한계수심이라 한다.
㉣ 흐름이 상류(常流)에서 사류(射流)로 바뀌는 지점의 수심을 한계수심이라 한다.

06. 단위도(단위유량도)에 대한 설명으로 옳지 않은 것은?

① 단위도의 3가지 가정은 일정기저시간 가정, 비례 가정, 중첩 가정이다.
② 단위도는 기저유량과 직접유출량을 포함하는 수문곡선이다.
③ S-Curve를 이용하여 단위도의 단위시간을 변경할 수 있다.
④ Snyder는 합성단위도법을 연구 발표하였다.

■해설 단위유량도
㉠ 단위도의 정의
   특정 단위시간 동안 균등한 강우강도로 유역 전반에 걸쳐 균등한 분포로 내리는 단위유효우량으로 인하여 발생하는 직접유출 수문곡선
㉡ 단위도의 구성요소
   • 직접유출량
   • 유효우량 지속시간
   • 유역면적
㉢ 단위도의 3가정
   • 일정기저시간 가정
   • 비례 가정
   • 중첩 가정
∴ 단위유량도는 단위유효우량으로 인한 직접유출 수문곡선으로 기저유출은 포함하지 않는다.

07. 관 속에 흐르는 물의 속도수두를 10m로 유지하기 위한 평균 유속은?

① 4.9m/s ② 9.8m/s
③ 12.6m/s ④ 14.0m/s

■해설 속도수두
㉠ 속도수두
   $h=\dfrac{v^2}{2g}$
㉡ 유속의 산정
   $v=\sqrt{2gh}=\sqrt{2\times 9.8\times 10}=14\text{m/s}$

08. 물체의 공기 중 무게가 750N이고 물속에서의 무게는 250N일 때 이 물체의 체적은?(단, 무게 1kg중=10N)

① 0.05m³
② 0.06m³
③ 0.50m³
④ 0.60m³

■해설 부체의 평형조건
  ㉠ 부체의 평형조건
    • W(무게) $= B$(부력)
    • $w \cdot V = w_w \cdot V'$
      여기서, w : 물체의 단위중량
        V : 부체의 체적
        w_w : 물의 단위중량
        V' : 물에 잠긴 만큼의 체적
  ㉡ 수중에서의 물체의 무게(W')
    • $W' = W$(공기 중 무게) $- B$(부력)
    • $250N = 750N - w_w V$
    • $V = \dfrac{W}{w_w} = \dfrac{500}{10,000} = 0.05m^3$
    • $w_w = 1t/m^3 = 10,000N/m^3$

09. 직사각형 단면의 위어에서 수두(h) 측정에 2%의 오차가 발생했을 때, 유량(Q)에 발생되는 오차는?

① 1%
② 2%
③ 3%
④ 4%

■해설 수두측정오차와 유량오차의 관계
  ㉠ 수두측정오차와 유량오차의 관계
    • 직사각형 위어 : $\dfrac{dQ}{Q} = \dfrac{\frac{3}{2}KH^{\frac{1}{2}}dH}{KH^{\frac{3}{2}}} = \dfrac{3}{2}\dfrac{dH}{H}$
    • 삼각형 위어 : $\dfrac{dQ}{Q} = \dfrac{\frac{5}{2}KH^{\frac{3}{2}}dH}{KH^{\frac{5}{2}}} = \dfrac{5}{2}\dfrac{dH}{H}$
    • 작은 오리피스 : $\dfrac{dQ}{Q} = \dfrac{\frac{1}{2}KH^{-\frac{1}{2}}dH}{KH^{\frac{1}{2}}} = \dfrac{1}{2}\dfrac{dH}{H}$
  ㉡ 직사각형 위어의 유량오차
    $\dfrac{dQ}{Q} = \dfrac{3}{2}\dfrac{dH}{H} = \dfrac{3}{2} \times 2 = 3\%$

10. 상류(subcritical flow)에 관한 설명으로 틀린 것은?

① 하천의 유속이 장파의 전파속도보다 느린 경우이다.
② 관성력이 중력의 영향보다 더 큰 흐름이다.
③ 수심은 한계수심보다 크다.
④ 유속은 한계유속보다 작다.

■해설 흐름의 상태
  ㉠ 상류와 사류의 정의
    • 상류 : 하류의 흐름이 상류에 영향을 줄 수 있는 흐름
    • 사류 : 하류의 흐름이 상류에 영향을 줄 수 없는 흐름
  ㉡ 상류와 사류의 구분
    $F_r = \dfrac{V}{C} = \dfrac{V}{\sqrt{gh}}$
      여기서, V : 유속
        C : 파의 전달속도
    • $F_r < 1$: 상류(常流)
    • $F_r > 1$: 사류(射流)
    • $F_r = 1$: 한계류
  ∴ 상류는 $F_r < 1$ 경우로, 관성력이 중력의 영향보다 더 작은 흐름이다.

11. 지하수에서 Darcy 법칙의 유속에 대한 설명으로 옳은 것은?

① 영향권의 반지름에 비례한다.
② 동수경사에 비례한다.
③ 동수반지름(hydraulic radius)에 비례한다.
④ 수심에 비례한다.

■해설 Darcy의 법칙
  $V = K \cdot I = K \cdot \dfrac{h_L}{L}$
  $Q = A \cdot V = A \cdot K \cdot I = A \cdot K \cdot \dfrac{h_L}{L}$
  ∴ Darcy의 법칙은 지하수 유속이 동수경사에 비례하는 것을 나타내는 법칙이다.

12. 그림과 같은 병렬관수로 ㉠, ㉡, ㉢에서 각 관의 지름과 관의 길이를 각각 $D_1, D_2, D_3, L_1, L_2, L_3$라 할 때 $D_1 > D_2 > D_3$이고 $L_1 > L_2 > L_3$이면 A점과 B점 사이의 손실수두는?

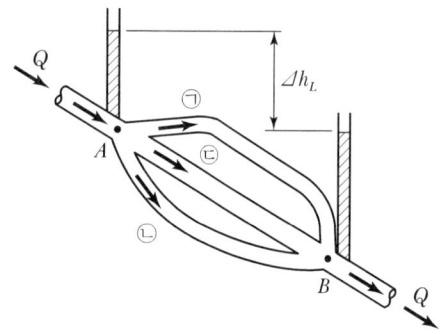

① ㉠의 손실수두가 가장 크다.
② ㉡의 손실수두가 가장 크다.
③ ㉢에서만 손실수두가 발생한다.
④ 모든 관의 손실수두가 같다.

■ 해설 병렬관수로
병렬관수로의 해석에 있어서 각 관수로의 손실수두의 크기는 같다고 본다.
∴ $h_㉠ = h_㉡ = h_㉢$

13. 흐르지 않는 물에 잠긴 평판에 작용하는 전수압(全水壓)의 계산 방법으로 옳은 것은?(단, 여기서 수압이란 단위 면적당 압력을 의미한다.)

① 평판도심의 수압에 평판면적을 곱한다.
② 단면의 상단과 하단 수압의 평균값에 평판면적을 곱한다.
③ 작용하는 수압의 최댓값에 평판면적을 곱한다.
④ 평판의 상단에 작용하는 수압에 평판면적을 곱한다.

■ 해설 전수압의 산정
수면과 연직인 면이 받는 전수압의 크기
$P = w h_G A$
여기서, P : 전수압
w : 물의 단위중량
h_G : 평면의 도심
A : 면적
∴ 전수압은 평판도심의 수압에 면적을 곱한 것과 같다.

14. 물리량의 차원이 옳지 않은 것은?

① 에너지 : $[ML^{-2}T^{-2}]$
② 동점성계수 : $[L^2T^{-1}]$
③ 점성계수 : $[ML^{-1}T^{-1}]$
④ 밀도 : $[FL^{-4}T^2]$

■ 해설 차원
㉠ 물리량의 크기를 힘$[F]$, 질량$[M]$, 시간$[T]$, 길이$[L]$의 지수형태로 표기한 것
㉡ 물리량의 차원

물리량	LFT	LMT
에너지	FL	ML^2T^{-2}
동점성계수	L^2T^{-1}	L^2T^{-1}
점성계수	FTL^{-2}	$ML^{-1}T^{-1}$
밀도	FT^2L^{-4}	ML^{-3}

15. 유출(runoff)에 대한 설명으로 옳지 않은 것은?

① 비가 오기 전의 유출을 기저유출이라 한다.
② 우량은 별도의 손실 없이 그 전량이 하천으로 유출된다.
③ 일정기간에 하천으로 유출되는 수량의 합을 유출량이라 한다.
④ 유출량과 그 기간의 강수량과의 비(比)를 유출계수 또는 유출률이라 한다.

■ 해설 유출
㉠ 강수가 지표와 지하를 지나 하천을 통해 흘러가는 현상을 유출이라고 한다.
㉡ 비가 오기 전 건천후시에 발생하는 유출을 기저유출이라 하며, 비가 내렸을 때 발생하는 유출을 직접유출이라고 한다.
㉢ 초기 강우는 침투, 차단, 저류 등을 통해서 손실이 발생하고 나머지 양이 하천으로 유출된다.
㉣ 일정기간 하천으로 유출되는 수량의 합을 유출량이라 한다.
㉤ 유출량과 그 기간의 강수량과의 비를 유출계수 또는 유출률이라 한다.

16. 유량 147.6L/s를 송수하기 위하여 안지름 0.4m의 관을 700m의 길이로 설치하였을 때 흐름의 에너지 경사는?(단, 조도계수 $n=0.012$, Manning 공식을 적용한다.)

① $\dfrac{1}{700}$ ② $\dfrac{2}{700}$

③ $\dfrac{3}{700}$ ④ $\dfrac{4}{700}$

■해설 Manning 공식
 ㉠ Manning 공식
  $$v=\dfrac{1}{n}R^{\frac{2}{3}}I^{\frac{1}{2}}$$
  여기서, n : 조도계수
   R : 경심
   I : 동수경사($=\dfrac{h}{l}$)
 ㉡ 유량
  $$Q=AV=\dfrac{\pi d^2}{4}\times\dfrac{1}{n}R^{\frac{2}{3}}\left(\dfrac{h}{l}\right)^{\frac{1}{2}}$$
  $$0.1476=\dfrac{\pi\times 0.4^2}{4}\times\dfrac{1}{0.012}\times\left(\dfrac{0.4}{4}\right)^{\frac{2}{3}}\times\left(\dfrac{h}{700}\right)^{\frac{1}{2}}$$
  $\therefore h=3$
  $\therefore I=\dfrac{3}{700}$

17. 수문에 관련한 용어에 대한 설명 중 옳지 않은 것은?

① 침투란 토양면을 통해 스며든 물이 중력에 의해 계속 지하로 이동하여 불투수층까지 도달하는 것이다.
② 증산(transpiration)이란 식물의 엽면(葉面)을 통해 물이 수증기의 형태로 대기 중에 방출되는 현상이다.
③ 강수(precipitation)란 구름이 응축되어 지상으로 떨어지는 모든 형태의 수분을 총칭한다.
④ 증발이란 액체상태의 물이 기체상태의 수증기로 바뀌는 현상이다.

■해설 수문학 일반
 ㉠ 비가 내려 토양면을 통하여 스며드는 현상을 침투라고 하고, 침투된 물이 중력에 의해 지하수위까지 도달하는 현상을 침루라고 한다.
 ㉡ 수표면으로부터 대기 중으로 방출되는 현상을 증발이라 하고, 식물의 입면을 통해 대기 중으로 방출되는 현상을 증산이라고 한다.
 ㉢ 구름이 응축되어 지상으로 떨어지는 모든 형태의 수분을 강수라고 한다.

18. 수조의 수면에서 2m 아래 지점에 지름 10cm의 오리피스를 통하여 유출되는 유량은?(단, 유량계수 $C=0.6$)

① $0.0152\text{m}^3/\text{s}$ ② $0.0068\text{m}^3/\text{s}$
③ $0.0295\text{m}^3/\text{s}$ ④ $0.0094\text{m}^3/\text{s}$

■해설 오리피스
 ㉠ 작은 오리피스
  $$Q=Ca\sqrt{2gh}$$
  여기서, Q : 오리피스 유량
   C : 유량계수
   a : 오리피스 단면적
   h : 수위차
 ㉡ 오리피스 유량 계산
  $Q=Ca\sqrt{2gh}$
  $=0.6\times\dfrac{\pi\times 0.1^2}{4}\times\sqrt{2\times 9.8\times 2}$
  $=0.0295\text{m}^3/\text{s}$

19. 층류와 난류(亂流)에 관한 설명으로 옳지 않은 것은?

① 층류란 유수(流水) 중에서 유선이 평행한 층을 이루는 흐름이다.
② 층류와 난류를 레이놀즈 수에 의하여 구별할 수 있다.
③ 원관 내 흐름의 한계 레이놀즈 수는 약 2,000 정도이다.
④ 층류에서 난류로 변할 때의 유속과 난류에서 층류로 변할 때의 유속은 같다.

■해설 흐름의 상태
 ㉠ 층류와 난류
  • 점성에 의해 흐름이 층상을 이루며 정연하게 흐르는 흐름을 층류라고 한다.
  • 유체입자가 상하좌우운동을 하면서 흐르는 흐름을 난류라고 한다.

|해답| 16.③ 17.① 18.③ 19.④

ⓒ 층류와 난류의 구분

$R_e = \dfrac{VD}{\nu}$

여기서, V : 유속
D : 관의 직경
ν : 동점성계수

- $R_e < 2,000$: 층류
- $2,000 < R_e < 4,000$: 천이영역
- $R_e > 4,000$: 난류
- 원관 내 흐름의 한계 레이놀즈 수는 2,000을 기준으로 한다.
- 층류에서 난류로 변할 때의 유속과 난류에서 층류로 변할 때의 유속은 다르다. 이때의 흐름을 층류와 난류가 공존하는 흐름으로 천이영역이라고 한다.

20. 댐의 상류부에서 발생되는 수면 곡선으로 흐름방향으로 수심이 증가함을 뜻하는 곡선은?

① 배수곡선 ② 저하곡선
③ 수리특성곡선 ④ 유사량곡선

■해설 부등류의 수면형

㉠ $dx/dy > 0$이면 수심이 흐름방향으로 증가함을 뜻하며 이 유형의 곡선을 배수곡선(backwater curve)이라 하고, 댐 상류부에서 볼 수 있는 곡선이다.

ⓒ $dx/dy < 0$이면 수심이 흐름방향으로 감소함을 뜻하며 이 유형의 곡선을 저하곡선(dropdown curve)이라 하고, 위어 등에서 볼 수 있는 곡선이다.

∴ 댐 상류부 등에서 볼 수 있고 흐름방향으로 수심이 증가하는 형태의 곡선을 배수곡선이라고 한다.

과년도 출제문제 및 해설

Item pool (산업기사 2019년 3월 3일 시행)

01. 깊은 우물(심정호)에 대한 설명으로 옳은 것은?

① 불투수층에서 50m 이상 도달한 우물
② 집수 우물 바닥이 불투수층까지 도달한 우물
③ 집수 깊이가 100m 이상인 우물
④ 집수 우물 바닥이 불투수층을 통과하여 새로운 대수층에 도달한 우물

■해설 우물의 양수량

종류	내용
깊은 우물 (심정호)	우물의 바닥이 불투수층까지 도달한 우물을 말한다. $Q = \dfrac{\pi K(H^2 - h_o^2)}{\ln(R/r_o)} = \dfrac{\pi K(H^2 - h_o^2)}{2.3\log(R/r_o)}$
얕은 우물 (천정호)	우물의 바닥이 불투수층까지 도달하지 못한 우물을 말한다. $Q = 4Kr_o(H - h_o)$
굴착정	피압대수층의 물을 양수하는 우물을 굴착정이라 한다. $Q = \dfrac{2\pi a K(H - h_o)}{\ln(R/r_o)} = \dfrac{2\pi a K(H - h_o)}{2.3\log(R/r_o)}$
집수암거	복류수를 취수하는 우물을 집수암거라 한다. $Q = \dfrac{Kl}{R}(H^2 - h^2)$

∴ 깊은 우물은 우물의 바닥이 불투수층까지 도달한 우물을 말한다.

02. 초속 25m/s, 수평면과의 각 60°로 사출된 분수가 도달하는 최대 연직 높이는?(단, 공기 등 기타 저항은 무시한다.)

① 23.9m ② 20.8m
③ 27.6m ④ 15.8m

■해설 사출수의 도달거리
㉠ 사출수의 도달거리
 • 수평거리 : $L = \dfrac{V_o^2 \sin 2\theta}{g}$
 • 연직거리 : $H = \dfrac{V_o^2 \sin^2\theta}{2g}$
㉡ 도달높이의 산정
$H = \dfrac{V_o^2 \sin^2\theta}{2g} = \dfrac{25^2 \times (\sin 60°)^2}{2 \times 9.8} = 23.9\text{m}$

03. 정수압의 성질에 대한 설명으로 옳지 않은 것은?

① 정수압은 수중의 가상면에 항상 수직으로 작용한다.
② 정수압의 강도는 전 수심에 걸쳐 균일하게 작용한다.
③ 정수 중의 한 점에 작용하는 수압의 크기는 모든 방향에서 동일한 크기를 갖는다.
④ 정수압의 강도는 단위 면적에 작용하는 힘의 크기를 표시한다.

■해설 정수압의 성질
㉠ 정수압은 수중의 가상면에 항상 직각으로 작용한다.
㉡ 정수압의 강도는 수심에 비례하여 증가한다.
㉢ 정수 중의 한 점에 작용하는 수압의 크기는 모든 방향에서 동일한 크기를 갖는다.
㉣ 정수압 강도는 단위 면적에 작용하는 힘의 크기를 말한다.

04. 모세관 현상에 관한 설명으로 옳지 않은 것은?

① 모세관의 상승높이는 액체의 응집력과 액체와 관벽의 부착력에 의해 좌우된다.
② 액체의 응집력이 관벽과의 부착보다 크면 관 내의 액체 높이는 관 밖의 액체보다 낮게 된다.
③ 모세관의 상승높이는 모세관의 지름 d에 반비례한다.
④ 모세관의 상승높이는 액체의 단위중량에 비례한다.

|해답| 01.② 02.① 03.② 04.④

■해설 모세관 현상
ⓐ 유체입자 간의 응집력과 유체입자와 관벽 사이의 부착력으로 인해 수면이 상승하는 현상을 모세관 현상이라 한다.
$$h = \frac{4T\cos\theta}{wD}$$
ⓑ 특징
- 모세관의 상승높이는 액체의 응집력과 액체와 관벽의 부착력에 의해 좌우된다.
- 액체의 응집력이 관벽과의 부착력보다 크면 모관상승고는 하강한다.
- 모세관의 상승높이는 모세관의 지름 d에 반비례한다.
- 모세관의 상승높이는 액체의 단위중량에 반비례한다.

05. 관수로에서 레이놀즈(Reynolds, R_e) 수에 대한 설명으로 옳지 않은 것은?(단, V : 평균유속, D : 관의 지름, ν : 유체의 동점성계수)

① 레이놀즈 수는 $\dfrac{VD}{\nu}$로 구할 수 있다.
② $R_e > 4{,}000$이면 층류이다.
③ 레이놀즈 수에 따라 흐름상태(난류와 층류)를 알 수 있다.
④ R_e는 무차원의 수이다.

■해설 흐름의 상태
층류와 난류의 구분
$$R_e = \frac{VD}{\nu}$$
여기서, V : 유속
D : 관의 직경
ν : 동점성계수
- $R_e < 2{,}000$: 층류
- $2{,}000 < R_e < 4{,}000$: 천이영역
- $R_e > 4{,}000$: 난류

06. 폭이 10m인 직사각형 수로에서 유량 10m³/s가 1m의 수심으로 흐를 때 한계 유속은?(단, 에너지 보정계수 $\alpha = 1.1$)

① 3.96m/s ② 2.87m/s
③ 2.07m/s ④ 1.89m/s

■해설 한계유속
ⓐ 한계유속
한계수심을 통과할 때의 유속을 한계유속이라고 하며, 직사각형 단면의 한계유속은 다음과 같다.
$$V_c = \sqrt{\frac{gh_c}{\alpha}}$$
여기서, V_c : 한계유속
g : 중력가속도
h_c : 한계수심
α : 에너지 보정계수
ⓑ 한계수심의 산정
$$h_c = \left(\frac{\alpha Q^2}{gb^2}\right)^{\frac{1}{3}} = \left(\frac{1.1 \times 10^2}{9.8 \times 10^2}\right)^{\frac{1}{3}} = 0.482\text{m}$$
ⓒ 한계유속의 산정
$$V_c = \sqrt{\frac{gh_c}{\alpha}} = \sqrt{\frac{9.8 \times 0.482}{1.1}} = 2.07\text{m/s}$$

07. Darcy-Weisbach의 마찰손실 공식으로부터 Chezy의 평균유속 공식을 유도한 것으로 옳은 것은?

① $V = \dfrac{124.5}{D^{1/3}} \cdot \sqrt{RI}$
② $V = \sqrt{\dfrac{8g}{D^{1/3}}} \cdot \sqrt{RI}$
③ $V = \sqrt{\dfrac{f}{8}} \cdot \sqrt{RI}$
④ $V = \sqrt{\dfrac{8g}{f}} \cdot \sqrt{RI}$

■해설 Chezy의 평균유속 공식
ⓐ Chezy 평균유속공식
$$V = C\sqrt{RI}$$
여기서, C : Chezy 유속계수
R : 경심
I : 동수경사
ⓑ C와 f의 관계
$$C = \sqrt{\frac{8g}{f}}$$
여기서, f : 마찰손실계수
ⓒ Chezy 평균유속공식
$$V = \sqrt{\frac{8g}{f}} \cdot \sqrt{RI}$$

08. 부체(浮體)의 성질에 대한 설명으로 옳지 않은 것은?

① 부양면의 단면 2차 모멘트가 가장 작은 축으로 기울어지기 쉽다.
② 부체가 평행상태일 때는 부체의 중심과 부심이 동일 직선상에 있다.
③ 경심고가 클수록 부체는 불안정하다.
④ 우력이 영(0)일 때를 중립이라 한다.

■해설 부체의 성질
㉠ 부양면의 단면 2차 모멘트가 작은 축으로 기울어지기 쉽다.
$\frac{I}{V} < \overline{GC}$: 불안정
㉡ 부체의 중심과 부심이 동일 직선상에 있을 때 부체는 평형하다.
㉢ 경심고가 0보다 크면 부체는 안정하다.
$\overline{MG} > 0$: 안정
㉣ 우력이 0이면 중립이다.

09. 관수로에서 발생하는 손실수두 중 가장 큰 것은?

① 유입손실 ② 유출손실
③ 만곡손실 ④ 마찰손실

■해설 손실의 분류
㉠ 마찰손실수두를 대손실(major loss)이라고 한다.
㉡ 마찰 이외의 모든 손실을 소손실(minor loss)이라고 한다.
∴ 손실수두가 가장 큰 것은 대손실인 마찰손실이다.

10. 개수로의 흐름에서 도수 전의 Froude 수가 Fr_1일 때, 완전도수가 발생하는 조건은?

① $Fr_1 < 0.5$ ② $Fr_1 = 1.0$
③ $Fr_1 = 1.5$ ④ $Fr_1 > \sqrt{3.0}$

■해설 도수
㉠ 도수 현상은 역적-운동량 방정식으로부터 유도할 수 있다.
㉡ 흐름이 사류(射流)에서 상류(常流)로 바뀔 때 수면이 뛰는 현상을 도수(hydraulic jump)라고 한다.
㉢ 도수는 큰 에너지 손실을 동반한다.
㉣ $1 < F_r < \sqrt{3}$ 을 파상도수라고 하며, $F_r > \sqrt{3}$ 을 완전도수라고 한다.

11. 오리피스의 지름이 5cm이고, 수면에서 오리피스의 중심까지가 4m인 예연 원형 오리피스를 통하여 분출되는 유량은?(단, 유속계수 $C_v = 0.98$, 수축계수 $C_c = 0.62$)

① 1.056L/s ② 2.860L/s
③ 10.56L/s ④ 28.60L/s

■해설 오리피스의 유량
㉠ 오리피스의 유량
$Q = Ca\sqrt{2gh}$
여기서, C : 유량계수
a : 오리피스의 단면적
g : 중력가속도
h : 오리피스 중심까지의 수심
㉡ 유량계수(C)
C = 실제유량/이론유량 = $C_a \times C_v \fallingdotseq 0.62$
∴ $C = C_a \times C_v = 0.62 \times 0.98 = 0.61$
㉢ 유량의 산정
$Q = Ca\sqrt{2gh}$
$= 0.61 \times \frac{\pi \times 0.05^2}{4} \times \sqrt{2 \times 9.8 \times 4}$
$= 0.0106 m^3/sec = 10.6 L/s$

12. M, L, T가 각각 질량, 길이, 시간의 차원을 나타낼 때, 운동량의 차원으로 옳은 것은?

① $[MLT^{-1}]$ ② $[MLT]$
③ $[MLT^2]$ ④ $[ML^2T]$

■해설 차원
㉠ 물리량의 크기를 힘$[F]$, 질량$[M]$, 시간$[T]$, 길이$[L]$의 지수형태로 표기한 것
㉡ 운동량의 차원
• FLT계 차원 : FT
• MLT계 차원 : MLT^{-1}
∴ $F = MLT^{-2}$

13. 개수로에서 한계 수심에 대한 설명으로 옳은 것은?

① 상류로 흐를 때의 수심
② 사류로 흐를 때의 수심
③ 최대 비에너지에 대한 수심
④ 최소 비에너지에 대한 수심

■해설 한계수심
㉠ 유량이 일정하고 비에너지가 최소일 때의 수심을 한계수심이라 한다.
㉡ 비에너지가 일정하고 유량이 최대로 흐를 때의 수심을 한계수심이라 한다.
㉢ 유량이 일정하고 비력이 최소일 때의 수심을 한계수심이라 한다.
㉣ 흐름이 상류(常流)에서 사류(射流)로 바뀌는 지점의 수심을 한계수심이라 한다.

14. 개수로 구간에 댐을 설치했을 때 수심 h가 상류로 갈수록 등류수심 h_0에 접근하는 수면곡선을 무엇이라 하는가?

① 저하곡선
② 배수곡선
③ 문곡선
④ 수면곡선

■해설 부등류의 수면형
㉠ $dx/dy>0$이면 수심이 흐름방향으로 증가함을 뜻하며 이 유형의 곡선을 배수곡선(backwater curve)이라 하고, 댐 상류부에서 볼 수 있는 곡선이다.
㉡ $dx/dy<0$이면 수심이 흐름방향으로 감소함을 뜻하며 이 유형의 곡선을 저하곡선(dropdown curve)이라 하고, 위어 등에서 볼 수 있는 곡선이다.
∴ 댐 상류부 등에서 볼 수 있고 수심 h가 상류(上流)로 갈수록 등류수심 h_0에 접근하는 수면곡선을 배수곡선이라고 한다.

15. 그림과 같이 지름 5cm의 분류가 30m/s의 속도로 판에 수직으로 충돌하였을 때 판에 작용하는 힘은?

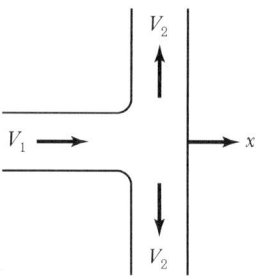

① 90N
② 180N
③ 720N
④ 1.81kN

■해설 운동량 방정식
㉠ 운동량 방정식
  • 운동량 방정식
  $$F=\rho Q(V_2-V_1)=\frac{wQ}{g}(V_2-V_1)$$
  • 판이 받는 힘(반력)
  $$F=\rho Q(V_1-V_2)=\frac{wQ}{g}(V_1-V_2)$$
㉡ 반력의 산정
  • 유입부 x방향 속도: $V_1=V$
  • 유출부 x방향 속도: $V_2=0$
㉢ 판에 작용하는 힘의 산정
$$F=\frac{wQ}{g}(V_1-V_2)$$
$$=\frac{1\times(\frac{\pi\times0.05^2}{4}\times30)}{9.8}(30-0)$$
$$=0.18t=1.8kN$$
∴ $1kg=9.8N$

16. 베르누이 정리에 관한 설명으로 옳지 않은 것은?

① $z+\dfrac{P}{w}+\dfrac{V^2}{2g}$의 수두가 일정하다.
② 정상류이어야 하며 마찰에 의한 에너지 손실이 없는 경우에 적용된다.
③ 동수경사선이 에너지선보다 항상 위에 있다.
④ 경사선과 에너지선을 설명할 수 있다.

■해설 Bernoulli 정리
㉠ Bernoulli 정리
$$z+\frac{p}{w}+\frac{v^2}{2g}=H(일정)$$
㉡ 성립가정
  • 하나의 유선에서만 성립된다.
  • 정상류 흐름이다.

- 이상유체에 적용된다.
  ⓒ 동수경사선과 에너지선
  - 위치수두(z)와 압력수두($\frac{p}{w}$)를 합한 점을 연결한 선을 동수경사선이라고 한다.
  - 동수경사선에서 속도수두($\frac{v^2}{2g}$)만큼 위에 있는 선을 에너지선이라고 한다.

17. 폭이 넓은 직사각형 수로에서 폭 1m당 0.5m³/s의 유량이 80cm의 수심으로 흐르는 경우에 이 흐름은?(단, 이때 동점성계수는 0.012cm²/s이고 한계수심은 29.4cm이다.)

① 층류이며 상류 ② 층류이며 사류
③ 난류이며 상류 ④ 난류이며 사류

■해설 흐름의 상태
  ㉠ 층류와 난류
  $R_e = \frac{VD}{\nu}$
  여기서, V : 유속
      D : 관의 직경
      ν : 동점성계수
  - $R_e < 2,000$: 층류
  - $2,000 < R_e < 4,000$: 천이영역
  - $R_e > 4,000$: 난류
  ㉡ 상류(常流)와 사류(射流)
  $F_r = \frac{V}{C} = \frac{V}{\sqrt{gh}}$
  여기서, V : 유속
      C : 파의 전달속도
  - $F_r < 1$: 상류(常流)
  - $F_r > 1$: 사류(射流)
  - $F_r = 1$: 한계류
  ㉢ 층류와 난류의 계산
  $V = \frac{Q}{A} = \frac{0.5}{1 \times 0.8} = 0.625\text{m/s}$
  $R_e = \frac{VD}{\nu} = \frac{0.625 \times 0.8}{0.012 \times 10^{-4}} = 416.667$
  ∴ 난류
  ㉣ 상류(常流)와 사류(射流)의 계산
  $F_r = \frac{V}{\sqrt{gh}} = \frac{0.625}{\sqrt{9.8 \times 0.8}} = 0.223$
  ∴ 상류(常流)

18. 부피가 5.8m³인 액체의 중량이 62.2N일 때, 이 액체의 비중은?

① 0.951 ② 1.094
③ 1.117 ④ 1.195

■해설 유체의 물리적 성질
  ㉠ 단위중량
  어떤 유체의 단위체적당 무게(중량)를 단위중량이라고 한다.
  $w = \frac{W}{V} = \frac{6.35}{5.8} = 1.09\text{kg/m}^3$
  $= 1.09 \times 10^{-3}\text{t/m}^3$
  ㉡ 비중
  어떤 유체의 단위중량을 물의 단위중량으로 나눈 값을 비중이라고 한다.
  $S = \frac{w}{w_w} = \frac{1.09 \times 10^{-3}}{1} = 1.09 \times 10^{-3}$

19. 흐름의 연속방정식은 어떤 법칙을 기초로 하여 만들어진 것인가?

① 질량 보존의 법칙 ② 에너지 보존의 법칙
③ 운동량 보존의 법칙 ④ 마찰력 불변의 법칙

■해설 연속방정식
  ㉠ 질량보존의 법칙에 의해 만들어진 방정식이다.
  ㉡ 검사구간에서의 도중에 질량의 유입이나 유출이 없다고 하면 구간 내 어느 곳에서나 질량유량은 같다.
  $Q = \rho_1 A_1 V_1 = \rho_2 A_2 V_2$ (질량유량)
  ㉢ 비압축성 유체로 가정하면 밀도(ρ)가 일정해져서 생략이 가능하다.
  $Q = A_1 V_1 = A_2 V_2$ (체적유량)

20. 지하수의 투수계수와 관계가 없는 것은?

① 토사의 입경 ② 물의 단위중량
③ 지하수의 온도 ④ 토사의 단위중량

■해설 Darcy의 법칙
  ㉠ Darcy의 법칙
  $V = K \cdot I = K \cdot \frac{h_L}{L}$
  $Q = A \cdot V = A \cdot I = A \cdot K \cdot \frac{h_L}{L}$

|해답| 17.③ 18.② 19.① 20.④

ⓒ 특징
- 투수계수의 차원은 동수경사가 무차원이므로 속도의 차원[LT^{-1}]과 동일하다.
- Darcy의 법칙은 지하수의 층류흐름에 대한 마찰저항공식이다.
- Darcy의 법칙은 정상류흐름의 층류에만 적용된다.(특히, $R_e < 4$일 때 잘 적용된다.)
- 투수계수는 물의 점성계수에 따라서도 변화한다.

$$K = D_s^2 \frac{\rho g}{\mu} \frac{e^3}{1+e} C$$

여기서, D_s : 입자의 직경
ρg : 물의 단위중량
μ : 점성계수
e : 간극비
C : 형상계수

∴ 투수계수와 관련이 없는 것은 토사의 단위중량이다.

과년도 출제문제 및 해설

01. 다음 중 증발에 영향을 미치는 인자가 아닌 것은?

① 온도　　　　② 대기압
③ 통수능　　　④ 상대습도

■해설 증발
　㉠ 증발
　　자유수면으로부터 물이 대기 중으로 방출되는 현상을 증발이라 하고, 지중의 물을 식물의 뿌리가 끌어올려서 식물의 엽면으로부터 대기 중으로 방출되는 현상을 증산이라고 한다.
　㉡ 증발의 영향인자
　　• 물과 공기의 습도
　　• 바람
　　• 상대습도
　　• 대기압
　　• 수질 및 수표면의 성질과 형상

02. 유역면적이 15km²이고 1시간에 내린 강우량이 150mm일 때 하천의 유출량이 350m³/s이면 유출률은?

① 0.56　　　② 0.65
③ 0.72　　　④ 0.78

■해설 유출률
　㉠ 총강우량에 대한 유출량의 비를 유출률이라고 한다.
　㉡ 강우량
　　$150 \times 10^{-3} \times 15 \times 10^6 = 2,250,000 \text{m}^3/\text{hr}$
　　$= 625 \text{m}^3/\text{s}$
　㉢ 유출률의 산정
　　유출률 $= \dfrac{유출량}{강우량} = \dfrac{350}{625} = 0.56$

03. 비압축성 유체의 연속방정식을 표현한 것으로 가장 올바른 것은?

① $Q = \rho AV$　　② $\rho_1 A_1 = \rho_2 A_2$
③ $Q_1 A_1 V_1 = Q_2 A_2 V_2$　　④ $A_1 V_1 = A_2 V_2$

■해설 연속방정식
　㉠ 질량보존의 법칙에 의해 만들어진 방정식이다.
　㉡ 검사구간에서의 도중에 질량의 유입이나 유출이 없다고 하면 구간 내 어느 곳에서나 질량유량은 같다.
　　$Q = \rho_1 A_1 V_1 = \rho_2 A_2 V_2$ (질량유량)
　㉢ 비압축성 유체로 가정하면 밀도(ρ)가 일정해져서 생략이 가능하다.
　　$Q = A_1 V_1 = A_2 V_2$ (체적유량)

04. 다음 물의 흐름에 대한 설명 중 옳은 것은?

① 수심은 깊으나 유속이 느린 흐름을 사류라 한다.
② 물의 분자가 흩어지지 않고 질서 정연히 흐르는 흐름을 난류라 한다.
③ 모든 단면에 있어 유적과 유속이 시간에 따라 변하는 것을 정류라 한다.
④ 에너지선과 동수 경사선의 높이의 차는 일반적으로 $\dfrac{V^2}{2g}$ 이다.

■해설 유체 흐름의 일반적 사항
　㉠ 하류(下流)의 흐름이 상류(上流)에 영향을 줄 수 없는 흐름을 사류라고 한다. 일반적으로 사류는 경사가 급하고 유속이 빨라서 영향을 줄 수가 없다.
　㉡ 유체입자가 점성에 의해 층상을 이루며 흐트러지지 않고 정연하게 흐르는 흐름을 층류라고 한다.
　㉢ 시간에 따라서 흐름의 특성이 변하지 않는 흐름을 정류라고 하고, 단면에 따라서 흐름의 특성이 변하지 않는 흐름을 등류라고 한다.
　㉣ 에너지선과 동수경사선의 높이의 차는 속도수두($\dfrac{V^2}{2g}$)이다.

|해답| 01.③　02.①　03.④　04.④

05. 미계측 유역에 대한 단위유량도의 합성방법이 아닌 것은?

① SCS 방법   ② Clark 방법
③ Horton 방법   ④ Snyder 방법

■해설 합성단위도
㉠ 유량기록이 없는 미계측 유역에서 수자원 개발 목적을 위하여 다른 유역의 과거의 경험을 토대로 단위도를 합성하여 근사치로 사용하는 단위유량도를 합성단위유량도라 한다.
㉡ 합성단위 유량도법
 • Snyder 방법
 • SCS 무차원단위도법
 • 中安(나까야스)방법
 • Clark의 유역추적법
㉢ 구성인자
 • 강우 지속시간(t_r)
 • 지체시간(t_p)
 • 첨두홍수량(Q_p)
 • 기저시간(T)

06. 표고 20m인 저수지에서 물을 표고 50m 지점까지 1.0m³/sec의 물을 양수하는 데 소요되는 펌프동력은?(단, 모든 손실수두의 합은 3.0m이고 모든 관은 동일한 직경과 수리학적 특성을 지니며, 펌프의 효율은 80%이다.)

① 248kW   ② 330kW
③ 404kW   ④ 650kW

■해설 동력의 산정
㉠ 양수에 필요한 동력($H_e = h + \sum h_L$)
 • $P = \dfrac{9.8 QH_e}{\eta}$ (kW)
 • $P = \dfrac{13.3 QH_e}{\eta}$ (HP)
㉡ 소요동력의 산정
$P = \dfrac{9.8 QH_e}{\eta} = \dfrac{9.8 \times 1.0 \times (30+3)}{0.8}$
$= 404.25$kW

07. 폭 35cm인 직사각형 위어(weir)의 유량을 측정하였더니 0.03m³/s이었다. 월류수심의 측정에 1mm의 오차가 생겼다면, 유량에 발생하는 오차는?(단, 유량계산은 프란시스(Francis) 공식을 사용하되 월류 시 단면수축은 없는 것으로 가정한다.)

① 1.16%   ② 1.50%
③ 1.67%   ④ 1.84%

■해설 수두측정오차와 유량오차와의 관계
㉠ 수두측정오차와 유량오차의 관계
 • 직사각형 위어 : $\dfrac{dQ}{Q} = \dfrac{\frac{3}{2} KH^{\frac{1}{2}} dH}{KH^{\frac{3}{2}}} = \dfrac{3}{2} \dfrac{dH}{H}$

 • 삼각형 위어 : $\dfrac{dQ}{Q} = \dfrac{\frac{5}{2} KH^{\frac{3}{2}} dH}{KH^{\frac{5}{2}}} = \dfrac{5}{2} \dfrac{dH}{H}$

 • 작은 오리피스 : $\dfrac{dQ}{Q} = \dfrac{\frac{1}{2} KH^{-\frac{1}{2}} dH}{KH^{\frac{1}{2}}} = \dfrac{1}{2} \dfrac{dH}{H}$

㉡ 프란시스 공식을 이용한 수심의 산정
$Q = 1.84 b h^{\frac{3}{2}}$
$h = \left(\dfrac{Q}{1.84 b}\right)^{\frac{2}{3}} = \left(\dfrac{0.03}{1.84 \times 0.35}\right)^{\frac{2}{3}} = 0.129$m

㉢ 오차 계산
$\dfrac{dQ}{Q} = \dfrac{3}{2} \dfrac{dH}{H} = \dfrac{3}{2} \times \dfrac{0.001}{0.129} \times 100\% = 1.16\%$

08. 여과량이 2m³/s, 동수경사가 0.2, 투수계수가 1cm/s일 때 필요한 여과지 면적은?

① 1,000m²   ② 1,500m²
③ 2,000m²   ④ 2,500m²

■해설 Darcy의 법칙
㉠ Darcy의 법칙
$V = K \cdot I = K \cdot \dfrac{h_L}{L}$
$Q = A \cdot V = A \cdot K \cdot I = A \cdot K \cdot \dfrac{h_L}{L}$

㉡ 면적의 산정
$A = \dfrac{Q}{V} = \dfrac{Q}{KI} = \dfrac{2}{1 \times 10^{-2} \times 0.2} = 1,000$m²

09. 다음 표는 어느 지역의 40분간 집중 호우를 매 5분마다 관측한 것이다. 지속기간이 20분인 최대 강우강도는?

시간(분)	우량(mm)
0~5	1
5~10	4
10~15	2
15~20	5
20~25	8
25~30	7
30~35	3
35~40	2

① I=49mm/hr ② I=59mm/hr
③ I=69mm/hr ④ I=72mm/hr

■해설 강우강도
㉠ 단위시간당 내린 비의 크기를 강우강도라고 한다.
㉡ 지속시간 20분 강우사상의 산정
 • 1번 사상 : 1+4+2+5=12mm
 • 2번 사상 : 4+2+5+8=19mm
 • 3번 사상 : 2+5+8+7=22mm
 • 4번 사상 : 5+8+7+3=23mm
 • 5번 사상 : 8+7+3+2=20mm
㉢ 지속시간 20분 최대강우강도의 산정
$\frac{23}{20} \times 60 = 69$mm/hr

10. 길이 13m, 높이 2m, 폭 3m, 무게 20ton인 바지선의 흘수는?

① 0.51m ② 0.56m
③ 0.58m ④ 0.46m

■해설 부체의 평형조건
㉠ 부체의 평형조건
 • W(무게) = B(부력)
 • $wV = w_w V'$
  여기서, w : 부체의 단위중량
  w_w : 물의 단위중량
  V : 부체의 총체적
  V' : 물에 잠긴 만큼의 체적

㉡ 흘수의 산정
$W = w_w V'$
$20 = 1 \times (13 \times 3 \times D)$
∴ $D = 0.51$m

11. 개수로 내의 흐름에 대한 설명으로 옳은 것은?
① 에너지선은 자유표면과 일치한다.
② 동수경사선은 자유표면과 일치한다.
③ 에너지선과 동수경사선은 일치한다.
④ 동수경사선은 에너지선과 언제나 평행하다.

■해설 개수로 일반사항
㉠ 에너지선은 자유표면에서 속도수두만큼 위에 있다.
㉡ 동수경사선은 자유표면과 일치한다.
㉢ 등류일 경우에만 동수경사선과 에너지선이 평행하다.

12. 상대조도에 관한 사항 중 옳은 것은?
① Chezy의 유속계수와 같다.
② Manning의 조도계수를 나타낸다.
③ 절대조도를 관지름으로 곱한 것이다.
④ 절대조도를 관지름으로 나눈 것이다.

■해설 상대조도
상대조도는 절대조도(e)를 관의 지름(D)으로 나눈 것($\frac{e}{D}$)을 말한다.

13. 그림과 같이 물속에 수직으로 설치된 넓이 2m×3m의 수문을 올리는 데 필요한 힘은?(단, 수문의 물속 무게는 1,960N이고 수문과 벽면 사이의 마찰계수는 0.25이다.)

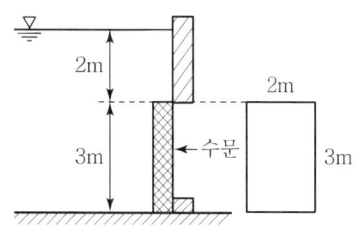

|해답| 09.③ 10.① 11.② 12.④ 13.②

① 5.45kN ② 53.4kN
③ 126.7kN ④ 271.2kN

■ 해설 수문을 끌어올리는 힘
　㉠ 마찰을 고려한 수문을 끌어올리는 힘
　　　$F = fP + W - B$
　　　여기서, f : 수문 홈통의 마찰계수
　　　　　　　P : 수문에 작용하는 전수압
　　　　　　　W : 수문의 무게
　　　　　　　B : 수문에 작용하는 부력(일반적으로는 무시)
　㉡ 수문에 작용하는 전수압의 산정
　　　$P = wh_G A = 1 \times 3.5 \times (2 \times 3) = 21t$
　㉢ 수문을 끌어올리는 힘의 산정
　　　$F = fP + W - B$
　　　　$= 0.25 \times 21 + 0.2 = 5.45t = 53.41kN$
　　　∴ $1,960N = 1.96kN = 0.2t$

14. 단위중량 w, 밀도 ρ인 유체가 유속 V로서 수평방향으로 흐르고 있다. 지름 d, 길이 l인 원주가 유체의 흐름방향에 직각으로 중심축을 가치고 놓였을 때 원주에 작용하는 항력(D)은?(단, C는 항력계수이다.)

① $D = C \cdot \dfrac{\pi d^2}{4} \cdot \dfrac{wV^2}{2}$

② $D = C \cdot d \cdot l \cdot \dfrac{\rho V^2}{2}$

③ $D = C \cdot \dfrac{\pi d^2}{4} \cdot \dfrac{\rho V^2}{2}$

④ $D = C \cdot d \cdot l \cdot \dfrac{wV^2}{2}$

■ 해설 항력(drag force)
　㉠ 흐르는 유체 속에 물체가 잠겨 있을 때 유체에 의해 물체가 받는 힘을 항력(drag force)이라 한다.
　　　$D = C_D \cdot A \cdot \dfrac{\rho V^2}{2}$
　　　여기서, C_D : 항력계수($C_D = \dfrac{24}{R_e}$)
　　　　　　　A : 투영면적
　　　　　　　$\dfrac{\rho V^2}{2}$: 동압력

　㉡ 항력 공식
　　　$D = C_D \cdot A \cdot \dfrac{\rho V^2}{2} = C_D \cdot d \cdot l \cdot \dfrac{\rho V^2}{2}$

15. 도수 전후의 수심이 각각 2m, 4m일 때 도수로 인한 에너지 손실(수두)은?

① 0.1m ② 0.2m
③ 0.25m ④ 0.5m

■ 해설 도수
　㉠ 흐름이 사류(射流)에서 상류(常流)로 바뀔 때 수면이 뛰는 현상을 도수(hydraulic jump)라고 한다.
　㉡ 도수로 인한 에너지 손실
　　　$\Delta E = \dfrac{(h_2 - h_1)^3}{4h_1 h_2} = \dfrac{(4-2)^3}{4 \times 2 \times 4} = 0.25m$

16. 다음 중 부정류 흐름의 지하수를 해석하는 방법은?

① Theis 방법 ② Dupuit 방법
③ Thiem 방법 ④ Laplace 방법

■ 해설 지하수의 해석
　정상류 지하수를 해석하는 방법에는 Darcy의 법칙이 적용되며, 부정류 지하수를 해석하는 방법은 Theis 방법, Jacob 방법, Chow 방법이 있다.

17. 부피 50m³인 해수의 무게(W)와 밀도(ρ)를 구한 값으로 옳은 것은?(단, 해수의 단위중량은 1.025t/m³)

① $W=5t$, $\rho=0.1046kg \cdot sec^2/m^4$
② $W=5t$, $\rho=104.6kg \cdot sec^2/m^4$
③ $W=5.125t$, $\rho=104.6kg \cdot sec^2/m^4$
④ $W=51.25t$, $\rho=104.6kg \cdot sec^2/m^4$

■ 해설 해수의 무게와 밀도
　㉠ 단위중량
　　　$w = \dfrac{W}{V}$
　　　여기서, W : 무게
　　　　　　　V : 체적
　㉡ 단위중량과 밀도의 관계
　　　$w = \rho g$
　　　여기서, ρ : 밀도

g : 중력가속도

ⓒ 해수의 무게
$$W = wV = 1.025 \times 50 = 51.25t$$

ⓓ 해수의 밀도
$$\rho = \frac{w}{g} = \frac{1.025}{9.8} = 0.1046 t \cdot \sec^2/m^4$$
$$= 104.6 kg \cdot \sec^2/m^4$$

18. 수리학상 유리한 단면에 관한 설명 중 옳지 않은 것은?

① 주어진 단면에서 윤변이 최소가 되는 단면이다.
② 직사각형 단면일 경우 수심의 폭이 1/2인 단면이다.
③ 최대유량의 소통을 가능하게 하는 가장 경제적인 단면이다.
④ 수심을 반지름으로 하는 반원을 외접원으로 하는 제형단면이다.

■해설 수리학상 유리한 단면

ⓐ 수로의 경사, 조도계수, 단면이 일정할 때 유량이 최대로 흐를 수 있는 단면을 수리학상 유리한 단면 또는 최량수리단면이라고 한다.
ⓑ 수리학상 유리한 단면이 되기 위해서는 경심(R)이 최대이거나, 윤변(P)이 최소일 때 성립된다.
$R_{\max}$ 또는 $P_{\min}$
ⓒ 직사각형 단면에서 수리학상 유리한 단면이 되기 위한 조건은 $B = 2H$, $R = \frac{H}{2}$ 이다.
ⓓ 사다리꼴 단면에서는 정삼각형 3개가 모인 단면이 가장 유리한 단면이 된다. 이럴 경우 수심을 반지름으로 하는 반원에 외접하는 단면, 반원을 내접하는 단면이 된다.

19. 오리피스(orifice)에서의 유량 Q를 계산할 때 수두 H의 측정에 1%의 오차가 있으면 유량계산의 결과에는 얼마의 오차가 생기는가?

① 0.1%   ② 0.5%
③ 1%   ④ 2%

■해설 수두측정오차와 유량오차와의 관계
ⓐ 수두측정오차와 유량오차의 관계

• 직사각형위어 : $\frac{dQ}{Q} = \frac{\frac{3}{2}KH^{\frac{1}{2}}dH}{KH^{\frac{3}{2}}} = \frac{3}{2}\frac{dH}{H}$

• 삼각형 위어 : $\frac{dQ}{Q} = \frac{\frac{5}{2}KH^{\frac{3}{2}}dH}{KH^{\frac{5}{2}}} = \frac{5}{2}\frac{dH}{H}$

• 작은 오리피스 : $\frac{dQ}{Q} = \frac{\frac{1}{2}KH^{-\frac{1}{2}}dH}{KH^{\frac{1}{2}}} = \frac{1}{2}\frac{dH}{H}$

ⓑ 오리피스의 오차계산
$$\frac{dQ}{Q} = \frac{1}{2}\frac{dH}{H} = \frac{1}{2} \times 1\% = 0.5\%$$

20. 폭 8m의 구형단면 수로에 40m³/s의 물을 수심 5m로 흐르게 할 때, 비에너지는?(단, 에너지 보정계수 $\alpha = 1.11$로 가정한다.)

① 5.06m   ② 5.87m
③ 6.19m   ④ 6.73m

■해설 비에너지

ⓐ 단위무게당 물이 수로바닥면을 기준으로 갖는 흐름의 에너지 또는 수두를 비에너지라 한다.
$$h_e = h + \frac{\alpha v^2}{2g}$$
여기서, h : 수심
α : 에너지 보정계수
v : 유속

ⓑ 유속의 산정
$$v = \frac{Q}{A} = \frac{40}{8 \times 5} = 1 m/s$$

ⓒ 비에너지의 산정
$$h_e = h + \frac{\alpha v^2}{2g} = 5 + \frac{1.11 \times 1^2}{2 \times 9.8} = 5.06 m$$

Item pool (산업기사 2019년 4월 27일 시행)
과년도 출제문제 및 해설

01. 다음 표의 ( ) 안에 들어갈 알맞은 용어를 순서대로 짝지은 것은?

> 흐름이 사류에서 상류를 바뀔 때에는 (㉠)을 거치고, 상류에서 사류로 바뀔 때에는 (㉡)을 거친다.

① ㉠ : 도수현상, ㉡ : 대응수심
② ㉠ : 대응수심, ㉡ : 공액수심
③ ㉠ : 도수현상, ㉡ : 지배단면
④ ㉠ : 지배단면, ㉡ : 공액수심

■ 해설 개수로 일반
  ㉠ 흐름이 사류(射流)에서 상류(常流)로 바뀔 때 수면이 뛰는 현상을 도수(hydraulic jump)라고 한다.
  ㉡ 흐름이 상류(常流)에서 사류(射流)로 바뀌는 지점의 단면을 지배단면(control section)이라고 한다.

02. 수면으로부터 3m 깊이에 한 변의 길이가 1m이고 유량계수가 0.62인 정사각형 오리피스가 설치되어 있다. 현재의 오리피스를 유량계수가 0.60이고 지름 1m인 원형 오리피스로 교체한다면, 같은 유량이 유출되기 위하여 수면을 어느 정도로 유지하여야 하는가?

① 현재의 수면과 똑같이 유지하여야 한다.
② 현재의 수면보다 1.2m 낮게 유지하여야 한다.
③ 현재의 수면보다 1.2m 높게 유지하여야 한다.
④ 현재의 수면보다 2.2m 높게 유지하여야 한다.

■ 해설 오리피스의 유량
  ㉠ 오리피스의 유량
    $Q = Ca\sqrt{2gh}$
    여기서, C : 유량계수
    a : 오리피스의 단면적
    g : 중력가속도
    h : 오리피스 중심까지의 수심

  ㉡ 수심의 산정
    $Q_1 = Q_2$
    $0.62 \times 1^2 \times \sqrt{2 \times 9.8 \times 3}$
    $= 0.6 \times \dfrac{\pi \times 1^2}{4} \times \sqrt{2 \times 9.8 \times h}$
    ∴ $h = 5.2m$
    ∴ 현재의 수심 3m보다 2.2m 높게 유지하여야 한다.

03. 그림과 같은 역사이폰의 A, B, C, D점에서 압력수두를 각각 P_A, P_B, P_C, P_D라 할 때 다음 사항 중 옳지 않은 것은?(단, 점선은 동수경사선으로 가정한다.)

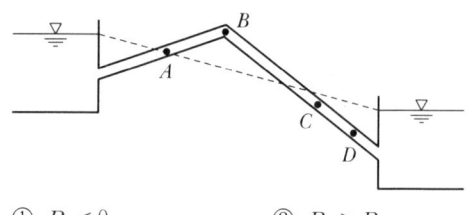

① $P_B < 0$ ② $P_C > P_D$
③ $P_C > 0$ ④ $P_A = 0$

■ 해설 사이폰
  ㉠ 관로의 일부가 동수경사선 위로 돌출되어 부압을 갖는 관의 형태를 사이폰이라고 한다.
  ㉡ 그림에서 동수경사선 아래쪽은 정압을 받으므로 수심이 더 깊은 D점의 압력이 C점의 압력보다 크다.
    ∴ $P_C < P_D$

04. 개수로에서 발생되는 흐름 중 상류와 사류를 구분하는 기준이 되는 것은?

① Mach 수   ② Froude 수
③ Manning 수   ④ Reynolds 수

■ 해설 흐름의 상태
  ㉠ 상류와 사류의 정의
    • 상류(常流) : 하류(下流)의 흐름이 상류(上流)에 영향을 줄 수 있는 흐름
    • 사류(射流) : 하류(下流)의 흐름이 상류(上流)에 영향을 줄 수 없는 흐름
  ㉡ 상류와 사류의 구분
    $F_r = \dfrac{V}{C} = \dfrac{V}{\sqrt{gh}}$
      여기서, V : 유속
             C : 파의 전달속도
    • $F_r < 1$: 상류(常流)
    • $F_r > 1$: 사류(射流)
    • $F_r = 1$: 한계류
  ∴ 흐름을 상류와 사류로 나누는 기준은 Froude 수이다.

05. 유량 1.5m³/s, 낙차 100m인 지점에서 발전할 때 이론수력은?

① 1,470kW ② 1,995kW
③ 2,000kW ④ 2,470kW

■ 해설 동력의 산정
  ㉠ 수차의 출력($H_e = h - \sum h_L$)
    • $P = 9.8QH_e\eta$ (kW)
    • $P = 13.3QH_e\eta$ (HP)
  ㉡ 양수에 필요한 동력($H_e = h + \sum h_L$)
    • $P = \dfrac{9.8QH_e}{\eta}$ (kW)
    • $P = \dfrac{13.3QH_e}{\eta}$ (HP)
  ㉢ 소요출력의 산정
    $P = 9.8QH_e\eta = 9.8 \times 1.5 \times 100 = 1,470\text{kW}$

06. 그림에서 단면 ①, ②에서의 단면적, 평균유속, 압력강도를 각각 $A_1, V_1, P_1, A_2, V_2, P_2$라 하고, 물의 단위중량을 w_0라 할 때, 다음 중 옳지 않은 것은?(단, $Z_1 = Z_2$이다.)

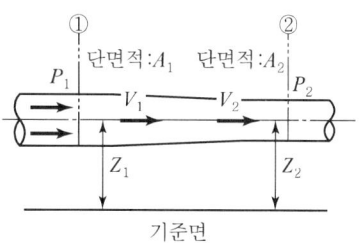

① $V_1 < V_2$
② $P_1 > P_2$
③ $A_1 \cdot V_1 = A_2 \cdot V_2$
④ $\dfrac{V_1^2}{2g} + \dfrac{P_1}{w_0} < \dfrac{V_2^2}{2g} + \dfrac{P_2}{w_0}$

■ 해설 흐름의 기본방정식
  ㉠ 연속방정식
    $Q = A_1V_1 = A_2V_2$ (체적유량)
    그림에서 $A_1 > A_2$이므로 $V_1 < V_2$
  ㉡ Bernoulli 정리
    $z_1 + \dfrac{p_1}{w} + \dfrac{v_1^2}{2g} = z_2 + \dfrac{p_2}{w} + \dfrac{v_2^2}{2g}$
    그림에서 수평수로이므로 $z_1 = z_2$
    ∴ $\dfrac{p_1}{w} + \dfrac{v_1^2}{2g} = \dfrac{p_2}{w} + \dfrac{v_2^2}{2g}$
  ∴ 위 연속방정식에서 $V_1 < V_2$이므로 $P_1 > P_2$ 이다.

07. 지하수의 유량을 구하는 Darcy의 법칙으로 옳은 것은?(난, Q : 유량, k : 투수계수, I : 동수경사, A : 투과단면적, C : 유출계수)

① $Q = CIA$ ② $Q = kIA$
③ $Q = C^2IA$ ④ $Q = k^2IA$

■ 해설 Darcy의 법칙
  $V = K \cdot I = K \cdot \dfrac{h_L}{L}$
  $Q = A \cdot V = A \cdot K \cdot I = A \cdot K \cdot \dfrac{h_L}{L}$
  ∴ Darcy의 법칙은 지하수 유속은 동수경사에 비례한다는 법칙이다.

08. 그림과 같은 피토관에서 A점의 유속을 구하는 식으로 옳은 것은?

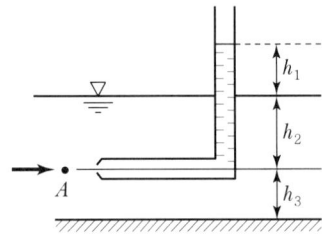

① $V = \sqrt{2gh_1}$
② $V = \sqrt{2gh_2}$
③ $V = \sqrt{2gh_3}$
④ $V = \sqrt{2g(h_1+h_2)}$

■해설 피토관 방정식
베르누이 정리를 이용하여 임의 단면의 유속을 산정할 수 있는 피토관 방정식을 유도한다.
$V = \sqrt{2gh_1}$

09. 그림과 같은 불투수층에 도달하는 집수암거의 집수량은?(단, 투수계수는 k, 암거의 길이는 l이며, 양쪽 측면에서 유입된다.)

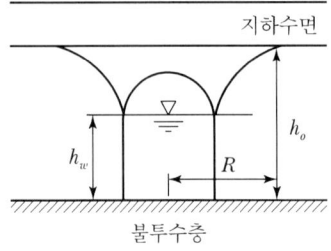

① $\dfrac{kl}{R}(h_0^2 - h_w^2)$
② $\dfrac{kl}{2R}(h_0^2 - h_w^2)$
③ $\dfrac{\pi k(h_0^2 - h_w^2)}{2.3 \log R}$
④ $\dfrac{2\pi k(h_0^2 - h_w^2)}{2.3 \log R}$

■해설 우물의 양수량

종류	내용
깊은 우물 (심정호)	우물의 바닥이 불투수층까지 도달한 우물을 말한다. $Q = \dfrac{\pi K(H^2 - h_o^2)}{\ln(R/r_o)} = \dfrac{\pi K(H^2 - h_o^2)}{2.3 \log(R/r_o)}$
얕은 우물 (천정호)	우물의 바닥이 불투수층까지 도달하지 못한 우물을 말한다. $Q = 4Kr_o(H - h_o)$
굴착정	피압대수층의 물을 양수하는 우물을 굴착정이라 한다. $Q = \dfrac{2\pi a K(H - h_o)}{\ln(R/r_o)} = \dfrac{2\pi a K(H - h_o)}{2.3 \log(R/r_o)}$
집수암거	복류수를 취수하는 우물을 집수암거라 한다. $Q = \dfrac{Kl}{R}(H^2 - h^2)$

∴ 집수암거의 집수량 공식은 $Q = \dfrac{Kl}{R}(h_0^2 - h_w^2)$

10. 지름 20cm인 원형 오리피스로 0.1m³/s의 유량을 유출시키려 할 때 필요한 수심은?(단, 수심은 오리피스 중심으로부터 수면까지의 높이이며, 유량계수 $C = 0.6$이다.)

① 1.24m   ② 1.44m
③ 1.56m   ④ 2.00m

■해설 오리피스의 유량
㉠ 오리피스의 유량
$Q = Ca\sqrt{2gh}$
여기서, C : 유량계수
a : 오리피스의 단면적
g : 중력가속도
h : 오리피스 중심까지의 수심

㉡ 수심의 산정
$h = \dfrac{Q^2}{C^2 a^2 2g}$
$= \dfrac{0.1^2}{0.6^2 \times \left(\dfrac{3.14 \times 0.2^2}{4}\right)^2 \times 2 \times 9.8} = 1.44\text{m}$

11. 내경이 300mm이고 두께가 5mm인 강관이 견딜 수 있는 최대 압력수두는?(단, 강관의 허용인장응력은 1,500kg/cm²이다.)

① 300m ② 400m
③ 500m ④ 600m

■ 해설 강관의 두께
  ㉠ 강관의 두께
  $$t = \frac{PD}{2\sigma_{ta}}$$
  여기서, t : 강관의 두께
  P : 압력
  D : 관의 직경
  σ_{ta} : 허용인장응력
  ㉡ 압력의 산정
  $$P = \frac{2\sigma_{ta}t}{D} = \frac{2 \times 1,500 \times 0.5}{30}$$
  $$= 50\text{kg/cm}^2 = 500\text{t/m}^2$$
  ㉢ 압력수두의 산정
  $P = wh$
  $$h = \frac{P}{w} = \frac{500}{1} = 500\text{m}$$

12. Darcy-Weisbach의 마찰손실수두 공식에 관한 내용으로 틀린 것은?

① 관의 조도에 비례한다.
② 관의 직경에 비례한다.
③ 관로의 길이에 비례한다.
④ 유속의 제곱에 비례한다.

■ 해설 Darcy-Weisbach의 마찰손실수두
$$h_L = f\frac{l}{D}\frac{V^2}{2g}$$
∴ 관의 직경(D)에 반비례한다.

13 정상적인 흐름 내의 1개의 유선상에서 각 단면의 위치수두와 압력수두를 합한 수두를 연결한 선은?

① 총수두(Total Head)
② 에너지선(Energy Line)
③ 유압곡선(Pressure Curve)
④ 동수경사선(Hydraulic Grade Line)

■ 해설 동수경사선과 에너지선
  ㉠ 동수경사선
  위치수두(z)와 압력수두($\frac{p}{w}$)를 합한 점을 연결한 선을 동수경사선이라고 한다.
  ㉡ 에너지선
  위치수두(z), 압력수두($\frac{p}{w}$), 속도수두($\frac{v^2}{2g}$)를 합한 점을 연결한 선을 에너지선이라고 한다.

14. 양정이 6m일 때 4.2마력의 펌프로 0.03m³/s를 양수했다면 이 펌프의 효율은?

① 42% ② 57%
③ 72% ④ 90%

■ 해설 동력의 산정
  ㉠ 수차의 출력($H_e = h - \sum h_L$)
  • $P = 9.8QH_e\eta$ (kW)
  • $P = 13.3QH_e\eta$ (HP)
  ㉡ 양수에 필요한 동력($H_e = h + \sum h_L$)
  • $P = \frac{9.8QH_e}{\eta}$ (kW)
  • $P = \frac{13.3QH_e}{\eta}$ (HP)
  ㉢ 펌프 효율의 산정
  $$\eta = \frac{13.3QH_e}{P} = \frac{13.3 \times 0.03 \times 6}{4.2}$$
  $$= 0.57 = 57\%$$

15. 유체의 기본성질에 대한 설명으로 틀린 것은?

① 압축률과 체적탄성계수는 비례관계에 있다.
② 압력변화량과 체적변화율의 비를 체적탄성계수라 한다.
③ 액체와 기체의 경계면에 작용하는 분자인력을 표면장력이라 한다.
④ 액체 내부에서 유체분자가 상대적인 운동을 할 때 이에 저항하는 전단력이 작용하는데, 이 성질을 점성이라 한다.

|해답| 11.③ 12.② 13.④ 14.② 15.①

■해설 유체의 기본성질
㉠ 체적탄성계수
압력변화량과 체적변화율의 비를 체적탄성계수라고 하며, 체적탄성계수의 역수를 압축률이라고 한다.
- 체적탄성계수 : $E = \dfrac{\Delta P}{\dfrac{\Delta V}{V}}$
- 압축률 : $C = \dfrac{1}{E}$

∴ 체적탄성계수와 압축률은 반비례관계에 있다.
㉡ 액체와 기체의 경계면에 작용하는 분자인력을 표면장력이라고 한다.
㉢ 유체입자의 상대적인 속도차로 인해 전단응력을 일으키는 물의 성질을 점성이라고 한다.

16. 액체표면에서 150cm 깊이의 점에서 압력강도가 14.25kN/m²이면 이 액체의 단위중량은?

① 9.5kN/m³ ② 10kN/m³
③ 12kN/m³ ④ 16kN/m³

■해설 정수압
정수 중 한 점이 받는 압력은 다음의 식으로 구할 수 있다.
$P = wh$
∴ $w = \dfrac{P}{h} = \dfrac{14.25}{1.5} = 9.5 \text{kN/m}^3$

17. 완전유체일 때 에너지선과 기준수평선의 관계는?

① 서로 평행하다.
② 압력에 따라 변한다.
③ 위치에 따라 변한다.
④ 흐름에 따라 변한다.

■해설 완전유체
㉠ 비점성, 비압축성 유체를 완전유체 또는 이상유체라고 한다.
㉡ 완전유체에서는 점성과 압축성을 무시하므로 손실이 없다. 따라서 에너지선과 기준수평면은 서로 평행하게 된다.

18. 밀도의 차원을 공학단위[FLT]로 올바르게 표시한 것은?

① [FL^{-3}] ② [$FL^4 T^2$]
③ [$FL^4 T^{-2}$] ④ [$FL^{-4} T^2$]

■해설 차원
㉠ 물리량의 크기를 힘[F], 질량[M], 시간[T], 길이[L]의 지수형태로 표기한 것
㉡ 밀도(ρ)
$\rho = \dfrac{w}{g} = \dfrac{\text{g/cm}^3}{\text{cm/sec}^2} = \text{g} \cdot \text{sec}^2/\text{cm}^4$
∴ 차원으로 바꾸면 $FT^2 L^{-4}$

19. 그림과 같은 단선관수로에서 200m 떨어진 곳에 내경 20cm 관으로 0.0628m³의 물을 송수하려고 한다. 두 저수지의 수면차(H)를 얼마로 유지하여야 하는가?(단, 마찰손실계수 $f = 0.035$, 급확대에 의한 손실계수 $f_{se} = 1.0$, 급축소에 의한 손실계수 $f_{sc} = 0.5$이다.)

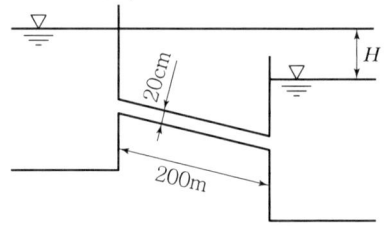

① 6.45m ② 5.45m
③ 7.45m ④ 8.27m

■해설 단일관수로의 유량
㉠ 단일관수로의 유량
$Q = A \sqrt{\dfrac{2gH}{f_{sc} + f_{se} + f \dfrac{l}{D}}}$

㉡ 수위차의 계산
$A = \dfrac{\pi \times 0.2^2}{4} = 0.0314 \text{m}^2$

$H = \dfrac{Q^2 (f_{sc} + f_{se} + f \dfrac{l}{D})}{2gA^2}$

$= \dfrac{0.0628^2 \times (0.5 + 1.0 + 0.035 \times \dfrac{200}{0.2})}{2 \times 9.8 \times 0.0314^2}$

$= 7.55 \text{m}$

|해답| 16.① 17.① 18.④ 19.③

20. 그림과 같은 용기에 물을 넣고 연직하향방향으로 가속도 α를 중력가속도만큼 작용했을 때 용기 내의 물에 작용하는 압력 P는?

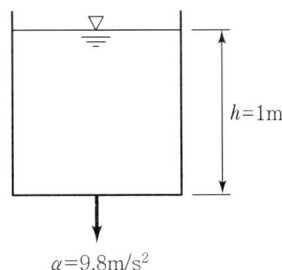

① 0
② $1t/m^2$
③ $2t/m^2$
④ $3t/m^2$

■해설 연직가속도를 받는 경우
  ㉠ 연직가속도를 받는 경우
  • 연직 상방향 : $P = wh\left(1 + \dfrac{\alpha}{g}\right)$
  • 연직 하방향 : $P = wh\left(1 - \dfrac{\alpha}{g}\right)$
  ㉡ 압력의 산정
  $P = wh\left(1 - \dfrac{\alpha}{g}\right) = 1 \times 1\left(1 - \dfrac{9.8}{9.8}\right) = 0$

Item pool (기사 2019년 8월 4일 시행)
과년도 출제문제 및 해설

01. 도수가 15m 폭의 수문 하류 측에서 발생되었다. 도수가 일어나기 전의 깊이가 1.5m이고 그때의 유속은 18m/s였다. 도수로 인한 에너지 손실 수두는?(단, 에너지 보정계수 $\alpha = 1$이다.)

① 3.24m ② 5.40m
③ 7.62m ④ 8.34m

■ 해설 도수
㉠ 흐름이 사류(射流)에서 상류(常流)로 바뀔 때 수면이 뛰는 현상을 도수(hydraulic jump)라고 한다.
㉡ 도수 후의 수심
$$h_2 = -\frac{h_1}{2} + \frac{h_1}{2}\sqrt{1+8F_{r1}^2}$$
$$= -\frac{1.5}{2} + \frac{1.5}{2}\sqrt{1+8\times 4.69^2} = 9.23\text{m}$$
$$\therefore F_{r1} = \frac{V_1}{\sqrt{gh_1}} = \frac{18}{\sqrt{9.8\times 1.5}} = 4.69$$
㉢ 도수로 인한 에너지 손실
$$\Delta E = \frac{(h_2-h_1)^3}{4h_1h_2} = \frac{(9.23-1.5)^3}{4\times 1.5\times 9.23} = 8.34\text{m}$$

02. 직사각형의 위어로 유량을 측정할 경우 수두 H를 측정할 때 1%의 측정오차가 있었다면 유량 Q에서 예상되는 오차는?

① 0.5% ② 1.0%
③ 1.5% ④ 2.5%

■ 해설 수두측정오차와 유량오차와의 관계
㉠ 수두측정오차와 유량오차의 관계
- 직사각형 위어 : $\dfrac{dQ}{Q} = \dfrac{\frac{3}{2}KH^{\frac{1}{2}}dH}{KH^{\frac{3}{2}}} = \dfrac{3}{2}\dfrac{dH}{H}$
- 삼각형 위어 : $\dfrac{dQ}{Q} = \dfrac{\frac{5}{2}KH^{\frac{3}{2}}dH}{KH^{\frac{5}{2}}} = \dfrac{5}{2}\dfrac{dH}{H}$
- 작은 오리피스 : $\dfrac{dQ}{Q} = \dfrac{\frac{1}{2}KH^{-\frac{1}{2}}dH}{KH^{\frac{1}{2}}} = \dfrac{1}{2}\dfrac{dH}{H}$

㉡ 직사각형 위어의 오차계산
$$\dfrac{dQ}{Q} = \dfrac{3}{2}\dfrac{dH}{H} = \dfrac{3}{2}\times 1\% = 1.5\%$$

03. 강우강도를 I, 침투능을 f, 총 침투량을 F, 토양수분 미흡량을 D라 할 때, 지표유출은 발생하나 지하수위는 상승하지 않는 경우에 대한 조건식은?

① $I < f$, $F < D$
② $I < f$, $F > D$
③ $I > f$, $F < D$
④ $I > f$, $F > D$

■ 해설 수문곡선의 구성양상
호우조건과 토양수분 미흡량에 따른 수문곡선의 구성양상은 다음과 같다.
- $I < f$, $F < D$: 지표면, 중간, 지하수 유출이 발생하지 않는다.
- $I < f$, $F > D$: 지표면 유출은 없고, 중간, 지하수 유출은 발생한다.
- $I > f$, $F < D$: 지표면 유출, 수로상 강수로 인해 하천유량은 증가하나 지하수위 상승은 없다.
- $I > f$, $F > D$: 지표면, 중간, 지하수 유출이 모두 발생하며, 하천유량이 증가하고 지하수위도 증가한다.

|해답| 01.④ 02.③ 03.③

04.
그림에서 손실수두가 $\dfrac{3V^2}{2g}$ 일 때 지름 0.1m의 관을 통과하는 유량은?(단, 수면은 일정하게 유지된다.)

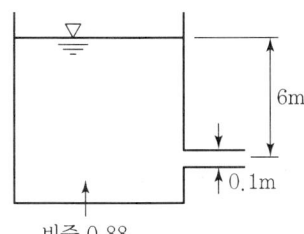

① 0.0399m³/s   ② 0.0426m³/s
③ 0.0798m³/s   ④ 0.085m³/s

■해설 Bernoulli 정리를 이용한 유량의 산정
  ㉠ Bernoulli 정리
  $$z_1+\dfrac{p_1}{w}+\dfrac{v_1^2}{2g}=z_2+\dfrac{p_2}{w}+\dfrac{v_2^2}{2g}+h_L$$
  ㉡ 수조에 Bernoulli 정리를 적용
  변화가 일어나지 않는 단면(수조단면)을 1번 단면, 변화가 일어나는 단면(관 끝)을 2번 단면으로 하고 Bernoulli 정리를 적용한다.
  $$z_1+\dfrac{p_1}{w}+\dfrac{v_1^2}{2g}=z_2+\dfrac{p_2}{w}+\dfrac{v_2^2}{2g}+h_L$$
  여기서, • 수평기준면을 잡으면 위치수두 z_1, z_2는 소거된다.
  • 1번 단면의 압력수두는 6m, 2번 단면의 압력수두는 대기와 접해 있으므로 0이다.
  • 1번 단면의 속도수두는 무시할 정도로 적으므로 0으로 잡는다.
  ∴ $6=\dfrac{v^2}{2g}+\dfrac{3v^2}{2g}$
  v에 관해서 정리하면
  ∴ $v=5.422\text{m/sec}$
  ㉢ 유량의 산정
  $Q=AV=\dfrac{\pi\times 0.1^2}{4}\times 5.422=0.0426\text{m}^3/\text{sec}$

05.
그림과 같이 뚜껑이 없는 원통 속에 물을 가득 넣고 중심 축 주위로 회전시켰을 때 흘러넘친 양이 전체의 20%였다. 이때, 원통 바닥면이 받는 전수압(全水壓)은?

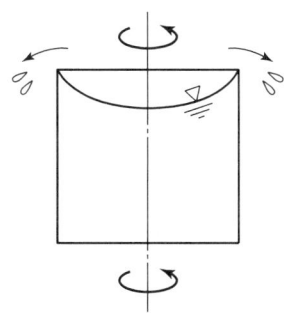

① 정지상태와 비교할 수 없다.
② 정지상태에 비해 변함이 없다.
③ 정지상태에 비해 20%만큼 증가한다.
④ 정지상태에 비해 20%만큼 감소한다.

■해설 수면과 평형인 면이 받는 전수압
  ㉠ 수면과 평형인 면이 받는 전수압
  $P=whA$
  여기서, w : 물의 단위중량
  h : 수심
  A : 면적
  ㉡ 다른 조건은 변함이 없고 20%의 물이 넘쳐 수심만 20% 감소했으므로 정지상태에 비해 전수압은 20% 감소하게 된다.

06.
유선 위 한 점의 x, y, z축에 대한 좌표를 (x, y, z), x, y, z축 방향 속도성분을 각각 u, v, w라 할 때 서로의 관계기 $\dfrac{dx}{u}=\dfrac{dy}{v}=\dfrac{dz}{w}$, $u=-ky$, $v=kx$, $w=0$인 흐름에서 유선의 형태는?(단, k는 상수이다.)

① 원   ② 직선
③ 타원   ④ 쌍곡선

■해설 유선방정식
  ㉠ 유선방정식
  $$\dfrac{dx}{u}=\dfrac{dy}{v}=\dfrac{dz}{w}$$
  ㉡ 2차원 유선방정식에 $u=-ky$, $v=kx$를 대입하면
  $\dfrac{dx}{-ky}=\dfrac{dy}{kx}$
  $xdx+ydy=C$
  $\dfrac{1}{2}x^2+\dfrac{1}{2}y^2=C$
  $x^2+y^2=C$
  ∴ 원의 방정식이다.

07.
수로 폭이 3m인 직사각형 개수로에서 비에너지가 1.5m일 경우의 최대유량은?(단, 에너지 보정계수는 1.0이다.)

① 9.39m³/s   ② 11.50m³/s
③ 14.09m³/s   ④ 17.25m³/s

■ 해설 비에너지와 한계수심
  ㉠ 비에너지와 한계수심의 관계
    직사각형 단면의 비에너지와 한계수심의 관계는 다음과 같다.
    $h_c = \dfrac{2}{3} h_e$
    $\therefore h_c = \dfrac{2}{3} \times 1.5 = 1\text{m}$
  ㉡ 직사각형 단면의 한계수심
    한계수심일 때의 유량이 최대가 된다.
    $h_c = \left(\dfrac{\alpha Q^2}{gb^2}\right)^{\frac{1}{3}}$
    $\therefore Q = \sqrt{\dfrac{gb^2}{\alpha}} = \sqrt{\dfrac{9.8 \times 3^2}{1}} = 9.39\text{m}^3/\text{s}$

08.
폭이 넓은 개수로($R \fallingdotseq h_c$)에서 Chezy의 평균유속계수 $C = 29$, 수로경사 $I = \dfrac{1}{80}$ 인 하천의 흐름상태는?(단, $\alpha = 1.11$)

① $I_c = \dfrac{1}{105}$ 로 사류
② $I_c = \dfrac{1}{95}$ 로 사류
③ $I_c = \dfrac{1}{70}$ 로 상류
④ $I_c = \dfrac{1}{50}$ 로 상류

■ 해설 한계경사
  ㉠ 흐름이 상류(常流)에서 사류(射流)로 바뀌는 지점의 경사를 한계경사라고 한다.
    $I_c = \dfrac{g}{\alpha C^2}$
    여기서, I_c: 한계경사
          g: 중력가속도
          α: 에너지 보정계수
          C: Chezy의 유속계수
    • $I < I_c$: 상류
    • $I > I_c$: 사류

  ㉡ 한계경사의 산정
    $I_c = \dfrac{g}{\alpha C^2} = \dfrac{9.8}{1.11 \times 29^2} = \dfrac{1}{95}$
    $\therefore \dfrac{1}{80} > \dfrac{1}{95}$
    ∴ 사류이다.

09.
오리피스에서 수축계수의 정의와 그 크기로 옳은 것은?(단, a_0: 수축단면적, a: 오리피스 단면적, V_0: 수축단면의 유속, V: 이론유속)

① $C_a = \dfrac{a_0}{a}$, 1.0~1.1   ② $C_a = \dfrac{V_0}{V}$, 1.0~1.1
③ $C_a = \dfrac{a_0}{a}$, 0.6~0.7   ④ $C_a = \dfrac{V_0}{V}$, 0.6~0.7

■ 해설 오리피스의 계수
  ㉠ 유속계수(C_v): 실제유속과 이론유속의 차를 보정해주는 계수로, 실제유속과 이론유속의 비로 나타낸다.
    C_v = 실제유속/이론유속 ≒ 0.97~0.99
  ㉡ 수축계수(C_a): 수축 단면적과 오리피스 단면적의 차를 보정해주는 계수로 수축 단면적과 오리피스 단면적의 비로 나타낸다.
    C_a = 수축 단면의 단면적/오리피스의 단면적 ≒ 0.64
    $\therefore C_a = \dfrac{a_0}{a} = 0.64$
  ㉢ 유량계수(C): 실제유량과 이론유량의 차를 보정해주는 계수로 실제유량과 이론유량의 비로 나타낸다.
    C = 실제유량/이론유량 = $C_a \times C_v$ ≒ 0.62

10.
DAD 해석에 관련된 것으로 옳은 것은?

① 수심 - 단면적 - 홍수기간
② 적설량 - 분포면적 - 적설일수
③ 강우깊이 - 유역면적 - 강우기간
④ 강우깊이 - 유수단면적 - 최대 수심

■ 해설 DAD 해석
  ㉠ DAD(Rainfall Depth - Area - Duration) 해석은 최대평균우량깊이(강우량), 유역면적, 강우지속시간 간 관계의 해석을 말한다.

구분	특징
용도	암거의 설계나 지하수 흐름에 대한 하천수위의 시간적 변화의 영향 등에 사용
구성	최대평균우량깊이(rainfall depth), 유역면적(area), 지속시간(duration)으로 구성
방법	면적을 대수축에, 최대우량을 산술축에, 지속시간을 제3의 변수로 표시

  ⓒ DAD 곡선 작성순서
  • 누가우량곡선으로부터 지속시간별 최대우량을 결정한다.
  • 소구역에 대한 평균누가우량을 결정한다.
  • 누가면적에 대한 평균누가우량을 산정한다.
  • 지속시간에 대한 최대우량깊이를 누가면적별로 결정한다.
  ∴ DAD 해석의 구성요소는 강우깊이 – 유역면적 – 강우지속기간이다.

11. 동수반지름(R)이 10m, 동수경사(I)가 1/200, 관로의 마찰손실계수(f)가 0.04일 때 유속은?

① 8.9m/s ② 9.9m/s
③ 11.3m/s ④ 12.3m/s

■해설 Chezy 유속공식
  ㉠ Chezy 유속공식
  $V = C\sqrt{RI}$
  여기서, C : Chezy 유속계수
  R : 경심
  I : 동수경사
  ㉡ Chezy 유속계수와 마찰손실계수의 관계
  $C = \sqrt{\dfrac{8g}{f}} = \sqrt{\dfrac{8 \times 9.8}{0.04}} = 44.27$
  ㉢ 유속의 산정
  $V = C\sqrt{RI} = 44.27 \times \sqrt{10 \times 1/200}$
  $= 9.9\text{m/s}$

12. 단위유량도(Unit hydrograph)를 작성함에 있어서 기본 가정에 해당되지 않는 것은?

① 비례가정
② 중첩가정
③ 직접유출의 가정
④ 일정기저시간의 가정

■해설 단위유량도
  ㉠ 단위도의 정의
    특정단위 시간 동안 균등한 강우강도로 유역 전반에 걸쳐 균등한 분포로 내리는 단위유효우량으로 인하여 발생하는 직접유출 수문곡선
  ㉡ 단위도의 구성요소
    • 직접유출량
    • 유효우량 지속시간
    • 유역면적
  ㉢ 단위도의 3가정
    • 일정기저시간 가정
    • 비례가정
    • 중첩가정
  ∴ 단위유량도 작성 시 기본가정이 아닌 것은 직접 유출의 가정이다.

13. 밀도가 ρ인 액체에 지름 d인 모세관을 연직으로 세웠을 경우 이 모세관 내에 상승한 액체의 높이는?(단, T : 표면장력, θ : 접촉각)

① $h = \dfrac{4T\cos\theta}{\rho g d^2}$ ② $h = \dfrac{2T\cos\theta}{\rho g d}$
③ $h = \dfrac{2T\cos\theta}{\rho g d^2}$ ④ $h = \dfrac{4T\cos\theta}{\rho g d}$

■해설 모세관현상
  유체입자 간의 응집력과 유체입자와 관벽 사이의 부착력으로 인해 수면이 상승하는 현상을 모세관현상이라 한다.
  $h = \dfrac{4T\cos\theta}{wD}$
  $w = \rho g$
  ∴ $h = \dfrac{4T\cos\theta}{\rho g d}$

14. 관수로에 물이 흐를 때 층류가 되는 레이놀즈 수(R_e, Reynolds Number)의 범위는?

① $R_e < 2,000$
② $2,000 < R_e < 3,000$
③ $3,000 < R_e < 4,000$
④ $R_e > 4,000$

|해답| 11.② 12.③ 13.④ 14.①

■해설 **흐름의 상태**
층류와 난류의 구분
$R_e = \dfrac{VD}{\nu}$
여기서, V : 유속
D : 관의 직경
ν : 동점성계수
- $R_e < 2,000$: 층류
- $2,000 < R_e < 4,000$: 천이영역
- $R_e > 4,000$: 난류

15. 정수 중의 평면에 작용하는 압력프리즘에 관한 성질 중 틀린 것은?

① 전수압의 크기는 압력프리즘의 면적과 같다.
② 전수압의 작용선은 압력프리즘의 도심을 통과한다.
③ 수면에 수평한 평면의 경우 압력프리즘은 직사각형이다.
④ 한쪽 끝이 수면에 닿는 평면의 경우에는 삼각형이다.

■해설 **전수압**
㉠ 전수압의 크기는 압력프리즘의 체적과 같다.
㉡ 전수압의 작용선은 압력프리즘의 도심을 통과한다.
㉢ 수면에 수평한 평면의 경우 압력프리즘은 직사각형이다.
㉣ 한쪽 끝이 수면에 닿는 평면의 경우에 압력프리즘은 삼각형이다.

16. 수로의 경사 및 단면의 형상이 주어질 때 최대유량이 흐르는 조건은?

① 수심이 최소이거나 경심이 최대일 때
② 윤변이 최대이거나 경심이 최소일 때
③ 윤변이 최소이거나 경심이 최대일 때
④ 수로폭이 최소이거나 수심이 최대일 때

■해설 **수리학적으로 유리한 단면**
㉠ 수로의 경사, 조도계수, 단면이 일정할 때 유량이 최대로 흐를 수 있는 단면을 수리학적으로 유리한 단면 또는 최량수리단면이라고 한다.
㉡ 수리학적으로 유리한 단면이 되기 위해서는 경심(R)이 최대이거나, 윤변(P)이 최소일 때 성립된다.
$R_{\max}$ 또는 $P_{\min}$
㉢ 직사각형 단면에서 수리학적으로 유리한 단면이 되기 위한 조건은 $B=2H$, $R=\dfrac{H}{2}$이다.
㉣ 사다리꼴 단면에서는 정삼각형 3개가 모인 단면이 가장 유리한 단면이 된다. 이럴 경우 수심을 반지름으로 하는 반원에 외접하는 단면, 반원을 내접하는 단면이 된다.

17. 단순 수문곡선의 분리방법이 아닌 것은?

① N-day법
② S-curve법
③ 수평직선 분리법
④ 지하수 감수곡선법

■해설 **수문곡선의 분리**
수문곡선에서 직접유출과 기저유출의 분리 방법은 다음과 같다.
㉠ 주지하수 감수곡선법
㉡ 수평직선 분리법
㉢ N-day법
㉣ 수정 N-day법
㉤ 경사급변점법
∴ S-curve는 단위도의 지속시간을 변경하는 방법이다.

18. 지하수의 투수계수와 관계가 없는 것은?

① 토사의 형상
② 토사의 입도
③ 물의 단위중량
④ 토사의 단위중량

■해설 **Darcy의 법칙**
㉠ Darcy의 법칙
지하수 유속은 동수경사에 비례한다는 법칙이다.
$V = K \cdot I = K \cdot \dfrac{h_L}{L}$
$Q = A \cdot V = A \cdot K \cdot I = A \cdot K \cdot \dfrac{h_L}{L}$
㉡ 특징
- Darcy의 법칙은 지하수의 층류흐름에 대한 마찰저항공식이다.

|해답| 15.① 16.③ 17.② 18.④

- 투수계수는 물의 점성계수에 따라서도 변화한다.

$$K = D_s^2 \frac{\rho g}{\mu} \frac{e^3}{1+e} C$$

여기서, D_s : 흙입자의 직경
μ : 점성계수
ρg : 지하수의 단위중량
e : 간극비
C : 형상계수

- Darcy의 법칙은 정상류흐름의 층류에만 적용된다.(특히, $R_e < 4$일 때 잘 적용된다.)

∴ 투수계수와 관련이 없는 것은 토사의 단위중량이다.

■해설 Darcy의 법칙

$$V = K \cdot I = K \cdot \frac{h_L}{L}$$

$$Q = A \cdot V = A \cdot K \cdot I = A \cdot K \cdot \frac{h_L}{L}$$

$$\therefore V = K \cdot \frac{\Delta h}{\Delta L}$$

19.
0.3m³/s의 물을 실양정 45m의 높이로 양수하는 데 필요한 펌프의 동력은?(단, 마찰손실수두는 18.6m이다.)

① 186.98kW   ② 196.98kW
③ 214.4kW   ④ 224.4kW

■해설 동력의 산정

㉠ 양수에 필요한 동력 ($H_e = h + \sum h_L$)

- $P = \dfrac{9.8 Q H_e}{\eta}$ (kW)

- $P = \dfrac{13.3 Q H_e}{\eta}$ (HP)

㉡ 소요동력의 산정

$$P = \frac{9.8 Q H_e}{\eta} = \frac{9.8 \times 0.3 \times (45 + 18.6)}{1}$$
$$= 186.98 \text{kW}$$

20.
지하수의 흐름에 대한 Darcy의 법칙은?(단, V : 유속, Δh : 길이 ΔL에 대한 손실수두, k : 투수계수)

① $V = k \left(\dfrac{\Delta h}{\Delta L} \right)^2$

② $V = k \left(\dfrac{\Delta h}{\Delta L} \right)$

③ $V = k \left(\dfrac{\Delta h}{\Delta L} \right)^{-1}$

④ $V = k \left(\dfrac{\Delta h}{\Delta L} \right)^{-2}$

|해답| 19.① 20.②

Item pool (산업기사 2019년 9월 21일 시행)
과년도 출제문제 및 해설

01. 지하수의 유수 이동에 적용되는 Darcy의 법칙은?(단, v : 유속, k : 투수계수, I : 동수경사, h : 수심, R : 동수반경, C : 유속계수)

① $v = -kI$
② $v = -kh$
③ $v = -kCI$
④ $v = C\sqrt{RI}$

■해설 Darcy의 법칙
Darcy의 법칙은 지하수 유속은 동수경사에 비례한다는 법칙이다.

• $V = K \cdot I = K \cdot \dfrac{h_L}{L}$

• $Q = A \cdot V = A \cdot K \cdot I = A \cdot K \cdot \dfrac{h_L}{L}$

∴ $V = -KI$

02. 반지름 1.5m의 강관에 압력수두 100m의 물이 흐른다. 강재의 허용응력이 147MPa일 때 강관의 최소 두께는?

① 0.5cm
② 0.8cm
③ 1.0cm
④ 10cm

■해설 강관의 두께
㉠ 강관의 두께
$t = \dfrac{PD}{2\sigma_{ta}}$

여기서, t : 강관의 두께
P : 압력
D : 관의 직경
σ_{ta} : 허용인장응력

㉡ 두께의 산정
$t = \dfrac{PD}{2\sigma_{ta}} = \dfrac{10 \times 300}{2 \times 1,499} = 1.0\text{cm}$

$P = wh = 1 \times 100 = 100\text{t/m}^2 = 10\text{kg/cm}^2$

1MPa = 10.197kg/cm²

∴ 147MPa = 1,499kg/cm²

03. 관수로 내의 흐름을 지배하는 주된 힘은?

① 인력
② 중력
③ 자기력
④ 점성력

■해설 관수로
㉠ 자유수면이 존재하지 않으면서 물이 충만되어 흐르는 흐름을 관수로라고 한다.
㉡ 관수로 흐름의 원동력은 압력과 점성력이다.

04. 에너지선에 대한 설명으로 옳은 것은?

① 유체의 흐름방향을 결정한다.
② 이상유체 흐름에서는 수평기준면과 평행하다.
③ 유량이 일정한 흐름에서는 동수경사선과 평행하다.
④ 유선상의 각 점에서의 압력수두와 위치수두의 합을 연결한 선이다.

■해설 동수경사선과 에너지선
㉠ 동수경사선
위치수두(z)와 압력수두($\dfrac{p}{w}$)를 합한 점을 연결한 선을 동수경사선이라고 한다.
㉡ 에너지선
• 위치수두(z), 압력수두($\dfrac{p}{w}$), 속도수두($\dfrac{v^2}{2g}$)를 합한 점을 연결한 선을 에너지선이라고 한다.
• 이상유체의 흐름은 손실이 없으므로 에너지선과 수평기준면이 평행하게 된다.

05. 위어(weir) 중에서 수두변화에 따른 유량 변화가 가장 예민하여 유량이 적은 실험용 소규모 수로에 주로 사용하며, 비교적 정확한 유량측정이 필요할 경우 사용하는 것은?

① 원형 위어
② 삼각 위어
③ 사다리꼴 위어
④ 직사각형 위어

■ 해설 **삼각위어의 유량**
삼각위어는 소규모 유량의 정확한 측정이 필요할 때 사용하는 위어이다.
$$Q = \frac{8}{15} C \tan\frac{\theta}{2} \sqrt{2g} \, h^{\frac{5}{2}}$$

06. 그림과 같이 단면적이 200cm²인 90° 굽어진 관(1/4 원의 형태)을 따라 유량 $Q=0.05\text{m}^3/\text{s}$의 물이 흐르고 있다. 이 굽어진 면에 작용하는 힘(P)은?

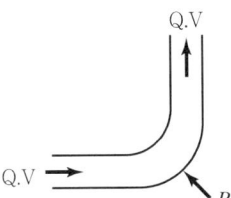

① 157N ② 177N
③ 1,570N ④ 1,770N

■ 해설 **운동량 방정식**
㉠ 운동량 방정식
- $F = \rho Q(V_2 - V_1)$: 운동량 방정식
- $F = \rho Q(V_1 - V_2)$: 판이 받는 힘(반력)

㉡ 유속의 산정
$$V = \frac{Q}{A} = \frac{0.05}{200 \times 10^{-4}} = 2.5 \text{m/s}$$

㉢ x방향 분력
$$F_x = \frac{wQ}{g}(V_1 - V_2) = \frac{1 \times 0.05}{9.8} \times (2.5 - 0)$$
$$= 0.013 \text{t}$$

㉣ y방향 분력
$$F_y = \frac{wQ}{g}(V_1 - V_2) = \frac{1 \times 0.05}{9.8} \times (0 - 2.5)$$
$$= -0.013 \text{t}$$

㉤ 합력의 산정
$$F = \sqrt{F_x^2 + F_y^2} = \sqrt{0.013^2 + (-0.013)^2}$$
$$= 0.018 \text{t} = 18 \text{kg} = 176.4 \text{N}$$

07. 지름 0.3cm인 작은 물방울에 표면장력 $T_{15} = 0.00075\text{N/cm}$가 작용할 때 물방울 내부와 외부의 압력차는?

① 30Pa ② 50Pa
③ 80Pa ④ 100Pa

■ 해설 **표면장력**
㉠ 유체입자 간의 응집력으로 인해 그 표면적을 최소화시키려는 힘을 표면장력이라 한다.
$$T = \frac{PD}{4}$$

㉡ 압력차의 산정
$$P = \frac{4T}{D} = \frac{4 \times 0.00075}{0.3} = 0.01 \text{N/cm}^2$$
$$= 100 \text{N/m}^2 = 100 \text{Pa}$$
$$\therefore 1\text{Pa} = 1\text{N/m}^2$$

08. 정수(靜水) 중의 한 점에 작용하는 정수압의 크기가 방향에 관계없이 일정한 이유로 옳은 것은?

① 물의 단위중량이 9.81kN/m³으로 일정하기 때문이다.
② 정수면은 수평이고 표면장력이 작용하기 때문이다.
③ 수심이 일정하여 정수압의 크기가 수심에 반비례하기 때문이다.
④ 정수압은 면에 수직으로 작용하고, 정역학적 평형방정식에 의해 모든 방향에서 크기가 같기 때문이다.

■ 해설 **정수압의 성질**
정수 중의 한 점에 작용하는 정수압의 크기는 방향에 관계없이 일정하다. 그 이유는 정수압은 모든 면에 수직으로 작용하고, 정역학적 평형방정식에 의해 모든 방향에서 크기가 같기 때문이다.

09. 개수로에서 도수로 인한 에너지 손실을 구하는 식으로 옳은 것은?(단, h_1 : 도수 전의 수심, h_2 : 도수 후의 수심)

① $H_e = \dfrac{(h_2 - h_1)^3}{h_1 h_2}$ ② $H_e = \dfrac{(h_2 - h_1)^3}{2h_1 h_2}$

③ $H_e = \dfrac{(h_2 - h_1)^3}{3h_1 h_2}$ ④ $H_e = \dfrac{(h_2 - h_1)^3}{4h_1 h_2}$

■ 해설 **도수**
㉠ 흐름이 사류(射流)에서 상류(常流)로 바뀔 때 수면이 뛰는 현상을 도수(hydraulic jump)라고 한다.
㉡ 도수로 인한 에너지 손실
$$\Delta E = \frac{(h_2 - h_1)^3}{4h_1 h_2}$$

|해답| 06.② 07.④ 08.④ 09.④

10. 그림과 같이 단면 ①에서 관의 지름이 0.5m, 유속이 2m/s이고, 단면 ②에서 관의 지름이 0.2m일 때 단면 ②에서의 유속은?

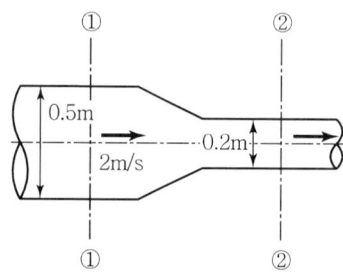

① 10.5m/s ② 11.5m/s
③ 12.5m/s ④ 13.5m/s

■해설 연속방정식
㉠ 질량보존의 법칙에 의해 만들어진 방정식이다.
$Q = A_1 V_1 = A_2 V_2$ (체적유량)
㉡ 유속의 산정
$$V_2 = \frac{A_1}{A_2} V_1 = \frac{\frac{\pi \times 0.5^2}{4}}{\frac{\pi \times 0.2^2}{4}} \times 2 = 12.5 \text{m/s}$$

11. 흐름 중 상류(常流)에 대한 수식으로 옳지 않은 것은?(단, H_c : 한계수심, I_c : 한계경사, V_c : 한계유속, H : 수심, I : 수로경사, V : 유속)

① $H_c < H$ ② $I_c > I$
③ $\frac{V}{\sqrt{gH}} > 1$ ④ $V_c > V$

■해설 흐름의 상태 구분
㉠ 상류(常流)와 사류(射流)
개수로 흐름과 같이 중력에 의해 움직이는 흐름에서는 관성력과 중력의 비가 흐름의 특성을 좌우한다. 개수로 흐름은 물의 관성력과 중력의 비인 프루드 수(Froude number)를 기준으로 상류, 사류, 한계류 등으로 구분한다.
㉡ 여러 가지 조건으로 흐름의 상태 구분

구분	상류(常流)	사류(射流)
F_r	$F_r < 1$	$F_r > 1$
I_c	$I < I_c$	$I > I_c$
y_c	$y > y_c$	$y < y_c$
V_c	$V < V_c$	$V > V_c$

∴ 상류조건에 맞지 않는 것은 $F_r = \frac{V}{\sqrt{gH}} > 1$ 이다.

12. 10m 깊이의 해수 중에서 작업하는 잠수부가 받는 계기압력은?(단, 해수의 비중은 1.025이다.)

① 약 1기압 ② 약 2기압
③ 약 3기압 ④ 약 4기압

■해설 잠수부가 받는 압력
㉠ 대기압(1기압)
$P_a = w_s h = 13.6 \times 76 = 1,033.6 \text{g/cm}^2$
$= 1.0336 \text{kg/cm}^2 = 10.336 \text{t/m}^2$
㉡ 수중 10m의 계기압력
$P = wh = 1.025 \times 10 = 10.25 \text{t/m}^2 ≒ 1$기압

13. Darcy의 법칙을 지하수에 적용시킬 수 있는 경우는?

① 난류인 경우 ② 사류인 경우
③ 상류인 경우 ④ 층류인 경우

■해설 Darcy의 법칙
㉠ Darcy의 법칙
- $V = K \cdot I = K \cdot \frac{h_L}{L}$
- $Q = A \cdot V = A \cdot K \cdot I = A \cdot K \cdot \frac{h_L}{L}$

㉡ 특징
- 투수계수의 차원은 동수경사가 무차원이므로 속도의 차원$[LT^{-1}]$과 동일하다.
- Darcy의 법칙은 지하수의 층류흐름에 대한 마찰저항공식이다.
- Darcy의 법칙은 정상류흐름의 층류에만 적용된다.(특히, $R_e < 4$일 때 잘 적용된다.)
∴ Darcy의 법칙은 층류에만 적용된다.
- 투수계수는 물의 점성계수에 따라서도 변화한다.
$$K = D_s^2 \frac{\rho g}{\mu} \frac{e^3}{1+e} C$$
여기서, D_s : 입자의 직경
ρg : 물의 단위중량
μ : 점성계수
e : 간극비
C : 형상계수

|해답| 10.③ 11.③ 12.① 13.④

14. 수축계수 0.45, 유속계수 0.92인 오리피스의 유량계수는?

① 0.414
② 0.489
③ 0.643
④ 2.044

■해설 오리피스의 계수
㉠ 유속계수(C_v) : 실제유속과 이론유속의 차를 보정해주는 계수로, 실제유속과 이론유속의 비로 나타낸다.
C_v = 실제유속/이론유속 ≒ 0.97~0.99
㉡ 수축계수(C_a) : 수축 단면적과 오리피스 단면적의 차를 보정해주는 계수로 수축 단면적과 오리피스 단면적의 비로 나타낸다.
C_a = 수축 단면의 단면적/오리피스의 단면적 ≒ 0.64
∴ $C_a = \dfrac{a_0}{a}$
㉢ 유량계수(C) : 실제유량과 이론유량의 차를 보정해주는 계수로 실제유량과 이론유량의 비로 나타낸다.
C = 실제유량/이론유량
= $C_a \times C_v$ = 0.92×0.45
= 0.414

15. 유체의 점성(viscosity)에 대한 설명으로 옳은 것은?

① 유체의 비중을 알 수 있는 척도이다.
② 동점성계수는 점성계수에 밀도를 곱한 값이다.
③ 액체의 경우 온도가 상승하면 점성도 함께 커진다.
④ 점성계수는 전단응력(τ)을 속도 경사$\left(\dfrac{\partial v}{\partial y}\right)$로 나눈 값이다.

■해설 점성
유체입자의 상대적인 속도 차이로 전단응력을 발생시키는 물의 성질을 점성이라고 한다.
$\tau = \mu \dfrac{dv}{dy}$
∴ $\mu = \dfrac{\tau}{\dfrac{dv}{dy}}$

16. 그림과 같이 지름 3m, 길이 8m인 수문에 작용하는 수평분력의 작용점까지 수심(h_c)은?

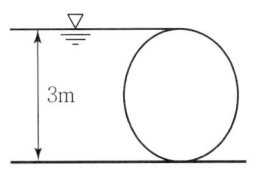

① 2.00m
② 2.12m
③ 2.34m
④ 2.43m

■해설 곡면에 작용하는 전수압
곡면에 작용하는 전수압은 수평분력과 연직분력으로 나누어 해석한다.
㉠ 수평분력
$P_H = wh_G A$(투영면적)
㉡ 연직분력
곡면을 밑면으로 하는 물기둥 체적의 무게와 같다.
$P_V = W$(물기둥 체적의 무게) = wV
㉢ 합력의 계산
$P = \sqrt{P_H^2 + P_V^2}$
㉣ 수평분력의 작용점
$h_c = \dfrac{2}{3}h = \dfrac{2}{3} \times 3 = 2m$

17. 사다리꼴 단면인 개수로에서 수리학적으로 가장 유리한 단면의 조건은?(단, R : 경심, B : 수면 폭, h : 수심)

① $B = \dfrac{h}{2}$
② $B = h$
③ $R = \dfrac{h}{2}$
④ $R = h$

■해설 수리학적으로 유리한 단면
㉠ 수로의 경사, 조도계수, 단면이 일정할 때 유량이 최대로 흐를 수 있는 단면을 수리학적으로 유리한 단면 또는 최량수리단면이라 한다.
㉡ 수리학적으로 유리한 단면이 되기 위해서는 경심(R)이 최대이거나, 윤변(P)이 최소일 때 성립된다.
R_{max} 또는 P_{min}
㉢ 직사각형 단면에서 수리학적으로 유리한 단면이 되기 위한 조건은 $B = 2H$, $R = \dfrac{H}{2}$이다.

|해답| 14.① 15.④ 16.① 17.③

② 사다리꼴 단면에서는 정삼각형 3개가 모인 단면이 가장 유리한 단면이 된다.

$$\therefore b = l, \ \theta = 60°, \ R = \frac{H}{2}$$

18. 관수로의 관망설계에서 각 분기점 또는 합류점에 유입하는 유량은 그 점에서 정지하지 않고 전부 유출하는 것으로 가정하여 관망을 해석하는 방법은?

① Manning 방법
② Hardy-Cross 방법
③ Darcy-Weisbach 방법
④ Ganguillet-Kutter 방법

■해설 관망의 해석
　㉠ 관수로 관망을 해석하는 방법에는 Hardy-Cross의 시행착오법과 등치관법이 있다.
　㉡ Hardy-Cross의 시행착오법을 적용하기 위해서 다음의 가정을 따른다.
　　• 각 관에 유입된 유량은 그 관에 정지하지 않고 모두 유출된다.
　　• 각 폐합관의 손실수두의 합은 0이다.
　　• 마찰 이외의 손실은 무시한다.

19. 개수로에서 파상도수가 일어나는 범위는?(단, Fr_1 : 도수 전의 Froude number)

① $Fr_1 = \sqrt{3}$
② $1 < Fr_1 < \sqrt{3}$
③ $2 > Fr_1 > \sqrt{3}$
④ $\sqrt{2} < Fr_1 < \sqrt{3}$

■해설 도수
　㉠ 도수 현상은 역적-운동량 방정식으로부터 유도할 수 있다.
　㉡ 흐름이 사류(射流)에서 상류(常流)로 바뀔 때 수면이 뛰는 현상을 도수(hydraulic jump)라고 한다.
　㉢ 도수는 큰 에너지 손실을 동반한다.
　㉣ $1 < F_r < \sqrt{3}$을 파상도수라고 하며, $F_r > \sqrt{3}$을 완전도수라고 한다.

20. 마찰손실계수(f)가 0.03일 때 Chezy의 평균유속계수(C, m$^{1/2}$/s)는?(단, Chezy의 평균유속 $V = C\sqrt{RI}$이다.)

① 48.1
② 51.1
③ 53.4
④ 57.4

■해설 마찰손실계수
　㉠ 레이놀즈 수(R_e)와의 관계
　　• 원관 내 층류 : $f = \dfrac{64}{R_e}$
　　• 불완전 층류 및 난류의 매끈한 관
　　　 : $f = 0.3164 R_e^{-\frac{1}{4}}$
　㉡ 조도계수 n과의 관계
　　$f = \dfrac{124.5 n^2}{D^{\frac{1}{3}}} = 124.5 n^2 D^{-\frac{1}{3}}$
　㉢ Chezy 유속계수 C와의 관계
　　$f = \dfrac{8g}{C^2}$
　　$\therefore C = \sqrt{\dfrac{8g}{f}} = \sqrt{\dfrac{8 \times 9.8}{0.03}} = 51.1$

Item pool (기사 2020년 6월 7일 시행)
과년도 출제문제 및 해설

01. 다음 그림과 같은 사다리꼴 수로에서 수리상 유리한 단면으로 설계된 경우의 조건은?

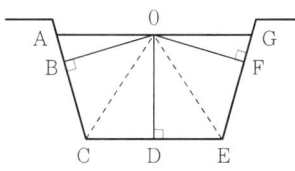

① OB = OD = OF
② OA = OD = OG
③ OC = OG + OA = OE
④ OA = OC = OE = OG

■ 해설 수리학적 유리한 단면
 ㉠ 일정한 단면적에 최대유량이 흐르는 조건의 단면을 수리학적으로 유리한 단면이라 한다.
 ㉡ 사다리꼴 단면의 수리학적으로 유리한 단면이 되기 위한 조건은 반지름이 h인 반원에 외접하는 단면을 말한다.
 ∴ 반지름이 h인 조건을 찾으면 OB=OD=OF이다.

02. 토리첼리(Torricelli) 정리는 다음 중 어느 것을 이용하여 유도할 수 있는가?

① 파스칼 원리
② 아르키메데스 원리
③ 레이놀즈 원리
④ 베르누이 정리

■ 해설 토리첼리 정리
 토리첼리 정리는 베르누이 정리를 이용하여 오리피스를 통과하는 유속을 구하는 식을 유도하였다.
 $V = \sqrt{2gh}$

03. 강우강도 공식에 관한 설명으로 틀린 것은?

① 자기우량계의 우량자료로부터 결정되며, 지역에 무관하게 적용 가능하다.
② 도시지역의 우수관로, 고속도로 암거 등의 설계 시 기본 자료로서 널리 이용된다.
③ 강우강도가 커질수록 강우가 계속되는 시간은 일반적으로 작아지는 반비례 관계이다.
④ 강우강도(I)와 강우지속시간(D)과의 관계로서 Talbot, Sherman, Japanese형의 경험공식에 의해 표현될 수 있다.

■ 해설 강우강도
 ㉠ 정의 : 시간당 내린 비의 양을 강우강도라 한다 (mm/hr).
 ㉡ 대표공식 : 강우강도와 지속시간의 관계를 나타내는 대표적 공식은 다음과 같다.
  • 지역공식이며, 경험공식이다.
  • 강우지속시간이 길면 강우강도는 적어진다.

종류	내용
Talbot형	광주지역에 적합 $I = \dfrac{a}{t+b}$
Sherman형	서울, 목포, 부산에 적합 $I = \dfrac{c}{t^n}$
Japanese형	대구, 인천, 강릉에 적합 $I = \dfrac{d}{\sqrt{t}+e}$

04. 밑변 2m, 높이 3m인 삼각형 형상의 판이 밑변을 수면과 맞대고 연직으로 수중에 있다. 이 삼각형 판의 작용점 위치는?(단, 수면을 기준으로 한다.)

① 1m
② 1.33m
③ 1.5m
④ 2m

|해답| 01.① 02.④ 03.① 04.③

■ 해설 수면과 연직인 면이 받는 압력
　㉠ 수면과 연직인 면이 받는 압력
　　• 전수압 : $P = wh_G A$
　　• 작용점의 위치 : $h_c = h_G + \dfrac{I}{h_G A}$
　㉡ 작용점의 위치 계산
$$h_c = h_G + \dfrac{I}{h_G A} = 1 + \dfrac{\dfrac{2 \times 3^3}{36}}{1 \times \dfrac{1}{2} \times 2 \times 3} = 1.5\text{m}$$

05. 지하의 사질 여과층에서 수두차가 0.5m이며 투과거리가 2.5m일 때 이곳을 통과하는 지하수의 유속은?(단, 투수계수는 0.3cm/s이다.)

① 0.03cm/s　② 0.04cm/s
③ 0.05cm/s　④ 0.06cm/s

■ 해설 Darcy의 법칙
　Darcy의 법칙은 지하수 유속이 동수경사에 비례하는 것을 나타내는 법칙이다.
$$V = K \cdot I = K \cdot \dfrac{h_L}{L}$$
$$\therefore\ V = K \cdot \dfrac{h_L}{L} = 0.3 \times \dfrac{0.5}{2.5} = 0.06\text{cm/sec}$$

06. 평면상 x, y방향의 속도성분이 각각 $u = ky$, $v = kx$인 유선의 형태는?

① 원　② 타원
③ 쌍곡선　④ 포물선

■ 해설 유선방정식
　㉠ 유선방정식
$$\dfrac{dx}{u} = \dfrac{dy}{v} = \dfrac{dz}{w}$$
　㉡ 2차원 유선방정식에 $u = ky$, $v = kx$를 대입하면
$$\dfrac{dx}{ky} = \dfrac{dy}{kx}$$
$$xdx - ydy = 0$$
$$x^2 - y^2 = 0$$
　∴ 쌍곡선이다.

07. 유역면적 20km² 지역에서 수공구조물의 축조를 위해 다음 아래의 수문곡선을 얻었을 때, 총유출량은?

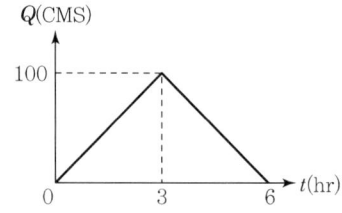

① 108m³　② 108×10^4m³
③ 300m³　④ 300×10^4m³

■ 해설 총유출량
　㉠ 시간당 수문량(유량)의 변화를 나타낸 곡선을 수문곡선이라고 한다.
　㉡ 총유출량의 산정
　　총유출량 = 유량 × 시간
$$= 100 \times 6(\text{hr}) \times 3,600(\text{sec}) \times \dfrac{1}{2}$$
$$= 1,080,000\text{m}^3 = 108 \times 10^4 \text{m}^3$$

08. 주어진 유량에 대한 비에너지(Specific Energy)가 3m일 때, 한계수심은?

① 1m　② 1.5m
③ 2m　④ 2.5m

■ 해설 비에너지와 한계수심
　직사각형 단면의 비에너지와 한계수심의 관계는 다음과 같다.
$$h_c = \dfrac{2}{3} h_e$$
$$\therefore\ h_c = \dfrac{2}{3} \times 3 = 2\text{m}$$

09. 그림과 같이 지름 3m, 길이 8m인 수로의 드럼 게이트에 작용하는 전수압이 수문 $\widehat{ABC}$에 작용하는 지점의 수심은?

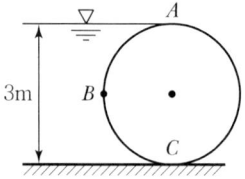

① 2.00m   ② 2.25m
③ 2.43m   ④ 2.68m

■해설 전수압의 작용점
　㉠ 수평분력
　　$P_H = w \cdot h_G \cdot A = 1 \times \frac{3}{2} \times (8 \times 3) = 36\text{ton}$
　㉡ 연직분력
　　$P_V = W_w = w_w \cdot V$(반원의 체적)
　　　$= 1 \times \frac{\pi \times 3^2}{4} \times \frac{1}{2} \times 8 = 28.26\text{ton}$
　㉢ 작용점 위치의 도해법

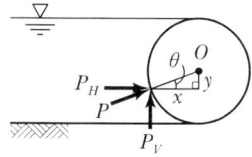

　　• $x = 1.5\cos\theta$, $y = 1.5\sin\theta$
　　• 중심(O)에 대해 모멘트를 취하면
　　　$P_H \cdot y = P_V \cdot x$
　　　$36 \times 1.5\sin\theta = 28.26 \times 1.5\cos\theta$
　　　$\therefore \frac{\sin\theta}{\cos\theta} = \tan\theta = 0.785$
　　　$\therefore \theta = 38.13°$
　㉣ 작용점 위치 산정
　　$h_c = 1.5 + y = 1.5 + 1.5\sin\theta$
　　　$= 1.5 + 1.5\sin 38.13° = 2.43\text{m}$

10. 유체의 흐름에 대한 설명으로 옳지 않은 것은?

① 이상유체에서 점성은 무시된다.
② 유관(Stream Tube)은 유선으로 구성된 가상적인 관이다.
③ 점성이 있는 유체가 계속해서 흐르기 위해서는 가속도가 필요하다.
④ 정상류의 흐름상태는 위치변화에 따라 변화하지 않는 흐름을 의미한다.

■해설 유체흐름 해석
　㉠ 이상유체는 비점성, 비압축성유체를 말한다.
　㉡ 유관(Stream Tube)이란 여러 개의 유선이 모여 만든 하나의 가상 관을 말한다.
　㉢ 점성은 흐름을 저해하는 요소로 점성이 있는 유체가 계속해서 흐르기 위해서는 가속도가 필요하다.
　㉣ 정상류흐름은 시간에 따라 흐름의 특성이 변하지 않는 흐름을 말한다.

11. 광정 위어(Weir)의 유량공식 $Q = 1.704CbH^{\frac{3}{2}}$ 에 사용되는 수두(H)는?

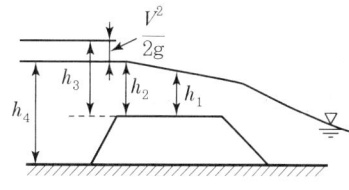

① h_1 ② h_2
③ h_3 ④ h_4

■해설 광정위어의 유량
　㉠ 광정위어의 유량
　　$Q = 1.7CBH^{\frac{3}{2}}$, $H = h + h_a$
　　여기서, C : 유량계수
　　　　　　B : 위어의 폭 또는 위어의 길이
　　　　　　h : 월류수심
　　　　　　h_a : 접근유속수두($= \frac{V^2}{2g}$)
　㉡ 수두(H)의 산정
　　$H = h_2 + \frac{V^2}{2g} = h_3$

12. 오리피스(Orifice)로부터의 유량을 측정한 경우 수두 H를 추정함에 1%의 오차가 있었다면 유량 Q에는 몇 %의 오차가 생기는가?

① 1%   ② 0.5%
③ 1.5%   ④ 2%

■해설 수두측정오차와 유량오차와의 관계
　㉠ 수두측정오차와 유량오차의 관계
　　• 직사각형 위어 : $\frac{dQ}{Q} = \frac{\frac{3}{2}KH^{\frac{1}{2}}dH}{KH^{\frac{3}{2}}} = \frac{3}{2}\frac{dH}{H}$

　　• 삼각형 위어 : $\frac{dQ}{Q} = \frac{\frac{5}{2}KH^{\frac{3}{2}}dH}{KH^{\frac{5}{2}}} = \frac{5}{2}\frac{dH}{H}$

　　• 작은 오리피스 : $\frac{dQ}{Q} = \frac{\frac{1}{2}KH^{-\frac{1}{2}}dH}{KH^{\frac{1}{2}}} = \frac{1}{2}\frac{dH}{H}$

ⓒ 오차 계산

$$\frac{dQ}{Q} = \frac{1}{2}\frac{dH}{H} = \frac{1}{2} \times 1 = 0.5\%$$

13. 강우강도 $I = \dfrac{5,000}{t+40}$ mm/hr로 표시되는 어느 도시에 있어서 20분간의 강우량 R_{20}은?(단, t의 단위는 분이다.)

① 17.8mm   ② 27.8mm
③ 37.8mm   ④ 47.8mm

■해설 강우강도
  ㉠ 단위시간당 내린 비의 크기를 강우강도라고 한다.
  ㉡ 지속시간 20분 강우강도의 산정
  $$I = \frac{5,000}{t+40} = \frac{5,000}{20+40} = 83.33 \text{mm/hr}$$
  ㉢ 20분간 강우량의 산정
  $$R_{20} = \frac{83.33}{60} \times 20 = 27.78 \text{mm}$$

14. 관망계산에 대한 설명으로 틀린 것은?

① 관망은 Hardy-Cross 방법으로 근사계산할 수 있다.
② 관망계산 시 각 관에서의 유량을 임의로 가정해도 결과는 같아진다.
③ 관망계산에서 반시계방향과 시계방향으로 흐를 때의 마찰 손실수두의 합은 0이라고 가정한다.
④ 관망계산 시 극히 작은 손실의 무시로도 결과에 큰 차를 가져올 수 있으므로 무시하여서는 안 된다.

■해설 관망의 해석
  ㉠ 관수로 관망을 해석하는 방법에는 Hardy-Cross의 시행착오법과 등치관법이 있다.
  ㉡ Hardy-Cross의 시행착오법을 적용하기 위해서 다음의 가정을 따른다.
   • 각 관에 유입된 유량은 그 관에 정지하지 않고 모두 유출된다.
   • 각 폐합관의 손실수두의 합은 0이다.
   • 마찰 이외의 손실은 무시한다.

15. 지하수 흐름에서 Darcy 법칙에 관한 설명으로 옳은 것은?

① 정상 상태이면 난류영역에서도 적용된다.
② 투수계수(수리전도계수)는 지하수의 특성과 관계가 있다.
③ 대수층의 모세관 작용은 이 공식에 간접적으로 반영되었다.
④ Darcy 공식에 의한 유속은 공극 내 실제유속의 평균치를 나타낸다.

■해설 Darcy의 법칙
  ㉠ Darcy의 법칙
   • $V = K \cdot I = K \cdot \dfrac{h_L}{L}$
   • $Q = A \cdot V = A \cdot K \cdot I = A \cdot K \cdot \dfrac{h_L}{L}$
   로 구할 수 있다.
  ㉡ 특징
   • 지하수의 유속은 동수경사(I)에 비례한다.
   • 동수경사(I)는 무차원이므로 투수계수는 유속과 동일 차원을 갖는다.
   • Darcy의 법칙은 정상류흐름에 층류에만 적용된다.
   • 다공층의 매질은 균일하며 동질이다.
   • 대수층 내에는 모관수대가 존재하지 않는다.
   • 투수계수는 흙입자의 직경, 지하수의 단위중량, 점성, 간극비, 형상계수 등에 관련이 있다.

16. 일반적인 수로단면에서 단면계수 Z_c와 수심 h의 상관식은 $Z_c^2 = Ch^M$으로 표시할 수 있는데 이 식에서 M은?

① 단면지수   ② 수리지수
③ 윤변지수   ④ 흐름지수

■해설 단면계수
  한계류 계산을 위한 단면계수를 구하는 일반식은 다음과 같다.
  $Z = Ch^M$
   여기서, Z : 단면계수, C : 형상계수
      h : 수심, M : 수리지수

17. 시간을 t, 유속을 v, 두 단면 간의 거리를 l이라 할 때, 다음 조건 중 부등류인 경우는?

① $\dfrac{v}{t}=0$ ② $\dfrac{v}{t}\neq 0$

③ $\dfrac{v}{t}=0,\ \dfrac{v}{l}=0$ ④ $\dfrac{v}{t}=0,\ \dfrac{v}{l}\neq 0$

■해설 흐름의 분류
㉠ 정류와 부정류 : 시간에 따른 흐름의 특성이 변하지 않는 경우를 정류, 변하는 경우를 부정류라 한다.
- 정류 : $\dfrac{\partial v}{\partial t}=0,\ \dfrac{\partial p}{\partial t}=0,\ \dfrac{\partial \rho}{\partial t}=0$
- 부정류 : $\dfrac{\partial v}{\partial t}\neq 0,\ \dfrac{\partial p}{\partial t}\neq 0,\ \dfrac{\partial \rho}{\partial t}\neq 0$

㉡ 등류와 부등류 : 공간에 따른 흐름의 특성이 변하지 않는 경우를 등류, 변하는 경우를 부등류라 한다.
- 등류 : $\dfrac{\partial Q}{\partial l}=0,\ \dfrac{\partial v}{\partial l}=0,\ \dfrac{\partial h}{\partial l}=0$
- 부등류 : $\dfrac{\partial Q}{\partial l}\neq 0,\ \dfrac{\partial v}{\partial l}\neq 0,\ \dfrac{\partial h}{\partial l}\neq 0$

∴ 부등류는 $\dfrac{\partial v}{\partial t}=0,\ \dfrac{\partial v}{\partial l}\neq 0$이다.

18. 그림과 같이 A에서 분기했다가 B에서 다시 합류하는 관수로에 물이 흐를 때 관Ⅰ과 Ⅱ의 손실수두에 대한 설명으로 옳은 것은?(단, 관Ⅰ의 지름< 관Ⅱ의 지름이며, 관의 성질은 같다.)

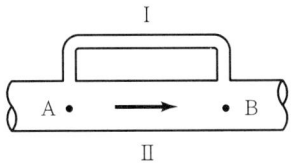

① 관 Ⅰ의 손실수두가 크다.
② 관 Ⅱ의 손실수두가 크다.
③ 관 Ⅰ과 관 Ⅱ의 손실수두는 같다.
④ 관 Ⅰ과 관 Ⅱ의 손실수두의 합은 0이다.

■해설 병렬관수로
㉠ 병렬관수로의 정의
하나의 관수로가 도중에서 수 개의 관으로 분기되었다가 하류에서 다시 하나의 관으로 합류하는 관로를 말한다.
㉡ 직렬관수로와의 차이점
- 직렬 : 유량은 일정하나 수두손실은 관의 연장에 걸쳐 누가된다.
- 병렬 : 수두손실은 일정하나 유량은 각 관로의 유량을 누가한 것과 동일하다.
∴ 각 관의 손실수두는 동일하다.

19. 강우로 인한 유수가 그 유역 내의 가장 먼 지점으로부터 유역출구까지 도달하는 데 소요되는 시간을 의미하는 것은?

① 기저시간 ② 도달시간
③ 지체시간 ④ 강우지속시간

■해설 도달시간
강우로 인한 유수가 그 유역 내의 가장 먼 지점으로부터 유역출구까지 도달하는 데 소요되는 시간을 도달시간이라고 한다.

20. 다음 중 밀도를 나타내는 차원은?

① $[FL^{-1}T^2]$ ② $[FL^4T^{-2}]$
③ $[FL^{-2}T^4]$ ④ $[FL^{-2}T^4]$

■해설 차원
㉠ 물리량의 크기를 힘[F], 질량[M], 시간[T], 길이[L]의 지수형태로 표기한 것
㉡ 밀도의 차원
- FLT계 차원 : FT^2L^{-4}
- MLT계 차원 : ML^{-3}
∴ $M=FT^2L^{-1}$

|해답| 17.④ 18.③ 19.② 20.①

Item pool (산업기사 2020년 6월 14일 시행)
과년도 출제문제 및 해설

01. Darcy의 법칙을 층류에만 적용하여야 하는 이유는?

① 레이놀즈수가 크기 때문이다.
② 투수계수의 물리적 특성 때문이다.
③ 유속과 손실수두가 비례하기 때문이다.
④ 지하수 흐름은 항상 층류이기 때문이다.

■해설 Darcy의 법칙
ㄱ) Darcy의 법칙
- $V = K \cdot I = K \cdot \dfrac{h_L}{L}$
- $Q = A \cdot V = A \cdot K \cdot I = A \cdot K \cdot \dfrac{h_L}{L}$
로 구할 수 있다.

ㄴ) 특징
- 지하수의 유속은 동수경사(I)에 비례한다.
- 동수경사(I)는 무차원이므로 투수계수는 유속과 동일 차원을 갖는다.
- Darcy의 법칙은 정상류흐름에 층류에만 적용된다.
- 다공층의 매질은 균일하며 동질이다.
- 대수층 내에는 모관수대가 존재하지 않는다.
- 투수계수는 흙입자의 직경, 지하수의 단위중량, 점성, 간극비, 형상계수 등에 관련이 있다.

∴ Darcy의 법칙은 동수경사($I = \dfrac{h_L}{l}$)에 비례하므로 손실수두에 비례한다.

02. 수면경사가 1/500인 직사각형 수로에 유량이 50m³/s로 흐를 때 수리상 유리한 단면의 수심(h)은?(단, Manning 공식을 이용하며, $n = 0.023$)

① 0.8m ② 1.1m
③ 2.0m ④ 3.1m

■해설 수리학적 유리한 단면
ㄱ) 수로의 경사, 조도계수, 단면이 일정할 때 유량이 최대로 흐를 수 있는 단면을 수리학적 유리한 단면 또는 최량수리단면이라 한다.

ㄴ) 직사각형 단면에서 수리학적 유리한 단면이 되기 위한 조건은 $B = 2H$, $R = \dfrac{H}{2}$ 이다.

ㄷ) Manning 공식에 의한 유량
$Q = AV = A\dfrac{1}{n}R^{\frac{2}{3}}I^{\frac{1}{2}} = (BH) \times \dfrac{1}{n}R^{\frac{2}{3}}I^{\frac{1}{2}}$

→ 수리학적 유리한 단면이 되기 위한 조건인 $B = 2H$, $R = \dfrac{H}{2}$를 대입하고 정리

ㄹ) 수심(H)의 산정
$H = \left(\dfrac{2^{\frac{2}{3}}nQ}{2I^{\frac{1}{2}}}\right)^{\frac{3}{8}} = \left(\dfrac{2^{\frac{2}{3}} \times 0.023 \times 50}{2 \times (1/500)^{\frac{1}{2}}}\right)^{\frac{3}{8}} = 3.098\text{m}$

03. 위어에 있어서 수맥의 수축에 대한 일반적인 설명으로 옳지 않은 것은?

① 정수축은 광정위어에서 생기는 수축현상이다.
② 연직수축이란 면수축과 정수축을 합한 것이다.
③ 단수축은 위어의 측벽에 의해 월류폭이 수축하는 현상이다.
④ 면수축은 물의 위치에너지가 운동에너지로 변화하기 때문에 생긴다.

■해설 수맥의 수축
ㄱ) 정수축은 위어의 선단이 날카로워서 생기는 수축을 말한다.
ㄴ) 면수축은 상류(上流)에서 시작하여 하류(下流)까지 이어지는 수맥의 강하를 말한다.
ㄷ) 단수축은 위어의 측벽이 날카로워서 생기는 수축을 말한다.
∴ 정수축은 예연위어에서 발생하며, 광정위어에서 발생하는 수축은 면수축이다.

|해답| 01.③ 02.④ 03.①

04. 동수경사선에 관한 설명으로 옳지 않은 것은?

① 항상 에너지선과 평행하다.
② 개수로 수면이 동수경사선이 된다.
③ 에너지선보다 속도수두만큼 아래에 있다.
④ 압력수두와 위치수두의 합을 연결한 선이다.

■해설 개수로 일반사항
- 동수경사선은 에너지선에서 속도수두만큼 아래에 있다.
- 동수경사선은 자유표면과 일치한다.
- 등류일 경우에만 동수경사선과 에너지선이 평행하다.

05. 물이 흐르고 있는 벤투리미터(Venturi Meter)의 관부와 수축부에 수은을 넣은 U자형 액주계를 연결하여 수은주의 높이차 h_m =10cm를 읽었다. 관부와 수축부의 압력수두의 차는?(단, 수은의 비중은 13.6이다.)

① 1.26m   ② 1.36m
③ 12.35m   ④ 13.35m

■해설 벤투리미터
㉠ 관내에 축소부를 두어 축소 전과 축소 후의 압력차를 측정하여 관수로의 유량을 측정하는 기구를 말한다.
㉡ 벤투리미터의 유량
$$Q = \frac{C \cdot A_1 \cdot A_2}{\sqrt{A_1^2 - A_2^2}} \sqrt{2gH}$$
㉢ 수은주의 사용
$$P_1 - P_2 = w_s H - w_w H = w_w H\left(\frac{w_s}{w_w} - 1\right)$$
$$= w_w H(s-1)$$
∴ 압력수두의 차
$$P_1 - P_2 = w_w H(s-1)$$
$$= 1 \times 0.1 \times (13.6 - 1) = 1.26\text{m}$$

06. 어느 하천에서 H_m 되는 곳까지 양수하려고 한다. 양수량을 Qm³/sec, 모든 손실수두의 합을 $\sum h_e$, 펌프와 모터의 효율을 각각 η_1, η_2라 할 때, 펌프의 동력을 구하는 식은?

① $\dfrac{9.8Q(H+\sum h_e)}{75\eta_1\eta_2}$ kW

② $\dfrac{9.8Q(H+\sum h_e)}{\eta_1\eta_2}$ kW

③ $\dfrac{9.8Q(H-\sum h_e)}{75\eta_1\eta_2}$ kW

④ $\dfrac{13.33Q(H-\sum h_e)}{\eta_1\eta_2}$ kW

■해설 동력의 산정
양수에 필요한 동력($H_e = h + \sum h_L$)
- $P = \dfrac{9.8QH_e}{\eta_1\eta_2}$ kW
- $P = \dfrac{13.3QH_e}{\eta_1\eta_2}$ HP

07. 원통형의 용기에 깊이 1.5m까지는 비중이 1.35인 액체를 넣고 그 위에 2.5m의 깊이로 비중이 0.95인 액체를 넣었을 때, 밑바닥이 받는 총 압력은?(단, 물의 단위중량은 9.81kN/m³이며, 밑바닥의 지름은 2m이다.)

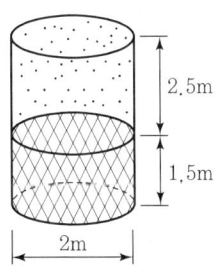

① 125.5kN   ② 135.6kN
③ 145.5kN   ④ 155.6kN

■해설 수면과 평형인 면이 받는 압력
㉠ 수면과 평형인 면
$P = whA$
㉡ 압력의 산정
$P = P_1 + P_2 = w_1 h_1 A_1 + w_2 h_2 A_2$
$= 0.95 \times 2.5 \times \dfrac{3.14 \times 2^2}{4} + 1.35 \times 1.5 \times \dfrac{3.14 \times 2^2}{4}$
$= 13.816\text{t} = 135.6\text{kN}$

08. 지름 7cm의 연직관에 높이 1m만큼 모래를 넣었다. 이 모래 위에 물을 20cm만큼 일정하게 유지하여 투수량(透水量) $Q=5.0$L/h를 얻었다. 모래의 투수계수(k)를 구한 값은?

① 6.495m/h ② 649.5m/h
③ 1.083m/h ④ 108.3m/h

■해설 Darcy의 법칙
㉠ Darcy의 법칙
$$V = K \cdot I = K \cdot \frac{h_L}{L}$$
$$Q = A \cdot V = A \cdot K \cdot I = A \cdot K \cdot \frac{h_L}{L}$$
㉡ 투수계수의 산정
$$K = \frac{Q}{AI} = \frac{Q}{A\frac{h}{l}} = \frac{5 \times 10^{-3}}{\frac{\pi \times 0.07^2}{4} \times \frac{0.2}{1}}$$
$$= 1.083 \text{m/hr}$$

09. 물의 성질에 대한 설명으로 옳지 않은 것은?

① 물의 점성계수는 수온이 높을수록 그 값이 커진다.
② 공기에 접촉하는 물의 표면장력은 온도가 상승하면 감소한다.
③ 내부마찰력이 큰 것은 내부마찰력이 작은 것보다 그 점성계수의 값이 크다.
④ 압력이 증가하면 물의 압축계수(C_W)는 감소하고 체적탄성계수(E_W)는 증가한다.

■해설 물의 성질
㉠ 물의 점성계수는 온도 0℃에서 최대이며 온도가 상승하면 그 값은 작아진다.
㉡ 물의 표면장력은 온도가 상승하면 감소한다.
㉢ 내부마찰력이 큰 것은 내부마찰력이 작은 것보다 그 점성계수의 값이 크다.
㉣ 압력이 증가하면 물의 압축계수는 감소하고 체적탄성계수는 증가한다.

10. 단위시간에 있어서 속도변화가 V_1에서 V_2로 되며 이때 질량 m인 유체의 밀도를 ρ라 할 때 운동량 방정식은?(단, Q: 유량, ω: 유체의 단위중량, g: 중력가속도)

① $F = \frac{\omega Q}{\rho}(V_2 - V_1)$ ② $F = \omega Q(V_2 - V_1)$
③ $F = \frac{Qg}{\omega}(V_2 - V_1)$ ④ $F = \frac{\omega}{g}Q(V_2 - V_1)$

■해설 운동량방정식
㉠ 운동량방정식
$$F = \rho Q(V_2 - V_1) = \frac{wQ}{g}(V_2 - V_1)$$
㉡ 판이 받는힘(반력)
$$F = \rho Q(V_1 - V_2) = \frac{wQ}{g}(V_1 - V_2)$$

11. 밑면적 A, 높이 H인 원주형 물체의 흘수가 h라면 물체의 단위중량 ω_m은? (단, 물의 단위중량은 ω_0이다.)

① $\omega_m = \omega_0 \times \frac{H}{h}$ ② $\omega_m = \omega_0 \times \frac{h}{H}$
③ $\omega_m = \omega_0 \times \frac{H-h}{h}$ ④ $\omega_m = \omega_0 \times \frac{H-h}{H}$

■해설 부체의 평형조건
㉠ 부체의 평형조건
$$W(\text{무게}) = B(\text{부력}) \rightarrow w_m V = w_0 V'$$
여기서, w_m : 부체의 단위중량
w_0 : 물의 단위중량
V : 부체의 총체적
V' : 물에 잠긴 만큼의 체적
㉡ 물체의 단위중량의 산정
$$w_m V = w_0 V'$$
$$\therefore w_m = w_0 \frac{V'}{V} = w_0 \frac{h}{H}$$

12. 다음 중 베르누이의 정리를 응용한 것이 아닌 것은?

① Pitot Tube ② Venturimeter
③ Pascal의 원리 ④ Torricelli의 정리

■해설 베르누이정리의 응용
토리첼리정리, 피토관방정식, 벤튜리미터는 모두 베르누이정리를 응용하여 유도하였으며 파스칼의 원리는 베르누이정리와 무관하다.

산업기사 2020년 6월 14일 시행

13. 모세관 현상에 대한 설명으로 옳지 않은 것은?
① 모세관의 상승높이는 액체의 단위중량에 비례한다.
② 모세관의 상승높이는 모세관의 지름에 반비례한다.
③ 모세관의 상승 여부는 액체의 응집력과 액체와 관 벽의 부착력에 의해 좌우된다.
④ 액체의 응집력이 관 벽과의 부착력보다 크면 관 내 액체의 높이는 관 밖보다 낮아진다.

■해설 모세관현상
유체입자 간의 응집력과 유체입자와 관벽 사이의 부착력으로 인해 수면이 상승하는 현상을 모세관현상이라 한다.
$h = \dfrac{4T\cos\theta}{\omega D}$
∴ 모세관의 상승높이는 액체의 단위중량에 반비례한다.

14. 한계수심에 관한 설명으로 옳은 것은?
① 유량이 최소이다.
② 비에너지가 최소이다.
③ Reynolds 수가 1이다.
④ Froude 수가 1보다 크다.

■해설 한계수심
한계수심의 정의는 다음과 같다.
㉠ 유량이 일정할 때 비에너지가 최소일 때의 수심을 한계수심이라 한다.
㉡ 비에너지가 일정할 때 유량이 최대로 흐를 때의 수심을 한계수심이라 한다.
㉢ 유량이 일정할 때 비력 최소일 때의 수심을 한계수심이라 한다.
㉣ 흐름이 상류(常流)에서 사류(射流)로 바뀌는 지점의 수심을 말한다.
∴ 비에너지가 최소일 때의 수심을 한계수심이라고 한다.

15. 경심에 대한 설명으로 옳은 것은?
① 물이 흐르는 수로
② 물이 차서 흐르는 횡단면적
③ 유수단면적을 윤변으로 나눈 값
④ 횡단면적과 물이 접촉하는 수로벽면 및 바닥길이

■해설 경심(수리반경)
$R = \dfrac{A}{P}$: 운동량 방정식
여기서, R : 경심, A : 유수단면적, P : 윤변
∴ 경심은 유수단면적을 윤변으로 나눈 값을 말한다.

16. 수두(水頭)가 2m인 오리피스에서의 유량은? (단, 오리피스의 지름 10cm, 유량계수 0.76)
① 0.017m³/s
② 0.027m³/s
③ 0.037m³/s
④ 0.047m³/s

■해설 오리피스의 유량
㉠ 오리피스의 유량
$Q = Ca\sqrt{2gh}$
여기서, C : 유량계수
a : 오리피스의 단면적
g : 중력가속도
h : 오리피스 중심까지의 수심
㉡ 유량의 산정
$Q = Ca\sqrt{2gh}$
$= 0.76 \times \dfrac{3.14 \times 0.1^2}{4} \times \sqrt{2 \times 9.8 \times 2}$
$= 0.037 \text{m}^3/\text{s}$

17. 관망 문제해석에서 손실수두를 유량의 함수로 표시하여 사용할 경우 지름 D인 원형단면관에 대하여 $h_L = kQ^2$으로 표시할 수 있다. 관의 특성 제원에 따라 결정되는 상수 k의 값은?(단, f는 마찰손실계수, L은 관의 길이이며 다른 손실은 무시한다.)

① $\dfrac{0.0827f \cdot L}{D^3}$
② $\dfrac{0.0827L \cdot D}{f}$
③ $\dfrac{0.0827f \cdot D}{L^2}$
④ $\dfrac{0.0827f \cdot L}{D^5}$

|해답| 13.① 14.② 15.③ 16.③ 17.④

■해설 마찰손실수두
  ㉠ Darcy-Weisbach의 마찰손실수두
  $$h_L = f \frac{l}{D} \frac{V^2}{2g}$$
  ㉡ 상수 k의 결정
  $$h_L = f\frac{L}{D}\frac{V^2}{2g} = f\frac{L}{D}\frac{1}{2g}\left(\frac{Q}{\frac{3.14 \times D^2}{4}}\right)^2$$
  $$= \frac{8fLQ^2}{3.14^2 \times 9.8 \times D^5} = kQ^2$$
  $$\therefore k = \frac{0.0827fL}{D^5}$$

18. 폭 20m인 직사각형 단면수로에 30.6m³/s의 유량이 0.8m의 수심으로 흐를 때 Froude 수(㉠)와 흐름 상태(㉡)는?

① ㉠ : 0.683, ㉡ : 상류
② ㉠ : 0.683, ㉡ : 사류
③ ㉠ : 1.464, ㉡ : 상류
④ ㉠ : 1.464, ㉡ : 사류

■해설 흐름의 상태
  ㉠ 상류(常流)와 사류(射流)
  $$F_r = \frac{V}{C} = \frac{V}{\sqrt{gh}}$$
  여기서, V : 유속, C : 파의 전달속도
  • $F_r < 1$: 상류
  • $F_r > 1$: 사류
  • $F_r = 1$: 한계류
  ㉡ 상류와 사류의 계산
  • $F_r = \dfrac{V}{\sqrt{gh}} = \dfrac{1.9125}{\sqrt{9.8 \times 0.8}} = 0.683$
  • $V = \dfrac{Q}{A} = \dfrac{30.6}{20 \times 0.8} = 1.9125 \text{m/s}$
  ∴ 상류

19. 관의 단면적이 4m²인 관수로에서 물이 정지하고 있을 때 압력을 측정하니 500kPa이었고 물을 흐르게 했을 때 압력을 측정하니 420kPa이었다면, 이때 유속(V)은?(단, 물의 단위중량은 9.81kN/m³이다.)

① 10.05m/s ② 11.16m/s
③ 12.65m/s ④ 15.22m/s

■해설 속도수두
  ㉠ 속도수두
  $$h = \frac{V^2}{2g}$$
  ㉡ 압력차의 산정
  $500 - 420 = 80\text{kPa}$
  $P = wh$
  $$\therefore h = \frac{P}{w} = \frac{80}{9.81} = 8.16\text{m}$$
  ㉢ 유속의 산정
  $$h = \frac{V^2}{2g}$$
  $$\therefore V = \sqrt{2gh} = \sqrt{2 \times 9.8 \times 8.16} = 12.65\text{m/s}$$

20. 개수로 내의 한 단면에 있어서 평균유속을 V, 수심을 h라 할 때, 비에너지를 표시한 것은?

① $He = h + \left(\dfrac{Q}{A}\right)$ ② $He = \dfrac{V^2}{2g} + \dfrac{Q}{A}$

③ $He = h + \alpha \dfrac{V^2}{2g}$ ④ $He = \dfrac{h}{b} + \alpha 2gV^2$

■해설 비에너지
단위무게당의 물이 수로바닥면을 기준으로 갖는 흐름의 에너지 또는 수두를 비에너지라 한다.
$$h_e = h + \frac{\alpha v^2}{2g}$$
여기서, h : 수심, α : 에너지보정계수, v : 유속

과년도 출제문제 및 해설

01. 그림과 같이 1m×1m×1m인 정육면체의 나무가 물에 떠 있을 때 부체(浮體)로서 상태로 옳은 것은?(단, 나무의 비중은 0.80이다.)

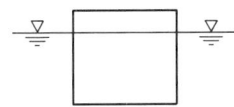

① 안정하다.
② 불안정하다.
③ 중립상태다.
④ 판단할 수 없다.

■해설 부체의 안정조건

㉠ 경심고 일반식을 이용하는 방법
- $\overline{MG} = \dfrac{I}{V} - \overline{GC}$
- $\dfrac{I}{V} > \overline{GC}$: 안정
- $\dfrac{I}{V} < \overline{GC}$: 불안정

㉡ 흘수의 산정
$W(무게) = B(부력)$
∴ $0.8 \times (1 \times 1 \times 1) = 1 \times (1 \times 1 \times h)$
∴ $h = 0.8 \text{m}$

㉢ 안정익 판별
$\dfrac{I}{V} - \overline{GC} = \dfrac{\frac{1 \times 1^3}{12}}{1 \times 1 \times 0.8} = 0.00417 > 0$
∴ 안정하다.

02. 관의 마찰 및 기타 손실수두를 양정고의 10%로 가정할 경우 펌프의 동력을 마력으로 구하면? (단, 유량은 $Q=0.07\text{m}^3/\text{s}$이며, 효율은 100%로 가정한다.)

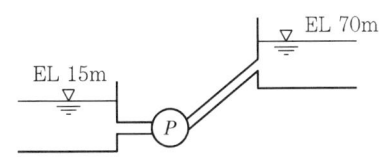

① 57.2HP
② 48.0HP
③ 51.3HP
④ 56.5HP

■해설 동력의 산정

㉠ 양수에 필요한 동력($H_e = h + \Sigma h_L$)
- $P = \dfrac{9.8QH_e}{\eta_1\eta_2} \text{kW}$
- $P = \dfrac{13.3QH_e}{\eta_1\eta_2} \text{HP}$

㉡ 양정고 및 손실의 산정
- 양정고 : $70 - 15 = 55\text{m}$
- 손실의 산정 : $55 \times 0.1 = 5.5\text{m}$

㉢ 동력의 산정
$P = \dfrac{13.3QH_e}{\eta_1\eta_2} = \dfrac{13.3 \times 0.07 \times (55+5.5)}{1}$
$= 56.33\text{HP}$

03. 비피압대수층 내 지름 $D=2\text{m}$, 영향권의 반지름 $R=1,000\text{m}$, 원지하수의 수위 $H=9\text{m}$, 집수정의 수위 $h_o=5\text{m}$인 심정호의 양수량은?(단, 투수계수 $k=0.0038\text{m/s}$)

① 0.0415m³/s
② 0.0461m³/s
③ 0.0968m³/s
④ 1.8232m³/s

■해설 우물의 양수량

㉠ 우물의 양수량

종류	내용
깊은 우물 (심정호)	우물의 바닥이 불투수층까지 도달한 우물을 말한다. $Q = \dfrac{\pi K(H^2 - h_o^2)}{\ln(R/r_o)} = \dfrac{\pi K(H^2 - h_o^2)}{2.3\log(R/r_o)}$
얕은 우물 (천정호)	우물의 바닥이 불투수층까지 도달하지 못한 우물을 말한다. $Q = 4Kr_o(H - h_o)$
굴착정	피압대수층의 물을 양수하는 우물을 말한다. $Q = \dfrac{2\pi aK(H - h_o)}{\ln(R/r_o)} = \dfrac{2\pi aK(H - h_o)}{2.3\log(R/r_o)}$
집수암거	복류수를 취수하는 우물을 말한다. $Q = \dfrac{Kl}{R}(H^2 - h^2)$

|해답| 01.① 02.④ 03.③

ⓒ 심정호의 양수량 산정

$$Q = \frac{\pi K(H^2 - h_o^2)}{2.3\log(R/r_o)} = \frac{\pi \times 0.0038 \times (9^2 - 5^2)}{2.3\log(1,000/1)}$$
$$= 0.0968 \text{m}^3/\text{s}$$

04. 지름 25cm, 길이 1m의 원주가 연직으로 물에 떠 있을 때, 물속에 가라앉은 부분의 길이가 90cm 라면 원주의 무게는?(단, 무게 1kgf = 9.8N)

① 253N ② 344N
③ 433N ④ 503N

■해설 부체의 평형조건
ⓐ 부체의 평형조건
- W(무게) = B(부력)
- $w \cdot V = w_w \cdot V'$

여기서, w : 물체의 단위중량
V : 부체의 체적
w_w : 물의 단위중량
V' : 물에 잠긴 만큼의 체적

ⓑ 원주의 무게

$$W = w_w \cdot V' = 1 \times \left(\frac{\pi \times 0.25^2}{4} \times 0.9\right)$$
$$= 0.04416\text{t} = 44.16\text{kg} \times 9.8 = 433\text{N}$$

05. 폭이 50m인 직사각형 수로의 도수 전 수위 h_1 = 3m, 유량 $Q = 2,000 \text{m}^3/\text{s}$일 때 대응수심은?

① 1.6m
② 6.1m
③ 9.0m
④ 도수가 발생하지 않는다.

■해설 도수
ⓐ 흐름이 사류(射流)에서 상류(常流)로 바뀔 때 표면에 소용돌이가 발생하면서 수심이 급격하게 증가하는 현상을 도수라 한다.
ⓑ 도수 후의 수심
- $h_2 = -\frac{h_1}{2} + \frac{h_1}{2}\sqrt{1 + 8F_{r1}^2}$
  $= -\frac{3}{2} + \frac{3}{2}\sqrt{1 + 8 \times 2.45^2} = 9.0\text{m}$
- $F_{r1} = \frac{V_1}{\sqrt{gh_1}} = \frac{13.3}{\sqrt{9.8 \times 3}} = 2.45$

- $V = \frac{Q}{A} = \frac{2,000}{50 \times 3} = 13.3 \text{m/sec}$

06. 배수면적이 500ha, 유출계수가 0.70인 어느 유역에 연평균강우량이 1,300mm 내렸다. 이때 유역 내에서 발생한 최대유출량은?

① 0.1443m³/s ② 12.64m³/s
③ 14.43m³/s   ④ 1,264m³/s

■해설 합리식을 이용한 우수유출량의 산정
ⓐ 합리식

$$Q = \frac{1}{360}CIA$$

여기서, Q : 우수량(m³/sec)
C : 유출계수(무차원)
I : 강우강도(mm/hr)
A : 유역면적(ha)

ⓑ 우수유출량의 산정
강우강도의 산정

$$I = \frac{1,300}{365 \times 24} = 0.1484 \text{mm/hr}$$

$$\therefore Q = \frac{1}{360}CIA = \frac{1}{360} \times 0.7 \times 0.1484 \times 500$$
$$= 0.1443 \text{m}^3/\text{sec}$$

07. 그림과 같은 개수로에서 수로경사 $S_0 = 0.001$, Manning의 조도계수 $n = 0.002$일 때 유량은?

① 약 150m³/s
② 약 320m³/s
③ 약 480m³/s
④ 약 540m³/s

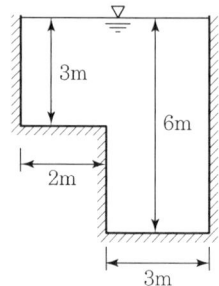

■해설 수리학적 유리한 단면
ⓐ Manning 공식

$$V = \frac{1}{n}R^{\frac{2}{3}}I^{\frac{1}{2}}$$

여기서, n : 조도계수 R : 경심$\left(\frac{A}{P}\right)$
I : 동수경사

ⓒ 면적의 산정
$A_1 = 2 \times 3 = 6m^2$
$A_2 = 3 \times 6 = 18m^2$
$\therefore A = A_1 + A_2 = 6 + 18 = 24m^2$

ⓓ 경심의 산정
$R = \dfrac{A}{P} = \dfrac{24}{3+2+3+3+6} = 1.412m$

ⓔ 유량의 산정
$Q = AV = A\dfrac{1}{n}R^{\frac{2}{3}}I^{\frac{1}{2}}$
$= 24 \times \dfrac{1}{0.002} \times 1.412^{\frac{2}{3}} \times 0.001^{\frac{1}{2}}$
$= 477.6m^3/s$

08. 20℃에서 지름 0.3mm인 물방울이 공기와 접하고 있다. 물방울 내부의 압력이 대기압보다 10 gf/cm²만큼 크다고 할 때 표면장력의 크기를 dyne/cm로 나타내면?

① 0.075　　② 0.75
③ 73.50　　④ 75.0

■해설 표면장력
ⓐ 유체입자 간의 응집력으로 인해 그 표면적을 최소화시키려는 힘을 표면장력이라 한다.
$T = \dfrac{PD}{4}$
여기서, T : 표면장력, P : 물방울 압력차
D : 물방울 지름
ⓑ 표면장력의 산정
$T = \dfrac{PD}{4} = \dfrac{10 \times 0.03}{4}$
$= 0.075g/cm \times 980 = 73.5dyne/cm$
$1g = 980dyne$

09. 수조에서 수면으로부터 2m의 깊이에 있는 오리피스의 이론 유속은?

① 5.26m/s　　② 6.26m/s
③ 7.26m/s　　④ 8.26m/s

■해설 오리피스의 유속
ⓐ 토리첼리 정리는 베르누이 정리를 이용하여 오리피스를 통과하는 유속을 구하는 식을 유도하였다.

$V = \sqrt{2gh}$

ⓑ 유속의 산정
$V = \sqrt{2gh} = \sqrt{2 \times 9.8 \times 2} = 6.26m/s$

10. 수심이 10cm, 수로 폭이 20cm인 직사각형 개수로에서 유량 $Q=80cm^3/s$가 흐를 때 동점성계수 $v=1.0 \times 10^{-2}cm^2/s$이면 흐름은?

① 난류, 사류　　② 층류, 사류
③ 난류, 상류　　④ 층류, 상류

■해설 흐름의 상태
ⓐ 층류와 난류
$R_e = \dfrac{VD}{\nu}$
여기서, V : 유속, D : 관의 직경
ν : 동점성계수
• $R_e < 2,000$: 층류
• $2,000 < R_e < 4,000$: 천이영역
• $R_e > 4,000$: 난류

ⓑ 상류(常流)와 사류(射流)
$F_r = \dfrac{V}{C} = \dfrac{V}{\sqrt{gh}}$
여기서, V : 유속, C : 파의 전달속도
• $F_r < 1$: 상류
• $F_r > 1$: 사류
• $F_r = 1$: 한계류

ⓒ 층류와 난류의 계산
• 속도 : $V = \dfrac{Q}{A} = \dfrac{80}{20 \times 10} = 0.4cm/s$
• 원형관의 경심 : $R = \dfrac{D}{4}$
$\therefore D = 4R = 4 \times 5 = 20cm$
• 직사각형 단면의 경심의 산정
$R = \dfrac{A}{P} = \dfrac{20 \times 10}{20 + 2 \times 10} = 5cm$
• 직사각형 단면의 Reynolds Number
$R_e = \dfrac{V \times 4R}{\nu} = \dfrac{0.4 \times 20}{1.0 \times 10^{-2}} = 800$
∴ 층류

ⓓ 상류와 사류의 계산
$F_r = \dfrac{V}{\sqrt{gh}} = \dfrac{0.4}{\sqrt{980 \times 10}} = 4.04 \times 10^{-3}$
∴ 상류

11. 방파제 건설을 위한 해안지역의 수심이 5.0m, 입사파랑의 주기가 14.5초인 장파(Long Wave)의 파장(Wave Length)은?(단, 중력가속도 $g = 9.8\text{m/s}^2$)

① 49.5m ② 70.5m
③ 101.5m ④ 190.5m

■해설 장파의 파장
  ㉠ 파의 분류는 수심과 파장의 비에 따라 천해파(장파), 심해파, 중간수심파로 나눈다.
  ㉡ 장파의 파장
    $L = T\sqrt{gh}$
    여기서, L : 파장(m), T : 주기(sec)
    h : 수심(m)
  ㉢ 파장의 산정
    $L = T\sqrt{gh} = 14.5 \times \sqrt{9.8 \times 5} = 101.5\text{m}$

12. 수중오리피스(Orifice)의 유속에 관한 설명으로 옳은 것은?

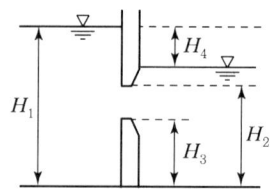

① H_1이 클수록 유속이 빠르다.
② H_2가 클수록 유속이 빠르다.
③ H_3이 클수록 유속이 빠르다.
④ H_4가 클수록 유속이 빠르다.

■해설 수중오리피스
  수중오리피스의 유속
  $V = \sqrt{2gH}$
  $H = H_1 - H_2 = H_4$
  여기서, H_1 : 상류수심, H_2 : 하류수심
  ∴ 수중오리피스의 유속은 H_4가 클수록 빠르다.

13. 누가우량곡선(Rainfall Mass Curve)의 특성으로 옳은 것은?

① 누가우량곡선의 경사가 클수록 강우강도가 크다.
② 누가우량곡선의 경사는 지역에 관계없이 일정하다.
③ 누가우량곡선으로부터 일정기간 내의 강우량을 산출하는 것은 불가능하다.
④ 누가우량곡선은 자기우량기록에 의하여 작성하는 것보다 보통우량계의 기록에 의하여 작성하는 것이 더 정확하다.

■해설 누가우량곡선
  ㉠ 정의
    자기우량계의 관측으로 시간에 대한 누가 강우량 기록으로 누가우량곡선을 제공한다.
  ㉡ 특징
    • 곡선의 경사가 클수록 강우강도가 크다.
    • 곡선의 경사가 없으면 무강우 처리한다.
    • 곡선만으로 일정기간 강우량의 산정이 가능하다.
    • 누가우량곡선은 지역에 따른 강우의 기록으로 지역에 따라 그 값이 다르다.

14. 그림과 같은 유역(12km×8km)의 평균강우량을 Thiessen 방법으로 구한 값은?(단, 작은 삼각형은 2km×2km의 정사각형으로서 모두 크기가 동일하다.)

관측점	1	2	3	4
강우량(mm)	140	130	110	100

① 120mm ② 123mm
③ 125mm ④ 130mm

■해설 유역의 평균우량 산정법
㉠ 유역의 평균우량 산정공식

종류	적용
산술평균법	유역면적 500km² 이내에 적용 $P_m = \dfrac{1}{N}\sum_{i=1}^{N} P_i$
Thiessen법	유역면적 500~5,000km² 이내에 적용 $P_m = \dfrac{\sum_{i=1}^{N} A_i P_i}{\sum_{i=1}^{N} A_i}$
등우선법	산악의 영향이 고려되고, 유역면적 5,000km² 이상인 곳에 적용 $P_m = \dfrac{\sum_{i=1}^{N} A_i P_i}{\sum_{i=1}^{N} A_i}$

㉡ Thiessen법에 의한 각 관측소의 지배면적의 산정
- 1번 관측소 : 작은 사각형 8개로 32m²
- 2번 관측소 : 작은 사각형 6개로 24m²
- 3번 관측소 : 작은 사각형 4개로 16m²
- 4번 관측소 : 작은 사각형 6개로 24m²

㉢ Thiessen법에 의한 유역의 평균강우량 산정
$$P_m = \frac{\sum_{i=1}^{N} A_i P_i}{\sum_{i=1}^{N} A_i} = \frac{(32\times140)+(24\times130)+(16\times110)+(24\times100)}{32+24+16+24}$$
$$= 122.5\text{mm}$$

15. Hardy-Cross의 관망계산 시 가정조건에 대한 설명으로 옳은 것은?

① 합류점에 유입하는 유량은 그 점에서 1/2만 유출된다.
② 각 분기점에 유입하는 유량은 그 점에서 정지하지 않고 전부 유출한다.
③ 폐합관에서 시계방향 또는 반시계방향으로 흐르는 관로의 손실수두의 합은 0이 될 수 없다.
④ Hardy-Cross 방법은 관경에 관계없이 관수로의 분할 개수에 의해 유량 분배를 하면 된다.

■해설 관망의 해석
㉠ 관수로 관망을 해석하는 방법에는 Hardy-Cross의 시행착오법과 등치관법이 있다.
㉡ Hardy-Cross의 시행착오법을 적용하기 위해서 다음의 가정을 따른다.
- 각 관에 유입된 유량은 그 관에 정지하지 않고 모두 유출된다.
- 각 폐합관의 손실수두의 합은 0이다.
- 마찰 이외의 손실은 무시한다.

16. 정상적인 흐름에서 1개 유선상의 유체입자에 대하여 그 속도수두를 $\dfrac{V^2}{2g}$, 위치수두를 Z, 압력수두를 $\dfrac{P}{\gamma_o}$라 할 때 동수경사는?

① $\dfrac{P}{\gamma_o}+Z$를 연결한 값이다.
② $\dfrac{V^2}{2g}+Z$를 연결한 값이다.
③ $\dfrac{V^2}{2g}+\dfrac{P}{\gamma_o}$를 연결한 값이다.
④ $\dfrac{V^2}{2g}+\dfrac{P}{\gamma_o}+Z$를 연결한 값이다.

■해설 동수경사선과 에너지선
㉠ 동수경사선
위치수두(z)와 압력수두($\dfrac{p}{w}$)를 합한 점을 연결한 선을 동수경사선이라고 한다.
∴ $Z+\dfrac{p}{w}$

㉡ 에너지선
위치수두(z), 압력수두($\dfrac{p}{w}$), 속도수두($\dfrac{v^2}{2g}$)를 합한 점을 연결한 선을 에너지선이라고 한다.
∴ $Z+\dfrac{p}{w}+\dfrac{V^2}{2g}$

17. 아래 그림과 같이 지름 10cm인 원 관이 지름 20cm로 급확대되었다. 관의 확대 전 유속이 4.9m/s라면 단면 급확대에 의한 손실수두는?

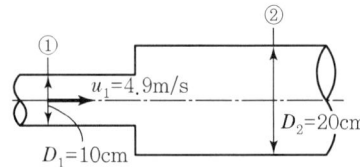

① 0.69m ② 0.96m
③ 1.14m ④ 2.45m

■해설 ㉠ 급확대 손실수두

$$h_{se} = f_{se}\frac{V_1^2}{2g}$$

$$f_{se} = \left(1 - \frac{A_1}{A_2}\right)^2$$

여기서, h_{se} : 급확대 손실수두
f_{se} : 급확대 손실계수
A_1, V_1 : 확대 전의 단면적·유속
A_2 : 확대 후의 단면적

㉡ 손실수두의 산정

$$f_{se} = \left(1 - \frac{A_1}{A_2}\right)^2 = \left(1 - \frac{0.1^2}{0.2^2}\right)^2 = 0.5625$$

$$h_{se} = f_{se}\frac{V_1^2}{2g} = 0.5625 \times \frac{4.9^2}{2 \times 9.08} = 0.69\text{m}$$

18. 왜곡모형에서 Froude 상사법칙을 이용하여 물리량을 표시한 것으로 틀린 것은?(단, X_r은 수평축척비, Y_r은 연직축척비이다.)

① 시간비 : $T_r = \dfrac{X_r}{Y_r^{1/2}}$

② 경사비 : $S_r = \dfrac{Y_r}{X_r}$

③ 유속비 : $V_r = \sqrt{Y_r}$

④ 유량비 : $Q_r = X_r Y_r^{5/2}$

■해설 왜곡모형

㉠ 자연하천의 폭은 수심에 비해 대단히 크므로 왜곡되지 않는 축척으로 모형을 제작하면 모형에서의 측정을 위해 수심을 적절히 유지해야 하기 때문에 모형이 너무 커지게 된다. 결과적으로 모형과 하천의 흐름특성이 다르게 되는 문제점이 발생하게 된다. 따라서 왜곡모형을 적용하여야 한다.

㉡ 왜곡모형의 Froude 모형법칙

- 시간비 : $T_r = \dfrac{X_r}{Y_r^{\frac{1}{2}}}$

- 경사비 : $S_r = \dfrac{Y_r}{X_r}$

- 유속비 : $V_r = \sqrt{Y_r}$

- 유량비 : $Q_r = X_r Y_r^{\frac{3}{2}}$

19. 관의 지름이 각각 3m, 1.5m인 서로 다른 관이 연결되어 있을 때, 지름 3m 관내에 흐르는 유속이 0.03m/s라면 지름 1.5m 관내에 흐르는 유량은?

① 0.157m³/s
② 0.212m³/s
③ 0.378m³/s
④ 0.540m³/s

■해설 연속방정식
㉠ 연속방정식
$Q = A_1 V_1 = A_2 V_2$ (체적유량)

㉡ 유량의 산정

$$Q = A_1 V_1 = A_2 V_2 = \frac{3.14 \times 3^2}{4} \times 0.03$$
$$= 0.212\text{m}^3/\text{s}$$

20. 홍수유출에서 유역면적이 작으면 단시간의 강우에, 면적이 크면 장시간의 강우에 문제가 발생한다. 이와 같은 수문학적 인자 사이의 관계를 조사하는 DAD 해석에 필요 없는 인자는?

① 강우량
② 유역면적
③ 증발산량
④ 강우지속시간

■해설 DAD 해석
㉠ DAD(Rainfall Depth-Area-Duration) 해석은 최대평균우량깊이(강우량), 유역면적, 강우지속시간 간 관계의 해석을 말한다.

구성	특징
용도	암거의 설계나 지하수 흐름에 대한 하천 수위의 시간적 변화의 영향 등에 사용
구성	최대평균우량깊이(Rainfall Depth), 유역면적(Area), 지속시간(Duration)으로 구성
방법	면적을 대수 축에, 최대우량을 산술 축에, 지속시간을 제3의 변수로 표시

ⓒ DAD곡선 작성순서
- 누가우량곡선으로부터 지속시간별 최대우량을 결정한다.
- 소구역에 대한 평균누가우량을 결정한다.
- 누가면적에 대한 평균누가우량을 산정한다.
- 지속시간에 대한 최대우량깊이를 누가면적별로 결정한다.

∴ DAD 해석의 구성요소는 강우깊이 – 유역면적 – 강우지속기간이다.

과년도 출제문제 및 해설

Item pool (산업기사 2020년 8월 23일 시행)

01. 유량 Q, 유속 V, 단면적 A, 도심거리 h_G라 할 때 충력치(M)의 값은?(단, 충력치는 비력이라고도 하며, η : 운동량 보정계수, g : 중력가속도, W : 물의 중량, w : 물의 단위중량)

① $\eta \dfrac{Q}{g} + Wh_G A$ ② $\eta \dfrac{Q}{g} V + h_G A$

③ $\eta \dfrac{g}{Q} V + h_G A$ ④ $\eta \dfrac{Q}{g} V + \dfrac{1}{2} w^2$

■해설 충력치(비력)

충력치는 개수로 어떤 단면에서 수로바닥을 기준으로 한 물의 단위시간, 단위중량당의 운동량(동수압과 정수압의 합)을 말한다.

$M = \eta \dfrac{Q}{g} V + h_G A$

02. 지하수의 유속공식 $V = KI$에서 K의 크기와 관계가 없는 것은?

① 지하수위   ② 흙의 입경
③ 흙의 공극률   ④ 물의 점성계수

■해설 Darcy의 법칙

㉠ Darcy의 법칙

$V = K \cdot I = K \cdot \dfrac{h_L}{L}$

$Q = A \cdot V = A \cdot K \cdot I = A \cdot K \cdot \dfrac{h_L}{L}$

㉡ 특징
- 투수계수의 차원은 동수경사가 무차원이므로 속도의 차원(LT^{-1})과 동일하다.
- Darcy의 법칙은 지하수의 층류흐름에 대한 마찰저항공식이다.
- Darcy의 법칙은 정상류흐름에 층류에만 적용된다.(특히, $R_e < 4$일 때 잘 적용된다.)
- 투수계수는 물의 점성계수에 따라서도 변화한다.

$K = D_s^2 \dfrac{\rho g}{\mu} \dfrac{e^3}{1+e} C$

여기서, D_s : 입자의 직경
ρg : 물의 단위중량
μ : 점성계수
e : 간극비
C : 형상계수

∴ 투수계수와 관련이 없는 것은 지하수위이다.

03. 뉴턴 유체(Newtonian Fluids)에 대한 설명으로 옳은 것은?

① 물이나 공기 등 보통의 유체는 비뉴턴 유체이다.
② 각 변형률($\dfrac{dv}{dy}$)의 크기에 따라 선형으로 점도가 변한다.
③ 전단응력(τ)과 각 변형률($\dfrac{dv}{dy}$)의 관계는 원점을 지나는 직선이다.
④ 유체가 압력의 변화에 따라 밀도의 변화를 무시할 수 없는 상태가 된 유체를 의미한다.

■해설 뉴턴 유체

각 변형률($\dfrac{dv}{dy}$)의 크기에 관계없이 일정한 점도를 나타내는 유체를 뉴턴(Newton)유체라고 하며, 전단응력과 각 변형률의 관계는 원점을 지나는 직선이 된다.

04. Chezy 공식의 평균유속계수 C와 Manning 공식의 조도계수 n 사이의 관계는?

① $C = nR^{\frac{1}{3}}$ ② $C = nR^{\frac{1}{6}}$

③ $C = \dfrac{1}{n} R^{\frac{1}{3}}$ ④ $C = \dfrac{1}{n} R^{\frac{1}{6}}$

|해답| 01.② 02.① 03.③ 04.④

■해설 Chezy식과 Manning식의 관계
Chezy식과 Manning식의 관계는 다음과 같다.

$$C\sqrt{RI} = \frac{1}{n}R^{\frac{2}{3}}I^{\frac{1}{2}}$$

$$\rightarrow C\sqrt{RI} = \frac{1}{n}R^{\frac{1}{6}}R^{\frac{1}{2}}I^{\frac{1}{2}}$$

$$\therefore C = \frac{1}{n}R^{\frac{1}{6}}$$

05. 관내를 유속 V로 물이 흐르고 있을 때 밸브 등의 급격한 폐쇄 등에 의하여 유속이 줄어들면 이에 따라 관내의 압력 변화가 생기는데 이것을 무엇이라 하는가?

① 정압
② 수격압
③ 동압력
④ 정체압력

■해설 수격작용
㉠ 펌프의 급정지, 급가동 또는 밸브를 급폐쇄하면 관로 내 유속의 급격한 변화가 발생하여 관내의 물의 질량과 운동량 때문에 관벽에 큰 힘을 가하게 되어 정상적인 동수압보다 몇 배의 큰 압력 상승이 일어난다. 이러한 현상을 수격작용이라 한다.
㉡ 방지책
  • 펌프의 급정지, 급가동을 피한다.
  • 부압 발생방지를 위해 조압수조(Surge Tank), 공기밸브(Air Valve)를 설치한다.
  • 압력상승 방지를 위해 역지밸브(Check Valve), 안전밸브(Safety Valve), 압력수조(Air Chamber)를 설치한다.
  • 펌프에 플라이휠(Fly Wheel)을 설치한다.
  • 펌프의 토출 측 관로에 급폐식 혹은 완폐식 역지밸브를 설치한다.
  • 펌프 설치위치를 낮게 하고 흡입양정을 적게 한다.

06. 보통 정도의 정밀도를 필요로 하는 관수로 계산에서 마찰 이외의 손실을 무시할 수 있는 L/D의 값으로 옳은 것은?(단, L : 관의 길이, D : 관의 지름)

① 500 이상
② 1,000 이상
③ 2,000 이상
④ 3,000 이상

■해설 관수로 설계기준
㉠ $\frac{l}{D} > 3,000$: 장관 → 마찰손실만 고려
㉡ $\frac{l}{D} < 3,000$: 단관 → 모든 손실 고려

07. 레이놀즈의 실험으로 얻은 Reynolds 수에 의해서 구별할 수 있는 흐름은?

① 층류와 난류
② 정류와 부정류
③ 상류와 사류
④ 등류와 부등류

■해설 흐름의 상태
층류와 난류의 구분
• $R_e = \frac{VD}{\nu}$
  여기서, V : 유속, D : 관의 직경
  ν : 동점성계수
• $R_e < 2,000$: 층류
• $2,000 < R_e < 4,000$: 천이영역
• $R_e > 4,000$: 난류
∴ Reynolds 수로 구별할 수 있는 흐름은 층류와 난류이다.

08. 10m³/sec의 유량을 흐르게 할 수리학적으로 가장 유리한 직사각형 개수로 단면을 설계할 때 개수로의 폭은?(단, Manning 공식을 이용하며, 수로경사 $i = 0.001$, 조도계수 $n = 0.020$이다.)

① 2.66m
② 3.16m
③ 3.66m
④ 4.16m

■해설 수리학적 유리한 단면
㉠ 일정한 단면적에 유량이 최대로 흐를 수 있는 단면을 수리학적 유리한 단면이라 한다.
  • 경심(R)이 최대이거나 윤변(P)이 최소인 단면
  • 직사각형의 경우 $B = 2H$, $R = \frac{H}{2}$이다.
㉡ 단면의 결정
$$Q = AV = (BH)\frac{1}{n}R^{\frac{2}{3}}I^{\frac{1}{2}}$$
$$= 2H^2 \times \frac{1}{n} \times \left(\frac{H}{2}\right)^{\frac{2}{3}} \times I^{\frac{1}{2}}$$

$$\therefore 10 = 2H^2 \times \frac{1}{0.020} \times \left(\frac{H}{2}\right)^{\frac{2}{3}} \times 0.001^{\frac{1}{2}}$$

$$\therefore H = 1.83, \ B = 3.66$$

09. 물의 체적 탄성계수 $E = 2 \times 10^4 \text{kg/cm}^2$일 때 물의 체적을 1% 감소시키기 위해 가해야 할 압력은?

① $2 \times 10 \text{kg/m}^2$ ② $2 \times 10 \text{kg/cm}^2$
③ $2 \times 10^2 \text{kg/m}^2$ ④ $2 \times 10^2 \text{kg/cm}^2$

■해설 압축성
㉠ 체적탄성계수
$$E_b = \frac{\Delta p}{\frac{\Delta V}{V}}$$
㉡ 압력의 산정
$$E_b = \frac{\Delta p}{\frac{\Delta V}{V}}$$
$$\therefore \Delta p = E_b \times \frac{\Delta V}{V} = 2 \times 10^4 \times 0.01 = 2 \times 10^2 \text{kg/cm}^2$$

10. 집중호우로 인한 홍수 발생 시 지표수의 흐름은?

① 등류이고, 정상류이다.
② 등류이고, 비정상류이다.
③ 부등류이고, 정상류이다.
④ 부등류이고, 비정상류이다.

■해설 홍수 시의 흐름
집중호우로 인한 홍수 발생 시에는 홍수파가 발생되고, 이때의 흐름은 부정부등류의 흐름이 발생된다.

11. 그림과 같은 폭 2m의 직사각형 판에 작용하는 수압 분포도는 삼각형 분포도를 얻었는데, 이 물체에 작용하는 전수압(㉠)과 작용점의 위치(㉡)로 옳은 것은?(단, 물의 단위중량은 9.81kN/m³이며, 작용의 위치는 수면을 기준으로 한다.)

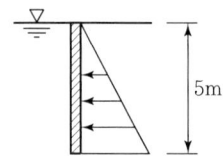

① ㉠ 100.25kN, ㉡ : 1.7m
② ㉠ 145.25kN, ㉡ : 3.3m
③ ㉠ 200.25kN, ㉡ : 1.7m
④ ㉠ 245.25kN, ㉡ : 3.3m

■해설 수면과 연직인 면이 받는 압력
㉠ 수면과 연직인 면이 받는 압력
• 전수압 : $P = wh_G A$
• 작용점의 위치 : $h_c = \frac{2}{3}h$
㉡ 전수압의 계산
$$P = wh_G A = 1 \times \frac{5}{2} \times 2 \times 5$$
$$= 25t \times 9.81 = 245.25 \text{kN}$$
㉢ 작용점의 위치 계산
$$h_c = \frac{2}{3}h = \frac{2}{3} \times 5 = 3.33\text{m}$$

12. 투수계수 0.5m/sec, 제외지 수위 6m, 제내지 수위 2m, 침투수가 통하는 길이 50m일 때 하천 제방단면 1m당 누수량은?

① $0.16\text{m}^3/\text{sec}$ ② $0.32\text{m}^3/\text{sec}$
③ $0.96\text{m}^3/\text{sec}$ ④ $1.28\text{m}^3/\text{sec}$

■해설 제방의 침투유량
㉠ Dupuit의 침윤선 공식
$$q = \frac{k}{2l}(h_1^2 - h_2^2)$$
여기서, q : 제방의 침투유량, k : 투수계수
l : 제방의 길이, h_1 : 제외지 수심
h_2 : 제내지 수심
㉡ 침투유량의 산정
$$q = \frac{k}{2l}(h_1^2 - h_2^2) = \frac{0.5}{2 \times 50} \times (6^2 - 2^2)$$
$$= 0.16\text{m}^3/\text{sec}$$

13. 베르누이 정리를 압력의 항으로 표시할 때, 동압력(Dynamic Pressure) 항에 해당되는 것은?

① P ② $\frac{1}{2}\rho V^2$
③ $\rho g z$ ④ $\frac{V^2}{2g}$

■해설 Bernoulli 정리
　㉠ Bernoulli 정리
　　$z + \dfrac{p}{w} + \dfrac{v^2}{2g} = H(일정)$
　㉡ Bernoulli 정리를 압력의 항으로 표시
　　• 각 항에 ρg를 곱한다.
　　• $\rho gz + p + \dfrac{\rho v^2}{2} = H(일정)$
　　　여기서, ρgz : 위치압력
　　　　　　　p : 정압력
　　　　　　　$\dfrac{\rho v^2}{2}$: 동압력

14. 사이폰의 이론 중 동수경사선에서 정점부까지의 이론적 높이(㉠)와 실제 설계 시 적용하는 높이의 범위(㉡)로 옳은 것은?

① ㉠ : 7.0m, ㉡ : 5.6~6.0m
② ㉠ : 8.0m, ㉡ : 6.4~6.8m
③ ㉠ : 9.0m, ㉡ : 6.5~7.0m
④ ㉠ : 10.3m, ㉡ : 8.0~8.5m

■해설 사이폰
관로의 일부가 동수경사선 위로 돌출되어 부압을 갖는 관의 형태를 사이폰이라고 하며, 사이폰 작용이 발생하기 위한 이론적 높이는 1기압의 크기인 10.33m지만 손실을 고려한 실제높이는 약 8m 정도이다

15. 지름 D인 관을 배관할 때 마찰손실이 Elbow에 의한 손실과 같도록 직선 관을 배관한다면 직선관의 길이는?(단, 관의 마찰손실계수 $f=0.025$, Elbow에 의한 미소손실계수 $K=0.9$)

① $4D$　　② $8D$
③ $36D$　　④ $42D$

■해설 손실수두
　㉠ 마찰손실수두
　　$h_L = f\dfrac{l}{D}\dfrac{V^2}{2g}$
　㉡ 엘보손실수두
　　$h_c = k\dfrac{V^2}{2g}$

　㉢ 손실수두의 관계
　　$f\dfrac{l}{D}\dfrac{V^2}{2g} = k\dfrac{V^2}{2g}$
　　$0.025\dfrac{l}{D}\dfrac{V^2}{2g} = 0.9\dfrac{V^2}{2g}$
　　$\dfrac{l}{D} = 36$배이다.
　　$\therefore\ l = 36D$

16. 그림과 같은 작은 오리피스에서 유속은?(단, 유속계수 $C_v = 0.90$이다.)

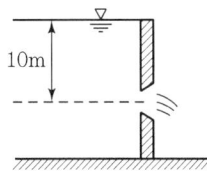

① 8.9m/s　　② 9.9m/s
③ 12.6m/s　　④ 14.0m/s

■해설 오리피스의 유속
　㉠ 작은 오리피스
　　$V = C_v\sqrt{2gh}$
　　　여기서, C_v : 유속계수, g : 중력가속도
　　　　　　　h : 오리피스 중심까지의 수심
　㉡ 유속의 산정
　　$V = C_v\sqrt{2gh} = 0.9 \times \sqrt{2 \times 9.8 \times 10} = 12.6$m/s

17. 수면 아래 20m 지점의 수압으로 옳은 것은?
(단, 물의 단위중량은 9.81kN/m³이다.)

① 0.1MPa　　② 0.2MPa
③ 1.0MPa　　④ 20MPa

■해설 정수압의 산정
　$P = wh$
　　여기서, w : 액체의 단위중량, h : 수심
　$= 1 \times 20$
　$= 20\text{t/m}^2 \times 9.81$
　$= 196.2\text{kPa} = 0.2\text{MPa}$

18. 수로 폭 4m, 수심 1.5m인 직사각형 단면에서 유량이 24m³/sec일 때 Froude 수(F_r)는?

① 0.74　　② 0.85
③ 1.04　　④ 1.08

■해설　흐름의 상태
㉠ 상류(常流)와 사류(射流)
- $F_r = \dfrac{V}{C} = \dfrac{V}{\sqrt{gh}}$

   여기서, V : 유속, C : 파의 전달속도
- $F_r < 1$: 상류
- $F_r > 1$: 사류
- $F_r = 1$: 한계류

㉡ 상류와 사류의 계산
- $V = \dfrac{Q}{A} = \dfrac{24}{4 \times 1.5} = 4\,\text{m/s}$
- $F_r = \dfrac{V}{\sqrt{gh}} = \dfrac{4}{\sqrt{9.8 \times 1.5}} = 1.04$

∴ 사류

19. 모세관 현상에서 모세관고(h)와 관의 지름(D)의 관계로 옳은 것은?

① h는 D에 비례한다.
② h는 D^2에 비례한다.
③ h는 D^{-1}에 비례한다.
④ h는 D^{-2}에 비례한다.

■해설　모세관 현상
유체입자 간의 응집력과 유체입자와 관벽 사이의 부착력으로 인해 수면이 상승하는 현상을 모세관 현상이라 한다.

$h = \dfrac{4T\cos\theta}{wD}$

∴ 모세관의 상승높이 h는 D^{-1}에 비례한다.

20. 수축단면에 관한 설명으로 옳은 것은?

① 오리피스의 유출수맥에서 발생한다.
② 상류에서 사류로 변화할 때 발생한다.
③ 사류에서 상류로 변화할 때 발생한다.
④ 수축단면에서의 유속을 오리피스의 평균유속이라 한다.

■해설　수축단면
오리피스를 통과할 때 유출수맥에서 발생되는 것으로, 최대로 수축되는 단면적을 수축단면이라 한다.

|해답| 18.③　19.③　20.①

기사 2020년 9월 27일 시행

과년도 출제문제 및 해설
Item pool (기사 2020년 9월 27일 시행)

01. 유출(流出)에 대한 설명으로 옳지 않은 것은?

① 총유출은 통상 직접유출(Direct Run Off)과 기저유출(Base Flow)로 분류된다.
② 하천에 도달하기 전에 지표면 위로 흐르는 유수를 지표유하수(Overland Flow)라 한다.
③ 하천에 도달한 후 다른 성분의 유출수와 합친 유수량을 총유출수(Total Flow)라 한다.
④ 지하수유출은 토양을 침투한 물이 침투하여 지하수를 형성하나 총유출량에는 고려하지 않는다.

■ 해설 유출해석일반
㉠ 총유출은 직접유출과 기저유출로 구분된다.
㉡ 직접유출은 강수 후 비교적 단시간 내에 하천으로 흘러들어가는 부분을 말하며 지표면유출수와 조기지표하유출이 이에 해당된다.
㉢ 지표유하수와 조기지표하유출수, 수로상 강수 등이 합쳐진 유수를 총유출수라 한다.
㉣ 총유출은 직접유출과 기저유출로, 기저유출은 지하수유출과 지연지표하유출로 구성되어 있다.
∴ 지하수유출도 총유출에 포함된다.

02. 수면 아래 30m 지점의 수압을 kN/m²로 표시하면?(단, 물의 단위중량은 9.81kN/m³이다.)

① 2.94kN/m² ② 29.43kN/m²
③ 294.3kN/m² ④ 2,943kN/m²

■ 해설 정수압의 산정
$P = wh$
여기서, w : 액체의 단위중량, h : 수심
$= 1 \times 30$
$= 30 t/m^2 \times 9.81$
$= 294.3 kN/m^2$

03. 두 개의 수평한 판이 5mm 간격으로 놓여 있고, 점성계수 0.01N·s/cm²인 유체로 채워져 있다. 하나의 판을 고정시키고 다른 하나의 판을 2m/s로 움직일 때 유체 내에서 발생되는 전단응력은?

① 1N/cm² ② 2N/cm²
③ 3N/cm² ④ 4N/cm²

■ 해설 점성
㉠ 유체입자의 상대적인 속도차로 인해 전단응력, 마찰응력을 일으키려는 물의 성질을 점성이라 한다.
㉡ 전단응력
$\tau = \mu \dfrac{dv}{dy} = 0.01 \times \dfrac{200}{0.5} = 4 N/cm^2$

04. 유역면적이 2km²인 어느 유역에 다음과 같은 강우가 있었다. 직접유출용적이 140,000m³일 때, 이 유역에서의 ϕ-Index는?

시간(30min)	1	2	3	4
강우강도(mm/h)	102	51	152	127

① 36.5mm/h ② 51.0mm/h
③ 73.0mm/h ④ 80.3mm/h

■ 해설 ϕ-index법
㉠ ϕ-index법
우량주상도에서 총강우량과 손실량을 구분하는 수평선에 대응하는 강우강도가 ϕ-index이며, 이것이 평균침투능의 크기이다.
• 침투량 = 총강우량 – 유효우량(유출량)
• ϕ-index = 침투량/침투시간
㉡ 실제 강우분포
• 지속시간 30분 간격의 실제 강우량은 다음과 같다.

시간(30min)	1	2	3	4
강우량(mm)	51	25.5	76	63.5

∴ 실제 발생한 총강우량은 216mm이다.

| 해답 | 01.④ 02.③ 03.④ 04.④

ⓒ 유효우량의 산정
직접유출용적(V) = 유효우량(I) × 면적(A)
∴ $I = \dfrac{V}{A} = \dfrac{140,000}{2 \times 10^6} = 0.07\text{m} = 70\text{mm}$

ⓔ 침투량(손실량)의 산정
침투량 = 총강우량 − 유효우량
= 216 − 70 = 146mm

ⓜ ϕ-index의 산정
- ϕ-index = $\dfrac{침투량}{침투시간} = \dfrac{146}{4} = 36.5\text{mm}$
- 36.5mm 이하의 강우 25.5mm를 제외하고 다시 계산하면
∴ ϕ-index = $\dfrac{146 - 25.5}{3} = 40.17\text{mm}$
→ 이것을 단위시간당 값으로 변환하면
∴ $40.17 \times 2 = 80.33\text{mm/hr}$

05. 합성단위 유량도(Synthetic Unit Hydrograph)의 작성방법이 아닌 것은?

① Snyder 방법
② Nakayasu 방법
③ 순간 단위유량도법
④ SCS의 무차원 단위유량도 이용법

■해설 합성단위도
ⓐ 유량기록이 없는 미계측 유역에서 수자원 개발 목적을 위하여 다른 유역의 과거의 경험을 토대로 단위도를 합성하여 근사치로 사용하는 단위유량도를 합성단위유량도라 한다.
ⓑ 합성단위 유량도법
- Snyder 방법
- SCS 무차원단위도법
- 중안(中安, 나카야스)방법
- Clark의 유역추적법
∴ 합성단위유량도의 작성법이 아닌 것은 순간 단위유량도법이다.

06. 지름 0.3m, 수심 6m인 굴착정이 있다. 피압대수층의 두께가 3.0m라 할 때 5L/s의 물을 양수하면 우물의 수위는?(단, 영향원의 반지름은 500m, 투수계수는 4m/h이다.)

① 3.848m
② 4.063m
③ 5.920m
④ 5.999m

■해설 우물의 양수량
ⓐ 우물의 양수량

종류	내용
깊은 우물 (심정호)	우물의 바닥이 불투수층까지 도달한 우물을 말한다. $Q = \dfrac{\pi K(H^2 - h_o^2)}{\ln(R/r_o)} = \dfrac{\pi K(H^2 - h_o^2)}{2.3\log(R/r_o)}$
얕은 우물 (천정호)	우물의 바닥이 불투수층까지 도달하지 못한 우물을 말한다. $Q = 4Kr_o(H - h_o)$
굴착정	피압대수층의 물을 양수하는 우물을 말한다. $Q = \dfrac{2\pi aK(H - h_o)}{\ln(R/r_o)} = \dfrac{2\pi aK(H - h_o)}{2.3\log(R/r_o)}$
집수 암거	복류수를 취수하는 우물을 말한다. $Q = \dfrac{Kl}{R}(H^2 - h^2)$

ⓑ 굴착정의 양수량
- $Q = \dfrac{2\pi aK(H - h_o)}{2.3\log(R/r_o)}$
- $0.005 = \dfrac{2\pi \times 3 \times \dfrac{4}{3,600} \times (6 - h)}{2.3\log(500/0.15)}$
∴ $h = 4.08\text{m}$

07. 마찰손실계수(f)와 Reynolds 수(Re) 및 상대조도(ε/d)의 관계를 나타낸 Moody 도표에 대한 설명으로 옳지 않은 것은?

① 층류영역에서는 관의 조도에 관계없이 단일 직선이 적용된다.
② 완전 난류의 완전히 거친 영역에서 f는 Re^n과 반비례하는 관계를 보인다.
③ 층류와 난류의 물리적 상이점은 $f - Re$ 관계가 한계 Reynolds 수 부근에서 갑자기 변한다.
④ 난류영역에서는 $f - Re$ 곡선은 상대조도에 따라 변하며 Reynolds수보다는 관의 조도가 더 중요한 변수가 된다.

■해설 Moody 도표
㉠ 원 관 내 층류
$$f = \frac{64}{R_e}$$
㉡ 불완전층류 및 난류
$$f = \phi(\frac{\varepsilon}{d}, \frac{1}{R_e})$$

• 거친 관 : R_e와는 상관없고 상대조도($\frac{\varepsilon}{d}$)만의 함수
• 매끈한 관 : 상대조도와는 관계없고 R_e만의 함수($f = 0.3164 R_e^{-\frac{1}{4}}$)

㉢ 해석
• 층류와 난류의 물리적 상이점은 $f-R_e$의 관계가 한계 Reynolds 수 부근에서 갑자기 변한다.
• 층류영역에서는 단일직선이 관의 조도에 관계없이 R_e의 함수로 나타난다.
• 난류에서 $f-R_e$ 곡선은 상대조도($\frac{\varepsilon}{d}$)에 따라 변하며 Reynolds 수보다는 관의 조도가 더 중요한 변수가 된다.
• 완전 난류의 거친 영역에서는 상대조도($\frac{\varepsilon}{d}$)의 함수로 나타난다.

08. 오리피스(Orifice)의 압력수두가 2m이고 단면적이 4cm², 접근유속은 1m/s일 때 유출량은? (단, 유량계수 $C=0.63$이다.)

① 1,558cm³/s   ② 1,578cm³/s
③ 1,598cm³/s   ④ 1,618cm³/s

■해설 오리피스의 유량
㉠ 오리피스의 유량
$$Q = Ca\sqrt{2gh}$$
여기서, C : 유량계수
a : 오리피스의 단면적
g : 중력가속도
h : 오리피스 중심까지의 수심

㉡ 접근유속을 고려하는 경우
$$Q = Ca\sqrt{2gH}, \quad H = h + h_a$$
여기서, h_a : 접근유속수두($=\frac{V_a^2}{2g}$)
V_a : 접근유속

㉢ 유량의 산정
• 접근유속수두의 산정
$$h_a = \frac{V_a^2}{2g} = \frac{1^2}{2 \times 9.8} = 0.051\text{m} = 5.1\text{cm}$$
• $Q = Ca\sqrt{2gH}$
$= 0.63 \times 4 \times \sqrt{2 \times 980 \times (200 + 5.1)}$
$= 1,598\text{cm}^3/\text{s}$

09. 위어(Weir)에 물이 월류할 경우 위어의 정상을 기준으로 상류 측 전수두를 H, 하류수위를 h라 할 때, 수중위어(Submerged Weir)로 해석될 수 있는 조건은?

① $h < \frac{2}{3}H$ ② $h < \frac{1}{2}H$
③ $h > \frac{2}{3}H$ ④ $h > \frac{1}{3}H$

■해설 수중위어

하류수심이(h) 상류수심(H)의 $\frac{2}{3}$보다 높게 되면 위어 위의 수심보다 하류의 수위 쪽이 높게 되어 물의 단은 점점 상류 쪽으로 진행되고 결국 위어 위의 사류수심은 하류수심에 묻히게 된다. 그러므로 사류는 없어지고 상류의 흐름이 된다. 이를 완전한 수중위어라 한다.

∴ 수중위어가 되기 위한 조건 : $h > \frac{2}{3}H$

10. 수심이 50m로 일정하고 무한히 넓은 해역에서 주태양반일주조(S_2)의 파장은?(단, 주태양반일주조의 주기는 12시간, 중력가속도 $g=9.81$m/s² 이다.)

① 9.56km   ② 95.6km
③ 956km   ④ 9,560km

■해설 주태양반일주조
㉠ 조석(Tide)은 달과 태양의 만유인력이 원인력으로 1일 1회조와 2회조로 구분되며, 주기는 각각 12시간 25분~24시간 50분이다.
㉡ 주태양반일주조는 주로 태양의 운동에 기인한 조석 성분으로 12.00시간의 주기를 가지며 S_2로 표기한다.

|해답| 08.③ 09.③ 10.③

ⓒ 파장
$$L = T\sqrt{gh}$$
여기서, L : 파장(m), T : 주기(sec)
h : 수심(m)

ⓓ 파장의 산정
$$L = T\sqrt{gh} = (12 \times 3,600) \times \sqrt{9.8 \times 50}$$
$$= 956,273\text{m} = 956\text{km}$$

11. 폭 4m, 수심 2m인 직사각형 단면 개수로에서 Manning 공식의 조도계수 $n = 0.017\text{m}^{-1/3} \cdot \text{s}$, 유량 $Q = 15\text{m}^3/\text{s}$일 때 수로의 경사($I$)는?

① 1.016×10^{-3}
② 4.548×10^{-3}
③ 15.365×10^{-3}
④ 31.875×10^{-3}

■해설 Manning 공식
$$V = \frac{1}{n} R^{\frac{2}{3}} I^{\frac{1}{2}}$$
여기서, n : 조도계수, R : 경심 $\left(\frac{A}{P}\right)$
I : 동수경사

ⓐ 경심의 산정
$$R = \frac{A}{P} = \frac{4 \times 2}{4 + 2 \times 2} = 1\text{m}$$

ⓑ 경사의 산정
$$I = \left(\frac{nQ}{AR^{\frac{2}{3}}}\right)^2 = \left(\frac{0.017 \times 15}{8 \times 1^{\frac{2}{3}}}\right)^2 = 1.016 \times 10^{-3}$$

12. 수리학적으로 유리한 단면에 관한 내용으로 옳지 않은 것은?

① 동수반경을 최대로 하는 단면이다.
② 구형에서는 수심이 폭의 반과 같다.
③ 사다리꼴에서는 동수반경이 수심의 반과 같다.
④ 수리학적으로 가장 유리한 단면의 형태는 이등변직각삼각형이다.

■해설 수리학적 유리한 단면
ⓐ 수로의 경사, 조도계수, 단면이 일정할 때 유량이 최대로 흐를 수 있는 단면을 수리학적 유리한 단면 또는 최량수리단면이라 한다.
ⓑ 직사각형 단면에서 수리학적 유리한 단면이 되기 위한 조건은 $B = 2H$, $R = \frac{H}{2}$이다.

ⓒ 사다리꼴 단면에서 수리학적 유리한 단면이 되기 위한 조건은 $R = \frac{H}{2}$이다.

13. 개수로 내의 흐름에서 비에너지(Specific Energy, H_e)가 일정할 때, 최대 유량이 생기는 수심 h로 옳은 것은?(단, 개수로의 단면은 직사각형이고 $\alpha = 1$이다.)

① $h = H_e$
② $h = \frac{1}{2} H_e$
③ $h = \frac{2}{3} H_e$
④ $h = \frac{3}{4} H_e$

■해설 비에너지
ⓐ 단위무게당의 물이 수로바닥면을 기준으로 갖는 흐름의 에너지 또는 수두를 비에너지라 한다.
$$H_e = h + \frac{\alpha v^2}{2g}$$
여기서, h : 수심, α : 에너지보정계수
v : 유속
ⓑ 비에너지와 한계수심의 관계
직사각형 단면의 비에너지와 한계수심의 관계는 다음과 같다.
$$H_c = \frac{2}{3} h_e$$

14. 관수로에서의 마찰손실수두에 대한 설명으로 옳은 것은?

① Froude 수에 반비례한다.
② 관수로의 길이에 비례한다.
③ 관의 조도계수에 반비례한다.
④ 관 내 유속의 1/4 제곱에 비례한다.

■해설 관수로 마찰손실수두
ⓐ 관수로의 마찰손실수두는 다음 식에 의해 산정한다.
$$h_l = f \frac{l}{D} \frac{V^2}{2g}$$
ⓑ 특징
• 관수로의 길이에 비례한다.
• 관의 조도계수에 비례한다. ($f = \frac{124.5 n^2}{D^{\frac{1}{3}}}$)
• 관경에 반비례한다.
• 마찰손실수두는 물의 점성에 비례해서 커진다.

15. 도수(Hydraulic Jump) 전후의 수심 h_1, h_2의 관계를 도수 전의 Froude 수 Fr_1의 함수로 표시한 것으로 옳은 것은?

① $\dfrac{h_2}{h_1} = \dfrac{1}{2}\left(\sqrt{8Fr_1^2 + 1} - 1\right)$

② $\dfrac{h_1}{h_2} = \dfrac{1}{2}\left(\sqrt{8Fr_1^2 + 1} + 1\right)$

③ $\dfrac{h_2}{h_1} = \dfrac{1}{2}\left(\sqrt{8Fr_1^2 + 1} + 1\right)$

④ $\dfrac{h_1}{h_2} = \dfrac{1}{2}\left(\sqrt{8Fr_1^2 + 1} - 1\right)$

■해설 도수
㉠ 흐름이 사류(射流)에서 상류(常流)로 바뀔 때 표면에 소용돌이가 발생하면서 수심이 급격하게 증가하는 현상을 도수라 한다.
㉡ 도수 후의 수심
$h_2 = -\dfrac{h_1}{2} + \dfrac{h_1}{2}\sqrt{1 + 8F_{r1}^2}$
∴ $\dfrac{h_2}{h_1} = \dfrac{1}{2}(\sqrt{8F_{r1}^2 + 1} - 1)$

16. 다음 중 베르누이의 정리를 응용한 것이 아닌 것은?

① 오리피스
② 레이놀즈수
③ 벤투리미터
④ 토리첼리의 정리

■해설 베르누이정리의 응용
토리첼리정리, 피토관방정식, 오리피스의 유속공식은 모두 베르누이정리를 응용하여 유도하였으며 레이놀즈수는 베르누이정리와 무관하다.

17. 흐르는 유체 속에 물체가 있을 때, 물체가 유체로부터 받는 힘은?

① 장력(張力)
② 충력(衝力)
③ 항력(抗力)
④ 소류력(掃流力)

■해설 항력(drag force)
흐르는 유체 속에 물체가 잠겨 있을 때 유체에 의해 물체가 받는 힘을 항력(Drag Force)이라 한다.
$D = C_D \cdot A \cdot \dfrac{\rho V^2}{2}$
여기서, C_D : 항력계수($C_D = \dfrac{24}{R_e}$)
A : 투영면적
$\dfrac{\rho V^2}{2}$: 동압력

18. 양정이 5m일 때 4.9kW의 펌프로 0.03m³/s를 양수했다면 이 펌프의 효율은?

① 약 0.3
② 약 0.4
③ 약 0.5
④ 약 0.6

■해설 동력의 산정
㉠ 양수에 필요한 동력($H_e = h + \Sigma h_L$)
• $P = \dfrac{9.8 Q H_e}{\eta}$ kW
• $P = \dfrac{13.3 Q H_e}{\eta}$ HP
㉡ 효율의 산정
$\eta = \dfrac{9.8 Q H_e}{P} = \dfrac{9.8 \times 0.03 \times 5}{4.9} = 0.3$

19. 부체의 안정에 관한 설명으로 옳지 않은 것은?

① 경심(M)이 무게중심(G)보다 낮을 경우 안정하다.
② 무게중심(G)이 부심(B)보다 아래쪽에 있으면 안정하다.
③ 경심(M)이 무게중심(G)보다 높을 경우 복원모멘트가 작용한다.
④ 부심(B)과 무게중심(G)이 동일 연직선상에 위치할 때 안정을 유지한다.

■해설 부체의 안정조건
㉠ 경심(M)을 이용하는 방법
• 경심(M)이 중심(G)보다 위에 존재 : 안정
• 경심(M)이 중심(G)보다 아래에 존재 : 불안정

ⓒ 경심고($\overline{MG}$)를 이용하는 방법
- $\overline{MG} = \overline{MC} - \overline{GC}$
- $\overline{MG} > 0$: 안정
- $\overline{MG} < 0$: 불안정

ⓒ 경심고 일반식을 이용하는 방법
- $\overline{MG} = \dfrac{I}{V} - \overline{GC}$
- $\dfrac{I}{V} > \overline{GC}$: 안정
- $\dfrac{I}{V} < \overline{GC}$: 불안정

∴ 경심(M)이 중심(G)보다 낮을 경우에는 불안정하다.

20. DAD 해석에 관한 내용으로 옳지 않은 것은?

① DAD의 값은 유역에 따라 다르다.
② DAD 해석에서 누가우량곡선이 필요하다.
③ DAD 곡선은 대부분 반대수지로 표시된다.
④ DAD 관계에서 최대평균우량은 지속시간 및 유역면적에 비례하여 증가한다.

■해설 DAD 해석

ⓒ DAD(Rainfall Depth-Area-Duration) 해석은 최대평균우량깊이(강우량), 유역면적, 강우지속시간 간 관계의 해석을 말한다.

구성	특징
용도	암거의 설계나 지하수 흐름에 대한 하천수위의 시간적 변화의 영향 등에 사용
구성	최대평균우량깊이(Rainfall Depth), 유역면적(Area), 지속시간(Duration)으로 구성
방법	면적을 대수 축에, 최대우량을 산술 축에, 지속시간을 제3의 변수로 표시

ⓒ DAD 곡선 작성순서
- 누가우량곡선으로부터 지속시간별 최대우량을 결정한다.
- 소구역에 대한 평균누가우량을 결정한다.
- 누가면적에 대한 평균누가우량을 산정한다.
- 지속시간에 대한 최대우량깊이를 누가면적별로 결정한다.

∴ DAD 관계에서 최대평균우량은 유역면적에는 반비례하고, 지속시간에는 비례하여 증가한다.

과년도 출제문제 및 해설

01. 유속 3m/s로 매초 100L의 물이 흐르게 하는 데 필요한 관의 지름은?

① 153mm
② 206mm
③ 265mm
④ 312mm

■해설 관수로의 유량
  ㉠ 유량
   $Q = AV$
  ㉡ 직경의 산정
   $Q = AV = \dfrac{\pi D^2}{4} V$
   $\therefore D = \sqrt{\dfrac{4Q}{\pi V}} = \sqrt{\dfrac{4 \times 0.1}{\pi \times 3}} = 0.206\text{m} = 206\text{mm}$

02. 부력의 원리를 이용하여 그림과 같이 바닷물 위에 떠 있는 빙산의 전체적을 구한 값은?

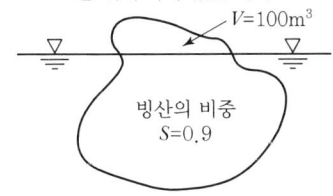
물 위에 나와 있는 체적 $V = 100\text{m}^3$
빙산의 비중 $S = 0.9$
해수의 비중 $= 1.1$

① 550m³
② 890m³
③ 1,000m³
④ 1,100m³

■해설 부체의 평형조건
  ㉠ 부체의 평형조건
   • W(무게) $= B$(부력)
   • $w \cdot V = w_w \cdot V'$
   여기서, w : 물체의 단위중량
    V : 부체의 체적
    w_w : 물의 단위중량
    V' : 물에 잠긴 만큼의 체적
  ㉡ 물속에 잠긴 빙산의 부피
   $0.9V = 1.1(V - 100)$
   $\therefore 0.2V = 110$
   ∴ 빙산 전체의 부피 $V = 550\text{m}^3$

03. 수로경사가 1/10,000인 직사각형 단면 수로에 유량 30m³/s를 흐르게 할 때 수리학적으로 유리한 단면은?(단, h : 수심, B : 폭이며, Manning 공식을 쓰고, $n = 0.025\text{m}^{-1/3} \cdot \text{s}$)

① $h = 1.95\text{m}, B = 3.9\text{m}$
② $h = 2.0\text{m}, B = 4.0\text{m}$
③ $h = 3.0\text{m}, B = 6.0\text{m}$
④ $h = 4.63\text{m}, B = 9.26\text{m}$

■해설 수리학적으로 유리한 단면
  ㉠ 일정한 단면적에 유량이 최대로 흐를 수 있는 단면을 수리학적으로 유리한 단면이라 한다.
   • 경심(R)이 최대이든지 윤변(P)이 최소인 단면
   • 직사각형의 경우 $B = 2H$, $R = \dfrac{H}{2}$이다.
  ㉡ 단면의 결정
   $Q = AV = (Bh)\dfrac{1}{n} R^{\frac{2}{3}} I^{\frac{1}{2}}$
   $= 2h^2 \times \dfrac{1}{n} \times \left(\dfrac{h}{2}\right)^{\frac{2}{3}} \times I^{\frac{1}{2}}$
   $\therefore 30 = 2h^2 \times \dfrac{1}{0.025} \times \left(\dfrac{h}{2}\right)^{\frac{2}{3}} \times \dfrac{1}{10,000}^{\frac{1}{2}}$
   $\therefore h = 4.63\text{m}, B = 9.26\text{m}$

04. 축척이 1 : 50인 하천 수리모형에서 원형 유량 10,000m³/s에 대한 모형유량은?

① 0.401m³/s
② 0.566m³/s
③ 14.142m³/s
④ 28.284m³/s

■해설 수리모형 실험
  ㉠ 수리모형의 상사법칙

종류	특징
Reynolds의 상사법칙	점성력이 흐름을 주로 지배하고, 관수로 흐름의 경우에 적용
Froude의 상사법칙	중력이 흐름을 주로 지배하고, 개수로 흐름의 경우에 적용

|해답| 01. ② 02. ① 03. ④ 04. ②

종류	특징
Weber의 상사법칙	표면장력이 흐름을 주로 지배하고, 수두가 아주 적은 위어 흐름의 경우에 적용
Cauchy의 상사법칙	탄성력이 흐름을 주로 지배하고, 수격작용의 경우에 적용

∴ 개수로에서는 중력이 흐름을 지배하므로 Froude의 상사법칙을 적용한다.

ⓒ Froude의 모형법칙
- 유속비 : $V_r = \sqrt{L_r}$
- 시간비 : $T_r = \dfrac{L_r}{V_r} = \sqrt{L_r}$
- 가속도비 : $a_r = \dfrac{V_r}{T_r} = 1$
- 유량비 : $Q_r = \dfrac{L_r^3}{T_r} = L_r^{\frac{5}{2}}$

ⓒ 유량비의 계산
- $Q_r = \dfrac{L_r^3}{T_r} = L_r^{\frac{5}{2}}$
- $\dfrac{Q_p}{Q_m} = L_r^{\frac{5}{2}}$

∴ $Q_m = \dfrac{Q_p}{L_r^{\frac{5}{2}}} = \dfrac{10,000}{50^{\frac{5}{2}}} = 0.566 \text{m}^3/\text{sec}$

05. 그림과 같은 노즐에서 유량을 구하기 위한 식으로 옳은 것은?(단, 유량계수는 1.0으로 가정한다.)

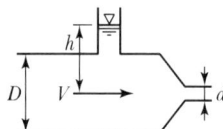

① $\dfrac{\pi d^2}{4}\sqrt{2gh}$

② $\dfrac{\pi d^2}{4}\sqrt{\dfrac{2gh}{1-\left(\dfrac{d}{D}\right)^4}}$

③ $\dfrac{\pi d^2}{4}\sqrt{\dfrac{2gh}{1-\left(\dfrac{d}{D}\right)^2}}$

④ $\dfrac{\pi d^2}{4}\sqrt{\dfrac{2gh}{1+\left(\dfrac{d}{D}\right)^2}}$

■ 해설 노즐
ⓐ 노즐
호스 선단에 붙여서 물을 사출할 수 있도록 한 점근축소관을 노즐이라 한다.
ⓑ 노즐의 유량
- 실제유속 : $V = C_v\sqrt{\dfrac{2gh}{1-\left(\dfrac{C_a}{A}\right)^2}}$
- 실제유량 : $Q = C_a\sqrt{\dfrac{2gh}{1-\left(\dfrac{C_a}{A}\right)^2}}$

∴ 그림의 조건을 대입하면
$Q = C\dfrac{\pi d^2}{4}\sqrt{\dfrac{2gh}{1-C^2(d/D)^4}}$

∴ $C=1$이므로 위의 식에 대입하면
$Q = \dfrac{\pi d^2}{4}\sqrt{\dfrac{2gh}{1-\left(\dfrac{d}{D}\right)^4}}$

06. 수로 바닥에서의 마찰력 τ_0, 물의 밀도 ρ, 중력가속도 g, 수리평균수심 R, 수면경사 I, 에너지선의 경사 I_e라고 할 때 등류(ⓐ)와 부등류(ⓑ)의 경우에 대한 마찰속도(u_*)는?

① ⓐ : ρRI_e, ⓑ : ρRI

② ⓐ : $\dfrac{\rho RI}{\tau_0}$, ⓑ : $\dfrac{\rho RI_e}{\tau_0}$

③ ⓐ : $\sqrt{gRI}$, ⓑ : $\sqrt{gRI_e}$

④ ⓐ : $\sqrt{\dfrac{gRI_e}{\tau_0}}$, ⓑ : $\sqrt{\dfrac{gRI}{\tau_0}}$

■ 해설 마찰속도
ⓐ 등류의 마찰속도
$u_* = \sqrt{\dfrac{\tau_0}{\rho}} = \sqrt{\dfrac{wRI}{\rho}} = \sqrt{gRI}$ (∵ $w = \rho \cdot g$)

ⓑ 부등류의 마찰속도는 수면경사(I) 대신에 에너지선의 경사(I_e)를 사용한다.
$u_* = \sqrt{gRI_e}$

07. 유속을 V, 물의 단위중량을 γ_w, 물의 밀도를 ρ, 중력가속도를 g라 할 때 동수압(動水壓)을 바르게 표시한 것은?

① $\dfrac{V^2}{2g}$ ② $\dfrac{\gamma_w V^2}{2g}$

③ $\dfrac{\gamma_w V}{2g}$ ④ $\dfrac{\rho V^2}{2g}$

■해설 Bernoulli정리
 ㉠ 수두의 항
  $$Z + \dfrac{P}{\gamma_w} + \dfrac{V^2}{2g} = H$$
  여기서, Z : 위치수두
  $\dfrac{P}{\gamma_w}$: 압력수두
  $\dfrac{V^2}{2g}$: 속도수두
 ㉡ 압력의 항
  수두의 항에서 각 수두에 단위중량(γ_w)을 곱하면 압력의 항이 된다.
  $$Z\gamma_w + P + \dfrac{\gamma_w V^2}{2g} = H$$
  여기서, $Z\gamma_w$: 위치압력
  P : 정수압
  $\dfrac{\gamma_w V^2}{2g}$: 동수압

08. 관수로의 흐름에서 마찰손실계수를 f, 동수반경을 R, 동수경사를 I, Chezy계수를 C라 할 때 평균유속 V는?

① $V = \sqrt{\dfrac{8g}{f}}\sqrt{RI}$

② $V = fC\sqrt{RI}$

③ $V = \dfrac{\pi d^2}{4} f\sqrt{RI}$

④ $V = f\dfrac{l}{4R} \cdot \dfrac{V^2}{2g}$

■해설 Chezy 평균유속
 ㉠ Chezy 평균유속 공식
  $$V = C\sqrt{RI}$$
  여기서, C : Chezy 유속계수
   R : 경심
   I : 동수경사

 ㉡ C와 f의 관계
  $$C = \sqrt{\dfrac{8g}{f}}$$
  $$\therefore V = \sqrt{\dfrac{8g}{f}}\sqrt{RI}$$

09. 피압지하수를 설명한 것으로 옳은 것은?

① 하상 밑의 지하수
② 어떤 수원에서 다른 지역으로 보내지는 지하수
③ 지하수와 공기가 접해 있는 지하수면을 가지는 지하수
④ 두 개의 불투수층 사이에 끼어 있어 대기압보다 큰 압력을 받고 있는 대수층의 지하수

■해설 지하수
 ㉠ 지하수는 크게 자유면지하수와 피압면지하수로 나뉜다.
 ㉡ 자유면지하수는 대수층 위를 흐르면서 지하수와 공기가 접해 있는 지하수면을 가지는 지하수를 말한다.
 ㉢ 피압면지하수는 두 개의 불투수층 사이에 끼어 있어 대기압보다 큰 압력을 받고 있는 대수층의 지하수를 말한다.

10. 물의 순환에 대한 설명으로 옳지 않은 것은?

① 지하수 일부는 시표면으로 용출해서 다시 지표수가 되어 하천으로 유입된다.
② 지표에 강하한 우수는 지표면에 도달 전에 그 일부가 식물의 나무와 가지에 의하여 차단된다.
③ 지표면에 도달한 우수는 토양 중에 수분을 공급하고 나머지가 아래로 침투해서 지하수가 된다.
④ 침투란 토양면을 통해 스며든 물이 중력에 의해 계속 지하로 이동하여 불투수층까지 도달하는 것이다.

■해설 침루
토양면을 통해 스며든 물이 중력에 의해 계속 지하로 이동하여 불투수층까지 도달한 후 지하수위를 형성하는 과정을 침루(Percolation)라고 한다.

11. 중량이 600N, 비중이 3.0인 물체를 물(담수)속에 넣었을 때 물속에서의 중량은?

① 100N　　② 200N
③ 300N　　④ 400N

■해설　물체의 수중무게
　㉠ 물체의 수중무게(W')
　　물체의 수중무게(W')는 공기 중 무게(W)에서 부력(B)을 뺀 것과 같다.
　　$W' = W - B = W - wV$
　㉡ 체적의 산정
　　단위중량 : $w = \dfrac{W}{V}$
　　∴ 체적 : $V = \dfrac{W}{w} = \dfrac{0.6\text{kN}}{3 \times 9.8\text{kN/m}^3} = 0.02\text{m}^3$
　㉢ 물체의 수중무게(W')
　　$W' = W - wV$
　　　　$= 0.6 - 9.8 \times 0.02 = 0.4\text{kN} = 400\text{N}$

12. 단위유량도 이론에서 사용하고 있는 기본가정이 아닌 것은?

① 비례가정
② 중첩가정
③ 푸아송분포가정
④ 일정기저시간가정

■해설　단위유량도
　㉠ 단위도의 정의
　　특정단위시간 동안 균등한 강우강도로 유역 전반에 걸쳐 균등한 분포로 내리는 단위유효우량으로 인하여 발생하는 직접유출 수문곡선
　㉡ 단위도의 구성요소
　　• 직접유출량
　　• 유효우량 지속시간
　　• 유역면적
　㉢ 단위도의 3가정
　　• 일정기저시간가정
　　• 비례가정
　　• 중첩가정

13. 10m³/s의 유량이 흐르는 수로에 폭 10m의 단수축이 없는 위어를 설계할 때, 위어의 높이를 1m로 할 경우 예상되는 월류수심은?(단, Francis 공식을 사용하며, 접근유속은 무시한다.)

① 0.67m
② 0.71m
③ 0.75m
④ 0.79m

■해설　Francis공식
　㉠ 직사각형 위어의 월류량 산정은 Francis공식을 이용한다.
　　$Q = 1.84 b_0 h^{\frac{3}{2}}$
　　여기서, $b_0 = b - 0.1nh$
　　　($n = 2$: 양단수축, $n = 1$: 일단수축, $n = 0$: 수축이 없는 경우)
　㉡ 월류수심의 산정
　　$h = \left(\dfrac{Q}{1.84b}\right)^{\frac{2}{3}} = \left(\dfrac{10}{1.84 \times 10}\right)^{\frac{2}{3}} = 0.67\text{m}$

14. 액체 속에 잠겨 있는 경사평면에 작용하는 힘에 대한 설명으로 옳은 것은?

① 경사각과 상관없다.
② 경사각에 직접 비례한다.
③ 경사각의 제곱에 비례한다.
④ 무게중심에서의 압력과 면적의 곱과 같다.

■해설　수면과 경사인 면이 받는 압력
　• $P = wh_G A$
　• $h_c = h_G + \dfrac{I}{h_G A}$
　∴ 경사평면에 작용하는 힘은 무게중심에서의 압력(wh_G)과 면적(A)의 곱과 같다.

15. 수로 폭이 10m인 직사각형 수로의 도수 전 수심이 0.5m, 유량이 40m³/s이었다면 도수 후의 수심(h_2)은?

① 1.96m　　② 2.18m
③ 2.31m　　④ 2.85m

■해설 도수
  ㉠ 흐름이 사류(射流)에서 상류(常流)로 바뀔 때 표면에 소용돌이가 발생하면서 수심이 급격하게 증가하는 현상을 도수라 한다.
  ㉡ 도수 후의 수심
  - $V = \dfrac{Q}{A} = \dfrac{40}{10 \times 0.5} = 8\text{m/sec}$
  - $F_{r1} = \dfrac{V_1}{\sqrt{gh_1}} = \dfrac{8}{\sqrt{9.8 \times 0.5}} = 3.61$
  - $h_2 = -\dfrac{h_1}{2} + \dfrac{h_1}{2}\sqrt{1+8F_{r1}^2}$
    $= -\dfrac{0.5}{2} + \dfrac{0.5}{2}\sqrt{1+8\times 3.61^2} = 2.31\text{m}$

16. 유역면적 10km², 강우강도 80mm/h, 유출계수 0.70일 때 합리식에 의한 첨두유량(Q_{max})은?

① 155.6m³/s ② 560m³/s
③ 1,556m³/s ④ 5.6m³/s

■해설 우수유출량의 산정
  ㉠ 합리식
   $Q = \dfrac{1}{3.6}CIA$
   여기서, Q : 우수량(m³/sec)
   C : 유출계수(무차원)
   I : 강우강도(mm/hr)
   A : 유역면적(km²)
  ㉡ 합리식에 의한 우수유출량의 산정
   $Q = \dfrac{1}{3.6}CIA$
    $= \dfrac{1}{3.6} \times 0.7 \times 80 \times 10 = 155.6\text{m}^3/\text{s}$

17. Darcy의 법칙에 대한 설명으로 옳지 않은 것은?

① 투수계수는 물의 점성계수에 따라서도 변화한다.
② Darcy의 법칙은 지하수의 흐름에 대한 공식이다.
③ Reynolds 수가 100 이상이면 안심하고 적용할 수 있다.
④ 평균유속이 동수경사와 비례관계를 가지고 있는 흐름에 적용될 수 있다.

■해설 Darcy의 법칙
  ㉠ Darcy의 법칙
   $V = K \cdot I = K \cdot \dfrac{h_L}{L}$,
   $Q = A \cdot V = A \cdot K \cdot I = A \cdot K \cdot \dfrac{h_L}{L}$ 로 구할 수 있다.
  ㉡ 특징
   - Darcy의 법칙은 지하수의 층류흐름에 대한 마찰저항공식이다.
   - 투수계수는 물의 점성계수와 토사의 공극률에 따라서도 변화한다.
   $K = D_s^2 \dfrac{\rho g}{\mu} \dfrac{e^3}{1+e} C$
   여기서, μ : 점성계수
   e : 공극률
  ㉢ Darcy의 법칙은 정상류흐름의 층류에만 적용된다.(특히, $R_e < 4$일 때 잘 적용된다.)
  ㉣ $V = K \cdot I$로 지하수의 유속은 동수경사와 비례관계를 가지고 있다.

18. 수두차가 10m인 두 저수지를 지름이 30cm, 길이가 300m, 조도계수가 0.013m⁻¹ᐟ³·s인 주철관으로 연결하여 송수할 때, 관을 흐르는 유량(Q)은?(단, 관의 유입손실계수 $f_e = 0.5$, 유출손실계수 $f_c = 1.0$이다.)

① 0.02m³/s ② 0.08m³/s
③ 0.17m³/s ④ 0.19m³/s

■해설 단일관수로의 유량
  ㉠ 마찰손실계수의 산정
   $f = \dfrac{124.6n^2}{D^{\frac{1}{3}}} = \dfrac{124.6 \times 0.013^2}{0.3^{\frac{1}{3}}} = 0.031$
  ㉡ 단일관수로의 유속
   $V = \sqrt{\dfrac{2gH}{f_i + f_o + f \cdot \dfrac{l}{d}}}$
    $= \sqrt{\dfrac{2 \times 9.8 \times 10}{0.5 + 1.0 + 0.031 \times \dfrac{300}{0.3}}} = 2.46\text{m/s}$
  ㉢ 유량의 산정
   $Q = AV = \dfrac{\pi d^2}{4} \times V$
    $= \dfrac{\pi \times 0.3^2}{4} \times 2.46 = 0.17\text{m}^3/\text{s}$

19. 개수로 내의 흐름에서 평균유속을 구하는 방법 중 2점법의 유속 측정 위치로 옳은 것은?

① 수면과 전수심의 50% 위치
② 수면으로부터 수심의 10%와 90% 위치
③ 수면으로부터 수심의 20%와 80% 위치
④ 수면으로부터 수심의 40%와 60% 위치

■해설 개수로 평균유속의 산정
2점법에 의한 평균유속의 산정

$$V = \frac{1}{2}(V_{0.2} + V_{0.8})$$

여기서, $V_{0.2}$: 수면으로부터 수심 20%의 유속
$V_{0.8}$: 수면으로부터 수심 80%의 유속

20. 어떤 유역에 표와 같이 30분간 집중호우가 발생하였다면 지속시간이 15분인 최대강우강도는?

시간(분)	우량(mm)	시간(분)	우량(mm)
0~5	2	15~20	4
5~10	4	20~25	8
10~15	6	25~30	6

① 50mm/h   ② 64mm/h
③ 72mm/h   ④ 80mm/h

■해설 강우강도
㉠ 강우강도는 단위시간당 내린 비의 양을 말하며 단위는 mm/hr이다.
㉡ 지속시간 15분 강우량의 구성
- 0~15분 : 2+4+6=12mm
- 5~20분 : 4+6+4=14mm
- 10~25분 : 6+4+8=18mm
- 15~30분 : 4+8+6=18mm
∴ 지속시간 15분 최대강우량은 18mm이다.
㉢ 지속시간 15분 최대강우강도의 산정

$$\frac{18\text{mm}}{15\text{min}} \times 60 = 72\text{mm/hr}$$

과년도 출제문제 및 해설

01. 지름 1m의 원통 수조에서 지름 2cm의 관으로 물이 유출되고 있다. 관 내의 유속이 2.0m/s일 때, 수조의 수면이 저하되는 속도는?

① 0.3cm/s ② 0.4cm/s
③ 0.06cm/s ④ 0.08cm/s

■해설 연속방정식
㉠ 연속방정식
$$Q = A_1 V_1 = A_2 V_2$$
㉡ 유속의 산정
$$V_1 = \frac{A_2}{A_1} V_2 = \frac{2^2}{100^2} \times 200 = 0.08 \text{cm/sec}$$

02. 유체의 흐름에 관한 설명으로 옳지 않은 것은?

① 유체의 입자가 흐르는 경로를 유적선이라 한다.
② 부정류(不定流)에서는 유선이 시간에 따라 변화한다.
③ 정상류(定常流)에서는 하나의 유선이 다른 유선과 교차하게 된다.
④ 점성이나 압축성을 완전히 무시하고 밀도가 일정한 이상인 유체를 완전유체라 한다.

■해설 유체흐름 일반
㉠ 유체입자가 움직이는 운동경로를 유적선이라고 한다.
㉡ 유선이 시간에 따라 변하지 않는 흐름을 정류, 변하는 흐름을 부정류라고 한다.
㉢ 정상류에서는 유선과 유적선이 일치하며, 하나의 유선과 다른 유선은 교차하지 않는다.
㉣ 비점성, 비압축성인 유체를 이상유체(완전유체)라고 한다.

03. 오리피스의 지름이 2cm, 수축단면(Vena Contracta)의 지름이 1.6cm라면, 유속계수가 0.9일 때 유량계수는?

① 0.49 ② 0.58
③ 0.62 ④ 0.72

■해설 오리피스의 계수
㉠ 유속계수(C_v) : 실제유속과 이론유속의 차를 보정해 주는 계수로, 실제유속과 이론유속의 비로 나타낸다.
C_v = 실제유속/이론유속 ≒ 0.97~0.99
㉡ 수축계수(C_a) : 수축단면적과 오리피스단면적의 차를 보정해 주는 계수로 수축단면적과 오리피스단면적의 비로 나타낸다.
• C_a = 수축단면의 단면적/오리피스의 단면적 ≒ 0.64
• $C_a = \frac{A_0}{A} = \frac{1.6^2}{2^2} = 0.64$
㉢ 유량계수(C) : 실제유량과 이론유량의 차를 보정해 주는 계수로 실제유량과 이론유량의 비로 나타낸다.
C = 실제유량/이론유량
$= C_a \times C_v = 0.64 \times 0.9 = 0.58$

04. 유역면적이 4km²이고 유출계수가 0.8인 산지하천에서 강우강도가 80mm/h이다. 합리식을 이용한 유역출구에서의 첨두홍수량은?

① 35.5m³/s ② 71.1m³/s
③ 128m³/s ④ 256m³/s

■해설 우수유출량의 산정
㉠ 합리식
$$Q = \frac{1}{3.6} CIA$$
여기서, Q : 우수량(m³/sec)
C : 유출계수(무차원)
I : 강우강도(mm/hr)
A : 유역면적(km²)
㉡ 합리식에 의한 우수유출량의 산정
$$Q = \frac{1}{3.6} CIA = \frac{1}{3.6} \times 0.8 \times 80 \times 4 = 71.1 \text{m}^3/\text{s}$$

|해답| 01. ④ 02. ③ 03. ② 04. ②

05. 유역의 평균강우량 산정방법이 아닌 것은?

① 등우선법
② 기하평균법
③ 산술평균법
④ Thiessen의 가중법

■ 해설 유역의 평균우량 산정법
유역의 평균우량 산정법은 다음과 같다.

종류	적용
산술평균법	우량계 균등분포된 유역면적 500km² 이내에 적용 $P_m = \dfrac{1}{N}\sum_{i=1}^{N} P_i$
Thiessen법	우량계 불균등분포된 유역면적 500~5,000km² 이내에 적용 $P_m = \dfrac{\sum_{i=1}^{N} A_i P_i}{\sum_{i=1}^{N} A_i}$
등우선법	산악의 영향이 고려되고, 유역면적 5,000km² 이상인 곳에 적용 $P_m = \dfrac{\sum_{i=1}^{N} A_i P_i}{\sum_{i=1}^{N} A_i}$

∴ 유역의 평균강우량 산정방법이 아닌 것은 기하평균법이다.

06. 강우강도(I), 지속시간(D), 생기빈도(F) 관계를 표현하는 식 $I = \dfrac{kT^x}{t^n}$에 대한 설명으로 틀린 것은?

① k, x, n은 지역에 따라 다른 값을 가지는 상수이다.
② T는 강우의 생기빈도를 나타내는 연수(年數)로서 재현기간(년)을 의미한다.
③ t는 강우의 지속시간(min)으로서, 강우지속시간이 길수록 강우강도(I)는 커진다.
④ I는 단위시간에 내리는 강우량(mm/h)인 강우강도이며, 각종 수문학적 해석 및 설계에 필요하다.

■ 해설 강우자료의 해석
㉠ 강우강도 – 지속시간 – 생기빈도관계

$$I = \dfrac{kT^x}{t^n}$$

여기서, I : 강우강도(mm/hr)
T : 생기빈도
t : 강우지속시간(min)
k, x, n : 지역에 따라 결정되는 상수

㉡ 해석
• k, x, n : 지역에 따라 결정되는 상수이다.
• T는 강우의 생기빈도를 나타내는 연수로 재현기간(년)을 의미한다.
• t는 강우지속시간(min)으로 강우강도와 지속시간의 관계는 반비례이다.
• I는 강우강도(mm/hr)로 각종 수문학적 해석 및 설계에 필요한 인자이다.

07. 항력(Drag Force)에 관한 설명으로 틀린 것은?

① 항력 $D = C_D A \dfrac{\rho V^2}{2}$ 으로 표현되며, 항력계수 C_D는 Froude의 함수이다.
② 형상항력은 물체의 형상에 의한 후류(Wake)로 인해 압력이 저하하여 발생하는 압력저항이다.
③ 마찰항력은 유체가 물체 표면을 흐를 때 점성과 난류에 의해 물체 표면에 발생하는 마찰저항이다.
④ 조파항력은 물체가 수면에 떠 있거나 물체의 일부분이 수면 위에 있을 때에 발생하는 유체저항이다.

■ 해설 항력(Drag Force)
흐르는 유체 속에 물체가 잠겨 있을 때 유체에 의해 물체가 받는 힘을 항력(Drag Force)이라 한다.

$$D = C_D \cdot A \cdot \dfrac{\rho V^2}{2}$$

여기서, C_D : 항력계수 ($C_D = \dfrac{24}{R_e}$)
A : 투영면적
$\dfrac{\rho V^2}{2}$: 동압력

∴ 항력계수 C_D는 Reynolds의 함수이다.

08. 단위유량도(Unit Hydrograph)를 작성함에 있어서 주요 기본가정(또는 원리)으로만 짝지어진 것은?

① 비례가정, 중첩가정, 직접유출의 가정
② 비례가정, 중첩가정, 일정기저시간의 가정
③ 일정기저시간의 가정, 직접유출의 가정, 비례가정
④ 직접유출의 가정, 일정기저시간의 가정, 중첩가정

■해설 단위유량도
㉠ 단위도의 정의
특정단위시간 동안 균등한 강우강도로 유역 전반에 걸쳐 균등한 분포로 내리는 단위유효우량으로 인하여 발생하는 직접유출 수문곡선
㉡ 단위도의 구성요소
- 직접유출량
- 유효우량 지속시간
- 유역면적
㉢ 단위도의 3가정
- 일정기저시간가정
- 비례가정
- 중첩가정

09. 레이놀즈(Reynolds)수에 대한 설명으로 옳은 것은?

① 관성력에 대한 중력의 상대적인 크기
② 압력에 대한 탄성력의 상대적인 크기
③ 중력에 대한 점성력의 상대적인 크기
④ 관성력에 대한 점성력의 상대적인 크기

■해설 흐름의 상태
㉠ 층류와 난류의 구분
$R_e = \dfrac{VD}{\nu}$

여기서, V : 유속
D : 관의 직경
ν : 동점성계수

- $R_e < 2,000$: 층류
- $2,000 < R_e < 4,000$: 천이영역
- $R_e > 4,000$: 난류

㉡ 레이놀즈수가 갖는 물리적 의미
관수로 흐름에서 관성력과 점성의 비가 흐름의 상태를 결정한다.

10. 지름 $D=4$cm, 조도계수 $n=0.01$m$^{-1/3}$ · s인 원형관의 Chezy 유속계수 C는?

① 10　　② 50
③ 100　④ 150

■해설 Chezy식과 Manning식의 관계
㉠ Chezy식과 Manning식의 관계는 다음과 같다.

$C\sqrt{RI} = \dfrac{1}{n}R^{\frac{2}{3}}I^{\frac{1}{2}}$

$\rightarrow C\sqrt{RI} = \dfrac{1}{n}R^{\frac{1}{6}}R^{\frac{1}{2}}I^{\frac{1}{2}}$

$\therefore C = \dfrac{1}{n}R^{\frac{1}{6}}$

㉡ C의 산정

$C = \dfrac{1}{n}R^{\frac{1}{6}} = \dfrac{1}{0.01} \times \left(\dfrac{0.04}{4}\right)^{\frac{1}{6}} = 46.42$

11. 폭이 1m인 직사각형 수로에서 0.5m³/s의 유량이 80cm의 수심으로 흐르는 경우, 이 흐름을 가장 잘 나타낸 것은?(단, 동점성계수는 0.012cm²/s, 한계수심은 29.5cm이다.)

① 층류이며 상류
② 층류이며 사류
③ 난류이며 상류
④ 난류이며 사류

■해설 흐름의 상태
㉠ 층류와 난류
- $R_e = \dfrac{VD}{\nu}$

여기서, V : 유속
D : 관의 직경
ν : 동점성계수

- $R_e < 2,000$: 층류
- $2,000 < R_e < 4,000$: 천이영역
- $R_e > 4,000$: 난류

㉡ 상류(常流)와 사류(射流)
- $F_r = \dfrac{V}{C} = \dfrac{V}{\sqrt{gh}}$

여기서, V : 유속
C : 파의 전달속도

- $F_r < 1$: 상류(常流)
- $F_r > 1$: 사류(射流)
- $F_r = 1$: 한계류

ⓒ 층류와 난류의 계산
- 속도
$$V = \frac{Q}{A} = \frac{0.5}{1 \times 0.8} = 0.625 \text{m/s} = 62.5 \text{cm/s}$$
- 직사각형 단면 경심의 산정
$$R = \frac{A}{P} = \frac{100 \times 80}{100 + 2 \times 80} = 30.8 \text{cm}$$
- 원형관의 경심
$$R = \frac{D}{4} \quad \therefore \quad D = 4R = 4 \times 30.8 = 123.2 \text{cm}$$
- 직사각형 단면의 Reynolds Number
$$R_e = \frac{V \times 4R}{\nu} = \frac{62.5 \times 123.2}{0.012} = 641,667$$
∴ 난류

ⓓ 상류(常流)와 사류(射流)의 계산
$$F_r = \frac{V}{\sqrt{gh}} = \frac{0.625}{\sqrt{9.8 \times 0.8}} = 0.22$$
∴ 상류(常流)

12. 빙산의 비중이 0.92이고 바닷물의 비중은 1.025일 때 빙산이 바닷물 속에 잠겨 있는 부분의 부피는 수면 위에 나와 있는 부분의 약 몇 배인가?

① 0.8배 ② 4.8배
③ 8.8배 ④ 10.8배

■해설 부체의 평형조건
ⓒ 부체의 평형조건
- W(무게) = B(부력)
- $w \cdot V = w_w \cdot V'$
   여기서, w : 물체의 단위중량
   V : 부체의 체적
   w_w : 물의 단위중량
   V' : 물에 잠긴 만큼의 체적

ⓓ 물속에 잠긴 빙산의 부피
- 물 위로 나온 빙산의 부피를 a라 하고 부체의 평형조건을 적용하면
- $0.92V = 1.025(V - a)$
∴ $a = 0.10V$
∴ 물속에 잠긴 빙산의 부피는 $V - 0.1V = 0.9V$
∴ $\frac{0.1}{0.9} = 0.11$
∴ 잠긴 부분의 부피가 수면 위에 나와 있는 부분의 약 8.8배이다.

13. 수온에 따른 지하수의 유속에 대한 설명으로 옳은 것은?

① 4℃에서 가장 크다.
② 수온이 높으면 크다.
③ 수온이 낮으면 크다.
④ 수온에는 관계없이 일정하다.

■해설 Darcy의 법칙
ⓒ Darcy의 법칙
$$V = K \cdot I = K \cdot \frac{h_L}{L},$$
$$Q = A \cdot V = A \cdot K \cdot I = A \cdot K \cdot \frac{h_L}{L}$$ 로 구할 수 있다.

ⓓ 특징
- Darcy의 법칙은 지하수의 층류흐름에 대한 마찰저항공식이다.
- 투수계수는 물의 점성계수와 토사의 공극률에 따라서도 변화한다.
$$K = D_s^2 \frac{\rho g}{\mu} \frac{e^3}{1+e} C$$
여기서, μ : 점성계수, e : 공극률
∴ 수온이 높으면 점성계수의 값이 적어지고, 투수계수의 값이 커지므로 유속은 증가한다.

14. 유체 속에 잠긴 곡면에 작용하는 수평분력은?

① 곡면에 의해 배제된 액체의 무게와 같다.
② 곡면의 중심에서의 압력과 면적의 곱과 같다.
③ 곡면의 연직상방에 실려 있는 액체의 무게와 같다.
④ 곡면을 연직면상에 투영하였을 때 생기는 투영면적에 작용하는 힘과 같다.

■해설 곡면에 작용하는 압력
ⓒ 곡면이 받는 연직분력은 수직상방에 실려 있는 물의 무게와 같다.
$P_v = W$(물의 무게)
ⓓ 부력의 크기는 부체에 의해 배제된 물의 무게와 같다.
ⓔ 수면과 연직인 면이 받는 압력은 무게중심에서의 압력과 면적의 곱으로 구한다.
$P = wh_G A$
ⓕ 곡면이 받는 수평분력은 곡면의 연직투영면상에 작용하는 압력과 같다.
$P_H = wh_G A$(투영면적)

|해답| 12. ③ 13. ② 14. ④

15. 지하수(地下水)에 대한 설명으로 옳지 않은 것은?

① 자유지하수를 양수(揚水)하는 우물을 굴착정(Artesian Well)이라 부른다.
② 불투수층(不透水層) 상부에 있는 지하수를 자유지하수(自由地下水)라 한다.
③ 불투수층과 불투수층 사이에 있는 지하수를 피압지하수(被壓地下水)라 한다.
④ 흙 입자 사이에 충만되어 있으며 중력의 작용으로 운동하는 물을 지하수라 부른다.

■해설 지하수
㉠ 지하수는 크게 자유면지하수와 피압면지하수로 나뉜다.
㉡ 자유면지하수는 대수층 위를 흐르면서 지하수와 공기가 접해 있는 지하수면을 가지는 지하수를 말한다.
㉢ 피압면지하수는 두 개의 불투수층 사이에 끼어 있어 대기압보다 큰 압력을 받고 있는 대수층의 지하수를 말한다.
㉣ 자유면지하수를 양수하는 우물은 심정호, 천정호가 있고, 피압면지하수를 양수하는 우물을 굴착정이라고 한다.

16. 월류수심이 40cm인 전폭위어의 유량을 Francis 공식에 의해 구한 결과 0.40m³/s였다. 이때 위어 폭의 측정에 2cm의 오차가 발생했다면 유량의 오차는 몇 %인가?

① 1.16%
② 1.50%
③ 2.00%
④ 2.33%

■해설 위어의 유량오차
㉠ 위어 폭의 계산
$Q = 1.84bh^{\frac{3}{2}} \Rightarrow 0.4 = 1.84 \times b \times 0.4^{\frac{3}{2}}$
∴ $b = 0.86m$
㉡ 직사각형 위어의 유량오차와 폭오차와의 관계
$\frac{dQ}{Q} = \frac{db}{b} = \frac{0.02}{0.86} = 0.0233 = 2.33\%$

17. 폭 9m의 직사각형 수로에 16.2m³/s의 유량이 92cm의 수심으로 흐르고 있다. 장파의 전파속도 C와 비에너지 E는?(단, 에너지 보정계수 $\alpha = 1.0$)

① $C = 2.0$m/s, $E = 1.015$m
② $C = 2.0$m/s, $E = 1.115$m
③ $C = 3.0$m/s, $E = 1.015$m
④ $C = 3.0$m/s, $E = 1.115$m

■해설 장파의 전파속도와 비에너지
㉠ 장파의 전파속도
$C = \sqrt{gh} = \sqrt{9.8 \times 0.92} = 3\text{m/s}$
㉡ 비에너지
• $V = \frac{Q}{A} = \frac{16.2}{9 \times 0.92} = 1.96\text{m/s}$
• $h_e = h + \frac{\alpha v^2}{2g} = 0.92 + \frac{1.0 \times 1.96^2}{2 \times 9.8} = 1.116\text{m}$

18. Chezy의 평균유속 공식에서 평균유속계수 C를 Manning의 평균유속 공식을 이용하여 표현한 것으로 옳은 것은?

① $\frac{R^{1/2}}{n}$
② $\frac{R^{1/6}}{n}$
③ $\sqrt{\frac{f}{8g}}$
④ $\sqrt{\frac{8g}{f}}$

■해설 Chezy식과 Manning식의 관계
Chezy식과 Manning식의 관계는 다음과 같다.
$C\sqrt{RI} = \frac{1}{n}R^{\frac{2}{3}}I^{\frac{1}{2}}$
→ $C\sqrt{RI} = \frac{1}{n}R^{\frac{1}{6}}R^{\frac{1}{2}}I^{\frac{1}{2}}$
∴ $C = \frac{1}{n}R^{\frac{1}{6}}$

19. 비압축성 이상유체에 대한 아래 내용 중 ( ) 안에 들어갈 알맞은 말은?

> 비압축성 이상유체는 압력 및 온도에 따른 ( )의 변화가 미소하여 이를 무시할 수 있다.

① 밀도
② 비중
③ 속도
④ 점성

■해설 유체의 종류
㉠ 이상유체(=완전유체)
 비점성, 비압축성 유체
㉡ 실제유체
 점성, 압축성 유체
㉢ 비압축성 유체의 경우는 체적변화가 없는 것으로 밀도의 변화를 무시할 수 있다.

20. 수로경사 $I=1/2,500$, 조도계수 $n=0.013\text{m}^{-1/3}\cdot\text{s}$인 수로에 아래 그림과 같이 물이 흐르고 있다면 평균유속은?(단, Manning의 공식을 사용한다.)

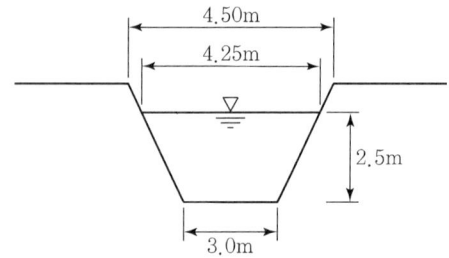

① 1.65m/s ② 2.16m/s
③ 2.65m/s ④ 3.16m/s

■해설 Manning의 평균유속 공식
㉠ Manning의 평균유속 공식
$$V=\frac{1}{n}R^{\frac{2}{3}}I^{\frac{1}{2}}$$
여기서, n : 조도계수
$R\left(=\dfrac{A}{P}\right)$: 경심
I : 동수경사

㉡ 평균유속의 산정
- 면적 : $A=\dfrac{(4.25+3)}{2}\times 2.5=9.0625\text{m}^2$
- 경사길이의 산정 :
 $l=\sqrt{0.625^2+2.5^2}=2.58\text{m}$
- 경심의 산정 :
 $R=\dfrac{A}{P}=\dfrac{9.0625}{3+2\times 2.58}=1.11\text{m}$

∴ $V=\dfrac{1}{n}R^{\frac{2}{3}}I^{\frac{1}{2}}$
$=\dfrac{1}{0.013}\times 1.11^{\frac{2}{3}}\times\left(\dfrac{1}{2,500}\right)^{\frac{1}{2}}=1.65\text{m/s}$

과년도 출제문제 및 해설
(기사 2021년 8월 14일 시행)

01. 가능최대강수량(PMP)에 대한 설명으로 옳은 것은?
① 홍수량 빈도해석에 사용된다.
② 강우량과 장기변동성향을 판단하는 데 사용된다.
③ 최대강우강도와 면적관계를 결정하는 데 사용된다.
④ 대규모 수공구조물의 설계홍수량을 결정하는 데 사용된다.

■ 해설 **가능최대강수량(PMP)**
가능최대강수량이란 어떤 지역에서 생성될 수 있는 가장 극심한 기상조건에서 발생 가능한 호우로 인한 최대강수량을 말한다. 대규모 수공구조물을 설계하고자 할 때 기준으로 삼는 우량이며, 통계학적으로는 10,000년 빈도에 해당하는 홍수량이다.

02. 수로 폭이 3m인 직사각형 수로에 수심이 50cm로 흐를 때 흐름이 상류(Subcritical Flow)가 되는 유량은?
① 2.5m³/sec   ② 4.5m³/sec
③ 6.5m³/sec   ④ 8.5m³/sec

■ 해설 **상류와 사류**
㉠ 상류(常流)와 사류(射流)
- $F_r = \dfrac{V}{C} = \dfrac{V}{\sqrt{gh}}$
  여기서, V : 유속
  C : 파의 전달속도
- $F_r < 1$: 상류(常流)
- $F_r > 1$: 사류(射流)
- $F_r = 1$: 한계류

㉡ 유속의 산정
① $V = \dfrac{Q}{A} = \dfrac{2.5}{3 \times 0.5} = 1.67\text{m/s}$
② $V = \dfrac{Q}{A} = \dfrac{4.5}{3 \times 0.5} = 3\text{m/s}$
③ $V = \dfrac{Q}{A} = \dfrac{6.5}{3 \times 0.5} = 4.33\text{m/s}$
④ $V = \dfrac{Q}{A} = \dfrac{8.5}{3 \times 0.5} = 5.67\text{m/s}$

㉢ 상류와 사류의 구분
① $F_r = \dfrac{V}{\sqrt{gh}} = \dfrac{1.67}{\sqrt{9.8 \times 0.5}} = 0.75$
② $F_r = \dfrac{V}{\sqrt{gh}} = \dfrac{3}{\sqrt{9.8 \times 0.5}} = 1.36$
③ $F_r = \dfrac{V}{\sqrt{gh}} = \dfrac{4.33}{\sqrt{9.8 \times 0.5}} = 1.96$
④ $F_r = \dfrac{V}{\sqrt{gh}} = \dfrac{5.67}{\sqrt{9.8 \times 0.5}} = 2.56$

∴ 상류일 조건으로 $F_r < 1$를 만족하는 유량은 2.5m³/s이다.

03. 폭이 35cm인 직사각형 위어(Weir)의 유량을 측정하였더니 0.03m³/s이었다. 월류수심의 측정에 1mm의 오차가 생겼다면, 유량에 발생하는 오차는?(단, 유량계산은 프란시스(Francis) 공식을 사용하고, 월류 시 단면수축은 없는 것으로 가정한다.)
① 1.16%   ② 1.50%
③ 1.67%   ④ 1.84%

■ 해설 **수두측정오차와 유량오차의 관계**
㉠ 직사각형 위어의 수두측정오차와 유량오차의 관계
$\dfrac{dQ}{Q} = \dfrac{3}{2}\dfrac{dH}{H}$

㉡ 수심의 계산
- $Q = 1.84 b_0 h^{\frac{3}{2}}$
- $0.03 = 1.84 \times 0.35 \times h^{\frac{3}{2}}$
∴ $h = 0.13\text{m}$

㉢ 오차의 산정
$\dfrac{dQ}{Q} = \dfrac{3}{2}\dfrac{dH}{H} = \dfrac{3}{2} \times \dfrac{0.001}{0.13} = 0.0115 = 1.15\%$

|해답| 01. ④ 02. ① 03. ①

04. 1cm 단위도의 종거가 1, 5, 3, 1이다. 유효강우량이 10mm, 20mm 내렸을 때 직접유출수문곡선의 종거는?(단, 모든 시간간격은 1시간이다.)

① 1, 5, 3, 1, 1
② 1, 5, 10, 9, 2
③ 1, 7, 13, 7, 2
④ 1, 7, 13, 9, 2

■해설 단위도의 종거
단위도의 종거 계산은 다음 표에 의해 구한다.

(1) 시간 (hr)	(2) 단위도 종거 (m³/sec)	(3) 10mm 유효강우량	(4) 20mm 유효강우량	(5) 직접유출 (3)+(4)
0	1	1		1
1	5	5	2	7
2	3	3	10	13
3	1	1	6	7
4			2	2
5				

∴ 직접유출수문곡선의 종거는 (5)번 항목으로 1, 7, 13, 7, 2이다.

05. 다음 중 도수(跳水, Hydraulic Jump)가 생기는 경우는?

① 사류(射流)에서 사류(射流)로 변할 때
② 사류(射流)에서 상류(常流)로 변할 때
③ 상류(常流)에서 상류(常流)로 변할 때
④ 상류(常流)에서 사류(射流)로 변할 때

■해설 도수
흐름이 사류(射流)에서 상류(常流)로 바뀔 때 수면이 불연속적으로 뛰는 현상을 도수(Hydraulic Jump)라고 한다.

06. 압력 150kN/m²를 수은기둥으로 계산한 높이는?(단, 수은의 비중은 13.57, 물의 단위중량은 9.81kN/m³이다.)

① 0.905m
② 1.13m
③ 15m
④ 203.5m

■해설 정수압
㉠ 정수압
$P = wh$

여기서, P : 압력
w : 단위중량
h : 수두

㉡ 수은주의 높이 계산
$h = \dfrac{P}{w} = \dfrac{150}{13.57 \times 9.81} = 1.13m$

07. 1차원 정류흐름에서 단위시간에 대한 운동량방정식은?(단, F : 힘, m : 질량, V_1 : 초속도, V_2 : 종속도, Δt : 시간의 변화량, S : 변위, W : 물체의 중량)

① $F = W \cdot S$
② $F = m \cdot \Delta t$
③ $F = m \dfrac{V_2 - V_1}{S}$
④ $F = m(V_2 - V_1)$

■해설 운동량방정식
Δt 시간 동안 물체에 작용하는 운동량방정식은 다음과 같이 유도된다.
$F = m \dfrac{(V_2 - V_1)}{\Delta t}$
∴ 단위시간($\Delta t = 1$)에 대한 운동량방정식은 $F = m(V_2 - V_1)$이다.

08. 지름 4cm, 길이 30cm인 시험원통에 대수층의 표본을 채웠다. 시험원통의 출구에서 압력수두를 15cm로 일정하게 유지할 때 2분 동안 12cm³의 유출량이 발생하였다면 이 대수층 표본의 투수계수는?

① 0.008cm/s
② 0.016cm/s
③ 0.032cm/s
④ 0.048cm/s

■해설 Darcy의 법칙
㉠ Darcy의 법칙
$V = K \cdot I = K \cdot \dfrac{h_L}{L}$,
$Q = A \cdot V = A \cdot K \cdot I = A \cdot K \cdot \dfrac{h_L}{L}$ 로 구할 수 있다.
㉡ 투수계수의 산정
$K = \dfrac{Q}{A \dfrac{h}{L}} = \dfrac{0.1}{\dfrac{3.14 \times 4^2}{4} \times \dfrac{15}{30}} = 0.016 \text{cm/sec}$

09. 다음 중 부정류흐름의 지하수를 해석하는 방법은?

① Theis방법　② Dupuit방법
③ Thiem방법　④ Laplace방법

■해설　부정류지하수 해석법
　　부정류지하수를 해석하는 방법에는 Theis, Jacob, Chow방법 등이 있다.

10. 안지름이 20cm인 관로에서 관의 마찰에 의한 손실수두가 속도수두와 같게 되었다면, 이때 관로의 길이는?(단, 마찰저항계수 $f=0.04$이다.)

① 3m　② 4m
③ 5m　④ 6m

■해설　마찰손실수두
㉠ 마찰손실수두
$$h_L = f\frac{l}{D}\frac{V^2}{2g}$$
㉡ 길이의 계산
$$f\frac{l}{D}\frac{V^2}{2g} = \frac{V^2}{2g}$$
$$\rightarrow 0.04 \times \frac{l}{0.2} \times \frac{V^2}{2g} = \frac{V^2}{2g}$$
$$\therefore l = 5\text{m}$$

11. 관수로에서 관의 마찰손실계수가 0.02, 관의 지름이 40cm일 때, 관 내 물의 흐름이 100m를 흐르는 동안 2m의 마찰손실수두가 발생하였다면 관 내의 유속은?

① 0.3m/s　② 1.3m/s
③ 2.8m/s　④ 3.8m/s

■해설　마찰손실수두
㉠ 마찰손실수두
$$h_L = f\frac{l}{D}\frac{V^2}{2g}$$
㉡ 유속의 계산
$$V = \sqrt{\frac{2gDh_L}{fl}} = \sqrt{\frac{2 \times 9.8 \times 0.4 \times 2}{0.02 \times 100}} = 2.8\text{m/s}$$

12. 물이 유량 $Q=0.06\text{m}^3/\text{s}$로 60°의 경사평면에 충돌할 때 충돌 후의 유량 Q_1, Q_2는?(단, 에너지손실과 평면의 마찰은 없다고 가정하고 기타 조건은 일정하다.)

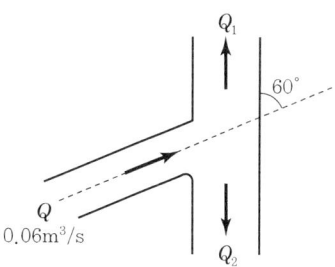

① $Q_1 : 0.03\text{m}^3/\text{s}$, $Q_2 : 0.03\text{m}^3/\text{s}$
② $Q_1 : 0.035\text{m}^3/\text{s}$, $Q_2 : 0.025\text{m}^3/\text{s}$
③ $Q_1 : 0.040\text{m}^3/\text{s}$, $Q_2 : 0.020\text{m}^3/\text{s}$
④ $Q_1 : 0.045\text{m}^3/\text{s}$, $Q_2 : 0.015\text{m}^3/\text{s}$

■해설　분류유량
㉠ 충돌 전의 유속 V와 충돌 후의 유속 V_1 및 V_2는 동일하다.
$$Q_1 - Q_2 = Q\cos\theta$$
㉡ 분류유량의 계산
연속방정식에 의해 $Q = Q_1 + Q_2$
- $Q_1 = \frac{Q}{2}(1+\cos\theta)$
$$= \frac{0.06}{2}(1+\cos 60°) = 0.045\text{m}^3/\text{sec}$$
- $Q_2 = \frac{Q}{2}(1-\cos\theta)$
$$= \frac{0.06}{2}(1-\cos 60°) = 0.015\text{m}^3/\text{sec}$$

13. 자연하천의 특성을 표현할 때 이용되는 하상계수에 대한 설명으로 옳은 것은?

① 최심하상고와 평형하상고의 비이다.
② 최대유량과 최소유량의 비로 나타낸다.
③ 개수 전과 개수 후의 수심 변화량의 비를 말한다.
④ 홍수 전과 홍수 후의 하상 변화량의 비를 말한다.

■해설　하상계수
하천유황의 변동정도를 표시하는 지표로서 대하천 주요 지점에서 최대유량과 최소유량의 비를 말한다. 우리나라의 주요 하천은 하상계수가 대부분 300을 넘어 외국하천에 비해 하천유황이 대단히 불안정하다.

14. 탱크 속에 깊이 2m의 물과 그 위에 비중 0.85의 기름이 4m 들어 있다. 탱크 바닥에서 받는 압력을 구한 값은?(단, 물의 단위중량은 9.81kN/m³이다.)

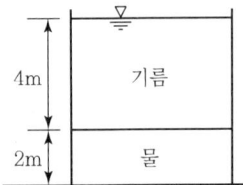

① 52.974kN/m² ② 53.974kN/m²
③ 54.974kN/m² ④ 55.974kN/m²

■해설 정수압
㉠ 정수압
$P = wh$
여기서, w : 단위중량
h : 수심
㉡ 정수압의 산정
$P = P_1 + P_2 = w_1h_1 + w_2h_2$
$= 0.85 \times 9.81 \times 4 + 9.81 \times 2 = 52.974 \text{kN/m}^3$

15. 폭이 무한히 넓은 개수로의 동수반경(Hydraulic Radius, 경심)은?

① 계산할 수 없다.
② 개수로의 폭과 같다.
③ 개수로의 면적과 같다.
④ 개수로의 수심과 같다.

■해설 경심
㉠ 경심
$R = \dfrac{A}{P}$
여기서, A : 면적
P : 윤변
㉡ 직사각형 단면의 경심
$R = \dfrac{A}{P} = \dfrac{BH}{B+2H}$
㉢ 광폭개수로의 경심
광폭개수로는 수심에 비하여 폭이 넓은 개수로를 말하므로 분모에서 폭에 $2H$를 더하는 것은 의미가 없어 $2H$는 생략 가능하다.
∴ $R = \dfrac{BH}{B+2H(\fallingdotseq 0)} = \dfrac{BH}{B} \fallingdotseq H$
∴ 광폭개수로에서 경심은 수심과 같다고 본다.

16. 원형 관 내 층류영역에서 사용 가능한 마찰손실계수 식은?(단, Re : Reynolds수)

① $\dfrac{1}{Re}$ ② $\dfrac{4}{Re}$
③ $\dfrac{24}{Re}$ ④ $\dfrac{64}{Re}$

■해설 마찰손실계수
㉠ 원관 내 층류($R_e < 2,000$)
$f = \dfrac{64}{R_e}$
㉡ 불완전 층류 및 난류($R_e > 2,000$)
• $f = \phi\left(\dfrac{1}{R_e}, \dfrac{e}{d}\right)$
• f는 R_e와 상대조도(ε/d)의 함수이다.
• 매끈한 관의 경우 f는 R_e만의 함수이다.
• 거친 관의 경우 f는 상대조도(ε/d)만의 함수이다
∴ 층류에서 마찰손실계수는 $f = \dfrac{64}{R_e}$ 이다.

17. 저수지에 설치된 나팔형 위어의 유량 Q와 월류수심 h와의 관계에서 완전월류상태는 $Q \propto h^{3/2}$이다. 불완전월류(수중위어)상태에서의 관계는?

① $Q \propto h^{-1}$ ② $Q \propto h^{1/2}$
③ $Q \propto h^{3/2}$ ④ $Q \propto h^{-1/2}$

■해설 나팔형 위어
㉠ 나팔형 여수로는 주여수로로 사용하기보다는 비상여수로로 사용하며 그 입구가 나팔형으로 되어 있고, 자유월류의 경우와 완전히 물속에 잠겨있는 관수로의 유입과 같은 수중위어의 형태로 나타낼 수 있다.
㉡ 자유월류의 경우
$Q = CLh^{\frac{3}{2}}$
여기서, C : 유량계수
L : 위어의 길이
h : 수심
㉢ 수중위어의 경우
$Q = Cah^{\frac{1}{2}}$
여기서, a : 위어 출구부의 면적
∴ 수중위어의 경우 $Q \propto h^{\frac{1}{2}}$ 이다.

18. 다음 중 토양의 침투능(Infiltration Capacity) 결정방법에 해당되지 않는 것은?

① Philip공식
② 침투계에 의한 실측법
③ 침투지수에 의한 방법
④ 물수지원리에 의한 산정법

■해설 침투능 추정법
　㉠ 침투능을 추정하는 방법
　　• 침투지수법에 의한 방법
　　• 침투계에 의한 방법
　　• 경험공식에 의한 방법
　㉡ 침투지수법에 의한 방법
　　• ϕ -index법 : 우량주상도에서 총 강우량과 손실량을 구분하는 수평선에 대응하는 강우강도가 ϕ - 지표이며, 이것이 평균침투능의 크기이다.
　　• W-index법 : ϕ -index법을 개선한 방법으로 지면보유, 증발산량 등을 고려한 방법이다.
　㉢ 경험공식에 의한 방법
　　• Horton의 경험식
　　• Philip의 경험식
　　• Holtan의 경험식
　∴ 침투능 결정방법이 아닌 것은 물수지 원리에 의한 산정법이다.

19. 동점성계수와 비중이 각각 0.0019m²/s와 1.2인 액체의 점성계수 μ는?(단, 물의 밀도는 1,000kg/m³)

① 1.9kgf · s/m²　　② 0.19kgf · s/m²
③ 0.23kgf · s/m²　　④ 2.3kgf · s/m²

■해설 물의 물리적 성질
　㉠ 단위중량과 밀도의 관계
　　$w = \rho \cdot g$
　　여기서, ρ : 밀도
　　　　　　g : 중력가속도
　　$\therefore \rho = \dfrac{w}{g} = \dfrac{1.2}{9.8} = 0.122 \text{t} \cdot \sec^2/\text{m}^4$
　㉡ 동점성계수
　　$\nu = \dfrac{\mu}{\rho}$
　　여기서, μ : 점성계수
　　　　　　ρ : 밀도
　　$\therefore \mu = \nu \cdot \rho = 0.0019 \times 0.122$
　　　　$= 2.318 \times 10^{-4} \text{t} \cdot \sec/\text{m}^2 = 0.23 \text{kg} \cdot \sec/\text{m}^2$

20. 개수로의 흐름에 대한 설명으로 옳지 않은 것은?

① 사류(Supercritical Flow)에서는 수면변동이 일어날 때 상류(上流)로 전파될 수 없다.
② 상류(Subcritical Flow)일 때는 Froude수가 1보다 크다.
③ 수로경사가 한계경사보다 클 때 사류(Supercritical Flow)가 된다.
④ Reynolds수가 500보다 커지면 난류(Turbulent Flow)가 된다.

■해설 개수로 흐름해석
　㉠ 하류(下流)의 흐름이 상류(上流)에 영향을 주는 흐름을 상류(常流), 영향을 주지 못하는 흐름을 사류(射流)라고 한다.
　㉡ $F_r < 1$: 상류, $F_r = 1$: 한계류, $F_r > 1$: 사류로 판정한다.
　㉢ 수로의 경사(I)가 한계경사(I_c)보다 크면 사류, 적으면 상류가 된다.
　㉣ 개수로에서 한계레이놀즈수(R_{ec})는 500보다 작으면 층류, 500보다 크면 난류라고 한다.

|해답| 18. ④　19. ③　20. ②

Item pool (기사 2022년 3월 5일 시행)
과년도 출제문제 및 해설

01. 유하폭이 넓은 완경사 개수로 흐름에서 물의 단위중량 $W=\rho g$, 수심 h, $W=\rho g$, 하상경사 S일 때 바닥 전단응력 τ_0는?(단, ρ : 물의 밀도, g : 중력가속도)

① ρhS
② ghS
③ $\sqrt{\dfrac{hS}{\rho}}$
④ WhS

■해설 전단응력
㉠ 전단응력
$\tau_0 = WRS$
여기서, W : 단위중량, R : 경심
㉡ 광폭개수로
광폭개수로에서는 경심(R)이 수심(h)과 같다.
∴ $\tau_0 = WRS = WhS$

02. 베르누이(Bernoulli)의 정리에 관한 설명으로 틀린 것은?

① 회전류의 경우는 모든 영역에서 성립한다.
② Euler의 운동방정식으로부터 적분하여 유도할 수 있다.
③ 베르누이의 정리를 이용하여 Torricelli의 정리를 유도할 수 있다.
④ 이상유체 흐름에 대하여 기계적 에너지를 포함한 방정식과 같다.

■해설 베르누이 정리
㉠ 비회전류(비점성유체)의 경우에 성립된다.
㉡ Euler의 운동방정식을 적분하고 정리하여 베르누이 정리를 발표하였다.
㉢ 베르누이 정리를 이용하여 Torricelli 정리($v=\sqrt{2gh}$)를 유도하였다.
㉣ 에너지 보존 법칙에 의거하여 유도하였으며, 이상유체에 적용하였다.

03. 삼각 위어(Weir)에 대한 월류 수심을 측정할 때 2%의 오차가 있었다면 유량 산정 시 발생하는 오차는?

① 2%
② 3%
③ 4%
④ 5%

■해설 수두측정오차와 유량오차의 관계
㉠ 수두측정오차와 유량오차의 관계

• 직사각형 위어 : $\dfrac{dQ}{Q} = \dfrac{\dfrac{3}{2}KH^{\frac{1}{2}}dH}{KH^{\frac{3}{2}}} = \dfrac{3}{2}\dfrac{dH}{H}$

• 삼각형 위어 : $\dfrac{dQ}{Q} = \dfrac{\dfrac{5}{2}KH^{\frac{3}{2}}dH}{KH^{\frac{5}{2}}} = \dfrac{5}{2}\dfrac{dH}{H}$

• 작은 오리피스 : $\dfrac{dQ}{Q} = \dfrac{\dfrac{1}{2}KH^{-\frac{1}{2}}dH}{KH^{\frac{1}{2}}} = \dfrac{1}{2}\dfrac{dH}{H}$

∴ 유량오차와 수심오차의 관계는 수심의 승에 비례한다.

㉡ 삼각형 위어의 유량오차와 수심오차의 계산
$\dfrac{dQ}{Q} = \dfrac{5}{2}\dfrac{dH}{H} = \dfrac{5}{2} \times 2\% = 5\%$

04. 다음 사다리꼴 수로의 윤변은?

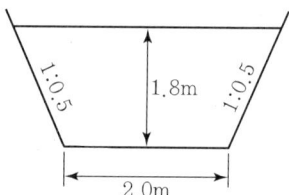

① 8.02m
② 7.02m
③ 6.02m
④ 9.02m

■해설 윤변
㉠ 경심(수리반경)
$R = \dfrac{A}{P}$
여기서, R : 경심, A : 면적, P : 윤변

|해답| 01. ④ 02. ① 03. ④ 04. ③

ⓒ 윤변의 산정
- 경사길이 : $l = \sqrt{0.9^2 + 1.8^2} = 2.01\text{m}$
- $P = 2 \times 2.01 + 2 = 6.02\text{m}$

05. 흐르는 유체 속의 한 점 (x, y, z)의 각 측방향의 속도성분을 (u, v, w)라 하고 밀도를 ρ, 시간을 t로 표시할 때 가장 일반적인 경우의 연속방정식은?

① $\dfrac{\partial u}{\partial t} + \dfrac{\partial v}{\partial t} + \dfrac{\partial w}{\partial t} = 0$

② $\dfrac{\partial \rho u}{\partial x} + \dfrac{\partial \rho v}{\partial y} + \dfrac{\partial \rho w}{\partial z} = 0$

③ $\dfrac{\partial \rho}{\partial t} + \dfrac{\partial u}{\partial x} + \dfrac{\partial v}{\partial y} + \dfrac{\partial w}{\partial z} = 0$

④ $\dfrac{\partial \rho}{\partial t} + \dfrac{\partial \rho u}{\partial x} + \dfrac{\partial \rho v}{\partial y} + \dfrac{\partial \rho w}{\partial z} = 0$

■해설 3차원 연속방정식
ⓐ 흐름의 방향성분을 x, y, z라 하고 각 방향의 속도성분을 u, v, w라고 하면 가장 일반적인 형태의 3차원 연속방정식은 다음과 같다.
$\dfrac{\partial \rho}{\partial t} + \dfrac{\partial (\rho u)}{\partial x} + \dfrac{\partial (\rho v)}{\partial y} + \dfrac{\partial (\rho w)}{\partial z} = 0$
ⓑ 여기서 정류 또는 부정류로 나누는 기준은 $\dfrac{\partial \rho}{\partial t} = 0, \dfrac{\partial \rho}{\partial t} \neq 0$이다.
ⓒ 비압축성 유체의 경우에는 $\rho = $constant하므로 일반형에서 ρ는 생략 가능하다.

06. 그림과 같이 수조 A의 물을 펌프에 의해 수조 B로 양수한다. 연결관의 단면적 200cm^2, 유량 $0.196\text{m}^3/\text{s}$, 총손실수두는 속도수두의 3.0배에 해당할 때 펌프에 필요한 동력(HP)은?(단, 펌프의 효율은 98%이며, 물의 단위중량은 9.81kN/m^3, 1HP는 $735.75\text{N}\cdot\text{m/s}$, 중력가속도는 9.8m/s^2)

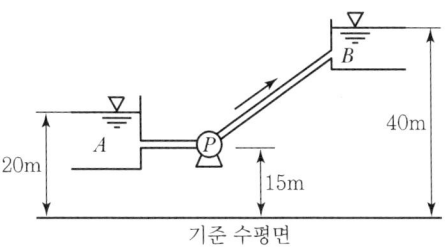

① 92.5HP ② 101.6HP
③ 105.9HP ④ 115.2HP

■해설 양수동력의 산정
ⓐ 유속의 산정
$V = \dfrac{Q}{A} = \dfrac{0.196}{200 \times 10^{-4}} = 9.8\text{m/s}$

ⓑ 수조 A, B의 수표면에 Bernoulli 정리를 수립하면
- $z_A + \dfrac{P_A}{w} + \dfrac{V_A^2}{2g} + E_P$
$= z_B + \dfrac{P_B}{w} + \dfrac{V_B^2}{2g} + \sum h_L$

여기서, $z_B - z_A = 40 - 20 = 20\text{m}$, 수표면의 압력 $P_A = P_B = 0$, $V_A = V_B = 0$

- 총손실수두는 속도수두의 3.0배이므로
$\sum h_L = 3 \times \dfrac{V^2}{2g} = 3 \times \dfrac{9.8^2}{2 \times 9.8} = 14.7\text{m}$
∴ $E_P = z_B - z_A + \sum h_L = 20 + 14.7 = 34.7\text{m}$

ⓒ 동력의 산정
$P = \dfrac{13.3 QH}{\eta} = \dfrac{13.3 \times 0.196 \times 34.7}{0.98} = 92.3\text{HP}$

07. 수리학적으로 유리한 단면에 관한 설명으로 옳지 않은 것은?

① 주어진 단면에서 윤변이 최소가 되는 단면이다.
② 직사각형 단면일 경우 수심이 폭의 1/2인 단면이다.
③ 최대유량의 소통을 가능하게 하는 가장 경제적인 단면이다.
④ 사다리꼴 단면일 경우 수심을 반지름으로 하는 반원을 외접원으로 하는 사다리꼴 단면이다.

■해설 수리학적으로 유리한 단면
ⓐ 일정한 단면적에 유량이 최대로 흐를 수 있는 단면 또는 일정한 유량에 단면적을 최소로 할 수 있는 단면을 수리학적 유리한 단면 또는 가장 경제적인 단면이라 한다.
- 경심(R)이 최대이거나 윤변(P)이 최소인 단면
- 직사각형의 경우 $B = 2H$, $R = \dfrac{H}{2}$이다.

ⓑ 사다리꼴 단면의 경우에는 수심을 반지름으로 하는 반원에 외접하는 단면, 반원을 내접하는 단면이 수리학적 유리한 단면이다.

08. 여과량이 2m³/s, 동수경사가 0.2, 투수계수가 1cm/s일 때 필요한 여과지 면적은?

① 1,000m²
② 1,500m²
③ 2,000m²
④ 2,500m²

■해설 Darcy의 법칙
㉠ Darcy의 법칙
- $V = K \cdot I = K \cdot \dfrac{h_L}{L}$
- $Q = A \cdot V = A \cdot K \cdot I = A \cdot K \cdot \dfrac{h_L}{L}$

㉡ 여과지 면적의 산정
$$A = \dfrac{Q}{KI} = \dfrac{2}{1 \times 10^{-2} \times 0.2} = 1,000\text{m}^2$$

09. 비중이 0.9인 목재가 물에 떠 있다. 수면 위에 노출된 체적이 1.0m³라면 목재 전체의 체적은? (단, 물의 비중은 1.0이다.)

① 1.9m³
② 2.0m³
③ 9.0m³
④ 10.0m³

■해설 부체의 평형조건
㉠ 부체의 평형조건
- W(무게) $= B$(부력)
- $w \cdot V = w_w \cdot V'$

여기서, w : 물체의 단위중량
V : 부체의 체적
w_w : 물의 단위중량
V' : 물에 잠긴 만큼의 체적

㉡ 체적의 산정
$0.9 \times V = 1.0 \times (V - 1.0)$
$\therefore V = 10\text{m}^3$

10. 두께가 10m인 피압대수층에서 우물을 통해 양수한 결과, 50m 및 100m 떨어진 두 지점에서 수면강하가 각각 20m 및 10m로 관측되었다. 정상 상태를 가정할 때 우물의 양수량은?(단, 투수계수는 0.3m/h)

① 7.6×10^{-2}m³/s
② 6.0×10^{-3}m³/s
③ 9.4m³/s
④ 21.6m³/s

■해설 우물의 양수량
㉠ 우물의 양수량

종류	내용
깊은 우물 (심정호)	우물의 바닥이 불투수층까지 도달한 우물을 말한다. $Q = \dfrac{\pi K(H^2 - h_o^2)}{\ln(R/r_o)} = \dfrac{\pi K(H^2 - h_o^2)}{2.3\log(R/r_o)}$
얕은 우물 (천정호)	우물의 바닥이 불투수층까지 도달하지 못한 우물을 말한다. $Q = 4Kr_o(H - h_o)$
굴착정	피압대수층의 물을 양수하는 우물을 굴착정이라 한다. $Q = \dfrac{2\pi aK(H - h_o)}{\ln(R/r_o)} = \dfrac{2\pi aK(H - h_o)}{2.3\log(R/r_o)}$
집수암거	복류수를 취수하는 우물을 집수암거라 한다. $Q = \dfrac{Kl}{R}(H^2 - h^2)$

㉡ 굴착정의 양수량
$$Q = \dfrac{2\pi aK(H - h_o)}{2.3\log(R/r_o)}$$
$$= \dfrac{2\pi \times 10 \times \dfrac{0.3}{3600} \times (20 - 10)}{2.3\log\dfrac{100}{50}} = 0.076\text{m}^3/\text{s}$$

11. 첨두홍수량의 계산에 있어서 합리식의 적용에 관한 설명으로 옳지 않은 것은?

① 하수도 설계 등 소유역에만 적용될 수 있다.
② 우수 도달시간은 강우 지속시간보다 길어야 한다.
③ 강우강도는 균일하고 전 유역에 고르게 분포되어야 한다.
④ 유량이 점차 증가되어 평형상태일 때의 첨두유출량을 나타낸다.

■해설 합리식
㉠ 합리식은 불투수지역(도심지역)의 우수유출량을 산정하고, 자연유역에 적용할 때에는 유역면적 5km² 이내의 소규모 지역에 적용할 수 있다.
㉡ 합리식은 강우지속시간이 우수도달시간보다 클 경우에만 적용할 수 있다.
㉢ 합리식의 기본가정으로 강우강도는 강우지속시간 동안 균일해야 하며, 강우는 전 유역에 고르게 분포되어야 한다.
㉣ 합리식은 첨두유량을 산정하는 공식으로, 강우가 시작되고 유량은 점차 증가되어 평형상태일 때의 첨두유출량을 나타낸다.

12. 그림과 같은 모양의 분수(噴水)를 만들었을 때 분수의 높이(H_V)는?(단, 유속계수 C_V : 0.96, 중력가속도 g : 9.8m/s², 다른 손실은 무시한다.)

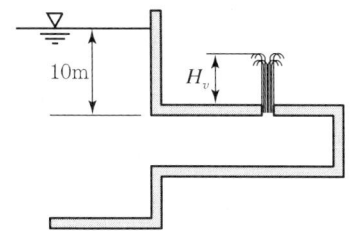

① 9.00m ② 9.22m
③ 9.62m ④ 10.00m

■해설 유출수두의 산정
  ㉠ 오리피스 유속(V)의 산정
   $V = C_v\sqrt{2gh}$
   $= 0.96 \times \sqrt{2 \times 9.8 \times 10} = 13.44$m/s
  ㉡ 분수의 높이(H_V) 산정
   $H_V = \dfrac{V^2}{2g} = \dfrac{13.44^2}{2 \times 9.8} = 9.22$m

13. 동수반경에 대한 설명으로 옳지 않은 것은?

① 원형 관의 경우, 지름의 1/4이다.
② 유수단면적을 윤변으로 나눈 값이다.
③ 폭이 넓은 직사각형 수로의 동수반경은 그 수로의 수심과 거의 같다.
④ 동수반경이 큰 수로는 동수반경이 작은 수로보다 마찰에 의한 수두손실이 크다.

■해설 동수반경
경심(동수반경, 수리반경)은 각 단면의 면적(A)을 윤변(P)으로 나누어 준 값을 말한다.
  • $R = \dfrac{A}{P}$
  • 원형 관에서의 경심 $R = \dfrac{D}{4}$이다.
  • 광폭개수로에서는 경심(R)이 수심(h)과 같다.
  • 마찰손실은 윤변(P)에 비례하여 커진다.
  ∴ 경심이 크면 윤변은 작아지고 마찰손실수두는 작아진다.

14. 댐의 상류부에서 발생되는 수면 곡선의 흐름 방향으로 수심이 증가함을 뜻하는 곡선은?

① 배수곡선   ② 저하곡선
③ 유사량곡선 ④ 수리특성곡선

■해설 부등류의 수면형
  ㉠ $dx/dy > 0$이면 흐름방향으로 수심이 증가함을 뜻하며 이 유형의 곡선을 배수곡선(Backwater Curve)이라 하고, 댐 상류부에서 볼 수 있다.
  ㉡ $dx/dy < 0$이면 수심이 흐름방향으로 감소함을 뜻하며 이를 저하곡선(Dropdown Curve)이라 하고, 위어 등에서 볼 수 있다.
  ∴ 상류(常流)로 흐르는 수로에 댐을 만들었을 때 그 상류(上流) 방향으로 수심이 증가하는 수면곡선은 배수곡선이다.

15. 일반적인 물의 성질로 틀린 것은?

① 물의 비중은 기름의 비중보다 크다.
② 물은 일반적으로 완전유체로 취급한다.
③ 해수(海水)도 담수(淡水)와 같은 단위중량으로 취급한다.
④ 물의 밀도는 보통 1g/cc=1,000kg/m³=1t/m³를 쓴다.

■해설 물의 성질
  ㉠ 비중은 어떤 액체의 무게비 또는 밀도비라고 하며, 기름보다는 물의 비중이 커서 일반적으로 물 위에 기름이 뜨게 된다.
  ㉡ 실제유체는 점성과 압축성을 갖지만 일반적으로 물은 이상유체(완전유체)로 해석하게 된다.
  ㉢ 해수는 물속에 염분이 있는 것으로 담수보다는 단위중량이 조금 무겁다.
   • 담수의 단위중량 : $w = 1$t/m³
   • 해수의 단위중량 : $w = 1.025$t/m³
  ㉣ 물의 밀도(단위중량) 값은 1t/m³ = $1,000$kg/m³ = 1g/cm³ = 1g/cc와 같다.

16. 강우자료의 일관성을 분석하기 위해 사용하는 방법은?

① 합리식
② DAD 해석법
③ 누가우량 곡선법
④ SCS(Soil Conservation Service) 방법

■해설 이중누가우량분석(Double Mass Analysis)
수십 년에 걸친 장기간의 강수자료의 일관성(Consistency) 검증을 위해 이중누가우량분석(누가우량곡선법)을 실시한다.

17. 수문자료 해석에 사용되는 확률분포형의 매개변수를 추정하는 방법이 아닌 것은?

① 모멘트법(Method of Moments)
② 회선적분법(Convolution Intergral Method)
③ 최우도법(Method of Maximum Likelihood)
④ 확률가중도모멘트법(Method of Probability Weighted Moments)

■해설 확률분포형의 매개변수
통계 분야에서는 각종 목적에 따라 수많은 이산형 및 연속형 확률분포형을 개발하여 사용하고 있으며, 수문학에서도 다양한 확률분포형을 이용하여 설계 수문량을 산정하는 데 이용하고 있다. 각 분포에 적용되는 매개변수 추정방법에는 모멘트법, 최우도법, 확률가중모멘트법, L-모멘트법 등이 있다.

18. 정수역학에 관한 설명으로 틀린 것은?

① 정수 중에는 전단응력이 발생된다.
② 정수 중에는 인장응력이 발생되지 않는다.
③ 정수압은 항상 벽면에 직각방향으로 작용한다.
④ 정수 중의 한 점에 작용하는 정수압은 모든 방향에서 균일하게 작용한다.

■해설 정수역학 일반
㉠ 정수역학에서 다루는 유체는 비점성유체로 정수 중에서 전단응력 및 인장응력은 발생하지 않는다.
㉡ 정수 중 한 점에 작용하는 압력은 모든 면에 직각방향으로 작용하며, 모든 면에서 그 크기는 균일하게 작용한다.

19. 수심이 1.2m인 수조의 밑바닥에 길이 4.5m, 지름 2cm인 원형 관이 연직으로 설치되어 있다. 최초에 물이 배수되기 시작할 때 수조의 밑바닥에서 0.5m 떨어진 연직관 내의 수압은?(단, 물의 단위중량은 9.81kN/m³이며, 손실은 무시한다.)

① 49.05kN/m^2
② -49.05kN/m^2
③ 39.24kN/m^2
④ -39.24kN/m^2

■해설 Bernoulli 정리
㉠ Bernoulli 정리
$$Z_1 + \frac{P_1}{w} + \frac{V_1^2}{2g} = Z_2 + \frac{P_2}{w} + \frac{V_2^2}{2g}$$
∴ 연직관의 바닥에 수평기준면을 잡으면 Z_1 =4m, Z_2 =0이며, 유출구에서의 압력 P_2 =0 이다.
㉡ 압력의 산정
• 단일 연직관이므로 $A_1 = A_2$ ∴ $V_1 = V_2$이다.
∴ $\frac{V_1^2}{2g} = \frac{V_2^2}{2g}$ 이므로 생략 가능
• 위의 조건들을 Bernoulli 정리에 대입하고 정리하면,
$4 + \frac{P_1}{w} = 0$
∴ $P_1 = -4 \times w = -4 \times 9.81 = -39.24\text{kN/m}^2$

20. 어느 유역에 1시간 동안 계속되는 강우기록이 아래 표와 같을 때 10분 지속 최대강우강도는?

시간(분)	0	0~10	10~20	20~30
우량(mm)	0	3.0	4.5	7.0

시간(분)	30~40	40~50	50~60
우량(mm)	6.0	4.5	6.0

① 5.1mm/h
② 7.0mm/h
③ 30.6mm/h
④ 42.0mm/h

■해설 강우강도
㉠ 강우강도는 단위시간당 내린 비의 양을 말하며, 단위는 mm/hr이다.
㉡ 지속시간 10분 동안의 최대강우량은 7.0mm이다.
∴ 10분 지속 최대강우강도 $= \frac{7\text{mm}}{10\text{min}} \times 60$
$= 42\text{mm/hr}$

과년도 출제문제 및 해설

01. 2개의 불투수층 사이에 있는 대수층 두께 a, 투수계수 k인 곳에 반지름 r_o인 굴착정(Artesian well)을 설치하고 일정 양수량 Q를 양수하였더니, 양수전 굴착정 내의 수위 H가 h_o로 강하하여 정상흐름이 되었다. 굴착정의 영향원 반지름을 R이라 할 때 $(H-h_o)$의 값은?

① $\dfrac{2Q}{\pi ak}\ln\left(\dfrac{R}{r_o}\right)$ ② $\dfrac{Q}{2\pi ak}\ln\left(\dfrac{R}{r_o}\right)$

③ $\dfrac{2Q}{\pi ak}\ln\left(\dfrac{r_o}{R}\right)$ ④ $\dfrac{Q}{2\pi ak}\ln\left(\dfrac{r_o}{R}\right)$

■ 해설 우물의 양수량

종류	내용
깊은 우물 (심정호)	우물의 바닥이 불투수층까지 도달한 우물을 말한다. $Q = \dfrac{\pi K(H^2-h_o^2)}{\ln(R/r_o)} = \dfrac{\pi K(H^2-h_o^2)}{2.3\log(R/r_o)}$
얕은 우물 (천정호)	우물의 바닥이 불투수층까지 도달하지 못한 우물을 말한다. $Q = 4Kr_o(H-h_o)$
굴착정	피압대수층의 물을 양수하는 우물을 굴착정이라 한다. $Q = \dfrac{2\pi aK(H-h_o)}{\ln(R/r_o)} = \dfrac{2\pi aK(H-h_o)}{2.3\log(R/r_o)}$
집수암거	복류수를 취수하는 우물을 집수암거라 한다. $Q = \dfrac{Kl}{R}(H^2-h^2)$

∴ 굴착정에서 $H-h_o = \dfrac{Q}{2\pi aK}\ln\left(\dfrac{R}{r_o}\right)$

02. 침투능(Infiltration Capacity)에 관한 설명으로 틀린 것은?

① 침투능은 토양 조건과는 무관하다.
② 침투능은 강우강도에 따라 변화한다.
③ 일반적으로 단위는 mm/h 또는 in/h로 표시된다.
④ 어떤 토양면을 통해 물이 침투할 수 있는 최대율을 말한다.

■ 해설 침투능
침투능은 어떤 토양면을 통해 물이 침투할 수 있는 최대율을 말하며, 단위는 시간당 침투능의 크기 (mm/hr or inch/hr)로 사용한다. 또한 침투능은 토양조건에 가장 큰 영향을 받으며 강우강도 등에 영향을 받는다.

03. 3차원 흐름의 연속방정식을 아래와 같은 형태로 나타낼 때 이에 알맞은 흐름의 상태는?

$$\frac{\partial u}{\partial x} + \frac{\partial v}{\partial y} + \frac{\partial w}{\partial z} = 0$$

① 압축성 부정류
② 압축성 정상류
③ 비압축성 부정류
④ 비압축성 정상류

■ 해설 3차원 연속방정식
㉠ 3차원 부정류 비압축성 유체의 연속방정식
$\dfrac{\partial(\rho u)}{\partial x} + \dfrac{\partial(\rho v)}{\partial y} + \dfrac{\partial(\rho w)}{\partial z} = -\dfrac{\partial \rho}{\partial t}$
㉡ 3차원 정상류 비압축성 유체의 연속방정식
• 정상류 : $\dfrac{\partial \rho}{\partial t} = 0$
• 비압축성 : ρ = constant ∴ 생략 가능
∴ $\dfrac{\partial u}{\partial x} + \dfrac{\partial v}{\partial y} + \dfrac{\partial w}{\partial z} = 0$

04. 지름 20cm의 원형 단면 관수로에 물이 가득 차서 흐를 때의 동수반경은?

① 5cm ② 10cm
③ 15cm ④ 20cm

|해답| 01. ② 02. ① 03. ④ 04. ①

■해설 경심(동수반경)
㉠ 경심
$$R = \frac{A}{P}$$
㉡ 원형 관의 경심
$$R = \frac{A}{P} = \frac{\frac{\pi D^2}{4} \times \frac{1}{2}}{\pi D \times \frac{1}{2}} = \frac{D}{4}$$
$$\therefore R = \frac{D}{4} = \frac{20}{4} = 5\text{cm}$$

05. 대수층의 두께가 2.3m, 폭이 1.0m일 때 지하수 유량은?(단, 지하수류의 상·하류 두 지점 사이의 수두차 1.6m, 두 지점 사이의 평균거리 360m, 투수계수 $k = 192$m/day)

① 1.53m³/day ② 1.80m³/day
③ 1.96m³/day ④ 2.21m³/day

■해설 Darcy의 법칙
㉠ Darcy의 법칙
- $V = K \cdot I = K \cdot \dfrac{h_L}{L}$
- $Q = A \cdot V = A \cdot K \cdot I = A \cdot K \cdot \dfrac{h_L}{L}$

㉡ 지하수 유량의 산정
$$Q = A \cdot K \cdot \frac{h_L}{L}$$
$$= (2.3 \times 1.0) \times 360 \times \frac{1.6}{360} = 1.96\text{m}^3/\text{d}$$

06. 그림과 같은 수조 벽면에 작은 구멍을 뚫고 구멍의 중심에서 수면까지의 높이가 h일 때, 유출속도 V는?(단, 에너지 손실은 무시한다.)

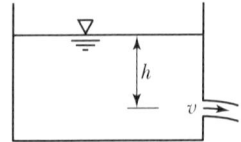

① $\sqrt{2gh}$ ② $\sqrt{gh}$
③ $2gh$ ④ gh

■해설 토리첼리 정리
토리첼리는 베르누이 정리를 이용하여 오리피스의 이론유속을 구하는 식을 유도하였다.
$V = \sqrt{2gh}$
여기서, h : 오리피스 중심에서 수조 상단까지의 수심

07. 그림과 같이 원형 관 중심에서 V의 유속으로 물이 흐르는 경우에 대한 설명으로 틀린 것은?(단, 흐름은 층류로 가정한다.)

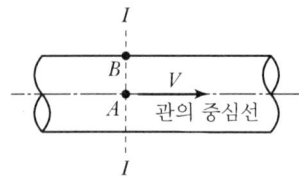

① 지점 A에서의 마찰력은 V^2에 비례한다.
② 지점 A에서의 유속은 단면 평균유속의 2배다.
③ 지점 A에서 지점 B로 갈수록 마찰력은 커진다.
④ 유속은 지점 A에서 최대인 포물선 분포를 한다.

■해설 관수로 흐름의 특징
㉠ 관수로의 유속 분포는 중앙에서 최대이고 관벽에서 0인 포물선 분포를 한다.
∴ 유속은 A점에서 최대인 포물선 분포를 한다.
㉡ 관수로의 전단응력분포는 관벽에서 최대이고 중앙에서 0인 직선비례한다.
∴ A점에서의 마찰저항력은 0이다.
∴ A점에서 B점으로 갈수록 마찰저항력은 커진다.
㉢ 관수로에서 최대유속은 평균유속의 2배이다.
∴ $V_{\max} = 2V_m$

08. 어떤 유역에 다음 표와 같이 30분간 집중호우가 계속되었을 때, 지속기간 15분인 경우의 최대강우강도는?

시간(분)	우량(mm)
0 ~ 5	2
5 ~ 10	4
10 ~ 15	6
15 ~ 20	4
20 ~ 25	8
25 ~ 30	6

|해답| 05. ③ 06. ① 07. ① 08. ③

① 64mm/h ② 48mm/h
③ 72mm/h ④ 80mm/h

■해설 강우강도
㉠ 강우강도는 단위시간당 내린 비의 양을 말하며 단위는 mm/hr이다.
㉡ 지속시간 15분 강우량의 구성
• 0~15분 : 2+4+6=12mm
• 5~20분 : 4+6+4=14mm
• 10~25분 : 6+4+8=18mm
• 15~30분 : 4+8+6=18mm
㉢ 지속시간 15분 최대강우강도의 산정
$$\frac{18mm}{15min} \times 60 = 72mm/hr$$

09. 정지하고 있는 수중에 작용하는 정수압의 성질로 옳지 않은 것은?
① 정수압의 크기는 깊이에 비례한다.
② 정수압은 물체의 면에 수직으로 작용한다.
③ 정수압은 단위면적에 작용하는 힘의 크기로 나타낸다.
④ 한 점에 작용하는 정수압은 방향에 따라 크기가 다르다.

■해설 정수압
㉠ 정수압의 크기
$P = wh$
여기서, w : 단위중량, h : 수심
∴ 정수압의 크기는 수심에 비례하여 증가한다.
㉡ 정수압의 작용방향은 모든 면에서 직각방향이며, 각 방향에서 그 크기는 동일하다.

10. 단위유량도에 대한 설명으로 틀린 것은?
① 단위유량도의 정의에서 특정 단위시간은 1시간을 의미한다.
② 일정기저시간가정, 비례가정, 중첩가정은 단위유량도의 3대 기본가정이다.
③ 단위유량도의 정의에서 단위유효우량은 유역 전면적상의 등가우량 깊이로 측정되는 특정량의 우량을 의미한다.
④ 단위유효우량은 유출량의 형태로 단위유량도상에 표시되며, 단위유량도 아래의 면적은 부피의 차원을 가진다.

■해설 단위유량도
㉠ 단위도의 정의
특정단위시간 동안 균등한 강우강도로 유역 전반에 걸쳐 균등한 분포로 내리는 단위유효우량으로 인하여 발생하는 직접유출 수문곡선을 말하며, 여기서 특정단위시간은 유효강우의 지속시간을 의미한다.
㉡ 단위도의 구성요소
• 직접유출량
• 유효우량 지속시간
• 유역 면적
㉢ 단위도의 3가정
• 일정기저시간가정
• 비례가정
• 중첩가정

11. 한계수심에 대한 설명으로 옳지 않은 것은?
① 유량이 일정할 때 한계수심에서 비에너지가 최소가 된다.
② 직사각형 단면 수로의 한계수심은 최소비에너지의 2/3이다.
③ 비에너지가 일정하면 한계수심으로 흐를 때 유량이 최대가 된다.
④ 한계수심보다 수심이 작은 흐름은 상류(常流)이고, 큰 흐름이 사류(射流)이다.

■해설 비에너지와 한계수심
㉠ 단위부게당의 물이 수로 바닥면을 기준으로 갖는 흐름의 에너지 또는 수두를 비에너지라 한다.
$$H_e = h + \frac{\alpha v^2}{2g}$$
여기서, h : 수심
α : 에너지보정계수
v : 유속
g : 중력가속도
㉡ 비에너지와 한계수심의 관계
• 유량이 일정할 경우 비에너지가 최소일 때의 수심을 한계수심이라 한다.
• 비에너지가 일정할 경우 유량이 최대로 흐를 때의 수심을 한계수심이라 한다.
• 직사각형 단면에서의 경우 한계수심은 비에너지의 2/3이다.
• 한계수심보다 수심이 작은 흐름은 사류(射流), 수심이 큰 흐름은 상류(常流)이다.

12. 개수로 흐름의 도수현상에 대한 설명으로 틀린 것은?

① 비력과 비에너지가 최소인 수심은 근사적으로 같다.
② 도수 전후의 수심 관계는 베르누이 정리로부터 구할 수 있다.
③ 도수는 흐름이 사류에서 상류로 바뀔 경우에만 발생된다.
④ 도수 전후의 에너지 손실은 주로 불연속 수면 발생 때문이다.

■해설 도수
㉠ 흐름이 사류(射流)에서 상류(常流)로 바뀔 때 물이 뛰는 현상을 도수라 한다.
㉡ 도수 후의 수심
도수 전후의 수심 관계는 운동량방정식으로부터 다음 식에 의해 구할 수 있다.
$$h_2 = -\frac{h_1}{2} + \frac{h_1}{2}\sqrt{1+8F_{r1}^2}$$
㉢ 도수로 인한 에너지 손실
도수 전후의 에너지 손실은 주로 불연속 수면의 도약으로 발생한다.
$$\Delta H_e = \frac{(h_2-h_1)^3}{4h_1 h_2}$$
㉣ 비력과 비에너지가 최소일 때의 수심을 한계수심이라 하며, 근사적으로 같다.

13. 단면 2m×2m, 높이 6m인 수조에 물이 가득 차 있을 때 이 수조의 바닥에 설치한 지름이 20cm인 오리피스로 배수시키고자 한다. 수심이 2m가 될 때까지 배수하는 데 필요한 시간은?(단, 오리피스 유량계수 $C=0.6$, 중력가속도 $g=9.8m/s^2$)

① 1분 39초 ② 2분 36초
③ 2분 55초 ④ 3분 45초

■해설 수조의 배수시간
㉠ 수조의 배수시간
$$t = \frac{2A}{Ca\sqrt{2g}}(h_1^{\frac{1}{2}} - h_2^{\frac{1}{2}})$$

㉡ 수조의 배수시간
$$t = \frac{2\times(2\times 2)}{0.6\times\left(\frac{\pi\times 0.2^2}{4}\right)\times\sqrt{2\times 9.8}}(6^{\frac{1}{2}} - 2^{\frac{1}{2}})$$
$$= 99.3\text{sec} = 1분 39초$$

14. 정상류에 관한 설명으로 옳지 않은 것은?

① 유선과 유적선이 일치한다.
② 흐름의 상태가 시간에 따라 변하지 않고 일정하다.
③ 실제 개수로 내 흐름의 상태는 정상류가 대부분이다.
④ 정상류 흐름의 연속방정식은 질량 보존의 법칙으로 설명된다.

■해설 정상류
㉠ 여러 가지 흐름의 특성이 시간에 따라 변하지 않는 흐름을 정상류 흐름이라고 한다.
㉡ 정상류 흐름에서는 유선과 유적선이 일치한다.
㉢ 정상류 흐름의 연속방정식은 질량 보존의 법칙으로 설명된다.
㉣ 실제 개수로 내 흐름은 정류와 부정류가 공존한다.

15. 수로의 단위폭에 대한 운동량 방정식은?(단, 수로의 경사는 완만하며, 바닥 마찰저항은 무시한다.)

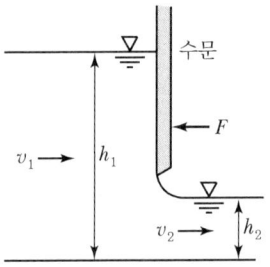

① $\dfrac{\gamma h_1^2}{2} - \dfrac{\gamma h_2^2}{2} - F = \rho Q(V_1 - V_2)$

② $\dfrac{\gamma h_1^2}{2} - \dfrac{\gamma h_2^2}{2} - F = \rho Q(V_2 - V_1)$

③ $\dfrac{\gamma h_1^2}{2} + \dfrac{\gamma h_2^2}{2} - F = \rho Q(V_2 - V_1)$

④ $\dfrac{\gamma h_1^2}{2} + \rho Q V_1 + F = \dfrac{\gamma h_2^2}{2} + \rho Q V_2$

|해답| 12. ② 13. ① 14. ③ 15. ②

■해설 운동량방정식
㉠ 단면 1, 2에 힘의 평형조건식을 수립
$$\sum F = P_1 - P_2 - F \quad \cdots\cdots\cdots ①$$
여기서, P_1, P_2 모두 수면과 연직인 면이 받는 정수압
$$\therefore P_1 = \gamma h_G A = \gamma \frac{h_1^2}{2},\ P_2 = \gamma h_G A_2 = \gamma \frac{h_2^2}{2}\ (단위폭의 경우)$$
㉡ 식①과 식② 운동량방정식을 수립
$$\sum = \rho Q(V_2 - V_1) \quad \cdots\cdots\cdots ②$$
㉢ 식 ①과 식 ② 모두 힘들의 합이므로 ①=②로 놓고 정리하면,
$$\therefore \frac{\gamma h_1^2}{2} - \frac{\gamma h_2^2}{2} - F = \rho Q(V_2 - V_1)$$

16. 완경사 수로에서 배수곡선(Backwater Curve)에 해당하는 수면곡선은?
① 홍수 시 하천의 수면곡선
② 댐을 월류할 때의 수면곡선
③ 하천 단락부(段落部) 상류의 수면곡선
④ 상류 상태로 흐르는 하천에 댐을 구축했을 때 저수지 상류의 수면곡선

■해설 부등류의 수면형
㉠ $dx/dy > 0$이면 흐름방향으로 수심이 증가함을 뜻하며 이 유형의 곡선을 배수곡선(Backwater Curve)이라 하고, 댐 상류부에서 볼 수 있는 곡선이다.
㉡ $dx/dy < 0$이면 수심이 흐름방향으로 감소함을 뜻하며, 이를 저하곡선(Dropdown Curve)이라 하고, 위어 등에서 볼 수 있는 곡선이다.
∴ 상류(常流)로 흐르는 수로에 댐을 만들었을 때 그 상류(上流)방향으로 수심이 증가하는 수면곡선은 배수곡선이다.

17. 지하수의 연직분포를 크게 통기대와 포화대로 나눌 때, 통기대에 속하지 않는 것은?
① 모관수대
② 중간수대
③ 지하수대
④ 토양수대

■해설 지하의 연직분포대
㉠ 지하의 연직분포대는 크게 통기대(자유면 지하수)와 포화대(피압면 지하수)로 나뉜다.
㉡ 통기대는 다시 토양수대, 중간(중력)수대, 모관수대로 나뉜다.

18. 하천의 수리모형실험에 주로 사용되는 상사법칙은?
① Weber의 상사법칙
② Cauchy의 상사법칙
③ Froude의 상사법칙
④ Reynolds의 상사법칙

■해설 수리모형의 상사법칙

종류	특징
Reynolds의 상사법칙	점성력이 흐름을 주로 지배하고, 관수로 흐름의 경우에 적용
Froude의 상사법칙	중력이 흐름을 주로 지배하고, 개수로 흐름의 경우에 적용
Weber의 상사법칙	표면장력이 흐름을 주로 지배하고, 수두가 아주 적은 위어 흐름의 경우에 적용
Cauchy의 상사법칙	탄성력이 흐름을 주로 지배하고, 수격작용의 경우에 적용

∴ 하천의 모형실험은 중력이 흐름을 지배하므로 Froude의 상사법칙을 적용한다.

19. 속도분포를 $V = 4y^{\frac{2}{3}}$으로 나타낼 수 있을 때 바닥면에서 0.5m 떨어진 높이에서의 속도경사(Velocity Gradient)는?(단, v : m/sec, y : m)

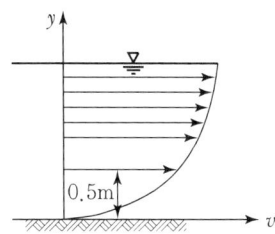

① $2.67\sec^{-1}$
② $3.36\sec^{-1}$
③ $2.67\sec^{-2}$
④ $3.36\sec^{-2}$

■해설 속도경사
㉠ 속도경사
속도경사는 속도를 거리에 따라서 미분한 것 $\left(\dfrac{dv}{dy}\right)$을 말한다.

ⓒ 문제조건에서 속도경사

- $v = 4y^{\frac{2}{3}}$
- $\dfrac{dv}{dy} = 4 \times \dfrac{2}{3} y^{-\frac{1}{3}}$

∴ 거리 0.55m인 지점의 속도경사

$\dfrac{8}{3} \times 0.5^{-\frac{1}{3}} = 3.36 \sec^{-1}$

20. 수중에 잠겨 있는 곡면에 작용하는 연직분력은?

① 곡면에 의해 배제된 물의 무게와 같다.
② 곡면 중심의 압력에 물의 무게를 더한 값이다.
③ 곡면을 밑면으로 하는 물기둥의 무게와 같다.
④ 곡면을 연직면상에 투영했을 때 그 투영면이 작용하는 정수압과 같다.

■해설 곡면이 받는 전수압
㉠ 수평분력은 곡면을 투영한 연직평면이 받는 압력과 같다.
$P_H = wh_G A$(투영면적)
ⓒ 연직분력은 곡면을 밑면으로 하는 물기둥의 무게와 같다.
$P_V = W$(곡면을 밑면으로하는 물기둥의 무게)
ⓒ 곡면이 받는 전 수압은 수평분력과 연직분력의 합력을 구하면 된다.
$P = \sqrt{P_H^2 + P_V^2}$

토목기사 산업기사 필기 ❸ **수리수문학**

발행일 | 2017. 1. 15 초판 발행
2018. 1. 20 개정 1판1쇄
2019. 1. 20 개정 2판1쇄
2020. 1. 20 개정 3판1쇄
2021. 1. 15 개정 4판1쇄
2022. 1. 15 개정 5판1쇄
2023. 1. 10 개정 6판1쇄

저　자 | 김영균
발행인 | 정용수
발행처 | 예문사

주　소 | 경기도 파주시 직지길 460(출판도시) 도서출판 예문사
T E L | 031) 955-0550
F A X | 031) 955-0660
등록번호 | 11-76호

- 이 책의 어느 부분도 저작권자나 발행인의 승인 없이 무단 복제하여 이용할 수 없습니다.
- 파본 및 낙장은 구입하신 서점에서 교환하여 드립니다.
- 예문사 홈페이지 http://www.yeamoonsa.com

정가 : 19,000원

ISBN 978-89-274-4892-1 13530